Manuel Complet

DU

JARDINIER,

PAR M. LOUIS NOISETTE.

Deuxième Edition.

TOME, 3e

12e Livraison.

PARIS.

ROUSSELON, LIBRAIRE-ÉDITEUR,

RUE D'ANJOU-DAUPHINE, N° 8.

1833.

MANUEL COMPLET

DU

JARDINIER.

TOME TROISIÈME.

PARIS. — IMPRIMERIE DE CASIMIR,
rue de la Vieille-Monnaie, n° 12

MANUEL COMPLET

DU

JARDINIER

MARAICHER, PÉPINIÉRISTE, BOTANISTE, FLEURISTE ET PAYSAGISTE;

PAR M. LOUIS NOISETTE,

MEMBRE DES SOCIÉTÉS LINNÉENNE DE PARIS, HORTICULTURALES DE PARIS, DE LONDRES ET DE BERLIN, D'AGRICULTURE ET DE BOTANIQUE DE GAND, ETC., ETC.

SECONDE ÉDITION.

TOME TROISIÈME.

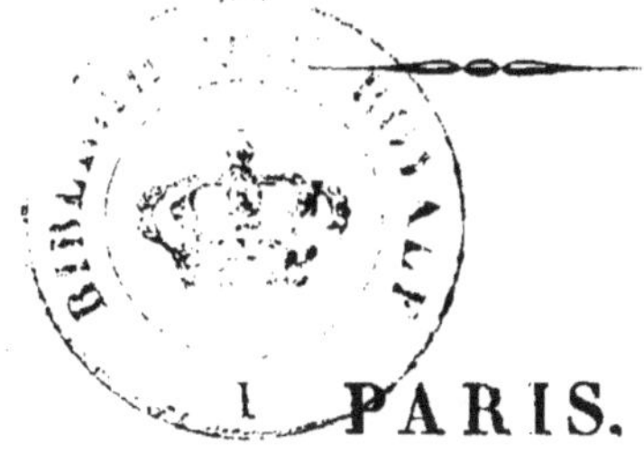

PARIS.

ROUSSELON, LIBRAIRE-ÉDITEUR,

RUE D'ANJOU-DAUPHINE, N° 8.

1835.

MANUEL COMPLET

DU

JARDINIER.

✿✿✿✿✿✿✿✿✿✿✿✿✿✿✿✿✿✿✿✿✿✿✿✿✿✿✿✿✿✿✿✿✿✿✿✿✿

PLANTES CULTIVÉES

DANS

LES JARDINS.

Nous avons choisi, pour le classement des plantes qui entrent dans la composition des jardins, l'ordre établi dans l'école botanique du jardin des plantes à Paris, par la raison qu'il est, ou au moins qu'il doit être, celui qui a le plus de fixité ; c'est le système du savant M. de Jussieu, modifié par M. Desfontaines.

Nous n'avions à choisir qu'entre cette méthode et l'ordre alphabétique pour éviter des répétitions nombreuses et fatigantes ; et les amateurs trouvant une liste alphabétique à la fin de l'ouvrage, nous sauront gré sans doute d'avoir adopté les familles qui groupent les plantes naturellement, non-seulement sous le rapport de leurs caractères botaniques, mais souvent encore sous celui de leur culture.

Comme notre *Manuel* n'est point un ouvrage de botanique, nous avons cru devoir supprimer la première classe tout entière des plantes acotylédones, parce qu'aucune n'est cultivée. Nos caractères de famille seront brièvement exposés : cependant nous leur donnerons un développement suffisant pour qu'ils puissent servir à rapporter facilement une plante à l'ordre auquel elle appartient. Il en sera de même des caractères génériques et spécifiques. Toutes les fois qu'une seule phrase caractéristique sera suffisante pour faire reconnaître une plante sans hésitation, nous n'en emploîrons pas deux : seulement nous ajouterons souvent la couleur de la fleur, et l'effet qu'elle peut produire dans les différentes sortes de jardin.

Nous éviterons aussi, autant qu'il nous sera possible, d'employer dans nos descriptions des termes techniques dont la signification pourrait n'être pas parfaitement connue de tous les amateurs. Nos lecteurs se souviennent sans doute que ce signe ⊙ indique les plantes annuelles ; celui-ci ♂, les plantes bisannuelles ; celui-ci ♃, les plantes vivaces, et celui-ci ♄, les arbres, arbustes et arbrisseaux.

MONOCOTYLÉDONES.

Embryon composé, lors de la germination, d'une radicule, d'une plumule, et d'un seul cotylédon auquel il est attaché. Sexes peu ou point connus, ou corolle nulle, et insertion des étamines immédiate, absolue.

CLASSE PREMIÈRE.

PREMIÈRE DIVISION. — CRYPTOGAMES.

Sexes peu ou point connus.

ORDRE PREMIER.

LES FOUGÈRES. — *FILICES*.

Plantes croissant sur la terre, entre les fissures des rochers, et sur les vieux murs. *Racines* ordinairement progressives (c'est-à-dire s'allongeant d'un côté, tandis qu'elles se détruisent de l'autre). *Feuilles* simples ou composées, entières ou incisées, radicales, le plus souvent roulées en crosse dans leur jeunesse, portant la *fructification* sur leur face inférieure, consistant en des capsules très-petites, membraneuses ou crustacées, monoloculaires ou multiloculaires, sessiles ou pédicellées, nues ou entourées d'un anneau élastique, ou recouvertes d'un tégument membraneux, groupées plusieurs ensemble de diverses manières, se déchirant à leur sommet, et contenant un grand nombre de séminules de forme variable.

Ces plantes produisent un fort joli effet dans les rocailles des serres ou des jardins paysagers, où elles se font remarquer par le beau vert et les agréables découpures de leurs feuilles. La plupart des espèces se sèment elles-mêmes, sur les pots des autres plantes qui sont placées dans les environs, sur les couches de terre de bruyère, et même contre les murs de la serre où on les cultive, ce qui rend leur multiplication beaucoup moins difficile qu'on pourrait le croire.

§ Ier. Capsules nues et sans anneau.

OPHIOGLOSSE. *Ophioglossum;* L. Capsules nues, à deux loges, à deux valves, s'ouvrant en travers, disposées sur deux rangs le long d'un épi simple, non roulé en crosse dans sa jeunesse.

1. Ophioglosse commune. *Ophioglossum vulgatum;* L. ♃. Indigène. Tige de quatre ou cinq pouces, simple, munie à sa base d'une feuille amplexicaule, ovale, entière, et sans nervure. En mai, épiterminal et pointu. Terre légère, fraîche, ombragée; multiplication d'éclats et de semences.

BOTRYCHE. *Botrychium;* Swartz. Capsules presque globuleuses, sessiles, nues, à une loge, à deux valves, s'ouvrant transversalement, et disposées en grappe composée, roulée en crosse dans sa jeunesse.

1. Botryche lunaire. *Botrychium lunaria;* Swartz; *osmunda lunaria;* L. ♃. Indigène. Tige de cinq à six pouces, simple; feuilles naissant vers le milieu de la tige, composées de huit ou dix folioles arrondies. En mai, grappe rameuse et terminale. Terre franche et humide; multiplication d'éclats.

OSMONDE. *Osmunda;* L. Capsules presque globuleuses, nues, pédicellées, striées, s'ouvrant à demi en deux valves, et disposées en une panicule roulée en crosse dans sa jeunesse.

1. Osmonde officinale. *Osmunda regalis;* L. ♃. Indigène. Pas de tige ; feuilles longues de quatre à six pieds, deux fois ailées, à folioles sessiles, opposées et oblongues. En juillet, fructification au bout des feuilles. Terre franche et humide ; multiplication d'éclats. Belle plante.

2. Osmonde laineuse. *O. cinnamomea;* L. ♃. Amérique septentrionale. Feuilles ailées, à folioles pinnatifides ; tiges velues ; en juin, grappes composées et opposées. Terre légère et fraîche ; multiplication d'éclats.

3. Osmonde de Virginie. *O. claytoniana;* L. ♃. Virginie. Feuilles ailées, à folioles pinnatifides ; en août, fructification au sommet resserré des feuilles. Même culture.

§ II. Capsules nues, entourées d'un anneau.

ACROSTIC. *Acrostichum;* L. Capsules éparses, occupant tout ou partie de la face inférieure des feuilles.

1. Acrostic doré. *Acrostichum aureum;* L. ♃. Antilles. Feuilles de deux à trois pieds, à folioles entières, longues d'un pouce, rétrécies en pétiole. Serre chaude ; terre de bruyère constamment humide ; multiplication d'éclats et de semences.

2. Acrostic laineux. *A. velleum;* H. K. ♃. Madère. Feuilles deux fois ailées ; folioles ovales-cordiformes, très-velues en-dessous, incisées sur le côté. Même culture que la précédente, mais moins d'humidité, et orangerie.

3. Acrostic alcicorne. *A. alcicorne.* ♃. Brésil. Feuilles de deux pieds, entières, s'élargissant dès la base du pétiole, oblongues, partagées au sommet en deux lobes allongés, qui sont eux-mêmes subdivisés en deux ou trois autres lobes lancéolés, un peu divergens. Cette belle plante, que j'ai introduite en 1819, est surtout remarquable par une expansion membraneuse, plane, pubescente et blanchâtre dans sa jeunesse, naissant sur le collet de la racine et s'étendant horizontalement de manière à recouvrir toute la terre du pot, sur laquelle elle est appliquée. Cette végétation singulière meurt et se renouvelle chaque année. Même culture que le n° 1.

CÉTÉRACH. *Ceterach;* Willd. Capsules rassemblées en groupes disposés en lignes transversales.

1. Cétérach officinal, doradille cétérach. *Ceterach officinarum;* Willd. *Asplenium ceterach;* L. ♃. Indigène. Feuilles petites, nombreuses, en touffe, pinnatifides, à divisions profondes, et à découpures alternes, confluentes à la base, arrondies au sommet. Terre légère ou de bruyère; dans les rocailles humides.

POLYPODE. *Polypodium;* L. Capsules rassemblées en groupes arrondis, épars.

1. Polypode a feuilles épaisses. *Polypodium crassifolium;* L. ♃. Antilles. Feuilles simples, lancéolées, très-entières, glabres; fructification en séries. Serre chaude; terre lègère ou de bruyère tenue fraîche; multiplication par éclats.

2. Polypode phyllitide. *P. phyllitidis;* L. ♃. Amérique méridionale. Feuilles simples, lancéolées, très-entières, glabres; fructification éparse. Serre chaude; même culture.

3. Polypode doré. *P. aureum;* L. ♃. Antilles. Feuilles pinnatifides, glabres, longues de deux pieds, à pinnules oblongues, glauques, confluentes à leur base, les inférieures ouvertes et la terminale plus grande; fructification consistant en une série de points d'une belle couleur dorée. Serre chaude; même culture. Très-belle plante.

4. Polypode commun. *P. vulgare;* L. ♃. Indigène. Feuilles nombreuses, en touffe, longues de huit à dix pouces, à pinnules parallèles, oblongues, obtuses; en juin, fructification en paquets sur deux rangs. Pleine terre de bruyère, humide, rocailleuse, ombragée.

5. Polypode lacinié. *P. cambricum;* L. ♃. Indigène. Feuilles plus larges que le précédent, à pinnules lancéolées, laciniées, dentées, presque opposées. Même culture. Il réussit dans les vieux murs.

6. Polypode phégoptère. *P. phegopteris;* L. ♃. Indigène. Feuilles deux fois pinnatifides, longues d'un pied, à folioles ovales, entières, confluentes à leur base; la première foliole de la rangée inférieure, quadrangulaire, pendante et plus longue. Même culture.

7. Polypode dryoptère. *P. dryopteris;* L. ♃. Indigène. Feuilles décomposées, longues d'un pied, munies seulement vers le sommet de pinnules opposées dont les inférieures très-grandes et ailées. Même culture.

§ III. Capsules recouvertes d'un tégument.

HYDROGLOSSE. *Hydroglossum;* WILLD. Capsules placées sur deux rangs en épis unilatéraux, s'ouvrant de la base au sommet par leur côté intérieur ; un tégument en forme d'écailles pour chaque capsule. On n'en cultive qu'une seule : L'HYDROGLOSSE DU JAPON ; *H. japonicum;* WILLD ; *Lygodium japonicum ;* SWARTZ. ♃. Serre chaude; terre de bruyère humide ; multiplication d'œilletons.

ASPIDIER. *Aspidium;* SWARTZ. Capsules rassemblées en groupes arrondis, épars ; tégument ombiliqué, ou s'ouvrant d'un seul côté.

1. ASPIDIER TRIFOLIÉ. *Aspidium trifoliatum ;* SWARTZ. ; *polypodium trifoliatum ;* L. ♃. Antilles. Feuilles ternées, à lobes sinués, le moyen plus grand ; fructification presque toute l'année. Serre chaude; terre légère ou de bruyère, tenue constamment fraîche ; multiplication de drageons.

2. ASPIDIER LONCHITIS. *A. lonchitis ;* SWARTZ. *Polypodium lonchitis* ; L. ♃. Alpes. Feuilles en touffe, longues d'un pied, ailées, à folioles nombreuses, petites, ciliées, un peu courbées, dentées, munies d'une oreillette à leur base. Fructification de mai en août. Terre légère, fraîche, rocailleuse, ombragée ; multiplication d'éclats.

3. ASPIDIER FOUGÈRE MALE. *A. filix mas ;* SWARTZ. *Polypodium filix mas;* L. ♃. Indigène. Enveloppe réniforme ; feuilles deux fois pennées, grandes, très-larges, en touffe ; pinnules inférieures courtes, les moyennes très-grandes, diminuant à mesure qu'elles s'approchent du sommet; folioles obtuses, dentées, confluentes à leur base. Pleine terre légère et humide ; multiplication d'éclats.

4. ASPIDIER FOUGÈRE FEMELLE. *A. Filix fœmina ;* SWARTZ. *Polypodium filix fœmina ;* L. ♃. Indigène. Enveloppe réniforme ; feuilles deux fois pennées, longues d'un pied, en touffe, à pinnules nombreuses, peu écartées, ailées, ponctuées, de quatre à cinq pouces, à trente ou quarante folioles étroites, profondément dentées, non confluentes à leur base. Même culture.

5. ASPIDIER RHÉTIC. *A. rhæticum ;* SWARTZ. *Polypodium*

rhæticum; L. ♃. Alpes. Enveloppe réniforme; feuilles longues d'un pied, à pétiole nu dans sa moitié inférieure, d'un rouge brun luisant; l'autre moitié garnie de pinnules lâches, ailées, à folioles lancéolées, petites et dentées. Terre légère, ombragée, rocailleuse; multiplication de rejetons.

6. Aspidier fragile. *Aspidium fragile;* Swartz. *Polypodium fragile;* L. ♃. Indigène. Enveloppe réniforme; feuilles longues de six à huit pouces, à pétiole nu dans son tiers inférieur, roux, à pinnules presque opposées, lâches, ailées, ovales, crénelées et veinées; découpures plus profondes d'un côté que de l'autre. Pleine terre franche, légère, humide et ombragée; multiplication par éclats.

ONOCLÉE. *Onoclea;* Willd. Capsules couvrant toute la partie inférieure des feuilles. Tégumens squamiformes, réunis en forme de baie, et ne s'ouvrant pas.

1. Onocléé sensible. *Onoclea sensibilis;* L. ♃. Amérique septentrionale. Feuilles pinnées, presqu'en grappe à leur sommet, d'une si grande délicatesse qu'elles se fanent si on y touche. Pleine terre de bruyère humide; exposition ombragée; multiplication d'éclats.

DORADILLE. *Asplenium;* L. Capsules réunies en lignes transversales, éparses. Tégument naissant d'une nervure latérale, s'ouvrant en un seul battant, de dedans en dehors.

1. Doradille trichomanes. *Asplenium trichomanes;* L. ♃. Indigène. Feuilles ailées, en touffe, petites, à trente folioles environ, sessiles, un peu crénelées, arrondies. Terre de bruyère rocailleuse et à l'ombre; multiplication d'éclats.

2. Doradille maritime. *A. marinum;* L. ♃. Indigène. Folioles plus grandes que dans la précédente, presque triangulaires, dentées en scies, lobées dans leur bord latéral. Même culture.

3. Doradille capillaire noir. *A. adiantum nigrum;* L. Indigène. Feuilles longues de cinq à six pouces, en touffe, deux ou trois fois ailées, à pinnules alternes, les inférieures plus grandes, à folioles incisées, dentées. Terre de bruyère; exposition ombragée; multiplication de rejetons.

SCOLOPENDRE. *Scolopendrium;* Smith. Capsules réunies en lignes transversales, éparses; tégument double, superficiaire, occupant l'un et l'autre côtés des capsules, s'ouvrant comme par une suture longitudinale.

1. Scolopendre officinale, langue de cerf. *Scolopendrium officinarum*; Swartz. *Asplenium scolopendrium*; L. ♃. Indigène. Feuilles longues d'un pied, étroites, ligulées, en cœur à la base, un peu ondulées. On en possède plusieurs variétés : *à feuilles crispées*, *ondulées*, *multifides*, *rameuses*. Terre légère, humide; exposition ombragée; multiplication de rejetons.

BLECHNON. *Blechnum*; Smith. Capsules réunies en deux lignes longitudinales et parallèles à la principale nervure des feuilles; tégument superficiaire, s'ouvrant de dedans en dehors.

1. Blechnon d'occident, Blègne. *Blechnum occidentale*; L. ♃. De l'Inde. Feuilles en faisceau, longues de sept à huit pouces, pinnées; les pinnules lancéolées-opposées, échancrées à leur base. Serre chaude ou tempérée. Terre de bruyère humide; multiplication de drageons.

2. Blechnon austral. *B. australe*; Swartz. ♃. Du Cap. Feuilles ailées, longues d'un pied, à folioles presque sessiles, en cœur, lancéolées, entières, les inférieures opposées. Orangerie; même culture.

3. Blechnon de Virginie. *B. virginicum*; L. ♃. De l'Amérique méridionale. Feuilles ailées, à folioles sessiles, lancéolées, semi-pinnatifides et pointues. Pleine terre, légère et ombragée; même multiplication.

WOODWARDIE. *Woodwardia*; Smith. Capsules réunies en points oblongs, distincts, disposés parallèlement le long de la nervure principale de la feuille. Tégument superficiaire, en voûte, s'ouvrant de dedans en dehors.

1. Woodwardie prolifère. *Woodwardia radicans*; Swartz. ♃. Italie. Feuilles prenant racines à leur sommet quand elles touchent la terre, deux fois ailées; pinnules à deux rangs de folioles lancéolées, crénelées, confluentes à leur base. Orangerie. Terre de bruyère; multiplication de rejetons.

FOUGÈRE. *Pteris*; L. Capsules réunies en lignes continues, disposées le long du bord des feuilles; tégument formé du rebord de la feuille, replié en dessous, et s'ouvrant de dedans en dehors.

1. Fougère a feuilles en scie. *Pteris arguta;* Swartz. ♃. Des Canaries. Feuilles deux fois ailées ; rameaux inférieurs rameux à la base ; pinnules lancéolées, dentées en scie. Belle plante. Orangerie. Terre légère et tourbeuse ; exposition ombragée ; multiplication de drageons.

2. Fougère crénelée. *P. serrulata;* L. ♃. De l'Inde. Feuilles presque bipinnatifides, à découpures linéaires ; les stériles dentées. Serre chaude. Même culture.

3. Fougère a longues feuilles. *P. longifolia;* L. ♃. Antilles. Feuilles ailées, à pinnules linéaires, ouvertes en cœur à leur base. Serre chaude. Même culture.

CHEILANTHE. *Cheilanthes;* Swartz. Capsules réunies en forme de points sur les bords des feuilles ; tégument squamiforme, marginal, s'ouvrant de dedans en dehors.

1. Cheilanthe odorant. *Cheilanthes odora ;* Swartz. *Polypodium fragrans ;* Desf. *Pteris acrosticha ;* Balbis. ♃. Du Midi. Pleine terre légère, ombragée ; multiplication d'éclats.

CAPILLAIRE, adiante. *Adiantum ;* L. Capsules réunies en groupes oblongs ou arrondis, placés sur le bord des feuilles ; tégument membraneux, naissant du bord de la feuille replié en dessous, et s'ouvrant de dedans en dehors.

1. Capillaire réniforme. *Adiantum reniforme ;* L. ♃. Des Canaries. Belle plante. Feuilles radicales arrondies, en forme de rein, glabres, soutenues par des pétioles grêles, d'un rouge noir, longs de sept à huit pouces ; fructification faisant paraître le bord des feuilles comme crénelé. Orangerie. Terre de bruyère. Multiplication d'éclats.

2. Capillaire du Canada. *A. pedatum ;* L. ♃. Amérique septentrionale. Feuilles longues d'un pied, ramifiées, chaque rameau portant deux rangs de folioles très-minces, à bords coupés en arc et incisés. Pleine terre de bruyère, tenue sèche, surtout après la végétation. Multiplication par la séparation des touffes.

3. Capillaire de Montpellier. *A. capillus Veneris*, L. *A. coriandrifolium;* Fl. Fr. ♃. Indigène. Feuilles décomposées, en faisceau, longues de sept à huit pouces, à folioles alternes ; pinnules cunéiformes, lobées, pédicellées. Pleine terre,

rocailleuse et ombragée ; multiplication par la séparation des touffes.

DAVALLIE. *Davallia;* Smith. Capsules réunies en points arrondis, distincts, disposés sur le bord et presqu'à l'extrémité des feuilles. Tégument superficiaire, presqu'en capuchon, distinct pour chaque point, s'ouvrant de dehors en dedans.

1. Davallie des Canaries. *Davallia canariensis ;* Swartz. *Trichomanes canariense ;* L. ♃. Feuilles à trois divisions, surcomposées ; les folioles alternes ainsi que les pinnules, celles-ci pinnatifides. Jolie petite plante. Orangerie. Terre de bruyère ; multiplication facile par ses rejets enracinés.

ORDRE II.

LES CICADÉES. — *CICADEÆ.*

Plantes naturelles aux climats les plus chauds de l'Amérique, de l'Afrique et des Indes ; *tronc* élancé en colonne couronnée d'une touffe de *feuilles* alternes, ailées, roulées à leur naissance comme celles des fougères. Fleurs dioïques ; les *mâles* en chaton composé d'un grand nombre d'écailles imbriquées, portant un grand nombre d'anthères : les *femelles* consistant en un chaton ou un faisceau d'écailles, portant deux ovaires à leur partie inférieure, ou plusieurs ovaires le long de leurs bords. *Noix* charnue, monosperme, fournie par chaque ovaire.

ZAMIE. *Zamia ;* L. (*Dioécie-polyandrie.*) Fleurs dioïques. Les mâles formant un chaton d'écailles en bouclier, imbriquées, garnies en dessous d'un grand nombre d'anthères sessiles. Les femelles disposées en chaton strobiliforme, composé d'écailles en bouclier, imbriquées, pédiculées, portant en dessous deux ovaires sessiles se changeant en autant de noix charnues à une semence. Les plantes de ce genre, par la singularité de leur port et de leur feuillage luisant, font un effet agréable dans les serres.

1. ZAMIE A FEUILLES DE CYCAS. *Zamia cicadifolia;* WILLD. ♄. Du Cap. Feuilles pinnées, à folioles linéaires, mucronées, distiques, les inférieures opposées; pétioles demi-cylindriques, canaliculés, pubescens. Serre chaude. Terre franche légère, substantielle, tenue humide en été, sèche en hiver. Multiplication au printemps ou au commencement de l'été, par l'éclat des drageons que l'on plante de suite en pots enfoncés dans la tannée. Dépotage annuel.

2. ZAMIE A FEUILLES PIQUANTES. *Z. pungens;* AIT. ♄. Du Cap. Feuilles pinnées, à folioles en alène, ouvertes, droites, raides, mucronées, arrondies au bord extérieur de leur base; pétioles un peu cylindriques, sans épines. Même culture.

3. ZAMIE TRIDENTÉE. *Z. tridentata;* WILLD. ♄. Du Cap. Feuilles pinnées, à folioles linéaires, un peu sillonnées, tridentées et glabres au sommet; pétioles demi-cylindriques, canaliculés. Même culture.

4. ZAMIE A FEUILLES ÉTROITES. *Z. angustifolia;* JACQ. ♄. Isles Bahama. Folioles linéaires, mutiques, à sommet calleux et deux fois échancré; pétioles cylindriques, sans épines. Même culture.

5. ZAMIE MINCE. *Z. tenuis;* WILLD. ♄. Feuilles pinnées, à folioles linéaires, obtuses au sommet, retrécies à la base, à bords roulés en dessus, bidentés; pétiole glabre, triangulaire. Même culture.

6. ZAMIE MOYENNE. *Z. media;* JACQ. ♄. Indes occidentales. Feuilles pinnées, à folioles linéaires-lancéolées, obtuses, un peu dentées en scie près du sommet; pétiole glabre, inerme, cylindrique à la base, triangulaire au-dessus. Même culture.

7. ZAMIE LACHE. *Z. debilis;* WILLD. ♄. Inde. Feuilles pinnées, à folioles lancéolées, aiguës, mutiques, dentées en scie au sommet; pétiole glabre, triangulaire. Même culture.

8. ZAMIE A FEUILLES ENTIÈRES. *Z. integrifolia;* WILLD. *Pumila;* L. Floride orientale, Saint-Domingue. Feuilles pinnées, à folioles lancéolées, obtuses et arrondies au sommet, et s'amincissant vers la base: leur bord extérieur finement denté en scie près du sommet; pétiole glabre, presque quadrangulaire. Souche très-grosse, arrondie, en forme de bulbe,

recouverte d'écailles formées par la base des feuilles desséchées. Le fruit est une amande douce. Même culture. On possède les variétés, *Zamia integrifolia mas*, et *Zamia integrifolia fœmina*.

9. Zamie épineuse. *Zamia muricata;* Willd. ♄. Amérique méridionale. Feuilles pinnées; folioles oblongues, unies, dentées en scie vers le sommet; pétiole épineux. Même culture.

10. Zamie furfuracée. *Z. furfuracea;* Willd. ♄. Inde occidentale. Feuilles pinnées; folioles lancéolées, aiguës, dentées en scie dans leur moitié supérieure, furfuracées en dessous; pétiole presque cylindrique, épineux à la base. Même culture.

11. Zamie en spirale. *Z. spiralis;* Salisb. Feuilles pinnées; trente ou quarante paires de folioles tournant en spirale, à sommet épineux portant trois à cinq dents. Même culture.

12. Zamie a feuilles longues. *Z. longifolia;* Jacq. ♄. Du Cap. Feuilles pinnées, longues de cinq à six pieds; folioles lancéolées, distiques, aiguës, sans pointe, très-entières; pétiole glabre, à quatre angles peu sensibles. Même culture.

13. Zamie laineuse. *Z. lanuginosa;* Willd; *Cycadis;* L. ♄. Du Cap. Feuilles pinnées; folioles lancéolées, aigues, mucronées, munies de deux dents épineuses sur leur côté extérieur; pétiole glabre, quadrangulaire; tronc gros, arrondi, laineux. Même culture.

14. Zamie difforme. *Z. horrida;* Willd. ♄. Du Cap. Feuilles pinnées; folioles glauques, d'un blanc argenté, lancéolées, aiguës, mucronées, munies de trois dents épineuses sur leur côté extérieur; pétiole glabre, quadrangulaire, ainsi que le tronc. Même culture.

CYCAS. *Cycas;* L. (*Dioécie-polyandrie.*) Fleurs dioïques. Les mâles formant un chaton strobiliforme, composé d'écailles ovales ou spatulées, imbriquées, portant un grand nombre d'anthères. Les femelles consistant en des ovaires situés le long des bords et dans les sinus d'écailles ensiformes, coriaces, réunies en faisceau; chaque ovaire devient une noix charnue, monosperme. Les cycas s'étalent beaucoup dans la serre, et y tiennent une place considérable; mais, à ce désagrément près, ils méritent d'y être cultivés à cause de la beauté de leur port.

1. Cycas en éventail. *Cycas circinalis;* Willd. ♄. Indes. Feuilles pinnées; folioles lancéolées-linéaires, aiguës, planes, uninervées, roulées en dedans avant leur parfait développement, ensuite courbées en dehors; tronc de dix à douze pieds dans son pays natal. Serre chaude et même culture que les zamies.

2. Cycas roulé. *C. revoluta;* Willd. ♄. Japon. Feuilles pinnées; folioles linéaires, mucronées, uninervées, à bords recourbés en dessous; tronc gros, de quatre ou cinq pieds. Même culture. Cette espèce et la précédente fournissent un sagou estimé en Europe. Dans leur pays, on mange leurs amandes.

3. Cycas de Riedlé. C. *Riedlei;* Dum. Courc. ♄. Nouvelle-Hollande. Même port que les précédens; feuilles ailées, à plusieurs paires de folioles linéaires-lancéolées, très-glabres, larges de deux lignes, lisses et planes en-dessus, relevées en-dessous de nervures longitudinales, divisées à leur sommet en deux à quatre principales dents, avec une ou deux de chaque côté. Cette dernière espèce peut passer l'été en plein air, mais à exposition chaude.

ORDRE III.

LES ÉQUISÉTACÉES. — *EQUISETACEÆ.*

Plantes herbacées, à tiges fistuleuses, articulées, simples ou divisées en rameaux verticillés, et dont la *fructification* consiste en de petits involucres pédiculés, ressemblant par leur face externe à des têtes de clou, disposés en épi terminal, conique, portant à leur face interne une rangée de loges qui s'ouvrent par une fente longitudinale, et contiennent des globules verdâtres, comme des grains de poussière, ne pouvant être vus distinctement qu'au microscope, et qui, selon Hedwig, sont autant de fleurs hermaphrodites composées d'un ovaire globuleux et de quatre étamines attachées en croix à la base de l'ovaire.

PRÊLE. *Equisetum;* L. Cône solitaire, terminal, composé d'un grand nombre de filamens ombiliqués à leur sommet, et portant chacun plusieurs globules garnis de quatre filets sétacés et élastiques. On ne cultive guère ces plantes que dans les jardins botaniques, et pour l'ornement du bord des eaux, dans les jardins paysagers.

1. Prêle des champs. *Equisetum arvense;* L. ♃. Indigène. Tiges d'un pied, couchées inférieurement, grêles, anguleuses, articulées, plus courtes et nues lorsqu'elles portent la fructification, à gaînes brunes et divisées presque jusqu'à la base en dents aiguës. Pleine terre marécageuse; multiplication par la séparation des racines.

2. Prêle de rivières. *E. fluviatile;* L. ♃. Indigène. Tiges de trois pieds, droites, épaisses, à articulations rapprochées; vingt à quarante feuilles verticillées, linéaires, tétragones. Pleine terre humide. Même culture.

3. Prêle d'hiver. *E. hyemale*. ♃. Indigène. Tiges de dix-huit pouces, nues, rudes, articulées, d'un vert glauque; gaînes noirâtres, un peu crénelées. Même culture. Les menuisiers se servent de celle-ci pour polir leurs ouvrages.

4. Prêle des marais. *E. palustre;* L. ♃. Indigène. Tiges d'un pied, articulées, sillonnées, les articulations garnies de cinq à neuf feuilles simples et courtes. Les prêles sont, en général, des plantes nuisibles aux prairies et même dangereuses pour les bestiaux; cependant on en excepte celle-ci dont les vaches sont très-friandes, et qui augmente la qualité et la quantité de leur lait. Peut-être pourrait-on en tirer un parti avantageux dans les prés bas et marécageux où d'autres fourrages meilleurs refusent de croître.

ORDRE IV.

NAIADES. — *NAIADES*.

Plantes herbacées, aquatiques, à *feuilles* opposées, quelquefois verticillées; *fleurs* hermaphrodites, ou monoïques, ou dioïques; *calice* entier ou divisé, supérieur ou inférieur, rarement nul; *corolle* nulle; *étamines* en nombre déterminé; un à six *ovaires*; un *style* simple pour chaque ovaire, ou un stigmate sessile : rarement le style est à deux ou trois divisions; *capsule* ou *baie* renfermant une à quatre semences.

PESSE. *Hippuris*; L. (*Monandrie-monogynie.*) Calice entier, peu apparent; un style reçu dans un sillon de l'anthère; une graine. Plantes propres à l'ornement des eaux.

1. PESSE D'EAU. *Hippuris vulgaris*; L. ♃. Indigène. Tiges simples, droites, s'élevant de quelques pouces au-dessus de la surface des eaux; huit à quinze feuilles verticillées, linéaires-lancéolées; en mai, fleurs d'un blanc sale, axillaires, sessiles, verticillées. On la cultive dans les eaux des bassins; on la multiplie en y jetant ses graines, ou des éclats de ses touffes.

CHARAGNE. *Chara*; L. (*Monoécie-monandrie.*) Capsules ovoïdes, crustacées, striées en spirale, remplies, d'une pulpe au milieu de laquelle sont nichés des corpuscules nombreux qui servent à propager la plante. On ne cultive ces plantes que dans les jardins botaniques.

1. CHARAGNE VULGAIRE. *Chara vulgaris*; L. ⊙. Indigène. Tiges très-rameuses, remarquables par la croûte rude qui les recouvre; feuilles dentées d'un côté; capsule oblongue. On la sème dans les eaux stagnantes où elle se ressème ellemême chaque année. Elle répand une odeur infecte.

2. CHARAGNE COTONNEUSE. *C. tomentosa*; L. ⊙. Indigène. Tiges spongieuses, pubescentes, à rameaux feuillus à la base; feuilles cylindriques, en alène. Même culture.

3. CHARAGNE LUISANTE. *C. flexilis*; L. ⊙. Indigène. Tiges grêles; feuilles inermes, luisantes, diaphanes, verticillées, encroûtées comme les tiges. Même culture.

CORNIFLE. *Ceratophillum*; L. (*monoécie-polyandrie.*) Fleurs monoïques, ayant un calice partagé en plusieurs parties. Dans les mâles, étamines en nombre double de celui des divisions du calice, c'est-à-dire, de quatorze à vingt; anthères oblongues. Dans les femelles, un ovaire comprimé, surmonté d'un stigmate sessile, oblique. Une petite noix ovale, pointue, monosperme.

1. Cornifle a fruits épineux. *Ceratophyllum demersum;* L. ♃. Indigène. Tige nageante, rameuse, filiforme; feuilles verticillées par six à huit, profondément dichotomes. En juin et juillet, fleurs herbacées, axillaires, solitaires; fruit à trois cornes dont une longue et droite, deux plus courtes et recourbées. On la cultive, ainsi que la suivante, dans les bassins des jardins botaniques, où on la propage en y jetant ses fruits.

2. Cornifle a fruit lisse. *C. submersum;* L. ♃. Indigène. Même port que la précédente; feuilles plus rameuses; divisions des calices un peu dentées; fruits plus petits, sans cornes. Même culture.

NAIADE. *Naias;* L. (*Monoécie-triandrie.*) Fleurs monoïques. Les mâles solitaires, peu apparentes; calice à deux lobes; corolle monopétale, à quatre divisions; anthères sessiles, cohérentes. Fleurs femelles disposées de même; calice et corolle nuls; stigmate bifide ou trifide; capsule renfermant de une à quatre graines. Plantes cultivées dans les eaux des jardins botaniques.

1. Naïade a feuilles lancéolées. *Naias monosperma;* Willd. *Marina;* L. *Major;* Dec. ☉. Indigène. Tiges de quatre à cinq pouces, très-rameuses, dressées, transparentes. Feuilles étroites, luisantes, ondulées, dentées. En août et septembre, fleurs mâles pédonculées, les femelles sessiles, herbacées. On les propage en jetant leurs graines dans les eaux où l'on veut les avoir; elles se ressèment annuellement elles-mêmes.

2. Naïade a feuilles linéaires. *Naias tetrasperma;* Willd. *Fluvialis;* Thuil. *Minor;* Dec. Cette plante diffère de la précédente par ses tiges non épineuses et ses capsules à quatre graines. Même culture.

SAURURE. *Saururus;* L. (*Heptandrie-tetragynie.*) Calice formé par une écaille entière, latérale, persistante. Sept et quelquefois six étamines; quatre ovaires, portant chacun un stigmate sessile, et qui leur est adné du côté de leur partie interne. Quatre baies monospermes.

1. Saururé incliné. *Saururus cernuus;* L. ♃. Virginie. Tige feuillée; feuilles pétiolées, assez grandes, un peu épaisses. En septembre, fleurs à écaille blanche. Pleine terre tourbeuse, continuellement humide. Multiplication par la séparation des touffes et des drageons.

POTAMOGÉTON, Potamot, Épi d'eau. *Potamogeton;* L. (*Tétrandrie - tétragynie.*) Calice de quatre folioles; quatre étamines; quatre ovaires surmontés chacun d'un stigmate sessile; quatre petites noix monospermes.

1. Potamogéton flottant. *Potamogeton natans;* L. ♃. Indigène. Tiges articulées, longues, stipulées; feuilles pétiolées, lisses et nerveuses, les inférieures oblongues, les supérieures ovales. En août, fleurs en épi serré, d'un pouce de long. On le cultive dans les eaux des jardins botaniques, ainsi que les suivans: *Potamogeton perfoliatum, densum, lucens, crispum, compressum, pectinatum, gramineum, pusillum.* On les multiplie de graines et d'éclats; du reste, ils n'offrent nul intérêt sous le rapport de l'agrément.

RUPPIE. *Ruppia;* L. (*Tétrandrie - tétragynie.*) Calice de deux écailles ovales, concaves, opposées, caduques; quatre étamines à anthères sessiles; quatre ovaires terminés chacun par un stigmate obtus et sessile. Quatre petites noix monospermes, portées sur un pédicule filiforme,

1. Ruppie maritime. *Ruppia maritima;* L. ♃. Indigène. Tiges grêles et rameuses; feuilles alternes, longues, linéaires, aiguës. Fleurs en chatons axillaires. On la cultive dans les eaux des bassins, dans les jardins botaniques. Multiplication de graines.

ZANICHELLE. *Zanichellia;* L. (*Monoécie-monandrie.*) Fleurs monoïques. Dans les mâles, une étamine nue située à la base extérieure des fleurs femelles. Celles-ci, consistant en un calice monophylle, turbiné, renfermant quatre ovaires, quelquefois deux ou six, munis chacun d'un stigmate en bouclier; autant de capsules monospermes, comprimées, sessiles.

1. Zanichelle des marais. *Zanichellia palustris;* L. ☉. Indigène. Tiges grêles, nageantes, articulées, très-rameuses; feuilles alternes ou opposées, linéaires, rassemblées en fais-

ceaux au sommet des rameaux. En juillet, fleurs axillaires. Elle aime les eaux courantes; cependant on la sème et elle réussit dans les bassins des jardins botaniques.

CALLITRICHE. *Callitriche;* L. (*Monandrie - digynie.*) Calice de deux folioles. Un ovaire chargé de deux styles. Une seule étamine saillante. Une capsule tétragone, à quatre loges monospermes.

1. Callitriche printanier. *Callitriche verna;* L. ⊙. Indigène. Tiges filiformes, rameuses, se terminant à la surface de l'eau par une rosette de feuilles ovales. D'avril en juillet, fleurs sessiles, solitaires, axillaires. On la cultive comme les précédentes, dans les bassins où on la multiplie de graines.

DEUXIÈME DIVISION. — PHANÉROGAMES.

Plantes monocotylédones à étamines sous le pistil.

ORDRE PREMIER.

AROIDÉES — *AROIDEÆ.*

Plantes ordinairement herbacées; *feuilles* vaginantes, alternes, souvent toutes radicales; *spadice* simple, multiflore, nu ou entouré d'une spathe, presque toujours solitaire, placé au sommet de la tige ou d'une hampe radicale; *fleurs* sessiles sur le spadice, rarement munies d'un calice; *étamines* en nombre défini ou indéfini; *ovaires*, tantôt mêlés aux étamines, tantôt séparés d'elles; chaque ovaire chargé d'un style, ou simplement terminé par un stigmate, et devenant une baie arrondie, à une ou plusieurs loges renfermant une ou plusieurs semences.

§ Ier. Spadice entouré d'une spathe monophylle.

AMBROSINIE. *Ambrosinia;* L. (*Monoécie-monandrie.*) Spadice aplati, faisant l'effet d'une cloison, et partageant en deux loges la cavité de la spathe contournée en cornet. Anthères nombreuses, sessiles sur la face postérieure et vers le haut du spadice, qui est nu dans sa partie inférieure, et muni de deux glandes arrondies et concaves. Ovaire arrondi, chargé d'un style à stigmate simple, placé sur la face antérieure du spadice, nu de ce côté en sa partie supérieure. Une seule capsule polysperme.

1. AMBROSINIE DE BASSI. *Ambrosinia Bassii;* L. ♃. Sicile. Feuilles ovales-arrondies, luisantes, étalées sur la terre; hampe courte, grêle; de février en avril; fleurs en forme de capuchon pointu, verdâtres, tachées de pourpre. Orangerie près des jours; terre franche légère; arrosemens fréquens pendant la végétation, très-modérés pendant le repos de la plante. Multiplication de graines ou d'éclats en mai.

ARUM, Gouet. *Arum;* L. (*Monoécie-polyandrie.*) Spathe ventrue, en cornet; spadice cylindrique, nu dans sa partie supérieure, portant, vers le milieu de sa longueur, des étamines nombreuses, sessiles, sur plusieurs rangs; base munie d'ovaires nombreux et nus, à stigmates sessiles et velus; baie globuleuse, monosperme, ou, mais rarement, polysperme. Par la macération, on dépouille les racines de gouet de leur âcreté, et l'on en tire une fécule nourrissante.

1. ARUM SERPENTAIRE. *A. dracunculus;* L. ♃. Indigène. Pas de tiges; feuilles composées, pétiolées, grandes, découpées en cinq ou sept digitations lancéolées, très-entières; hampe de deux ou trois pieds, lisse, tachetée comme la peau d'un serpent, d'où son nom; de juin en juillet, spathe grande, terminale, d'un pourpre brun en dedans; spadice de la même couleur. Pleine terre à exposition chaude, mais ombragée, avec couvertures de feuilles sèches pendant l'hiver; arrosemens fréquens. Multiplication de graines, ou par la séparation des bulbes en automne.

2. ARUM MACULÉ, Pied-de-veau. *A. maculatum;* L. ♃. Indigène. Pas de tiges; feuilles simples, très-entières, sagit-

tées ; spathe herbacée, roulée en cornet ; spadice d'un blanc jaunâtre, rougeâtre après la fécondation ; baies d'un beau rouge. Même culture, mais il n'a pas besoin de couverture l'hiver, et réussit à toutes expositions, quoiqu'il préfère l'ombre.

3. Arum capuchon. *Arum arisarum ;* L. ♃. Indigène. Pas de tiges ; feuilles simples, sagittées, oblongues ; d'avril en mai, spadice cylindrique, grêle, long de trois à six pouces ; spathe en capuchon, rayée de blanc et de vert. Même culture que le n° 1.

4. Arum a longue pointe. *A. dracuntium ;* L. ♃. Amérique septentrionale. Pas de tiges ; feuilles composées, à divisions très-entières ; en juin, spathe oblongue, convolutée, plus courte que le spadice qui est subulé et verdâtre. Même culture que le n° 1 ; plus sûrement en orangerie.

5. Arum d'Italie. *A. italicum ;* Willd. ♃. Pas de tiges ; feuilles simples, hastées, pointues, longuement pétiolées ; spathe droite et très-grande. Il ressemble au n° 2, mais il est plus grand. Même culture que le n° 1.

6. Arum a feuilles étroites. *A. tenuifolium ;* L. ♃. Indigène. Pas de tiges ; feuilles linéaires-lancéolées ; en avril et mai, spadice subulé, plus long que la spathe lancéolée. Même culture.

7. Arum de Virginie. *A. virginicum ;* L. ♃. Pas de tiges ; feuilles simples, cordiformes, allongées, aiguës au sommet, à angles obtus. Même culture que le n° 1, mais terre chaude et humide.

8. Arum chevelu, gobe-mouche. *A. crinitum ;* Willd. *muscivorum ;* L. ♃. Minorque. Pas de tiges ; feuilles composées, à divisions très-entières, les latérales roulées en dedans ; spadice cylindrique ; spathe velu intérieurement. Orangerie et même culture. Son odeur infecte attire les mouches qui y déposent leurs œufs.

9. Arum a trois feuilles. *A. triphyllum ;* L. ♃. Amérique septentrionale. Pas de tiges ; feuilles composées de trois folioles ovales, pointues, glauques inférieurement : la lame lancéolée, acuminée, de la longueur de la hampe. En juin, spadice d'un blanc jaunâtre. Même culture que le n° 2.

10. Arum colocase. *A. colocasia ;* L. ♃. Égypte. Pas de

tiges; feuilles simples, peltées, ovales, émarginées à la base, avec des lobes arrondis. Serre chaude. Même culture.

11. Arum veiné. *Arum pictum ;* L. ♃. Minorque. Pas de tiges; feuilles simples, cordiformes, avec des nervures ou veines blanchâtres. Serre chaude. Même culture.

12. Arum divergent. *A. divaricatum;* L. ♃. Inde. Pas de tiges; feuilles simples, cordiformes, hastées; spadice grêle, en alène; spathe ovale lancéolée, réfléchie, d'un rouge pourpre, exhalant une odeur cadavéreuse. Serre chaude. Même culture.

13 Arum trilobé. *A. trilobatum;* L. ♃. Inde. Pas de tiges; feuilles les unes simples et cordiformes, les autres à deux ou trois lobes ovales. En mai et juin, spathe verte, rayée de rougeâtre. Serre chaude. Même culture.

14. Arum a feuilles pourpres. *A. venosum;* Ait. ♃. Pas de tiges; feuilles composées, à folioles presque ovales, très-entières; lame lancéolée, plus longue que le spadice. Fleur en mars. Serre chaude. Même culture.

15. Arum rouge-noiratre. *A. atro-rubens ;* Ait. ♃. Virginie. Pas de tiges; feuilles composées, ternées; lame ovale, de moitié plus courte que le spadice. Fleur en juillet. Orangerie. Même culture.

16. Arum denté. *A. serratum;* Willd. ♃. Japon. Pas de tiges; feuilles composées, dentées; spadice en massue. Serre chaude. Même culture.

17. Arum a cinq feuilles. *A. pentaphyllum;* L. ♃. Inde. pas de tiges; feuilles composées, quinées. Serre chaude. Même culture.

18. Arum pérégrin. *A. peregrinum;* L. ♃. Les contrées les plus chaudes de l'Amérique. Pas de tiges; feuilles simples, cordiformes, faiblement mucronées, à angles arrondis. Serre chaude. Même culture.

19. Arum menu. *A. minutum;* Willd. ♃. Inde orientale. Pas de tiges; feuilles simples, sagittées, mucronées, à lobes réfléchis vers la terre, et pétiole ponctué; spadice d'un noir pourpre, plus court que la spathe. Serre chaude. Même culture.

20. Arum cornu. *A. proboscideum;* L. ♃. Les Apennins. Pas de tiges; feuilles simples, hastées; spathe terminée en

pointe subulée et recourbée, rayée de blanc et de pourpre. Orangerie. Même culture.

21. Arum en spirale. *Arum spirale;* Willd. ♃. Tranquebar. Pas de tiges; feuilles simples, linéaires-lancéolées; spadice plus court que la spathe, qui est oblongue, lancéolée, tordue en spirale. Serre chaude. Même culture.

22. Arum a feuilles de lierre. *A. hederaceum;* L. ♄. Amérique. Tiges radicantes; feuilles cordiformes, oblongues, acuminées; pétioles cylindriques. Serre chaude. Même culture.

23. Arum lingulé. *A. lingulatum;* L. ♄. Jamaïque. Tiges grimpantes; feuilles cordiformes lancéolées; pétioles élargis et membraneux sur les côtés. Serre chaude. Même culture.

CALADION. *Caladium;* Vent. (*Monoécie-Polyandrie.*) Spadice portant les étamines à sa partie supérieure, des glandes dans sa partie moyenne, et des pistils à sa base. Étamines consistant en des anthères en boucliers, multiloculaires, sessiles, disposées en épis au sommet du spadice. Ovaires dépourvus de style et insérés à la base du spadice. Chaque ovaire devient une baie monoloculaire et polysperme.

1. Caladion a feuilles d'hellébore. *Caladium hellebori folium;* Willd. ♃. Amérique méridionale. Pas de tiges; feuilles pédaires très-entières; spadice et spathe égaux en longueur. Terre franche légère. Multiplication comme les arums, c'est-à-dire, de graines quand elles mûrissent, ou que l'on fait venir de leur pays natal; d'éclats des racines ou séparation des drageons à l'automne. Arrosemens copieux pendant la végétation. Serre chaude.

2. Caladion pinnatifide. *C. pinnatifidum;* Willd. ♃. Caraque. Pas de tiges; feuilles pinnatifides, à nervures élevées, les deux pinnules inférieures à trois lobes; spathe d'un beau rouge. Serre chaude.

3. Caladion a feuilles ovales. *C. ovatum.* Willd. ♃. Inde orientale. Pas de tiges, feuilles ovales oblongues; spadice plus court que la spathe qui est presque close, tournée en spirale et hérissée. Serre chaude.

4. Caladion bicolore. *C. bicolor;* Willd. ♃. Brésil. Pas de tiges; feuilles simples, sagittées, presque peltées, d'un

rouge vif sur leur surface supérieure, bordées d'un beau vert. Fleur en juin et juillet. Serre chaude.

5. Caladion a feuilles de nymphæa. *Caladium nymphæifolia ;* Willd. ♃. Inde. Pas de tiges ; feuilles peltées, sagittées ; spadice plus long que la spathe cylindrique et à sommet lancéolé. Serre chaude.

6. Caladion comestible. *C. esculentum ;* Willd. ♃. Partie chaude de l'Amérique et des Indes. Pas de tiges, feuilles peltées, cordiformes ; spadice plus court que la spathe, qui est ovale lancéolée. Serre chaude. On mange les racines blanches, charnues et arrondies de cette espèce, ainsi que celles du caladion sagitté et de l'arum colocase.

7. Caladion sagitté. *C. sagittifolium ;* Willd. ♃. Amérique méridionale. Pas de tiges ; feuilles sagittées, acuminées ; spadice plus court que la spathe, qui est ovale et en capuchon. On en possède une variété à feuilles et pétioles verts, et une autre à feuilles et pétioles violets. Cette plante est cultivée dans les Antilles, sous le nom de *chou caraïbe*, à cause de sa racine grosse, laiteuse, douce et comestible. Serre chaude.

8. Caladion grimpant. *C. scandens ;* Willd. ♄. Afrique. Tiges grimpantes ; feuilles ovales-oblongues, acuminées ; spadice plus long que la spathe en capuchon. Serre chaude.

9. Caladion a feuilles de Balisier. *C. seguinum ;* Jacq. ♄. Antilles. Tiges couchées ; feuilles oblongues, acuminées, pertuses çà et là ; spadice plus court que la spathe, qui est oblongue. Serre chaude.

10. Caladion en capuchon. *C. cucullatum ;* Pers. ♄. Cochinchine. Tiges droites ; feuilles peltées, cordiformes, oreillées en capuchon. Serre chaude.

11. Caladion xanthorhizon. *C. Xanthorhizum ;* Willd. ♄. Hort. Schœnb. Tiges droites ; feuilles sagittées ; spadice plus court que la spathe, celle-ci en capuchon, étranglée dans le milieu de sa longueur. Serre chaude.

12. Caladion arborescent. *C. arborescens ;* Willd. ♄. Amérique méridionale. Tiges droites ; feuilles sagittées ; spadice plus court que la spathe, celle-ci ovale, capuchonnée. Serre chaude.

13. Caladion a grandes feuilles. *C. grandifolium ;*

WILLD. ♄. Caraque. Tiges radicantes ; feuilles sagittées, spadice de la même longueur que la spathe, celle-ci ovale, en capuchon, d'un jaune verdâtre, rouge à sa base. Serre chaude ; terreau de feuilles. Du reste, même culture.

14. CALADION LACÉRÉ. *Caladium lacerum;* WILLD. ♄. Antilles. Tiges radicantes ; feuilles cordiformes, sinuées. Serre chaude ; terreau de feuilles.

15. CALADION TRILOBÉ. *C. tripartitum;* WILLD. ♄. Caraque. Tiges radicantes ; feuilles ternées, à pétioles nus ; spadice égale en longueur à la spathe ; celle-ci ovale capuchonnée. Serre chaude ; terreau de feuilles.

16. CALADION AURICULÉ. *C. auritum;* WILLD. ♄. Antilles. Tiges radicantes ; feuilles ternées ; folioles latérales ayant leur base extérieure auriculée ; pétioles ailés à la base ; spathe étranglée, d'un beau rouge dans sa partie inférieure et interne. Serre chaude ; terreau de feuilles. Ces quatre dernières espèces sont fausses parasites dans leur pays, et croissent sur les troncs d'arbres.

CALLE, choucalle. *Calla;* L. (*Monoécie-polyandrie.*) Spathe plane ou en capuchon ; spadice cylindrique, couvert d'anthères et d'ovaires entremêlés ; anthères sessiles ; ovaires arrondis, portant chacun un style très-court, terminé par un stigmate aigu ; plusieurs baies polyspermes.

1. CALLE D'ETHIOPIE, pied-de-veau d'Afrique. *Calla ethiopica;* L. ♃. Du Cap. Feuilles droites, sagittées, grandes, acuminées ; pétioles longs, canaliculés ; hampe cylindrique ; de février en avril, spathe en cornet ouvert, d'un beau blanc, environnant un chaton cylindrique, couvert de fleurs jaunes. Serre tempérée ou orangerie, aérée et près des jours. Terre franche très-substantielle ; multiplication de graines, et les jeunes plants fleuriront la troisième ou quatrième année ; ou par éclats des racines en été, quand les feuilles sont tombées.

2. CALLE DES MARAIS. *C. palustris;* L. ♃. Indigène. Feuilles et pétioles cordiformes, pointus, glabres ; hampe de trois à quatre pouces ; spathe plane, verdâtre en dehors ; chaton court, fleuri dans toute sa longueur. Pleine terre marécageuse ; mêmes moyens de multiplication.

DRACONTE. *Dracuntium;* L. (*Monoécie-polyandrie.*)

Spathe en languette ; spadice cylindrique, court, couvert de fleurs dans toute sa longueur : chaque fleur composée d'un calice divisé en cinq parties colorées, de sept étamines à anthères quadrangulaires, et d'un ovaire chargé d'un style cylindrique à stigmate trigone ; baie polysperme.

1. Draconte a feuilles percées. *Dracuntium pertusum ;* L. ♃. Amérique méridionale. Tiges grimpantes, radicantes ; feuilles alternes, ovales-lancéolées, pointues, percées de plusieurs trous entre les nervures latérales ; spathe ovale, en forme de nacelle, d'un blanc jaunâtre ; chaton cylindrique. Serre chaude ; terre légère ; arrosemens fréquens pendant la végétation ; multiplication de boutures sur couche tiède et tannée.

2. Draconte a plusieurs feuilles. *D. polyphyllum ;* L. ♃. Surinam. Tige presque nulle ; feuilles pédalées, à digitations lancéolées, crénées ; spathe ovale allongée, en nacelle, d'un violet pourpre ; spadice court, couvert de fleurs jaunes. Serre chaude ; terre substantielle ; multiplication par la séparation des racines.

POTHOS. *Pothos ;* L. (*Tétrandrie-monogynie.*) Spathe globuleuse ; spadice court, renflé, couvert de fleurs dans toute son étendue ; chaque fleur composée d'un calice divisé en quatre parties : de quatre étamines à anthères très-petites, et d'un ovaire tronqué, dépourvu de style, chargé d'un stigmate simple. Baie à deux loges monospermes.

1. Pothos grimpant. *Pothos scandens ;* L. ♃. Inde. Tiges radicantes ; pétioles de la même largeur que les feuilles. Serre chaude ; terre tourbeuse entretenue continuellement humide pendant la végétation ; multiplication de boutures pour les espèces à tiges, ou par éclats des touffes, ou par la séparation des drageons.

2. Pothos sans tige. *P. acaulis ;* Jacq. ♃. Amérique méridionale. Feuilles lancéolées, très-entières, sans nervures. Serre chaude ; terreau de feuilles ; du reste, même culture.

3. Pothos lancéolé. *P. lanceolata ;* L. ♃. Amérique méridionale. Feuilles lancéolées, très-entières, à trois nervures ; hampe trigone au sommet. Même culture ; terre tourbeuse.

4. Pothos crénée. *Pothos crenata;* Plum. ♃. Ile Saint-Thomas. Feuilles lancéolées, crénées. Même culture.

5. Pothos violacé. *P. violacea;* Pers. *Dracuntium scandens;* Aubl. ♃. Jamaïque. Une tige; feuilles ovales, lancéolées, entières, à nervures, ponctuées. Même culture.

6. Pothos a grosses nervures. *P. crassinervia;* Willd. ♃. Amérique méridionale. Feuilles oblongues, acuminées, veinées, très-entières, à côte principale saillante des deux côtés. Même culture.

7. Pothos a feuilles en coeur. *P. cordata;* Willd. ♃. Antilles. Feuilles cordiformes, à lobes imbriqués; spadice et spathe presque égaux. Même culture.

8. Pothos a grandes feuilles. *P. macrophylla;* Swartz. ♃. Inde occidentale. Feuilles cordiformes; spadice très-grand; racinesnoueuses. Même culture.

9. Pothos palmé. *P. palmata;* L. ♃. Amérique méridionale. Feuilles palmées. Même culture.

10. Pothos pinné. *P. pinnata;* L. ♃. Inde. Feuilles pinnatifides. Même culture.

11. Pothos digité. *P. digitata;* Jacq. ♄. Amérique méridionale. Feuilles digitées; Même culture; multiplication facile de boutures sur couche chaude.

12. Pothos a cinq feuilles. *P. pentaphylla;* Willd. ♄. Caïenne. Feuilles à cinq digitations ovales, acuminées. Même culture.

13. Pothos fétide. *P. fetida;* H. K. *Dracuntium fetidum;* L. ♃. Amérique septentrionale. Feuilles en cœur, concaves, arrondies; spadice ovale; spathe presque globuleuse, brune, tachetée de violet. Pleine terre et même culture.

14. Pothos a feuilles de Balisier. *P. cannæfolia;* Curt. Mag. ♃. Amérique méridionale. Feuille en forme de spathe verte en dehors, blanche en dedans. Serre chaude; même culture.

§ II. Spadice dépourvu de spathe.

ORONTE. *Orontium;* L. (*Hexandrie-monogynie.*) Spadice cylindrique, couvert de fleurs dans toute sa longueur. Chaque fleur composée d'un calice persistant, divisé en six parties : de six étamines alternes avec les divisions du calice, et d'un ovaire dépourvu de style, surmonté d'un stigmate bifide. Follicule monosperme, enveloppée par le calice.

1. ORONTE AQUATIQUE. *Orontium aquaticum ;* AIT. ♃. Virginie. Feuilles lancéolées ovales, veinées ; en juin, fleurs sessiles entourant le sommet d'une hampe cylindrique. Pleine terre de bruyère, humide et à demi ombragée ; multiplication de drageons.

2. ORONTE DU JAPON. *O. japonicum ;* THUNB. ♃. Feuilles ensiformes nervées. Même culture, mais orangerie.

ACORE. *Acorus ;* L. (*Hexandrie-monogynie.*) Spadice cylindrique couvert de fleurs ; calice persistant, à six divisions ; style nul ; capsule en pyramide triangulaire et renversée, à trois loges.

1. ACORE AROMATIQUE. *Acorus calamus ;* L. Indigène. ♃. Tige mucronée, très-longue, foliacée ; feuilles droites, ensiformes, engaînantes ; en juillet, chaton de fleurs sessiles et jaunâtres. Pleine terre humide ou même un peu marécageuse ; multiplication par l'éclat des pieds. On la cultive à cause de son odeur de cannelle et de ses propriétés médicales.

2. ACORE A FEUILLES ÉTROITES. *A. gramineus ;* AIT. ♃. Chine. Tige mucronée, à peine plus longue que le spadice ; feuilles en touffes, étroites, pointues, engaînantes. Même culture.

ORDRE II.

LES TYPHACÉES. — *TYPHACEÆ.*

Plantes herbacées, aquatiques ; *feuilles* alternes, engaînantes ; *fleurs* monoïques en chatons cylindriques, ou globuleux et unisexuels ; fleurs *mâles* ayant un calice de trois folioles et trois étamines hypogynes ; fleurs *femelles* au dessous des mâles, composées d'un calice à trois folioles, d'un ovaire supérieur, simple, portant un style et un ou deux stigmates ; drupe monosperme.

MASSETTE. *Typha ;* L. (*Monoécie-triandrie.*) Chaton double, très-compacte, cylindrique ; la partie portant les fleurs mâles placée immédiatement au-dessus des fleurs femelles. Fleurs mâles composées d'un calice à trois folioles et de trois anthères portées sur un seul filament trifurqué. Fleurs femelles composées d'un calice formé d'une houpe de poils, et d'un ovaire porté sur un pédicule très-délié, surmonté d'un style terminé par deux stigmates capillaires. Graine aigrettée.

1. MASSETTE A LARGES FEUILLES. *Typha latifolia ;* L. ♃. Indigène. Feuilles gladiées, droites, très-longues ; tige nue, de cinq à six pieds, terminée par un épi brun à sa maturité ; les fleurs mâles très-rapprochées des femelles. Cette plante fait un fort joli effet dans les pièces d'eau des jardins paysagers, où on la multiplie par l'éclat de ses touffes. On peut cultiver de même la MASSETTE A FEUILLES ÉTROITES, *T. angustifolia,* qui n'en diffère que par ses proportions moins grandes et son épi partagé.

RUBANIER. *Sparganium ;* L. (*Monoécie-triandrie.*) Fleurs en chatons globuleux, les chatons mâles au sommet de la tige, ceux femelles sous les mâles ; fleurs mâles composées d'un calice de trois folioles membraneuses, et de cinq étamines ; fleurs femelles ayant un calice semblable et un ovaire pyriforme surmonté d'un stigmate oblique et ordinairement simple. Drupe monosperme, rarement à deux graines.

1. RUBANIER REDRESSÉ. *Sparganium erectum ;* L. *S. ramosum* ; SMITH. ♃. Indigène. Feuilles étroites, ensiformes, triangulaires, lisses ; tige de deux à trois pieds, rameuse, cylindrique. On ne cultive cette plante, ainsi que les *sparganium nutans, simplex*, et *angustifolium,* que dans les eaux des jardins paysagers.

ORDRE III.

LES SOUCHETS. — *CYPEROIDEÆ.*

Plantes herbacées, à *feuilles* radicales et caulinaires engaînantes ; *fleurs* hermaphrodites ou monoïques, rarement dioïques, disposées en épis hermaphrodites ou unisexuels : chaque *fleur* formée d'une écaille ou paillette tenant lieu de calice : de trois *étamines* et d'un *ovaire* simple, supérieur, surmonté d'un seul style terminé par deux ou trois stigmates ; une seule *graine* cornée ou membraneuse ; dans quelques espèces, entourée de soies ou de poils à sa base.

§ Ier. Fleurs monoïques ou dioïques.

CAREX. *Carex;* L. (*Monoécie-triandrie.*) Fleurs imbriquées, disposées en un ou plusieurs épis ; les mâles à trois étamines ; les femelles à ovaire enveloppé à sa base par un nectaire, et portant un style à deux ou trois stigmates. Une semence tuniquée, sans poils, ordinairement triangulaire.

1. Carex renflé. *Carex ampullacea;* Willd. ♃. Indigène. Chaume à angles obtus, d'un à deux pieds ; feuilles carénées, longues, étroites, glauques, un peu rudes sur les bords ; deux épis mâles terminaux, souvent courbés, pointus ; deux épis femelles droits, longs, cylindriques, un peu pédonculés ; écailles ovales, obtuses ; capsules glabres très-enflées du bas, avec un bec à deux dents divergentes, quelquefois crochues. On la cultive dans les eaux des jardins paysagers, où on la multiplie par l'éclat des touffes.

2. Carex a feuilles de plantain. *C. plantaginea* ; Lam. ♃. Amérique septentrionale. Chaume droit, plus haut que les feuilles, articulé, garni dans toute sa longueur de gaînes alternes et pourprées ; feuilles linéaires, longues, larges de deux pouces, planes, glabres, pourprées à leur base ; épi mâle terminal, d'un brun pourpre, très-court ; quatre ou cinq épillets femelles, grêles, pâles et distans. Même culture. Des deux cent dix espèces connues, on ne possède guère que ces deux dans les jardins ; encore est-ce comme plantes de collection.

§ II. Fleurs hermaphrodites.

CHOIN. *Schœnus ;* L. (*Triandrie-monogynie.*) Fleurs imbriquées, formant des épillets réunis en tête serrée ; ovaire ovale portant un style à stigmate trifide ; une graine ronde ou ovoïde, nue, entre l'écaille calicinale et l'axe de l'épillet.

1. Choin des étangs. *Schœnus mariscus ;* L. ♃. Indigène. Tige de trois à six pieds, cylindrique ; feuilles longues,

triangulaires, munies de dents aiguës sur leur dos et leurs bords. On ne cultive guère les plantes de ce genre que dans les eaux et les terres marécageuses des jardins botaniques, où on les multiplie par l'éclat des touffes. On en connaît cinquante espèces.

LINAIGRETTE. *Eriophorum* ; L. (*Triandrie-monogynie.*) Fleurs en épi, imbriquées ; trois étamines ; un ovaire ovale, portant un style filiforme terminé par un stigmate partagé en trois ; graine nue, environnée à sa base par des soies beaucoup plus longues que les écailles calicinales.

1. Linaigrette a gaîne. *Eriophorum vaginatum* ; L. ♃. Indigène. Tige grêle, cylindrique, haute d'un pied ; feuilles menues, en faisceau ; épi solitaire, terminal, droit et ovale. Les soies longues et d'un blanc superbe, qui pendent en touffes épaisses des épis des linaigrettes, leur donnent un aspect très-pittoresque, qui serait remarqué dans les jardins paysagers ; cependant on ne les cultive que dans les lieux humides et même marécageux des jardins botaniques, où on les multiplie par l'éclat des touffes.

SCIRPE. *Scirpus* ; L. (*Triandrie-monogynie.*) Fleurs imbriquées en tous sens, et disposées en épi ou en plusieurs épillets ; trois étamines ; un ovaire surmonté d'un style filiforme, terminé par trois stigmates capillaires ; une graine nue, ou environnée à sa base par quelques poils plus courts que le calice.

1. Scirpe ramassé. *Scirpus luzulæ* ; L. ♃. Inde. Tige nue, triangulaire ; ombelle feuillée, prolifère ; épillets arrondis. Serre chaude ; terre de bruyère, tenue constamment humide. On cultive encore dans les terrains marécageux ou humides des jardins botaniques plusieurs autres espèces de scirpes indigènes. Toutes se multiplient par la séparation des touffes.

SOUCHET. *Cyperus* ; L. (*Triandrie-monogynie.*) Fleurs imbriquées, disposées en épillets, comprimées, sur deux rangs opposés ; trois étamines ; un ovaire surmonté d'un style filiforme, terminé par trois stigmates capillaires. Une graine nue, dépourvue de poils à sa base.

1. Souchet a feuilles alternes, parasol chinois. *Cyperus alternifolius* ; L. ♃. Madagascar. Tige droite, triangulaire,

nue jusqu'au sommet ; feuilles alternes, rapprochées au sommet en forme d'ombelle, planes, pointues, longues de six à neuf pouces. Epis linéaires en sorte d'ombelles axillaires. Serre chaude ; terre de bruyère tenue constamment humide, ou, mieux, submergée dans un vase rempli d'eau ; multiplication par la séparation du collet.

2. SOUCHET VISQUEUX. *Cyperus viscosus;* SWARTZ. ♃. Antilles. Tige triangulaire, un peu comprimée, visqueuse à sa base ; feuilles rudes, triangulaires à leur sommet, en ombelle composée. Serre chaude ; multiplication par la séparation des drageons.

3. SOUCHET A PAPIER. *C. papyrus ;* L. ♃. Sicile. Tige triangulaire, de six à huit pieds, très-droite, terminée par une large ombelle avec une collerette de huit folioles, composée d'un grand nombre de longs rayons, se divisant en trois autres rayons plus courts ; ombellule composée de trois pédoncules courts, portant plusieurs petits épillets alternes, tubulés et sessiles. Même culture que le n° 1 ; mais il faut le tenir submergé pendant tout le temps de sa végétation. C'est avec l'écorce de cette plante que les anciens faisaient leur papier.

4. SOUCHET ODORANT. *C. longus*; L. ♃. Indigène. Tige triangulaire ; feuilles radicales, longues, pointues, carénées, striées ; collerette à trois feuilles fort longues ; cinq à dix pédoncules inégaux, en ombelle, portant des épillets linéaires. Pleine terre tourbeuse, humide ; multiplication par la séparation des touffes au printemps. On le cultive à cause de sa racine odorante, employée en médecine.

5. SOUCHET COMESTIBLE. *C. esculentus;* L. ♃. Espagne. Tige de huit pouces, triangulaire. Feuilles étroites, pointues, carénées, glauques ; épillets courts, serrés. Pleine terre. *Voy.* pour sa culture et pour l'usage qu'on fait de ses racines, le tome II, page 444. On cultive encore dans les jardins botaniques les souchets : *junciformis, articulatus, elegans, pannonicus, flavescens, tenuiflorus, paniculatus, rotundus*, etc.

KILLINGIE. *Killingia ;* ROTTB. (*Triandrie-monogynie.*) Fleurs ramassées en tête ou en épi. Balle calicinale comprimée, formée de deux valves inégales ; balle florale ou interne, plus grande que la calicinale, comprimée, à deux valves inégales ; trois étamines ; un ovaire portant un style terminé par deux ou trois stigmates ; une graine trigone, enveloppée par la balle florale.

1. Killingie a trois têtes. *Killingia triceps ;* L. fils. *K. nivea ;* L. Amérique. Fleurs en têtes terminales presque ternées, agglomérées, sessiles, entourées par une collerette de trois feuilles ; tige triangulaire, feuillée à la base ; feuilles très-lisses. Serre chaude ; terre de bruyère constamment humide ; multiplication par éclats des touffes.

2. Killingie a une tête. *K. monocephala ;* Rottb. *Schœnus coloratus ;* L. ♃. Inde. Tige filiforme ; tête globuleuse, sessile ; collerette de trois feuilles sessiles et très-longues. Même culture.

ORDRE IV.

LES GRAMINÉES. — *GRAMINEÆ.*

Plantes herbacées ; *chaume* articulé ; *feuilles* alternes, engaînantes ; *fleurs* le plus souvent hermaphrodites, quelquefois polygames ou monoïques ; calice ou *glume* ordinairement à deux valves, rarement à une ou sans valve, uniflore ou multiflore : dans ce dernier cas contenant deux ou plusieurs fleurs disposées alternativement de deux côtés opposés, et formant un épillet. Chaque fleur est composée d'une corolle ou *balle* assez semblable à la glume, le plus souvent à deux valves, rarement à une valve ou sans valve ; la valve extérieure ordinairement plus grande, mutique ou aristée. *Étamines* le plus communément au nombre de trois, à filamens capillaires, portant des anthères oblongues, fourchues à leurs extrémités. Un *ovaire* simple, supérieur, muni à sa base de deux petites écailles plus ou moins apparentes, portant un style simple ou divisé en deux ou trois parties surmontées chacune d'un stigmate plumeux. Une seule *graine* nue, ou souvent enveloppée par la balle persistante. *Embryon* petit, placé à la partie inférieure et un peu latérale d'un périsperme farineux plus grand que lui.

Cet ordre, un des plus intéressans dans la grande culture, fournit un grand nombre des plantes destinées à la nourriture des hommes et des animaux ; mais il renferme peu d'espèces assez remarquables par leur beauté pour être cultivées dans nos jardins. Aussi, dans quelques groupes, nous nous contenterons d'indiquer les caractères génériques, et de citer simplement les espèces qui offrent quelque intérêt, comme plantes céréales et fourragères.

CINNA. *Cinna ;* L. (*Monandrie-digynie.*) Glume à une fleur et à deux valves ; balle à deux valves ; une seule étamine.

1. CINNA DU CANADA. *C. arundinacea ;* L. *Agrostis cinna*, WILLD. ♃. Seule espèce du genre. Pleine terre ; multiplication par l'éclat des touffes.

FLOUVE. *Anthoxanthum ;* L. (*Driandrie-digynie.*) Glume à une fleur, à deux valves. Balle double : l'extérieure composée de deux valves velues, égales, l'une portant une crête sur son dos, l'autre aristée à sa base ; l'intérieur à deux valves très--petites ; deux étamines. Une seule espèce de ce genre croît en Europe, la FLOUVE ODORANTE, *A. odoratum*, dans les prés secs et sablonneux ; en séchant, elle répand une odeur agréable qui plaît aux bestiaux. On pourrait la multiplier de graines.

CRYPSIDE. *Crypsis ;* AIT. (*Diandrie-digynie.*) Glume à une fleur, à deux valves inégales ; balle à deux valves inégales. On en cultive dans les jardins botaniques deux espèces de la France méridionale qui ont occasioné presqu'autant d'erreurs de synonymie qu'il y a d'auteurs qui en ont parlé. La première est la CRYPSIDE PIQUANTE, *crypsis aculeata*, H. K. ; *schœnus mucronatus.* L. ; *anthoxanthum aculeatum*, L. fils ; *antitragus aculeatus*, GOERT. ; *heleochloa aculeata*, HOST. ; la seconde est la CRYPSIDE FAUX SCHŒNUS, *crypsis schœnoides*, H. K. ; *phleum schœnoides*, L. ; *heleochloa schœnoides*, HOST. Toutes deux sont vivaces, aiment les terres substantielles et chaudes, et peuvent se multiplier de graines ou de l'éclat des touffes.

COQUELUCHIOLE. *Cornucopiæ* ; L. (*Triandrie-monogynie.*) Glume à une fleur, à deux valves ; balle à une valve, de la grandeur de la glume ; trois étamines ; involucre monophylle, infondibuliforme ou en godet, crénelé en son bord ou entier, enveloppant plusieurs fleurs.

1. COQUELUCHIOLE EN CAPUCHON. *Cornucopiæ cucullatum* ; L. ☉. De l'Orient. Épi mutique ; involucre créné. Orangerie ; terre franche, légère ; multiplication de graines.

2. COQUELUCHIOLE ALOPÉCUROÏDE. *C. alopecuroïdes* ; L. ☉. Italie. Épi aristé. Elle ressemble assez à l'*alopecurus pratensis*, mais la gaîne des feuilles supérieures est ventrue ; son involucre est hémisphérique, très-entier. Même culture.

VULPIN. *Alopecurus* ; L. (*Triandrie-digynie.*) Glume à une fleur, à deux valves égales ; balle univalve, munie d'une arête à sa base ; trois étamines.

1. VULPIN DES INDES. *Alopecurus indicus* ; L. ♃. Inde. Epi cylindrique, muni de petites collerettes sétacées, en faisceau, à deux fleurs ; pédoncules velus. Serre chaude ; terre franche légère ; multiplication d'éclats des touffes. Cette plante est de collection. Les vulpins indigènes fournissent un bon fourrage.

FLÉAU ou fléole. *Phleum* ; L. (*Triandrie-digynie.*) Glume à une fleur, à deux valves égales, creusées en nacelle, chargées sur leur dos d'une côte cartilagineuse ; balle à deux valves plus courtes que la glume ; fleurs disposées en panicule resserrée, ayant la forme d'un épi. Ces plantes, presque toutes indigènes, donnent un assez bon fourrage. On a recommandé le FLÉAU DES PRÉS, timothy des Anglais, *Phleum pratense*, comme faisant de très-bonnes prairies à faucher, semé dans les terrains humides et argileux.

LÉERSIE. *Leersia* ; SWARTZ. (*Triandrie-digynie.*) Glume à une fleur, à deux valves presque égales, fermées ; l'extérieure plus large, creusée en nacelle : l'intérieure étroite, linéaire, lancéolée ; balle nulle. Une seule espèce est indigène : LÉERSIE ORYZOÏDE, *leersia orysoïdes*, WILLD. ; *Phalaris orysoïdes*, L. On la cultive dans les terrains marécageux des jardins botaniques ; elle est vivace, et se multiplie d'éclats de touffes.

PHALARIS. *Phalaris;* L. (*Triandrie-digynie.*) Glume à une fleur, à deux valves égales, creusées en nacelle, courbées en carène, et prolongées en aile sur le dos ; balle à deux valves aiguës, plus courtes que la glume.

1. PHALARIS ROSEAU. *Phalaris arundinacea;* L. ♃. Indigène. Tiges de trois à quatre pieds ; panicule oblongue, ventrue, resserrée ; glume acuminée. On cultive, dans les terrains frais, la variété nommée ROSEAU RUBAN, ROSEAU COLORÉ, *P. arundinacea picta,* dont les feuilles longues et étroites sont rayées de blanc ou de jaunâtre ; multiplication par les traces.

2. PHALARIS DES CANARIES, alpiste, millet. *P. canariensis;* L. ⊙. Des îles Canaries, naturalisé dans toute l'Europe. Panicule en épi terminal, ovale, cylindrique ; glume naviculaire, à valves entières ; balle velue. On cultive cette plante dans les jardins pour la nourriture des petits oiseaux. Terre substantielle, meuble, à exposition chaude ; multiplication de graines semées en mai.

BECKMANNIE. *Beckmannia;* HOST. (*Triandrie-digynie.*) Glume multiflore, de deux à cinq fleurs, à deux valves, ayant la forme d'une nacelle, courbées en carène et prolongées en aile sur le dos ; balle à deux valves presque égales, l'extérieure un peu aristée.

1. BECKMANNIE CHENILLETTE. *Beckmannia erucæformis;* HOST. *Phalaris erucæformis;* L. ⊙. Ce genre ne renferme que cette seule espèce naturelle à la Sibérie et à l'Italie. Multiplication de graines semées au printemps en terre légère, substantielle, et à exposition chaude.

PASPALE. *Paspalum;* L. (*Triandrie-digynie.*) Glume à une fleur, à deux valves presque égales, arrondies ou ovales ; balle à deux valves concaves, à peu près égales à la glume : l'intérieure presque plane.

1. PASPALE RAMPANT. *Paspalum stoloniferum;* BOSC. *Paspalum racemosum;* JACQ. *milium latifolium;* L. ♃. Pérou. Tige glabre, de deux pieds, stolonifère ; feuilles linéaires lancéolées ; grappe terminale, composée de près de cent épillets alternes, presque verticillés, dont l'axe foliacé et ondulé porte une vingtaine de fleurs uni-latérales. La culture de cette plante peut devenir avantageuse par le fourrag

abondant qu'elle fournit ; on la sème en mai en terre substantielle et chaude.

CÉRÉSIE. *Ceresia* ; PERS. (*Triandrie-digynie.*) Glume à une fleur, à deux valves, laineuse ; fleurs latérales, bifères sous un axe large, membraneux, naviculaire.

1. CÉRÉSIE ÉLÉGANTE. *Ceresia elegans* ; PERS. *Paspalum membranaceum* ; LAM. ♃. Pérou. Jolie plante, remarquable par l'axe de ses épis qui les recouvre en partie et qui est fauve, et par le duvet épais et d'un blanc de neige qui entoure les fleurs. Multiplication de semence au printemps, en terre légère et substantielle ; serre tempérée.

CHIENDENT. *Cynodon* ; RICHARD. (*Triandrie-digynie.*) Glume à une fleur, à deux valves inégales, ouvertes ; balle à deux valves comprimées, presqu'aussi longues l'une que l'autre, plus grandes que la glume, l'intérieure plus étroite, embrassée par l'extérieure. Ce genre ne renferme qu'une seule espèce, le *cynodon dactylon*, qui ne se multiplie que trop dans nos champs cultivés, et dont la racine est employée en médecine.

DIGITAIRE. *Digitaria* ; HALLER. (*Triandrie-digynie.*) Glume à une fleur, à deux valves serrées contre la balle ; rudiment d'une troisième valve à la base de la valve extérieure ; balle à deux valves dont l'extérieure embrasse l'intérieure qui est plane.

1. DIGITAIRE SANGUINALE. *Digitaria sanguinalis* ; PERS. *Panicum sanguinale* ; L. ⊙. Indigène. Chaume rampant ; fleurs imbriquées ; gaîne des feuilles papilleuse et poilue. Cette plante se multiplie de graines ; elle n'est que de collection.

PANIS ou panic. *Panicum* ; L. (*Triandrie-digynie.*) Fleurs polygames ; glume bivalve, contenant deux fleurs, l'une hermaphrodite, l'autre mâle ; balle de la fleur hermaphrodite à deux valves, mutique ou aristée au sommet, celle de la fleur mâle à une ou deux valves.

1. PANIS MILIACÉ. *Panicum miliaceum* ; L. ⊙. Inde. Panicule lâche, faible ; gaîne des feuilles velue ; glume mucronée, nerveuse. On en possède une variété à graines noires. Terre substantielle ; bonne exposition ; semer à la fin d'avril. Cette plante est cultivée dans le midi pour ses

graines qui sont employées à la nourriture des hommes et des oiseaux ; on les connaît sous le nom de *millet des oiseaux*.

2. PANIS d'ITALIE. *Panicum italicum;* L. ⊙. Inde. Épi composé à base interrompue, penchée ; épillets agglomérés, mêlés de poils sétacés ; rafle pubescente. On le cultive comme le précédent, et pour les mêmes usages ; mais, comme il craint moins le froid, on le sème un peu plus tôt, et on lui donne la préférence dans les pays septentrionaux.

3. PANIS SILLONNÉ. *P. plicatum;* LAM. *Sulcatum;* L. ♃. Antilles. Épillets alternes, écartés, mutiques, courts ; balle rugueuse ; feuilles pliées en sillons. Très-jolie plante, remarquable par sa hampe de trois pieds, et les plis singuliers de ses feuilles. Terre légère ; multiplication de drageons ; serre chaude.

LUDOLPHIE. *Ludolphia;* WILLD. (*Triandrie-digynie.*) Glume multiflore, renfermant de cinq à sept fleurs, à deux valves très-inégales ; fleurettes pédicellées ; balle à deux valves ; valve extérieure très-aiguë, l'intérieure bidentée ; trois écailles lancéolées à la base de l'ovaire.

1. LUDOLPHIE GLAUQUE, panis arborescent. *Ludolphia glaucescens ;* WILLD. *Panicum arborescens ;* LAM. ♄. Inde. Panicule très-rameuse ; feuilles ovales, acuminées. Cette graminée est remarquable en ce qu'elle est ligneuse, chose fort rare dans cette famille. Ses tiges nombreuses, longues de deux à trois pieds, forment un buisson touffu. Serre chaude ; terre légère, substantielle ; multiplication aisée par ses rejetons, ou de boutures.

MIL ou millet. *Milium;* L. (*Triandrie-digynie.*) Glume à une fleur, à deux valves ventrues ; balle à deux valves entières, presque égales entre elles, contenues dans la glume ; l'extérieure rarement mutique, le plus souvent chargée d'une arête à peu près terminale.

1. MILLET NOIRATRE, maïs de Guinée. *Milium nigricans;* PERS. ⊙. Amérique méridionale. Fleurs en panicules serrées ; glume luisante et noirâtre ; feuilles très-longues, ensiformes. Cette espèce est très-cultivée dans le Pérou où l'on prépare un aliment et une liqueur spiritueuse avec ses graines. Semer sur couche chaude, de bonne heure, et repiquage à

exposition très-chaude, si l'on veut qu'elle mûrisse ses graines sous le climat de Paris. Les autres espèces sont peu ou point cultivées.

GASTRIDIER. *Gastridium;* PALISSOT. (*Triandrie-digynie.*) Glume à une fleur, à deux valves ventrues à leur base; balle à deux valves trois fois plus courtes que la glume, l'extérieure à trois ou quatre dents, et portant une arête au-dessous de son sommet.

1. GASTRIDIER TUBERCULEUX. *Gastridium lendigerum;* PAL. *Milium lendigerum;* L. ☉. Indigène. Ce genre ne renferme que cette seule espèce; on la multiplie de semence en terre légère, au printemps; elle n'est cultivée que dans les collections botaniques.

AGROSTIS. *Agrostis;* L. (*Triandrie-digynie.*) Glume à une fleur, à deux valves plus grandes que la corolle; balle à deux valves inégales; la plus longue mutique ou portant une arête sur son dos.

1. AGROSTIS STOLONIFÈRE ou traçant, fiorin. *Agrostis stolonifera;* L. ♃. Indigène. Panicule serrée; chaume rampant et coudé; fleurs ramassées, petites, à valves lancéolées, égales, pubescentes. On a beaucoup préconisé cette plante en Angleterre, comme devant fournir un très-bon fourrage à pâturer l'hiver; elle réussit fort bien dans les terres sablonneuses et humides; on recommande de la planter au printemps ou en automne, dans des rigoles espacées de dix à douze pouces les unes des autres, et dans lesquelles on étend ses longues tiges qui ne tardent pas à s'enraciner; on sarcle la plantation jusqu'à ce que les nouvelles plantes couvrent le terrain; et l'on fauche tous les ans en octobre.

2. AGROSTIS ARGENTÉ. *A. calamagrostis;* L. ♃. Midi de la France. Panicule serrée, renflée, d'une couleur argentée et brillante; valve extérieure de la balle laineuse, aristée au sommet; chaume rameux. Terre légère, substantielle; multiplication de graine en automne ou par l'éclat des touffes au printemps.

TRICHODIER. *Trichodium;* MICH. (*Triandrie-digynie.*) Glume à une fleur, à deux valves plus grandes que la balle; celle-ci a une valve mutique ou portant une arête sur son dos.

1. Trichodier des chiens. *Trichodium caninum;* Schrad. *Agrostis canina;* L. ♃. Indigène. Glume ovale, colorée, portant une arête dorsale recourbée; chaume redressé, un peu rameux. Tout terrain sec; multiplication d'éclats. Plante de collection botanique.

CHAMAGROSTIS. *Chamagrostis;* Borkh. (*Triandrie-digynie.*) Glume à une fleur, à deux valves oblongues, égale, tronquée; balle à une valve, membraneuse, velue. Ce genre se compose d'une seule espèce indigène : Chamagrostis filiforme; *Chamagrostis minima;* Schrad. *Agrostis minima;* L. *Knappia agrostidea;* Smith. ⊙. Cette plante de collection botanique se cultive en terre un peu humide, et se multiplie de graine.

POLYPOGON. *Polypogon;* Desf. (*Triandrie-digynie.*) Glume à une fleur, à deux valves égales, échancrées, portant une arête au milieu de leur échancrure; balle à deux valves beaucoup plus petites que le calice, la valve extérieure terminée par une arête.

1. Polypogon de Montpellier. *Polypogon monspeliensis;* Desf. *Alopecurus monspeliensis;* L. ⊙. Indigène. Panicule serrée, presqu'en épi; glume un peu pubescente, ciliée sur ses bords. Plante de collection. Terre légère; multiplication de graine.

STIPE. *Stipa;* L. (*Triandrie-digynie.*) Glume à une fleur, à deux valves très-aiguës; balle à deux valves, dont l'extérieure est terminée par une arête très-longue, articulée à sa base.

1. Stipe plumeux. *Stipa pennata;* L. Indigène. Feuilles filiformes; arête plumeuse, à base glabre. Cette plante mérite par son aspect singulier d'être cultivée dans les jardins paysagers. Tout terrain, où elle se multiplie elle-même quand on l'y a une fois semée ou plantée.

2. Stipe spart. *S. tenacissima;* L. ♃. Espagne. Feuilles filiformes; arête à base velue; panicule presqu'en épi. Cette espèce est cultivée en grand dans le midi, parce qu'elle se rouit comme le chanvre, et fournit des cordages à la marine; on en fait des nattes, des tapis, et enfin tous les ouvrages connus sous le nom de sparterie. Orangerie; terre substan-

tielle ; multiplication de graine ou par la séparation des touffes.

ARISTIDIE. *Aristidia;* L. (*Triandrie-digynie.*) Glume à une fleur, à deux valves ; balle à une valve, portant trois arêtes à son sommet. Une seule espèce, l'ARISTIDIE BLEUATRE, *aristidia cœrulescens;* DESF. *A. canariensis;* WILLD. est cultivée dans les jardins botaniques; panicule longue, serrée, presqu'en épi interrompu ; arêtes lisses, presque égales ; multiplication de graines au printemps, semées en terrain chaud et léger, à l'exposition du midi.

CANNE A SUCRE, canamelle. *Saccharum;* L. (*Triandrie-digynie.*) Glume à une fleur, à deux valves revêtues extérieurement de poils longs et soyeux ; balle à deux valves nues.

1. CANNE A SUCRE OFFICINALE. *Saccharum officinarum;* L. *Canamella;* LAM. ♃. Inde. Fleurs paniculées, géminées, l'une sessile et l'autre pédicellée ; panicule laineuse et très-grande ; tiges de huit à dix pieds ; feuilles longues, larges d'un pouce et demi. C'est de cette espèce que l'on retire le sucre. Serre chaude et tannée ; terre substantielle, franche ; beaucoup d'eau en été, peu en hiver ; dépotage annuel sans couper aucune racine; multiplication de rejetons ou de boutures que l'on fait reprendre assez facilement en petits pots plongés dans une couche chaude, et en tenant la terre constamment humide.

Var: CANNE A SUCRE VIOLETTE. *S. officinarum violaceum;* elle ne diffère de la précédente que par sa couleur et les nœuds de sa tige qui sont beaucoup plus rapprochés. Même culture. On cultive dans les Antilles une superbe variété à tige rubanée d'une belle couleur violette et d'un beau jaune ; il serait à désirer qu'on l'introduisît dans nos cultures. On en voit une figure très-exacte dans la magnifique Flore des Antilles de M. DE TUSSAC.

2. CANNE A SUCRE DE TÉNÉRIFFE. *S. Teneriffæ:* L. ♃. Feuilles subulées, planes ; fleurs paniculées, mutiques, à involucre remplacé par des poils ; glume très-velue. Même culture.

3. CANNE A SUCRE DU JAPON. *S. japonicum;* THUNB. ♃. Rameaux fasciculés ; valves ciliées, l'extérieure aristée. Même culture.

4. Canne a sucre spontanée. *Sacharum spontaneum ;* L. ♃. Malabar. Feuilles roulées ; panicule étalée ; épis simples, capillaires ; fleurs involucrées, géminées, l'une pédonculée. Tige de un ou deux pieds de haut. Même culture, mais en terre tourbeuse tenue constamment humide.

5. Canne a sucre arundinacée. *S. arundinaceum ;* Retz. ♃. Tranquebar. Panicule ramassée, à pédoncules divisés ; fleurs géminées, sessiles, corolle à trois valves, polygame ; style noirâtre. Même culture.

6. Canne a sucre a plusieurs épis. *S. polystachion ;* Swartz. ♃. Inde occidentale. Fleurs paniculées, à épis filiformes, très-longs, fastigiés ; fleurettes rapprochées ; rafle filiforme. Même culture.

7. Canne a sucre du Bengale. *S. bengalense ;* Retz. ♃. Panicule serrée, à pédoncules divisés ; fleurettes géminées ; corolle à deux valves, hermaphrodite. Même culture.

8. Canne a sucre rampante. *S. repens ;* Willd. ♃. Guinée. Panicule lâche ; fleurettes géminées, sessiles, aristées ; feuilles planes, à gaîne poilue. Même culture.

IMPÉRATIE. *Imperata ;* Beauv. (*Diandrie-digynie.*) Glume à une fleur, à deux valves ; balle à deux valves ; deux étamines ; épi cylindrique.

1. Impératie cylindrique. *Imperata cylindrica ;* Beauv. *Saccharum cylindricum ;* Lam. *Lagurus cylindricus ;* L. *Imperata arundinacea ;* Cyrill. ♃. Du midi de la France. Panicule formant l'épi, cylindrique, blanche, soyeuse ; fleurs mutiques ; feuilles convolutées. Même culture que la canne à sucre, mais orangerie.

2. Impératie de Koenig. *I. Koenigii ;* Retz. ♃. Inde. Chaume géniculé, barbu ; feuilles planes. Même culture, mais serre chaude.

ERHIANTHE. *Erianthus ;* Richard. (*Monandrie-digynie.*) Glume à une fleur, à deux valves revêtues extérieurement de longs poils soyeux ; balle à deux valves, dont l'extérieure porte une longue arête à son sommet.

1. Erianthe géant. *Erianthus giganteum ;* Mich. ♃. Caroline. Tige de huit à neuf pieds ; gaîne des feuilles laineuse ; glume plus courte que les poils ; valves extérieures velues

Serre chaude ; terre constamment humide ; du reste, même culture que les cannes à sucre.

2. ERIANTHE A BARBES COURTES. *Erianthus brevibarbe* ; MICH. ♃. Caroline. Cou de la gaîne un peu velu ; glume plus longue que les poils, à valves nues, très-aiguës. Même culture.

3. ERIANTHE DE RAVENNE. *E. Ravennæ* ; BEAUV. *Andropogon Ravennæ* ; L. *Saccharum Ravennæ* ; DUM. COUR. ♃. France méridionale. Même culture, mais serre tempérée.

LAGURIER. *Lagurus* ; L. (*Triandrie-digynie.*) Glume à une fleur, à deux valves terminées chacune par une arête plumeuse ; balle à deux valves, dont l'extérieure terminée par deux arêtes, et portant sur son dos une troisième arête plus longue que les deux premières.

1. LAGURIER OVALE. *Lagurus ovatus* ; L. ⊙. France méridionale. Tige de sept à huit pouces ; épi ovale, velu. Plante de collection botanique. Terre franche, légère ; multiplication de graine au printemps ; bonne exposition.

PÉNICILLAIRE. *Penicillaria* ; SWARTZ. (*Triandrie-digynie.*) Fleurs polygames, munies à leur base d'un involucre composé de poils plumeux ; fleur inférieure mâle, la supérieure hermaphrodite ; anthères chargées d'un faisceau de poils à leur sommet.

1. PÉNICILLAIRE EN ÉPI. *Penicillaria spicata* ; WILLD. *Holcus spicatus* ; L. ⊙. Inde. Tiges articulées, hautes de quatre ou cinq pieds ; épi serré, cylindrique, velu, d'un vert blanchâtre ; fleurs presque quaternées, fasciculées, environnées d'une colerette de paillettes sétacées. Multiplication de graines semées en petits pots sur couche tiède de bonne heure au printemps, repiquées en place avec la motte, à exposition très-chaude.

SORGHO. *Sorghum* ; PERS. (*Triandrie-digynie.*) Fleurs polygames, disposées deux à deux en panicule, l'une hermaphrodite et sessile, l'autre mâle et pédicellée ; dans la fleur hermaphrodite, glume à deux valves, dont l'inférieure subtridentée à son sommet ; balle à deux valves, dont l'inférieure bidentée à son sommet, et chargée entre les dents d'une arête tortillée.

1. SORGHO COMMUN, gros millet. *Sorghum vulgare* ; WILLD. *Holcus sorghum* ; L. ⊙. Inde. Tige articulée, de huit à neuf

pieds; panicule serrée, penchée lors de la maturité; semences nues, quelquefois peu comprimées, ordinairement arrondies et un peu pointues. Dans le nord, cette espèce exige la même culture que la pénicillaire en épi; mais, partout où le maïs mûrit, elle réussit très-bien dans les terres sablonneuses et chaudes, à bonne exposition. Dans le département de l'Ain, on la cultive beaucoup pour faire de très-bons balais avec ses panicules; quant à ses graines, on les estime peu comme alimentaires, et elles sont peu avantageuses même pour la nourriture de la volaille. On a proposé de la semer épais, en mai, pour fournir au bétail du fourrage en vert. Ses variétés sont :

a. Sorghum vulgare bicolor, à graines blanches, les plus farineuses de l'espèce. De la Perse.

b. Sorghum vulgare rubens, à panicule très-lâche et pourprée. D'Afrique. Gœrtner considère comme espèces ces deux variétés :

c. A graines jaunâtres.

d. A graines noirâtres.

2. SORGHO SUCRÉ. *S. saccharatum ;* WILLD. *Holcus saccharatus ;* L. ⊙. Inde. Panicule presque verticillée, très-ouverte ; graines elliptiques, recouvertes de la balle velue et persistante ; tiges de cinq pieds ; feuilles marquées d'une ligne longitudinale, blanche. Dumont de Courcet regardait cette espèce comme une variété de la précédente. Même culture et mêmes usages. On cultive encore de la même manière, pour l'économie domestique, les espèces : SORGHO DES CAFRES, *S. Cafrorum ;* SORGHO PENCHÉ, *S. cernuum*.

3. SORGHO D'ALEP. *S. halepense et holcus halepensis ;* L. ⊙. Syrie. Panicule éparse ; glume oblongue, glabre ; fleurs hermaphrodites, lancéolées, mutiques ; fleurs femelles aristées. Même culture. Ces graines ne sont d'aucun usage.

HOUQUE. *Holcus ;* (*Triandrie-digynie.*) Fleurs polygames ; glume à deux ou trois fleurs, dont une hermaphrodite et une mâle à trois étamines, ou une hermaphrodite et deux mâles à deux étamines ; balle bivalve, portant, dans les fleurs mâles, une arête dorsale.

1. HOUQUE LAINEUSE. *Holcus lanatus ;* L. ♃. Indigène.

Tige érigée, haute de deux à trois pieds ; gaîne des feuilles cotonneuse ; fleurs d'abord en épi, puis en panicule ouverte, blanches, mêlées de pourpre, velues et même cotonneuses. Cette plante passe pour la meilleure dont on puisse faire un bon fond de prés à faucher. Elle aime les terres franches et substantielles, sèches ou humides ; on sème au printemps à peu près quarante livres de graines par hectare.

ANDROPOGON, barbon. *Andropogon ;* L. (*Triandrie-digynie.*) Fleurs polygames ; dans les hermaphrodites : glume à une fleur, à deux valves mutiques ou aristées ; balle à deux valves, dont l'une terminée par une arête ou ayant une arête dans son échancrure ; dans les fleurs mâles : glume à une fleur, à deux valves ; balle à deux valves ; quelquefois à une seule.

1. Andropogon jonc odorant. *Andropogon schœnanthus ;* L. ♃. Inde. Panicule à épis conjugués, ovales-oblongs ; rafle pubescente ; fleurettes sessiles ; arête tortue ; une bractée concave enveloppant chaque paire d'épis. Serre chaude ; terre légère, substantielle ; arrosemens fréquens pendant la végétation, rares en hiver ; multiplication de graines semées en pots enfoncés dans la tannée d'une couche tiède, et en terre constamment humide, ou d'œilletons traités de la même manière. Cette plante est aromatique dans toutes ses parties, et sa douce odeur approche un peu de celle de la rose ; elle est employée en médecine, et les Indiens en font un grand usage en infusion théiforme.

2. Andropogon digité. *A. ischæmum ;* Pers. ♃. France méridionale. Épis à plusieurs digitations ; fleurettes sessiles ; pédicelles laineux. Pleine terre sèche, sablonneuse ; multiplication de graines ou d'éclats des touffes. Ses épis servent à faire des balais, et ses racines des brosses. Dans les collections botaniques, on cultive en serre chaude, comme le nº 1, les andropogons *contortum, barbatum, caricosum,* et en orangerie, les : *A. annulatum, hirtum, distachyon, macrouros ;* on les multiplie de la même manière.

3. Andropogon odorant. *A. nardus ;* Pers. *Citriodorum ;* Hort. Par. ♃. Ile de France. Chaume élevé, arundinacé ; panicule à rameaux surdécomposés, prolifères ; racine odorante. Persoon pense que sa racine odorante et carminative

pourrait être le *nard* des Indes. Serre chaude; culture du n° 1.

CHLORIS. *Chloris;* SWARTZ. (*Triandrie-digynie.*) Fleurs polygames, disposées le plus souvent en épi digité et unilatéral; glume bivalve, de deux à six fleurs; une seule fleur hermaphrodite, les autres mâles ou imparfaites; valve extérieure de la fleur hermaphrodite, aristée à son sommet et portant deux faisceaux de soies.

1. CHLORIS DES ROCHERS. *Chloris petræa;* SWARTZ. *Cynosurus paspaloïdes;* VAHL. ♃ Antilles. Chaume comprimé; quatre à six épis raides et droits; fleurettes imbriquées, un peu glabres, mutiques; glume aristée. Serre chaude; terre substantielle, mais sablonneuse; arrosemens modérés; multiplication de graines en pots enfoncés dans la tannée, ou de rejetons traités de même.

2. CHLORIS CILIÉE. *C. ciliata; Andropogon pubescens;* DUM. COURC. ♃. Antilles. Épillets presque droits, souvent à cinq digitations; valves de la balle ciliées en leurs bords. Même culture.

3. CHLORIS RAYONNANTE. *C. radiata;* SWARTZ. *Agrostis radiata;* L. *Andropogon fasciculatum;* L. ⊙. Épis dressés et en faisceaux; fleurettes subulées. On la sème de bonne heure sur couche tiède au printemps, et l'on met le jeune plant en place, avec la motte, en mai, et à exposition très-chaude.

CHONDROSE. *Chondrosum;* DESF. (*Triandrie-digynie.*) Glume à deux valves, contenant une fleur hermaphrodite fertile, et une avortée. Balle de la fleur fertile bivalve, à cinq dents, dont la moyenne et les deux latérales prolongées en pointes subulées. On ne cultive que la CHONDROSE FILIFORME. *C. tenue;* WILLD. *Chloris gracilis;* DURAND. *Chloris filiformis;* ENCYC. ♃. Du Mexique. Serre chaude, et culture de la chloris, n° 1.

TRIPSAQUE. *Tripsacum;* L. (*Monoécie-triandrie.*) Fleurs monoïques. Dans les mâles : glume bivalve, à deux fleurs. Dans les femelles : glume à une fleur, à deux valves coriaces.

1. TRIPSAQUE DACTYLOÏDES. *Tripsacum dactyloïdes;* L. ♃. Amérique septentrionale. Épis ternés, agrégés; les fleurs mâles au dessous des fleurs femelles. Pleine terre franche, légère; multiplication par la séparation des touffes.

2. Tripsaque hermaphrodite. *Tripsacum hermaphroditum;* L. *Antephora elegans;* Schreb. ⊙. Antilles. Épi hermaphrodite. De graine sur couche chaude, semée dès les premiers jours du printemps. On laisse la plante sur couche pendant toute l'année, si l'on veut être sûr de recueillir de la graine. Plante de collection botanique.

TRAGUS. *Tragus;* Hall. (*Triandrie-monogynie.*) Glume bivalve, à une fleur ; la valve extérieure plus grande, cartilagineuse, hérissée de pointes ; l'intérieure plus étroite, nue ou presque nue ; balle à deux valves inégales.

1. Tragus a grappes. *Tragus racemosus;* Desf. *Cenchrus racemosus;* L. *Lappago racemosa;* Willd. ⊙. Indigène. Seule espèce du genre. On la sème en automne ou au printemps en tout terrain. Plante de collection botanique.

RACLE. *Cenchrus;* L. (*Triandrie-monogynie.*) Involucre lacinié ou divisé en poils raides, contenant deux à quatre fleurs. Glume à deux fleurs, à deux valves aiguës, plus courtes que les balles ; une des deux fleurs hermaphrodite, l'autre souvent mâle. Balle à deux valves aiguës, mutiques.

1. Racle hérissée. *Cenchrus echinatus;* L. ⊙. Antilles. Épi oblong, congloméré ; involucre presque globuleux, et divisé en dix lanières. De graine sur couche chaude où on la laisse toute l'année. Plante de collection.

2. Racle ciliée. *C. ciliaris;* L. *Pennisetum cenchroïdes;* Pers. ⊙. Du Cap. Chaume géniculé ; épi garni d'enveloppes sétacées, ciliées, à quatre fleurs. Même culture.

HÉRISSONNIÈRE. *Echinaria;* Desf. (*Triandrie-monogynie.*) Glume de deux à quatre fleurs, à deux valves plus courtes que la balle, munies à leur base d'une bractée entière, membraneuse. Balle à deux valves, dont l'extérieure partagée à son sommet en cinq divisions cartilagineuses.

1. Hérissonnière a fleurs en tête. *Echinaria capitata;* Desf. *Cenchrus capitatus;* L. *Sesleria echinata;* Schrad. ⊙. France méridionale. Seule espèce du genre, cultivée dans les collections botaniques. Terre substantielle ; multiplication de graines à exposition chaude.

ÉGILOPE. *Ægilops;* L. (*Triandrie-digynie.*) Fleurs polygames. Glume à deux valves cartilagineuses, comme tronquées, terminées par deux, trois ou quatre arêtes, contenant le plus souvent trois fleurs, dont deux hermaphrodites ; la troisième, placée entre elles, est mâle et stérile. Dans les fleurs hermaphrodites : balle à deux valves, dont l'extérieure terminée par deux ou trois arêtes, l'intérieure simplement mucronée.

1. Egilope ovale. *Ægilops ovata;* L. ⊙. Indigène. Épi court et ovale ; valves de la glume à trois ou quatre arêtes. Pleine terre franche ; multiplication de graines au printemps. Plante de collection, comme les égylopes *triuncialis, squarrosa,* qui se cultivent de même.

ROTTBOELLIE. *Rottboellia;* L. (*Triandrie-digynie.*) Glume à une fleur, à deux valves opposées à l'axe de l'épi ; quelquefois une seule valve. Balle à deux valves inégales, plus courtes que la glume, ou égales à celles-ci.

1. Rottboellie de Hongrie. *Rottboellia biflora;* Pers. *Pannonica;* Host. ⊙. Épi cylindrique, droit, subulé. Glume à deux valves et à deux fleurs ; valves obtuses, à bords scarieux. Pleine terre franche ; semis au printemps. Même culture pour les rottboellies : *incurvata*, *monandra.*

CANCHE. *Aira;* L. (*Triandrie-digynie.*) Glume à deux fleurs, à deux valves égales, concaves ou peu sensiblement comprimées. Balle à deux valves, dont l'extérieure porte une arête un peu au-dessus de sa base : valves de la balle plus courtes que la glume, ou tout au plus égales à celle-ci.

1. Canche flexueuse. *Aira flexuosa;* L. ♃. Indigène. Glume aristée ; feuilles sétacées ; chaume presque nu ; panicule divariquée ; pédoncules flexueux. Terre sèche et sablonneuse ; multiplication de graines. On a recommandé cette plante, ainsi que la canche touffue, *aira cœspitosa,* pour former des pâturages excellens pour les moutons, dans les terrains secs et maigres où d'autres fourrages réussiraient difficilement.

CATABROSE. *Catabrosa;* Beauv. (*Triandrie-digynie.*) Glume renfermant de deux à cinq fleurs, à deux valves comme tronquées, plus courtes que les fleurettes. Balle à deux valves, dont l'extérieure un peu tronquée, denticulée à son sommet, et l'intérieure presque trifide.

1. Catabrose aquatique. *Catabrosa aquatica;* Beauv. *Aira aquatica;* L. ♃. Indigène. Cette plante est la seule du genre.

On la cultive dans les terres marécageuses des jardins botaniques, où on la multiplie d'éclats. On l'a proposée pour utiliser les marais, où d'autres fourrages de meilleure qualité refuseraient de croître.

MÉLIQUE. *Melica ;* L. (*Triandrie-digynie.*) Glume de deux à quatre fleurs, à deux valves membraneuses ; balle à deux valves ventrues, mutiques.

1. MÉLIQUE PYRAMIDALE. *Melica pyramidalis ;* LAM. ♃. Midi de la France. Panicule en pyramide ouverte ; feuilles sétacées, jonciformes. Orangerie ; terre franche ; multiplication d'éclats. Cette plante est de collection.

MOLINIE. *Molinia ;* MOENCH. (*Triandrie-digynie.*) Glume de deux à quatre fleurs, à deux valves inégales, plus courtes que les fleurettes ; balle à deux valves lancéolées, aiguës. On ne connaît qu'une seule espèce de ce genre : MOLINIE BLEUATRE. *Molinia cœrulea ;* BEAUV. *Melica cœrulea ;* L. ♃. Indigène. Cette plante, quoique de collection, se fait remarquer par ses petites fleurs panachées de vert, de bleu et de violet. Pleine terre, un peu fraîche ; multiplication par la séparation des touffes.

SPARTINE. *Spartina ;* SCHREB. (*Triandrie-monogynie.*) Glume à une fleur, à deux valves inégales, très-aiguës, comprimées, carénées ; balle à deux valves un peu inégales, bidentées à leur sommet.

1. SPARTINE CYNOSUROÏDE ou faux cynosure. *Spartina cynosuroïdes ;* BEAUV. *Trachynotia cynosuroïdes ;* MICH. *Dactylis cynosuroïdes ;* L. *Limnetis cynosuroïdes ;* PERS. ♃. Amérique septentrionale. Feuilles très-longues, un peu glauques ; épi composé ; glume acuminée, un peu aristée, à carène aiguillonnée. Pleine terre à exposition chaude ; multiplication par la séparation des touffes.

DACTYLE. *Dactylis ;* L. (*Triandrie-digynie.*) Glume de deux à sept fleurs et plus, à deux valves inégales ; balle à deux valves lancéolées, courbées en carène : l'extérieure prolongée en pointe très-aiguë.

1. DACTYLE PELOTONNÉ. *Dactylis glomerata ;* L. ♃. France méridionale. Panicule agglomérée. Cette plante a été préconisée comme fournissant un bon fourrage, mais peu avan-

tageux pour les prés à faucher, parce que ses tiges sont grosses et se durcissent promptement en séchant; c'est pour être coupée en vert et pâturée que son usage est vraiment recommandable; elle réussit très-bien dans les terrains un peu secs, de médiocre qualité; et soixante et dix livres de graines suffisent pour ensemencer un hectare. Partout où elle croît, elle étouffe les plantes moins fortes qu'elle; aussi faudra-t-il la détruire scrupuleusement dans les gazons de luxe.

SESLÉRIE. *Sesleria;* Arduini. (*Triandrie-monogynie.*) Glume de deux à trois fleurs, à deux valves aiguës; balle à deux valves, dont l'extérieure est divisée à son sommet en trois à cinq pointes, et l'intérieure en deux; la valve extérieure paraît quelquefois se terminer par une seule pointe. Une bractée membraneuse ou à demi-membraneuse, entière, à la base des feuilles.

1. Seslérie bleuatre. *Sesleria cœrulea;* Ard. *Cynosurus cœruleus;* L. ♃. Indigène. Epi ovale-oblong; feuilles planes; involucre entier. Terre un peu humide; multiplication par la séparation des touffes.

DINÈBE. *Dineba;* Délil. (*Triandrie-digynie.*) Glume de deux à cinq fleurs, à deux valves aiguës; balle à deux valves échancrées à leur sommet, l'extérieure chargée d'une pointe ou d'une arête presqu'à son sommet.

1. Dinèbe a fleurs pendantes. *Dineba curtipendula;* Beauv. *Chloris curtipendula;* Mich. ♃. Amérique septentrionale. Chaume rameux au sommet; épillets courts, distiques et pendans. Terre légère et bonne exposition; multiplication par la séparation des touffes.

CYNOSURE ou cretelle. *Cynosurus;* L. (*Triandrie-digynie.*) Glume de deux à cinq fleurs, à deux valves; balle à deux valves linéaires-lancéolées, entières, l'extérieure mutique ou aristée; une bractée découpée en divisions distiques, et placée au-dessous de chaque épillet.

1. Cynosure des prés. *Cynosurus cristatus;* L. ♃. Indigène. Bractée pinnatifide. Cette plante passe pour fournir un très-bon fourrage. Terre franche, un peu humide; multiplication de graines ou d'éclats.

LAMARCKIE. *Lamarckia;* Moench. (*Triandrie-digynie.*)

Glume à deux ou trois fleurs, à deux valves linéaires; balle à deux valves, dont l'extérieure se prolonge en une longue arête; une bractée formée de huit à dix valves glumacées, stériles, ovales, obtuses, distiques. Ce genre est composé d'une seule espèce : LAMARCKIE JAUNE. *Lamarckia aurea;* DEC. *Cynosurus aureus;* L. *Chrysurus cynosuroïdes;* PERS. ♂. France méridionale. Cette plante de collection botanique se sème au printemps en terre légère et en pot, que l'on rentre en orangerie pour avoir des graines l'année suivante.

KOELÉRIE. *Koeleria;* PERS. (*Triandrie-digynie.*) Glume à deux fleurs, ou à trois et au-delà, mais rarement à deux valves comprimées et carénées; balle à deux valves comprimées; fleurs disposées sur des pédoncules redressés, formant une panicule resserrée et spiciforme.

1. KOELÉRIE A CRÊTE. *Koeleria cristata;* PERS. *Poa cristata;* L. ♃. Indigène. Épi un peu lâche, à épillets divergens et composés de trois à quatre fleurs un peu aristées et rugueuses, à carène légèrement ciliée. Terre franche, légère, pas trop sèche; multiplication de graines et par éclats des touffes.

ÉLEUSINE. *Eleusina;* LAM. (*Triandrie-digynie.*) Glume multiflore, parallèle à l'axe des fleurs; balle à deux valves mutiques; fleurs tournées d'un seul côté, et disposées en épis digités. Toutes les espèces de ce genre sont exotiques.

ÉLEUSINE D'EGYPTE. *Eleusina Ægyptia;* PERS. *Cynosurus Ægyptius;* L. ⊙. Tige rampante; épis quaternés, obtus, ouverts, dimidiés; glume mucronée. De graine semée au printemps sur couche chaude, et on y laisse la plante toute l'année pour en obtenir de bonnes graines.

IVRAIE. *Lolium;* L. (*Triandrie-digynie.*) Glume à une valve, multiflore, parallèle à l'axe des fleurs; balle à deux valves lancéolées, l'extérieure aristée au-dessous de son sommet, ou mutique.

1. IVRAIE VIVACE, ray-grass. *Lolium perenne;* L. ♃. Indigène. Épi mutique, à épillets comprimés, multiflores. De toutes les graminées, celle-ci est une de celles dont on sème le plus séparément en France, parce qu'on l'emploie à la formation des tapis de verdure connus sous le nom de gazon

anglais. Voyez notre tome Ier, page 81, où nous donnons sa culture, en l'envisageant sous le rapport de l'agrément. Si l'on considère le ray-grass comme plante utile, les avis sont assez partagés, parce que les résultats qu'on en obtient sont très-différens. En France, il ne paraît pas qu'il puisse former un bon pré à faucher, à moins que ce ne soit dans les lieux bas et frais, en très-bon terrain : et alors ayant poussé très-vigoureusement, ses tiges se durcissent en séchant, de manière à en faire un fourrage de médiocre qualité, que les chevaux refusent quelquefois. La faculté de repousser sous la dent des bestiaux et de taller et se fortifier sous leurs pieds, peut le rendre précieux pour en faire des pâturages, surtout si l'on mêle avec ses semences quelques graines de légumineuses vivaces, par exemple, du trèfle fraise, du lotier corniculé, etc. Cent livres de graine de ray-grass suffisent pour ensemencer un hectare de terrain; la meilleure saison pour cela est le mois de juin, après une pluie.

ÉLYME. *Elymus*; L. (*Triandrie-digynie.*) Glume bivalve, de trois à neuf fleurs; épillets disposés deux à trois ensemble sur chaque dent de l'axe commun, et accompagnés extérieurement d'une ou deux paillettes latérales; balle à deux valves lancéolées, dont l'extérieure plus grande, acuminée, mutique, ou se terminant en arête.

1. ÉLYME DES SABLES. *Elymus arenarius*; L. ♃. Indigène. Épi droit, blanchâtre, long de huit à neuf pouces; glume tomenteuse, plus longue que les fleurettes; feuilles piquantes, glauques. Cette plante a des racines fortes et traçantes, ce qui l'a fait proposer pour arrêter les éboulemens et les envahissemens des sables dans de certains pays. Terre légère ou sablonneuse, un peu humide; multiplication par l'éclat des racines.

ASPRELLE. *Asprella*; WILLD. (*Triandrie-digynie.*) Glume nulle; épillets à trois fleurs, disposés deux à deux sur chaque dent de l'axe commun; balle à deux valves lancéolées, dont l'intérieure plus grande, terminée par une longue arête. Ce genre ne renferme que l'ASPRELLE DIVERGENT. *Asprella histrix*; WILLD. *Elymus histrix*; L. ♃. D'Orient. Elle exige la serre tempérée; mais, comme elle mûrit ses graines dans l'année, on peut la traiter comme les plantes annuelles, et la semer sur couche tiède, où on la laisse jusqu'à ce que l'hiver la fasse périr.

ORGE. *Hordeum;* L. (*Triandrie-digynie.*) Fleurs polygames, rarement hermaphrodites; dans les hermaphrodites, glume à une fleur et à deux valves: balle à deux valves, dont l'extérieure terminée par une arête très-longue; dans les mâles, glume à une fleur, à valves sétacées ou subulées: balle à deux valves, quelquefois nulle; fleurs disposées trois à trois, celle du centre hermaphrodite et sessile, les deux latérales mâles et pédiculées.

Trois ou quatre espèces de ce genre appartiennent à la grande culture. Si l'on s'en rapporte à Pline, l'orge a été la première nourriture de l'homme; à présent, il n'y a plus guère que les habitans pauvres de quelques pays montagneux du nord et des Alpes qui en fassent leur principale subsistance; partout ailleurs on n'emploie son grain que pour faire de la bière, et on le coupe en vert pour donner aux chevaux et aux vaches laitières. L'orge dépouillée de son écorce, autrement orge mondée, gruée, sert à faire des décoctions très-employées en médecine comme légèrement rafraîchissantes et un peu nutritives. Pour ne pas sortir du cadre de notre ouvrage, nous nous bornerons à citer les espèces cultivées: 1° ORGE COMMUNE. *H. vulgare;* L. ☉. Russie. Elle a une variété nommée ORGE NUE, *h. vulgare cœleste.* Semis au printemps; terre ordinaire. 2° ORGE A DEUX RANGS. *H. distichon;* L. ☉. Russie. Dans quelques provinces on la nomme pamelle, baillard. Elle se sème de même au printemps; mais elle exige une terre chaude et légère, et il lui faut un peu plus de chaleur pour bien mûrir; elle a une variété nommée ORGE CARRÉE NUE, *h. distichon nudum.* 3° ORGE A SIX CÔTES, orge d'hiver, escourgeon, soucrion. *H. hexastichon;* L. ☉. On la sème en automne en terre forte, substantielle, bien ameublie et amendée. 4° ORGE ÉVENTAIL, orge riz. *H. zeocriton;* L. ☉. Elle se sème au printemps, et offre l'avantage de réussir dans les terres médiocres et à des expositions très-froides; elle craint aussi beaucoup moins la sécheresse.

FROMENT. *Triticum;* L. (*Triandrie-digynie.*) Glume multiflore, opposée à l'axe commun, solitaire sur chaque dent de cet axe, et à deux valves presque égales. Balle à deux valves lancéolées, mutiques ou aristées au sommet.

On ne connaît pas le pays d'où le froment cultivé est originaire, et nulle part on ne l'a rencontré sauvage; cependant quelques botanistes le croient du nord de l'Asie. C'est de toutes les graminées celle qui contient le plus de particules nutritives ; aussi, depuis la plus haute antiquité, elle fait la base de la nourriture des peuples de l'Europe. Les peuples de l'Asie et de l'Afrique en font néanmoins peu d'usage. Cette plante est encore précieuse par l'excellent fourrage que sa paille, en vert ou en sec, fournit aux bestiaux.

1. Froment cultivé. *Triticum vulgare;* Willd. *T. sativum;* L. ⊙. Glume à quatre fleurs, ventrue, glabre, imbriquée, aristée. Cette espèce a fourni un grand nombre de variétés dont voici les principales :

A. *Fromens sans barbe.*

1° Épis blancs et grains jaunes.
2° Épis dorés et grains jaunes.
3° Épis blancs et grains blancs.
4° De printemps, à épis roux.
5° D'Alsace, à épis courts.

B. *Fromens garnis de barbes.*

6° A épis roux, gros grains et tiges pleines.
7° Blé de providence, à gros grains et tiges pleines.
8° A épis roux, larges, et barbes rouges.
9° A barbes serrées.

C. *Fromens sans barbes et velus.*

10° Épis veloutés, grisâtres, tiges creuses.

D. *Fromens velus avec des barbes.*

11° Épis gris bleuâtres, gros grains, tiges pleines.

12° Épis roux, courts, carrés; barbes rousses, gros grains, tiges pleines. On le connaît sous les noms de pétantelle, *turgidum.* Persoon le regarde comme une variété du *triticum polonicum.*

13° Épis blancs, carrés; tiges pleines, gros grains.

14° Épis barbus, gris; grains cornés, tiges pleines. On le nomme blé de Barbarie.

Il faut ajouter à ces variétés, décrites par Dumont de Courcet :

15° Froment lammas, ou blé lammas. Il est d'hiver et craint les terrains trop humides. Épis rouges.

16° Froment de Talavéra. Il est d'hiver et très-productif.

17° Froment de mars à épis blancs barbus; assez précoce.

18° Froment de mars à épis rouges sans barbes. Très-bonne variété.

19° Blé de Sicile à épis courts et carrés; plus haut et plus hâtif que les précédens; il se sème au printemps.

20° Triménia barbu de Sicile; hâtif et d'un bon produit. Il se sème au printemps.

21° Froment de mars à épis blancs sans barbes.

22° Blé de mars de Fellemberg, qui s'élève très-haut; mais il s'égrène facilement si on ne le coupe de bonne heure.

23° Blé Pictet; sous-variété du précédent, dont le grain s'égrène moins facilement.

24° Blé de mars d'Odessa.

25° Blé de mars de Tangarock.

26° Blé blanc du Cap; de mars et résistant mieux à la sécheresse que les précédens.

Tous se cultivent de la même manière, à cette différence près que les uns se sèment en automne et les autres au printemps. Ils aiment en général un terrain substantiel, consistant, ni trop fort ni trop léger, et bien ameubli par des labours. Ils craignent l'humidité.

2. Froment rameux. Blé de miracle, d'Égypte, de Smyrne. *T. compositum;* L. ⊙. Il diffère du précédent par son épi rameux, ayant à sa base de trois à sept épis courts et serrés, du milieu desquels s'élève le principal. Même culture que le precédent. Quoiqu'on en ait fait une espèce, ce n'est réellement qu'une variété du froment cultivé, et même qui dégénère plus rapidement qu'aucune autre.

3. Froment corné. *T. durum;* Desf. ⊙. Chaume pulvérulent; glume pubescente, aristée; graines dures. Il est très-

cultivé en Barbarie. Même culture. Est-ce une espèce? Persoon le regarde comme variété.

4. FROMENT ÉPEAUTRE. *Triticum spelta*; L. ♂. Glume tronquée, à quatre fleurs; fleurettes aristées, hermaphrodites : celle du milieu neutre ; graines adhérentes à la balle. La farine que fournit cette espèce est supérieure en qualité à celles des autres fromens, mais le grain est très-difficile à extraire de la balle. Il réussit dans les pays froids et montagneux et dans les terres glaiseuses et tenaces.

5. FROMENT MONOSPERME. Petite épeautre, ingrain ou engrain. *T. monococcum*; L. ⊙. Glume tridentée, quelquefois à trois fleurs, dont celle du milieu stérile, et la première fertile et aristée : plus ordinairement une seule fleur fertile. Cette espèce se sème au printemps et à l'automne, et réussit dans les mauvais terrains.

6. FROMENT DE POLOGNE. Seigle de Pologne, de Russie. *T. polonicum*; L. ⊙. Glume biflore, nue ; fleurettes très-longues, aristées ; rafle à dents barbues. Il se distingue surtout par la hauteur de sa paille qui est pleine, et par la longueur de son épi et de son grain. Il réussit semé au printemps, mais mieux encore en automne et en terrain sec ; moins difficile que les autres fromens sur la qualité du terrain, il vient bien dans les terres très-légères.

SEIGLE. *Secale*; L. (*Triandrie-digynie.*) Glume à deux fleurs, opposée à l'axe commun, à deux valves égales, mutiques ou aristées. Balle à deux valves, dont l'extérieure très-longuement aristée.

On n'en cultive qu'une espèce, le SEIGLE COMMUN. *Secale cereale*; L. ⊙, que l'on croit originaire de l'île de Crète. Cils de la glume scabres ; épillets accompagnés de deux écailles calicinales sétacées. Il a fourni plusieurs variétés, parmi lesquelles on remarque le seigle d'hiver, *secale cereale hibernum*; le seigle de printemps, *secale cereale vernum*; le seigle de la Saint-Jean ou du nord. Toutes se cultivent comme les fromens, mais on doit les semer avant eux, parce que plus ils restent long-temps en terre, plus ils produisent. Ils réussissent très-bien dans les terres médiocres où le froment refuse de croître.

Le seigle fait la principale nourriture des habitans pauvres des parties septentrionales et moyennes de l'Europe, et des autres pays où le froment ne réussit pas bien. On en fait un pain noir, peu nourrissant, et légèrement laxatif quand on n'y est pas habitué.

BROME. *Bromus;* L. (*Triandrie-digynie.*) Glume multiflore, à deux valves. Balle à deux valves lancéolées : l'extérieure aristée au-dessous de son sommet. La plupart des plantes de ce genre fournit un très-bon fourrage.

1. Brome purgatif. *Bromus purgans;* L. ♃. Canada. Panicule penchée, frisée ; feuilles larges, ordinairement nues, à gaîne poilue ; glume velue. Terre légère ; orangerie ; multiplication par l'éclat des touffes. Cette plante, ainsi que toutes celles du genre, est de collection botanique.

FÉTUQUE. *Festuca ;* L. (*Triandrie-digynie.*) Glume multiflore, à deux valves. Balle à deux valves lancéolées. L'extérieure acuminée, mutique ou amincie en arête à son sommet. Presque toutes les fétuques fournissent un très-bon fourrage ; elles font la base des meilleurs prés, et quelques-unes mériteraient une culture particulière. Telles sont les suivantes.

1. Fétuque des prés. *Festuca pratensis;* Schrad. *F. Loliacea;* Dec. *F. Elatior;* L. ♃. Indigène. Tige de trois pieds ; feuilles rudes ; panicule lâche, de six à neuf pouces, un peu unilatérale. Les rameaux géminés ; épillets dioïques, de sept fleurs. Barbes courtes. En raison de la qualité et de l'abondance de son fourrage, on la regarde comme une des meilleures dont on puisse ensemencer les bas prés. Semée seule, il faudrait environ cent livres de graine par hectare.

2. Fétuque ovine, coquiole. *F. ovina;* L. ♃. Indigène. Tiges d'un pied, grêles, nues, tétragones ; feuilles sétacées, en touffes ; panicule resserrée, en épi unilatéral ; épillets de quatre à cinq fleurs ; barbes courtes. Cette plante est petite, peu productive, mais l'avantage qu'elle a de venir dans les sables les plus stériles et sur les coteaux les plus secs, la rend précieuse pour former de très-bons pâturages pour les moutons. On la sème au printemps, en raison de cinquante livres par hectare.

3. Fétuque flottante. *F. fluitans;* L. Indigène. Tiges de deux à quatre pieds, droites ; feuilles glabres, molles, pla-

nes; panicule très-longue, resserrée; épillets allongés, cylindriques, lisses, nus, de huit à douze fleurs. Elle croît dans les lieux bas et marécageux, et fournit un fourrage vert très-recherché des bestiaux. Il serait avantageux de la semer au printemps et à l'automne dans les terres aquatiques. Sa graine mondée est employée aux mêmes usages que le riz; on la connaît dans le commerce sous le nom de manne de Pologne ou de Prusse.

4. Fétuque glauque. *Festuca glauca;* Lam. ♃. Indigène. Tiges d'un pied; feuilles glauques, raides, subulées; panicule à divisions un peu en forme d'épis; épillets lisses, souvent à cinq fleurs, et un peu aristés. On emploie cette plante dans les semis de gazon, avec le *lolium perenne*, pour produire de certains effets, et on la cultive comme ce dernier. *Voyez* notre premier volume, page 81.

DANTHONIE. *Danthonia;* Decand. (*Triandrie-digynie.*) Glume multiflore, très-grande, à deux valves concaves. Balle à deux valves : l'extérieure échancrée au sommet, portant, au fond de son échancrure, une arête tantôt longue et tortillée, tantôt fort courte et en forme de dent.

1. Danthonie inclinée. *Danthonia decumbens;* Dec. *Festuca decumbens;* L. *Triodia decumbens;* Beauv. ♃. Indigène. Panicule droite; épillets un peu ovales, mutiques; glume plus grande que les fleurettes; tige penchée, de six à dix pouces. Terre franche; multiplication d'éclats.

PATURIN. *Poa;* L. (*Triandrie-digynie.*) Glume multiflore, à deux valves; balle à deux valves presque ovales, obtuses ou à peine aiguës, mutiques. Les paturins font comme et avec les fétuques, la base des meilleurs prés. Leur fourrage est excellent. Nous citerons les espèces à préférer pour cet usage.

1. Paturin ou poa des prés. *Poa pratensis;* L. ♃. Indigène. Tige d'un à trois pieds, grêle; panicule lâche, diffuse, à rameaux verticillés; épillets glabres, de deux à cinq fleurs fort petites. Il fournit un foin excellent et abondant, mais seulement dans les prés humides : partout ailleurs il est petit et sec. On le sème au printemps, à raison de trente livres de graines par hectare. Comme il est très-précoce, si on ne

le sème pas seul, il faut l'associer avec le vulpin des prés et le paturin commun.

2. PATURIN COMMUN. *Poa trivialis;* L. ♃. Indigène. Tiges presque droites, d'un pied; feuilles très-étroites, rudes, pointues; panicule de trois à six pouces, lâche, rameuse; épillets ovales, petits, glomérulés, de trois fleurs, pubescens à leur base. On le préfère à l'espèce précédente. Il croît dans les mêmes terrains, et il veut être fauché de bonne heure parce qu'il sèche promptement après sa floraison. On sème trente-six livres de graines par hectare.

3. PATURIN DES MARAIS. *P. aquatica;* L. ♃. Indigène. Tige de quatre à six pieds, droite, épaisse; feuilles larges, lisses, avec une tache brune à leur gaîne; panicule très-ample, d'un pied; épillets allongés, de six à huit fleurs. Cette plante pourrait être utilisée dans les marais, où nulle autre qu'elle ne fournirait un pâturage aussi abondant pour les vaches, qui la recherchent beaucoup.

AMOURETTE, brize. *Briza;* L. (*Triandrie-digynie.*) Glume multiflore, bivale. Balle à deux valves, dont l'extérieure en cœur, ventrue, obtuse, mutique. Fleurs imbriquées, formant des épillets distincts.

1. AMOURETTE OU BRIZE DES PRÉS. *Briza media;* L. ♃. Indigène. Épillets ovales; glume plus courte que les fleurettes. Ses épillets verts, blancs ou violets, agités au moindre vent, donnent beaucoup de grâce à cette jolie plante, qui d'ailleurs fournit un bon fourrage. Elle réussit bien dans les terrains secs, et se multiplie de la même manière que les autres graminées.

UNIOLE. *Uniola;* L. (*Triandrie digynie.*) Glume multiflore, à plusieurs valves; balle à deux valves comprimées, tranchantes, presque ovales, relevées en carène saillante.

1. UNIOLE A LARGES FEUILLES. *Uniola latifolia;* MICH. ♃. Amérique septentrionale. Feuilles larges et planes; panicule lâche; glume à trois valves; épillets longuement pédicellés; fleurs n'ayant qu'une étamine. Pleine terre franche, légère; exposition chaude; multiplication par l'éclat des touffes.

AVOINE. *Avena;* L. (*Triandrie-digynie.*) Glume à deux valves, multiflore; balle à deux valves lancéolées : l'extérieure munie, sur son dos, d'une arête tortillée.

On croit l'avoine cultivée originaire de l'Asie. Sa graine écorcée et grossièrement concassée est connue sous le nom de *gruau;* elle est très-employée comme aliment dans quelques provinces pauvres et montagneuses de la France, et plus particulièrement en Écosse. On en fait un pain lourd et bis; on en fabrique une bière fort agréable et très en usage en Angleterre; enfin on emploie ses décoctions en médecine, comme rafraîchissantes et calmantes. Mais c'est surtout considérées comme fourrage, que toutes les avoines sont précieuses. L'espèce cultivée, mangée soit en grains, soit en paille, par les chevaux, leur donne de la force et de l'ardeur.

1. AVOINE CULTIVÉE. *Avena sativa;* L. ⊙. Tige de deux à trois pieds; panicule lâche; épillets pendans; glume à deux graines lisses, noires ou blanches. Ses variétés principales sont: 1° AVOINE D'HIVER. *A. sativa hiemalis*. Elle est plus productive, plus pesante, et mûrit beaucoup plus tôt que celle de printemps. 2° AVOINE PATATE. *A. sativa turgida*, le *potatoe oats* des Anglais. Elle est blanche, à grains courts et pesans, et supérieure, pour la qualité et le produit, à nos avoines ordinaires. 3° AVOINE NUE. *A. sativa nuda*. Elle se distingue des autres par son manque de barbes; elle est très-cultivée en Angleterre. Persoon en fait une espèce. 4° AVOINE DE GÉORGIE. *A. sativa georgiana*. Elle est remarquable par la grandeur de ses panicules et par son grain très-gros et très-pesant. 5° AVOINE A TROIS GRAINS. *A. sativa trisperma*. Souvent sa glume contient trois graines, mais qui se détachent mal au battage; son véritable mérite est de mieux réussir que les autres dans les terrains médiocres.

L'avoine se sème de février en avril, dans les terres à blé où on a fait une récolte l'année précédente. Elle n'est pas difficile sur la qualité du sol, mais elle exige que la terre ait été bien ameublie par plusieurs labours. Elle refuse de croître dans les terrains trop secs, à moins qu'on ne sème en automne une variété d'hiver.

2. AVOINE D'ORIENT, DE HONGRIE. *A. orientalis;* L. ⊙. Panicule en grappe serrée, unilatérale; épillets biflores, parallèles, horizontaux; graine lisse. On en possède deux variétés principales, l'une *blanche*, l'autre *noire*. La première végète vigoureusement et fournit beaucoup de paille,

mais les grains sont maigres et allongés ; la seconde, dans les très-bonnes terres, pourrait devenir avantageuse à cause de son produit extraordinaire, quoique son grain pèse moins et contienne moins de farine.

ROSEAU. *Arundo;* L. (*Triandrie-digynie.*) Glume à une fleur, plus rarement multiflore, à deux valves très-aiguës ; balle à deux valves, entourée à sa base par des poils persistans.

1. ROSEAU A QUENOUILLE. *Arundo donax;* L. ♃. France méridionale. Tige de neuf à douze pieds, sous-frutescente ; glume à cinq fleurs ; panicule diffuse. Cette belle plante mérite la culture à cause de l'effet pittoresque qu'elle peut produire sur le bord des eaux. Elle a une variété (peut-être une espèce) à feuilles panachées de blanc, ne s'élevant guère qu'à trois ou quatre pieds. Terre profonde et humide ; multiplication, en février, par la séparation des drageons enracinés et replantés aussitôt ; en octobre, on coupe les tiges et on couvre la plante avec des feuilles sèches ou de la litière. La variété panachée est plus sensible aux gelées : on la plante dans un baquet dont on entretient la terre toujours mouillée, et on la rentre en orangerie. La racine de cette espèce est sudorifique et diurétique.

2. ROSEAU A BALAIS. *A. phragmites;* L. ♃. Indigène. Tiges de quatre à cinq pieds ; glume à cinq fleurs ; panicule lâche, d'un pourpre foncé ; poils du calice longs et soyeux. Terre humide et profonde ; multiplication par la séparation des racines. Cette plante fait un très-joli effet sur le bord des eaux des jardins paysagers.

3. ROSEAU ÉPIGEOIS. *A. epigeïos;* L. ♃. Indigène. Tige de deux à trois pieds ; feuilles lancéolées, glabres en dessous ; panicule droite. Même culture que le précédent, mais il réussit dans les terres moins humides.

4. ROSEAU PLUMEUX. *A. calamagrostis;* L. *Calamagrostis lanceolata;* ROTH. ♃. Indigène. Tige de deux à quatre pieds ; feuilles longues, étroites ; glume lisse, à une fleur ; balle laineuse, garnie de poils soyeux très-abondans. Même culture que le n° 3. On a proposé de cultiver dans les dunes le ROSEAU DES SABLES, *A. arenaria,* L. ♃, pour empêcher l'envahissement des sables.

BAMBOU. *Bambos* ; PERS. (*Hexandrie-monogynie.*) Écailles renfermant trois épillets ordinairement à cinq fleurs; glume nulle ; balle à deux valves ; six étamines ; un style à deux divisions ; une graine.

1. BAMBOU ARONDINACÉ, roseau bambou. *Bambos arundinacea* ; PERS. *Bambusa arundinacea* ; RETZ. ♄. Inde. Tige grosse, articulée, haute de trente pieds, ligneuse ; feuilles alternes, lancéolées, ovales, pointues, sur deux rangs opposés ; panicule rameuse, divariquée. Il en existe une variété à tige et feuilles moins grandes, et une autre velue sur la gaîne des feuilles, celles-ci ayant une touffe de poils à la base. Cette plante est toujours verte ; elle fait un bel effet. Serre chaude ; terre de bruyère tenue constamment humide. Si l'on veut avoir ces plantes dans toute leur beauté, il ne faut pas les mettre en pots, mais les planter dans une couche de terre de bruyère où leurs racines s'étendront à volonté ; il leur faut beaucoup d'eau et de chaleur. Multiplication de rejetons enracinés, levés au printemps, plantés dans un pot enfoncé dans la tannée.

2. BAMBOU VERTICILLÉ. *B. verticillata* ; WILLD. ♄. Inde. Épi terminal, simple, verticillé. Même culture que le précédent, auquel il ressemble, quoiqu'il soit plus petit.

RIZ. *Oryza* ; L. (*Hexandrie-digynie.*) Glume à une fleur, à deux valves très-petites ; balle à deux valves, en forme de nacelle, l'extérieure striée, aristée ; deux écailles intérieures, très-petites ; six étamines ; deux styles.

1. RIZ CULTIVÉ. *Oryza sativa* ; L. ☉. Inde. Tiges assez grosses, cannelées, articulées, de trois à quatre pieds ; feuilles arondinacées, un peu charnues ; panicule semblable à celle du millet, purpurine ; barbes longues. On connaît assez l'usage que l'on fait de ses graines ; c'est la nourriture la meilleure pour l'homme, si l'on en excepte le froment ; aussi fait-il la base des alimens des peuples de l'Asie et de l'Afrique. La liqueur nommée *arack* se fait avec le riz.

Cette plante précieuse ne peut se cultiver que dans les pays chauds, et dans les terres que l'on peut submerger à volonté, parce qu'elle ne croît que dans l'eau ; on n'en trouve plus quand on va plus au nord que le Piémont. Dans nos climats, on la cultive en serre chaude, dans un pot que l'on tient enfoncé dans un baquet d'eau, de manière à ce qu'il y ait toujours une partie de la plante submergée ; on change l'eau de temps à autre. Ses graines mûrissent quand l'automne est chaud.

EHRHARTE. *Ehrharta;* THUMB. (*Hexandrie-monogynie.*) Glume à deux valves, à une fleur ; balle double, l'extérieure à deux valves oblongues, ridées transversalement sur les côtés : l'intérieure également à deux valves inégales, plus courtes que la balle externe ; six étamines, deux styles.

1. EHRHARTE A FLEURS DE PANIS. *Ehrharta panicea ;* WILLD. *Erecta;* L. ♃. Du Cap. Chaume divisé ; panicule un peu rameuse ; fleurs droites, à deux styles. Terre légère ; orangerie; multiplication par la séparation des touffes. Plante de collection.

NARD. *Nardus ;* L. (*Triandrie-monogynie.*) Glume à deux valves, dont l'extérieure coriace, plus longue, acérée : l'intérieure membraneuse ; balle nulle ; un seul style.

1. NARD SERRÉ. *Nardus stricta ;* L. ♃. Indigène. Épi droit, sétacé ; fleurs penchées d'un seul côté. Terre sablonneuse ; multiplication par la séparation des touffes.

SPARTE. *Lygeum ;* L. (*Triandrie-monogynie.*) Glume à une valve, grande, en forme de spathe, acuminée, contenant deux, et, plus rarement , trois fleurs ; balle à deux valves très-inégales ; un seul ovaire commun aux deux fleurs, et entouré de poils soyeux ; stigmate glabre.

1. SPARTE A FEUILLES DE JONC. *Lygeum spartum ;* L. ♃. Midi de la France. Cette plante est la seule de son genre. On la cultive en Espagne pour faire des tissus connus sous le nom de *sparterie ;* cependant on cultive plus ordinairement pour cet usage le *stipa tenacissima.* *Voyez* page 40. Orangerie ; terre franche, légère ; multiplication par la séparation des touffes. Quoique sensible au froid, on peut la conserver en pleine terre ; mais dans ce cas il lui faut une bonne couverture de feuilles sèches pendant l'hiver ; et malgré cela, elle ne fleurit que rarement.

MAIS, blé d'Inde, blé de Turquie. *Zea;* L. (*Monoécie-triandrie.*) Fleurs monoïques. Dans les mâles : glume à deux fleurs, bivalve : balle bivalve. Les femelles sont très-nombreuses , portées sur un axe commun , gros, simple, allongé, cylindrique et enveloppé de plusieurs tuniques membraneuses et foliacées. Chacune d'elles est composée d'une glume bivalve, à une fleur, et d'une balle bivalve. Leur style est très-long.

Après le riz et le froment, le maïs est la plante graminée la plus utile. Plusieurs peuples de l'Asie, de l'Afrique, de l'Amérique, et du midi de l'Europe, en font leur principal aliment. En France même les habitans pauvres des contrées où elle croît en font un pain lourd, mais nourrissant, et des bouillies légères et assez agréables. On s'en sert aussi pour engraisser la volaille.

1. Maïs cultivé. *Zea maïs;* L. ⊙. Pérou. Tiges droites, épaisses, articulées, de cinq à sept pieds; feuilles longues, assez larges, entières. Fleurs mâles en panicule au sommet des tiges; fleurs femelles sessiles, axillaires autour d'un axe épais et moëlleux, enveloppées de plusieurs tuniques, du sommet desquelles partent les pistils pendans en forme de chevelure. On possède plusieurs variétés et sous-variétés de maïs dont les principales sont ·

A. *Maïs commun.*

1° A grains blancs, cultivée dans les départemens du Rhône et de Saône-et-Loire.

2° A grains jaunes, la plus cultivée en France et la meilleure.

3° A grains bleuâtres, assez rare.

4° A grains violets, très-cultivée dans le département de l'Ain.

5° A grains panachés, moitié jaune, moitié violet, cultivée dans la Bresse.

B. *Maïs précoce, plus petit dans toutes ses parties que le maïs commun, rapportant moins, mais pouvant se cultiver plus au nord.*

1° Maïs quarantain. On l'a ainsi nommé parce que, dit-on, on le sème et récolte en quarante jours; ce qui permet de le cultiver dans des climats assez froids. Ce qu'il y a de plus certain, c'est qu'il est peu productif, et n'est guère cultivé que par curiosité.

2° Maïs à poulet. Encore plus petit que le précédent, et d'un moindre produit ; ses tiges s'élèvent à peine à un pied ou dix-huit pouces, et ses épis ne sont guère plus longs que le doigt. Cette variété a été trouvée par M. Lelieur.

La culture du maïs exige d'autant plus de soins qu'elle se fait dans un pays moins chaud. Dans le midi de la France cette plante croît très-bien dans les terres médiocres ; mais, à mesure que l'on remonte vers le nord, il lui faut une terre plus substantielle et mieux amendée. On la sème lorsque les gelées de printemps ne sont plus à craindre, et que la terre a déjà quelque chaleur, ce qui répond au mois de mai sous le climat de Paris. On en met deux ou trois grains dans chaque petite fosse que l'on fait à deux ou trois pieds de distance les unes des autres ; et, lorsque le plant est levé, on l'éclaircit. A mesure que le maïs acquiert de la hauteur, on le bine, on détruit les mauvaises herbes, et on le butte en rapprochant la terre autour de son pied. Lorsque la fécondation est opérée, et que les grains sont bien formés, on coupe la tige au-dessus du dernier épi, afin de concentrer la séve sur les graines. Cette plante aime en général les terres légères, chaudes et substantielles.

LARMILLE. *Coix ;* L. (*Monœcie-triandrie.*) Fleurs monoïques ; les mâles disposés en épi, ayant une glume bivalve, à deux fleurs, et une balle à deux valves ; les femelles composées d'une glume à une fleur, à deux valves, dont l'extérieure plus grande, et d'une balle à deux valves.

1. Larmille des Indes, larme de Job. *Coix lacryma ;* L. ♂. Inde. Chaume demi-cylindrique, articulé, haut de deux à trois pieds ; feuilles arondinacées, larges, avec une côte blanche ; fleurs nues ; fruits ovales, luisans, blancs, gris, bruns ou bleuâtres, traversés par l'axe des fleurs mâles ; ils sont durs et fort jolis : autrefois on en faisait des chapelets. Multiplication de graine en pot enfoncé dans une couche chaude, où la plante fructifie dans l'année si on l'a semée de bonne heure. Terre substantielle ; arrosemens fréquens.

CLASSE II.

Plantes monocotylédones, apétales, à étamines attachées au calice.

ORDRE PREMIER.

LES PALMIERS. — *PALMÆ.*

Plantes ligneuses; *tige* simple, cylindrique, ordinairement marquée par des empreintes écailleuses, résultant de la base des feuilles desséchées; *feuilles* terminales, en faisceaux, alternes, vaginées, pliées en éventail lorsqu'elles sont nouvelles, quelquefois enveloppées dans une gaîne réticulée. *Calice* monophylle, persistant, à six divisions, dont trois intérieures et pétaloïdes, un peu plus grandes que les extérieures. Six *étamines* (rarement plus ou moins), opposées aux divisions du calice, ayant leurs filamens légèrement réunis à la base et insérés sur un bourrelet particulier qui adhère au réceptacle. Un *ovaire* supérieur, simple, rarement triple, surmonté d'un à trois styles, et terminé par un stigmate simple ou trifide. *Fruit* consistant en un drupe ou une baie, à une ou trois loges, et une ou trois semences. *Fleurs* hermaphrodites, monoïques ou dioïques, selon les genres, ramassées en grand nombre sur des pédoncules communs plus ou moins ramifiés ou paniculés, et auxquels on a donné le nom de *régime* ou *spadice*. Ces régimes naissent dans les aisselles des feuilles, renfermés avant la fleuraison dans des *spathes* monophylles ou polyphylles.

§ Ier. Feuilles ailées.

ROTANG. *Calamus;* L. (*Hexandrie-monogynie.*) Calice à six divisions écailleuses, dont trois intérieures plus courtes; six étamines; un ovaire surmonté d'un style trifide; baie globuleuse, monosperme, d'abord molle, puis sèche, couverte d'écailles imbriquées à rebours. Presque tous les rotangs ont une tige mince, d'une longueur prodigieuse, qui s'entrelace de mille manières autour des arbres voisins, à la manière d'un câble. Les forêts en sont obstruées.

1. ROTANG A CANNES. *Calamus rotang;* WILLD. *C. petræus;* RHEED. ♄. Indes orientales. Tige droite, à nœuds très-distans; feuilles ailées, à pétioles couverts d'aiguillons droits et serrés : folioles ensiformes. Régime droit. Serre chaude. Terre franche, légère; multiplication de drageons enracinés; plus sûrement de graines venues de son pays natal. Beaucoup de chaleur; arrosemens modérés. Cet arbre ne doit jamais quitter la tannée de la serre chaude. Ce sont ses tiges qui fournissent les cannes vulgairement connues sous le nom de *jonc* et de *rotaing*.

2. ROTANG VRAI. *C. verus;* LOUREIRO. ♄. Indes orientales. Feuilles très-longues, à épines longues et rapprochées; régime court; corolle à trois pétales. Même culture. C'est avec les tiges de celui-ci et du précédent que l'on faisait les fauteuils et les chaises en cannes, très à la mode autrefois.

3. ROTANG SERPENT. *C. draco;* WILLD. ♄. Indes orientales. Tige longue et fluette, s'enlaçant autour des autres arbres comme un serpent, *draco*. Aiguillons appliqués contre le pétiole des feuilles; celles-ci étalées; régime droit. Même culture.

DATTIER. *Phœnix;* L (*Diœcie-hexandrie.*) Fleurs dioïques. Spathe monophylle, s'ouvrant latéralement pour donner passage à une panicule très-ample. Dans les fleurs mâles, calice persistant, à six divisions, dont trois extérieures et trois intérieures; six étamines. Dans les fleurs femelles, calice comme dans les mâles; un style à un stigmate; un drupe charnu, contenant un noyau osseux, sillonné d'un côté, convexe de l'autre.

1. Dattier commun. *Phœnix dactylifera;* Willd. ♄. Le Levant. Arbre à tronc droit, de vingt à trente pieds, couvert d'écailles qui sont les vestiges des anciennes feuilles. Celles-ci en rosette au sommet de la tige, ailées, longues de dix pieds, à folioles linéaires-lancéolées, raides, pliées dans leur longueur. Serre chaude. Terre franche, substantielle; vase grand et continuellement enfoncé dans la tannée; multiplication par les semences tirées de son pays natal, et qui lèvent en six semaines si on leur donne beaucoup de chaleur. Dans nos serres cet arbre croît avec lenteur.

Les fruits du dattier, connus sous le nom de *dattes*, fournissent aux habitans de plusieurs contrées de l'Asie et du nord de l'Afrique une nourriture saine, agréable et abondante. Dans le royaume de Fezzan, tributaire du pacha de Tripoli, on en fait des gâteaux nommés *pains de dattes*, qui s'exportent dans tout le nord de l'Afrique et en Egypte; celles de Wadan surtout sont en grande réputation. Les Arabes appellent le dattier *le père nourricier des enfans du désert*.

2. Dattier penché. *P. reclinata;* Willd. ♄. Afrique méridionale. Feuilles ailées, sans aiguillons, à folioles lancéolées-linéaires, pendantes, irrégulièrement placées. Même culture.

3. Dattier farinifère. *P. farinifera;* Willd. *Pusilla;* Loureiro. ♄. Indes orientales. Tiges de deux pieds; feuilles ailées, sans aiguillons, à folioles linéaires, subulées, diffuses; six étamines. Même culture.

CARYOTE. *Caryota;* L. (*Monœcie-polyandrie.*) Fleurs monoïques portées sur un même spadice, et munies d'une spathe polyphylle; dans les fleurs mâles, calice extérieur court, membraneux, entier, ayant la forme d'une petite cupule; calice intérieur à trois divisions pétaloïdes, oblongues et concaves; étamines nombreuses, à anthères linéaires; dans les fleurs femelles, calice extérieur et intérieur, comme dans les mâles; un ovaire portant un style court, terminé par un stigmate simple. Le fruit est une baie à une loge, contenant deux graines osseuses.

1. Caryote brulant. *Caryota urens;* L. ♄. Inde. Tronc droit et élevé; pas d'aiguillons; feuilles très-grandes, bipin-

nées, à folioles cunéiformes, obliquement tronquées. Serre chaude; terre franche, substantielle; même culture que les arecs. La pulpe de ses fruits est extrêmement caustique. Dans les temps de disette, on fait avec la moelle de son tronc une farine semblable à celle du sagou, mais d'une saveur moins agréable.

2. CARYOTE HÉRISSÉ. *Caryota horrida;* WILLD. ♄. Les Caraques. Pétioles des feuilles hérissés d'épines. Même culture.

AREC. *Areca;* L. (*Monœcie-monadelphie.*) Fleurs monoïques dans le même spadice; fleurs mâles : calice à trois parties, corolle à trois pétales, six étamines réunies par leur base; fleurs femelles : un nectaire, un ovaire surmonté de trois styles très-courts, drupe fibreux, monosperme, à calice imbriqué et persistant.

1. AREC CHOU-PALMISTE. *Areca oleracea;* JACQ. ♄. Amérique méridionale. Tige nue, de quarante à cinquante pieds; feuilles pinnées, à folioles linéaires-lancéolées, aiguës; spadice lisse et rameux; fruit oblong, cylindrique. Les Américains coupent le bourgeon terminal de cet arbre, et le mangent cuit ou cru, apprêté de diverses manières; ils lui trouvent le goût d'artichaut, et le disent très-délicat. Serre chaude; terre substantielle; arrosemens assez fréquens pendant l'été, et modérés en hiver; multiplication de graines venues de son pays natal, ou, mais rarement, de drageons.

2. AREC CATÉCHU. *A. catechu;* WILLD. ♄. Inde. Feuilles pinnées, à folioles plicatiles, tronquées au sommet; tronc et spadice rameux et lisses; fruit ovale arrondi. Même culture. Les Indiens mêlent la pulpe du fruit de cet arbre avec du bétel et de la chaux, et mâchent continuellement cette préparation qui les préserve des maux de dents, des gencives, et leur fortifie l'estomac, disent-ils.

3. AREC JAUNATRE. *A. lutescens;* WILLD. ♄. Iles Maurices. Feuilles pinnées, à folioles plicatiles, tronquées; fruits presque ronds, bossus. Même culture.

4. AREC NAIN. *A. humilis;* WILLD. ♄. Amboine. Tige de cinq à six pieds; feuilles pinnées, à folioles cunéiformes, tronquées; fruit ovale arrondi, se terminant en pointe. Même culture.

5. AREC A ÉPI. *A. spicata;* WILLD. ♄. Les Moluques.

Feuilles pinnées, à folioles linéaires, lancéolées, aiguës; tronc et spadice lisses; fruit bossu au milieu. Même culture.

6. Arec a fruits glandiformes. *Areca glandiformis;* Willd. ♄. Les Moluques. Feuilles pinnées, à folioles linéaires, aiguës; spadice rameux et lisse; fruits oblongs, cylindriques. Même culture.

7. Arec globulifère. *A. globulifera;* Willd. ♄. Moluques. Feuilles pinnées, à folioles linéaires, aiguës; fruit ovale arrondi; par son port, il tient le milieu entre les caryotes et les arecs; son fruit s'emploie dans les Indes au même usage que celui du catéchu. Même culture.

8. Arec blanc. *A. alba;* Willd. ♄. Ile Bourbon. Feuilles pinnées; folioles un peu incisées au sommet; fruit oblong. Même culture.

9. Arec rouge. *A. rubra;* Willd. ♄. Bourbon. Feuilles pinnées, à folioles glauques en dessous; tige glabre, un peu épineuse; spadice portant des épines droites. Même culture

10. Arec velu. Feuilles pinnées; tige velue, à poils tellement serrés qu'elle paraît comme recouverte de la peau d'un animal; spadice couvert d'épines recourbées. Même culture.

INDEL. *Elate;* L. (*Monœcie-hexandrie.*) Fleurs monoïques dans le même spadice; spathe à deux valves; fleurs mâles: un calice à trois dents et une corolle à trois pétales, anthères sessiles; fleurs femelles: un ovaire surmonté d'un style à trois stigmates; drupe à noyau presque ovale, acuminé.

1. Indel asiatique. *Elate sylvestris;* L. ♄. Inde. Tige peu élevée; feuilles pinnées, à folioles opposées, ensiformes, épineuses à leur base; fruit ovale arrondi. Serre chaude; culture des dattiers.

BACTRIS. *Bactris;* Jacq. (*Monœcie-hexandrie.*) Fleurs mâles: calice à trois parties, corolle à trois divisions; fleurs femelles: calice et corolle à trois dents; style très-court; stigmate en tête; fruit fibreux et succulent.

1. Bactris cocos. *Bactris minor;* Jacq. *Cocos guineensis;* L. *Palma gracilis;* Miller. ♄. Amérique méridionale. Tige

épineuse, de neuf à douze pieds ; feuilles pinnées, distantes, à folioles ensiformes ; fruit arrondi, d'un pourpre foncé et vineux. Serre chaude ; culture des arecs. Avec les tiges de cet arbre, on fait les cannes noueuses, noires et luisantes que l'on appelle cannes de Tabago.

2. Bactris élevé. *Bactris major;* Jacq. ♄. Amérique méridionale. Il ne diffère du précédent que par ses tiges qui s'élèvent jusqu'à vingt-cinq pieds de hauteur, et par ses fruits ovales. Même culture. Lorsque ces deux espèces sont dans des vases un peu grands, leurs racines émettent quelquefois des rejetons qui servent à les multiplier.

COCOTIER. *Cocos;* L. (*Monœcie-hexandrie.*) Fleurs monoïques dans le même spadice ; spathe monophylle ; fleurs mâles : calice triphylle, corolle à trois pétales, six étamines et un ovaire avorté ; fleurs femelles : calice diphylle, corolle à six pétales, style nul ; stigmates à trois lobes ; drupe fibreux, coriace, renfermant une noix très-grosse marquée de trois trous, et une amande creuse et remplie d'eau.

Avec la coque du cocos, on fait des coupes et autres ustensiles fort jolis ; son amande se mange et a un goût agréable ; la liqueur qu'elle contient est très-rafraîchissante. Si on coupe la spathe du cocotier dès le moment où elle se forme, il en sort une liqueur blanche et sucrée qui fermente en vingt-quatre heures, et que l'on nomme alors *vin de palmier.* Quand le fruit est sec, on en extrait une huile comparable à celle d'amande douce ; enfin le bourgeon terminal de l'arbre peut se couper et se manger comme celui de l'arec chou palmiste : mais, comme cette amputation fait périr le cocotier sur lequel on la fait, on s'en abstient ordinairement.

1. Cocotier des Indes. *Cocos nucifera;* L. ♄. On ne le trouve qu'entre les tropiques. Tronc droit, de quarante pieds, nu ; feuilles pinnées, à folioles ensiformes. Serre chaude, dans la tannée dont ces arbres ne doivent jamais sortir ; terre franche, substantielle ; multiplication de cocos fraîchement arrivés, que l'on met germer dans la tannée, et que l'on met en pots lorsqu'ils commencent à se développer ; dépotage toutes les fois que les racines remplissent trop le pot : mettre dans un vase plus grand en ménageant les racines.

2. COCOTIER DU CHILI. *Cocos chilensis ;* PERS. ♄. Tronc inerme ; feuilles pinnées, à folioles pliées, ensiformes ; spadice quaterné ; fruit de la grosseur d'un gland. Même culture.

3. COCOTIER BUTYRACÉ. *C. butyracea ;* L. ♄. Amérique méridionale. Tronc inerme ; feuilles pinnées, à folioles simples. Même culture.

4. COCOTIER ÉPINEUX. *C. aculeata ;* JACQ. ♄. Martinique. Tige cylindrique, épineuse au sommet ; feuilles pinnées, épineuses ; fruit petit et arrondi. Même culture.

5. COCOTIER FUSIFORME. *C. fusiformis ;* SWARTZ. ♄. Jamaïque. Tige aiguillonneuse et épineuse, mince à la base et au sommet, renflée vers le milieu de sa longueur ; feuilles pinnées ; spathe épineuse. Même culture.

AVOIRA. *Elais ;* L. (*diœcie-hexandrie.*) Fleurs monoïques dans le même spadice ; spathe monophylle ; fleurs mâles : calice à six parties, corolle à six divisions, six étamines et un ovaire avorté ; fleurs femelles : un ovaire surmonté d'un style épaissi, à trois stigmates ; drupe monosperme, fibreux : noix à trois valves, percée de trois trous à sa base.

1. AVOIRA DE GUINÉE. *Elais guineensis ;* L. ♄. Guyane. Le plus grand de tous les palmiers. Tronc hérissé dans toute sa longueur de dents épineuses et divergentes : celles du haut plus petites et crochues. Fruit ovale, jaune. Avec l'amande de son fruit on fait un beurre de fort bon goût, et nommé beurre de Galaham ; l'huile qu'on en tire par expression est nommée huile de palmier. Serre chaude ; terre substantielle, mais légère. Même culture que les dattiers ; multiplication de graines tirées de son pays natal, mais qui ne lèvent pas pour peu qu'elles soient vieilles ; il pousse assez souvent des drageons.

2. AVOIRA D'OCCIDENT. *E. occidentalis ;* SWARTZ. ♄. Jamaïque. Feuilles pinnées, à folioles vaginantes ; tronc et pétioles inermes. Même culture.

NIPA. *Nipa ;* THUNB. (*Monœcie - monadelphie.*) Fleurs mâles : calice nulle ; corolle à six pétales ; douze étamines réunies par leur base. Fleurs femelles : un stigmate fendu latéralement. Drupe anguleux, monosperme.

1. Nipa fruticant. *Nipa fruticans;* Thunb. ♄. Inde. Feuilles pinnées ; fleurs femelles terminales, en tête ; fleurs mâles latérales, à pédoncules dichotomes. Serre chaude. Même culture que les dattiers. Quelquefois il pousse des rejetons qui servent à le multiplier.

SAGOU. *Sagus;* Rumph. (*Monœcie - hexandrie.*) Fleurs mâles : calice triphylle, corolle nulle, six étamines à filamens dilatés. Fleurs femelles : calice trifide, à folioles deux fois bifides ; corolle nulle, style très - court, à stigmate simple. Noix à écailles imbriquées, monosperme.

1. Sagou roux. *Sagus ruffia;* Willd. ♄. Madagascar. Un des plus hauts palmiers. Feuilles pinnées ; rameaux du spadice annulés. Cet arbre superbe se cultive comme les arecs. Serre chaude.

2. Sagou de Rhumphe. *S. Rumphii;* Willd. ♄. Moluques. Feuilles pinnées ; rameaux du spadice lisses. Même culture.

3. Sagou vinifère. *S. vinifera;* Pers. *S. palmapinus;* Goertn. *Rafia vinifera;* Beauv. ♄. Bords de l'Oware. Feuilles pinnées, à folioles épineuses ; calice des fleurs mâles sessile ; celui des femelles denté, ayant trois écailles à sa base. Fruit oblong. Cet arbre fournit, quand on lui fait des incisions, une liqueur sucrée dont on fait, par la fermentation, du vin de palmier. Même culture.

CHAMÉDORE. *Chamædorea;* Willd. (*Diœcie - hexandrie.*) Fleurs mâles : calice et corolle à trois parties ; six étamines ; un ovaire avorté. Fleurs femelles : nectaire formé par trois écailles. Un style ; drupe charnu, monosperme.

1. Chamédore grêle. *Chamædora gracilis;* Willd. *Borassus pinnatifrons;* Jacq. ♄. Caraques. Tige de huit à dix pieds; feuilles pinnées. Serre chaude ; culture des arecs. Les racines émettent quelquefois des bourgeons qui servent à le multiplier.

MARTINÉZIE. *Martinezia;* Pers. (*Diœcie-hexandrie.*) Fleurs hermaphrodites et fleurs femelles sur le même individu ou sur deux individus séparés. Calice triphylle; corolle à trois pétales ; six étamines ; stigmate à trois parties, sessile ; drupe monosperme.

1. Martinézie ciliée. *Martinezia ciliata;* Pers. ♄. Pérou. Fleurs monoïques ; tige très-haute, épineuse. Feuilles pin-

nées sans impaire et brusquement terminées; folioles ensiformes, ciliées; pétioles épineux. Même culture que les arecs.

2. Martinézie a folioles interrompues. *Martinezia interrupta;* Pers. ♄. Pérou. Fleurs monoïques ; tiges hautes de trente pieds ; feuilles pinnées interrompues, à folioles falquées. Même culture.

3. Martinézie a folioles ensiformes. *M. ensiformis;* Pers. ♄. Pérou. Fleurs monoïques ; tige de trente pieds ; feuilles pinnées avec impaire. Même culture.

4. Martinézie a folioles linéaires. *M. linearis;* Pers. ♄. Pérou. Fleurs dioïques ; tige de quinze pieds ; feuilles pinnées, terminées brusquement sans impaire, à folioles linéaires, aiguës. Même culture.

5. Martinézie a folioles lancéolées. *M. lanceolata ;* Pers. ♄. Pérou. Fleurs dioïques ; tige de cinq à huit pieds ; feuilles pinnées, sans impaire, brusquement terminées, à folioles lancéolées, les supérieures recourbées. Même culture.

MORÉNIE. *Morenia ;* Pers. (*Diœcie-hexandrie.*) Spathe quadrifide. Fleurs mâles : calice trigone, plan ; corolle à deux pétales ; six étamines ; un ovaire avorté. Fleurs femelles : trois ovaires réunis ; trois stigmates ; trois drupes monospermes.

1. Morénie odorante. *Morenia fragrans ;* Pers. ♄. Pérou. Feuilles pinnées, terminées brusquement sans impaire, à folioles lancéolées ; spadice mâle quaterné, celui des fleurs femelles solitaire. Culture des arecs. Serre chaude.

CEROXYLON. *Ceroxylon;* Humb. (*Monœcie-polyandrie.*) Fleurs mâles : calice trifide ; corolle à trois pétales ; douze à quatorze étamines ; un pistil avorté. Fleurs femelles : trois stigmates sessiles. Drupe monosperme, à noix arrondie, n'ayant pas de trous à sa base.

1. Céroxylon andicole. *Ceroxylon andicola ;* Humb. ♄. Amérique méridionale. Arbre très-élevé, à tronc inerme ; feuilles pinnées, pubescentes et argentées en dessous. Serre chaude. Culture des dattiers.

IRIARTÉE. *Iriartea ;* Pers. (*Monœcie-polyandrie.*) Spathe composée. Fleurs mâles : calice triphylle ; corolle à trois pétales; quinze étamines. Fleurs femelles : stigmate ponctué, très-petit; drupe monosperme; noix striée.

1. Iriartée deltoïde. *Iriartea deltoïdea;* Pers. ♄. Amérique méridionale. Feuilles pinnées, avec impaire, à folioles deltoïdes, érodées au sommet; tige articulée, de soixante à quatre-vingts pieds dans son pays natal. Culture des dattiers.

GÉONOME. *Geonoma ;* Willd. (*Monœcie-monadelphie.*) Fleurs mâles : calice à trois parties ; corolle à trois pétales ; six étamines réunies en tube cylindrique par leurs filets ; fleurs femelles : un style latéral, surmonté d'un stigmate à deux lobes ; drupe sec, monosperme.

1. Géonome a feuilles pinnées. *Geonoma pinnatifrons;* Willd. ♄. Les Caraques. Tronc de quinze pieds de hauteur ; folioles comme rangées au sommet. Culture des dattiers.

2. Géonome a feuilles simples. *G. simplicifrons;* Willd. ♄. Les Caraques. Tronc de dix pieds de hauteur ; feuilles simples, en coin, bifides. Même culture.

LODOICÉE. *Lodoïcea;* L. (*Diœcie-polyandrie.*) Spathe polyphylle. Fleurs mâles : spadice couvert, sur la moitié de la partie qui porte les fleurs, d'écailles serrées et imbriquées ; calice à six folioles linéaires, de vingt-quatre à trente-six étamines ; fleurs femelles : calice composé de cinq à sept folioles ovales, trois ou quatre stigmates sessiles et aigus ; drupe très-gros, fibreux, à trois ou quatre semences.

1. Lodoïcée des Maldives, cocos des Maldives, des Séchelles, cocos marin. *Lodoïcea maldivica;* L. *Sechellarum;* Labill. *Cocos maldivica ;* Willd. ♄. Les îles Maldives. Noix très-grosse, comprimée, noire, à deux lobes; arbre très-grand, croissant sur les bords de la mer. Il arrive souvent que son fruit, entraîné par les courans, est déposé par les vagues sur des plages très-loin du pays où il est né; ce qui a fait croire, jusqu'à ce qu'on ait découvert l'arbre qui le porte, que c'était le fruit d'un cocotier marin. Même culture que les arecs, et plus de chaleur encore s'il est possible.

PHYTÉLÉPHAS. *Phytelephas;* Willd. (*Diœcie-polyandrie.*) Spadice en tête couverte d'écailles imbriquées ; corolle et calice nuls; étamines nombreuses, à anthères un peu tournées en spirale ; style à cinq ou six divisions ; plusieurs drupes agrégés formant une grosse tête épineuse, chaque drupe à une semence.

1. PHYTÉLÉPHAS A GROS FRUIT. *Phytelephas macrocarpa ;* PERS. *Elephantusia ;* WILLD. ♄. Le Pérou. Tige basse ; feuilles pinnées ; son fruit, très-gros, est appelé dans le pays *caleza de negro,* à cause de sa forme et de sa superficie hérissée ; on en tire une liqueur limpide, douce comme du lait, qui, dans le fruit, se condense et acquiert beaucoup de consistance, devient d'un blanc d'ivoire et a un goût fort agréable. Les Indiens font divers ustensiles avec la coquille ligneuse de ce fruit, et couvrent leurs cabanes avec les feuilles de l'arbre. Culture des arecs.

2. PHYTÉLÉPHAS A FRUIT NOIR. *P. microcarpa ;* PERS. ♄. Le Pérou. Il ne diffère du précédent que parce qu'il manque de tige. Même culture.

§ II. Feuilles palmées.

CORYPHE. *Corypha ;* JACQ. (*Hexandrie-monogynie.*) Fleurs hermaphrodites ; spathe polyphylle ; calice à trois divisions ; corolle à trois pétales ; six étamines ; un style et un stigmate ; baie monosperme, à semence très-grande, osseuse, globuleuse.

1. CORYPHE DU MALABAR. *Corypha umbraculifera ;* PERS. ♄. Inde. Arbre de soixante à soixante et dix pieds, à feuilles très-grandes, palmées, pinnatifides, à folioles plissées ; pétioles ciliés-épineux ; spadice droit. Ce palmier ne fleurit qu'une fois, à l'âge de trente ou quarante ans, après quoi il périt. Culture des arecs.

2. CORYPHE A FEUILLES RONDES. *C. rotundifolia ;* PERS. ♄. Moluques. Feuilles orbiculaires, palmées, à folioles peltées et plissées en rayons ; pétiole cilié-épineux ; spadice pendant. Même culture.

SABAL. *Sabal ;* GUERS. (*Hexandrie-trigynie.*) Fleurs hermaphrodites ; spathes partielles ; six étamines libres, à filamens épais à la base ; baie (peut-être un drupe) à une ou trois semences osseuses ; embryon latéral.

1. Sabal d'Adanson. *Sabal Adansonii;* Guers. *Corypha minor;* Jacq. *Chamœrops acaulis;* Jacq. ♄. Amérique septentrionale. Feuilles palmées, en éventail, striées, entières, plissées, glabres; pétiole sans épines; pas de tige. Orangerie; culture des chaméropes.

CHAMÉROPE. *Chamœrops;* L. (*Hexandrie-trigynie.*) Spathe monophylle; spadice portant des fleurs toutes hermaphrodites sur de certains individus, toutes mâles sur d'autres; fleurs hermaphrodites : calice à six divisions dont trois extérieures très-petites, et trois intérieures pétaloïdes, coriaces, ovales; six étamines à filamens réunis par leur base; trois ovaires arrondis, surmontés chacun d'un style à stigmate pointu; trois baies presque globuleuses, monoloculaires et monospermes.

1. Chamérope nain. *Chamœrops humilis;* L. *Phœnix humilis;* Cav. ♄. Barbarie. Souche haute de neuf à dix pieds (dans la variété cultivée à Paris); pas de tige; feuilles palmées, plissées, à pétioles raides, canaliculés, épineux; spathe florifère naissant dans l'aisselle des feuilles inférieures. Orangerie; terre franche, substantielle; arrosemens fréquens pendant l'été, rares en hiver. Il peut passer l'été en plein air. Multiplication par la séparation des œilletons qu'il pousse assez souvent de son collet, qu'on plante en pots enfoncés dans la tannée de la serre chaude jusqu'à parfaite reprise; ou de graines venues de son pays natal. Il a fructifié dans notre établissement, et nous a donné des graines fertiles.

Les Arabes mangent les fruits de cette espèce. En Espagne, en Sicile et en Barbarie, on fait avec ses feuilles des cordes, des paniers, des nattes, et même des toiles grossières.

2. Chamérope palmetto. *C. palmetto;* Mich. *Corypha palmetto;* Walt. ♄. Amérique septentrionale. Tige arborescente, nue; feuilles palmées. Même culture.

3. Chamérope a feuilles dentées. *C. serrulata;* Mich. ♄. Amérique septentrionale. Tige rampante; pétioles des feuilles dentées en scie; drupe ovoïde. Même culture.

RHAPIS. *Rhapis;* L. fils. (*Hexandrie-trigynie.*) Fleurs, les unes hermaphrodites, les autres mâles; dans les fleurs hermaphrodites : calice extérieur monophylle, trifide, calice intérieur également trifide, six étamines, un ovaire; le fruit est un drupe monosperme; dans les fleurs mâles: calice, corolle et étamines comme dans les hermaphrodites.

1. Rhapis éventail. *Rhapis flabelliformis;* Willd. *Chamœrops excelsa;* Pers. ♄. Chine. Tige courte, couverte d'une espèce de réseau noirâtre; feuilles palmées, plissées en éventail, nerveuses, dentées en scie, à pétiole sans épines; panicules brunes. Serre chaude; culture des dattiers.

2. Rhapis arondinacé. *R. arundinacea;* H. K. *Chamœrops arundinacea;* Dum. Courc. ♄. De la Caroline. Il ressemble au précédent; mais il est plus grèle dans toutes ses parties. Même culture.

LATANIER. *Latania;* Comm. (*Diœcie-monadelphie.*) Fleurs dioïques; spathe polyphylle, composée de folioles imbriquées; fleurs mâles: un calice extérieur de trois écailles ovales, presque membraneuses, un calice intérieur de trois folioles squammiflores, plus petites et plus étroites que celles du calice extérieur, quinze à vingt étamines à filamens réunis par leur partie inférieure en une colonne courte, épaisse, et libres dans leur partie supérieure.

1. Latanier de la Chine. *Latania sinensis;* Jacq. *Borbonica;* Willd. ♄. Ile Bourbon. Feuilles palmées, plissées en éventail, allongées au milieu, à folioles lisses sur les bords, lancéolées, avec la nervure cotonneuse en dessous; tige épineuse. Serre chaude; culture des arecs.

2. Latanier rouge. *L. rubra;* Willd. ♄. Ile Maurice. Feuilles palmées, plissées en éventail, à folioles épineuses sur les bords; tige non épineuse. Même culture.

RONDIER. *Borassus;* L. (*Diœcie-hexandrie.*) Fleurs dioïques; spathe polyphylle. Fleurs mâles: calice triphylle, corolle hipocratériforme, à limbe partagé en trois, six étamines; fleurs femelles: calice à huit ou neuf divisions imbriquées; corolle nulle; stigmate sessile; drupe à trois semences osseuses.

1. Rondier en éventail. *Borassus flabellifera;* Rumph. *flabelliformis;* Pers. ♃. Inde. Feuilles palmées, plissées, formant un large éventail, à bord membraneux et divisé profondément en autant de parties qu'il y a de plis; tige épineuse. Serre chaude; terre substantielle et franche; arrose-

mens fréquens pendant l'été ; multiplication de graines venant de son pays natal ; enfin même culture que les dattiers, mais plus de chaleur et constamment la tannée.

THRINAX. *Thrinax ;* SWARTZ. (*Hexandrie-monogynie.*) Calice à six dents; corolle nulle ; stigmate oblique, infundibuliforme ; baie monosperme.

1. THRINAX A PETITES FLEURS. *Thrinax parviflora ;* WILLD. *Corypha palmacea ;* BROWN. ♄. Jamaïque. Tige de quinze à vingt pieds ; feuilles en éventail, rassemblées au sommet de la tige, grandes, glabres, à découpures lancéolées et raides ; pétioles très-longs, grêles, glabres, comprimés. Serre chaude ; culture des arecs.

CARLUDOVICIE. *Carludovica ;* L. (*Monœcie-monadelphie.*) Ce genre paraît avoir plus d'affinité avec les aroïdées, particulièrement avec les pothos, qu'avec les palmiers. Spathe commune, tétraphylle. Spadice cylindrique. Fleurs mâles : calice ou réceptacle commun à quatre fleurs ; calice propre multidenté ; plusieurs étamines. Fleurs femelles : calice marginal ; quatre styles très-longs ; stigmate anthériforme. Baie carrée, polysperme.

1. CARLUDOVICIE PALMÉE. *C. palmata ;* FLOR. PÉRUV. *Ludovica palmata ;* PERS. ♄. Pérou. Feuilles en éventail divisé en trois ou cinq parties. Serre chaude ; terre franche légère ; du reste, même culture que les arecs.

2. CARLUDOVICIE A LARGES FEUILLES. *C. latifolia ;* FLOR. PÉRUV. *Ludovica latifolia ;* PERS. ♄. Pérou. Tiges radicantes ; feuilles fourchues, à divisions lancéolées, et à pétiole canaliculé. Même culture.

3. CARLUDOVICIE A FEUILLES ÉTROITES. *C. angustifolia ;* FLOR. PÉRUV. *Ludovica angustifolia ;* PERS. ♄. Pérou. Feuilles fourchues, à divisions ensiformes et étroites, et à pétioles cylindriques ; tige radicante. Même culture.

4. CARLUDOVICIE TRIGONE. *C. trigona ;* FLOR. PÉRUV. *Ludovica trigona ;* PERS. ♄. Pérou. Feuilles fourchues, à pétiole trigone. Même culture.

5. CARLUDOVICIE ACUMINÉE. *C. acuminata ;* FLOR. PÉRUV. *Ludovica acuminata ;* PERS. ♄. Tige rampante, flexueuse ; feuilles fourchues, à divisions linéaires-lancéolées, acuminées. Même culture.

LICUALA. *Licuala;* WILLD. (*Hexandrie-monogynie.*) Calice à six divisions ; corolle à trois parties. Nectaire tronqué, en forme de couronne ; drupe monosperme.

1. LICUALA ÉPINEUSE. *Licuala spinosa;* WILLD. ♄. Moluques. Feuilles palmées, à divisions linéaires, tronquées et dentées au sommet. Serre chaude ; terre franche ; culture des arecs.

MAURITIE. *Mauritia;* L. (*Diœcie-hexandrie.*) Fleurs mâles : calice en forme de gobelet, un peu tridenté ; corolle à trois pétales. Fleurs femelles : drupe monosperme, imbriqué.

1. MAURITIE FLEXUEUSE. *Mauritia flexuosa;* L. ♄. Surinam. Arbre très-élevé. Feuilles en éventail. Serre chaude et tannée ; terre tourbeuse, entretenue constamment humide pendant la végétation. Du reste, même culture que les arecs.

NUNNÉZIE. *Nunnezia;* WILLD. (*Diœcie-hexandrie.*) Fleurs hermaphrodites : calice triphylle ; corolle à trois pétales ; stigmate trifide. Fleurs femelles semblables aux fleurs mâles ; drupe monosperme.

1. NUNNÉZIE ODORANTE. *Nunnezia fragrans;* WILLD. ♄. Pérou. Feuilles fourchues, à divisions en forme de sabre, dentées sur leur bord extérieur, à dentelures en scie et distantes. Même culture que les arecs.

HYPHÈNE. *Hyphœne;* GOERTN. (*Diœcie-hexandrie.*) Calice à six parties ; filamens des étamines soudés à la base ; fleurs femelles ayant les six divisions de leur calice presque égales ; drupe à une loge ; embryon placé au sommet du périsperme.

1. HYPHÈNE CUCIPHÈRE. *Hypœne cuciphera;* PERS. *H. Crinita;* GOERTN. *Cuciphera thebaïca;* H. P. *Douma thebaïca;* DUHAM. ♄. Égypte. Tige se divisant en deux rameaux ; feuilles palmées. Il a de l'affinité avec les chaméropes, mais il en diffère par son embryon qui n'est pas latéral dans le périsperme ; il se cultive de la même manière que ces arbres, et se contente de l'orangerie.

MANICAIRE. *Manicaria;* GOERTN. (*Monœcie-monadelphie.*) Spathe commune en forme de sac ; calice campanulé, à bords déchirés ; corolle à trois pétales ; vingt-quatre étamines ; un drupe. On n'en connaît qu'une seule espèce : la MA-

NICAIRE PORTE-SAC. *Manicaria saccifera ;* GOERT. ♄. Originaire de l'Inde. Serre chaude, dans la tannée; culture des arecs, et beaucoup de chaleur.

ORDRE II.

LES ASPARAGINÉES. — *ASPARAGINEÆ.*

Plantes herbacées ou ligneuses; *feuilles* ordinairement alternes et amplexicaules. Chaque fleur munie de son spathe. *Calice* profondément divisé en six parties, quelquefois en quatre seulement, d'autres fois en huit. *Corolle* nulle. Six *étamines* insérées le plus souvent à la base des divisions du calice, plus rarement quatre ou huit. Un *ovaire* simple, ordinairement supérieur, surmonté d'un style simple ou trifide, ou de trois styles distincts. *Baie*, ou, mais rarement, *capsule* à trois loges contenant une, deux, ou plusieurs graines.

§ Ier. Fleurs hermaphrodites.

DRAGONIER. *Dracæna ;* L. (*Hexandrie-monogynie.*) Calice de six folioles oblongues, droites, cohérentes par leurs onglets; six étamines à filamens un peu plus épais dans leur milieu, portant à leur sommet des anthères oblongues et vacillantes ; un ovaire supérieur, chargé d'un style filiforme, terminé par un stigmate simple ou légèrement trifide ; une baie ovale ou arrondie, à trois loges monospermes.

1. DRAGONIER SANG-DRAGON. *Dracæna draco;* L. ♄. Inde. Tige arborée, de dix à douze pieds, nue, terminée par une touffe de feuilles ensiformes, un peu épaisses, à sommet épineux. Il découle des fentes pratiquées au tronc de cet arbre un suc résineux qui se condense en larmes rouges, et que l'on connaît dans le commerce sous le nom de *sang-dragon*. On lui attribue en médecine des propriétés astringentes ; les peintres l'emploient pour peindre en rouge, et il entre dans la composition du vernis de la Chine. Serre chaude ; beaucoup de chaleur ; terre franche, légère, substantielle; arrosemens

assez abondans pendant l'été, mais très-ménagés pendant l'hiver ; pour éviter l'humidité, on met au fond du pot quatre ou cinq doigts de gros sable qui facilite l'écoulement des eaux ; multiplication de rejetons enracinés, de boutures que l'on fait reprendre sur couche chaude, ou de graines qu'il mûrit quelquefois dans nos serres.

2. Dragonier marginé. *Dracæna marginata ;* Lam. ♄. Madagascar. Tige de six à sept pieds, terminée par un faisceau de feuilles minces, plates, aiguës, bordées de rouge pourpre ; en avril, épi purpurin. Serre chaude ; même culture.

3. Dragonier pourpre. *D. terminalis ;* Jacq. *Aletris sinensis ;* Lam. ♄. Chine. Tige de trois à quatre pieds ; feuilles grandes, lancéolées, terminales, d'un beau rouge pourpre produisant un charmant effet ; pétioles striés et lancéolés ; fleurs petites, blanchâtres, en panicule terminale et ouverte. Même culture ; on en cultive une nouvelle variété à feuilles rubanées de pourpre et de rouge pâle.

4. Dragonier recourbé, bois de chandelle. *D. reflexa ;* Encycl. *D. cernua ;* Jacq. ♄. Ile de France. Tige arborée, nue, marquée de cicatrices résultant de feuilles tombées ; feuilles lancéolées, un peu courbées obliquement, amplexicaules, élargies à la base ; fleurs verdâtres, odorantes, en panicule divariquée, terminale et pendante. Même culture ; multiplication aisée de boutures.

5. Dragonier en parasol. *D. umbraculifera ;* Jacq. ♄. Inde. Tige de six à sept pieds ; feuilles ensiformes, acuminées, de trois pieds de longueur ; panicule terminale, très-serrée, presque sessile ; fleurs blanches, à tube rouge à sa gorge, passant très-vite, mais se succédant assez long-temps. Serre chaude ; même culture.

6. Dragonier indivisé. *D. indivisa ;* Forst. ♄. Nouvelle Zélande. Tige arborée ; feuilles ensiformes, aiguës ; fleurs en grappe composée et latérale. Serre chaude ; même culture, mais orangerie.

7. Dragonier ferrugineux. *D. ferrea ;* L. ♄. Chine. Tige arborée ; feuilles lancéolées, aiguës. Cet arbre est d'une couleur de bistre un peu rougeâtre, qui le fait reconnaître au premier coup d'œil. Serre chaude ; même culture.

8. Dragonier austral. *D. australis ;* Forst. ♄. Nouvelle

Zélande. Tige arborée ; feuilles ensiformes, aiguës ; fleurs en grappe terminale, droite, surdécomposée. Même culture, mais orangerie.

9. Dragonier denté. *Dracæna dentata;* Pers. *Aloe purpurea;* Lam. *Dracæna marginata ;* Ait. ♄. Ile Bourbon. Tige ligneuse ; feuilles dentées-épineuses ; grappe axillaire ; baie polysperme. Cette espèce paraît faire le passage naturel des dragoniers aux aloës ; elle diffère principalement de ces dernières plantes par ses feuilles, qui ne sont pas succulentes. Serre chaude ; même culture.

10. Dragonier a feuilles ovales. *D. borealis ;* Ait. ♃. Canada. Cette plante herbacée, n'ayant pas de tige bien distincte, a des feuilles elliptiques, un peu plissées, assez larges, du milieu desquelles s'élève un pédoncule portant en juin, une espèce de corymbe de fleurs. Pleine terre légère, chaude ; multiplication par la séparation des drageons au printemps ; couverture de litière sèche pendant les grands froids.

DIANELLE. *Dianella ;* Lam. (*Hexandrie-monogynie.*) Calice de six folioles oblongues, dont trois alternes sont sur un rang plus intérieur que les trois autres ; six étamines un peu plus courtes que le calice, à filamens un peu épaissis au-dessous des anthères, qui sont droites et oblongues ; un ovaire supérieur, surmonté d'un style filiforme terminé par un stigmate très-simple ; une baie ovale oblongue, à trois loges contenant chacune quatre à cinq graines.

1. Dianelle des bois. *D. nemorosa ;* Lam. *Dracæna ensifolia ;* Willd. L. ♃. Inde. Feuilles ensiformes, éparses, semblables à celles des iris ; tige de deux à trois pieds, presque nue, terminée, d'avril en juin, par une panicule de fleurs bleues, auxquelles succèdent des baies améthystes d'un joli effet. Serre chaude, si on veut qu'elle fleurisse promptement, autrement serre tempérée ; terre franche, substantielle, plutôt un peu forte que trop légère, arrosemens fréquens en été ; multiplication par la séparation de ses œilletons enracinés, que l'on plante en pots enfoncés dans la tannée d'une couche tiède, jusqu'à la reprise.

2. Dianelle bleue. *D. cœrulea ;* Bot. mag. ♃. Nouvelle Hollande. Tige tortueuse, de deux ou trois pieds ; feuilles en-

siformes, exactement placées sur deux rangs opposés; au printemps, fleurs plus petites que dans la précédente, d'un bleu d'azur, à anthères jaunes, penchées, en panicule lâche. Orangerie et même culture, mais terre légère, et en sus, multiplication de boutures étouffées.

FLAGELLAIRE. *Flagellaria*; L. (*Hexandrie-trigynie.*) Calice campanulé, ouvert, à cinq parties; corolle nulle; style persistant, trifide, à trois stigmates; baie à trois semences, ou à une par avortement des deux autres.

1. Flagellaire de l'Inde. *Flagellaria indica*; L. ♄. Tige grimpante, sarmenteuse, de cinq à six pieds; feuilles alternes, engaînantes, arondinacées, terminées par une vrille en spirale; fleurs en panicule terminale. Serre chaude; terre franche légère; multiplication de drageons.

ASPERGE. *Asparagus*; L. (*Hexandrie-monogynie.*) Calice un peu campanulé, découpé en six divisions profondes; six étamines plus courtes que le calice, à anthères arrondies; un ovaire supérieur, surmonté d'un style très-court, terminé par un stigmate trigone; une baie globuleuse, à trois loges renfermant deux semences, et souvent à une seule loge par l'avortement des deux autres.

1. Asperge rameuse. *A. racæmosus*; Willd. ♄. Inde. Rameaux striés, munis à leur base d'une épine solitaire; feuilles fasciculées, linéaires-subulées, courbées en fer de faux; fleurs en grappe axillaire. Serre chaude; terre légère; multiplication de graines venues de leur pays natal, ou de rejetons qui paraissent quelquefois sur le collet de leur racine, ou enfin de boutures étouffées, sur couche chaude; beaucoup d'arrosemens pendant l'été.

2. Asperge tombante. *A. decumbens*; Jacq. *A. crispus*; Lam. ♄. Du Cap. Tige sans épines, rameuse, penchée, en zigzag ou flexueuse; feuilles petites, sétacées; pédoncules uniflores, solitaires, terminaux. Serre chaude; même culture.

3. Asperge du Cap. *A. capensis*; L. ♄. Rameaux agrégés, cylindriques, annuels, munis de quatre épines à la base; branches alternes; feuilles sétacées, en faisceaux; fleurs blanches, sessiles, solitaires; arbuste d'un pied de hauteur. Même culture.

4. Asperge blanche. *A. albus*; L. ♄. Barbarie. Tige de

trois pieds ; rameaux anguleux, flexueux, munis à la base d'une épine solitaire ; feuilles fasciculées, linéaires, à trois angles, mutiques, décidues; les jeunes pousses de cette espèce sont comestibles. Même culture, mais orangerie. L'aspect blanchâtre de cette plante la rend agréable dans la serre.

5. ASPERGE INCLINÉE. *Asparagus declinatus ;* L. ♃. Du Cap. Tige de trois à quatre pieds, rameuse, grêle, cylindrique, à rameaux pendans ; feuilles sétacées ; fleurs rassemblées, verdâtres. Orangerie ; même culture.

6. ASPERGE GRIMPANTE. *A. scandens ;* THUNB. ♄. Du Cap. Tige inerme, volubile ; feuilles lancéolées, un peu courbées en faux. Orangerie ; même culture.

7. ASPERGE SANS FEUILLES. *A. aphyllus ;* L. *A. phyllacanthus ;* LAM. ♄. Barbarie. Tige ligneuse, inerme, striée ; feuilles ressemblant à des épines, subulées, striées, divergentes, inégales, raides, longues d'un pouce à un pouce et demi. *Var.* ASPERGE ÉPINEUSE. *A. horridus ;* L. Du même pays. Elle a ses feuilles égales et tétragones. Orangerie ; même culture.

8. ASPERGE SARMENTEUSE. *A. sarmentosus ;* L. ♄. Ceylan. Tige verdâtre, sarmenteuse, de cinq à six pieds ; une épine crochue à la base des rameaux ; feuilles solitaires, linéaires-lancéolées ; en août, fleurs petites, blanches, en grappes latérales. Serre chaude, et même culture.

Voyez, pour l'asperge officinale, le tome second, page 310.

MÉDÉOLE. *Medeola ;* L. (*Hexandrie-trigynie.*) Calice à six divisions ouvertes ; six étamines à filamens subulés, portant des anthères ovales, horizontales ; un ovaire supérieur, à trois lobes, surmonté de trois styles à stigmates simples ; une baie arrondie, trifide, à trois loges monospermes.

1. MÉDÉOLE SARMENTEUSE. *Medeola asparagoïdes ;* PERS. *Dracæna medeoloïdes ;* L. ♄. Du Cap. Racine tubéreuse ; tiges de quatre ou cinq pieds de longueur, faibles, volubiles ; feuilles alternes, ovales, obliques, à base un peu cordiforme ; fleurs solitaires ou deux à deux, petites, blanchâtres, paraissant en hiver. Orangerie, près des verres pour favoriser sa floraison ; terre de bruyère ou au moins très-légère ; arro-

semens modérés, et pas d'humidité continue; multiplication par la séparation des tubercules au printemps.

2. Médéole de Virginie. *Medeola virginica*; Mich. ♃. Tiges de huit à dix pouces, laineuses; rameaux inermes; feuilles verticillées, entières, lancéolées; en juin, fleurs pendantes, petites, herbacées. Même culture, mais pleine terre légère, et couverture de feuilles sèches pendant les froids.

3. Médéole a feuilles étroites. *M. angustifolia*; Ait. ♄. Du Cap. Tiges de sept à huit pieds; feuilles alternes, ovales lancéolées; en hiver, fleurs petites et blanchâtres. Même culture que le n° 1.

PARISIOLE, trille. *Trillium*; L. (*Hexandrie-trigynie.*) Calice à six folioles, dont trois extérieures (le calice) alternes, avec trois intérieures (la corolle); six étamines, à filamens courts, portant des anthères presque plus longues qu'eux-mêmes; un ovaire supérieur, ovale ou arrondi, chargé de trois styles filiformes, terminés chacun par un stigmate simple; une baie ovale ou arrondie, à trois loges polyspermes.

1. Parisiole penché. *Trillium cernuum*; L. ♃. Amérique septentrionale. Racine tubéreuse; tige de cinq à six pouces, terminée par trois feuilles ovales, étroites à la base; en avril, fleur blanche en dehors, pourpre en dedans, sur un pédoncule penché, naissant au milieu des fleurs. Pleine terre légère ou de bruyère, ombragée, un peu humide; multiplication par la séparation des racines quand le feuillage de la plante est desséché, ou de graines semées en place aussitôt la maturité.

2. Parisiole a baie oblongue. *T. erythrocarpum*; Mich. ♃. Caroline septentrionale. Trois feuilles un peu cordiformes, brusquement et très-courtement pétiolées; en mai ou juin, fleur droite; baie oblongue, d'une belle couleur écarlate. Même culture.

3. Parisiole droite. *T. erectum*; L. *T. rhomboïdeum*; Mich. ♃. Caroline. Tige de huit à dix pouces; trois feuilles larges, rhomboïdales, à longs pétioles; d'avril en juin, fleur d'un pourpre noirâtre, plus grande que dans les précédentes, portée sur un pédoncule droit; on en possède deux autres variétés: *T. erectum albidum*, à fleur plus petite, blanche;

T. erectum grandiflorum, à fleur très-grande, blanchâtre. Même culture.

4. Parisiole basse. *Trillium pusillum;* Pers. ♃. Caroline. Tige de quatre à cinq pouces; trois feuilles ovales-oblongues, obtuses, sessiles ; au printemps, fleurs à pétales intérieurs d'un rose carné, un peu plus longs que ceux extérieurs ; pédoncule droit. Même culture.

5. Parisiole sessile. *T. sessile ;* L. ♃. Caroline. Tige pourpre, de six à huit pouces ; trois feuilles ovales-élargies, d'un vert foncé, marquées de taches blanchâtres ; en avril, fleurs sessiles, droites, d'un brun rougeâtre ; étamines et baie violettes. Même culture.

PARISETTE. *Paris;* L. (*Octandrie-tétragynie.*) Calice de huit folioles, dont quatre intérieures (la corolle) plus étroites, alternes avec les divisions extérieures (le calice); huit étamines ayant leurs anthères attachées au milieu du filament; un ovaire supérieur, arrondi, tétragone, portant quatre styles terminés chacun par un stigmate; une baie à quatre loges polyspermes.

1. Parisette a quatre feuilles. *Paris quadrifolia;* L. ♃. Indigène. Tige simple, d'un pied, terminée par quatre feuilles entières, ovales, disposées en croix ; en mai, fleur verdâtre, terminale. Cette plante, d'un aspect singulier, se cultive en pleine terre légère, ombragée, et un peu humide ; on la multiplie par ses graines semées sur place, ou par la séparation de ses racines. On la croit narcotique et ses racines émétiques, mais elle doit être regardée comme suspecte.

MUGUET. *Convallaria;* L. (*Hexandrie-monogynie.*) Calice pétaliforme, en cloche, divisé en six lobes obtus et réfléchis ; six étamines à filamens subulés, portant des anthères oblongues et droites ; un ovaire supérieur, chargé d'un style filiforme plus long que les étamines, et terminé par un stigmate obtus, trigone ; une baie globuleuse, à trois loges monospermes.

1. Muguet de mai. *Convallaria maïalis;* L. ♃. Indigène. Tige de six à huit pouces, nue ; feuilles radicales, ovales ; en juin, fleurs blanches, en grelot, odorantes, en épi unilatéral. *Var.* 1° A fleurs doubles, blanches, plus grandes, presque inodores ; 2° A fleurs rouges, inodores. Pleine terre

ombragée ; tout terrain, mais mieux terre légère et un peu humide ; multiplication aisée de rejetons et de drageons, séparés lorsque les feuilles se dessèchent.

2. Muguet du Japon. *Convallaria japonica* ; Thunb. *Ophiopogon japonicus;* Bot. Mag. ♃. Tige nue, courte, à deux angles; feuilles linéaires, graminées; en juin, grappe rameuse de fleurs petites, blanches, en godet, inodores; fruits bleus. Même culture; multiplication par la séparation du pied, au printemps.

3. Muguet a épi. *C. spicata ;* Thunb. Japon. Tige nue, fleurs agrégées, en épi rameux, en grelot, violettes; fruits noirâtres. Même culture, mais orangerie.

4. Muguet velu. *C. hirta ;* Dum. Courc. ♃. Amérique septentrionale. Tige anguleuse, torse ou velue, haute d'un pied ; feuilles sessiles, un peu amplexicaules, alternes, ovales, mucronées; en mai ou juin, fleurs axillaires, pendantes, unilatérales. Même culture.

SCEAU-DE-SALOMON. *Polygonatum;* T. (*Hexandrie-monogynie.*) Mêmes caractères que le genre précédent, mais calice pétaliforme, cylindrique ou infondibuliforme, partagé en six lobes.

1. Sceau de Salomon multiflore. *Polygonatum multiflorum.* Desf. *Convallaria multiflora;* L. ♃. Indigène. Tige d'un à deux pieds, simple ; feuilles amplexicaules, alternes. En mai et juin, fleurs axillaires, blanchâtres, pendantes, au nombre de une à six. Même culture que le muguet de mai. On en possède une variété à fleurs doubles.

2. Sceau de Salomon commun. *P. vulgare ;* Desf. *Convallaria polygonatum ;* L. ♃. Indigène. Tige moins haute que dans le précédent, anguleuse, courbée au sommet; feuilles alternes, amplexicaules ; fleurs semblables aux précédentes, mais solitaires ou géminées. *Var.* à feuilles d'ellébore et à tige pourpre. Même culture.

3. Sceau de Salomon verticillé. *P. verticillatum ;* Desf. *Convallaria verticillata ;* L. ♃. Indigène. Il fleurit en mai, et ne diffère des autres que par ses feuilles verticillées. Même culture.

4. Sceau de Salomon a larges feuilles. *P. latifolium.* Desf. *Convallaria latifolia ;* L. ♃. Bavière. Tige anguleuse ;

feuilles alternes, amplexicaules, acuminées; pédoncules axillaires multiflores. Même culture.

5. Sceau de Salomon a ombelle. *Polygonatum umbellulatum;* Mich. ♃. Amérique septentrionale. Feuilles radicales, ovales oblongues; hampe radicale, nue, pubescente, terminée en juin par une ombellule de fleurs blanches et quelquefois un peu tachetées de pourpre, odorantes. Même culture, mais orangerie.

MAYANTHÈME. *Mayanthemum;* Roth. (*Tétrandrie-monogynie.*) Calice pétaloïde, à quatre divisions très-profondes et très-ouvertes. Quatre étamines à filamens très-déliés, terminés par de petites anthères presque globuleuses. Un ovaire supérieur. Une baie sphérique, à deux loges.

1. Mayanthème a deux feuilles. *Mayanthemum bifolium;* Desf. *Convallaria bifolia;* L. ♃. Amérique septentrionale. Feuilles radicales cordiformes. Tige de deux à trois pouces, portant deux ou trois feuilles ovales oblongues, et terminées par un épi lâche de petites fleurs blanchâtres. Culture des muguets.

SMILACINE. *Smilacina;* Desf. (*Hexandrie-monogynie.*) Calice à six divisions profondes, pétaliformes, ouvertes en étoile. Six étamines écartées, attachées à la base des divisions. Un ovaire supérieur, surmonté d'un style simple. Une baie sphérique, à trois loges.

1. Smilacine a grappes. *Smilacina racemosa;* Desf. *Convallaria racemosa;* L. ♃. Virginie. Tige anguleuse de deux ou trois pieds; feuilles sessiles, oblongues, alternes; en juin, fleurs en grappe terminale et composée, petites et blanchâtres. Même culture que les muguets.

2. Smilacine étoilée. *S. stellata;* Desf. *Convallaria stellata;* L. ♃. Amérique septentrionale. Tige cylindrique de dix-huit pouces à deux pieds; feuilles alternes, amplexicaules, ovales, larges; en juin, épi terminal et serré de fleurs blanches, assez grandes, ouvertes en étoile. Même culture.

3. Smilacine a trois feuilles. *S. trifolia;* Mich. ♃. Canada. Tige très-basse, portant trois feuilles ovales lancéolées, amplexicaules; en juin, fleurs terminales en grappe simple.

§ II. Fleurs unisexuelles.

FRAGON. *Ruscus ;* L. (*Diœcie-gynandrie.*) Fleurs hermaphrodites dans certaines espèces, dioïques dans les autres. Calice à six folioles ordinairement ouvertes en étoile. Filamens des étamines réunis à leur base, et formant un tube ventru, portant trois à six anthères sur son bord dans les fleurs mâles et hermaphrodites, nu dans les femelles. Un ovaire supérieur, enfermé dans le tube, chargé d'un style terminé par un stigmate obtus. Une baie globuleuse à une ou trois loges, chacune desquelles renferme une ou deux semences.

1. Fragon piquant. *Ruscus aculeatus ;* L. ♄. Indigène. Arbuste de deux à trois pieds; tiges rameuses; feuilles nombreuses, sessiles, raides, ovales, persistantes, terminées par une pointe piquante; fleurs petites, blanchâtres, naissant dans l'aisselle d'une écaille placée sur la surface supérieure des feuilles. Les racines de cette plante sont employées en médecine comme diurétiques et apéritives. Terre légère; exposition chaude, mais ombragée; humidité soutenue pendant toute la belle saison. Multiplication en février ou mars, par l'éclat des rejetons qu'il pousse assez rarement, ou par la séparation des pieds : mais alors il faut que les parties séparées aient une certaine force, sans quoi elles reprennent assez difficilement. Les fragons, sans périr pendant l'hiver, sont cependant sensibles aux fortes gelées, et on doit les couvrir de litière pendant les grands froids si on veut les conserver dans toute leur beauté.

2. Fragon sans foliole. *R. hypophyllum ;* L. ♄. Italie. Tiges simples d'un à deux pieds ; feuilles ovales, fermes, mais non piquantes, persistantes, portant à leur surface inférieure deux à cinq fleurs sans écailles. Même culture.

3. Fragon a foliole. *R. hypoglossum ;* L. ♄. Italie. Tiges striées, en buisson touffu. Feuilles lancéolées, pointues aux deux bouts, persistantes, longues de deux à trois pouces, portant sur leur surface supérieure une fleur solitaire et recouverte par une écaille en languette et sessile. Même culture.

4. Fragon androgyne. *R. androgynus ;* L. ♄. Canarie.

Tiges sarmenteuses, un peu volubiles, longues de six à sept pieds; feuilles alternes, ovales, persistantes, crénelées, portant sur le bord de leurs crénelures latérales des fleurs d'un blanc jaunâtre, réunies de six à douze ensemble. Même culture et orangerie.

5. FRAGON A RAMEAUX LACHES. *Ruscus laxus*; SMITH. ♄. Angleterre. Tiges d'une hauteur médiocre, à rameaux lâches; feuilles elliptiques, aiguës, terminées par une pointe piquante; fleurs sans écaille, sur la surface supérieure. Même culture, mais pleine terre.

6. FRAGON RÉTICULÉ. *R. reticulatus*; THUNB. ♄. Du Cap. Tiges grimpantes; feuilles ovales, multinervées, réticulées; fleurs solitaires et pédonculées. Même culture, mais serre tempérée.

7. FRAGON VOLUBILE. *R. volubilis*; THUNB. ♄. Du Cap. Tiges volubiles; feuilles ovales oblongues, multinervées. Même culture et serre tempérée.

DANAE. *Danae*; PERS. (*Diœcie-gynandrie.*) Calice globuleux, à six divisions; corolle à six pétales. Six étamines réunies en un tube membraneux; un style; une baie globuleuse, monosperme.

1. DANAÉ A GRAPPE. *Danae racemosus*; PERS. *Ruscus racemosus*; L. ♄. Italie. Tige de trois ou quatre pieds, droite, flexible, rameuse; feuilles lancéolées, entières, persistantes; fleurs blanchâtres, petites, en grappes terminales. Même culture que les fragons, en pleine terre, à exposition chaude.

SALSEPAREILLE. *Smilax*; L. (*Diœcie-hexandrie.*) Fleurs dioïques. Calice coloré, campanulé, partagé en six divisions profondes. Fleurs mâles : six étamines à anthères oblongues. Fleurs femelles : un ovaire supérieur, surmonté d'un style trifide et de trois stigmates. Une baie arrondie, à trois loges, contenant une à deux graines.

1. SALSEPAREILLE RUDE. *Smilax aspera*; L. ♄. France méridionale. Arbuste formant un buisson de deux à trois pieds; tiges grêles, anguleuses, grimpantes et épineuses; feuilles hastées, un peu cordiformes, dentées, aiguillonneuses, persistantes, coriaces, souvent maculées de blanc sale; en septembre, fleurs petites, en grappes, d'un blanc sale. Pleine terre, légère, substantielle, à exposition chaude. Multipli-

cation de semences en pots et terre de bruyère, mais qui ne lèveront que la seconde année. Rentrer les jeunes plants en orangerie jusqu'à ce qu'ils aient acquis assez de force pour résister aux rigueurs de l'hiver. On peut encore multiplier quelques espèces de salsepareilles par leurs drageons enracinés que l'on sépare au printemps, et que l'on fait reprendre en pots sur couche tiède. Dans le nord de la France on aura le soin de les couvrir d'un bon lit de feuilles sèches pendant les gelées. On tire de leur pays natal les graines des espèces exotiques.

2. Salsepareille a feuilles oblongues. *Smilax oblongata*; Swartz. ♄. Antilles. Tige anguleuse, munie d'aiguillons; feuilles pétiolées, alternes, oblongues, acuminées, très-entières, à trois nervures épineuses en dessous. Même culture, mais serre tempérée.

3. Salsepareille de Mauritanie. *S. mauritanica*; Desf. ♄. Alger. Tige onduleuse, garnie d'aiguillons; feuilles sans épines, cordiformes, lancéolées oblongues, marquées de sept nervures. *Var.* A baies jaunes. Même culture.

4. Salsepareille élevée. *S. excelsa*; L. ♄. Orient. Tige anguleuse, munie d'aiguillons; feuilles sans épines, très-lisses, cordiformes, presqu'à sept nervures. Orangerie et même culture.

5. Salsepareille hérissée. *S. horrida*; L. ♄. Amérique septentrionale. Elle se distingue par le nombre et la longueur des aiguillons dont ses tiges sont hérissées. Orangerie. Même culture.

6. Salsepareille a feuilles de laurier. *S. laurifolia*; L. ♄. Amérique septentrionale. Tiges aiguillonneuses, cylindriques, grimpantes, à rameaux inermes; feuilles elliptiques, ou elliptiques lancéolées, obtuses, épaisses, à trois nervures; baie globuleuse. Orangerie. Même culture.

7. Salsepareille a feuilles rondes. *S. rotundifolia*; Mich. ♄. Amérique septentrionale. Tiges aiguillonneuses, cylindriques, grimpantes; feuilles ovales arrondies, un peu cordiformes, acuminées, très-lisses, à cinq nervures. Même culture, et orangerie.

8. Salsepareille velue. *S. subera*; Mich. ♄. Amérique septentrionale. Tiges sans aiguillons, cylindriques. Feuilles oblon-

gues, aiguës, cordiformes, marquées de trois à cinq nervures, à surface inférieure, couverte de poils courts et mous; baie oblongue et aiguë. Même culture.

9. Salsepareille de Ceylan. *Smilax zeilanica;* Willd. ♄. Tiges garnies d'aiguillons, presque tétragones; feuilles inermes, ovales oblongues, cordiformes, marquées de trois à cinq nervures, persistantes. Même culture, mais serre tempérée.

10. Salsepareille officinale. *S. salsaparilla;* Willd. ♄. Virginie. Tiges aiguillonneuses, presque tétragones; feuilles inermes, en cœur à leur base, ovales, obtuses, mucronées, assez grandes, marquées de trois nervures. Fleurs petites, en grappes axillaires, en juillet et août. Racines traçantes. C'est cette espèce que l'on emploie en médecine comme sudorifique et antisyphilitique. Même culture et orangerie. Multiplication par ses traces.

11. Salsepareille de la Chine. *S. china;* Willd. ♄. Tiges aiguillonneuses, cylindriques, grimpantes; feuilles ovales, aiguës des deux côtés, épaisses, inermes, à cinq nervures. Les racines de cette espèce passent pour avoir les mêmes vertus que celles de la précédente. Même culture et orangerie.

12. Salsepareille a feuilles de bryone. *S. tamnoïdes;* Willd. ♄. Amérique septentrionale. Tiges aiguillonneuses, cylindriques; feuilles ovales oblongues, aiguës, presqu'en forme de violon, un peu cordiformes, à cinq nervures. Même culture que le n° 1.

13. Salsepareille a feuilles tombantes. *S. caduca;* Willd. ♄. Canada. Tiges aiguillonneuses, cylindriques; feuilles ovales, mucronées, à cinq nervures. Même culture.

14. Salsepareille syphilitique. *S. syphilitica;* Willd. ♄. Amérique méridionale. Tiges aiguillonneuses, à aiguillons axillaires; feuilles oblongues, lancéolées, mucronées, marquées de trois nervures. Même culture, mais serre tempérée. C'est principalement la racine de cette espèce qui est employée dans le traitement des maladies syphilitiques.

15. Salsepareille ciliée. *S. bona nox;* Willd. ♄. De la Caroline. Tiges anguleuses, sans aiguillons; feuilles ovales cordiformes, aiguës, aiguillonneuses sur les bords, à sept nervures. Même culture; orangerie.

16. Salsepareille lancéolée. *Smilax lanceolata;* L. ♄. La Virginie. Tige inerme, cylindrique; feuilles lancéolées, sans épines. Même culture; orangerie.

17. Salsepareille de la Havane. *S. havanensis;* Jacq. ♄. Tiges aiguillonneuses, cylindriques; feuilles à dents épineuses, échancrées, avec une pointe. Même culture, mais serre chaude.

18. Salsepareille herbacée. *S. herbacea;* Willd. ♃. Virginie. Tige anguleuse, droite, sans aiguillons, haute de cinq ou six pieds; feuilles ovales, acuminées, marquées de sept nervures; fleurs en ombelle, petites, herbacées, à pédoncule commun plus long que les feuilles. Même culture; orangerie.

RAIANE. *Rajana;* L. (*Diœcie-hexandrie.*) Fleurs dioïques. Calice campanulé, à six divisions lancéolées, ouvertes. Fleurs mâles : six étamines à filamens sétacés, plus courts que le calice. Fleurs femelles : un ovaire inférieur, comprimé, chargé de trois styles terminés chacun par un stigmate obtus. Une capsule garnie d'une aile membraneuse, ne contenant ordinairement qu'une seule loge et qu'une graine, par l'avortement de plusieurs loges.

1. Raïane a feuilles en coeur. *Rajana cordata;* L. ♄. Antilles. Racines tubéreuses; tige volubile; feuilles ovales lancéolées, cordiformes, marquées de sept nervures; fleurs axillaires, en épi; serre chaude, et même culture que les salsepareilles.

2. Raïane ovale. *R. ovata;* Swartz. ♄. Saint-Domingue. On la distingue facilement de la précédente par ses feuilles ovales, acuminées, marquées de trois nervures. Même culture.

IGNAME. *Dioscorea.* L. (*Diœcie-hexandrie.*) Fleurs dioïques; calice campanulé, à six divisions lancéolées, ouvertes. Fleurs mâles : six étamines à filamens très-courts. Fleurs femelles : un ovaire supérieur, très-petit, trigone, surmonté de trois styles à stigmates simples. Une capsule comprimée, triangulaire, à trois loges, trivalves, chaque loge contenant deux graines aplaties et membraneuses.

Les racines de plusieurs ignames, surtout de l'igname ailée, se mangent cuites et sont d'un grand intérêt, comme substances alimentaires, dans les Indes et les parties les plus chaudes de l'Amérique méridionale.

1. Igname velue. *Dioscorea villosa;* L. *D. paniculata;* Mich. *D. quinata et quaternata.* Walt. ♃. Amérique septentrionale. Tige lisse, un peu cylindrique; feuilles opposées et verticillées, cordiformes, acuminées, marquées de neuf nervures, pubescentes sur leur surface inférieure. En août, fleurs en panicule composée de plusieurs petites grappes. Terre légère, substantielle, amendée avec du terreau végétal; serre chaude; multiplication de boutûre.

2. Igname ailée. *D. alata.;* L. ♃. Inde. Racine longue d'un pied, grosse, charnue. Tige grimpante, ailée, longue de six pieds, bulbifère; feuilles opposées, ovales, cordiformes, sagittées, acuminées, marquées de sept nervures. Serre chaude; même terre; multiplication par ses racines, que l'on coupe en tranche avec la précaution de laisser un œil à chaque morceau, que l'on plante en pots enfoncés dans la tannée d'une couche chaude, que du reste la plante ne doit jamais quitter. Peu d'arrosemens, surtout jusqu'à ce que la racine ait poussé de forts bourgeons; point, quand la plante a cessé de végéter.

3. Igname cultivée. *D. sativa;* Thunb. ♃. Inde. Racine semblable à la précédente; tige lisse, cylindrique; feuilles cordiformes, un peu arrondies, acuminées, légèrement marquées de neuf nervures, à lobes de la base rapprochées; capsules ovales renversées. Même culture que la précédente, avec laquelle elle a beaucoup d'analogie. Ces deux dernières sont très-cultivées dans les Indes.

4. Igname bulbifère. *D. bulbifera;* L. ♃. Amérique méridionale. Racine tubéreuse, arrondie; tige lisse, bulbifère, volubile; feuilles cordiformes, ovales arrondies, acuminées, à neuf nervures. Même culture que le n° 2.

5. Igname aiguillonnée. *D. aculeata;* Willd. ♃. Malabar. Tige aiguillonneuse, bulbifère; feuilles cordiformes, un peu arrondies, acuminées, marquées de sept nervures. Serre chaude. Même culture.

6. Igname élevée. *D. altissima;* Willd. *Ubium altissimum;* H. P. ♃. Martinique. Tige cylindrique, lisse, très-longue; feuilles opposées, cordiformes, ovales arrondies,

aiguës, marquées de sept nervures. Serre chaude. Même culture.

7. Igname a feuilles opposées. *Dioscorea oppositifolia;* L. ♃. Inde. Tiges lisses ; feuilles opposées, ovales, acuminées, marquées de sept nervures. Même culture. Serre chaude.

8. Igname a cinq feuilles. *D. pentaphylla;* Willd. ♃. Inde. Tige aiguillonneuse, bulbifère ; feuilles composées, digitées, à folioles quinées, oblongues, acuminées, veinées. Serre chaude. Même culture.

9. Igname a trois feuilles. *D. triphylla;* Willd. ♃. Malabar. Tige aiguillonneuse ; feuilles composées, à folioles oblongues, acuminées, nerveuses dans les individus mâles, veinées dans les femelles. Serre chaude. Même culture.

TAMINIER, tamne, *tamnus*; Tourn. *tamus;* L. (*Diœcie-hexandrie.*) Fleurs dioïques. Calice campanulé, à six divisions profondes. Fleurs mâles : six étamines plus courtes que le calice. Fleurs femelles : un ovaire inférieur, chargé d'un style cylindrique, terminé par trois stigmates aigus, refléchis. Une baie ovale, à trois loges, contenant chacune deux à trois graines globuleuses.

1. Taminier commun. *Tamnus communis;* L. ♃. Indigène. Tige volubile, de huit à neuf pieds ; feuilles cordiformes, entières; de mai en août, fleurs petites, jaunâtres, en grappes ; baie rouge. Ses racines sont très-grosses, âcres et diurétiques. Dans l'orient on mange ses jeunes pousses crues et en salade. Pleine terre franche, légère ; multiplication par drageons, éclats de racines au printemps, et de graines semées en place. On peut en couvrir des berceaux.

2. Taminier tubéreux. *T. elephantipes;* L'Hérit. ♃. Du Cap. Feuilles entières, réniformes. Plante d'un aspect singulier. Même culture, mais serre chaude.

3. Taminier de la Chine. *T. cretica;* L. ♃. Inde. Celle-ci se distingue aisément de la précédente par ses feuilles trilobées. Même culture, mais serre tempérée.

ORDRE III.

LES JONCS. — *JUNCEÆ.*

Plantes herbacées, à *feuilles* inférieures alternes et vaginantes, les supérieures sessiles. *Fleurs* ordinairement environnées de bractées en forme de spathes. *Calice* à six divisions profondes, glumacées, quelquefois pétaloïdes. Corolle nulle. Six *étamines* placées devant les divisions du calice. Un *ovaire* supérieur, chargé d'un style divisé en trois stigmates. Une *capsule* à trois valves, ou monoculaire à trois semences, ou triloculaire et polysperme. *Embryon* placé à la base d'un périsperme charnu.

BRAGALOU. *Aphyllanthes;* L. (*Hexandrie–monogynie.*) Calice à six divisions colorées et pétaliformes, étalées en leur bord, et rapprochées en tube à leur base. Six étamines courtes; un ovaire chargé d'un style portant un stigmate à trois lobes, une capsule triloculaire, polysperme. Fleurs environnées à leur base par des écailles scarieuses, imbriquées.

1. Bragalou de Montpellier. *Aphyllanthes monspeliensis;* L. ♃. France méridionale. Tige semblable à celle du jonc, de sept à huit pouces, terminée, en été, par une ou deux fleurs blanches ou bleuâtres. Plante fort jolie. Terre de bruyère et orangerie : ou pleine terre légère, bonne exposition, et couverture de feuilles sèches pendant l'hiver. Multiplication par éclats des touffes, ou de graines au printemps.

VINULE, lomandre. *Lomandra;* Labillar. (*Hexandrie-monogynie.*) Calice à six folioles persistantes, accompagnées à leur base d'écailles persistantes, imbriquées. Six étamines courtes. Un ovaire à style court, terminé par trois stigmates obtus. Une capsule à trois valves, à trois loges, à moitié partagée par une cloison, ne contenant chacune qu'une seule graine arillée. On n'en cultive que deux espèces : vinule a feuilles longues. *L. Longifolia;* Bill. ♃. Nouvelle-Hollande. Terre de bruyère, ou légère. Orangerie. Multiplication d'éclats. Vinule a feuilles étroites. *L. angustifolia*; Willd. Même culture.

JONC. *Juncus*; L. (*Hexandrie-monogynie.*) Calice à six divisions égales, écailleuses. Six étamines courtes. Ovaire surmonté d'un style terminé par un stigmate à trois lobes. Une capsule trivalve, à trois loges polyspermes.

Tous les joncs peuvent servir à la décoration des eaux. On les multiplie par la séparation des touffes. Les espèces qui réussissent le mieux dans l'eau sont: *J. acutus*, *conglomeratus*, *filiformis*, *articulatus*, *bulbosus*; celles qui se contentent d'une terre humide sont : *J. effusus*, *trifidus*, *squarrosus*, *bufonius*; enfin d'autres peuvent croître dans les terres sèches, par exemple : *J. sylvaticus*. On cultive en terre tourbeuse constamment mouillée, et en orangerie, le jonc de la Nouvelle Hollande, *J. australis*; H. P. Tous sont vivaces.

LUZULE. *Luzula*; Decand. (*Hexandrie-monogynie.*) Calice, étamines et pistil comme dans les joncs. Une capsule monoloculaire, à trois valves dépourvues de cloison, à trois graines.

1. Luzule a fleurs blanches. *Luzula nivea*; Decand. *Juncus niveus*; L. ♃. Indigène. Jolie plante à tige droite, d'un pied et demi, à feuilles longues et velues. Fleurs en panicule fasciculée, à calice blanc et pointu. Terre légère et sablonneuse; arrosemens abondans. Multiplication d'éclats.

ORDRE IV.

LES COMMÉLINÉES. — *COMMELINEÆ.*

Plantes herbacées ; *feuilles* inférieures alternes, vaginantes : les supérieures sessiles. *Fleurs* souvent enveloppées, avant leur épanouissement, dans des bractées spathiformes. *Calice* à six folioles, dont trois extérieures herbacées, et trois intérieures colorées, pétaloïdes. Six *étamines*, toutes fertiles, ou seulement trois munies d'anthères, les trois autres n'ayant que des filamens stériles. Un *ovaire* supérieur, chargé d'un style terminé par un stigmate simple. Une *capsule* triloculaire, trivalve; chaque loge contenant une ou plusieurs graines.

COMMÉLINE. *Commelina;* L. (*Triandrie-digynie.*) Calice à six folioles, dont trois extérieures ovales, concaves, herbacées, et trois intérieures alternes avec les premières, colorées, pétaloïdes. Trois étamines fertiles : leurs filamens portant des anthères oblongues; trois autres filamens stériles, soutenant chacun trois glandes horizontales, disposées comme en croix. Un ovaire supérieur, surmonté d'un style courbé et terminé par un stigmate simple. Une capsule triloculaire, trivalve, contenant deux ou trois graines.

1. COMMÉLINE TUBÉREUSE. *Commelina tuberosa;* L. ♃. Amérique méridionale. Pétales égaux. Racine tubéreuse; tiges articulées, de deux pieds; feuilles cordiformes, lancéolées, sessiles, velues, à gaîne striée; de juin en septembre, fleurs à trois pétales arrondis, d'un beau bleu, environnées de feuilles spathacées. Serre tempérée; terre légère et fraîche. Multiplication de graines semées sur couche au printemps, ou par l'éclat des racines. Belle plante.

2. COMMÉLINE DE VIRGINIE. *C. virginica;* L. ♃. Pétales presque égaux; tiges droites, simples, de deux pieds; feuilles lancéolées, un peu pétiolées, garnies de poils roussâtres; fleurs bleues, à divisions en cœur, très-entières. Même culture, mais pleine terre et couverture l'hiver.

3. COMMÉLINE A CRÊTE. *C. cristata;* L. *Tradescantia cristata;* WILLD. ⊙. Ceylan. Pétales presque égaux; tiges rampantes, lisses; spathe diphylle; filamens des étamines velus, bleus; style en massue, stigmate tubuleux, crénelé. De graines semées au printemps sur couche chaude. On peut repiquer la plante en terre légère et à exposition très-chaude; mais il vaut mieux la laisser sur couche pour s'assurer la récolte de bonnes graines.

4. COMMÉLINE COMMUNE. *C. communis;* L. ⊙. Amérique. Pétales inégaux; feuilles ovales-lancéolées, aiguës; tiges glabres, rampantes, de deux pieds; en juin et juillet, fleurs bleues. Même culture que la précédente.

5. COMMÉLINE D'AFRIQUE. *C. africana;* L. ♃. Du Cap. Pétales inégaux; tiges couchées, d'un pied et demi; feuilles

lancéolées, glabres; de mai en octobre, fleurs jaunes. Serre chaude; même culture que le n° 1.

6. COMMÉLINE DROITE. *Commelina erecta;* L. ♃. Virginie. Pétales inégaux; tige simple, droite, scabre; feuilles ovales-lancéolées; en août, fleurs assez grandes, d'un bleu pâle. Culture du n° 2.

7. COMMÉLINE A FLEURS PALES. *C. pallida;* WILLD. *C. rubens;* RED. ♃. Pétales inégaux; tige d'un à deux pieds; fleurs petites et pâles, peu remarquables. Serre chaude; culture du n° 1.

8. COMMÉLINE DU BENGALE. *C. benghalensis;* L. ♃. Pétales inégaux; tiges rampantes; feuilles ovales obtuses. Serre chaude; culture du n° 1.

9. COMMÉLINE A FEUILLES LANCÉOLÉES. *C. spirata;* MANT. ⊙. Inde. Pétales égaux; feuilles lancéolées; fleurs en panicule terminale, à pistil recourbé. Culture du n° 3; beaucoup d'arrosemens.

10. COMMÉLINE A LONGUE TIGE. *C. longicaulis;* WILLD. ♃. Caraque. Pétales presque égaux; tiges couchées; feuilles linéaires-lancéolées, sessiles, à gaines ciliées; pédoncules géminés, filiformes, genouillés. Même culture que le n° 1.

11. COMMÉLINE DE CAYENNE. *C. cayennensis;* PERS. ♃. Pétales inégaux; tiges couchées; feuilles ovales-lancéolées, aiguës, glabres, à gaîne ciliée; nectaire bilobé. Serre chaude; culture du n° 1.

12. COMMÉLINE MOLLE. *C. mollis;* WILLD. ♃. Caraque. Pétales presque égaux; feuilles pétiolées, ovales, pubescentes; tige rampante. Serre chaude; culture du n° 1.

13. COMMÉLINE DU JAPON. *C. japonica;* THUNB. ♃. Pétales inégaux; tige droite, anguleuse, velue; feuilles ovales-lancéolées, ondulées; fleurs en panicule. Serre chaude; culture du n° 1.

14. COMMÉLINE FASCICULÉE. *C. fasciculata;* PERS. ♃. Pérou. Pétales inégaux; racines tubéreuses, fasciculées; tiges droites; feuilles lancéolées, aiguës, à gaînes ciliées; pétales intérieurs bleus, les extérieurs plus courts et blancs. Culture du n° 1; serre chaude.

15. COMMÉLINE A FEUILLES NERVÉES. *C. nervosa;* PERS. ♃. Pérou. Pétales presque égaux; feuilles lancéolées, marquées

de seize nervures, à gaînes velues; tiges droites. Serre chaude; culture du n° 1.

ZANONIE. *Zanonia;* CRAM. (*Hexandrie-monogynie.*) Calice à trois parties; corolle à trois pétales; filamens des étamines velus; anthères géminées, semblables; capsule à trois loges, renfermée dans la corolle qui prend l'apparence d'une baie.

1. ZANONIE DE LA JAMAÏQUE. *Zanonia graminea perfoliata;* PLUM. *Commelina zanonia;* L. *Tradescantia zanonia;* WILLD. *Zanonia erecta;* SWARTZ. ♃. Tige droite, glabre, articulée, de trois à quatre pieds; feuilles larges, lancéolées, à bords violets; de juillet en décembre, fleurs blanches, réunies cinq à sept ensemble entre deux bractées sessiles; pédoncules genouillés. Serre chaude. Culture des éphémérines.

CALLISE. *Callisia;* LAM. (*Triandrie-monogynie.*) Calice à trois divisions; corolle à trois pétales; anthère géminée; style surmonté par trois stigmates en pinceaux; capsule comprimée, à deux loges et deux semences.

1. CALLISE CILIÉE. *C. ciliata;* PERS. *C. repens;* FLOR. PÉRUV. ♃. Pérou. Feuilles cordiformes, vaginantes, un peu dentées et ciliées; ordinairement trois fleurs peu apparentes, sortant de la même gaîne. Serre chaude; terre franche légère; multiplication par éclats des pieds au printemps.

2. CALLISE RAMPANTE. *C. repens;* LAM. ♃. Amérique méridionale. Tige lisse; feuilles glabres; fleurs axillaires, presque sessiles. Même culture.

ÉPHÉMÉRINE. *Tradescantia;* L. (*Hexandrie-monogynie.*) Calice à six folioles, dont trois extérieures ovales, concaves, herbacées, et trois intérieures ovales-arrondies, ouvertes, colorées, pétaloïdes; six étamines à filamens velus, portant des anthères à deux lobes; un ovaire supérieur, surmonté d'un style filiforme, terminé par un stigmate obtus; une capsule triloculaire, trivalve, contenant plusieurs graines dans chaque loge.

1. EPHÉMÉRINE DE VIRGINIE. *Tradescantia virginica;* WILLD. ♃. Tiges droites, de dix-huit pouces, articulées; feuilles lancéolées, glabres, graminées; de mai en octobre, fleurs terminales, en faisceau, d'un beau bleu, avec les anthères jaunes. Il n'en fleurit jamais qu'une ou deux à la fois,

mais elles se succèdent pendant long-temps. Fort jolie plante, très-rustique, réussissant bien en tout terrain, et à toute exposition. On la multiplie par la séparation du pied, en automne ou en mai. Deux variétés : une à fleurs blanches, l'autre à fleurs pourpres.

2. EPHÉMÉRINE ROSE. *Tradescantia rosea ;* VENT. ♃. Tiges droites, articulées, glabres, de trois ou quatre pouces; feuilles lancéolées, graminées; huit à dix fleurs en ombelle terminale, pédiculées, roses, plus longues que l'involucre, et se succédant tout l'été. Orangerie, ou, mais moins sûrement, pleine terre légère et ombragée; arrosemens fréquens, mais en évitant une humidité stagnante ; multiplication aisée de drageons, de boutures, et par la séparation de son pied.

3. EPHÉMÉRINE A LARGES FEUILLES. *T. latifolia ;* PERS. ⊙. Pérou. Tige droite, simple ; feuilles lancéolées, ovales ; fleurs terminales, un peu en ombelle, involucrées, à calice visqueux et velu, et à pétales violâtres ; de graines semées au printemps en terre légère et sur couche chaude ; on y laisse la plante toute l'année pour assurer la maturité des semences.

4. EPHÉMÉRINE DROITE. *T. erecta ;* WILLD. *T. undulata ;* VAHL. *T. bifida ;* ROTH. ⊙. Mexique. Tiges droites, charnues, rameuses, de trois ou quatre pieds ; feuilles ovales, à base étroite et glabre; pédoncule terminal, nu, portant une grappe de fleurs d'un pourpre violet, ayant trois anthères violettes, et les trois autres d'un jaune doré. Même culture que la précédente.

5. EPHÉMÉRINE A FEUILLES CHARNUES. *T. crassifolia ;* WILLD. ♃. Mexique. Tige droite, laineuse, rameuse, de cinq ou six pouces de hauteur ; feuilles ovales, charnues, laineuses en dessous et sur les bords ; en automne, fleurs bleues, les plus grandes du genre. Orangerie ; terre légère ; multiplication de graines semées sur couche et les jeunes plants repiqués en pots, ou par l'éclat des pieds et la séparation des drageons.

6. EPHÉMÉRINE BICOLORE. *T. discolor ;* SMITH. ♃. Mexique. Pas de tiges ; feuilles oblongues, lancéolées, charnues, vertes en dessus, d'un rouge pourpre en dessous ; tout l'été, fleurs nombreuses, petites, blanches, paraissant entre deux

bractées égales, comprimées et pourpres. Serre chaude; terre franche légère; multiplication d'œilletons au printemps.

7. EPHÉMÉRINE DU MALABAR. *Tradescantia malabarica;* L. ♃. Tige droite, lisse, menue; feuilles graminées, engaînantes; en juillet, fleurs d'un pourpre bleuâtre, portées sur un pédoncule très-long. Serre chaude, et culture du n° 6.

8. EPHÉMÉRINE RAMPANTE. *T. procumbens;* WILLD. *T. multiflora;* JACQ. ♃. Caraque. Tiges couchées, radicantes; feuilles ovales, à base ciliée, vaginantes; fleurs en cimes axillaires, à six étamines. Serre chaude; culture du n° 6.

9. EPHÉMÉRINE A PETITES FLEURS. *T. parviflora;* FLOR. PÉRUV. ♃. Pérou. Tiges rampantes; feuilles ovales oblongues, purpurescentes en dessous, les florifères un peu cordiformes; fleurs en ombelles axillaires; trois filamens des étamines glabres, et les trois autres velus. Culture du n° 6. Peut-être n'est-ce qu'une variété de la précédente.

POURRÉTIE. *Pourretia;* FLOR. PÉRUV. (*Hexandrie-monogynie.*) Calice triphylle, infère; trois pétales; souvent une écaille nectarifère à la base des pétales; trois stigmates contournés; six étamines à anthères linéaires, couchées contre leurs filets; capsule à plusieurs valves sétifères.

1. POURRÉTIE AÉRIENNE. *Pourretia aeranthos;* FLOR. PÉRUV. ♃. Pérou. Tiges très-petites; feuilles linéaires-lancéolées, glauques; fleurs en épi, petites, bleues. Serre chaude; terre sablonneuse et sèche; très-peu d'arrosemens en été, point en hiver; multiplication de drageons. On lui a donné le nom d'*Aeranthos*, aérienne, parce qu'elle continue à végéter et à fleurir fort long-temps après avoir été arrachée, en ne recevant de nourriture que de l'air.

2. POURRÉTIE LAINEUSE. *P. lanuginosa;* FLOR. PÉRUV. ♃. Pérou. Feuilles ensiformes, aiguillonneuses; fleurs en thyrse ou en épi très-grand, à calice laineux et à corolle d'un vert obscur. On recueille une gomme transparente qui découle des fleurs de cette plante. Serre chaude; terre légère; plus d'arrosemens que pour la précédente, et même mode de multiplication.

3. POURRÉTIE PYRAMIDALE. *P. pyramidata;* FLOR. PÉRUV. ♃. Pérou. Feuilles ensiformes, à bords pourpres et garnis

d'aiguillons ; fleurs jaunâtres, en épi pyramidal. Même culture que le n° 2 ; serre chaude.

4. Pourrétie a fleurs serrées. *Pourretia coarctata;* Flor. Péruv. ♃. Chili. Feuilles ensiformes, aiguillonneuses ; fleurs en épi composé et serré ; corolle jaune, maculée de pourpre à la base. Les habitans du Chili emploient la substance tubéreuse de sa tige à la fabrication de divers ustensiles de ménage. Serre chaude ; même culture.

ORDRE V.

LES ALISMACÉES. — *ALISMACEÆ.*

Plantes herbacées, à *feuilles* alternes, vaginantes. *Fleurs* souvent environnées de bractées ayant la forme d'une spathe. *Calice* à six divisions, dont les trois intérieures souvent pétaliformes. Six *étamines* et quelquefois jusqu'à vingt et plus. Plusieurs *ovaires*, de trois à trente et plus, supérieurs, portant chacun un style terminé par un stigmate. Chaque ovaire devient une *capsule* monoloculaire, monosperme ou polysperme, ne s'ouvrant point, ou se fendant du côté interne. *Embryon* courbé, dépourvu de périsperme.

BUTOME. *Butomus;* L. (*Ennéandrie-hexagynie.*) Calice à six folioles ovales, oblongues, colorées, pétaloïdes : les trois extérieures un peu plus courtes ; neuf étamines ; six ovaires, chargés chacun d'un style terminé par un stigmate simple ; six capsules pointues, univalves, monoloculaires, contenant chacune plusieurs graines.

1. Butome en ombelle, jonc fleuri. *Butomus umbellatus;* L. ♃. Indigène. Tiges nues, de deux ou trois pieds ; feuilles droites, graminées ; en juillet, ombelle terminale d'une vingtaine de fleurs assez grandes, rougeâtres, fort jolies. Pleine terre marécageuse, constamment humide, ou sur le bord des eaux ; multiplication par l'éclat des touffes. Cette plante produit un effet agréable dans les terres marécageuses des jardins paysagers.

DAMASONIER. *Damasonium;* T. (*Hexandrie-hexagy-*

nie.) Calice à six folioles, les trois extérieures herbacées, persistantes : les trois intérieures plus grandes, colorées, pétaliformes ; six étamines ; six ovaires ; six capsules allongées, pointues, divergentes, contenant chacune une à trois graines. Ce genre ne renferme qu'une espèce : DAMASONIER ÉTOILÉ. *D. stellatum ;* DALECH. *Alisma damasonium ;* L. ♃. Indigène. En juillet, fleurs blanches, petites, en verticilles terminaux. Même culture que le genre précédent.

ALISMA, flûteau. *Alisma ;* L. (*Hexandrie-polygynie.*) Calice à six folioles : les trois extérieures herbacées, persistantes : les trois intérieures plus grandes, colorées, pétaliformes. Six étamines, quelquefois plus. Ovaires nombreux, ramassés, portant chacun un style simple à stigmate obtus. Capsules nombreuses, monospermes, réunies en tête, caduques, ne s'ouvrant pas d'elles-mêmes.

1. ALISMA PLANTAIN D'EAU. *Alisma plantago ;* L. ♃. Indigène. Tige de deux pieds ; feuilles ovales-aiguës ; en juillet, fleurs blanchâtres ou rougeâtres, petites, nombreuses, en panicule très-grande et étalée. Pleine terre marécageuse, ou sur le bord des eaux ; multiplication par l'éclat des touffes.

2. ALISMA FLOTTANT. *A. natans ;* L. ♃. Indigène. Feuilles elliptiques, obtuses ; pédoncule solitaire ; fleurs blanches, les plus grandes du genre, nageant à la surface des eaux. Cette plante fait un charmant effet dans les pièces d'eau des jardins paysagers, où on la multiplie en y jetant ses racines.

3. ALISMA RENONCULE. *A. ranunculoïdes ;* L. ♃. Indigène. Tiges de quatre pouces, feuilles linéaires, lancéolées ; fleurs en verticilles ombelliformes. Même culture.

FLÉCHIÈRE. *Sagittaria ;* L. (*Monœcie-polyandrie.*) Fleurs monoïques : les mâles situés dans la partie supérieure de la plante ; calice à six folioles, dont trois extérieures herbacées, persistantes, et trois intérieures plus grandes, colorées, pétaliformes ; vingt étamines et plus. Fleurs femelles placées au-dessous des mâles : calice comme dans ces dernières ; ovaires nombreux, réunis sur un réceptacle commun, chargés chacun d'un style court, terminé par un stigmate simple et pointu.

1. FLÉCHIÈRE AQUATIQUE. *Sagittaria sagittifolia ;* L. ♃. Indigène. Tige ne s'élevant qu'à cinq ou six pouces au-

dessus des eaux dans lesquelles croît la plante ; feuilles en fer de flèche ; en juin, fleurs blanches, verticillées trois par trois, les femelles sous les mâles. Culture des alismas.

2. Fléchière a larges feuilles. *Sagittaria latifolia ;* Willd. ♃. Amérique septentrionale. Feuilles ovales, aiguës, sagittées, à lobes droits et lancéolés. Même culture, mais dans un baquet rempli d'eau, et en orangerie.

3. Fléchière a feuilles obtuses. *S. obtusifolia;* Willd. ♃. Inde. Tige simple ; feuilles ovales, arrondies, obtuses, sagittées, à lobes ovales, acuminés, écartés ; fleurs en panicule. Même culture, mais le baquet ne doit jamais quitter la serre chaude.

SCHEUCHZÉRIE. *Scheuchzeria ;* L. (*Hexandrie-digynie.*) Calice à six folioles égales, persistantes ; six étamines à filamens très-courts, portant des anthères droites, allongées. Trois ovaires, quelquefois jusqu'à six, dépourvus de styles, et surmontés d'un stigmate oblong, adné à leur partie extérieure. Chaque ovaire se change en une capsule comprimée, renflée, bivalve, à une ou deux graines. On n'en connaît qu'une espèce que l'on trouve en France et dans le Canada : Scheuchzérie des marais. *S. palustris ;* L. Tige feuillée, simple ; fleurs en grappes. Culture des alismas, dans un baquet rentré l'hiver en orangerie.

TRIGLOCHINE, troscart. *Triglochin ;* L. (*Hexandrie-trigynie.*) Calice à six divisions presque égales, les trois intérieures un peu pétaloïdes. Six étamines à filamens très-courts, portant des anthères plus courtes que le calice. Trois à six ovaires soudés ensemble, dépourvus de style, chargés chacun d'un stigmate plumeux. Chaque ovaire devient une capsule monoloculaire, monosperme. Les capsules restent soudées ensemble, et semblent n'en former qu'une seule à plusieurs loges.

1. Triglochine des marais. *Triglochin palustre;* L. ♃. Indigène. Feuilles linéaires, longues, radicales. Hampe grêle, droite, de dix-huit pouces ; en août, épi de fleurs petites et rougeâtres, d'une odeur désagréable. Culture des alismas.

2. Triglochine maritime. *T. maritimum ;* L. ♃. Indigène. Feuilles linéaires, plus longues que dans la précédente ;

en mai et juin, fleurs en épi ; capsule ovale, à six loges, même culture.

3. Triglochine striée. *T. striatum;* Flor. Peruv. ♃. Pérou. Hampe nue, striée, terminée par un épi simple, de fleurs serrées. Capsule un peu arrondie, trigone et triloculaire ; racine fusiforme. Même culture, mais dans un baquet en serre chaude.

ORDRE VI.

LES COLCHICACÉES. — *COLCHICACEÆ.*

Plantes herbacées, ordinairement bulbeuses. *Tige* simple. *Feuilles* radicales. *Fleurs* quelquefois munies d'une spathe le plus souvent membraneuse; *calice* à six divisions profondes, pétaloïdes. *Corolle* nulle ; six *étamines* attachées à la base ou au milieu des divisions du calice. Un à trois (rarement quatre, cinq ou six) *ovaires* supérieurs, surmontés de trois *styles* ou d'un seul style terminé par trois stigmates : ces derniers quelquefois sessiles, le style étant nul. Une *capsule* à trois valves et à trois loges, ou trois capsules et plus, monoloculaires et à une valve. Chaque capsule où chaque loge s'ouvre vers le sommet du côté intérieur, et contient plusieurs *graines* attachées sur deux rangs au bord rentrant des valves. *Embryon* environné d'un périsperme charnu.

NARTEC. *Narthecium;* Haller. (*Hexandrie-monogynie.*) Calice à six divisions égales, environné à sa base par un petit involucre à trois lobes; six étamines; trois à six ovaires, ou plus, dépourvus de styles, chargés chacun d'un stigmate. Une capsule à trois ou six loges polyspermes, réunies par leur base, et séparées à leur partie supérieure.

1. Nartec caliculé. *Narthecium caliculatum;* Lam. *Anthericum caliculatum;* L. *Toffieldia palustris ;* Decand. *Helonias borealis;* Willd. ♃. Indigène. Tige simple, de huit à neuf pouces ; feuilles engaînantes, linéaires, pointues ;

en août, fleurs verdâtres, pédonculées, petites, en épi terminal. Terre légère, sablonneuse, substantielle, un peu ombragée; multiplication par la séparation des racines aussitôt que les feuilles sont desséchées. Des arrosemens pendant la végétation.

2. NARTEC OSSIFRAGE. *Narthecium ossifragum;* SMITH. *Abama ossifraga;* FLOR. FRANC. ♃. France septentrionale. Feuilles radicales, graminées, ensiformes, engaînées, à cinq stries, pointues. Hampe écailleuse, terminée, en août, par un épi lâche de fleurs verdâtres, sans le petit involucre à trois lobes. Même culture. Toutes deux peuvent se multiplier de graines.

HÉLONIE. *Helonias;* L. (*Hexandrie-trigynie.*) Calice à six folioles égales, colorées, pétaloïdes, caduques. Six étamines ordinairement plus longues que le calice. Un ovaire trigone, surmonté de trois styles courts, terminés chacun par un stigmate obtus. Une capsule triloculaire, polysperme.

1. HÉLONIE A FLEURS ROSES. *Helonias bullata;* L. *H. latifolia;* MICH. ♃. Maryland. Feuilles lancéolées, acuminées, engaînantes, persistantes; hampe d'un pied, rougeâtre; en mai, fleurs roses, pédicellées, en épi court et serré. Pleine terre légère ou de bruyère, fraîche et à demi ombragée. Multiplication de graine au printemps ou par la séparation des œilletons à l'automne. Il est prudent d'en avoir quelques pieds en orangerie.

2 HÉLONIE ASPHODELOÏDES. *Helonias asphodeloides;* DUM. COURC. ♃. Virginie. Tige de deux pieds, simple, striée; feuilles éparses, linéaires, sétacées, longues, droites, carénées; en juin, fleurs blanches, nombreuses, petites, en grappe terminale. Orangerie, et même culture.

3. HÉLONIE A FEUILLES ÉTROITES. *H. angustifolia;* MICH. ♃. Caroline. Feuilles très-longues, très-étroites; hampe feuillée dans sa partie inférieure; épi lâche; fleurs blanchâtres; anthères jaunes; capsule oblongue; semences étroites et linéaires. Culture du n° 2.

4. HÉLONIE ÉRYTHROSPERME. *H. erythrosperma;* MICH. ♃. Caroline. Feuilles très-longues, linéaires; hampe feuillée; fleurs verdâtres; capsules raccourcies; graines ovales, arillées. Culture du n° 2.

VARAIRE, vératre. *Veratrum;* L. (*Hexandrie-trigynie.*) Fleurs polygames. Calice à six divisions égales, très-profondes, colorées, pétaliformes. Six étamines à anthères à deux lobes; trois ovaires (avortés dans les fleurs mâles) distincts, rétrécis à leur sommet en autant de styles courts, terminés par des stigmates aigus. Trois capsules oblongues, monoloculaires, s'ouvrant longitudinalement en deux valves par leur côté intérieur, et contenant chacune plusieurs graines comprimées, membraneuses.

1. Varaire blanc, ellébore blanc. *Veratrum album;* L. ♃. Indigène. Tige droite, simple, de trois pieds; feuilles grandes, ovales, plissées; de juin en août, fleurs blanchâtres, en grappes paniculées, terminales. Cette plante forme de larges buissons; elle est très-rustique comme toutes celles du genre, et réussit en tout terrain, mais mieux en terre franche un peu fraîche. Multiplication de semences en pleine terre pour n'être repiquée qu'un ou deux ans après, ou d'œilletons très-forts, séparés tous les trois ou quatre ans.

2. Varaire noir, ellébore noir. *V. nigrum;* L. ♃. Indigène. Tige droite, simple, de quatre pieds; feuilles ovales, plissées; en juillet et août, fleurs d'un rouge noirâtre, très-ouvertes, en grappes composées; bractées linéaires. Même culture.

3. Varaire vert. *V. viride;* L. ♃. Amérique septentrionale. Tiges droites, simples, très-grosses; feuilles ovales, très-grandes, fortement plissées; en juillet et août, fleurs verdâtres, à calice campanulé, épaissies à l'onglet, en grappe paniculée. Même culture.

4. Varaire jaune. *V. luteum;* L. ♃. Indigène. Tige d'un pied et demi; feuilles moyennes, ovales, plissées; en juillet et août, fleurs d'un blanc jaunâtre, en épi simple et serré. Même culture.

5. Varaire a petites fleurs. *V. parviflorum;* Mich. ♃. Amérique septentrionale. Feuilles un peu ovales, lancéolées, planes, glabres; fleurs vertes, en panicule, à rameaux filiformes; corolle en étoile. Même culture.

MÉLANTHE. *Melanthium;* L. (*Hexandrie-trigynie.*) Fleurs polygames; calice coloré, à six divisions égales, en roue, chaque division ayant deux glandes à la base; six étamines ; trois ovaires réunis et formant une capsule à trois loges, renfermant chacune plusieurs semences ailées-membraneuses.

1. Mélanthe de Virginie. *Melanthium virginicum ;* Mich. ♃. Amérique septentrionale. Tige simple, droite, de trois pieds ; feuilles étroites, longues, pliées, striées, engaînantes ; en juin et juillet, fleurs d'un blanc livide, à divisions ovales, ayant deux taches pourpres à leur base, en panicule lâche et terminale. Pleine terre légère et fraîche, ou de bruyère; multiplication par la séparation des bulbes lorsque les feuilles sont desséchées.

2. Mélanthe paniculée. *M. racemosum ;* Mich. *M. lætum;* Ait. ♃. Amérique septentrionale. Tige droite, de dix-huit pouces à deux pieds ; feuilles lancéolées-linéaires, glabres ; en juin, fleurs pâles, en grappe paniculée et oblongue, terminale. Même culture que la précédente.

3. Mélanthe de Sibérie. *M. sibiricum;* Willd. ♃. Feuilles linéaires; fleurs paniculées, à pétales sessiles et aigus. Cette espèce, comme toutes les suivantes, est sensible au froid, sans exiger de chaleur. On les cultive toutes en bâche ou en châssis, de manière à pouvoir les soustraire aux gelées. On les y plante en octobre, dans une couche de terre de bruyère préparée pour les recevoir, et on leur donne de l'air, pendant l'hiver, toutes les fois que la température le permet. En mai, on enlève les panneaux vitrés de la bâche, on multiplie les arrosemens s'il est nécessaire; on bine, sarcle, etc. Si l'on ne possédait pas de châssis, on pourrait les cultiver en pots, sur les tablettes d'une orangerie, ou dans un autre lieu éclairé, à l'abri de la gelée. Multiplication par la séparation des caïeux quand les feuilles sont desséchées, et que l'on peut conserver en lieu sec jusqu'à l'époque de la plantation. Les bulbes qu'on laisse en terre ne doivent s'arroser que pendant le temps de la végétation, si on ne veut pas s'exposer à les voir pourrir.

4. Mélanthe du Cap. *M. capense;* Willd. ♃. Tige simple, droite, de huit à neuf pouces ; feuilles lancéolées, striées, épaisses, élargies en forme de capuchon ; en juin, fleurs en grappes, sessiles, ponctuées de rouge. Culture du n° 3.

5. Mélanthe à feuilles triangulaires. *M. triquetrum ;* L.

♃. Amérique septentrionale. Feuilles à trois angles, glabres, plus longues que la tige; en juin, fleurs écarlates, en épi. Culture du nº 3.

6. Mélanthe ciliée. *Melanthium ciliatum*; L. ♃. Amérique septentrionale. Feuilles ensiformes, fermes et ciliées, élargies à la base en capuchon; fleurs en épi, pétales onguiculés. Culture du nº 3.

7. Mélanthe a feuilles de jonc. *M. junceum*; Willd. ♃. Du Cap. Feuilles linéaires, subulées, les supérieures dilatées à leur base; fleurs bleues, blanches ou roses; selon la variété, en épis flexueux, à pétales onguiculés. Même culture.

8. Mélanthe serré. *M. secundum*; Willd. ♃. Du Cap. Feuilles linéaires; fleurs en épi serré, à pétales onguiculés. Même culture.

9. Mélanthe phalangioïde. *M. phalangioïdes*; Willd. *Anthericum subtrigynum*; Jacq. ♃. Caroline. Feuilles linéaires, canaliculées; grappes multiflores; pédoncules plus longs que les fleurs; pétales sessiles. Même culture.

10. Mélanthe de l'Inde. *M. indicum*; L. ♃. Tranquebar. Feuilles linéaires aiguës; fleurs d'un rouge pourpre, à pétales linéaires, lancéolés, aigus. Même culture, mais serre chaude.

11. Mélanthe vert. *M. viride*; Thunb. ♃. Du Cap. Tige de six pouces, droites; feuilles ovales-lancéolées, pointues, veinées, alternes, engaînantes; en juin, fleurs d'un vert pourpre, pendantes. Culture du nº 3.

12. Mélanthe a une fleur. *M. uniflorum*; Willd. ♃. Du Cap. Feuilles linéaires, lancéolées : les intermédiaires plus longues que la tige, et les autres plus courtes; fleurs presque solitaires, pédonculées, rouges à l'extérieur, jaunes en dedans, avec l'onglet brun. Même culture.

13. Mélanthe a feuilles d'eucomis. *M. eucomoides*; Willd. ♃. Du Cap. Tige de trois à quatre pouces; feuilles oblongues, lancéolées, en capuchon, d'un pied de longueur; fleurs vertes, ordinairement au nombre de trois, à pétales un peu hastés, onguiculés, grandes, à anthères brunes. Même culture.

14. Mélanthe nain. *M. pumilum*; Willd. ♃. Amérique

méridionale. Feuilles lancéolées, à base barbue; tige ordinairement terminée par trois fleurs blanches, à pétales sessiles. Même culture.

15. Mélanthe graminé. *Melanthium gramineum;* Cav. ♃. Amérique méridionale. Pas de tige; feuilles imbriquées, graminées; fleurs sessiles, à pétales nervés. Même culture.

16. Mélanthe ponctué. *M. punctatum;* Cav. ♃. Amérique méridionale. Pas de tige; feuilles imbriquées, carénées, lancéolées, acuminées; fleurs sessiles, ponctuées. Même culture.

17. Mélanthe a épi. *M. spicatum;* H. Angl. ♃. Du Cap. Tige grêle; feuilles longues, étroites, engaînantes; en mai, fleurs en épi, d'un assez joli pourpre, à pétales longs, étroits, ouverts en étoile. Même culture.

WURMBÉE. *Wurmbea;* Thunb. (*Hexandrie-trigynie.*) Calice infère, à six divisions, à tube marqué de six angles; six étamines insérées sur la gorge du tube; styles un peu connivens; capsule oblongue, triangulaire; graines rondes.

1. Wurmbée du Cap. *Wurmbea capensis;* Thunb. *Wurmbea longiflora;* Willd. *Melanthium monopetalum;* L. *Melanthium wurmbea;* Thunb. Tige simple, droite, de quatre à six pouces; feuilles lancéolées, pointues, engaînées, élargies à leur base en capuchon; fleurs blanchâtres, sessiles, en épi terminal. Culture du mélanthe n° 3.

COLCHIQUE. *Colchicum;* L. (*Hexandrie-trigynie.*) Calice tubuleux inférieurement, à limbe campanulé, partagé en six divisions profondes, colorées, pétaliformes; six étamines à filamens insérés sur le sommet du tube, et portant des anthères oblongues; trois ovaires réunis par leur base, surmontés chacun d'un style très-long, à stigmate crochu; trois capsules réunies en une seule par leur partie inférieure, chacune à une loge contenant plusieurs graines rondes et ridées. Les bulbes des plantes de ce genre sont un poison assez actif.

1. Colchique d'automne. *Colchicum autumnale;* L. ♃. Indigène. Bulbe aplatie, appendiculée; en septembre, fleurs droites, d'un rouge purpurin pâle; au printemps suivant, feuilles grandes, lancéolées, engaînantes. Pleine terre

franche, douce et un peu fraîche ; multiplication par la séparation des caïeux, quand la plante est desséchée ; on les replante en juillet ou au commencement d'août, à trois ou quatre pouces de profondeur ; les ognons faits doivent constamment rester en terre. Les variétés de cette plante sont fort nombreuses, et méritent bien la culture par le joli effet qu'elles produisent. Les principales sont : *à fleurs doubles, à fleurs jaunes, blanches, pourpre-panachées ; roses, rose-panachées, agathe, à feuilles panachées*, etc.

2. Colchique de montagne. *C. montanum* ; L. ♃. Indigène. En automne, fleurs rougeâtres, à pétales linéaires lancéolés ; peu de temps après, feuilles étroites, linéaires, étalées, persistant tout l'hiver. Même culture que la précédente, mais terre plus sèche et plus légère.

3. Colchique panaché. *C. variegatum* ; L. ♃. Orient. Bulbe arrondie ; en août et octobre, fleurs à pétales ovales-lancéolés, panachés par petits carreaux pourpres, placés en échiquier ; peu de temps après, feuilles ondulées, ouvertes, étroites, d'un vert obscur. Même culture.

MÉRENDÈRE. *Merendera* ; Ram. (*Hexandrie-trigynie.*) Calice partagé jusqu'à sa base en six divisions colorées, pétaliformes, rétrécies en onglets. Six étamines à filamens insérés sur la partie supérieure des onglets, et portant à leur sommet des anthères en fer de flèche. Un ovaire surmonté de trois styles allongés, terminé chacun par un stigmate droit. Trois capsules réunies par leur base, partagées à leur sommet en trois lobes droits et non renflés, ne formant chacune qu'une seule loge qui contient plusieurs graines.

1. Mérendère bulbocode. *Merendera bulbocodium* ; Ram. *Bulbocodium vernum* ; Desf. ♃. Pyrénées. Plante de deux à trois pouces de hauteur ; feuilles lancéolées. En mars, fleurs blanches, radicales, purpurines en vieillissant. Terre franche, légère ; culture des colchiques.

BULBOCODE. *Bulbocodium* ; L. (*Hexandrie-monogynie.*) Calice partagé jusqu'à sa base en six découpures colorées, pétaliformes, retrécies dans leur partie inférieure en un long onglet. Six étamines insérées à la partie supérieure des onglets. Un ovaire surmonté d'un style simple, filiforme, terminé par trois stigmates. Une capsule obtusément triangulaire, à trois loges polyspermes. On ne possède qu'une seule espèce de ce genre : Bulbocode tigré. *Bulbocodium tigrinum;* Hort. Angl. ♃. Russie. A pétales pointillés. Culture des colchiques.

ORDRE VII.

LES LILIACÉES. — *LILIACEÆ.*

Plantes herbacées, toutes d'un port élégant, et remarquables par la beauté de leurs fleurs. *Racines* le plus souvent bulbeuses. *Feuilles* radicales souvent engaînantes : les autres sessiles, alternes, ou, mais rarement, verticillées. *Fleurs* nues ou environnées de spathes, souvent pendantes. *Calice* tubuleux ou quelquefois globuleux, ordinairement campanulé, à six divisions presque toujours égales, régulières, colorées et pétaliformes. Six *étamines* ayant leurs filamens insérés à la base des divisions du calice ou dans leur milieu. Un *ovaire* supérieur, simple, surmonté d'un stigmate simple ou trifide; quelquefois stigmate sessile. Une *capsule* plus ou moins trigone, à trois valves, à trois loges contenant chacune plusieurs graines.

Obs. En général les liliacées, comme toutes les plantes à racines bulbeuses, aiment une terre légère amendée avec du terreau végétal, soit de feuilles, soit de paille, ou d'autres détritus. Les engrais animaux, surtout ceux de porcs, leur sont mortels, à moins qu'à force d'être consommés ils n'aient changé de nature et soient convertis en une véritable terre. L'humidité leur est aussi très-préjudiciable; et, si elle est très-longtemps soutenue elle les fait infailliblement pourrir. On obvie à cet inconvénient en défonçant les planches du jardin à dix-huit pouces de profondeur, et en étendant en dessous un lit de six pouces de gros sable ou de gravois, afin de faciliter l'écoulement des eaux. Il en résulte que la surface de la planche se trouve exhaussée, et qu'une partie des eaux de pluie s'échappe par les sentiers.

Dans les terres fortes et humides, on ajoute à cette précaution celle de mélanger plus ou moins de sable fin avec elles, afin de les rendre plus poreuses et plus légères, et de planter les ognons à une moins grande profondeur.

Tous les trois ou quatre ans on déplante les ognons pour en détacher les caïeux, lorsque les feuilles de la plante sont desséchées. On profite de ce moment pour renouveler la terre des planches. Soit qu'on replante les ognons et les caïeux dans l'instant même, soit qu'on attende une saison favorable, il faut, avant de les remettre en terre, les visiter avec soin et retrancher, en coupant jusqu'au vif, les parties affectées de pourriture ou d'une autre maladie. Dans les terres humides il est bon, lors de la plantation, d'incliner un peu l'ognon du côté du nord, c'est-à-dire, de tourner sa couronne au midi.

La plus grande partie des plantes bulbeuses perdent leurs feuilles peu de temps après la floraison, d'où il résulte qu'on ne peut guère retrouver leur place, et que les ouvriers les arrachent et les coupent en faisant les labours d'automne et de printemps : il est donc indispensable de la marquer avec un piquet afin de les mettre à l'abri de ces accidens.

A moins que la sécheresse ne soit excessive, il ne faut donner aucun arrosement aux plantes bulbeuses, pendant leur végétation, à l'exception toutefois des huit jours qui précèdent la floraison. Cependant, si l'on voyait leurs feuilles jaunir, se flétrir et pencher vers la terre, on leur donnerait un peu d'eau, mais avec ménagement.

Il est de certains terrains gras et marécageux dans lesquels les ognons à fleurs pourrissent et se fondent malgré toutes les précautions d'usage; il faut alors avoir recours à d'autres moyens. On ouvre une fosse de deux pieds de profondeur et dans des dimensions calculées sur le nombre des plantes que l'on veut cultiver. On jette dans le fond sept à huit pouces de pierrailles, et l'on ouvre des canaux pour donner une issue facile aux eaux qui sans cela s'y accumuleraient. On étend quelques pouces de gros sable de rivière sur ce premier lit, et l'on comble avec de la terre de bruyère, à laquelle on peut mélanger plus ou moins de terre légère, selon l'espèce de plante que l'on se propose d'y cultiver. Les plantes les plus délicates réussissent partout et très-bien où l'on emploie cette méthode simple et peu dispendieuse.

Les liliacées d'orangerie ou de serre chaude doivent se planter dans des pots percés de manière à donner aux eaux des arrosemens une issue facile; outre cela on a encore le soin de placer au fond des vases trois ou quatre doigts de gros sable.

TULIPE. *Tulipa;* L. (*Hexandrie-monogynie.*) Calice campanulé, à six divisions ovales oblongues, concaves, colorées, pétaliformes. Six étamines à filamens subulés, courts, portant des anthères oblongues. Un ovaire allongé, dépourvu de style, surmonté d'un stigmate sessile, à trois lobes; une capsule trigone, à trois valves, à trois loges contenant chacune des graines nombreuses, planes, à demi circulaires, disposées sur deux rangs.

1. TULIPE SAUVAGE. *Tulipa sylvestris;* L. ♃. Indigène. Tige uniflore, glabre, de dix-huit pouces, munie de deux ou trois feuilles étroites et pliées; en avril et mai, fleur jaune, à divisions lancéolées-aiguës, un peu penchées. Pleine terre légère où on la laisse toute l'année; multiplication de caïeux séparés lorsque les feuilles sont desséchées, et replantés de suite. On en possède une très-belle variété à fleur très-double, qui se cultive comme la tulipe des fleuristes.

2. TULIPE TURQUE. *T. turcica;* WILLD. ♃. Peut-être n'est-ce qu'une variété de la précédente. En mai, fleur droite,

à pétales lancéolés, acuminés ; filamens des étamines velus à la base. Même culture. *Var.* A fleur double.

3. TULIPE ODORANTE, duc de Thol. *T. suaveolens;* WILLD. ♃. Europe méridionale. Tige basse, garnie de poils raides ; feuilles ovales-lancéolées, aussi longues que la tige ; fleur solitaire, jaune, panachée de rouge, paraissant dès les premiers beaux temps, et répandant une odeur suave. Même culture que la tulipe des fleuristes.

4. TULIPE DE CELS. *T. celsiana;* RED. ♃. Orient. Elle ressemble beaucoup à la tulipe sauvage. Tige droite, nue, haute de quatre à cinq pouces, glabre ; feuilles lancéolées-linéaires, canaliculées, à pétiole glabre ; fleur droite, petite, jaune, à pétales aigus, les trois extérieurs d'un rouge orangé à leur base. Même culture que le n° 1.

5. TULIPE DE L'ÉCLUSE. *T. clusiana;* RED. ♃. Perse. Tige d'un pied ; feuilles glabres, glauques, oblongues, aiguës ; les supérieures sessiles, les inférieures vaginantes ; au printemps, fleur droite, à pétales pointus, les trois extérieurs violets, à bords blancs, les trois intérieurs blancs, à base rougeâtre et à onglet violet. Culture du n° 1, mais la relever tous les ans et la replanter si on ne veut pas que l'ognon s'enfonce trop et se perde.

6. TULIPE BIFLORE. *T. biflora;* L. ♃. Russie. Tige munie de deux feuilles linéaires, terminée par deux ou trois fleurs presque planes, à trois pétales extérieurs lancéolés, d'un bleu pâle ou verdâtre, et trois pétales intérieurs blancs et tachés de fauve à leur base. Culture du n° 1.

7. TULIPE DU CAP. *T. breyniana;* L. ♃. Tige munie de six à sept feuilles alternes, linéaires-lancéolées, terminée, en juillet, par trois ou quatre fleurs moyennes, à pétales étroits à leur base, à stigmate sessile ; feuilles radicales-linéaires. Orangerie ; terre franche légère.

8. TULIPE OEIL DU SOLEIL. *T. oculus solis;* RED. ♃. France méridionale. Elle a beaucoup de rapport avec la tulipe de l'Écluse et avec celle des fleuristes. Fleur grande, solitaire, à pétales terminés en pointe, d'un rouge foncé, marqués à leur base d'une tache noirâtre, qui est bordée d'une zone pâle. Même culture que le n° 1 ; et replanter l'ognon tous les ans,

pour lui empêcher de s'enfoncer et se perdre. Terre de bruyère.

9. Tulipe gallique. *T. gallica ;* Lois. Desl. ♃. Elle ressemble à la tulipe sauvage, mais elle est beaucoup plus petite. En avril et mai, fleur odorante, à pétales extérieurs verts en dehors, aigus, marqués d'un point rougeâtre à l'extrémité. Culture du n° 1.

10. Tulipe bossuelle. *T. Campsopetala;* Lois. Desl. ♃. Fleurs globuleuses à la base, resserrées dans le milieu et évasées à leur sommet; pétales d'un beau jaune doré, ou blancs, marqués de lignes nombreuses et très-rouges, faisant masse dans le milieu et divergeant vers les bords. Même culture que le n° 1. On en fait de très-jolies bordures.

11. Tulipe des fleuristes, des jardins, cultivée. *T. gesneriana ;* L. ♃. Le Levant. Feuilles ovales-lancéolées, pliées en gouttière; tige nue, glabre, terminée par une fleur droite, de couleur variée. C'est cette espèce qui a fourni aux amateurs le nombre prodigieux de variétés qu'ils possèdent, et qui n'est pas moins que de cinq ou six cents, toutes assez distinctes et portant des noms différens.

On peut rapporter toutes les tulipes à quatre variétés principales, qui doivent avoir chacune leurs qualités particulières pour être admises dans les collections de choix; ces variétés sont :

1° Les *tulipes flamandes* ou *à fond blanc*. La tige est droite, ferme, d'un beau vert et d'une certaine hauteur ; la fleur est grande, plus longue que large, formant bien le godet sans être trop ouverte ; ses couleurs doivent être vives, tranchantes, au nombre de deux ou trois, se détachant sur un fond blanc; plus elles sont foncées, plus elles sont estimées ; les pétales doivent avoir de l'épaisseur, afin que la fleur dure plus long-temps, et leur sommet doit être parfaitement arrondi et non en pointe.

2° Les *tulipes bizarres* ou *à fond brun*. Elles doivent avoir la même forme que les précédentes, mais les couleurs doivent être vives et brillantes et se détacher sur un fond brun, ou au moins d'une couleur foncée ; le fond du calice est ordinairement d'un violet noirâtre, mais quelquefois blanc, et alors elles sont extrêmement estimées; il paraît même que les Anglais n'en veulent pas d'autres aujourd'hui.

3° Les *dragonnes*. Celles-ci ont ordinairement la tige beaucoup moins grande, un peu penchée, ce qui est un défaut essentiel. Leurs pétales sont exhorbitamment allongés, laciniés, déchiquetés, dentés, très-ouverts ou même étalés. Ces caractères les ont fait regarder par quelques botanistes comme des espèces. Leurs couleurs doivent être vives et éclatantes, parfaitement panachées.

4° Les *doubles*. Elles sont les moins estimées de toutes, et les amateurs les rejettent généralement de leurs collections. Cependant, lorsqu'elles sont très-larges, bien pleines, d'une couleur uniforme et pure, elles ne laissent pas que de produire un effet agréable.

Les tulipes aiment une terre franche légère, douce, parfaitement ameublie, et amendée avec du terreau de feuille. Dans les terres humides ou amendées avec un fumier animal, elles fondent; dans celles qui sont fortes et très-substantielles, elles s'enivrent, c'est-à-dire qu'elles perdent leurs panachures; dans celles qui sont très-légères et très-maigres, elles conservent leurs couleurs, mais elles avortent souvent et ne prennent jamais leurs belles proportions. Il est donc de toute nécessité de préparer le terrain, s'il ne se trouve naturellement favorable à cette culture.

Après avoir convenablement amendé la terre, on plante en octobre ou novembre, et de préférence un peu tard que trop tôt; les ognons en résistent mieux aux efforts de la gelée. On les enfonce de deux pouces dans les terres fortes, et de trois, quatre et même cinq pouces dans les terres légères, selon qu'elles sont plus ou moins sèches. La température est plus constante, l'humidité se soutient mieux, et les ognons en profitent davantage. On les espace à six pouces les uns des autres. Dans les sols gras, susceptibles de se battre et de se plomber par les pluies, on recouvre les planches d'un doigt ou deux de terreau très-consommé, afin d'empêcher que la surface ne forme une croûte que les premières feuilles ont de la difficulté à percer.

Lorsque les gelées du printemps ne sont plus à craindre, on sarcle pour détruire les mauvaises herbes et ouvrir les pores de la terre, et l'on continue d'entretenir la propreté jusqu'au moment de la floraison. A cette époque, on place une légère charpente que l'on recouvre de toile pour abriter les tulipes des rayons du soleil, si l'on veut jouir quelques jours de plus de toute la beauté de leurs fleurs. On peut encore prolonger cette jouissance en plantant des tulipes au levant et au nord, pour qu'elles fleurissent plus tard que celles que l'on a placées au midi.

Aussitôt que les fleurs sont passées, on coupe les têtes afin que la séve se concentre toute sur les ognons, et on laisse les plantes se dessécher ainsi. Lorsque les feuilles et la tige sont sèches, on déplante les ognons avec beaucoup de précaution pour ne pas les blesser; pour cela on se sert d'une houlette construite sur le modèle de celle dont nous avons donné la description dans le *premier volume*, pag. 194, ou d'une fourche si la plantation est considérable. On fait sécher les ognons dans un lieu aéré; on les nettoie ensuite de la terre qui peut y être attachée, on sépare les caïeux, et on conserve les uns et les autres dans un endroit sec, mais sans être chaud, jusqu'au moment de les remettre en terre.

Si on s'aperçoit que les tulipes dégénèrent, que leurs panachures perdent de leur éclat ou disparaissent, il faut rigoureusement les changer de place et de nature de terre. Cette précaution doit même se prendre tous les ans quand on veut les avoir dans toute leur beauté. Si un ognon précieux s'enivrait, on pourrait essayer de lui rendre ses couleurs, et voici comment on s'y prendrait: on étendrait un lit de gros sable et de gravois dans le fond d'un pot, que l'on remplirait avec une terre maigre composée de moitié terre légère et moitié sable pur de rivière; on y planterait l'ognon, et on le traiterait comme ceux de pleine terre, avec la précaution cependant de l'arroser de temps à autre pour ne pas laisser sécher la terre. L'année suivante, cultivée comme les autres, la fleur aurait repris tout son éclat; ou, s'il en était autrement, elle serait perdue pour toujours.

Le seul moyen que l'on ait de se procurer des variétés nouvelles, c'est de semer. Lors de la floraison on choisit pour porte-graines les plantes les plus belles et dans les couleurs les plus brillantes et les plus foncées; on laisse mûrir leurs capsules, que l'on ne cueille que lorsqu'elles commencent à s'ouvrir, et l'on conserve la graine dans un lieu sec. En septembre ou octobre, on retire les graines des capsules, et on les répand sur une plate-bande préparée pour les recevoir. On les recouvre d'un demi-pouce de terre et d'autant de terreau bien consommé, et l'on arrose souvent, mais peu à la fois, afin d'entretenir une humidité légère, favorable à la germination. On sarcle quand il est nécessaire, et l'on couvre de litière pendant les froids. Les graines ne lèvent guère que vers la fin de février ou au commencement de mars; il ne se développe qu'une seule feuille très-petite et qui se dessèche promptement. Cette première année on laisse les petits ognons en place : on se contente de renouveler la surface de la terre et de la charger d'un demi-pouce de nouveau terreau. Pendant l'hiver on abrite encore avec de la litière, et l'on prend du semis les mêmes soins que la première année.

Lorsque les feuilles de la seconde pousse sont desséchées, on relève les jeunes ognons, et on les replante de suite dans une autre plate-bande, où on les met à trois pouces de distance les uns des autres, et à deux ou trois pouces de profondeur. On les cultive de la même manière jusqu'après leur quatrième pousse, et alors on les traite comme les vieux ognons, parce qu'ils doivent fleurir l'année suivante. La première fleur est toujours d'une seule couleur, mais on peut déjà juger de la beauté de sa forme. Ces jeunes plantes portent le nom de couleurs; elles ne se panachent que depuis la quatrième année de leur semis jusqu'à la douzième, et quelquefois plus tard.

ÉRITHRONE, vioulte. *Erithronium;* L. (*Hexandrie-monogynie.*) Calice campanulé, à six divisions lancéolées, colorées, pétaliformes, à demi réfléchies en dehors; les trois divisions intérieures munies, en dedans et à leur base, de deux callosités. Six étamines à filamens subulés, courts, insérés à la base du calice, portant à leur sommet des anthères oblongues; un ovaire chargé d'un style droit, surmonté par trois stigmates obtus; une capsule presque globuleuse, à trois valves, à trois loges, contenant chacune plusieurs graines ovales.

1. ERITHRONE DORÉE. *Erithronium flavescens;* H. K. ♃.

Amérique septentrionale. Feuilles lancéolées-oblongues, maculées de rouge; tige de huit à neuf pouces, terminée en avril par des fleurs d'un beau jaune doré. Pleine terre de bruyère, ombragée; multiplication de graines semées en pots; repiquage en place quand le plant est assez fort, ou séparation des caïeux tous les trois ans, et les replanter de suite. Cette plante est rustique, ainsi que la suivante; cependant toutes deux fondent assez facilement, pour peu que l'humidité soit stagnante.

2. ERITHRONE DENT DE CHIEN. *E. Dens canis;* L. *E. longifolium;* LAM. ♃. Alpes. Deux feuilles radicales, ovales-lancéolées, tachetées de vert et de rouge; tige de cinq à six pouces, terminée, en mars, par une fleur assez grande, blanche en dedans, rougeâtre en dehors. *Var.* A fleur lavée de rose. Même culture.

MÉTHONIQUE, superbe. *Methonica ;* JUSS. *Gloriosa;* L. (*Hexandrie-monogynie.*) Calice à six divisions lancéolées, ondulées, tout-à-fait réfléchies; six étamines à filamens filiformes, plus courts que le calice et réfléchis comme lui, portant des anthères oblongues, horizontales; un ovaire chargé un peu obliquement d'un style trifide au sommet et à trois stigmates. Une capsule ovale, trigone, à trois loges, contenant chacune plusieurs graines arrondies, disposées sur deux rangs.

1. MÉTHONIQUE SUPERBE DE MALABAR. *Methonica superba;* JUSS. *Gloriosa superba*; L. ♃. Inde. Racine tubéreuse; tige simple, cylindrique, droite, faible, haute de cinq à six pieds; feuilles sessiles, longues, étroites, terminées par une vrille roulée; en juillet et octobre, fleurs assez grandes, pédicellées, pendantes, à étamines relevées, à pétales étroits, longs, réfléchis, très-ondulés, d'un rouge aurore très-éclatant. Très-belle plante. Serre chaude, et la tannée au printemps pour faciliter la floraison; terre franche légère; multiplication par caïeux; on lui donne les arrosemens ordinaires pendant la floraison, mais on l'en prive totalement pendant son repos, quelque sèche que soit la terre; on la propage aussi de graines semées au printemps sur couches et en terre de bruyère.

2. MÉTHONIQUE SIMPLE. *M. simplex, gloriosa simplex;*

Pers. Sénégal. Elle diffère de la précédente par ses feuilles acuminées, sans vrille, et par ses fleurs bleues. Même culture.

UVULAIRE. *Uvularia;* L. (*Hexandrie-monogynie.*) Calice campanulé, à six divisions lancéolées, droites, pétaliformes; six étamines à filamens très-courts, portant des anthères très-longues; un ovaire chargé d'un style terminé par trois stigmates allongés; une capsule ovale, trigone, à trois loges contenant chacune plusieurs graines globuleuses.

1. Uvulaire perfoliée. *Uvularia perfoliata;* L. ♃. Canada. Feuilles ovales, oblongues, perfoliées, pointues, glabres; en mai, fleurs axillaires, jaunes, pendantes. Pleine terre légère, quoiqu'elle réussisse assez bien en tout terrain. Multiplication en automne par la séparation des pieds.

2. Uvulaire lancéolée. *U. lanceolata;* Ait. ♃. Amérique septentrionale. Feuilles perfoliées, ovales-lancéolées, acuminées; fleurs en juillet. Même culture.

3. Uvulaire a feuilles sessiles. *U. sessilifolia;* Mich. ♃. Canada. Tige bifide, uniflore; feuilles sessiles, lancéolées, ovales, glauques en dessous; tige bifide, uniflore; pédoncule nue; fleurs en juin. Même culture.

4. Uvulaire a vrille. *U. cirrhosa;* Thunb. ♃. Japon. Feuilles sessiles, terminées par une vrille. Même culture, mais serre tempérée.

5. Uvulaire de la Chine. *U. sinensis;* Loisel. *U. purpurea;* H. A. ♃. Tige rameuse; feuilles alternes, lancéolées, lisses; en mai et juin, fleurs d'un rouge brunâtre, pendantes, portées deux à quatre ensemble sur des pédoncules rameux et opposés aux feuilles. Serre tempérée; terre de bruyère; multiplication par l'éclat des pieds.

STREPTOPE. *Streptopus;* Mich. (*Hexandrie-monogynie.*) Calice à six divisions, un peu campanulé; stigmate très-court; baie presque globuleuse, lisse, carthacée; graine à hile nu. Ce genre, démembré du précédent, devrait peut-être se trouver placé dans la famille des asparaginées.

1. Streptope amplexicaule. *Streptopus amplexifolia;* Pers. *Uvularia amplexifolia;* L. ♃. Indigène. Tige d'un pied, rameuse; feuilles alternes, amplexicaules, pointues, lisses

et nerveuses; en mai, fleurs petites, solitaires, pendantes. Pleine terre légère; multiplication, en automne, par la séparation des pieds.

2. STREPTOPE ROSE. *Sreptopus rosea;* MICH. ♃. Canada. Feuilles amplexicaules, dentées et un peu ciliées; fleurs roses, à anthères courtes et bicornes. Même culture.

3. STREPTOPE LAINEUSE. *S. lanuginosa;* MICH. ♃. Caroline. Tiges couvertes de poils blanchâtres; feuilles sessiles, sous-cordiformes; fleurs assez grandes, verdâtres. Même culture, mais serre tempérée.

FRITILLAIRE. *Fritillaria;* L. (*Hexandrie-monogynie.*) Calice campanulé, à six divisions ovales oblongues, pétaliformes, ayant à leur base interne une fossette nectarifère; six étamines à anthères oblongues; un ovaire surmonté d'un style trifide, à stigmates obtus; une capsule à trois ou six angles, à trois loges, contenant chacune deux rangées de graines semi-orbiculaires et aplaties. Toutes les plantes de ce genre sont fort jolies.

1. FRITILLAIRE DE PERSE. *Fritillaria persica;* L. ♃. Tige simple, droite, d'un pied et demi, feuillue; feuilles linéaires-lancéolées, obliques, lisses, éparses; en avril et mai, une trentaine de fleurs d'un violet foncé, pendantes, en grappe pyramidale. Terre douce, franche, légère, un peu fraîche; multiplication par caïeux que l'on sépare tous les deux ou trois ans, en juillet ou août, et que l'on replante de suite. Cette espèce est un peu délicate et périt quelquefois dans les hivers rigoureux; aussi fera-t-on bien d'en avoir quelques ognons en pots.

2. FRITILLAIRE MÉLÉAGRE OU DAMIER. *F. meleagris;* L. ♃. Indigène. Tige menue, simple, droite, d'un pied, portant quelques feuilles linéaires, pointues, alternes, semi-amplexicaules, d'un vert glauque. En mars et avril, une, deux ou trois fleurs pourpres, marquées de petits carreaux blancs, pendantes, et ayant à peu près la forme d'une petite tulipe. Même culture, mais terrain un peu plus fort et frais. Elle craint moins le froid, mais cependant il est prudent de la couvrir de litière pendant l'hiver.

VAR. *a.* A fleurs blanches. *F. M. præcox;* PERS.

b. A fleurs jaunes. *F. M. italica;* PERS.

c. A fleurs d'un pourpre foncé. *F. M. serotina;* PERS.

d. Et plusieurs autres sous-variétés.

Pour les obtenir, on sème en automne dans des terrines, qu'on serre pendant l'hiver dans une orangerie; au mois d'août suivant, on lève les jeunes ognons, et on les plante quatre ou cinq ensemble dans des pots. La seconde année, on les met en place, où ils fleurissent au printemps suivant.

3. FRITILLAIRE A LARGES FEUILLES. *Fritillaria latifolia;* WILLD. ♃. Europe méridionale. Tige uniflore; feuilles alternes, lancéolées, oblongues, planes et vertes; en avril, fleurs à stigmates obtus, canaliculés. Même culture que le n° 1; couverture de litière pendant les gelées.

4. FRITILLAIRE DE REDOUTÉ. *F. latifolia;* RED. ♃. Redouté a fait une espèce de cette plante que nous croyons une variété de la fritillaire méléagre. Elle n'en diffère que par ses feuilles plus courtes et plus larges, et par ses stigmates marqués en dessus d'un sillon large et profond. Elle fleurit un peu plus tôt et se cultive de même.

5. FRITILLAIRE DES PYRÉNÉES. *F. pyrenaica;* WILLD. ♃. Feuilles inférieures opposées; en mai, fleurs assez nombreuses, opposées. Même culture que le n° 2.

6. FRITILLAIRE VERTICILLÉE. *F. verticillata;* WILLD. ♃. Sibérie. Tige uniflore; feuilles linéaires-lancéolées, verticillées. Culture du n° 1.

7. FRITILLAIRE PLANTAGINE. *F. plantaginea;* LAM. ♃. Orient. Tige uniflore; feuilles radicales ovales, nerveuses, pétiolées, les caulinaires lancéolées. Culture du n° 1.

IMPÉRIALE. *Ptilium,* PERS. *imperialis;* JUSS. (*Hexandrie-monogynie.*) Tige terminée par une touffe de feuilles; calice campanulé, à divisions droites, avec une fossette nectarifère à leurs onglets; étamines plus courtes que le style; capsule à six angles aigus; semences planes.

1. IMPÉRIALE COURONNÉE, fritillaire impériale, couronne impériale. *Ptilium imperialis;* PERS. *Imperialis coronata;* JUSS. *Fritillaria imperialis;* L. ♃. Asie. Tige grosse, droite, simple, haute de deux ou trois pieds, feuillée de la base au sommet; feuilles linéaires-lancéolées, éparses; en mars ou avril, fleurs grandes, d'un rouge safrané, pendantes, au nombre de six à huit sous une touffe de feuilles. Cette plante

superbe a fourni plusieurs variétés intéressantes, parmi lesquelles on remarque :

a. Impériale aurore de la Chine ; *aurora sinensis.*

b. Grande impériale jaune ; *lutea ;* Lam.

c. A fleurs jaunes doubles ; *flore luteo pleno.*

d. A fleurs rouges ; *flore rubro.*

e. A fleurs rouges doubles ; *flore rubro pleno.*

f. A fleurs jaune-soufre ; *flore sulphurino.*

g. A très-grandes fleurs ; *imperialis maxima.*

h. A fleurs orangées.

i. Kroon-op-Kroon. Deux couronnes de fleurs placées l'une sur l'autre.

j. Williams rex.

k. Stad sawaard ; à tige large et plate, et à fleurs rouges.

l. A feuilles panachées de blanc ; *folio argenteo striato.*

m. A feuilles panachées de jaune.

Pleine terre franche, non fumée, sans humidité stagnante, ce qui la ferait pourrir. Tous les trois ou quatre ans, à la fin de juillet et au commencement d'août, on relève l'ognon, on le nettoie et on sépare les caïeux; on replante de suite à quatre ou cinq pouces de profondeur. Pour obtenir des variétés, on sème les graines aussitôt mûres, et l'on conduit le semis comme celui des tulipes. Les jeunes plantes fleurissent la troisième ou quatrième année.

SOWERBÉE. *Sowerbea ;* Smith. (*Hexandrie-monogynie.*) Calice infère, à six divisions pétaloïdes ; trois filamens portant chacun deux anthères, trois autres stériles par avortement.

1. Sowerbée a feuilles de jonc. *Sowerbea juncea ;* Smith. ♃. Nouvelle Hollande. Racines fibreuses ; tige grêle, nue, terminée en mai par une ombelle de jolies fleurs pourpres. Orangerie ; terre de bruyère ; multiplication de drageons ou par la séparation des pieds.

LIS. *Lilium ;* L. (*Hexandrie-monogynie.*) Calice campanulé, à six divisions ovales-oblongues, pétaliformes, évasées ou même réfléchies et roulées en dehors, marquées en dedans d'un sillon longitudinal et nectarifère ; six étamines à filamens subulés, portant des anthères oblongues, versatiles ; un ovaire chargé d'un style cylindrique, et terminé par un stigmate obtus, à trois lobes; une capsule obtusément trigone, à trois loges, contenant chacune deux rangées de graines aplaties. Toutes les plantes de ce genre sont superbes.

1. Lis blanc. *Lilium candidum ;* L. ♃. Du Levant. Ognon écailleux; tige simple, droite, feuillue, haute de trois ou quatre pieds; feuilles éparses, sessiles, oblongues, lisses; en juillet, fleurs grandes, blanches, en grappe large et terminale. Pleine terre franche; multiplication de caïeux que l'on sépare tous les trois ou quatre ans, et que l'on replante de suite à cinq pouces de profondeur. Si l'on conserve quelque temps les ognons hors de terre, ils ne fleurissent que la deuxième année de la plantation.

Var. *a.* A fleurs doubles; L. C. *Flore pleno.* Les fleurs sont très-belles, mais elles n'épanouissent pas toujours bien.

b. Lis ensanglanté; L. C. *Purpureo variegatum;* à fleurs panachées de rouge.

c. Lis de Constantinople; L. C. *Peregrinum ;* à tige moins hautes, feuilles plus étroites; fleurs moins grandes, un peu pendantes, et pétales plus étroits à la base

d. Lis à feuilles panachées; les panaches sont jaunes, et la plante est petite.

e. Lis à feuilles bordées; plante petite comme la précédente.

Ces variétés ont été obtenues de graines semées aussitôt la maturité, et traitées de la même manière que pour les semis de tulipes.

2. Lis a feuilles en coeur. *L. cordifolium ;* Willd. *Hemerocallis cordata;* Thunb. *Hemerocallis japonica ;* Red. *Hemerocallis alba ;* And. ♃. Japon. Tige d'un pied, quelquefois penchée; feuilles radicales pétiolées, cordiformes, nerveuses; en août et septembre, fleurs grandes, à tube très-long, d'un beau blanc et d'une odeur agréable. Pleine terre franche, substantielle; multiplication en mars ou avril, par la séparation de son pied. Cette plante fleurit difficilement en plein air.

3. Lis a longue fleur. *L. longiflorum ;* Pers. *L. candidum;* Thunb. ♃. Japon. Tige cylindrique, noduleuse, glabre; feuilles éparses, larges à leur base, ovales-lancéolées;

en juin et juillet, fleurs blanches, tubulées, campanulées, trois fois plus grandes que celles du lis blanc. Culture du n° 2, mais orangerie.

4. Lis du Japon. *Lilium japonicum;* Thunb. *L. concolor;* Smith. ♃. Feuilles radicales pétiolées, lancéolées, marquées de trois à cinq nervures, glabres, pâles en dessous; tige cylindrique terminée en juin par des fleurs grandes, blanches, sessiles, penchées, campanulées. Cette belle plante se cultive comme le n° 1.

5. Lis a feuilles creuses. *L. lancifolium;* Pers. *L. bulbiferum;* Thumb. ♃. Japon. Feuilles éparses, lancéolées; tige anguleuse, velue; fleurs droites, un peu campanulées, à pétales blancs, courts, et onguiculés; l'aisselle des feuilles supérieures produit des bulbilles. Culture du n° 2, et orangerie.

6. Lis bulbifère. *L. bulbiferum;* Jacq. ♃. Alpes. Tiges ordinairement nues à la base; feuilles éparses, plus courtes et plus larges que celles du lis blanc, marquées de trois nervures; en mai, fleur souvent solitaire, droite, à pétales rétrécis, d'un rouge orangé, marquée d'une large tache plus pâle, et pointillée de brun; aisselles des feuilles supérieures produisant des bulbilles.

Var. *a.* Lis bulbifère à fleurs doubles.

b. Lis bulbifère à fleurs panachées.

c. Petit lis bulbifère.

Culture du n° 1; plus, multiplication, comme pour le précédent, des bulbilles qui, mises en terre aussitôt leur maturité, fleurissent au bout de deux ans.

7. Lis orangé. *L. croceum;* H. P. ♃. Autriche. Persoon regarde cette espèce comme une variété de la précédente. Tige droite, d'un pied et demi à quatre pieds; feuilles étroites, éparses, sillonnées, à cinq nervures; pas de bulbilles; en juin, fleurs grandes, droites, d'un rouge safrané, parsemées de petites taches noires. Culture du n° 1.

8. Lis de Catesby. *L. Catesbæi;* Willd. *L. spectabile;* Salisb. *L. carolinianum;* Lam. ♃. Caroline. Tige uniflore; feuilles éparses, linéaires-lancéolées; corolle droite, à pétales longs, onguiculés, ondulés sur les bords, à sommet réfléchi,

variés de jaune citron, de rouge et d'oranger. Cette belle plante fleurit en juillet et août, et se cultive comme le n° 2.

9. Lis de la Caroline. *Lilium carolinianum;* Mich. *L. Catesbæi;* Dum. Courc. ♃. Feuilles radicales lancéolées, étroites, pointues; tige d'un pied, très-glabre ainsi que les feuilles; celles-ci linéaires, sessiles, longues, un peu décurrentes, presque verticillées; en juillet et août, fleurs très-grandes, maculées, d'un jaune orangé, à pétales réfléchis; pédoncules épais et ternés. Culture du n° 2.

10. Lis gracieux. *L. speciosum ;* Willd. ♃. Japon. Feuilles éparses, ovales, pétiolées; tige rameuse; rameaux uniflores; en juillet, fleurs penchées, à corolle révolutée, papilleuse, dentée en dedans. Culture du n° 1.

11. Lis de Pompone, lis turban. *L. pomponium ;* Willd. Pyrénées. Tige de deux à trois pieds; feuilles éparses, linéaires, subulées, diminuant de longueur vers le sommet de la tige; en juin, fleurs pendantes, à corolle révolutée, d'un assez beau jaune, parsemées de points noirs à l'intérieur. Culture du n° 1, mais de l'ombre.

Var. A tige presque nue au sommet, et à fleurs rouges.

12. Lis a feuilles étroites. *L. angustifolium ;* Mill. ♃. Pyrénées. Persoon le regarde comme une variété du précédent, dont il ne diffère que par ses feuilles plus étroites, et les pédoncules des fleurs qui sont très-longs. Culture du n° 1.

13. Lis de Chalcédoine. *L. chalcedonicum ;* Willd. ♃. Perse. Tige de deux pieds, feuillée jusqu'au sommet; feuilles linéaires-lancéolées, éparses, très-nombreuses, bordées de blanc; en juin, fleurs pendantes, à corolle révolutée, écarlate, ponctuée en dedans. Même culture.

14. Lis des Pyrénées. *L. pyrenaïcum ;* Gouan. ♃. Tige de deux pieds; feuilles éparses, linéaires, subulées; en juin ou juillet, une, deux ou trois fleurs d'un jaune clair, parsemées en dedans de points d'un rouge brun, avec des anthères écarlates. Même culture.

15. Lis superbe. *L. superbum ;* Lam. ♃. Amérique septentrionale. Tige droite, de trois à quatre pieds; feuilles verticillées, les verticilles entremêlés de feuilles éparses, linéaires-lancéolées, marquées de trois nervures; en juin et juillet,

fleurs nombreuses, grandes, pendantes, jaunâtres dans le fond avec des points noirs, rouges orangées dans leur limbe, réfléchies, en panicule terminale et pyramidale. Pleine terre de bruyère; couverture de litière sèche pendant l'hiver. On relève les ognons tous les trois ou quatre ans pour en séparer les caïeux que l'on replante de suite; on arrose le jeune plant jusqu'à sa parfaite reprise, mais modérément et seulement pour qu'il ne dessèche pas; on peut encore multiplier cette magnifique plante par les écailles que l'on sépare de sa bulbe.

16. Lis martagon. *Lilium martagon;* Willd. ♃. Indigène. Tige de deux à trois pieds, droite; feuilles verticillées, ovales-lancéolées, assez larges; en juillet, fleurs pendantes, en grappe terminale, à corolle révolutée, d'un rouge safrané, ponctuée de noir. Parmi les nombreuses variétés qu'a fournies cette espèce, nous ne citerons queles plus remarquables.

Var: *a.* Martagon blanc. *M. flore albo.*

b. Martagon pourpre. *M. flore purpureo.*

c. Martagon piqueté de blanc. *M. flore punctato albo.*

d. Martagon piqueté de pourpre. *M. flore punctato purpureo.*

e. Martagon jaune brillant. *M. flore luteo.*

f. Martagon à fleurs doubles. *M. flore pleno.*

On cultive les martagons comme le lis blanc, et l'on en obtient des variétés en semant de même, aussitôt la maturité des graines; sous le climat de Paris, il est prudent de couvrir ces plantes pendant l'hiver.

17. Lis du Canada. *L. canadense;* Willd. ♃. Tige de trois ou quatre pieds; feuilles verticillées, linéaires-lancéolées; en août, fleurs pendantes, à corolle révolutée, campanulée, jaune, tachetée de points noirâtres, un peu fauve à la base des pétales; pédoncules ternés. Culture du n° 1.

18. Lis maculé. *L. maculatum;* Pers. *L. canadense;* Thunb. ♃. Japon. Feuilles verticillées et feuilles éparses, lancéolées, glabres; en juillet et août, fleurs campanulées, à limbe réfléchi, incarnat, maculé de pourpre en dedans. Culture des martagons.

19. Lis du Kamtschatka. *E. komschatcense.* L. ♃. Tige

d'un pied, simple ; feuilles verticillées, lancéolées, striées ; en mai, fleurs droites, campanulées, à pétales sessiles, ovales, striées, pourpres ; style nul. Culture du n° 16.

20. LIS DE PHILADELPHIE. *Lilium philadelphicum;* L. ♃. Canada. Tige feuillée, simple, haute de deux pieds ; feuilles verticillées, ovales, lancéolées ; en juillet, fleurs droites, campanulées, à pétales onguiculés, d'un rouge orangé, tachetés à leur base. Culture du n° 1.

21. LIS TIGRÉ. *L. tigrinum ;* BOT. MAG. ♃. Chine. Tige de trois ou quatre pieds, pubescente, violette ; feuilles éparses, lancéolées, marquées de lignes longitudinales ; en juillet, fleurs en thyrse, très-grandes, d'un beau rouge orangé, piquetées de pourpre noirâtre. Culture du n° 1. Dans la Chine, ses racines entrent dans le nombre des substances alimentaires.

22. LIS MONADELPHE. *L. monadelphum ;* BOT. MAG. ♃. Du mont Caucase. Tige droite ; feuilles presque verticillées, nombreuses, lancéolées, velues ; en juin, fleurs d'un jaune citron, ponctué de rouge, à pétales réfléchis ; étamines réunies dans le tiers de leur longueur. Culture du n° 16.

YUCCA. *Yucca ;* L. (*Hexandrie-monogynie.*) Calice campanulé, à six divisions droites ; six étamines à filamens courts, épaissis dans leur partie supérieure, portant de très-petites anthères ; un ovaire dépourvu de style, surmonté d'un stigmate à trois sillons ; une capsule oblongue, trifide, à loges contenant chacune deux rangées de graines aplaties.

1. YUCCA NAIN. *Yucca gloriosa ;* L. ♄. Amérique septentrionale. Tige de deux à trois pieds, droite, forte, simple, garnie, souvent depuis la base, de feuilles lancéolées, très-entières, un peu larges, raides, piquantes, sessiles, concaves en dessus, persistantes ; en août, cent cinquante à deux cents fleurs blanches, assez grandes, pendantes, en panicule lâche et terminale. Pleine terre franche, sablonneuse, sèche, non fumée, à exposition chaude et abritée ; arrosemens modérés, et seulement pendant les sécheresses ; couverture de litière sèche pendant l'hiver ; multiplication par les œilletons enracinés qui poussent au pied, ou par les rejetons que son tronc émet quelquefois, surtout au sommet après la floraison ; on coupe ces boutures près de la tige, on laisse sécher

la plaie au soleil, puis on les plante dans des pots au fond desquels on étend une bonne couche de gros sable; on les fait reprendre sur une couche de chaleur modérée. On enlève les feuilles sèches, et si on fait à l'arbre une cicatrice pour couper des boutures, il faut la laisser sécher pendant quelques jours, et la couvrir ensuite avec de la cire à greffer, pour empêcher le contact de l'humidité.

Var. A feuilles glauques. *Yucca glauca.* Il diffère du précédent par ses feuilles plus longues, moins larges, et d'un vert glauque.

2. Yucca a feuilles d'aloès. *Y. aloifolia;* L. ♄. Jamaïque. Tige de neuf à dix pieds, droite, terminée par une touffe de feuilles linéaires-lancéolées, raides, crénelées finement sur leur bord; en août, fleurs semblables à celles de l'yucca nain. Même culture; avec la scrupuleuse précaution de couvrir son pied avec des feuilles sèches et un lit de paille par dessus, afin d'en écarter l'humidité, il passe assez bien l'hiver en pleine terre; néanmoins il est plus prudent de le serrer en orangerie.

Var. 1° A feuilles pendantes. *Y. pendula.*

2° A petites feuilles. *Y. angustifolia.*

3° A feuilles panachées. *Y. variegata.*

3. Yucca a feuilles ouvertes. *Y. draconis;* L. ♄. Caroline méridionale. Tige de six à sept pieds, droite, terminée par une touffe de feuilles finement crénelées, penchées, un peu plus larges que dans l'espèce précédente; en août, fleurs semblables à celles du n° 1, mais légèrement teintes de rose. Même culture et orangerie.

4. Yucca filamenteux. *Y. filamentosa;* L. ♄. Virginie. Tige nulle; feuilles radicales ensiformes, garnies d'une membrane blanchâtre qui se détache comme un fil, plus molles que dans les espèces précédentes, dentées en leur bord; en septembre et octobre, pédoncule terminal, haut de six à sept pieds, terminé par une panicule de fleurs blanches, sessiles. Même culture. Il passe assez bien l'hiver en pleine terre, cependant il est prudent d'en avoir quelques pieds en orangerie.

Var. A feuilles panachées.

5. Yucca de Bosc. *Y. Boscii;* Desf. *Dracæna filamentosa;*

Hort. Ital. ♄. Brésil. Feuilles très-nombreuses, étroites, longues, pendantes, roulées, filamenteuses. Serre chaude; même culture.

SANSEVIÈRE. *Sanseviera;* Thunb. (*Hexandrie-monogynie.*) Calice monophylle, pétaloïde, rétréci à sa base en tube filiforme, ayant son limbe partagé en six divisions pétaliformes, réfléchies en dehors; six étamines insérées sur le limbe, un ovaire surmonté d'un long style, et terminé par un stigmate presque simple ou légèrement trigone; une baie monosperme.

1. Sansevière de Guinée. *Sanseviera guineensis;* Pers. *Aletris guineensis;* L. *Sanseviera thyrsiflora;* Thunb. ♃. Racine tubéreuse; feuilles radicales droites, de deux à trois pieds, lancéolées, aiguës, planes, tachetées de blanchâtre; hampe ferme, d'un pied et demi, garnie de juin en novembre, dans presque toute sa longueur, de fleurs blanches, très-nombreuses, partant trois ou quatre ensemble du même point, odorantes, et formant un bel épi. Serre chaude ou au moins tempérée; terre franche légère, substantielle; arrosemens fréquens pendant la végétation, presque nuls pendant le repos de la plante; multiplication par la séparation des pieds au commencement de l'été, sur couche tiède, et de graines.

2. Sansevière de Ceylan. *S. Zeilanica;* Willd. *Salmia spicata;* Cav. *Liriopa spicata;* Loureiro. *Aletris zeilanica;* Dum. Courc. ♃. Feuilles radicales panachées de vert et de blanc: les intermédiaires glabres, oblongues, aiguës, lancéolées, canaliculées, épaisses; les supérieures plus courtes et plus planes. Fleurs blanches, en épi, répandant une odeur suave pendant la nuit. Même culture.

3. Sansevière carnée. *S. carnea;* Willd. *S. sessilis;* Hort. Angl. *Aletris sessilis;* Dum. Courc. ♃. Chine. Feuilles radicales ensiformes, canaliculées, étroites, marquées de trois nervures, longues d'un pied; hampe presque radicale, rougeâtre, anguleuse, de quatre à six pouces; fleurs en épi, droites, sessiles, couleur de chair, d'une odeur agréable. Orangerie ou châssis des ixias; terre de bruyère; multiplication par la séparation des œilletons.

4. Sansevière laineuse. *S. lanuginosa;* Willd. ♃. Inde.

Feuilles nerveuses, à nervures velues, les inférieures oblongues et les autres linéaires ; style de la même longueur que les étamines ; pédoncules sans bractées. Culture de la précédente, et serre chaude.

ALÉTRIS. *Aletris ;* L. (*Hexandrie-monogynie.*) Calice pétaloïde, rétréci inférieurement en tube cylindrique, quelquefois ridé, ayant son limbe partagé en six divisions ; six étamines insérées au milieu du tube ; un ovaire surmonté d'un style à stigmate souvent trifide ; une capsule ovale, à trois loges polyspermes.

1. Alétris odorant. *Aletris fragrans ;* L. *Dracœna fragrans ;* Hort. Mag. ♄. Du Cap. Tige cylindrique, de huit à dix pieds, marquée par les cicatrices des anciennes feuilles, terminée par un faisceau de feuilles lancéolées, longues, amplexicaules ; de février en mars, fleurs blanchâtres, disposées en épi rameux, paniculées, terminales, odorantes. Serre chaude ; terre légère ; arrosemens fréquens pendant la végétation, rares en hiver ; multiplication de rejetons dont on fait des boutures en pots plongés dans une couche tiède jusqu'à la reprise ; ces rejetons paraissent assez rarement, ce qui rend la multiplication de cette plante assez difficile.

2. Alétris farineux. *A. farinosa ;* Willd. *A. alba ;* Mich. ♃. Amérique septentrionale. Racine bulbeuse ; pas de tige ; feuilles lancéolées, un peu ondulées, canaliculées, en faisceau très-ouvert ; hampe de dix-huit pouces, nue, couverte d'une poussière blanchâtre, terminée, en juin, par un épi de fleurs blanches, alternes, droites, duveteuses. Orangerie ; terre franche légère ; multiplication de caïeux.

3. Alétris doré. *A. aurea ;* Mich. ♃. Caroline. Fleurs presque sessiles, courtement tubulées, un peu campaniformes ; capsule rugueuse, très-scabre. Même culture que le précédent.

VELTHÉIMIE. *Veltheimia ;* Gledisch. (*Hexandrie-monogynie.*) Calice monophylle, pétaliforme, tubulé, cylindrique, partagé en son limbe en six dents ou découpures plus ou moins profondes ; six étamines à filamens inégaux, subulés, insérés vers la base du tube, portant des anthères oblongues ; un ovaire chargé d'un style subulé, terminé par un stigmate souvent bifide; une capsule membraneuse, à trois angles ailés, à trois loges monospermes.

1. Velthéimie du Cap. *Veltheimia viridifolia;* Willd. *Veltheimia capensis;* Red. *Aletris capensis;* L. ♃. Racine bulbeuse; feuilles radicales, en faisceau, oblongues, lancéolées, plicatiles-ondulées, obtuses; hampe de quinze à seize pouces, tachetée de poupre, terminée, de février en avril, par un épi de fleurs rouges, pendantes, pédonculées, d'une odeur désagréable. Orangerie près des jours ou châssis; terre franche légère, à exposition chaude; peu d'arrosemens; multiplication par la séparation des caïeux tous les deux ou trois ans; ou de graines semées, aussitôt leur maturité, dans de la terre de bruyère et sur couches.

2. Velthéimie glauque. *V. glauca;* Willd. *Aletris glauca;* Dum. Courc. ♃. Du Cap. Pas de tige; feuilles longues, étroites, lancéolées, glauques, moins ondulées que dans la précédente; en janvier, fleurs pendantes, à limbe ouvert, rouges, plus petites. Même culture.

3. Velthéimie naine. *V. pumila;* Willd. *Aletris pumila;* Dum. Courc. ♃. Du Cap. Feuilles linéaires, aiguës, carénées, plus courtes que la hampe; celle-ci terminée, de septembre en novembre, par des fleurs d'un rouge orangé. Même culture.

TRITOMA. *Tritoma;* Ait. (*Hexandrie-monogynie.*) Calice monophylle, tubulé, à six dents; six étamines saillantes, alternativement plus longues, insérées au réceptacle; un ovaire surmonté d'un style filiforme; capsule redressée, ovale, obtusément triangulaire, à trois loges polyspermes. Graines anguleuses.

1. Tritoma a grappe. *Tritoma uvaria;* Red. *Aletris uvaria;* L. *Veltheimia uvaria;* Pers. ♃. Du Cap. Pas de tige; feuilles ensiformes, canaliculées, carénées, à angle tranchant en dessous, pointues, longues de trois ou quatre pieds; hampe cylindrique de trois pieds, terminée, en août et septembre, par un épi de fleurs sessiles, pendantes et rougeâtres. Orangerie et culture de la velthéimie du Cap.

2. Tritoma sarmenteux. *T. sarmentosa;* H. P. *Veltheimia sarmentosa;* Pers. *Tritoma media;* Red. *Aletris sarmentosa;* And. ♃. Du Cap. Pas de tige; feuilles longues, ensiformes,

glabres, pointues, tombantes; hampe cylindrique, d'un pied, terminée, au printemps, par une grappe de fleurs pendantes, d'un jaune orangé ou rouges, les supérieures plus pâles. Serre tempérée, et même culture que le n° 1.

PITCAIRNE. *Pitcairnia;* L'Herit. (*Hexandrie-monogynie.*) Calice double, l'un et l'autre tubuleux; l'extérieur persistant, ventru à sa base, divisé en son bord en trois découpures lancéolées; l'intérieur une fois plus long, pétaloïde, à trois divisions linéaires, réunies en tube à leur base; six étamines attachées à l'orifice du tube, ayant leurs anthères oblongues et droites. Un ovaire chargé d'un style filiforme, terminé par trois stigmates roulés en spirale; une capsule ovale, à trois loges à peine distinctes, renfermant des graines nombreuses, cylindriques, acuminées et bordées d'une aile courte.

1. Pitcairne a feuilles d'ananas. *Pitcairnia bromeliæfolia;* Ait. ♃. Jamaïque. Feuilles longues de deux pieds, creusées en gouttière, à bords épineux et ciliés; hampe de deux à trois pieds, cylindrique, rougeâtre, se terminant, en juin, depuis la moitié de sa longueur, en un épi lâche, de fleurs rouges, à limbe peu ouvert, à pédoncules géminés, très-glabres. Serre chaude; terre franche, substantielle; arrosemens fréquens pendant la végétation, très-modérés pendant le repos; multiplication par les œilletons nombreux qu'elle pousse au pied, séparés quand les hampes sont flétries, plantés dans des pots enfoncés dans une couche chaude, et traités à la manière des ananas.

2. Pitcairne a feuilles étroites. *P. angustifolia;* Ait. ♃. Santa-Cruz. Elle se distingue de la précédente par ses pédoncules tomenteux; feuilles étroites, droites, dentées et ciliées; hampe de dix-huit pouces à deux pieds, terminée, en décembre et novembre, par une grappe lâche de fleurs à pédicules et bractées moins longs que le calice. Même culture.

3. Pitcairne a larges feuilles. *P. latifolia;* H. K. ♃. Inde. Feuilles très-entières, à base un peu épineuse; hampe de quatre à cinq pieds, cotonneuse, terminée en août, par une grappe de fleurs d'un rouge éclatant. Même culture; on la multiplie en outre de graines semées en pots, en terre de

bruyère, sur couche et sous châssis. Il en est de même pour toutes les espèces qui mûrissent leurs semences dans la serre.

4. Pitcairne laineuse. *Pitcairnia lanuginosa;* Flor. Péruv. ♃. Pérou. Feuilles étroites, ensiformes, laineuses en dessous, dentées dans une partie de leur longueur; hampe terminée par un épi formant un peu la grappe, composé de fleurs violacées. Même culture, mais peu d'arrosemens.

5. Pitcairne pulvérulente. *P. pulverulenta;* Flor. Péruv. ♃. Pérou. Feuilles ensiformes, pulvérulentes en dessous, les inférieures pétiolées; hampe terminée par une panicule composée de fleurs écarlates. Même culture que la précédente.

6. Pitcairne paniculée. *P. paniculata;* Flor. Péruv. ♃. Pérou. Feuilles ensiformes, dentées-aiguillonneuses, pulvérulentes; hampe terminée par une panicule décomposée, de fleurs pourpres. Même culture que le n° 1.

7. Pitcairne ferrugineuse. *P. ferruginea;* Flor. Péruv. ♃. Pérou. Feuilles ensiformes, aiguillonneuses; hampe terminée par une panicule diffuse, de fleurs purpurescentes, courbées en faux. Même culture.

ALOÈS. *Aloe;* L. (*Hexandrie-monogynie.*) Calice tubulé, presque cylindrique, ayant son bord divisé en six petites découpures; six étamines à filamens insérés sur le réceptacle du pistil; un ovaire surmonté d'un style filiforme, terminé par un stigmate légèrement à trois lobes; une capsule oblongue, à trois loges polyspermes.

1. Aloès dichotome. *Aloe dichotoma;* Willd. *Aloe ramosa;* L. ♄. Du Cap. Tige dichotome; feuilles ensiformes, dentées en scie; fleurs paniculées, à étamines plus longues que la corolle, celle-ci ovale. Tous les aloès se cultivent de la même manière. Serre tempérée et sèche; terre franche, légère, sablonneuse, avec un lit de gros sable ou de gravois dans le fond du vase. Peu d'arrosemens en été, moins encore en hiver, car ces plantes craignent beaucoup la pourriture; surtout on évite de mouiller les feuilles et le cœur de la plante. Plein air à bonne exposition, depuis la fin de mai jusqu'en octobre. Multiplication de rejetons enracinés que l'on plante aussitôt leur séparation, de boutures que l'on ne plante qu'après avoir laissé sécher la plaie. Les uns et les au-

tres se placent sur couche chaude, jusqu'à parfaite reprise. On peut encore les propager de graines que beaucoup d'espèces mûrissent dans la serre; on les sème au printemps, en terre légère et en pots sur couche tiède et sous châssis, et on repique le plant quand il a une force suffisante.

2. ALOÈS EN ÉPI. *Aloe spicata;* L. ♄. Du Cap. Une tige; feuilles planes, ensiformes, dentées; fleurs campanulées, horizontales, en épi. Persoon pense que c'est de cette espèce que l'on tire la gomme résine connue dans le commerce sous le nom d'aloès. Même culture.

3. ALOÈS PERFOLIÉ. *A. perfoliata;* L. *A. maculosa;* L. *A. umbellata;* PERS. *A. saponaria;* ♄. Du Cap. Une tige; feuilles épaisses, maculées, à bords épineux; hampe nue, terminée par une grappe ombellée de fleurs grandes et rouges. Même culture.

4. ALOÈS CORNE DE BÉLIER. *A. fruticosa;* PERS. *A. arborescens;* DE CAND. ♄. Du Cap. Tige arborescente, de dix à douze pieds; feuilles amplexicaules, réfléchies, recourbées, dentées et épineuses sur leurs bords; fleurs cylindriques. Même culture.

5. ALOÈS FÉROCE. *A. ferox;* LAM. *A. perfoliata;* S. ACT. FLOR. ♄. Du Cap. Une tige; feuilles amplexicaules, d'un vert noirâtre, épineuses de tous côtés, fleurs rouges, verdâtres au sommet, nombreuses, en épi long, serré, cylindrique, à bractées sétacées. Même culture.

6. ALOÈS A ÉPINES ROUGES. *A. rhodacanta;* DE CAND. *A. depressa;* MILLER. ♄. Du Cap. Une tige; feuilles étalées, amplexicaules, à bords rouges et épineux; hampe couverte de bractées grandes, serrées, rapprochées; fleurs en épi, rouges, verdâtres à leur sommet. Même culture.

7. ALOÈS MITRÉ. *A. mitræformis;* DE CAND. ♄. Du Cap. Une tige de deux à trois pieds; feuilles épaisses; larges, redressées, disposées en forme de mitre, à bords épineux; fleurs en grappe ombellée. Même culture.

Var. A feuilles étroites, *A. M. angustior;* H. P. Feuilles ouvertes et conniventes.

8. ALOÈS SUCCOTRIN. *A. succotrina;* DE CAND. ♄. Du Cap. Tige frutiqueuse; feuilles oblongues, ensiformes, un peu maculées, à bords épineux, cartilagineux; hampe bractée, ter-

minée par un épi de fleurs pendantes, rouges à la base et verdâtres au sommet. Même culture.

9. Aloès rougeatre. *Aloe rubescens;* De Cand. *A. vera;* Lam. ♄. Inde. Tige courte; feuilles amplexicaules, ouvertes, lancéolées, à bords épineux, d'un vert rougeâtre; hampe rameuse, comprimée, couverte de très-petites bractées; fleurs rouges et petites. Même culture, mais serre chaude.

10. Aloès commun. *A. vulgaris;* De Cand. *A. barbadensis;* Miller. ♄. Barbarie. Feuilles étalées, lancéolées, à bords épineux; hampe rameuse, à rameaux bractés; fleurs en thyrse, pendantes, jaunâtres. Même culture, serre tempérée.

11. Aloès d'Abyssinie. *A. abyssinica;* Lam. *A. vulgaris;* Var. *β*. De Cand. *A. maculata vera;* Forsk. Feuilles lancéolées, étalées, un peu rudes et un peu maculées, à bords épineux et rouges. Même culture.

12. Aloès moucheté. *A. picta;* De Cand. *A. maculata;* H. P. *A. obscura;* Miller. ♄. Du Cap. Tige arborescente; feuilles ensiformes, dentées, tachetées, pendantes; fleurs grandes, d'un rouge obscur, en épi ou en grappe cylindrique, recourbée. Même culture.

13. Aloès sinué. *A. sinuata;* Pers. ♄. Barbade. Tige arborescente; feuilles ensiformes, sinuées, dentées en scie, recourbées; fleurs en grappe droite, cylindrique. Même culture.

14. Aloès nain. *A. humilis;* L. ♃. Du Cap. Pas de tige; feuilles trigones, subulées, épineuses; hampe bractée, terminée par une grappe cylindrique et recourbée, de fleurs longues, rouges à la base, vertes au sommet. Même culture.

15. Aloès arachnoïde. *A. arachnoïdes;* De Cand. ♃. Du Cap. Pas de tige; feuilles en touffes, trigones, un peu glauques, ciliées, terminées par une pointe sétacée; fleurs blanchâtres, labiées, formant une espèce d'épi droit et cylindrique. Même culture.

16. Aloès vert-livide. *A. atrovirens;* De Cand. *A. arachnoïdes;* Var. *β*. Thunb. ♃. Du Cap. Feuilles en touffes, étalées, à trois angles épineux, un peu tuberculeuses sur leurs

côtés; corolle d'un brun jaunâtre, presque labiée. Même culture.

17. Aloès a feuilles courtes, aloès artichaut. *Aloe brevifolia;* De Cand. ♄. Du Cap. Feuilles en touffe, très-courtes, glauques, trigones au sommet, épineuses sur les bords; hampe couverte de bractées nombreuses, terminée par un épi de fleurs rouges, pendantes, serrées. Même culture.

18. Aloès denté. *A. serra;* De Cand. *A. africana;* Mill. ♄. Du Cap. Une tige; feuilles touffues, étalées, épineuses sur les bords : les épines inférieures rapprochées et réunies par la base, les supérieures distancées; dos des feuilles un peu épineux; hampe bractée, terminée par un épi serré de fleurs rouges. Même culture.

19. Aloès verruqueux. *A. verrucosa;* Ait. *A. carinata*, Var. *Ensiformis;* De Cand. ♃. Afrique. Pas de tige; feuilles ensiformes, planes, aiguës, distiques, papilleuses; fleurs rouges, réfléchies, pendantes, en grappes. Même culture.

20. Aloès tuberculeux. *A. carinata;* De Cand. ♃. Du Cap. Pas de tige; feuilles un peu distiques, acinaciformes, papilleuses; grappe penchée et courbée, portant des fleurs à base ventrue et rouge, verdâtres au sommet. Même culture.

21. Aloès maculé. *A. maculata;* Pers. ♄. Du Cap. Pas de tige; feuilles linguiformes, glabres, ponctuées; fleurs en grappe, courbées et penchées. Même culture.

22. Aloès linguiforme. *A. linguæformis;* L. *A. linguæ;* Thunb. ♃. Du Cap. Une tige; feuilles linguiformes, un peu dentées, glabres, distiques, d'un vert pâle; fleurs en grappe, droites, cylindriques. Même culture.

23. Aloès bec de canne. *A. disticha;* Pers. *A. linguæformis;* De Cand. ♃. Du Cap. Feuilles plus étroites que dans la précédente, linguiformes, distiques, glabres; fleurs en grappe, pendantes, courbées, ovales-cylindriques. Même culture.

Var. 1° A feuilles triangulaires; *A. L. triangularis;* H. P.

2° A feuilles larges; *A. L. latifolia;* H. P.

24. Aloès en éventail. *A. plicatilis;* De Cand. ♄. Du Cap. Une tige très-basse; feuilles linguiformes, sans épines, lisses

distiques ; fleurs rouges, en grappe, pendantes, cylindriques. Même culture.

25. Aloès perroquet. *Aloe variegata ;* L. ♄. Du Cap. Tige basse ; feuilles triangulaires, sur trois rangs, maculées de vert et de blanc, canaliculées, à angles cartilagineux ; fleurs cylindriques, en grappes. Même culture.

26. Aloès visqueux. *A. viscosa ;* De Cand. ♄. Du Cap. Une tige ; feuilles imbriquées, ovales, sur trois rangs, acuminées, canaliculées, d'un vert foncé ; fleurs petites, pendantes, cylindriques, en grappe. Même culture.

27. Aloès a feuilles raides. *A. rigida ;* De Cand. ♃. Du Cap. Une tige basse ; feuilles inermes, les supérieures un peu en spirale, ouvertes, raides, acuminées ; corolle bilabiée, d'un blanc verdâtre : fleurs en épi, distantes. Même culture.

28. Aloès en spirale. *A. spiralis ;* De Cand. ♄. Une tige basse ; feuilles ovales, aiguës, imbriquées sur huit rangs, piquantes, redressées, ouvertes vers le sommet ; fleurs cylindriques, obtuses, rugueuses transversalement, recourbées, en grappe. Même culture.

Var. A feuilles imbriquées sur cinq rangs. *A. S. pentagona ;* H. K. M. Desfontaine en fait une espèce.

29. Aloès perlé. *A. margaritifera ;* De Cand. *A. pumila ;* L. ♃. Du Cap. Pas de tige ; feuilles presque trigones, acuminées, couvertes de petits tubercules cartilagineux ; fleurs en grappe, cylindriques, pendantes. Même culture.

30. Aloès pouce écrasé. *A. retusa ;* De Cand. ♄ Afrique. Pas de tige ; feuilles deltoïdes, sur cinq rangs, à sommet comprimé, triquètre ; fleurs en épi, blanchâtres, bilabiées, la lèvre inférieure un peu révolutée. Même culture.

31. Aloès a bords rouges. *A. purpurea ;* Lam. *Dracæna dentata ;* Pers. *Dracæna marginata ;* Willd. ♄. Ile Bourbon. Voy. *Dracæna dentata*, pag. 81.

32. Aloès a épines blanches. *A. purpuraceus ;* H. K. Feuilles purpurines, tachées en dessous : les taches petites et obrondes. Même culture.

33. Aloès ligné. *A. lineata ;* H. K. Feuilles marquées de lignes ; épines rouges. Même culture.

34. Aloès a feuilles concaves. *A. serrulata ;* H. K. Feuilles

maculées, dentées en scie sur leurs bords et sur leur dos. Même culture.

35. Aloès droit. *Aloe suberecta;* H. K. Feuilles planes, presque droites, épineuses en dessous et sur leurs bords. Même culture.

36. Aloès a feuilles ovales. *A. ovata;* Willd. Cette espèce a quelque rapport avec l'aloès nain, mais elle s'en distingue par ses feuilles très-courtes, épaisses, presque ovales, sans aucune dent ni épines. Même culture.

37. Aloès a feuilles courtes. *A. brevifolia;* H. K. ♄. Du Cap. Il a beaucoup de rapports avec l'aloès mitré; mais feuilles ovales, courtes, distantes, verruqueuses en dessous.

38. Aloès a épines molles. *A. communis;* H. K. ♃. Du Cap. Il ressemble beaucoup à l'aloès arachnoïde; plante basse; feuilles en rosette, nombreuses, bordées de filets blancs; extrémité des feuilles transparente et marquée de lignes vertes.

39. Aloès perlé majeur; *A. major;* H. K. Il a les plus grands rapports avec l'aloès perlé. Feuilles disposées en touffe arrondie, chargées de verrues blanches de tous côtés. Même culture.

40. Aloès perlé mineur. *A. minor;* Dill. Il diffère du précédent par ses verrues plus nombreuses et plus petites. Même culture.

41. Aloès perlé minime. *A. minima;* Dill. ♃. Du Cap. Il diffère de l'aloès perlé par ses verrues blanches, très-petites, rares en dessus. Même culture.

42. Aloès (grand) perlé. *A. maxima;* Dum. Courc. Feuilles disposées comme dans les précédens; les verrues très-grosses et très-blanches, saillantes sur les bords des feuilles, nulles en dessus. Même culture.

43. Aloès robuste. *A. robusta;* Hol. *A. atrovirens;* Hortul. Feuilles distiques, en éventail régulier, larges, épaisses, d'un vert foncé, mouchetées de taches d'un blanc obscur, bordées au sommet d'une membrane rougeâtre, verruqueuse, terminée par une petite pointe blanche ou rougeâtre; fleurs en épi, à corolle écarlate, verte au sommet, un peu courbée. Même culture.

44. Aloès maculé a feuilles étroites. *Aloe pulchra*; Miller. Feuilles linguiformes, mouchetées; fleurs pédonculées, penchées, à limbe inégal. Même culture.

45. Aloès a feuilles obliques. *A. obliqua*; H. K. Du Cap. Feuilles obliques, pointues, marbrées de blanc verdâtre, à trois angles et trois faces dont une de côté plus étroite, terminée par une pointe blanche et cornée. Hampe de trois pieds, terminée par un épi de fleurs ovales, ventrues, rouges, pendantes. Même culture.

Var. A feuilles, les unes à trois angles, les autres linéaires, à angles et côtés bordés d'une membrane blanche, très-lisse, arrondies à leur sommet. Même culture.

46. Aloès a feuilles quadrangulaires. *A. quadrangularis*; Nob. ♃. Afrique. Il a de l'analogie avec l'aloès oblique. Feuilles étroites, linéaires, longues d'un à deux pieds, distiques, souvent à quatre angles bordés de petites dents blanches : les intérieures n'ont souvent que des verrues d'un beau vert, mouchetées de taches blanches, terminées en pointe.

47. Aloès anguleux. *A. angulata*; H. Ang. ♃. Du Cap. Feuilles larges, concaves, d'un vert tirant un peu sur la couleur de rouille, bordées d'aspérités; fleurs pendantes, rouges, vertes à l'extrémité. Même culture.

On cultive encore de la même manière les aloès, paniculé, *paniculata*; Jacq. ♄. Du Cap. Hérissé, *echinata*; Willd. A feuilles minces, *tenuifolia*; Lam. ♄. Du Cap. Vert-noir, *nigricans*; H. P. ♃. Du Cap. Radula, *radula*; Jacq. ♃. Du Cap. En nacelle, *cymbæfolia*; Willd. ♃. Du Cap.

ANTHÉRIC. *Anthericum*; L. (*Hexandrie-monogynie.*) Calice à six divisions oblongues, pétaliformes, ordinairement ouvertes en étoile; six étamines à filamens velus, portant des anthères oblongues; un ovaire surmonté d'un style terminé par un stigmate presque simple; une capsule à trois loges, contenant chacune plusieurs graines anguleuses.

1. Anthéric frutescent. *Anthericum frutescens*; Willd. ♄. Du Cap. Feuilles charnues, cylindriques; tige d'un pied, droite, frutiqueuse, rameuse; en été, épi de fleurs jaunes, rayées de vert, à pédoncule nu. Orangerie; terre franche, un peu sablonneuse; multiplication aisée de boutures faites

avec ses rameaux, ou de graines semées sur couche, en terrine, au printemps.

2. ANTHÉRIC A FEUILLES D'ALOÈS. *Antheri alocïdes ;* WILLD. ♃. Du Cap. Feuilles charnues, linguiformes, lancéolées, un peu planes en dessus, convexes en dessous ; hampe nue, d'un à deux pieds, terminée par un long épi de fleurs jaunes, rayées de vert. Orangerie ; terre légère, substantielle ; multiplication de graines.

3. ANTHÉRIC EN BEC. *A. rostratum ;* JACQ. ♄. Du Cap. Anthères barbues ; tiges frutiqueuses, radicantes, très-courtes ; feuilles pulpeuses, cylindriques, en alène. Culture du n° 1.

4. ANTHÉRIC PENCHÉE. *A. nutans ;* WILLD. ♃. Feuilles charnues, lancéolées, planes, à base concave et à sommet réfléchi ; rameaux penchés à leur sommet. Culture du n° 2.

5. ANTHÉRIC ASPHODÉLOÏDE. *A. asphodeloïdes ;* L. ♂ Éthiopie. Feuilles charnues, subulées, à demi cylindriques, raides ; hampe nue, terminée, en été, par un épi de fleurs jaunes. Culture du n° 2.

6. ANTHÉRIC VELU. *A. hispidum ;* L. ♃. Du Cap. Feuilles charnues, comprimées, hispides, striées ; filamens des étamines muriqués ; hampe velue, terminée, en juin, par une grappe de fleurs blanches. Culture du n° 2.

ANTHÉRIC A LONGUE TIGE. *A. longiscapum ;* WILLD. ♄. Du Cap. Feuilles charnues, subulées, flexueuses, presque cylindriques, glauques ; hampe trois fois plus longue que les feuilles. Culture du n° 1.

8. ANTHÉRIC QUEUE DE CHAT. *A. cauda felis ;* L. *A. caudatum ;* THUNB. ♃. Feuilles canaliculées, ensiformes ; hampe simple ; grappe oblongue. Culture du n° 2.

9. ANTHÉRIC ANNUEL. *A. annuum ;* L. ⊙. Éthiopie. Feuilles charnues, subulées, presque cylindriques ; hampe nue, un peu rameuse, terminée, en juillet, par des grappes de petites fleurs jaunes. Cette plante annuelle se sème sur couche chaude et sous châssis au printemps, et on la repique, en mai, à bonne exposition, avec la précaution de laisser quelques pieds sur la couche pour s'assurer de la maturité des graines.

ÉCHÉANDIE. *Echeandia;* Ortéga. (*Hexandrie-monogynie.*) Calice à six divisions pétaloïdes, réfléchies; six étamines à anthères rapprochées en cône aigu; un ovaire adhérent avec la base du calice; une capsule oblongue, à trois valves, à trois loges contenant quelques graines arrondies. On n'en cultive qu'une espèce: Echéandie a fleurs ternées; *Echeandia terniflora;* Red. *Anthericum reflexum;* Cavan. ♃. Cuba. Serre chaude, et culture des anthérics.

PHALANGÈRE. *Phalangium;* Tourn. (*Hexandrie-monogynie.*) Calice à six divisions oblongues, pétaloïdes. Six étamines à filamens filiformes, nus, chargés de petites anthères. Un ovaire surmonté d'un style simple, terminé par un stigmate obtus, à trois côtés. Une capsule ovale oblongue, triangulaire, à trois loges, contenant chacune plusieurs graines anguleuses.

1. Phalangère odorante. *Phalangium fragrans;* Pers. ♃. Du Cap. Feuilles filiformes, cylindriques, raides, plus courtes que la hampe; fleurs odorantes, pourpres à l'extérieur, avec une raie verte au milieu des divisions. Orangerie, près des jours; terre franche, légère; peu d'arrosemens pendant le repos. Multiplication de graines en terrine sur couche, ou par la séparation du pied ou des racines en automne.

2. Phalangère a feuilles filiformes. *P. filifolium;* Jacq. ♃. Du Cap. Racine bulbeuse; feuilles filiformes, flexueuses, glabres; hampe simple, flexueuse; filamens des étamines glabres. Même culture; multiplication de caïeux.

3. Phalangère tardive. *P. serotinum;* Pers. *Ornithogalum striatum;* Willd. ♃. Alpes. Feuilles charnues, presque planes; hampe terminée par une seule fleur. Pleine terre franche, et culture du n° 1.

4. Phalangère a feuilles flexueuses. *P. flexifolium;* Pers. ♃. Du Cap. Feuilles linéaires, filiformes, flexueuses, réfléchies, à base ciliée; hampe rameuse. Orangerie, culture du n° 1.

5. Phalangère filiforme. *P. filiforme;* Ait. ♃. Du Cap. Feuilles filiformes, un peu cylindriques, scabres; pétales lancéolés. Même culture.

6. Phalangère nue. *P. exuviatum;* Jacq. *Albuca exuviata;* H. Angl. ♃. Du Cap. Feuilles linéaires, subulées, canali-

culées ; hampe simple, plus courte que les feuilles ; écailles radicales rugueuses, engaînantes, striées transversalement. Même culture.

7. PHALANGÈRE ALLONGÉE. *Phalangium elongatum* ; WILLD. *Anthericum filiforme* ; THUNB. ♃. Du Cap. Feuilles linéaires, filiformes, plus courtes que la hampe, celle-ci rameuse et à rameaux allongés. Même culture.

8. PHALANGÈRE RAYÉE. *P. virgatum* ; POIR. ♃. Caroline. Feuilles raides, filiformes, aigues ; hampe de deux ou trois pieds, rameuse au sommet, à rameaux simples et effilés ; fleurs petites, blanches, rayées de pourpre dans le milieu. Même culture.

9. PHALANGÈRE FASTIGIÉE. *P. fastigiatum* ; ENCY. ♃. Tige très-haute, nue, à rameaux nombreux et effilés. Fleurs blanches, souvent ternées. Même culture.

10. PHALANGÈRE A FLEURS ROULÉES. *P. revolutum* ; PERS. *Hyacinthus revolutus* ; L. *Phalangium spicatum* ; ENCYCL. ♃. Du Cap. Feuilles oblongues, ondulées ; de septembre en décembre, fleurs en épi très-long, pyramidal, pâles, avec des fascies brunes, à pétales roulés. Même culture.

11. PHALANGÈRE CAPILLAIRE. *P. capillare* ; ENCYCL. ♃. Feuilles longues, capillaires, un peu striées ; hampe nue, simple, terminée par un épi court, de fleurs verdâtres. Même culture.

12. PHALANGÈRE A FLEURS JAUNES. *P. croceum* ; MICH. ♃. Amérique septentrionale. Racine bulbeuse. Feuilles graminées ; épi pyramidal de fleurs jaunes, entremêlées de bractées convolutées et amplexicaules ; graines un peu globuleuses. Culture du n° 2.

13. PHALANGÈRE A FEUILLES PLANES. *P. planifolium* ; PERS. *P. bicolor* ; DESF. ♃. France méridionale. Feuilles planes ; hampe comprimée, glabre, terminée par une panicule de fleurs blanches en dedans, pourpres en dehors : filamens des étamines laineux à la base. Même culture, mais pleine terre.

14. PHALANGÈRE RAMEUSE. *P. ramosum* ; PERS. *anthericum ramosum* ; L. ♃. France méridionale. Feuilles planes, linéaires, subulées, en touffe ; hampe rameuse ; en juin, fleurs blanches, pédonculées, solitaires, planes, à pistil droit. Pleine terre, même culture. Belle plante.

15. Phalangère a grappes. *Phalangium liliago;* Jacq. ♃. Indigène. Feuilles planes, nombreuses, en faisceau; hampe très-simple; en juin, fleurs blanches, écartées, larges, à pistils inclinés vers le bas. Pleine terre et même culture.

16. Phalangère lis de Saint-Bruno. *P. liliastrum;* ♃. France méridionale. Feuilles planes, radicales; hampe très-simple, de dix-huit pouces, portant, en juin, de grandes fleurs blanches, campanulées, à étamines penchées. Pleine terre; même culture. Belle plante.

17. Phalangère a mille fleurs. *P. milleflorum;* Red. *Arthropodium paniculatum;* Brown. ♃. Nouvelle-Hollande. Feuilles radicales, à demi pliées, longues, pointues; hampe grêle, simple, nue; en été, panicule étalée, de fleurs petites, d'un blanc sale, à filamens des étamines velus dans leur partie supérieure. Orangerie et même culture.

18. Phalangère a fleurs pendantes. *P. pendulum;* Red. ♃. Nouvelle-Hollande. Elle diffère de la précédente par ses fleurs plus grandes et pendantes. Même culture.

19. Phalangère a fleurs roulées. *P. revolutum;* Miller. ♃. Du Cap. Feuilles trigones, linéaires, scabres, plus longues que la hampe: celle-ci rameuse, terminée, de septembre en décembre, par un épi de fleurs blanches, à divisions roulées. Orangerie, même culture.

20. Phalangère a épi serré. *P. floribundum;* Ait. *Anthericum lagopus;* Thunb. ♃. Du Cap. Feuilles planes, glabres, linéaires-lancéolées, aiguës; hampe simple, terminée, en avril, par une grappe multiflore, cylindrique, serrée, de fleurs à pétales ouverts et à étamines glabres. Même culture.

21. Phalangère élevée. *P. elatum;* Ait. *Asphodelus capensis;* L. ♃. Du Cap. Feuilles planes, ondulées; hampe rameuse; en septembre, fleurs blanches, petites, à corolle plane, et à pédoncules agrégés. Même culture.

22. Phalangère triflore. *P. triflorum;* Ait. ♃. Du Cap. Feuilles canaliculées, ensiformes; hampe simple; trois fleurs à bractées distantes. Même culture.

23. Phalangère canaliculée. *P. canaliculatum;* Ait. ♃. Du Cap. Feuilles un peu charnues, velues, ensiformes, à trois angles, le côté plus étroit canaliculé; hampe simple,

cylindrique, velue; en avril, fleurs blanches, verdâtres en dessous, en grappe. Même culture.

24. Phalangère albucoïde. *Phalangium albucoïdes;* Ait. ♃. Du Cap. Feuilles linéaires, canaliculées, glabres, à bords cartilagineux; hampe simple, portant, en août, des fleurs jaunes, rayées de vert extérieurement, à sommet roulé, ayant de la ressemblance avec celles d'albuca. Même culture.

25. Phalangère du soir. *P. vespertinum;* Willd. ♃. Feuilles linéaires, ensiformes, carénées, à trois angles, plus courtes que la tige qui est cylindrique, rameuse; filamens des étamines un peu muriqués. Même culture.

26. Phalangère du Japon. *P. japonicum;* Thunb. ♃. Feuilles ensiformes, convolutées, glabres; hampe rameuse, anguleuse; fleurs en grappe penchée. Même culture.

27. Phalangère bleue. *P. cœruleum;* Flor. Péruv. *Bermudiana cœrulea;* Feuill. ♃. Chili. Racines fasciculées, à odeur de violette comme celles de l'iris de Florence; feuilles ensiformes; panicule de fleurs bleues, à corolle fugace, tordue en spirale. Même culture, mais serre tempérée.

28. Phalangère serrée. *P. coarctatum;* Flor. Péruv. ♃. Pérou. Feuilles inférieures carénées, les intermédiaires rapprochées et serrées; pédoncules bifides, dichotomes, à pédicelles en espèce d'ombelle; fleurs d'un bleu violacé. Même culture; serre tempérée.

ASPHODÈLE. *Asphodelus;* L. (*Hexandrie-monogynie.*) Calice à six divisions ouvertes, pétaliformes; six étamines à filamens élargis à la base, et courbés en voûte qui recouvre l'ovaire; un ovaire surmonté d'un style terminé par un stigmate simple ou quelquefois trifide; une capsule à trois loges, contenant chacune plusieurs graines anguleuses.

1. Asphodèle jaune. *Asphodelus luteus;* L. ♃. France méridionale. Feuilles triangulaires, striées; tige feuillée, de trois pieds; fleurs en épi terminal, assez grandes, jaunes. *Var.* A fleurs doubles. Terre franche; exposition chaude; multiplication par la séparation des drageons ou des racines à l'automne, ou de graines semées au printemps en pleine terre légère, et à l'exposition du midi.

2. Asphodèle sans tige. *A. acaulis;* Desf. ♃. Afrique. Tige nulle; feuilles à trois angles, subulées; fleurs d'un rose

pâle, à pédicelle recourbé lors de la fructification. Même culture, mais serre tempérée.

3. Asphodèle de Crête. *Asphodelus creticus;* Lam. ♃. Ile de Crête. Tige feuillée, rameuse et nue au sommet; feuilles filiformes, striées, denticulées, un peu ciliées. Même culture; orangerie.

4. Asphodèle rameuse. *A. ramosus;* L. ♃. Indigène. Tige rameuse, nue, de deux ou trois pieds; feuilles ensiformes, carénées, lisses; en mai, fleurs assez grandes, en étoile, rayées de brun, en épi terminal. Pleine terre; même culture.

5. Asphodèle blanche. *A. albus;* Willd. *A. ramosus;* Murr. ♃. Espagne. Tige nue, simple; pédoncules ramassés, de la même longueur que les bractées; feuilles linéaires, carénées, lisses. Orangerie; même culture.

6. Asphodèle fistuleuse. *A. fistulosus;* Cav. ♃. France méridionale. Tige nue, grêle, de deux pieds; feuilles raides, un peu fistuleuses, striées, subulées; de juin en septembre, fleurs petites, blanches, rayées de brun. Même culture.

7. Asphodèle de Sibérie. *A. altaïcus;* Willd. ♃. Tige nue, simple; feuilles linéaires, canaliculées; étamines deux fois plus longues que la corolle. Même culture, mais pleine terre.

8. Asphodèle d'Afrique. *A. africanus;* Lam. *Albuca fastigiata;* L. K. ♃. Tige écailleuse, simple, de trois à quatre pieds; feuilles ensiformes, planes, lisses; fleurs jaunâtres, en épi allongé. Même culture, mais orangerie.

9. Asphodèle a grappe. *A. spicatus;* H. P. ♃. France méridionale. Feuilles très-longues, d'un vert foncé. Pleine terre; même culture.

EUCOMIS, basile. *Eucomis;* Ait. (*Hexandrie-monogynie.*) Calice campanulé, partagé profondément en six découpures pétaloïdes; six étamines à filamens subulés, élargis à leur base, et surmontés de petites anthères ovales; un ovaire muni d'un style en alène, à stigmate très-simple; une capsule à trois loges contenant chacune plusieurs graines ovales.

1. EUCOMIS ONDULÉ. *Eucomis undulata;* PERS. *Ornithogalum undulatum;* THUNB. ♃. Du Cap. Hampe cylindrique; feuilles ovales oblongues, ondulées, étalées; feuilles de la couronne presque aussi longues que la grappe de fleur. Orangerie; terre franche, légère, mêlée à moitié terre de bruyère; quelques arrosemens en été; multiplication par caïeux, ou de graines semées en terrine et terre de bruyère.

2. EUCOMIS COURONNÉ. *E. regia;* PERS. *Basilea coronata;* LAM. *Fritillaria regia;* L. ♃. Du Cap. Hampe cylindrique de dix à quinze pouces; feuilles linguiformes, obtuses, un peu ondulées, tachetées de noirâtre; en automne, fleurs petites, verdâtres, couronnées par un faisceau de feuilles dont les inférieures écailleuses. Même culture.

3. EUCOMIS PONCTUÉ. *E. punctata;* PERS. *Asphodelus comosus;* HOUTT. *Basilea punctata;* JUSS. ♃. Du Cap. Hampe cylindrique; feuilles oblongues, lancéolées, canaliculées, étalées; au printemps, fleurs en grappe spiciforme, très-longue; feuilles de la couronne courtes. Même culture.

4. EUCOMIS NAIN. *E. nana;* PERS. *Fritillaria nana;* L. *Basilea nana;* DUM. COURC. ♃. Du Cap. Hampe amincie vers son sommet, en massue; feuilles larges, lancéolées, aiguës; au printemps, fleurs roses, sous la couronne. Même culture.

5. EUCOMIS A DEUX FEUILLES. *E. bifolia;* PERS. *Basilea bifolia;* DUM. COURC. ♃. Du Cap. Hampe en massue; feuilles elliptiques, pointues, géminées, couchées; fleurs droites, bractées acuminées. Même culture.

6. EUCOMIS A FEUILLES POURPRES. *E. purpureo-caulis;* ANDREW. ♃. Du Cap. Hampe très-courte, charnue, d'un pourpre noirâtre; feuilles grandes, orbiculaires, spatulées, couchées; fleurs sessiles, rassemblées, vertes. Même culture.

MASSONIE. *Massonia;* THUNB. (*Hexandrie-monogynie.*) Calice tubuleux inférieurement, à limbe double, l'extérieur plus grand, divisé jusqu'à sa base en six découpures; l'intérieur plus court, surmonté de six dents; six étamines à filamens subulés, souvent plus longs que le limbe extérieur du calice, portés par les dents du limbe intérieur; un ovaire muni d'un style filiforme, terminé par un stigmate simple; une capsule trigone, triloculaire, chaque loge renfermant plusieurs graines arrondies.

1. MASSONIE PUSTULEUSE. *Massonia pustulata;* RED. *Massonia echinata;* WILLD. Du Cap. Deux feuilles radicales épaisses, ovales-arrondies, hérissées de tubercules aigus; huit à dix fleurs en grappe très-courte, sessiles, environnées de bractées vertes. Serre tempérée; terre très-légère ou de bruyère; multiplication de caïeux, ou de graines semées en terrine.

2. MASSONIE A LARGES FEUILLES. *M. latifolia;* JACQ. ♃. Du Cap. Deux feuilles radicales acuminées, canaliculées, arrondies, maculées de rouge, étalées; fleurs blanches, à divisions ouvertes, en espèce d'ombelle sessile. Même culture.

3. MASSONIE A FLEURS VIOLETTES. *M. violacea;* RED. *Polyanthes pygmea;* JACQ. *Agapanthus ensifolia;* WILLD. *Mauhlia ensifolia;* THUNB. ♃. Du Cap. Feuilles ovales, droites; fleurs en grappe corymbiforme. Même culture.

4. MASSONIE A FEUILLES ÉTROITES. *M. angustifolia;* PERS. *M. lanceolata;* THUNB. ♃. Du Cap. Deux feuilles radicales oblongues, lancéolées, droites; fleurs à divisions réfléchies, en sorte d'ombelle pédicellée. Même culture.

5. MASSONIE ONDULÉE. *M. undulata;* PERS. ♃. Du Cap. Feuilles lancéolées, ondulées, glabres. Même culture.

DRIMMIE. *Drimmia;* JACQ. (*Hexandrie-monogynie.*) Calice campanulé, pétaliforme, à six divisions roulées en dehors; six étamines insérées sur le tube du calice; un stigmate en tête; une capsule à trois loges polyspermes.

1. DRIMMIE ÉLEVÉE. *Drimmia elata;* JACQ. *Hyacinthus elatus;* DUM. COURC. ♃. Du Cap. Hampe de deux pieds; feuilles lancéolées-linéaires, glabres, un peu glauques, deux fois plus courtes que la hampe; fleurs verdâtres en dehors, blanches en dedans, avec une ligne verte au milieu de chaque division. Orangerie, terre légère, substantielle; multiplication de caïeux ou de graine.

2. DRIMMIE A FLEURS ROULÉES. *D. undulata;* JACQ. *Hyacinthus revolutus;* THUNB. ♃. Du Cap. Feuilles linéai-

res, lancéolées, glabres, ondulées; en août, fleurs campanulées, à divisions ondulées et verdâtres. Même culture.

3. Drimmie ciliée. *Drimmia ciliaris;* Jacq. ♃. Du Cap. Feuilles presque linéaires, ciliées ; fleurs blanches. Même culture.

4. Drimmie naine. *D. pusilla ;* Willd. ♃. Du Cap. Feuilles lancéolées, linéaires, glabres, à base canaliculée ; hampe de la longueur des feuilles ; fleurs droites, verdâtres. Même culture.

5. Drimmie moyenne. *D. media;* Pers. ♃. Du Cap. Feuilles linéaires, subulées, glabres, un peu cylindriques et canaliculées ; fleurs verdâtres. Même culture.

JACINTHE. *Hyacinthus.* (*Hexandrie-monogynie.*) Calice monophylle, tubuleux, pétaliforme, partagé en six divisions plus ou moins profondes, ayant leur extrémité étalée ou même réfléchie ; six étamines à filamens attachés vers le milieu du calice ; un ovaire ayant vers son sommet trois pores nectarifères, très-peu apparens, et surmonté d'un style à stigmate simple; une capsule arrondie, trigone, à trois loges ne contenant le plus souvent chacune que deux graines.

1. Jacinthe d'Orient, cultivée, des fleuristes. *Hyacinthus orientalis;* L. ♃. Asie. Feuilles droites, larges, finement striées ; hampe d'un pied ; en avril, fleurs odorantes, nombreuses, en grappes droites ; corolle infondibuliforme, divisée jusqu'à moitié, à base ventrue. Cette belle plante a fourni un très-grand nombre de variétés, bleues, blanches, roses, rouges, jaunes, simples et doubles ; les Hollandais en comptent près de deux mille.

Les jacinthes aiment une terre douce, légère, sablonneuse, mais substantielle ; dans un terrain qui ne leur convient pas, elles fondent ou dégénèrent rapidement. Si on habitait un pays en terre forte et grasse, on pourrait leur composer une terre ainsi qu'il suit : un tiers terre légère ou de bruyère, un tiers sable fin de rivière, un tiers terreau de vache très-consommé. Si on n'avait pas de terre légère, on la remplacerait très-avantageusement par du terreau de feuilles. On creuserait à six pouces de profondeur la planche destinée à recevoir la plantation, et on remplirait avec la terre préparée, en l'exhaussant de trois ou quatre pouces au-dessus de la surface du sol, afin d'éviter l'humidité.

A la fin de septembre ou dans le courant d'octobre, on plante les jacinthes à six pouces de distance les unes des autres, et à une profondeur plus ou moins grande, selon que la terre est plus ou moins humide. Dans les terres légères et chaudes, on enfonce les ognons à cinq ou même six pouces ; dans les terres fortes, à trois ou quatre, et avec la précaution, dans ce cas, d'incliner un peu l'ognon au nord, c'est-à-dire, de présenter sa couronne au midi. On recouvre la plantation d'un doigt ou deux de terreau très-consommé, afin d'empêcher la terre de se battre. On soigne la culture absolument comme celle des tulipes. Dans les climats où le froid a assez d'intensité pour geler la terre à plus de cinq pouces de profondeur, il est prudent de recouvrir les planches, pendant les gelées, avec de la paille ou des feuilles sèches, mais avec la précaution de ne pas employer pour cela de la litière, car l'urine des animaux dont elle est imprégnée est mortelle pour les ognons.

En avril, un peu plus tôt ou un peu plus tard, les jacinthes fleurissent, et l'on peut les couvrir avec des toiles pour les conserver quelques jours de plus. Lorsque les feuilles sont desséchées, on soulève les ognons avec la houlette, et on les laisse ainsi pendant quelques jours pour qu'ils achèvent de mûrir. Les Hollandais les arrachent, les mettent en tas sur la terre, et les y laissent pendant quinze jours pour la même raison. On les dépose ensuite sur des tablettes dans un lieu aéré, pour les faire sécher, puis on les nettoie de toute la terre et autres corps étrangers qui peuvent y être attachés. On sépare les caïeux ; on coupe jusqu'au vif toutes les parties gâtées ou attaquées par la pourriture, et, avant de les serrer, on les place encore sur les tablettes pendant quatre ou cinq jours pour laisser sécher les plaies.

On obtient des variétés par le moyen du semis, que l'on fait au mois de septembre de la même manière que celui de tulipes, mais avec la précaution de le couvrir de feuilles sèches pendant l'hiver, parce que les ognons, surtout pendant leur jeunesse, sont beaucoup plus sensibles au froid qne ceux de tulipe. Ils fleurissent ordinairement la quatrième année.

2. Jacinthe des bois. *Hyacinthus non-scriptus;* L. *Scilla nutans;* Smith. *Scilla non-scripta;* Red. *Hyacinthus pratensis;* Dum. Courc. ♃. Indigène. Feuilles étroites, linéaires, étalées; hampe d'un pied; de mars en mai, fleurs bleues, en grappe penchée; corolle à divisions roulées au sommet. Terre légère, sablonneuse; multiplication de caïeux que l'on ne lève de terre, ainsi que les ognons, que tous les trois ou quatre ans, et que l'on replante de suite.

3. Jacinthe étalée. *H. patulus;* Hort. P. *H. amethystinus;* Encycl. *Scilla patula;* Red. Du midi de la France. Feuilles étalées, planes; hampe de huit pouces; d'avril en mai, fleurs odorantes, d'un bleu violâtre, à corolle campanulée, cylindrique à la base, divisée jusqu'à la moitié, et les divisions roulées en dehors. Même cultuer.

4. Jacinthe penchée. *H. cernuus;* L. *H. hispanicus;* Clus. ♃. Espagne. Cette espèce paraît être une variété plus petite de la jacinthe des bois. Elle en diffère par ses proportions et par la couleur de ses fleurs d'un rose purpurin ou carné, odorantes, en grappe penchée, à étamines d'un jaune pâle. Même culture.

5. Jacinthe muguet. *H. convallarioïdes;* Willd. ♃. Du Cap. Feuilles subulées; hampe filiforme; fleurs jaunes, à corolle campanulée. Même culture, mais orangerie.

6. Jacinthe de Rome. *H. romanus*; L. ♃. Midi de la France. Feuilles longues et étroites; hampe de sept à huit pouces, plus courte que les feuilles; en mai, fleurs blanches, en grappe, à corolle campanulée, divisée en six jusqu'à moitié ou un peu plus; étamines membranacées. Même culture et orangerie.

7. Jacinthe flexueuse. *H. flexuosus;* Thunb. ♃. Du Cap. Feuilles linéaires, plus longues que la hampe; corolle campanulée; fleurs en grappe droite. Orangerie; même culture.

8. Jacinthe a feuilles courtes. *H. brevifolius;* Thunb. ♃. Espagne. Feuilles plus courtes que la hampe; corolle à six parties; fleurs en grappe penchée. Pleine terre; même culture.

9. JACINTHE EN CORYMBE. *Hyacinthus corymbosus;* L. ♃. Du Cap. Feuilles linéaires, très-étroites, plus longues que la hampe, souvent au nombre de trois; fleurs pourpres, droites, en corymbe, à corolle infondibuliforme. Même culture, mais orangerie.

ZUCCANGNIA. *Zuccangnia;* THUNB. (*Hexandrie-monogynie.*) Mêmes caractères que le genre précédent, mais calice cylindrique, à divisions striées : les trois extérieures plus longues, lancéolées-sétacées, souvent réfléchies.

1. ZUCCANGNIA VERTE. *Zuccangnia viridis;* THUNB. *Lachenalia viridis;* WILLD. *Hyacinthus viridis;* L. ♃. Du Cap. Feuilles linéaires, canaliculées, plus longues que la hampe, celle-ci haute d'un pied, faible; en septembre, fleurs verdâtres, en grappe, à pétales extérieurs subulés et très-longs. Orangerie; terre sablonneuse ou de bruyère; multiplication par la séparation des caïeux tous les trois ans, ou de graines semées en terrines.

2. ZUCCANGNIA ROUILLÉE. *Z. livida,* THUNB. *Hyacinthus serotinus;* L. *Lachenalia serotina;* WILLD. *Hyacinthus lividus;* PERS. ♃. Barbarie. Feuilles linéaires, canaliculées; hampe d'un pied; en été, fleurs campanulées, cylindriques, d'un fauve pâle, à divisions presque égales, trois distinctes et les trois autres réunies à leur base. Même culture.

MUSCARI, vaciet. *Muscari;* TOURN (*Hexandrie-monogynie.*) Calice monophylle, globuleux, ventru, pétaloïde, ayant son limbe découpé en six dents; six étamines à filamens attachés vers le milieu du calice; un ovaire muni d'un style à stigmate simple; une capsule à trois angles saillans, à trois loges contenant chacune deux graines ou plus.

1. MUSCARI CHEVELU, à toupet. *M. comosum;* WILLD. *Hyacinthus comosus;* L. ♃. Indigène. Feuilles étalées; hampe nue, d'un pied; en mai, fleurs nombreuses, en épi, les inférieures brunes, cylindriques-anguleuses, les supérieures bleues, droites, stériles, longuement pédicellées. Tout terrain un peu léger; multiplication de caïeux séparés tous les trois ou quatre ans; les ognons doivent constamment rester en terre.

2. Muscari monstrueux. *Muscari monstrosum;* Willd. *Hyacinthus monstrosus;* L. *Hyacinthus paniculatus;* Lam. ♃. France méridionale. Feuilles planes, étalées; tige de huit à dix pouces; en juin, fleurs en grappe paniculée, à pédoncules bleuâtres et rameux, les supérieures stériles : corolle campanulée, bleue, à base aiguë. M. Desfontaine regarde cette plante comme une variété de la précédente. Même culture.

3. Muscari botride. *M. botrioïdes;* Desf. *Hyacinthus botrioïdes;* L. ♃. Midi de la France. Feuilles canaliculées, cylindriques, étroites, raides; en avril, fleurs en épi, globuleuses, d'un violet foncé, uniformes. Même culture.

4. Muscari a grappe. *M. racemosum;* Willd. *Hyacinthus racemosus;* L. *Hyacinthus junciformis;* Lam. ♃. Indigène. Feuilles lâches, linéaires, canaliculées, étalées; en avril, épi court et ovale de fleurs ovales, uniformes, serrées, d'un bleu foncé, les supérieures sessiles et stériles. Même culture.

5. Muscari musqué. *M. ambrosiacum;* Red. *Hyacinthus muscari;* Pers. *Hyacinthus suaveolens;* Hort. Par. ♃. France méridionale. Feuilles concaves, étalées; hampe cylindrique; en mai, épi de fleurs serrées, ovales, toutes de même grandeur, d'un rouge brun, odorantes. Même culture.

6. Muscari a petites fleurs. *M. parviflorum;* Desf. *Hyacinthus parviflorus;* Pers. ♃. Barbarie. Feuilles subulées, filiformes; fleurs en grappe terminale et très-courte, distinctes. Cette espèce a de l'affinité avec le muscari à grappe, mais elle en diffère par ses fleurs longues, plus rares, à corolle plus élargie à la partie supérieure. Même culture; mais orangerie.

7. Muscari maritime. *M. maritimum;* Desf. *Hyacinthus maritimus;* Pers. ♃. Barbarie. Feuilles subulées; fleurs en grappe cylindrique, les supérieures sessiles, avortées; corolle cylindrique, colorée au sommet de la grappe. Cette espèce a beaucoup de rapports avec le muscari chevelu. Même culture; orangerie.

PHORMION. *Phormium;* Forst. (*Hexandrie-monogynie.*) Calice monophylle, à six découpures; les trois extérieures, plus courtes, les trois intérieures plus longues ; six étamines à filamens filiformes, portant des anthères ovales ; un ovaire chargé d'un style filiforme, terminé par un stigmate simple et obtus ; une capsule oblongue, à trois loges contenant plusieurs graines oblongues.

1. Phormion ou lin de la Nouvelle-Zélande. *Phormium tenax ;* Forst. ♃. Feuilles semblables à celles des iris, longues de deux ou trois pieds, ensiformes, larges de deux pouces, distiques, un peu épaisses, fermes, glabres ; hampe feuillée à sa base, rameuse, terminée par une panicule de fleurs jaunes, verdâtres à leur base. Orangerie sous le climat de Paris ; pleine terre dans les parties plus méridionales de la France ; terre franche, douce, substantielle, un peu humide ; beaucoup d'arrosemens pendant la végétation, si on le cultive en pots. En avril et mai, multiplication par la séparation des œilletons que l'on fait reprendre en pots et sur couche tiède avant de les livrer à la pleine terre.

On tire de ses feuilles, rouies et préparées comme le chanvre, une filasse excellente pour faire des cordes, du gros fil et des toiles grossières, presque incorruptibles dans l'eau, du moins si on s'en rapporte à plusieurs mémoires publiés dans ces dernières années.

LACHENALIE. *Lachenalia ;* Jacq. (*Hexandrie-monogynie.*) Calice à six divisions allongées, réunies par leur base, et conniventes en tube : les trois extérieures plus courtes et souvent calleuses à leur sommet ; six étamines à filamens subulés, insérés à la base des divisions du calice, et adhérens dans leur longueur, surmontés d'anthères oblongues ; un ovaire muni d'un style subulé, terminé par un stigmate simple ; une capsule trigone, triloculaire, contenant plusieurs graines.

1. Lachenalie glauque. *L. glaucina ;* Willd. ♃. Du Cap. Feuilles linéaires, lancéolées, glabres ; hampe non maculée ; fleurs sessiles, campanulées, à pétales extérieurs d'un vert glauque, rouges au sommet, les intérieurs d'un blanc incarnat ; style plus long que les étamines. Orangerie ; terre légère ou mieux de bruyère ; multiplication aisée par la séparation des caïeux.

2. Lachenalie orchioïde. *L. orchioïdes ;* Pers. *Hyacinthus*

orchioïdes; Mill. *Phormium hyacinthum*; L. ♃. Du Cap. Feuilles oblongues lancéolées, à bords cartilagineux, plus courtes que la hampe : celle-ci maculée; en février et avril, fleurs sessiles, campanulées; style de la même longueur que les étamines. Même culture.

3. Lachenalie a fleurs pales. *Lachenalia pallida*; Willd. *L. mediana*; Jacq. ♃. Du Cap. Feuilles linéaires, oblongues, plus longues que la hampe : celle-ci anguleuse au sommet; en mars et avril, fleurs campanulées, blanches, courtement pédonculées. Même culture.

4. Lachenalie hyacinthoïde. *L. hyacinthoïdes*; Willd. *Hyacinthus orchioïdes*; Jacq. ♃. Du Cap. Feuilles linéaires, subulées, canaliculées, lâches, deux fois plus longues que la hampe; fleurs campanulées; les trois pétales extérieurs blancs en dehors, rougeâtres au sommet, maculés et tachetés de vert; les trois intérieurs blancs, émarginés. Même culture.

5. Lachenalie a feuilles étroites. *L. angustifolia*; Willd. ♃. Du Cap. Feuilles linéaires, subulées, canaliculées, lâches, plus longues que la hampe; celle-ci rouge, maculée; au printemps, fleurs campanulées, les pétales intérieurs blancs, plus longs que les autres, ouverts, obovés, obtus. Même culture.

6. Lachenalie a plusieurs couleurs. *L. contaminata*; Willd. *L. orthopetala*; Jacq. ♃. Du Cap. Feuilles linéaires, subulées, canaliculées, lâches, plus longues que la hampe, maculées de rouge obscur; en février ou mars, fleurs blanches, rouges en dessus, à corolle campanulée, cylindrique; pétales intérieurs lancéolés, obtus, droits. Même culture.

7. Lachenalie naine. *L. pusilla*; Willd. ♃. Du Cap. Feuilles elliptiques, linéaires, plus longues que la hampe, étalées, amincies à la base; hampe presque nulle; fleurs blanches, serrées, à corolle cylindrique, les étamines plus longues que la corolle. Même culture.

8. Lachenalie étalée. *L. patula*; Jacq. ♃. Du Cap. Feuilles géminées, linéaires-lancéolées, canaliculées, pulpeuses, charnues, droites jusqu'au milieu, ensuite réfléchies; fleurs campanulées, blanches, à pétales maculés de vert près du

sommet, les intérieurs marqués de lignes rouges au sommet. Même culture.

9. LACHENALIE ODORANTE. *L. fragrans;* JACQ. ♃. Du Cap. Feuilles géminées, linéaires-lancéolées, glabres, maculées; hampe droite; fleurs blanches, pédicellées, un peu campanulées. Même culture.

10. LACHENALIE A FLEURS DE LIS. *L. liliiflora;* JACQ. ♃. Du Cap. Feuilles géminées, lancéolées, à surface pustuleuse; hampe droite, cylindrique; fleurs blanches, pendantes, réfléchies, à pétales un peu linéaires. Même culture.

11. LACHENALIE PUSTULEUSE. *L. pustulata;* JACQ. ♃. Du Cap. Feuilles géminées, lancéolées-linéaires, pustuleuses; hampe triangulaire, reclinée; fleurs presque sessiles, un peu campanulées, blanches à la base, vertes au sommet. Même culture.

12. LACHENALIE POURPRE-BLEUATRE. *L. purpureo-cœrulea;* WILLD. ♃. Du Cap. Feuilles lancéolées-linéaires, pustuleuses; hampe anguleuse au sommet; fleurs pédonculées, campanulées: pétales intérieurs obtus, révolutés; étamines plus longues que la corolle. Même culture.

13. LACHENALIE UNICOLORE. *L. unicolor;* JACQ. ♃. Du Cap. Feuilles géminées, lancéolées-linéaires, très-peu pustuleuses; hampe droite, cylindrique; fleurs un peu cylindriques, violacées, à pétales intérieurs étalés au sommet; pistil et étamines penchés. Même culture.

14. LACHENALIE VIOLACÉE. *L. violacea;* JACQ. ♃. Du Cap. Feuilles géminées, oblongues, maculées; hampe cylindrique, droite; grappe droite, à pédoncules très-ouverts, de la longueur des fleurs: celles-ci penchées, à base plane; pétales extérieurs verdâtres, les intérieurs violacés. Même culture.

15. LACHENALIE POURPRE. *L. purpurea;* JACQ. ♃. Du Cap. Feuilles géminées, linéaires-lancéolées, non-maculées; fleurs pendantes, pédonculées, un peu cylindriques; pétales extérieurs blancs, les intérieurs d'un rouge noirâtre. Même culture.

16. LACHENALIE LANCÉOLÉE. *L. lanceæfolia;* WILLD. ♃. Du Cap. Feuilles ovales, très-larges, acuminées, tachetées;

hampe couchée; feuilles un peu campanulées, pendantes, à pédoncules trois fois plus longs que la corolle; pétales linéaires, obtus, presque égaux. Même culture.

17. LACHENALIE A UNE FEUILLE. *L. unifolia;* WILLD. ♃. Du Cap. Une seule feuille, linéaire-lancéolée, canaliculée, engaînante; hampe cylindrique, tachetée; fleurs cylindriques, à pédoncules de la même longueur que la corolle; pétales extérieurs blancs, bleus à la base, tachetés de pourpre au sommet. Même culture.

18. LACHENALIE VELUE. *L. hirta;* THUNB. ♃. Du Cap. Feuille linéaire, velue, unique, à base large et engaînante; fleurs en grappe, d'un blanc bleuâtre. Même culture.

19. LACHENALIE A PÉTALES ÉGAUX. *L. isopetala;* WILLD. ♃. Du Cap. Feuilles lancéolées, recourbées; hampe anguleuse au sommet; fleurs cylindriques, pédonculées, blanches, d'un noir pourpre au sommet; pétales linéaires, obtus, presque égaux. Même culture.

20. LACHENALIE TRICOLORE. *L. tricolor;* WILLD. *Phormium aloïdes;* L. ♃. Du Cap. Deux ou trois feuilles radicales, lancéolées, tachetées de brun; hampe d'un pied, tachetée; bractées aiguës; fleurs cylindriques, pédonculées, pendantes, à pétales intérieurs plus longs et émarginés, jaunes, orangés et pourpre. Même culture.

Var. Lachenalie jaunâtre. *L. luteola;* Feuilles géminées, lancéolées, allongées, un peu maculées; hampe droite; fleurs penchées, cylindriques, à limbe des pétales intérieurs très-ouvert.

21. LACHENALIE ROUGEATRE. *L. rubida;* WILLD. ♃ Du Cap. Feuilles oblongues, étalées, planes au sommet; fleurs pendantes, courtement pédonculées, cylindriques, à pétales intérieurs les plus longs; style plus long que les étamines. Même culture.

22. LACHENALIE TIGRÉE. *L. tigrina;* JACQ. ♃. Du Cap. Feuilles presque géminées, embrassantes et convolutées depuis la base jusqu'au milieu de leur longueur, ensuite lancéolées et étalées, aiguës, maculées; hampe droite, tachetée; fleurs pendantes, cylindriques, ponctuées. Même culture.

23. Lachenalie ponctuée. *L. punctata;* Jacq. ♃. Du Cap. Feuilles géminées, linéaires-lancéolées, canaliculées, droites, maculées ; hampe pauciflore, droite, maculée de rouge ; fleurs pendantes, cylindriques, courbées en dedans ; pétales intérieurs blancs, ponctués de rouge, jaunâtres au sommet ; les extérieurs incarnats, ponctués de rouge sanguin. Même culture.

24. Lachenalie a fleurs pendantes. *L. pendula;* Ait. *Phormium bulbiferum;* Cyrill. ♃. Du Cap. Feuilles ovales-oblongues ; fleurs pédonculées, pendantes ; corolle cylindracée, les trois pétales intérieurs les plus longs, entiers. Même culture.

Var. Lachenalie tricolore. *L. tricolor;* L. Feuilles non maculées ; pétales extérieurs rouges, les intérieurs jaunâtres, violets au sommet.

25. Lachenalie quadricolore. *L. quadricolor ;* Jacq. ♃. Du Cap. Feuilles géminées, linéaires-lancéolées, maculées ; hampe droite ; corolle un peu penchée, cylindrique, avec le limbe des pétales intérieurs étalé. Même culture.

CYANELLE. *Cyanella;* L. (*Hexandrie-monogynie.*) Calice à six divisions oblongues, adhérentes par leur base, irrégulièrement ouvertes ; trois extérieures presque pendantes. Six étamines à filamens courts, portant des anthères presque cylindriques. Un ovaire muni d'un style filiforme, terminé par un stigmate simple ; une capsule arrondie, à trois loges contenant plusieurs graines oblongues.

1. Cyanelle du Cap. *Cyanella capensis;* Willd. Du Cap. Feuilles lancéolées, ondulées ; tige feuillée, paniculée, à rameaux divariqués ; fleurs bleues, petites, en grappe. Orangerie. Terre franche, légère, ou de bruyère ; arrosemens fréquens pendant la végétation, nuls pendant le repos de la plante. Dépotage quand les racines tapissent les vases, et, à la même époque, multiplication par la séparation des caïeux.

2. Cyanelle orchidiforme. *C. orchidiformis ;* Willd. ♃. Du Cap. Feuilles radicales ovales : celles de la tige ensiformes et raides, glauques, à bords cartilagineux dentés ; trois étamines recourbées. Même culture.

3. Cyanelle jaune. *C. lutea;* Willd. ♃. Du Cap. Feuilles

linéaires-lancéolées, planes ; hampe nue, un peu rameuse, à rameaux droits ; en juillet, fleurs jaunes, moyennes, en grappe lâche ; trois étamines recourbées. Même culture.

4. Cyanelle blanche. *Cyanella alba;* Willd. ♃. Du Cap. Feuilles filiformes ; hampe nue, uniforme. Même culture.

ALBUCA. *Albuca;* L. (*Hexandrie-monogynie.*) Calice à six divisions ovales oblongues ; les trois extérieures ouvertes ; les trois intérieures conniventes, plus épaisses à leur sommet. Six filamens, dont trois stériles, et trois portant des anthères. Un ovaire surmonté d'un style en pyramide renversée, et terminé par un stigmate aigu, entouré de trois petites pointes. Une capsule oblongue, à trois loges contenant plusieurs graines aplaties.

1. Albuca élevé. *Albuca altissima;* Jacq. ♃. Du Cap. Trois étamines fertiles. Feuilles subulées, canaliculées, roulées ; tiges de trois pieds ; en avril et mai, fleurs blanches, marquées d'une large ligne verte : pétales intérieurs glanduleux au sommet. Orangerie ; terre franche, légère, douce, et mieux, terre de bruyère. Quand les feuilles sont desséchées, on sépare les caïeux, on rafraîchit les racines, et l'on change la terre s'il est nécessaire. Arrosemens fréquens pendant la végétation, surtout pendant la floraison : très-rares pendant le repos de la plante.

2. Albuca jaune. *A. major;* Jacq. *Ornithogalum canadense;* L. ♃. Du Cap. Trois étamines fertiles. Feuilles linéaires-lancéolées, un peu planes ; hampe glauque, d'un à deux pieds ; en mai, fleurs penchées, en épi lâche : pétales extérieurs jaunes, tachetés de vert au sommet et à la base : les intérieurs d'un blanc jaunâtre. Même culture.

3. Albuca (petit). *A. minor;* Dryand. ♃. Du Cap. Trois étamines fertiles. Il diffère du précédent par ses feuilles linéaires, subulées, canaliculées. Il a une variété à fleurs plus petites : *A. lutea;* Lam. Même culture.

4. Albuca débile. *A. flaccida;* Jacq. ♃. Du Cap. Trois étamines fertiles. Feuilles lancéolées, linéaires, pendantes ; Fleurs en grappe courte, penchées, à pédoncules très-ouverts ; étamines alternes, stériles. Même culture.

5. Albuca a fleurs vertes. *A. viridiflora.* Jacq. ♃. Du Cap. Trois étamines fertiles. Feuilles linéaires, canaliculées,

un peu velues ; fleurs peu nombreuses, en grappe, pendantes, à pédoncules ouverts : étamines alternes, stériles : pétales extérieurs d'un vert gai, les intérieurs d'un jaune verdâtre. Même culture.

6. Albuca a feuilles canaliculées. *Albuca coarctata ;* H. K. ♃. Du Cap. Trois étamines fertiles. Feuilles glabres, linéaires, subulées ; pétales intérieurs courbés au sommet ; les pédoncules de la longueur des bractées. Même culture.

7. Albuca fastigiée. *A. fastigiata ;* Willd. ♃. Du Cap. Toutes les étamines fertiles. Feuilles glabres, linéaires, un peu planes ; hampe plus courte que les feuilles ; fleurs blanches, à pédoncules très-longs et pendans ; pétales intérieurs ovales, oblongs, un peu courts, voutés au sommet : les extérieurs linéaires oblongs. Même culture.

8. Albuca en queue. *A. caudata ;* Jacq. ♃. Du Cap. Toutes les étamines fertiles. Feuilles lancéolées linéaires, canaliculées, droites, raides ; pédoncules pendans. Même culture.

9. Albuca soyeuse. *A. setosa ;* Jacq. ♃. Du Cap. Toutes les étamines fertiles. Feuilles lancéolées, linéaires, à pédoncules très-penchés ; fleurs droites. Racines bulbeuses, à écailles soyeuses au sommet. Même culture.

10. Albuca dorée. *A. aurea ;* Jacq. ♃. Du Cap. Toutes les étamines fertiles. Feuilles lancéolées linéaires ; fleurs jaunes, droites ainsi, que les pédoncules. Même culture.

11. Albuca d'Abyssinie. *A. abyssinica ;* Jacq. *A. abyssinicus ;* Lam. ♃. Du Cap. Toutes les étamines fertiles. Feuilles linéaires, lancéolées, canaliculées, raides ; hampe nue, lisse, verte, glabre, de trois pieds de hauteur ; fleurs jaunes, d'abord penchées, puis redressées, plus courtes que les bractées, à pédoncules courts. Même culture.

12. Albuca odorante. *A. fragrans ;* Jacq. ♃. Du Cap. Toutes les étamines fertiles. Feuilles linéaires, lancéolées, canaliculées, glabres ; fleurs penchées, odorantes, à pédoncules pendans. Cette plante a beaucoup de ressemblance avec les antérics. Même culture.

13. Albuca visqueuse. *A. viscosa ;* Jacq. ♃. Du Cap. Toutes les étamines fertiles. Feuilles velues, glanduleuses ; pétales intérieurs courbés au sommet. Même culture.

14. Albuca en spirale. *A. spiralis ;* L. ♃. Du Cap. Toutes

les étamines fertiles. Feuilles velues, scabres, à feuilles en spirale. Fleurs penchées. Même culture.

ÉRIOSPERME. *Eriospermum*; Jacq. (*Hexandrie-monogynie.*) Calice campanulé, à six divisions persistantes; six étamines à filamens alternativement élargis par leur base. Une capsule à trois loges contenant des graines environnées de poils laineux.

1. Ériosperme lancéolé. *Eriospermum lanceæfolium;* Jacq. ♃. Du Cap. Feuilles ovales, lancéolées, à bords un peu ondulés et roulés; rameaux à pédoncules trois fois plus longs que les fleurs, droits, étalés. Orangerie. Terre légère ou de bruyère; multiplication par la séparation des caïeux quand les feuilles sont desséchées. Arrosemens fréquens pendant la végétation

2. Ériosperme a larges feuilles. *E. latifolium;* Willd. ♃. Du Cap. Feuilles pétiolées, oblongues, acuminées, en cornet à leur base. Fleurs d'un bleu pâle, disposées en une longue grappe, dont les pédoncules courbés en arc sont dix fois plus longs que les fleurs. Même culture.

3. Ériosperme a petites feuilles. *E. parvifolium;* Willd. ♃. Du Cap. Feuilles elliptiques, obtuses, planes; pédoncules étalés, presqu'à angle droit, quatre fois plus longs que les fleurs. Même culture.

SCILLE. *Scilla*; L. (*Hexandrie-monogynie.*) Calice à six divisions égales, ouvertes, caduques. Six étamines à filamens subulés, élargis à leur base. Un ovaire arrondi, muni d'un style et d'un stigmate simples. Une capsule presqu'ovale, à trois loges contenant des graines un peu arrondies.

1. Scille maritime. *Scilla maritima;* L. ♃. France méridionale. Ognon presque de la grosseur de la tête d'un homme. Feuilles lancéolées, raides; hampe naissant avant les feuilles, très-longue, à bractées réfléchies; feuilles lancéolées, raides, canaliculées; en mai, fleurs blanches, en épi conique. Orangerie, et culture du n° 2, mais terre de bruyère pure.

2. Scille lis-jacinthe. *S. lilio-hyacinthus;* L. ♃. France méridionale. Bulbe écailleuse. Feuilles lancéolées, couchées sur la terre; tige anguleuse; en mars et avril, fleurs bleues, peu nombreuses, en grappe, à pédoncules sans bractées. Pleine terre, franche, légère, sablonneuse, où on la laisse

trois ou quatre ans sans la relever. Multiplication de caïeux, et l'on profite du moment où on les sépare pour renouveler la terre.

3. SCILLE D'ITALIE. *Scilla italica;* L. ♃. Feuilles droites, canaliculées ; hampe de six à sept pouces, terminée par une grappe de fleurs bleues, oblongues et coniques ; bractées de la longueur des pédicelles. Même culture.

4. SCILLE LINGULÉE. *S. lingulata;* DESF. ♃. Barbarie. Feuilles lancéolées, planes, vaginées à la base; en hiver, fleur en grappe serrée, conique ; bractées subulées, de la même longueur que les pédicelles. Orangerie ; même culture.

5. SCILLE VELUE. *S. villosa;* DESF. ♃. Barbarie. Feuilles lancéolées, planes, velues ; en hiver, fleurs en corymbe. Orangerie et même culture.

6. SCILLE A FEUILLES OBTUSES. *S. obtusifolia;* DESF. ♃. Barbarie. Feuilles linguiformes, ondulées; en automne, fleurs en grappe, sans bractées ; hampe latérale. Orangerie; même culture.

7. SCILLE A PETITES FLEURS. *S. parviflora;* DESF. *S. numidica;* POIR. ♃. Barbarie. Feuilles linéaires, lancéolées, aiguës, glabres, plus courtes que la hampe; fleurs en grappe serrée ; bractées très-courtes. Orangerie ; même culture.

8. SCILLE ONDULÉE. *S. undulata;* DESF. ♃. Barbarie. Feuilles lancéolées, ondulées ; en automne, fleurs en grappe lâche, campanulées, d'un rose pâle ; bractées très-courtes. Orangerie ; même culture.

9. SCILLE A QUATRE FEUILLES. *S. tetraphylla;* L. ♃. Afrique. Pas de tige ; quatre feuilles ovales-lancéolées ; fleurs fasciculées. Orangerie ; même culture.

10. SCILLE DU PÉROU. *S. Peruviana;* DESF. ♃. Pyrénées. Bulbe grosse, tuniquée, laineuse ; feuilles radicales, nombreuses, en faisceau, ciliées sur leurs bords ; hampe nue, d'un pied, portant, en mai, un corymbe régulier et pyramidal de fleurs bleues. On en possède une variété à fleurs blanches. Quelquefois la culture fait devenir les feuilles entièrement glabres. Pleine terre. Culture du n° 2, et couverture de feuilles sèches pendant les fortes gelées.

11. Scille du Japon. *Scilla japonica;* Thunb ♃. Fleurs en ombelle terminale, fastigiées, à corolle ouverte, d'un blanc pourpré; bractées de la hampe et des fleurs membraneuses, lancéolées, droites et appliquées. Orangerie; même culture.

12. Scille agréable. *S. amœna;* Willd. ♃. Indigène. Tige anguleuse; en mars et avril, fleurs à pédoncules alternes et plus courts qu'elles, un peu penchées, bleues, les pétales marqués de deux lignes blanches à leur base; bractées obtuses, très-courtes. Pleine terre; même culture.

13. Scille précoce. *S. præcox;* Willd. ♃. Indigène. Tige anguleuse; fleurs bleues, en grappe formant un peu le corymbe; pédoncules deux fois plus longs que les fleurs; bractées très-peu apparentes. C'est plus particulièrement par sa précocité qu'on la distingue aisément de l'autre, dont Dumont de Courcet ne la regarde que comme une variété. Pleine terre; même culture.

14. Scille campanulée. *S. campanulata;* Ait. *S. hyacinthoïdes;* Jacq. *S. hispanica;* Miller. ♃. Espagne. Bulbe solide; feuilles lancéolées, longues d'un pied; hampe de huit à dix pouces; fleurs en panicule lâche, droites, campanulées, d'un bleu violet; bractées à deux divisions, plus longues que les pédoncules. Pleine terre; même culture; couverture de feuilles sèches pendant les fortes gelées. Plus sûrement en orangerie.

15. Scille a deux feuilles. *S. bifolia;* Ait. ♃. Indigène. Racine solide; deux feuilles lancéolées, de la longueur de la hampe; fleurs en grappe, sans bractées. Pleine terre; même culture.

16. Scille printanière. *S. verna;* H. K. ♃. Angleterre. Feuilles linéaires, canaliculées, radicales, assez nombreuses; en juin et juillet, fleurs en grappe pauciflore, avec des bractées. Même culture.

17. Scille de Portugal. *S. lusitanica;* L. ♃. Fleurs en grappe conique et oblongue; pétales rayés. Même culture, et couverture de feuilles sèches pendant les gelées.

18. Scille d'Orient. *S. orientalis;* Thunb ♃. Japon. Feuilles

elliptiques, ensiformes ; fleurs droites, en grappe. Orangerie, et même culture.

19. Scille jacinthe. *Scilla hyacinthoïdes ;* Ait. ♃. Madère. Feuilles lancéolées, assez longues, molles ; grappe cylindrique, multiflore ; pétales de moitié plus longs que l'ovaire ; pédoncule coloré. Orangerie ; même culture.

20. Scille d'automne. *S. autumnalis;* L. ♃. Indigène. Feuilles menues, filiformes, faibles ; fleurs roses, en corymbe; les pédoncules nus, redressés, de la longueur de la fleur. Pleine terre ; même culture.

21. Scille de Mauritanie. *S. mauritanica ;* Pers. ♃. Barbarie. Feuilles linéaires, planes, à sommet roulé; fleurs en grappe, chacune munie de deux bractées de la même longueur que les pédoncules. Cette espèce a beaucoup de rapport avec la première, mais ses fleurs sont plus petites et moins étalées. Orangerie et même culture.

22. Scille tingitane. *S. tingitana ;* Pers. ♃. Barbarie. Feuilles lancéolées, planes, roulées au sommet; fleurs plus grandes que celles de la scille d'automne, en grappe ; bractées persistantes, solitaires, plus courtes que les pédoncules. Orangerie; même culture.

23. Scille a deux fleurs. *S. biflora ;* Flor. Péruv. ♃. Du Pérou. Fleurs blanches, géminées, en grappe lâche. Orangerie ; même culture.

24. Scille a une feuille. *S. unifolia ;* L. ♃. Du Portugal. Une seule feuille cylindrique, portant sur un de ses côtés un épi de fleurs bleues, odorantes. Orangerie ; même culture.

ORNITHOGALE. *Ornithogalum ;* L. (*Hexandrie-monogynie.*) Calice à six divisions oblongues, ouvertes, persistantes ; six étamines à filamens alternativement élargis par leur base ; un ovaire muni d'un style persistant, terminé par un stigmate obtus ; une capsule presque ronde, à trois loges contenant plusieurs graines arrondies.

1. Ornithogale a une fleur. *Ornithogalum uniflorum ;* Willd. ♃. Sibérie. Hampe à deux feuilles opposées ; pédoncules uniflores ; fleurs jaunes, assez semblables à celles de l'ornithogale jaune, mais trois fois plus grandes ; pétales extérieurs lancéolés, rétus, les intérieurs elliptiques, deux

fois plus larges. Pleine terre franche, légère, un peu fraîche, un peu ombragée. Multiplication de caïeux que l'on sépare en automne, et que l'on replante de suite.

2. Ornithogale de neige. *Ornithogalum niveum*; Ait. ♃. Du Cap. Feuilles glabres, filiformes, canaliculées; en août, fleurs blanches, en grappe pauciflore; pétales lancéolés, les extérieurs verts sur le dos; filamens des étamines subulés. Orangerie; terre légère ou de bruyère; arrosemens pendant la végétation, nuls pendant le repos de la plante; dépotage tous les deux ans pour renouveler la terre, et séparer les caïeux que l'on replante de suite, ainsi que la bulbe mère.

3. Ornithogale fibreux. *O. fibrosum*; Desf. ♃. Barbarie. Feuilles souvent au nombre de cinq, radicales, subulées, canaliculées; hampe uniflore, très-courte; fleurs jaunes, verdâtres en dehors. Culture du n° 2.

4. Ornithogale bulbifère. *O. bulbiferum*; Willd. ♃. Russie. Hampe feuillée, uniflore; feuilles alternes, linéaires, subulées, à base bulbifère, les radicales filiformes; pétales égaux et aigus. Culture du n° 1.

5. Ornithogale de Buénos-Ayres. *O. bonariense*; Pers. *O. spathaceum*; Poir. ♃. Amérique. Feuilles radicales longues, étroites; une spathe courte et diphylle; fleurs ombellées, petites, striées, d'un blanc purpurescent. Culture du n° 2.

6. Ornithogale a spathe. *O. spathaceum*; Pers. *O. minimum*; Fl. Dan. ♃. Indigène. Hampe un peu cylindrique, enveloppée par des feuilles lancéolées; trois fleurs jaunes, pédonculées, en ombelle. Culture du n° 1.

7. Ornithogale de Bohème. *O. bohemicum*; Willd. ♃. Allemagne. Hampe feuillée, ordinairement à une fleur; feuilles alternes, lancéolées, les radicales filiformes; pédoncules un peu velus; pétales égaux, lancéolés, un peu obtus. Culture du n° 1.

8. Ornithogale jaune. *O. luteum*; L. *O. pratense*; Pers. ♃. Indigène. Hampe anguleuse, de deux à quatre pouces; ordinairement deux feuilles aussi longues que la hampe; en mars et avril, fleurs jaunes, ligulées, en ombelle; pé-

doncules rameux dans la *var. minimum*, simples dans celle-ci, glabres et triangulaires dans toutes deux. Culture du n° 1.

Var. Ornithogale des bois. *O. sylvaticum;* Pers. *O. luteum;* Fl. Dan. Plus grand; hampe diphylle; pédoncule simple. Même culture.

9. Ornithogale petit. *Ornithogalum minimum;* L. *O. arvense;* Pers. ♃. Indigène. Hampe anguleuse, diphylle; fleurs jaunes, en corymbe; pédoncules rameux, pubescens. C'est par ce dernier caractère qu'on le distingue facilement du précédent. Culture du n° 1.

10. Ornithogale arrondi. *O. circinatum;* L. ♃. Astracan. Plante couverte de poils blancs; feuilles linéaires, recourbées, canaliculées, une radicale et deux caulinaires. Tige à trois ou quatre fleurs. Culture du n° 1.

11. Ornithogale paradoxal. *O. paradoxum;* Jacq. ♃. Du Cap. Une tige; feuilles multifides, ciliées; hampe rameuse, à peu de fleurs; corolle campanulée; filamens des étamines lancéolés. Culture du n° 2.

12. Ornithogale frangé. *O. fimbriatum;* Willd. ♃. Crimée. Feuilles linéaires, ciliées; hampe ordinairement à deux fleurs; bractées presque de même longueur que les pédoncules. Culture du n° 1.

13. Ornithogale en ombelle, dame d'onze heures. *O. umbellatum;* L. Indigène. Feuilles étroites, canaliculées; en mars et avril, fleurs en corymbe, blanches, assez grandes, au nombre de sept à huit, pédonculées, s'ouvrant à onze heures du matin, portées sur une hampe de sept à huit pouces. Culture du n° 1.

14. Ornithogale des Pyrénées. *O. pyrenaïcum;* L. *O. stachyodes;* H. K. ♃. Indigène. Feuilles assez longues, étalées, hampe de trois pieds; en juin et juillet, fleurs nombreuses, en longue grappe, d'un blanc verdâtre, à pétales linéaires; pédoncules étalés; filamens des étamines élargis. Culture du n° 1.

15. Ornithogale blanc de lait. *O. lacteum;* Jacq. ♃. Du Cap. Feuilles lancéolées, planes, conniventes au sommet, velues à la base; étamines alternes, à filamens un peu marginés à la base. Culture du n° 2.

16. Ornithogale ovale. *Ornithogalum ovatum*; Thunb. ♃. Du Cap. Feuilles ovales, entières, glabres; fleurs en grappe ovale. Culture du n° 2.

17. Ornithogale cilié. *O. ciliatum*; L. ♃. Du Cap. Feuilles ovales, aiguës, ciliées; fleurs en grappe. Culture du n° 2.

18. Ornithogale crénelé. *O. crenulatum*; L. *O. unifolium*; Retz. ♃. Du Cap. Feuilles oblongues, obtuses, ciliées; fleurs en grappe droite. Culture du n° 2.

19. Ornithogale velu. *O. pilosum*; L. ♃. Du Cap. Feuilles linéaires, ensiformes, ciliées; fleurs en grappe, à pédoncules courbés en dedans. Culture du n° 2.

20. Ornithogale roulé. *O. revolutum*; Jacq. ♃. Du Cap. Feuilles presque linéaires, un peu planes, glabres; hampe flexueuse; fleurs en grappe, à pétales révolutés à leur base, et à filamens des étamines subulés. Culture du n° 2.

21. Ornithogale conique. *O. conicum*; Willd. ♃. Du Cap. Feuilles lancéolées, planes, à bords velus; fleurs en grappe conique; filamens des étamines subulés; bractées membraneuses, de la longueur des pédoncules. Culture du n° 2.

22. Ornithogale odorant. *O. suaveolens*; Jacq. ♃. Du Cap. Feuilles linéaires, canaliculées, de la longueur de la hampe; filamens des étamines lancéolés; fleurs en grappe courte, répandant une odeur agréable. Culture du n° 2.

23. Ornithogale de Narbonne. *O. narbonense*; L. ♃. Indigène. Feuilles assez molles, longues, étalées sur la terre; tige d'un à deux pieds; fleurs en grappe oblongue, à pédoncules ouverts; filamens des étamines membranacés et lancéolés. Culture du n° 1.

24. Ornithogale pyramidal. *O. pyramidale*; Ait. ♃. Portugal. Feuilles comme la précédente; fleurs nombreuses, un peu redressées, en grappe conique, à pétales elliptiques-oblongs, planes : à étamines égales, lancéolées, et à style très-court. Dumont de Courcet le regarde comme variété du précédent. Culture du n° 1.

25. Ornithogale a larges feuilles. *O. latifolium*; Willd. ♃. Barbarie. Feuilles lancéolées; fleurs d'un blanc très-pur,

en longue grappe; filamens des étamines subulés; pédoncules beaucoup plus longs que les fleurs. Culture du n° 2.

26. Ornithogale très-élevé. *Ornithogalum altissimum;* Pers. *O. giganteum;* Jacq. ♃. Du Cap. Feuilles oblongues, pointues, roulées au sommet, plus longues que la hampe; fleurs en grappe très-longue; filamens des étamines subulés-lancéolés; pédoncules deux fois plus longs que les fleurs. Culture du n° 2.

27. Ornithogale scilloïde. *O. scilloïdes;* Jacq. ♃. Du Cap. Feuilles linéaires, roulées, avec une longue pointe à leur sommet; fleurs en grappe très-longue; les pédoncules de la longueur des fleurs. Culture du n° 2.

28. Ornithogale a longues bractées. *O. longebracteatum*, Jacq. *O. bracteatum;* Thunb. ♃. Du Cap. Bulbe très-grosse; feuilles lancéolées-ensiformes; hampe de deux à trois pieds; fleurs blanches, rayées de vert, en très-longue grappe; bractées presque deux fois plus longues que les pédoncules, subulées, culture du n° 2.

29. Ornithogale du Japon. *O. japonicum;* Thunb. ♃. Feuilles radicales linéaires, planes, plus courtes que la hampe, celle-ci striée; fleurs d'un pourpre bleuâtre, pendantes, persistantes, en épi rameux, cylindrique et très-long. Culture du n° 2.

30. Ornithogale chevelu. *O. comosum;* Pers. ♃. Lieu...? Feuilles linéaires, canaliculées; fleurs en grappe très-courte, à pétales obtus, et filamens des étamines subulés; bractées lancéolées, de la même longueur que les fleurs. Culture du n° 2.

31. Ornithogale délicat. *O. tenellum;* Jacq. ♃. Lieu.....? Feuilles linéaires, canaliculées; hampe filiforme; fleurs en grappe lâche, blanches, avec des lignes jaunâtres, à pétales lancéolés, et filamens des étamines subulés; bractées du double plus courtes que les pédoncules. Culture du n° 2.

32. Ornithogale a fleurs odorantes. *O. odoratum;* Jacq. ♃. Du Cap. Feuilles lancéolées, linéaires, planes, couchées sur la terre; fleurs en longue grappe jaunâtre, à pétales jaunâtres, marqués d'une ligne verte dans le milieu; filamens des étamines lancéolés. Culture du n° 2.

33. Ornithogale a feuilles courbées. *O. secundum;* Jacq.

O. maculatum; Thunb. ♃. Du Cap. Feuilles presque linéaires, aiguës et courbées au sommet, droites, cartilagineuses et muriquées à la base ; fleurs en grappe courte et unilatérale ; filamens des étamines lancéolés. Culture du n° 2.

34. Ornithogale brun. *Ornithogalum fuscatum*; Jacq. ♃. Du Cap. Feuilles peu nombreuses, linéaires, cunéiformes, trois fois plus courtes que la hampe ; fleurs en grappe oblongue, à filamens des étamines lancéolés, et dont trois plus larges. Capsule à trois lobes ailés. Culture du n° 2.

35. Ornithogale barbu. *O. barbatum*; Jacq. ♃. Du Cap. Feuilles souvent géminées, subulées ; trois pétales alternes barbus au sommet ; filamens des étamines subulés. Culture du n° 2.

36. Ornithogale polyphylle. *O. polyphyllum*; Willd. ♃. Du Cap. Feuilles linéaires, subulées, à demi-cylindriques ; fleurs en grappe courte, peu nombreuses ; pétales linéaires, obtus, à sommet calleux et infléchi ; filamens des étamines subulés. Culture du n° 2.

37. Ornithogale a feuilles de jonc. *O. juncifolium*; Jacq. ♃. Du Cap. Feuilles assez nombreuses, subulées ; fleurs en grappe très-longue ; filamens des étamines un peu lancéolés. Culture du n° 2.

38. Ornithogale des rochers. *O. rupestre*; Thunb. ♃. Du Cap. Feuilles filiformes, charnues ; hampe portant peu de fleurs, celles-ci pendantes. Culture du n° 2.

39. Ornithogale d'Arabie. *O. arabicum*; Ait. ♃. Egypte. Feuilles courtes, un peu charnues, canaliculées, glabres ; hampe cylindrique, droite, de douze à dix-huit pouces ; en avril, fleurs nombreuses, en grappe conique ou corymbiforme, blanches, larges, campanulées, à pétales extérieurs souvent à trois dents ; filamens des étamines subulés, émarginés. Culture du n° 2.

40. Ornithogale en thyrse. *O. thyrsoïdes*; Ait. ♃. Du Cap. Feuilles larges, ciliées ; en juin, fleurs en grappe corymbiforme, jaunes, nombreuses ; filamens des étamines alternes et fourchus. Culture du n° 2.

Var. A fleurs blanches, et à bractées de la même longueur que les pédoncules.

41. Ornithogale doré. *O. aureum*; Willd. *O. miniatum*;

JACQ. *Var. β. flavescens* et λ. *flavissimum;* JACQ. ♃. Du Cap. Feuilles lancéolées, bordées d'un cartilage blanc, denticulé; fleurs en grappe serrée, rouges, jaunes, orangées, selon la variété; filets des étamines alternes et émarginés. Culture du n° 2.

42. ORNITHOGALE RESSERRÉ. *Ornithogalum coarctatum;* WILLD. ♃. Du Cap. Feuilles linéaires, canaliculées; fleurs nombreuses, en grappe serrée; filamens des étamines alternes et émarginés. Culture du n° 2.

43. ORNITHOGALE EN QUEUE. *O. caudatum;* AIT. ♃. Du Cap. Feuilles lancéolées linéaires; fleurs en grappe très-longue, à corolle ouverte, blanche, avec une raie verte; étamines dilatées, les alternes cunéiformes. Culture du n° 2.

44. ORNITHOGALE A FLEURS PENCHÉES. *O. nutans;* JACQ. ♃. Indigène. Fleurs unilatérales, pendantes, en grappe terminale, d'un blanc verdâtre en dedans, vertes en dehors, bordées de blanc. Culture du n° 1.

AIL. *Allium;* L. (*Hexandrie-monogynie.*) Calice à six divisions oblongues, plus ou moins ouvertes; six étamines à filamens quelquefois élargis, ayant trois pointes à leur sommet; un ovaire court, muni d'un style et d'un stigmate simples; une capsule courte, à trois loges, contenant plusieurs graines; fleurs rassemblées plusieurs ensemble en tête ou en ombelle, dans une spathe formée de deux feuilles membraneuses. Ce genre renferme plus de soixante espèces dont la moitié au moins croît spontanément en France. Nous avons traité des ails cultivés dans le potager, *voyez* tome 2, page 284, *allium sativum;* page 285, *A. scorodoprasum;* page 358, *A. fissile;* page 360, *A. schœnoprasum;* page 368, *A. sativum;* page 412, *A. cepa;* page 434, *A. porrum.* Nous ne parlerons ici que des espèces qui offrent de l'intérêt et qui sont cultivées au jardin du roi.

§ Ier. Feuilles caulinaires planes. Ombelle portant des capsules.

1. AIL A ODEUR AGRÉABLE. *Allium suaveolens;* JACQ. ♃. Autriche. Feuilles linéaires, carénées; hampe nue, un peu cylindrique; fleurs odorantes, en ombelle presque ronde, à étamines subulées. Pleine terre, légère, et mieux, sablonneuse, chaude; multiplication de caïeux séparés tous les

deux ou trois ans et replantés de suite. Toutes les plantes de ce genre sont très-robustes, et peuvent se cultiver comme l'ail de cuisine. *Voyez* tome 2, page 284.

2. Ail a feuilles de plantain. *Allium victorialis ;* L. ♃. Des Alpes. Feuilles elliptiques, les caulinaires planes ; hampe terminée par une ombelle arrondie, de fleurs jaunâtres, à étamines lancéolées, plus longues que la corolle. Même culture.

3. Ail velu. *A. subhirsutum ;* L. ♃. Orient. Feuilles radicales un peu velues, les caulinaires glabres ; fleurs en ombelle, à étamines subulées. Même culture, mais orangerie.

4. Ail magique. *A. magicum ;* L. ♃. Lieu....? Feuilles radicales amples, canaliculées, les caulinaires planes ; fleurs blanches, en ombelle large ; étamines simples. Pleine terre ; même culture.

5. Ail a feuilles obliques. *A. obliquum ;* L. ♃. Sibérie. Feuilles obliques, les caulinaires planes ; tige de deux pieds, terminée par une ombelle globuleuse de fleurs jaunes ; étamines filiformes, trois fois plus longues que la fleur. Même culture.

6. Ail rameux. *A. ramosum ;* L. ♃. Orient. Feuilles linéaires, un peu convexes, les caulinaires planes et opposées ; fleurs en ombelle globuleuse ; à étamines subulées plus longues que les fleurs. Même culture ; mais orangerie.

7. Ail de Tartarie. *A. tartaricum ;* L. ♃. Sibérie. Feuilles semi-cylindriques, celles de la tige plane ; tige cylindrique, d'un demi-pied ; fleurs blanches à nervures violettes, en ombelle droite et plane ; étamines simples. Même culture.

8. Ail rose. *A. roseum ;* Desf. ♃. France méridionale. Feuilles planes, striées, très-étroites ; tige d'un pied ; fleurs grandes, couleur de rose avec une ligne pourpre, en ombelle munie d'une collerette ; étamines très-courtes. Pleine terre, et même culture.

§ II. Feuilles caulinaires planes. Ombelle portant des bulbilles.

9. Ail des sables. *Allium arenarium;* L. ♃. Indigène. Feuilles planes, longues ; tige de deux à trois pieds, à moitié feuillée ; fleurs purpurines, ramassées, avec des bulbes noirâtres et formant une tête terminale ; étamines trifides. Même culture.

10. Ail a feuilles carénées. *A. carinatum;* L. ♃. Indigène. Tige d'un pied, garnie de deux ou trois feuilles planes, en gouttière, contournées ; fleurs purpurines, en ombelle ; pédoncules violets ; spathe diphylle et pointue ; étamines subulées. Même culture.

§ III. Feuilles caulinaires cylindriques. Ombelle portant des capsules.

11. Ail a tête ronde. *A. sphærocephalum;* L. ♃. Indigène. Feuilles menues, un peu fistuleuses ; fleurs d'un pourpre foncé, en tête serrée et terminale ; étamines trifides, plus longues que la corolle. Même culture.

12. Ail a petites fleurs. *A. parviflorum;* L. ♃. Indigène. Feuilles subulées, menues ; fleurs purpurines, très-petites, en ombelle globuleuse ; étamines plus longues que la fleur ; spathe pointue. Même culture.

13. Ail a tête pourpre. *A. descendens;* L. ♃. Suisse. Tige presque cylindrique ; fleurs pourpres, en grosse ombelle ; les pédoncules extérieurs très-courts ; étamines trifides ou à trois pointes. Même culture.

14. Ail musqué. *A. moschatum;* L. ♃. Indigène. Feuilles sétacées, les caulinaires cylindriques ; ordinairement six fleurs en ombelle fastigiée, à pétales aigus ; étamines simples. Même culture.

15. Ail jaune. *A. flavum;* L. ♃. Autriche. Feuilles menues ; tige d'un pied et demi ; fleurs jaunes, pendantes, à pétales ovales, et étamines plus longues que la corolle. Même culture.

16. Ail a fleurs pales. *A. pallens;* Gouan. ♃. Indigène. Feuilles menues, striées ; tige de deux pieds ; fleurs pâles, pendantes, en ombelle lâche ; étamines simples, de la lon-

gueur de la fleur; corolle campanulée, tronquée, blanche; style à peine sensible. Même culture.

17. Ail paniculé. *Allium paniculatum*; L. ♃. France méridionale. Feuilles longues, menues, cannelées; fleurs purpurines, en ombelle paniculée; étamines subulées; spathe très-longue, à deux divisions. Même culture.

18. Ail des vignes. *A. vineale*; Hall. ♃. Feuilles menues, fistuleuses, jonciformes; tige droite, de deux pieds; fleurs rougeâtres; étamines trifides. Cette espèce porte quelquefois des bulbes à son sommet. Même culture.

19. Ail verdatre. *A. oleraceum*; L. ♃. Feuilles menues, fistuleuses, jonciformes; fleurs verdâtres, en ombelle lâche; étamines simples. Même culture.

§ IV. Feuilles radicales. Hampe nue.

20. Ail penché. *A. nutans*; L. ♃. Sibérie. Feuilles étroites, nombreuses, contournées; tige d'un pied et demi, comprimée; fleurs purpurines, en tête penchée avant leur épanouissement; étamines trifides. Même culture.

21. Ail flétri. *A. senescens*; L. ♃. Sibérie. Feuilles linéaires, convexes et lisses en dessous; tige nue, ancipitée; fleurs en ombelle arrondie; étamines subulées. Même culture.

22. Ail odorant. *A. odorum*; L. ♃. Europe australe. Feuilles linéaires, canaliculées, anguleuses en dessous; hampe nue, presque cylindrique; en été, fleurs nombreuses, blanches, à pétales droits, pointus, relevés d'un côté, en ombelle fastigiée, exhalant une odeur très-agréable. Plante très-agréable. Même culture.

23. Ail inodore. *A. inodorum*; Pers. ♃. Caroline. Feuilles linéaires, planes, carénées en dessous; tige nue, peu anguleuses et striées; fleurs en ombelle serrée; pétales intérieurs ouverts à leur sommet, les extérieurs connivens; étamines plus courtes que la corolle. Même culture. Cette espèce a beaucoup d'analogie avec la suivante, mais elle est plus grande du double.

24. Ail anguleux. *A. angulosum*; L. ♃. Indigène. Feuilles longues, étroites, contournées, anguleuses, pointues; hampe nue, à angles tranchans; fleurs rougeâ-

tres, en ombelle obronde; étamines subulées. Même culture.

25. Ail a odeur de vanille. *Allium fragrans;* Vent. ♃. Afrique. Feuilles linéaires, carénées, obtuses, contournées; hampe cylindrique; pédoncules nus; en mai et juin, ombelle lâche, de grandes fleurs blanches striées de pourpre, à étamines planes. Plante fort jolie, et répandant une agréable odeur. Même culture, mais serre tempérée.

26. Ail strié. *A. striatum;* Willd. ♃. Du Cap. Feuilles linéaires, striées et sillonnées en dessous; hampe nue, un peu triangulaire, plus courte que les feuilles; fleurs en ombelle fastigiée, à pétales obtus, et étamines simples. Orangerie, et même culture.

27. Ail a fleurs de narcisse. *A. narcissiflorum;* Willd. ♃. Indigène. Feuilles linéaires, subulées, plus courtes que la hampe: celle-ci nue et cylindrique; fleurs en ombelle terminale, inclinée, fastigiée, à pétales lancéolés, mucronés, et étamines simples, plus courtes que les pétales. Pleine terre et même culture.

28. Ail du Piémont. *A. pedemontanum;* Willd. *A. nigrum;* Allion. ♃. Feuilles linéaires, obtuses; hampe un peu tétragone; ombelle pauciflore. Même culture.

29. Ail de Montpellier. *A. nigrum;* Willd. *A. multibulbosum;* Jacq. *A. monspessulanum;* Gouan. ♃. Du midi de la France. Feuilles lancéolées, molles, pointues; hampe de deux ou trois pieds, nue, cylindrique; en juillet, une cinquantaine de fleurs blanches, à pétales étalés, à étamines simples, en ombelle hémisphérique; ovaire noir. Même culture.

30. Ail changeant. *A. mutabile;* Mich. ♃. Géorgie d'Amérique. Feuilles étroites, canaliculées, de huit à dix pouces de longueur; fleurs rouges, petites, en ombelle au sommet d'une hampe grêle, plus longue que les feuilles. Même culture.

31. Ail des ours. *A. ursinum;* L. ♃. Indigène. Feuilles ovales-lancéolées, pétiolées; hampe nue, triangulaire; fleurs très-blanches, assez grandes, en ombelle fastigiée. Même culture.

32. Ail triangulaire. *A. triquetrum;* Desf. ♃. Es-

pagne. Feuilles canaliculées, à cinq côtes; tige de cinq à six pouces, triangulaire; fleurs blanches, en ombelle lâche; étamines simples. Même culture, mais couverture de litière sèche pendant l'hiver.

33. Ail doré. *Allium Moly;* L. ♃. Indigène. Feuilles sessiles, glauques, lancéolées, planes, pointues; tige d'un pied; en juin, fleurs d'un beau jaune, assez grandes, en étoiles, en ombelle fastigiée. Pleine terre, et même culture. Jolie plante.

34. Ail de Sibérie. *A. sibiricum;* Willd. ♃. Feuilles demi-cylindriques; hampe presque nue, menue, cylindrique; fleurs blanches, en ombelle; pétales lancéolés, aigus, avec une ligne verte. Même culture.

35. Ail de Portugal. *A. lusitanicum;* Red. ♃. Feuilles menues, filiformes, presque capillaires; hampe grêle, longue de huit pouces; fleurs purpurines, en ombelle un peu lâche et globuleuse. Même culture.

36. Ail de la Jamaïque. *A. gracile;* Ait. *A. striatum;* Red. ♃. Feuilles linéaires, canaliculées; hampe nue, cylindrique, très-longue; fleurs blanches, droites, odorantes, en ombelle; étamines subulées, connées à la base. Même culture, mais orangerie.

37. Ail a feuilles de scorsonère. *A. scorsoneræfolium;* Red. ♃. Lieu...? Feuilles lancéolées, linéaires, à trois nervures saillantes, plissées; hampe de huit à dix pouces, cylindrique; quatre à six fleurs en ombelle, jaunes ainsi que les filamens des étamines. Même culture, mais orangerie.

38. Ail de la Caroline. *A. carolinianum;* Red. ♃. Feuilles linéaires, droites, planes; hampe une fois plus longue que les feuilles, cylindrique; vingt-cinq à trente fleurs d'un blanc rosé, odorantes, en ombelle globuleuse; filamens blancs, et anthères jaunes. Même culture, mais pleine terre.

39. Ail globuleux. *A. globosum;* Red. ♃. Du mont Caucase. Feuilles linéaires, filiformes, pointues, étalées; hampe feuillée à la base; fleurs en ombelle, d'un rose vif, ainsi que les pédoncules. Même culture.

40. Ail capillaire. *A. capillare;* Willd. ♃. Italie. Feuil-

les menues, longues, capillaires; hampe nue, cylindrique; fleurs peu nombreuses, en ombelle, à pétales lancéolés-aigus. Même culture.

TUBÉREUSE. *Polyanthes;* L. (*Hexandrie-monogynie.*) Calice monophylle, infondibuliforme, à limbe partagé en six divisions ouvertes; six étamines à filamens épais insérés à l'orifice du tube, portant des anthères plus longues qu'eux; un ovaire muni d'un style filiforme, terminé par un stigmate trifide; capsule environnée à sa base par le tube du calice, partagée en trois loges, contenant chacune deux rangs de graines planes.

1. TUBÉREUSE DES JARDINS. *Polyanthes tuberosa;* L. *amica nocturna;* RUMPH. ♃. Inde. Bulbe tubéreuse, pointue au sommet, arrondie à la base; feuilles linéaires, canaliculées, très-longues; hampe écailleuse, de trois à cinq pieds; en août et septembre, fleurs assez grandes, blanches, alternes, géminées, très-odorantes, en épi ouvert. Son odeur, quoique fort agréable, peut devenir dangereuse dans un appartement fermé. *Var.* A fleurs doubles.

Terre franche, substantielle, pas trop forte, et surtout sans engrais animaux. En mars, on plante l'ognon dans un pot de la grandeur de ceux d'œillets, que l'on enfonce dans une couche tiède sous châssis ou sous cloche, et que l'on garantit de la plus petite gelée. On peut aussi les planter dans le terreau de la couche. Arrosemens fréquens pendant la végétation, et donner de l'air pendant que le soleil frappe sur la couche. Lorsque la saison est assez avancée pour n'avoir plus à craindre la fraîcheur des nuits, on enlève les cloches ou les panneaux des châssis, mais on laisse les pots dans la couche jusqu'à ce que les ognons marquent fleur, et que les boutons soient près à épanouir; alors on les en ôte, afin de faire durer la floraison plus long-temps. Lorsque les tiges sont desséchées, on enlève les ognons, on jette ceux qui ont fleuri, et l'on conserve, en lieu sec et à l'abri du froid, les caïeux qu'ils ont produits. Ceux-ci ne fleurissent que la quatrième année et encore avec beaucoup de peine, surtout ceux de la tubéreuse à fleurs simples; on les gouverne de la même manière, ou, ce qui vaut mieux, on les cultive dans la serre chaude, jusqu'à ce qu'ils soient assez forts pour donner leurs fleurs. La plupart des amateurs et des jardiniers préfèrent tirer d'Italie des ognons faits, pour s'éviter des soins longs et minutieux, et dont la réussite est souvent fort chanceuse.

2. TUBÉREUSE PYGMÉE. *Polyanthes pygmea;* WILD. PERS. ♃. Du Cap. Feuilles oblongues, ovales; hampe moins longue que les feuilles. Cette plante ne devrait-elle pas former un nouveau genre? Serre tempérée ou orangerie éclairée; terre sablonneuse ou de bruyère; arrosemens pendant la végétation; multiplication de caïeux séparés tous les deux ou trois ans, et que l'on replante aussitôt.

HÉMÉROCALLE. *Hemerocallis;* L. (*Hexandrie-monogynie.*) Calice monophylle, tubuleux inférieurement, ayant son limbe campanulé, partagé en six divisions ouvertes; six étamines à filamens insérés sur le tube du calice, portant des anthères oblongues, vacillantes; un ovaire muni d'un style filiforme, terminé par un stigmate obtusément trigone; une capsule ovale, à trois loges contenant plusieurs graines arrondies.

1. HÉMÉROCALLE JAUNE, lis asphodèle. *Hemerocallis flava;* WILLD. ♃. Suisse. Feuilles oblongues, un peu lancéolées, linéaires, larges, carénées; tige de trois pieds, nue, divisée au sommet en deux ou trois rameaux portant chacun, en juin, deux ou trois grandes fleurs odorantes, d'un beau jaune, à pétales planes, aigus, dont les nervures sont indivisées. Tous terrains et toutes expositions, mais mieux terre franche légère, un peu ombragée; en mars et avril, multiplication aisée par la séparation des nombreux œilletons qui poussent sur les racines, ou par l'éclat des racines, lorsque les tiges sont desséchées.

2. HÉMÉROCALLE ROUGE. *H. fulva;* WILLD. ♃. Chine. Feuilles nombreuses, en faisceau, linéaires-lancéolées, carénées; tige nue, de quatre à cinq pieds, divisée au sommet en plusieurs rameaux portant chacun de trois à cinq fleurs, grandes, d'un jaune rougeâtre; les trois pétales intérieurs obtus, ondulés, les nervures des pétales extérieurs rameuses. Même culture.

3. HÉMÉROCALLE GRAMINÉE. *H. graminea;* ANDREW. ♃. Europe méridionale. Feuilles anguleuses, linéaires, carénées,

graminées ; fleurs odorantes, jaunes, fauves en dessous et striées, grandes, les trois pétales intérieurs grands et ondulés. Même culture.

4. Hémérocalle a feuilles lancéolées. *Hemerocallis lancifolia;* Willd. ♃. Japon. Feuilles oblongues, un peu lancéolées, atténuées à la base et au sommet. Serre tempérée ; terre franche, substantielle, pas trop légère ; arrosemens fréquens pendant la vegétation, et de la chaleur pour fleurir ; multiplication comme les précédentes.

5. Hémérocalle a feuilles de plantain. *H. plantaginea;* Dum. Courc. *H. japonica;* Thunb. *H. cordata;* Thunb. *H. alba;* Pers. ♃. Chine. Feuilles larges, ovales-cordiformes, pétiolées, à pétiole canaliculé, amplexicaule ; tiges un peu penchées, d'un pied, terminées par plusieurs grandes fleurs d'un beau blanc, à tube très-long, odorantes, chacune d'elle naissant dans une spathe foliacée et concave. Culture de la précédente, mais orangerie pour faciliter la floraison.

6. Hémérocalle bleue. *H. cœrulea;* Red. ♃. Chine. Feuilles cordiformes, membraneuses, plus courtes que dans l'espèce précédente, à pétiole canaliculé ; hampe de deux pieds, droite, verte, cylindrique, portant au sommet plusieurs fleurs distantes, en épi, d'un beau bleu, pendantes, unilatérales, inodores, beaucoup moins grandes que celles de la précédente. Même culture, quoiqu'elle soit plus délicate. On peut encore multiplier les hémérocalles de graines semées en mai, dans des pots enfoncés dans la tannée d'une couche tiède ; on repique le plant, quand il est assez fort, dans des petits pots, et on le fait reprendre dans une couche de chaleur modérée.

AGAPANTHE. *Agapanthus;* L'Hérit. (*Hexandrie-monogynie.*) Calice monophylle, tubuleux inférieurement, à limbe partagé en six divisions oblongues, ouvertes ; six étamines à filamens insérés à l'entrée du tube et portant des anthères réniformes ; un ovaire oblong, chargé d'un style et d'un stigmate simples ; une capsule oblongue, à trois valves opposées à la cloison, à trois loges contenant un grand nombre de graines oblongues, comprimées, environnées d'une membrane.

1. Agapanthe ombellifère, tubéreuse bleue ; *Agapanthus*

umbellatus; L'Hérit. *Crinum africanum*; L ♃. Afrique. Feuilles assez longues, linéaires, planes, un peu étalées après l'apparition de la tige; tige de trois à quatre pieds; en février ou août, ombelle d'une vingtaine de jolies fleurs bleues, inodores, à pétales ondulés; racine tubéreuse. Orangerie; terre franche légère; de la chaleur dès que la hampe commence à se montrer, afin de faciliter la floraison; peu d'arrosemens; multiplication par éclats de la racine entre deux boutons. On peut encore semer ses graines en pots et terre de bruyère, mais les jeunes plants ne fleurissent que la quatrième année. On les replante au mois de février ou de mars dans un pot enfoncé dans une couche chaude sous châssis.

Var. Agapanthe moyen, *A. medius*; petit agapanthe, *A. minor*; à fleurs blanches, *pallidus*; à feuilles panachées, *variegatus*. Ces deux dernières ne sont que des sous-variétés de l'*agapanthus minor*. Celle à feuilles panachées est charmante, et mérite bien les soins des amateurs; elle est plus petite dans toutes ses parties.

ORDRE VIII.

LES NARCISSÉES. — *NARCISSEÆ*.

Plantes herbacées ou ligneuses; *racines* ordinairement bulbeuses; *feuilles* radicales, vaginantes; une *hampe*. *Fleurs* le plus souvent enveloppées, avant leur développement, dans une *spathe* membraneuse, monophylle, entière ou multifide. *Calice* coloré, pétaliforme, souvent tubuleux inférieurement, à limbe partagé en six divisions égales : ou, quand elles sont inégales, les trois extérieures plus courtes, et les trois intérieures plus longues et seules pétaliformes. Six *étamines* à filamens distincts, rarement adhérens entre eux, insérés sur le tube du calice, quelquefois au réceptacle. Un *ovaire* simple, inférieur, surmonté d'un *style* simple, terminé par un *stigmate* également simple ou trifide.

Une *capsule* à trois valves, à trois loges polyspermes : plus rarement une *baie* triloculaire, à trois semences.

NOTA. Ce que nous avons dit de la culture générale des liliacées convient également aux plantes de cette famille.

DORIANTHÈS. *Dorianthes ;* BROWN. (*Hexandrie-monogynie.*) Calice coloré, infondibuliforme, à six divisions caduques ; six étamines à filamens subulés, adnés à la base des divisions calicinales, portant des anthères creuses à leur base, droites, tétragones, et attachées comme le serait un éteignoir ; un style à trois sillons, surmonté d'un stigmate trigone ; capsule à trois loges, à trois valves, portant les cloisons dans leur milieu. Graines comprimées, disposées sur deux rangs.

1. DORIANTHÈS ÉLEVÉ. *Dorianthes excelsa ;* CORREA. *Dorianthes correa ;* BROWN. ♄. Nouvelle Hollande. Ce genre ne renferme que cet arbrisseau que l'on cultive en serre chaude, et terre franche légère. Multiplication de rejetons éclatés au printemps, ou de marcottes par étranglement.

AGAVÉ. *Agave ;* L. (*Hexandrie-monogynie.*) Calice tubuleux, infondibuliforme, à limbe partagé en six découpures ; étamines saillantes hors de la corolle, et soutenant des anthères allongées et vacillantes ; ovaire oblong, portant un style de la longueur des étamines. Capsule presque triangulaire, amincie à ses deux extrémités. Graines planes, disposées sur deux rangs. Par leur port, ces plantes ont beaucoup d'analogie avec les aloès.

1. AGAVÉ D'AMÉRIQUE. *Agave americana ;* WILLD. ♄. Pas de tige ; feuilles très-grandes, nombreuses, très-épaisses, charnues, terminées par une épine dure et très-pointue, bordées de dents épineuses ; hampe nue, de vingt pieds de hauteur, terminée par une panicule de fleurs très-nombreuses, d'un vert jaunâtre ; étamines plus longues que la corolle, et style plus long que les étamines. Orangerie ; terre franche, poreuse ; peu d'arrosemens pendant la végétation, point pendant l'hiver. Cette plante, comme toutes celles du genre, craint beaucoup l'humidité et la pourriture ; aussi doit-on jeter quelques doigts de gros sable dans le fond du vase où on la plante, afin

de faciliter l'écoulement des eaux. On la multiplie très-aisément des œilletons qui poussent en grand nombre autour de son pied.

2. AGAVÉ VIVIPARE. *Agave vivipara*; WILLD. ♄. Amérique. Pas de tiges ; feuilles grandes, un peu molles, bordées d'épines courtes ; hampe de dix à douze pieds, rameuse ; fleurs en panicule, verdâtres, petites ; le tube de la corolle étroit au milieu, et les étamines de même longueur que la corolle. Orangerie, et même culture. Dans le midi, elle passe aisément l'hiver en pleine terre.

3. AGAVÉ DE VIRGINIE. *A. virginica*; WILLD. ♃. Pas de tige ; feuilles lancéolées, étroites, cartilagineuses et dentées sur leur bord ; hampe très-simple, portant au sommet des fleurs petites, verdâtres, sessiles, alternes, odorantes. Même culture.

4. AGAVÉ JAUNE PALE. *A. lurida*; PERS. *A. vera-crux*; MILLER. ♄. Amérique méridionale. Une espèce de tige courte; feuilles dentées épineuses ; hampe rameuse; fleurs verdâtres, à étamines plus longues que le style. Serre chaude ou tempérée, et même culture. On en possède une variété à feuilles étroites. *A. lurida angustifolia.*

5. AGAVÉ TUBÉREUSE. *A. tuberosa*; AIT. ♄. Amérique méridionale. Une tige courte ; feuilles dentées, épineuses, longues, étroites; racines tubéreuses. *Var.* A épines doubles. *A. tuberosa spinis duplicibus.* Même culture, et serre chaude.

FURCRÉE. *Furcræa*; VENT. (*Hexandrie-monogynie.*) Calice supère, campanulé, à six divisions ; six étamines insérées sur des glandes, élargies à la base, comprimées, finissant en alène ; un style; capsule infère, triloculaire, trivalve, polysperme.

1. FURCRÉE FÉTIDE. *Furcræa fœtida*; PERS. *F. gigantea*; VENT. *Agave fœtida*; L. ♄. Espagne. Racine tubéreuse ; feuilles grandes, très-entières, longues de trois à quatre pieds, peu dentées et peu épaisses; une tige courte ; hampe de vingt à vingt-cinq pieds, terminée par une panicule de plusieurs milliers de fleurs d'un blanc verdâtre, exhalant une mauvaise odeur. Serre chaude. Même culture que les agavés. Cette plante réussit très-bien de graines venues de son pays natal.

2. FURCRÉE ODORANTE. *Furcræa odorata ;* VENT. *Agave cubensis ;* JACQ. *Agave mexicana;* LAM. ♄. Mexico. Elle a beaucoup de rapport avec l'agavé jaune pâle ; mais, outre les différences résultant des caractères de sa fleur, elle manque de tige, et ses feuilles sont ciliées, épineuses. Même culture.

PÉLÉGRINE. *Alstræmeria ;* L. (*Hexandrie-monogynie.*) Calice presqu'à deux lèvres, partagé en six divisions profondes, dont les deux inférieures tubulées à leur base. Étamines inégales et inclinées. Ovaire à six faces, surmonté d'un style filiforme, terminé par un stigmate en trois parties. Capsule sphérique. Graines globuleuses, disposées sans ordre.

§ Ier. Tige droite et redressée.

1. PÉLÉGRINE TACHETÉE, lis des Incas. *Alstræmeria pelegrina;* L. *A. peregrina;* PERS. ♃. Pérou. Racine fibreuse; point de feuilles radicales; tige droite, d'un pied, garnie de feuilles linéaires, lancéolées, obliques; en été, deux à six fleurs assez grandes, ouvertes, marquées de grandes taches purpurines et de plusieurs points d'un pourpre foncé; les pétales extérieurs obcordés, acuminés. Orangerie. Terre franche, substantielle, mais sans engrais ; quelques arrosemens, mais modérés ; multiplication, tous les trois ans, par la séparation des pieds, que l'on fait reprendre sur une couche chaude. On peut encore la propager de graines, qui mûrissent assez bien dans la serre, et que l'on sème au printemps sur couche et sous châssis; on repique les jeunes plantes quand elles ont cinq à six pouces de hauteur. Cette plante est superbe.

2. PÉLÉGRINE LIGTU. *A. ligtu;* L. ♃. Pérou. Tiges stériles, hautes de sept à huit pouces, les florifères d'un pied et demi, garnies, dans la moitié de leur longueur, de feuilles oblongues, embrassantes; en février et mars, fleurs blanches, rayées d'un rouge foncé, odorantes, en ombelle, les pédoncules plus longs que l'involucre. Serre chaude et même culture.

3. PÉLÉGRINE ROULÉE. *A. revoluta ;* PERS. ♃. Chili. Tige droite ; feuilles lancéolées; fleurs pourpres, avec une tache jaune dans l'intérieur, et plusieurs points d'un pourpre foncé : pétales roulés, les intérieurs plus courts. Serre chaude, même culture.

4. Pélégrine versicolore. *Alstrœmeria versicolor;* Pers. ♃. Pérou. Tige droite; feuilles lancéolées linéaires; ombelle de deux à trois fleurs jaunes, maculées de pourpre; pétales internes étroits, à base large et courte. Même culture.

5. Pélégrine hæmanthe. *A. hæmantha;* Pers. ♃. Pérou. Tige droite; feuilles lancéolées linéaires, ciliées; fleurs en ombelle ordinairement à six rayons, à pédoncules biflores; pétales extérieurs dentés; corolle d'un rouge de sang. On en possède une variété à fleurs d'un blanc purpurin varié de jaune. Même culture.

6. Pélégrine rayée. *A. lineatiflora;* Pers. ♃. Racine tubéreuse; tige droite; feuilles lancéolées; fleurs en ombelle de quatre à sept rayons, à pédoncules biflores; pétales linéés, dentés, pourpres, les deux intérieurs jaunes à la base et panachés de pourpre. Même culture.

7. Pélégrine a feuilles distiques. *A. distichifolia;* Pers. ♃. Pérou. Tige redressée; feuilles distiques, oblongues, lancéolées; ombelle de trois à huit fleurs rouges; pétales intérieurs planes; capsule non déhiscente; graines enveloppées d'un peu de pulpe. Même culture.

8. Pélégrine a feuilles penchées. *A. secundifolia;* Pers. ♃. Pérou. Tige penchée; feuilles pendantes, lancéolées, très-aiguës, blanches en dessous; ombelle ordinairement à cinq fleurs velues; les trois pétales intérieurs jaunes, ponctués de noir, verdâtres au sommet; stigmates laineux. Même culture.

§ II. Tige volubile.

9. Pélégrine grimpante. *A. salsilla;* L. ♃. Chili. Tige volubile; feuilles pétiolées, lancéolées, acuminées; ombelle rameuse, à pédoncules bractés, lâches, plus longs que l'involucre, dichotomes, triflores; pétales obovales-cunéiformes, les trois intérieurs maculés de violet à la base. Même culture.

10. Pélégrine ovale. *A. ovata;* Cav. ♃. Pérou. Tige volubile; feuilles lancéolées, obliques, laineuses sur leur surface supérieure, les inférieures luisantes; fleurs en ombelle, à corolle tubuleuse: les trois pétales extérieurs rouges, verdâtres au sommet, les supérieurs variés de points noirs. Même culture.

11. Pélégrine gladiée. *Alstrœmeria anceps;* Pers. ♃. Pérou. Tige volubile, ancipitée; feuilles lancéolées aiguës; ombelle de seize à dix-sept fleurs; pétales égaux, ponctués, d'un pourpre noirâtre. Même culture.

12. Pélégrine rose. *A. rosea;* Pers. ♃. Pérou. Tige volubile, cylindrique; feuilles ovales lancéolées, pubescentes en dessous; ombelle à dix-huit rayons; pétales intérieurs rayés et maculés de noir. Même culture.

13. Pélégrine jaune. *A. crocea;* Pers. ♃. Pérou. Tige volubile, cylindrique; feuilles linéaires, lancéolées, pubescentes en dessous, éparses, très-aiguës, à base oblique; ombelle à plusieurs fleurs jaunes; pétales égaux. Même culture.

14. Pélégrine a bractées. *A. bracteata;* Pers. ♃. Pérou. Tige volubile; feuilles lancéolées, linéaires; ombelle ordinairement à cinq parties, à douze fleurs; pétales pourpres, les intérieurs spatulés, verdâtres, à base jaune, ponctués de violet sur les bords. Même culture.

15. Pélégrine frangée. *A. fimbriata;* Pers. ♃. Pérou. Tige volubile; feuilles lancéolées, étroites; ombelle multiflore; pétales intérieurs frangés, d'un jaune safrané, panachés; pétioles contournés. Même culture.

Pélégrine a larges feuilles. *A. latifolia;* Pers. ♃. Pérou. Tige volubile; feuilles oblongues, ovales, acuminées; ombelle à plusieurs rayons; pédoncules de une à trois fleurs; corolle d'un rouge verdâtre, les pétales intérieurs ponctués, et panachés de violet. Même culture.

17. Pélégrine tomenteuse. *A. tomentosa;* Pers. ♃. Pérou. Tige un peu volubile; feuilles lancéolées, tomenteuses en dessous; ombelle multiflore, les rayons à deux fleurs; pétales extérieurs rouges, les intérieurs blancs; graines renfermées dans une pulpe douce, mangeable. Même culture.

§ III. Tige grimpante.

18. Pélégrine sétacée. *A. setacea;* Pers. ♃. Pérou. Tige grimpante; feuilles lancéolées; ombelle simple, à rayons nombreux munis de petites bractées sétacées; corolle petite, à pétales extérieurs rouges, les intérieurs jaunes et spatulés. Même culture.

19. Pélégrine denticulée. *Alstrœmeria denticulata;* Pers. ♃. Pérou. Tige grimpante; feuilles lancéolées, ovales, très-aiguës, à bord denticulé; fleurs d'un rouge jaunâtre, en corymbe ombelliforme. Même culture.

20. Pélégrine pourpre. *A. purpurea;* Pers. ♃. Pérou. Tige grimpante; feuilles étroites, lancéolées, pubescentes en dessous; fleurs pourpres, en corymbe ombelliforme; capsule un peu turbinée, triangulaire, ailée. Même culture.

21. Pélégrine a gros fruit. *A. macrocarpa;* Pers. *A. ovata;* Cav. ♃. Pérou. Tige grimpante; feuilles oblongues, lancéolées; ombelle à plusieurs rayons; pédoncules biflores, très-longs; fleurs d'un rouge jaunâtre. Même culture.

22. Pélégrine a feuilles en coeur. *A. cordifolia;* Pers. ♃. Pérou. Tige grimpante; feuilles cordiformes, acuminées; ombelle à six rayons; fleurs d'un rouge jaunâtre; pédoncules de deux à trois fleurs. Même culture.

23. Pélégrine a belles fleurs. *A. formosa;* Pers. ♃. Pérou. Tige grimpante; feuilles longues, lancéolées; ombelle à demi globuleuse; fleurs nombreuses, d'un rouge jaunâtre, ponctuées. Même culture.

HÆMANTHE. *Hœmanthus;* Herman. (*Hexandrie-monogynie.*) Spathe campanulée, à six divisions, environnant plusieurs fleurs disposées en ombelle. Calice à tube court, à limbe partagé en six divisions égales, linéaires; étamines ayant leurs filamens plus courts que la corolle. Ovaire chargé d'un style terminé par un stigmate simple. Baie arrondie, à trois loges, dans chacune desquelles il n'y a qu'une graine.

1. Hæmanthe écarlate. *Hœmanthus coccineus;* Ait. ♃. Du Cap. Bulbe grosse; feuilles linguiformes, planes, lisses, étalées sur la terre, fermes, charnues, un peu glauques; hampe nue, de sept à huit pouces, pointillée; d'août en octobre, spathe campanulée, à six folioles d'un rouge écarlate, contenant une vingtaine de fleurs rouges, en ombelle serrée et fastigiée, à limbe étalé. Serre tempérée, ou serre chaude pour faciliter la floraison. Terre légère ou de bruyère; peu d'arrosemens. Multiplication de caïeux séparés tous les trois ans, lors du dépotage, ou de graines semées au printemps sur couche et sous châssis.

2. Hæmanthe a fleurs serrées. *H. coarctata;* Willd. ♃.

Du Cap. Feuilles linguiformes, oblongues, planes, lisses, calleuses à leur sommet; fleurs en ombelle serrée, ou en faisceau, à limbe droit. Même culture.

3. HÆMANTHE A FEUILLES ONDULÉES. *Hæmanthus puniceus;* WILLD. ♃. Du Cap. Feuilles oblongues, elliptiques, aiguës, rétuses, ondulées; ombelle serrée, en faisceau, d'un rouge écarlate; corolle à limbe droit, ainsi que les étamines. Même culture.

4. HÆMANTHE MULTIFLORE. *H. multiflorus;* WILLD. ♃. Afrique. Feuilles elliptiques, lancéolées, pointues, concaves, droites; hampe tachetée; ombelle multiflore, plus longue que l'involucre, à pédoncules articulés; fleurs d'un rouge vif, à étamines ascendantes. Même culture.

5. HÆMANTHE TIGRINE. *H. tigrinus;* WILLD. ♃. Du Cap. Feuilles linguiformes, planes, glabres, ciliées en leurs bords, tigrées de brun en dessous, ainsi que la hampe. Fleurs en ombelle serrée; le limbe droit, ainsi que les étamines. Même culture.

6. HÆMANTHE QUADRIVALVE. *H. quadrivalvis;* WILLD. ♃. Du Cap. Feuilles oblongues, étroites à la base, planes, horizontales, blanchâtres et pubescentes en dessus, ciliées en leurs bords. Fleurs en ombelle resserrée, à limbe droit. Même culture.

7. HÆMANTHE PUBESCENT. *H. pubescens;* L. ♃. Du Cap. Feuilles oblongues lancéolées, glabres, ciliées; spathe large, plus courte que l'ombelle, celle-ci arrondie, en faisceau; limbe de la corolle et étamines droits. Même culture.

8. HÆMANTHE CILIÉ. *H. ciliaris;* AIT. *Amaryllis ciliaris;* L. ♃. Du Cap. Feuilles lancéolées, glabres, ciliées; involucre large, plus court que l'ombelle, celle-ci arrondie; corolle à limbe réfléchi. Même culture.

9. HÆMANTHE A FLEURS BLANCHES. *H. albiflos;* WILLD. ♃. Du Cap. Feuilles elliptiques, un peu pointues, planes, glabres, ciliées en leurs bords; hampe velue, penchée, portant une ombelle arrondie plus grande que l'involucre qui est à quatre folioles; limbe de la corolle ouvert. Même culture.

10. HÆMANTHE A FEUILLES EN ÉVENTAIL. *H. toxicarius;* AIT. *Amaryllis disticha;* L. ♃. Du Cap. Feuilles disposées sur

deux rangs, ensiformes, oblongues, glabres, presque planes et ouvertes ; spathe multiflore ; divisions de la corolle égales, campanulées, d'un rouge carné ; les pédoncules plus longs que les fleurs et la spathe. Même culture.

11. Hæmanthe a feuilles lancéolées. *Hæmanthus lanceæfolius ;* Willd. ♃. Du Cap. Feuilles elliptiques, atténuées à la base, comprimées, planes, glabres, ciliées sur les bords ; pédoncules plus longs que les fleurs et la spathe ; corolle carnée, à limbe ouvert. Même culture.

12. Hæmanthe caréné. *H. carinatus ;* Miller. ♃. Du Cap. Feuilles linéaires, carénées. Même culture.

13. Hæmanthe nain. *H. pumilo ;* Willd. Du Cap. Feuilles linéaires lancéolées, droites, glabres, falquées ; ombelle pauciflore ; pédoncules de la même longueur que les fleurs et les spathes ; limbe de la corolle ouvert. Même culture.

14. Hæmanthe en spirale. *H. spiralis ;* Ait. *Crinum tenellum ;* Jacq. *Crinum spirale ;* Andrew. *Amaryllis spiralis ;* L'Hérit. ♃. Afrique. Feuilles sétacées ; hampe filiforme, à base flexueuse et en spirale ; involucres subulés, plus courts que l'ombelle, celle-ci de une à quatre fleurs. Même culture.

CRINOLE. *Crinum ;* L. (*Hexandrie-monogynie.*) Spathe membraneuse, multiflore, divisée en deux parties ; calice infondibuliforme, à tube filiforme, à limbe partagé en six divisions allongées, dont trois terminées en crochet ; étamines insérées au tube de la corolle ; ovaire chargé d'un style aussi long que les étamines, et terminé par un stigmate simple ; capsule ovale, à trois loges polyspermes.

1. Crinole d'Asie. *Crinum asiaticum ;* Red. *Amaryllis longifolia ;* Jacq. *Amaryllis vivipara ;* Lam. ♃. Malabar. Feuilles linéaires, acuminées, carénées ; fleurs sessiles, à tube plus long que le limbe, assez grandes, d'un blanc carné, un peu purpurines en dehors, peu odorantes ; étamines déclinées ; stigmate velu ; spathe diphylle. Serre chaude ; terre franche, substantielle ; multiplication par la séparation des caïeux, tous les deux ou trois ans, lorsque l'on change la terre des pots ; ou par les bulbilles qui naissent assez souvent sur l'ombelle, entre les capsules, mais qui ne fleurissent qu'au bout de trois ou quatre ans.

2. Crinole d'Amérique. *Crinum americanum;* Red. ♃. Amérique méridionale. Feuilles oblongues, lancéolées, à bords très-glabres; hampe d'un pied et demi; en juillet et août, fleurs blanches, en ombelle, pédicellées, à tube plus court que le limbe, celui-ci réfléchi. Serre chaude; même culture.

3. Crinole a bords rouges. *C. erubescens;* Red. ♃. Amérique méridionale. Feuilles lancéolées, linéaires, crénelées, cartilagineuses sur les bords, canaliculées; hampe assez grosse, purpurine; fleurs sessiles, à tube plus long que le limbe, celui-ci recourbé en dessous au sommet; le tube d'un pourpre agréable, les divisions blanches et lavées d'un pourpre léger. Serre chaude; même culture.

4. Crinole gigantesque. *C. giganteum;* Red. ♃. Sierra-Léone. Feuilles molles, ondulées; fleurs sessiles, en ombelle, blanches, à pétales concaves; étamines et pistil déclinés. Serre chaude; même culture.

5. Crinole urcéolée. *C. urceolatum;* Pers. ♃. Du Pérou. Feuilles oblongues, pétiolées; spathe multiflore; fleurs campanulées, urcéolées, pendantes, jaunes à la base, vertes au sommet, blanches sur les bords. Même culture.

6. Crinole a bractées. *C. bracteatum;* Willd. ♃. Lieu..? Feuilles oblongues-lancéolées, atténuées à la base, glabres et cartilagineuses sur les bords, un peu calleuses au sommet; fleurs pédicellées, à tube plus court que le limbe; spathes nombreuses et plus longues. Serre chaude; même culture.

7. Crinole nervée. *C. nervosum;* l'Hérit. *Amaryllis rotundifolia;* Lam. ♃. Les Philippines. Feuilles un peu arrondies, nervées; hampe multiflore, polyphylle; filamens des étamines élargis à la base, pétiolés. Serre chaude; même culture.

8. Crinole a fleurs nombreuses. *C. multiflorum;* H. P. *C. latifolium;* L. *Amaryllis latifolia;* l'Hérit. ♃. Lieu...? Feuilles larges, canaliculées, striées; hampe d'un pied, portant à son sommet quatre à cinq grandes fleurs d'un beau blanc, campanulées, très-ouvertes, odorantes; les divisions du limbe étroites et longues. Serre chaude, et même culture.

Nota. Nous avons cru devoir replacer parmi les amaryllis et les cyrtanthes, les plantes que d'autres ouvrages d'horticulture ont classées parmi les crinoles, et nous suivons en ceci l'autorité du célèbre Persoon contre celle de Linnée fils.

CYRTANTHE. *Cyrtanthus* ; Ait. (*Hexandrie-monogynie.*) Spathe membraneuse, multiflore, divisée en plusieurs parties ; calice tubuleux, en massue, à six divisions ; étamines ayant leurs filamens insérés au tube de la corolle et connivens à leur sommet.

1. Cyrtanthe a feuilles étroites. *Cyrtanthus angustifolius ;* Pers. *Crinum angustifolium ;* L. *Amaryllis cylindracea ;* L'Hérit. ♃. Du Cap. Feuilles linéaires, droites, un peu canaliculées ; en juillet, fleurs penchées, pourpres, à tube cylindrique et courbé ; divisions de la corolle alternes et glanduleuses. Culture des crinoles, mais orangerie.

2. Cyrtanthe ventru. *C. ventricosus ;* Pers. *C. angustifolius ;* Jacq. ♃. Du Cap. Feuilles linéaires, planes, raides ; en juillet, fleurs à tube renflé dans le milieu, à limbe plane ; étamines redressées. Même culture.

3. Cyrtanthe oblique. *C. obliquus ;* Pers. *Crinum obliquum ;* L. *Amaryllis umbellata ;* L'Hérit. ♃. Du Cap. Feuilles linéaires lancéolées, obtuses, planes, obliques ; en juillet, fleurs pourpres, à limbe verdâtre et à tube conique. Même culture.

ANIGOZANTHE. *Anigozanthos ;* Labill. (*Hexandrie-monogynie.*) Calice tubulé, pétaloïde, partagé à son limbe en six divisions inégales, recourbées ; six étamines inégales ; un style terminé par un stigmate obtus ; une capsule presque globuleuse, couronnée par le calice persistant, divisée en trois loges polyspermes.

1. Anigozanthe a fleurs jaunes. *Anigozanthos flavida ;* Red. ♃. Nouvelle-Hollande. Racines fibreuses ; feuilles ensiformes ; hampe de deux pieds, presque glabre ; panicule de quinze à vingt fleurs d'un jaune pâle lavé de vert, à divisions marquées de violet. Orangerie ; terre sablonneuse ou légère, mais substantielle ; au printemps, multiplication par drageons, ou par la séparation des racines.

2. Anigozanthe roux. *A. rufa ;* Labill. ♃. Nouvelle-

Hollande. Feuilles linéaires; hampe d'un pied, hérissée; panicule corymbiforme, de fleurs nombreuses, couvertes de poils roussâtres, plumeux, rapprochés. Même culture.

AMARYLLIS. *Amaryllis;* L. (*Hexandrie - monogynie.*) Spathe membraneuse, à une ou plusieurs fleurs. Calice campanulé ou infondibuliforme, partagé plus ou moins profondément en six divisions lancéolées, et muni, à l'entrée de son tube, de six petites écailles; six étamines à anthères oblongues; un ovaire à style filiforme, terminé par un stigmate trifide; une capsule à trois loges contenant plusieurs graines. Toutes les plantes de ce genre sont très-belles.

§ Ier. Spathe uniflore.

1. AMARYLLIS JAUNE, lis narcisse, narcisse d'automne. *Amaryllis lutea;* PERS. ♃. France méridionale. Cinq à six feuilles longues de huit à dix pouces, d'un vert obscur; hampe de quatre ou cinq pouces, terminée, en septembre, par une fleur jaune, campanulée, régulière, à étamines droites. Pleine terre légère et chaude, à l'exposition du levant ou du midi; couverture de litière sèche pendant les grands froids; multiplication par la séparation des caïeux, tous les trois ou quatre ans. On en fait de très-jolies bordures.

2. AMARYLLIS A DEUX FEUILLES. *A. bifolia;* LAM. ♃. Amérique méridionale. Deux feuilles radicales, dont une beaucoup plus longue que l'autre, pointue; hampe d'un pied, terminée, en avril, par une fleur purpurine; spathe diphylle. Orangerie; même culture.

3. AMARYLLIS DE VIRGINIE. *A. atamasco;* PERS. ♃. Feuilles linéaires, étalées, très-étroites; hampe de cinq à six pouces, terminée, en mai, par une fleur assez grande, blanche, campanulée, régulière, presque sessile, à pistil décliné. Orangerie, ou, mieux, serre tempérée pour faciliter la floraison. On peut cependant la risquer en pleine terre, avec la précaution de la couvrir l'hiver pour mettre ses bulbes entièrement à l'abri des plus petites gelées. Du reste, même culture.

4. AMARYLLIS DORÉE. *A. aurea;* PERS ♃. Du Pérou. Spathe

à une fleur; corolle campanulée, un peu ouverte; étamines droites; style décliné; bulbes entourées de bulbilles. Il ne faut pas confondre cette espèce avec l'*amaryllis aurea* de Jacquin et de L'Héritier. Serre tempérée; même culture.

5. Amaryllis feu. *Amaryllis flammea;* Pers. ♃. Du Pérou. Spathe à une fleur; fleurs d'un rouge de feu; divisions de la corolle à demi roulées au sommet, réfléchies, étalées. Même culture.

6. Amaryllis naine. *A. pumilis;* Pers. ♃. Du Cap. Feuilles linéaires; hampe de sept à huit pouces, terminée, en novembre, par une fleur infondibuliforme, régulière, blanche, avec six raies élevées en dedans, et six raies rouges en dehors; divisions de la corolle roulées; étamines inclinées; spathe diphylle. Orangerie ou serre tempérée, et même culture.

7. Amaryllis a spathe tubuleuse. *A. tubispatha;* L'Hérit. ♃. De Buénos-Ayres. Spathe tubuleuse, monophylle, bifide, uniflore; pédoncule deux fois plus long que la spathe. Serre chaude; même culture.

8. Amaryllis a fleurs tubuleuses. *A. tubiflora;* L'Hérit. ♃. Du Pérou. Spathe uniflore, diphylle; corolle infondibuliforme, à tube très-long. Même culture.

9. Amaryllis maculée. *A. maculata;* Pers. ♃. Chili. Spathe uniflore, diphylle, linéaire; hampe maculée de points et de lignes; fleur pédonculée; pistil et étamines déclinés. Même culture.

10. Amaryllis du Chili. *A. chilensis;* Pers. ♃. Feuilles linéaires; spathe à une ou deux fleurs, presqu'à deux feuilles; fleurs pédonculées, pourpres. Même culture.

11. Amaryllis en massue. *A. clavata;* Pers. ♃. Afrique. Spathe uniflore, diphylle, subulée; corolle en massue. Même culture.

12. Amaryllis lis de Saint-Jacques. *A. formosissima;* Pers. ♃. Mexique. Plante superbe. Feuilles planes, linéaires; hampe d'un pied, terminée par une grande fleur, d'un rouge écarlate très-foncé; les trois divisions inférieures inclinées vers le bas: celle du milieu enveloppée en partie par les éta-

mines et le style ; les trois autres redressées. Orangerie ou serre tempérée ; même culture.

§ II. Spathe ordinairement biflore.

13. Amaryllis de la reine. *Amaryllis reginæ;* L'Hérit. ♃. Du Cap. Plante superbe. Feuilles lancéolées, étalées ; spathe souvent biflore; fleurs rouges avec les onglets blancs bordés de vert, campanulées, grandes ; tube court, penché, velu à la gorge. Même culture.

14. Amaryllis remarquable. *A. speciosa;* Pers. *A. elata;* Jacq. *A. purpurea;* Ait. *Crinum speciosum;* Thunb. ♃. Du Cap. Très-belle plante. Feuilles linéaires, lancéolées; spathe ordinairement biflore; corolle droite, tubuleuse à sa base, glabre à l'entrée du tube, grande, d'un rouge sanguin; fleurs en ombelle. Même culture.

15. Amaryllis linéaire. *A. linearis;* Pers. *Crinum lineare;* L. ♃. Du Cap. Feuilles linéaires ; corolle campanulée, ayant deux divisions plus étroites; fleurs grandes, blanches. Même culture.

16. Amaryllis rose. *A. equestris;* Red. *A. punicea;* Encycl. ♃. Amérique méridionale. Belle plante. Spathe ordinairement à deux fleurs, à pédicelles droits, épars, courts ; fleurs grandes, horizontales, à tube filiforme, pâle au dehors, s'évasant en divisions striées, jaunâtres à leur base intérieure, d'un rouge de brique sur le reste de leur surface. Serre tempérée ou orangerie, et même culture.

17. Amaryllis réticulée. *A. reticulata;* Pers. ♃. Brésil. Spathe ordinairement à deux fleurs; feuilles oblongues, rétrécies à leur base; hampe comprimée; en avril, fleurs en ombelle, tubuleuses à leur base, d'un rouge vif en dehors, plus vif en dedans, rayées de lignes longitudinales et transversales plus foncées. Serre tempérée ; même culture.

18. Amaryllis de Tartarie. *A. tartarica;* Pers. Sibérie. Spathe ordinairement à deux fleurs ; feuilles linéaires, plus longues que la hampe ; fleurs un peu campanulées, à corolle profondément divisée en six parties, paraissant presqu'à six

pétales; la division supérieure très-aiguë, l'inférieure obovée, acuminée. Même culture.

§ III. Spathe multiflore.

19. Amaryllis belladone, belladone d'automne, amaryllis rose; *Amaryllis belladona;* Pers. *A. rosea;* Lam. *A. reginæ;* Miller. ♃. Du Cap. Plante superbe. Feuilles canaliculées, obtusément carénées, très-glabres; hampe de deux pieds, terminée, d'août en octobre, par cinq à huit grandes fleurs régulières, couleur de rose mêlé de blanc; style rouge. Les fleurs naissent avant les feuilles. Cette plante ne fleurit parfaitement qu'en pleine terre de bruyère, ou franche, mêlée de moitié sable végétal. Comme elle craint également le froid et la pourriture, on la couvre, en hiver, d'un châssis portatif que l'on garnit de litière sèche en dehors, et de paillassons sur les verres. Tous les trois ou quatre ans, lorsque les feuilles sont desséchées, on renouvelle la terre, et l'on sépare les caïeux qu'il faut replanter de suite. On peut cependant la cultiver en pot et en orangerie.

20. Amaryllis pale. *A. blanda;* Hort. Angl. ♃. Du Cap. Cette plante paraît être une variété de la précédente. Elle n'en diffère que par ses fleurs plus nombreuses, qui paraissent en juin. Elle se cultive de la même manière.

21. Amaryllis rouge vermillon. *A. miniata;* Pers. ♃. Du Cap. Spathe de deux à quatre fleurs; corolle campanulée, à deux lèvres, d'un incarnat tirant sur le vermillon; la division supérieure réfléchie, l'inférieure plus étroite; étamines et pistil couchés. Orangerie ou serre tempérée, et culture des autres amaryllis.

22. Amaryllis bicolore. *A. bicolor;* Pers. ♃. Du Cap. Spathe de dix à douze fleurs; corolle un peu campanulée, rouge, verdâtre au sommet; nectaires bicornes. Même culture.

23. Amaryllis veinée. *A. vittata;* Pers. ♃. Du Cap. On la connaît dans le commerce sous le nom d'*amaryllis æstivalis.* Feuilles longues, étroites, courbées et arrondies, teintes de rouge; hampe cylindrique, de deux pieds, terminée, en juin, par quatre ou cinq belles fleurs pédicellées, cunéiformes-infondibuliformes, grandes, horizontales, à odeur de

cassis, à tube verdâtre, teint de rouge, à divisions crénelées, marquées intérieurement dans leur longueur de deux lignes carmin foncé, et le reste d'un blanc pur. Même culture que le n° 19.

24. AMARYLLIS A FEUILLES EN FAUX. *Amaryllis falcata;* L'HÉRIT. *Crinum falcatum;* L. ♃. Feuilles planes, étalées sur la terre, en faux, crénelées, blanches et cartilagineuses en leurs bords; tige comprimée, de la longueur de l'ombelle; fleurs pédonculées, droites. Orangerie ou serre tempérée; même culture.

25. AMARYLLIS DE BROUSSONNET. *A. broussonnetii;* RED. *A. ornata;* PERS. ♃. Guinée. Feuilles très-étroites, peu nombreuses, canaliculées; fleurs sessiles, tubulées à la base; le tube courbé, plus long que les spathes et le limbe; divisions du limbe oblongues, aristées, les inférieures divariquées et concaves. Très-belle plante. Orangerie, et même culture.

26. AMARYLLIS A LONGUES FEUILLES. *A. longifolia;* PERS. ♃. Il ne faut pas confondre cette plante avec celle à laquelle Jacquin donne le même nom, et que nous avons décrite sous le nom de *crinum asiaticum.* Spathe de douze à vingt fleurs; feuilles larges, subulées, canaliculées, molles au sommet; fleurs pédicellées, à corolle tubuleuse à la base, le tube court et courbé; divisions du limbe lancéolées, obtuses. Orangerie, et même culture.

27. AMARYLLIS DE MONTAGNE. *A. montana;* PERS. ♃. Le Liban. Spathe multiflore; feuilles linéaires, subulées; fleurs bleues, à pétales alternes, mucronés; étamines et pistil droits. Orangerie; même culture.

28. AMARYLLIS RAYÉE. *A. zeylanica;* PERS. *A. lineata;* LAM. *Crinum zeylanicum;* L. *Crinum latifolium;* MILL. *Tulipa javana;* RUMPH. ♃. Indes orientales. Feuilles longues, larges, linéaires, planes; hampe de deux à trois pieds; ombelle de fleurs campanulées, grandes, régulières, odorantes, blanches, rayées de rouge vif, à tube filiforme très-long, et à divisions courbées. Serre tempérée; même culture.

29. AMARYLLIS ROULÉE. *A. revoluta;* PERS. ♃. Du Cap. Feuilles étroites, linéaires, canaliculées, longues de deux pieds; hampe d'un pied; en septembre, ombelle de quatre à six fleurs blanches, rouges en dehors vers leur partie

moyenne, roulées vers le milieu, très-odorantes. Serre tempérée. Même culture.

30. Amaryllis a larges feuilles. *Amaryllis latifolia;* Pers. ♃. Indes. Feuilles oblongues lancéolées; spathe multiflore; fleurs tubuleuses à la base, pédicellées. Serre chaude; même culture.

31. Amaryllis jaune d'or. *A. aurea;* L'Hérit. ♃. De la Chine. Feuilles linéaires, longues, canaliculées, presque distiques, à nervures grosses et saillantes en dessous; hampe de deux pieds, un peu comprimée; en juillet et août, fleurs d'un jaune safrané, infondibuliformes, à tube trigone, grandes, à divisions linéaires et ondulées; étamines et pistils penchés, plus longs que la corolle. Serre tempérée; même culture.

32. Amaryllis girandole. *A. orientalis;* L'Hérit. ♃. Indes orientales. Très-gros ognon. Deux feuilles opposées, larges, linguiformes, ne paraissant qu'après la fleur. Hampe rouge, aplatie d'un côté, d'un pied; fleurs rouges, redressées, moyennes, en ombelle. Serre tempérée; même culture. Nous croyons que l'*Amaryllis Josephinæ* de Ventenat est la même que celle-ci.

33. Amaryllis crépue *A. crispa;* Jacq. ♃. Du Cap. Feuilles linéaires, très-étroites, filiformes; spathe de peu de fleurs, celles-ci ouvertes, étroites, très-petites, à divisions ondulées. Orangerie; même culture.

34. Amaryllis lis de Guernesey. *A. sarniensis;* L. ♃. Du Japon et de Guernesey. Ognon assez gros; feuilles planes, ferrugineuses; hampe d'un pied; en septembre et octobre, ombelle de huit à dix fleurs moyennes, d'un rouge vif, à divisions roulées; pistils et étamines droits. Orangerie et même culture, ou, mieux, culture du n° 19.

Var. Amaryllis du Cap. *A. capensis;* Jacq. Feuilles linéaires, planes, presque distiques; fleurs roses, très-ouvertes, réfléchies à leur sommet; étamines et pistils plus longs que la corolle. Même culture.

35. Amaryllis de Fothergill. *A. fothergillii;* And. ♃. Chine. Ognon de moyenne grosseur, pyramidal; feuilles distiques, planes, étroites, glauques, courbées en faux et réfléchies; hampe de trois pieds, quadrangulaire; ombelle de huit à

douze fleurs, grandes, d'un beau rouge, inodores, à divisions roulées ; étamines et pistil droits. Serre chaude ; culture des autres amaryllis.

36. AMARYLLIS BORDÉE. *Amaryllis marginata;* WILLD. ♃. Du Cap. Quatre feuilles distiques, bordées de rouge, lingulées, couchées ; ombelle de huit à dix fleurs rouges, à divisions oblongues et roulées ; étamines et pistil presque droits, plus long que la corolle. Serre tempérée, et même culture.

37. AMARYLLIS A FEUILLES COURBÉES. *A. curvifolia;* WILLD. ♃. Du Cap. Feuilles raides, courbées en faux, linéaires, ensiformes, canaliculées ; ombelle de huit fleurs d'un beau rouge luisant, à divisions oblongues, roulées, ondulées ; étamines et pistil droits, plus longs que la corolle. Même culture.

38. AMARYLLIS ONDULÉE. *A. undulata.* AIT. ♃. Du Cap. Feuilles linéaires, larges de quatre ou cinq lignes ; hampe de deux pieds, cylindrique ; spathe à deux divisions pourpres ; ombelle de dix à quinze fleurs assez grandes, d'un rose purpurin, à divisions très-étroites, ondulées, presque crénelées, réfléchies ; étamines et pistil réfléchis vers le bas ; style et stigmate velu. Serre tempérée ; même culture.

39. AMARYLLIS FLEXUEUSE. *A. flexuosa;* WILLD. ♃. Du Cap. Feuilles linéaires, étroites, un peu obtuses, concaves, ponctuées ; ombelle de huit fleurs blanches ou rosées, moyennes, à divisions lancéolées, ouvertes, ondulées et roulées au sommet ; étamines et pistil redressés, plus courts que les divisions. Serre tempérée ; même culture.

40. AMARYLLIS RADIÉE. *A. radiata;* AND. ♃. Chine. En juin, fleurs rouges, à divisions lancéolées, ondulées, droites ; étamines et style inclinés, divergens, deux fois plus longs que la corolle ; stigmate entier. Serre chaude, et même culture.

41. AMARYLLIS BASSE. *A. humilis;* WILLD. ♃. Lieu......? Spathe à trois ou quatre fleurs ; deux feuilles linéaires, obtuses, glabres, nues, planes ; fleurs roses, à divisions lancéolées, ouvertes, ondulées et roulées au sommet ; étamines et pistil droits, plus courts que la corolle. Serre tempérée ; même culture.

42. AMARYLLIS PADULA. *A. padula;* JACQ. ♃. Lieu...... ? Spathe multiflore ; feuilles penchées, rudes et muriquées à

la base ; fleurs à divisions très-ouvertes, divariquées à la base, roses. Serre tempérée ; même culture.

43. AMARYLLIS STRIÉE. *Amaryllis striata;* JACQ. ♃. Du Cap. Trois feuilles radicales, ovales, elliptiques, striées longitudinalement ; fleurs blanches, roses en dessous, campanulées, à divisions égales, roulées au sommet. Serre tempérée ; même culture.

44. AMARYLLIS ÉTOILÉE. *A. stellaris;* JACQ. ♃. Du Cap. Spathe multiflore ; feuilles linéaires, droites ; divisions de la corolle très-ouvertes, planes, dont trois alternes barbues dans leur milieu ; fleurs à tube très-court, à étamines inégales, divariquées, plus courtes que la corolle. Serre tempérée, et même culture.

45. AMARYLLIS CASPIENNE. *A. caspia ;* WILLD. *Crinum caspium ;* PALL. ♃. Les bords de la mer Caspienne. Spathe multiflore ; feuilles lancéolées, ondulées ; fleurs campanulées, à tube très-court ; filamens des étamines droits, plus longs que la corolle. Orangerie ; même culture.

46. AMARYLLIS GIGANTESQUE ; *A. gigantea ;* H. K. *A. jagus ;* THOMPS. ♃. Sierra-Léone. Ognon d'une grosseur énorme ; feuilles très-grandes, ensiformes ; hampe de deux pieds, de la grosseur du bras ; ombelle de plus de soixante fleurs, d'un rose vif, rayées d'un rose foncé, pédicellées, très-grandes, longues de trois pouces. Serre chaude ; terre de bruyère ; même culture.

47. AMARYLLIS PERROQUET. *A. psittacina ;* CURT. ♃. Brésil. Feuilles glauques, d'un pied et demi de longueur ; spathe rose, à deux fleurs ; en juillet et août, fleurs grandes, campanulées, vertes et rayées de pourpre à la base, à limbe blanc, rayé de rouge vif. Orangerie, et même culture.

48. AMARYLLIS ÉLÉGANTE. *A. spectabilis ;* AND. ♃. Du Cap. Feuilles étroites ; fleurs grandes, blanches, avec une raie de carmin au milieu de leurs divisions. Elle a beaucoup de rapport avec l'amaryllis de Broussonnet, n° 25, et se cultive de même.

PANCRAIS. *Pancratium ;* L. (*Hexandrie-monogynie.*) Spathe à une ou plusieurs fleurs ; calice monophylle, tubulé inférieurement, à limbe doublé : l'extérieur partagé en six divisions : l'intérieur formant une couronne dont le bord est partagé en douze divisions, dont six subulées portent les étamines. Un ovaire à style grêle, terminé par un stigmate obtus. Une capsule à trois loges, contenant plusieurs graines globuleuses. Toutes les plantes de ce genre sont charmantes, et répandent une agréable odeur.

1. PANCRAIS DU MEXIQUE. *Pancratium mexicanum;* PERS. *P. disciforme;* RED. ♃. Caroline. Spathe biflore; feuilles lancéolées, linéaires, sur deux rangs; hampe droite, cylindrique, guère plus haute que les feuilles, terminée par deux ou trois fleurs blanches, dont la couronne est très-évasée et a la forme d'un disque; étamines à peu près égales à la corolle. Serre chaude, et culture des amaryllis.

2. PANCRAIS ZÉLANDAIS. *P. zeylanicum;* WILLD. ♃. Inde. Spathe uniflore; divisions de la corolle roulées. Même culture.

3. PANCRAIS NAIN. *P. humile;* WILLD. ♃. Espagne. Spathe biflore; feuilles filiformes; couronne à six dents obtuses, bifides, émarginées, ne portant pas les étamines. Serre tempérée, et même culture.

4. PANCRAIS DES ANTILLES. *P. caribœum;* L. ♃. Spathe multiflore; feuilles lancéolées, distiques, striées, longues d'un pied; hampe d'un pied, terminée par plusieurs fleurs blanches comme presque toutes celles du genre, grandes et odorantes. Serre chaude; même culture.

5. PANCRAIS MARITIME, lis de Mathiole, lis narcisse. *P. maritimum;* L. ♃. France méridionale. Spathe multiflore; feuilles lingulées, longues, planes; hampe d'un pied, un peu anguleuse; en juillet et août, quatre ou cinq fleurs blanches, grandes, odorantes, à divisions planes, linéaires, étroites, plus courtes que le tube; étamines très-courtes. Cette espèce passe assez bien l'hiver en pleine terre sablonneuse, avec la précaution de la couvrir pendant les gelées. Cependant il est prudent d'en avoir quelques ognons en pots et en orangerie.

6. PANCRAIS DE LA CAROLINE. *P. carolinianum;* L. ♃. France méridionale. Persoon regarde cette plante comme une variété de la précédente. Feuilles linéaires; étamines égales à la couronne; style penché; filamens des étamines droits. Orangerie; même culture.

7. PANCRAIS ODORANT. *Pancratium fragrans;* WILLD. ♃. Des Barbades. Spathe multiflore ; feuilles elliptiques , pétiolées ; fleurs blanches , moyennes , très-odorantes ; dents de la couronne portant les étamines. Serre chaude ; même culture.

8. PANCRAIS DES RIVAGES. *P. littorale ;* RED. ♃. Amérique méridionale Spathe multiflore ; feuilles linéaires lancéolées , distiques ; hampe élevée ; fleurs odorantes , blanches , à divisions plus courtes que le tube ; couronne presque entière, portant les étamines au sommet. Serre chaude ; même culture.

9. PANCRAIS ÉLÉGANT. *P. speciosum;* WILLD. ♃. Antilles. Spathe multiflore ; feuilles elliptiques, disposées sur deux rangs ; hampe d'un pied , cylindrique à son sommet , comprimée à la base ; six à sept fleurs blanches ; couronne garnie entre les dents staminifères , d'une dent saillante et aiguë. Serre chaude ; même culture.

10. PANCRAIS ABAISSÉ. *P. declinatum ;* JACQ. *P. amœnum ;* SALISB. ♃. Guyane. Spathe multiflore ; feuilles lingulées, nerveuses , finissant en pétiole à leur base ; fleurs grandes , odorantes , très-blanches , à corolle laciniée , plus longue que le tube ; hampe comprimée , ancipitée. Serre chaude ; même culture.

11. PANCRAIS DE DALMATIE. *P. illyricum ;* WILLD. *P. stellare ;* SMITH. ♃. France méridionale. Spathe multiflore ; feuilles lancéolées , spatulées , glauques ; plusieurs fleurs blanches , grandes , odorantes , en ombelle ; étamines plus grandes que la couronne : celle-ci à sinus profondément bifides. Orangerie , et même culture.

12. PANCRAIS D'AMBOINE. *P. amboinense ;* L. ♃. Spathe multiflore ; feuilles ovales , cordiformes , aiguës , pétiolées , grandes , nerveuses ; hampe d'un pied et demi ; neuf ou dix fleurs en ombelle large d'un pied , blanches , odorantes , très - grandes ; couronne à six dents bifides , non staminifères. Serre chaude , sur les tablettes près des jours. Du reste , même culture. L'ognon est très-délicat.

13. PANCRAIS SAFRANÉ. *P. croceum ;* ENCYCL. BOT. ♃. Pérou. Spathe triflore. Feuilles lingulées, étroites, lisses, plus courtes que la hampe : celle-ci presque cylindrique, longue de huit à dix pouces ; ombelle de trois à six fleurs jaunes , pédicellées , à tube presque cylindrique ; six divisions oblongues , peu

ouvertes; anthères jaunes, dépassant à peine le tube. Serre chaude; même culture.

14. PANCRAIS A FLEURS EN MASQUE. *Pancratium ringens*; PERS. ♃. Pérou. Spathe ordinairement à cinq fleurs; feuilles ensiformes, acuminées; fleurs à deux lèvres, à divisions roulées, blanches; couronne courte, verdâtre; étamines de la longueur de la corolle. Serre chaude; même culture.

15. PANCRAIS JAUNE. *P. flavum*; PERS. ♃. Pérou. Spathe multiflore; tube des fleurs serré contre la couronne; divisions de la corolle étalées, roulées; étamines plus longues que la corolle; fleurs jaunes. Serre chaude; même culture.

16. PANCRAIS ÉCARLATE. *P. coccineum*; PERS. ♃. Pérou. Spathe multiflore; étamines de la même longueur que la corolle: celle-ci d'un rouge écarlate; tube et couronne petits; divisions de la corolle droite. Serre chaude, et même culture.

17. PANCRAIS RECOURBÉ. *P. recurvatum*; PERS. ♃. Pérou. Spathe de une à trois fleurs; feuilles ensiformes, carénées; corolle penchée, d'un pourpre jaunâtre, à tube grêle et recourbé. L'ognon de cette plante est d'une couleur pourprée. Serre chaude; même culture.

18. PANCRAIS A LARGES FEUILLES. *P. latifolium*; PERS ♃. Pérou. Spathe multiflore; feuilles lancéolées, oblongues, larges; fleurs pendantes, à divisions d'un jaune rougeâtre, vertes au sommet. Serre chaude; même culture.

19. PANCRAIS A FLEURS VERTES. *P. viridiflorum*; PERS. ♃. Pérou. Spathe de quatre à cinq fleurs, grandes, belles, verdâtres, à limbe de la couronne de la longueur des pétales; feuilles ensiformes. Serre chaude; même culture.

20. PANCRAIS A FLEURS PANACHÉES. *P. variegatum*; PERS. ♃. Pérou. Spathe quadriflore; fleurs très-longues, de sept à neuf pouces de longueur, penchées, panachées de jaune, de rose, de blanc et de vert; limbe de la couronne très-court, à dents petites, fourchues, recourbées. Serre chaude, et même culture.

21. PANCRAIS CALATHIFORME. *P. calathiforme*; H. ANGL. ♃. Amérique méridionale. Spathe biflore; feuilles linéaires, lisses; hampe flexueuse, comprimée, longue d'un pied et demi; fleurs blanches; tube trigone; couronne très-grande,

en cône renversé, à dents arrondies, dentelées et échancrées dans leur milieu. Serre chaude ; même culture.

22. Pancrais distique. *Pancratium distichum;* Curt. ♃. Mexique. Spathe de cinq à six fleurs; feuilles distiques, lancéolées, striées; fleurs d'un beau blanc, très-odorantes; couronne infondibuliforme, dentée, laciniée irrégulièrement dans les intervalles des étamines. Serre chaude; même culture.

23. Pancrais a feuilles de narcisse. *P. verecundum;* H. K. ♃. Indes Orientales. Willdenow regarde cette plante comme une variété du nº 5. Spathe multiflore; feuilles longues d'un pied et demi, lingulées, planes; hampe comprimée, plus courte que les feuilles; de juin en août, fleurs odorantes; tube verdâtre; divisions lancéolées, pointues, d'un beau blanc, vertes sur le milieu de leur surface extérieure. Serre chaude; même culture.

NARCISSE. *Narcissus;* L. (*Hexandrie-monogynie.*) Spathe à une ou plusieurs fleurs; calice tubulé inférieurement, à limbe double : l'extérieur partagé en six divisions : l'intérieur en forme de cloche ou d'anneau, entier ou découpé en son bord; six étamines à filamens insérées sur les parois internes du tube; un ovaire à style filiforme, terminé par un stigmate trifide; une capsule arrondie, à trois loges contenant plusieurs graines arrondies.

1. Narcisse des poètes, porillon, jeannette, claudinette. *Narcissus poeticus;* L. *Narcissus angustifolius;* Curt. Mag. ♃. Indigène. Spathe à une fleur; feuilles radicales, ensiformes, droites, aussi longues que la hampe, celle-ci d'un pied de longueur; en mai, fleurs blanches, odorantes; couronne en godet, très-courte, crénelée, à bord pourpre.

Var. A fleur double. Elle n'épanouit pas aussi bien que la simple, et avorte souvent dans les terrains secs qui ne lui conviennent pas.

Pleine terre franche, un peu fraîche; multiplication de caïeux que l'on sépare en juillet en levant les ognons, et que l'on replante en octobre. On laisse les ognons en terre pendant deux ou trois ans si on veut, ce qui leur fait former de belles touffes; cependant il est nécessaire de lever chaque année les variétés à fleurs doubles (dans toutes les espèces), si l'on ne veut les voir rapidement dégénérer. Arrosemens pendant la sécheresse, ou les plantes ne fleurissent pas. On peut encore multiplier tous les narcisses de graines que l'on sème de la même manière que nous l'avons dit pour les tulipes et les jacinthes.

2. NARCISSE A DEUX FLEURS. *Narcissus biflorus;* PERS. *N. poeticus;* HUDS ♃. Angleterre. Spathe biflore; feuilles aiguës, carénées, raides; couronne en godet, très-courte, membraneuse, crénée, à bord blanc; corolle jaunâtre. Même culture; terre sablonneuse.

3. NARCISSE NONPAREIL. *N. incomparabilis;* CURT. ♃. Espagne. Spathe à une fleur; feuilles planes; couronne campanulée, plissée, ondulée; pétales moitié plus longs que la couronne, jaunes. Même culture. Cette plante a beaucoup de rapport avec le n° 1, mais elle en diffère par sa fleur beaucoup plus grande.

4. NARCISSE SAUVAGE. *N. pseudo-narcissus;* L. ♃. Indigène. Spathe à une fleur; feuilles planes, moins longues que dans l'espèce précédente; hampe plus longue que les feuilles; couronne campanulée, droite, crépue, presque de la même grandeur que les pétales: ceux-ci ovales; fleur jaune. Même culture.

Var. A fleur double. Autre à fleur très-jaune.

5. NARCISSE BICOLORE. *N. bicolor;* GOUAN. ♃. Pyrénées. Persoon le regarde comme une espèce, et Desfontaines en fait une variété du précédent. Il en diffère par sa fleur à pétales blancs, et à couronne d'un jaune doré, dont le limbe est ouvert, ondulé et crénelé. Même culture.

Var. A fleur double.

6. NARCISSE PETIT. *N. minor;* L. ♃. Espagne. Spathe uniflore; feuilles et hampe courtes; couronne obconique, droite, crispée, à six divisions égales aux pétales: ceux-ci lancéolés; fleur jaune. Même culture.

7. NARCISSE MUSQUÉ. *N. moschatus;* L. ♃. Espagne. Spathe uniflore; couronne cylindrique, tronquée, ouverte, de la même longueur que les pétales: ceux-ci oblongs; fleurs d'un jaune de soufre, d'une odeur aromatique. Même culture.

8. NARCISSE A FEUILLES DE JONC. *N. triandrus;* PERS. ♃.

Des Pyrénées. Spathe à une ou deux fleurs penchées; couronne campanulée, crénelée, de moitié plus courte que les pétales : ceux-ci réfléchis; six étamines, dont trois plus courtes. Même culture.

9. Narcisse d'Orient. *Narcissus orientalis;* Pers. ♃. D'Orient. Spathe ordinairement à deux fleurs; couronne campanulée, trifide, émarginée, trois fois plus courte que les pétales; fleurs blanches, à couronne jaune. Même culture.

10. Narcisse du Pérou. *N. amancæs;* Pers. ♃. Spathe de trois à six fleurs; feuilles ensiformes; couronne grande, campanulée, crénelée, à six lobes recourbés; étamines penchées; fleurs grandes, d'un jaune de soufre, très-odorantes. Orangerie, et même culture.

11. Narcisse trilobé. *N. trilobus;* Pers. ♃. Espagne. Spathe ordinairement à plusieurs fleurs; couronne campanulée, presque trifide, à bord très-entier, de moitié plus courte que les pétales. Cette espèce a beaucoup de rapport avec le narcisse jonquille. Pleine terre; même culture.

12. Narcisse odorant. *N. odorus;* Pers. *N. gouani;* Red. ♃. France méridionale. Spathe ordinairement à deux fleurs; feuilles jonciformes, carénées; couronne campanulée, à six divisions, lisse, de moitié plus courte que les pétales; fleurs grandes, jaunes, odorantes. Même culture.

Var. A une fleur; à plusieurs fleurs.

13 Narcisse a grande couronne. *N. calathinus;* Red. ♃. Portugal. Spathe multiflore; feuilles étroites, planes; couronne campanulée, presque aussi grande que les pétales : ceux-ci planes; fleurs jaunes. Même culture.

14. Narcisse a bouquet. *N. tazetta;* L. ♃. France méridionale. Spathe multiflore; feuilles planes; hampe d'un pied; couronne tronquée, plissée, trois fois plus courte que les pétales; pédoncules inégaux; fleurs grandes, odorantes, jaunes. Terre franche, sablonneuse et chaude, sans trop de sécheresse; du reste, même culture. On possède un grand nombre de variétés qui diffèrent les unes des autres par la couleur, la grandeur et le nombre des fleurs; quelques-unes en donnent jusqu'à trente ou trente-cinq sur la même hampe. Les plus remarquables sont :

1° Narcisse de Constantinople. Fleurs moyennes, d'un jaune orangé, très-odorantes.

Sous-variété. A fleurs doubles. Ces deux plantes craignent le froid, et périsssent en pleine terre si la température baisse au-dessous de quatre degrés ; aussi les cultive-t-on en bâche ou en orangerie.

2° Narcisse de Chypre. Fleurs plus petites ; odeur plus agréable. Il est aussi délicat, et exige les mêmes soins.

3° Narcisse grand soleil d'or. Six à douze fleurs simples, jaune safrané à l'intérieur, d'un jaune brillant à l'extérieur. Il est moins délicat. Pleine terre, mais couverture l'hiver.

4° Narcisse multiflore ; narcisse tout blanc des jardiniers. Fleurs assez grandes, entièrement blanches, exhalant une odeur très-agréable, paraissant plus tard. Orangerie.

5° Narcisse grand primo. Fleurs très-nombreuses, grandes, blanches, odorantes. Pleine terre, et couverture l'hiver.

6° Narcisse grand monarque. Fleurs plus grandes, blanches, à pétales moins arrondis et plus échancrés. Même culture.

Toutes ces variétés fleurissent très-bien en carafes, sur une cheminée. On obtient de nouvelles variétés en semant de la même manière que pour les tulipes.

15. Narcisse douteux. *Narcissus dubius;* Pers. ♃. France méridionale. Spathe multiflore ; feuilles linéaires, deux fois plus courtes, ainsi que la hampe, que dans l'espèce précédente ; couronne blanche, campanulée, tronquée, trois fois plus courte que les pétales, très-entière ; pétales égaux, ovales. Pleine terre ; culture du n° 1.

16. Narcisse a fleurs vertes. *N. viridiflorus;* Pers. ♃. Mauritanie. Spathe multiflore ; feuilles cylindriques, fistuleuses ; hampe cylindrique, portant d'abord les fleurs, ensuite des feuilles ; couronne campanulée, très-courte ; pétales linéaires. Orangerie ; même culture.

17. Narcisse tardif. *N. serotinus ;* Desf. *Narcissus autumnalis minor ;* Clus. ♃. Barbarie. Spathe multiflore ; feuilles linéaires, canaliculées ; hampe un peu gladiée ; couronne très-courte, entière, crénelée ; pétales lancéolés ; fleurs blanches, en automne. Orangerie ; même culture.

18. Narcisse bulbocode, trompette de Vénus. *Narcissus bulbocodium ;* L. ♃. Midi de la France. Spathe à une fleur; feuilles subulées, jonciformes; couronne turbinée, plus grande que les pétales : ceux-ci linéaires-lancéolés; étamines et pistil penchés; d'avril en juin, fleurs jaunes. Pleine terre de bruyère avec couverture l'hiver; mieux orangerie.

19. Narcisse jonquille. *N. jonquilla;* L. ♃. France méridionale. Spathe multiflore; feuilles subulées, lisses, jonciformes; couronne campanulée, courte; en avril, fleurs jaunes, très-odorantes. Terre franche, sablonneuse, chaude; ou terre composée d'un tiers terreau de couche très-consommé, un tiers terreau de feuilles, et un tiers terre franche. Dans tout autre terrain, surtout dans ceux qui sont forts et argileux, elle ne fleurit pas et périt promptement. L'ognon se plante en septembre, à trois pouces de profondeur, avec la précaution de l'incliner, ou de placer une petite pierre dessous, afin qu'il ne s'enfonce pas. On le relève lorsque les feuilles sont desséchées.

Var. A fleurs doubles; très-difficile sur la qualité du sol.

20. Narcisse fausse-jonquille. *N. pseudo-jonquilla ;* H. P. ♃. France méridionale. Spathe multiflore. Il diffère du précédent par ses fleurs plus grandes, simples, inodores; par ses feuilles du double plus grosses, demi-cylindriques, planes d'un côté. Culture du n° 1.

NIVÉOLE. *Leucoium;* L. (*Hexandrie-monogynie.*) Spathe à une ou plusieurs fleurs; calice campanulé, partagé en six divisions ovales, égales; six étamines à filamens sétacés, très-courts, portant des anthères oblongues et quadrangulaires; un ovaire chargé d'un style obtus, terminé par un stigmate aigu; une capsule à trois loges, contenant plusieurs graines arrondies.

1. Nivéole printanière. *Leucoium vernum;* L. ♃. Alpes. Spathe à une fleur; feuilles radicales, planes, linéaires; hampe de six à huit pouces; en mars, fleur penchée, blanche, régulière, bordée de vert au sommet des divisions; style en massue. Terre légère, fraîche, à exposition un peu ombragée; multiplication de caïeux que l'on sépare en

juillet, et que l'on replante en septembre. On peut laisser les ognons en terre pendant trois ans.

2. Nivéole d'été. *Leucoium æstivum;* Lam. ♃. Indigène. Spathe à plusieurs fleurs; feuilles longues, lisses, un peu concaves; hampe d'un pied et demi; en mai, cinq à six fleurs blanches, pendantes, avec un point vert à l'extrémité aiguë des divisions de la corolle; style en massue. Même culture.

3. Nivéole d'automne. *L. autumnale;* Pers. ♃. Portugal. Spathe monophylle, à deux fleurs; en octobre, fleurs à divisions ovales, tridentées au sommet; style filiforme. Terre sablonneuse, chaude, à bonne exposition, et couverture de litière sèche pendant l'hiver.

4. Nivéole a fleurs roses. *L. trichopyllum;* Red. ♃. Barbarie. Spathe diphylle, à deux fleurs; feuilles linéaires, menues; hampe de quatre pouces, terminée par une fleur rose, à pétales lancéolés, aigus, et à style filiforme. Culture de la précédente.

GALANTINE. *Galanthus;* L. (*Hexandrie-monogynie.*) Spathe monophylle, à une fleur; calice campanulé, à six divisions, dont trois extérieures oblongues, obtuses, plus grandes que les trois intérieures qui sont échancrées en cœur; six étamines à filamens courts, portant des anthères oblongues et aiguës; un ovaire surmonté d'un style et d'un stigmate simples; une capsule à trois loges, contenant plusieurs graines globuleuses.

1. Galantine perce-neige. *G. nivealis;* L. ♃. Indigène. Ognon allongé, de la grosseur d'une noisette; deux feuilles oblongues, étroites et planes; hampe de cinq à six pouces; en février, une seule fleur blanche, pendante, légèrement rayée de vert. Plante fort agréable à cause de sa précocité. Pleine terre, et même culture que les nivéoles. On en possède une variété à fleurs doubles.

HYPOXIDE. *Hypoxis;* L. (*Hexandrie-monogynie.*) Spathe bivalve; calice monophylle, à six divisions ovales oblongues, ouvertes; six étamines à filamens très-courts, portant des anthères oblongues ou linéaires; un ovaire turbiné, muni d'un style trifide; une capsule presque globuleuse, à trois loges contenant plusieurs graines ovales, acuminées.

1. HYPOXIDE A TIGE DROITE. *Hypoxis erecta ;* WILLD. *Ornithogalum hirsutum ;* L. ♃. Amérique septentrionale. Feuilles linéaires lancéolées, plus courtes que la hampe, velues comme toute la plante ; hampe droite, ordinairement terminée, en juin, par quatre ou cinq fleurs jaunes, en ombelle, velues à l'extérieur, à pédoncules le double plus longs qu'elles. Pleine terre légère, ou, mieux, de bruyère ; couverture pendant les grands froids ; multiplication de caïeux. Il est prudent d'en avoir quelques ognons en orangerie.

2. HYPOXIDE A REJETONS. *H. sobolifera ;* WILLD. ♃. Du Cap. Feuilles linéaires, lancéolées, étalées, de la longueur de la hampe, velues comme toute la plante ; hampe ordinairement terminée par quatre fleurs jaunes, à pédoncules le double plus longs qu'elles. Cette espèce et la précédente ont beaucoup de rapport avec les ornithogales. Terre légère ou de bruyère ; orangerie, ou pleine terre de bruyère en bâche ou sous châssis. Même multiplication.

3. HYPOXIDE VELUE. *H. villosa ;* WILLD. ♃. Du Cap. Feuilles linéaires, lancéolées, plus courtes que la hampe, velues comme toute la plante ; hampe terminée ordinairement par quatre fleurs jaunes, à pédoncules plus courts qu'elles ; capsule cylindrique. Il y en a une variété à fleurs plus grandes. Même culture que la précédente ; orangerie.

4. HYPOXIDE GÉMINIFLORE. *H. decumbens ;* L. ♃. Jamaïque. Feuilles linéaires, lancéolées, plus courtes que la hampe, velues comme toute la plante ; hampe ordinairement à deux fleurs pendantes, jaunes en dedans, verdâtres en dehors ; capsule en massue ; même culture, mais serre chaude.

5. HYPOXIDE OBLIQUE. *H. obliqua ;* JACQ. ♃. Du Cap. Feuilles linéaires lancéolées, acuminées, un peu obliques ; hampe ordinairement à trois fleurs velues. Culture du n° 2. Cette plante a beaucoup de rapport avec l'*ornithogalum minimum.* Orangerie.

6. HYPOXIDE AQUATIQUE. *H. aquatica ;* L. ♃. Du Cap. Feuilles linéaires ; fleur solitaire et hermaphrodite dans quelques individus, en ombelles et mâles dans d'autres. Orangerie ; terre tourbeuse, tenue constamment humide pendant la végétation.

7. HYPOXIDE MENUE. *H. minuta ;* THUNB. *Helonias minuta ;*

L. ♃. Du Cap. Feuilles triangulaires, charnues, glabres; hampe bifide; corolle blanche, étalée; trois styles. Même culture.

8. Hypoxide blanche. *Hypoxis alba;* L. ♃. Du Cap. Plante petite; feuilles cylindriques, glabres; hampe presque bifide; pétales blancs, sans taches. Même culture.

9. Hypoxide ovale. *H. ovata;* L. ♃. Du Cap. Feuilles ovales-lancéolées, entières, glabres; hampe terminée par une seule fleur blanche, fort jolie. Même culture.

10. Hypoxide a feuilles de vératre. *H. veratrifolia;* Willd. *H. plicata;* Jacq. ♃. Du Cap. Feuilles oblongues, elliptiques, glabres, plissées, nerveuses, plus courtes que la hampe; celle-ci terminée par une fleur. Même culture.

11. Hypoxide étoilée; *H. stellata;* Pers. *Amaryllis capensis;* L. ♃. Du Cap. Feuilles linéaires, lancéolées, lâches, carénées, glabres, plus courtes que la hampe; celle-ci terminée par une fleur ouverte en étoile, tachée de noirâtre à la base des pétales. Même culture.

Var. Hypoxide élégante. *H. elegans;* And. Hampe droite; pétales blancs en dedans, à base large, frangée, maculée, noire. Même culture.

12. Hypoxide dorée. *H. linearis;* Pers. *H. aurea;* Andr. ♃. Du Cap. Feuilles lancéolées, linéaires, glabres, canaliculées, plus longues que la hampe; fleur grande, solitaire, d'un rouge doré en dedans, verte en dehors. Même culture.

13. Hypoxide dentée. *H. serrata;* L. *Fabricia serrata;* Thunb. ♃. Du Cap. Feuilles canaliculées, glabres, dentées en scie sur les bords; hampe à une fleur. Même culture.

14. Hypoxide joncée. *H. juncea;* Smith. ♃. Caroline. Feuilles canaliculées, velues, très-entières; hampe à une fleur. Même culture, mais serre tempérée.

15. Hypoxide sessile; *H. sessilis;* Pers. ♃. Caroline. Feuilles velues, ainsi que toute la plante; pas de hampe; fleurs sessiles sur les racines. Serre tempérée. Même culture.

GETHYLLIDE. *Gethyllis;* L. (*Hexandrie-monogynie.*) Spathe oblique, tronquée; calice à six divisions, à tube filiforme, très-long, à limbe court; douze à dix-huit étamines à six filets égaux; style filiforme, terminé par un stigmate trifide; baie capsulaire, ventrue, couverte, uniloculaire.

1. Gethyllide en spirale. *Gethyllis spiralis ;* L. *Papiria spiralis ;* Thunb. ♃. Du Cap. Feuilles linéaires, en spirale, glabres; les divisions du limbe ovales-oblongues. Orangerie. Culture des hypoxides.

2. Gethyllide ciliée. *G. ciliaris ;* L. ♃. Du Cap. Feuilles linéaires, en spirale, ciliées; divisions du limbe ovales-oblongues. Même culture.

3. Gethyllide velue. *G. villosa ;* L. ♃. Du Cap. Feuilles linéaires filiformes, en spirale, velues; les divisions du limbe ovales-oblongues. Même culture.

4. Gethyllide plissée. *G. plicata ;* Willd. *Hypoxis plicata ;* ♃. Du Cap. Feuilles linéaires, amincies des deux côtés, plissées, nerveuses, velues sur les bords; fleurs jaunes, verdâtres en dehors, à divisions lancéolées. Même culture.

5. Gethyllide lancéolée. *G. lanceolata ;* Pers. ♃. Feuilles lancéolées, planes; limbe à divisions lancéolées. Même culture.

TULBAGIA. *Tulbagia ;* Thunb. (*Hexandrie-monogynie.*) Calice infondibuliforme, à limbe à six divisions; une couronne de trois écailles bifides à l'entrée du tube; trois étamines dans le tube, et trois à l'entrée; stigmate en toupie; capsule supère, presqu'à quatre côtés.

1. Tulbagia a feuilles de narcisse. *Tulbagia alliacea ;* Thunb. ♃. Du Cap. Feuilles ensiformes, linéaires, un peu charnues; tige d'un pied; fleurs en ombelle, penchées, d'un pourpre terne, renflées à leur base; couronne monophylle, à six dents. Orangerie; culture des hypoxides. Les feuilles de cette espèce exhalent une odeur d'ail très-désagréable.

2. Tulbagia des haies. *T. cepacea ;* Thunb. ♃. Du Cap. Feuilles linéaires; fleurs droites; couronne triphylle; anthères sessiles au dessous du tube : trois supérieures alternes. Même culture.

ANANAS. *Bromelia ;* Plum. (*Hexandrie-monogynie.*) Calice double, l'extérieur persistant, à trois divisions : l'intérieur profondément divisé en trois divisions étroites, lancéolées, plus longues que les extérieures, pétaloïdes, munies chacune à leur base d'une écaille nectarifère. Six étamines à filamens subulés, portant des anthères sagittées. Un ovaire à style filiforme, terminé par un stigmate trifide. Une baie arrondie, ombiliquée, contenant des graines nombreuses, oblongues.

1. ANANAS A COURONNE. *Bromelia ananas ;* L. ♃. Antilles. Nous avons donné sa description et sa culture dans notre tome IIe, pag. 286 et suivantes.

2. ANANAS PINGUIN. *B. pinguin ;* L. ♃. Antilles. Feuilles ciliées, épineuses, mucronées, de trois pieds de long, glauques ; en mars et avril, hampe de deux ou trois pieds, pubescente, garnie d'écailles rouges, terminée par une grappe spiciforme de fleurs roses. Serre chaude et tannée ; terre à ananas ; arrosemens fréquens pendant la végétation ; multiplication par la séparation des œilletons dont on laisse sécher la plaie avant de les planter.

3. ANANAS INCARNAT. *B. incarnata ;* PERS. ♄. Pérou. Feuilles dentées-épineuses, obtuses, avec une pointe ; fleurs d'un pourpre violet, en grappe simple, flexueuse ; bractées inférieures grandes, lancéolées ; baies blanchâtres ; même culture, mais moins d'arrosemens.

4. ANANAS SPHACÉLÉ. *B. sphacelata ;* PERS. ♄. Chili. Feuilles ensiformes, très-aiguës, ciliées, aiguillonneuses ; fleurs pourpres, en épi axillaire conico-tronqué ; bractées blanchâtres à la base, sphacélées vers le milieu. Culture du n° 2.

5. ANANAS BICOLOR. *B. bicolor ;* PERS. ♄. Chili. Feuilles ensiformes, ciliées-aiguillonneuses, les intérieures rougeâtres ; fleurs bleues, formant une espèce de cône par leur agrégation ; bractées oblongues ; baies pubescentes et blanchâtres. Même culture, mais moins d'arrosemens.

6. ANANAS KARATAS. *B. karatas ;* JACQ. ♄ Amérique méridionale. Feuilles droites ; fleurs bleues, sans tige, sessiles, agrégées. Il naît entre les feuilles, au lieu de fruits, des stolons enracinés qui servent à la propagation de la plante. Culture du n° 2.

7. ANANAS LINGULÉ. *B. lingulata ;* PERS. ♄. Amérique méridionale. Feuilles dentées-épineuses, obtuses ; fleurs en épi, alternes. Même culture.

8. ANANAS BRACTÉ. *B. bracteata ;* PERS. ♄. Jamaïque. Feuilles dentées-épineuses ; bractées ovales-lancéolées,

rouges ; hampe allongée ; fleurs sessiles, en grappe composée et à rameaux subdivisés. Même culture.

9 ANANAS PANICULÉ. *Bromelia paniculigera ;* PERS. ♄. Amérique. Feuilles dentées et épineuses ; bractées lancéolées, larges, longues d'un demi-pied, rouges ; fleurs pédonculées, en grappe composée, et à rameaux subdivisés. Même culture.

10. ANANAS DE CARAQUE. *B. chrysantha ;* PERS. Des Caraques. Feuilles dentées-épineuses ; bractées lancéolées, dentées, jaunâtres ; grappe un peu composée, plus courte que les feuilles ; fleurs pédonculées, d'un jaune doré. Même culture.

11. ANANAS NAIN. *B. humilis ;* PERS. ♄. Lieu....? Tige presque nulle ; fleurs agrégées, sessiles ; stolons naissant aux aisselles. Même culture.

12. ANANAS ACANGA. *B. acanga ;* PERS. ♄. Brésil. Feuilles ciliées-épineuses, mucronées, recourbées ; fleurs en panicule diffuse. Même culture.

TILLANDSIE, caragate. *Tillandsia ;* L. (*Hexandrie-monogynie.*) Calice double, l'extérieur à trois divisions oblongues, persistantes ; l'intérieur à trois découpures pétaloïdes, plus longues que les divisions extérieures ; six étamines à filamens filiformes, insérés sur le réceptacle, et portant des anthères ovales en cœur ; un ovaire à style filiforme, terminé par un stigmate trifide ; une capsule oblongue-linéaire, à trois loges contenant plusieurs graines allongées et environnées d'une aigrette de poils.

1. TILLANDSIE UTRICULÉE. *Tillandsia utriculata ;* BROWN. ♃. Amérique méridionale. Feuilles grandes, amincies à la base, ventrues ; hampe paniculée, terminée par un épi comprimé, redressé, brachié de fleurs presque sessiles. Serre chaude ; terre de bruyère. Du reste, même culture que le genre précédent. Peu d'arrosemens.

2. TILLANDSIE DENTÉE. *T. serrata ;* PLUM. ♃. Amérique méridionale. Feuilles grandes, obtuses, dentées-épineuses supérieurement ; fleurs en grappe spiciforme, pyramidale. Même culture.

3. TILLANDSIE LINGULÉE. *T. lingulata ;* JACQ. ♃. Amérique méridionale. Feuilles lancéolées, lingulées, très-en-

tières, ventrues à la base; fleurs en épi paniculé. Même culture.

4. TILLANDSIE A QUATRE FLEURS. *Tillandsia tetrantha*; PERS. ♃. Pérou. Tige droite; hampe flexueuse; quatre fleurs à pétales violacés, pédonculées, pendantes, sortant d'une spathe. Même culture.

5. TILLANDSIE ROUGE. *T. rubra*; PERS. ♃. Pérou. Feuilles ensiformes, un peu acuminées; fleurs d'un pourpre violet, en panicule simple, à épis indivisés. Même culture.

6. TILLANDSIE MACULÉE. *T. maculata*; PERS. ♃. Pérou. Feuilles lancéolées, ensiformes, maculées; fleurs en panicule composée, à épis un peu divisés. Même culture.

7. TILLANDSIE A DEUX FLEURS. *T. biflora*; PERS. ♃. Amérique méridionale. Feuilles ensiformes, aiguës; hampe terminée par une espèce de grappe à fleurs géminées. Même culture.

8. TILLANDSIE A PETITES FLEURS. *T. parviflora*; PERS. ♃. Pérou. Feuilles blanchâtres, subulées, très-larges à la base; écailles furfuracées; fleurs blanches, distiques, en panicule simple. Même culture.

9. TILLANDSIE A SEPT FLEURS. *T. heptantha*; PERS. ♃. Pérou. Feuilles ensiformes, subulées, très-aiguës; sept fleurs blanches à la base, violacées au sommet, en épi, distiques. Même culture.

10. TILLANDSIE POURPRE. *T. purpurea*; PERS. ♃. Pérou. feuilles ensiformes, recourbées, subulées; fleurs rosacées, distiques, en panicule composée de plusieurs épis. Même culture.

11. TILLANDSIE A FLEURS SESSILES. *T. sessilifolia*; PERS. ♃. Pérou. Feuilles un peu lingulées, rétuses; bractées concaves, appliquées; hampe terminée par un épi simple de fleurs solitaires et sessiles. Même culture.

12. TILLANDSIE A PETITES FEUILLES. *T. tenuifolia*; SWARTZ. ♃. Amérique méridionale. Feuilles linéaires, filiformes, droites, sétacées au sommet; fleurs distiques, en épis alternes et imbriqués. Même culture.

13. TILLANDSIE FLEXUEUSE. *T. flexuosa*; SWARTZ. *T. tenuifolia*; JACQ. ♃. Jamaïque. Feuilles lancéolées, linéaires, réclinées; tige un peu divisée au sommet; fleurs distiques,

un peu distantes, en épis lâches et flexueux. Même culture.

14. Tillandsie sétacée. *Tillandsia setacea*; Swartz. ♃. Jamaïque. Feuilles linéaires, filiformes, glabres; fleurs en épis simples, à spathes distiques, imbriquées. Même culture.

15. Tillandsie paniculée. *T. paniculata*; L. ♃. Amérique méridionale. Feuilles radicales très-courtes; chaume presque nu, à rameaux subdivisés, ascendans. Même culture.

16. Tillandsie fasciculée. *T. fasciculata*; Pers. *T. clavata*; Lam. ♃. Jamaïque. Feuilles lancéolées, subulées, droites, raides; fleurs en épis latéraux, distiques, imbriquées. Même culture.

ORDRE IX.

LES IRIDÉES. — *IRIDEÆ.*

Plantes ordinairement herbacées; *feuilles* alternes, engaînantes, souvent ensiformes; *fleurs* enveloppées, avant leur épanouissement, dans une spathe monophylle ou diphylle. *Calice* à six divisions pétaloïdes. Trois *étamines* (six dans le pontédéria). Un *ovaire* inférieur, surmonté d'un style terminé le plus souvent par trois stigmates, quelquefois par un seul. Une *capsule* trivalve, triloculaire, à loges ordinairement polyspermes, plus rarement monospermes.

La plus grande partie de ces plantes produit un charmant effet, soit en pleine terre, soit en serre où on les cultive à peu près comme les liliacées et les narcissées. Toutes méritent les soins des amateurs.

BERMUDIENNE. *Sisyrinchium*; L. (*Triandrie-monogynie.*) Spathe commune de deux écailles comprimées, aiguës; calice monophylle, divisé profondément en six découpures ovales-oblongues; trois étamines à filamens réunis en une sorte de tube à trois côtés, et seulement séparés à leur sommet; un ovaire muni d'un style portant trois stigmates subulés; une capsule ovale, trigone, à trois loges, à trois valves partagées chacune par une demi-cloison. Chaque loge contient plusieurs graines globuleuses.

1. Bermudienne a tête. *Sisyrinchium capitatum;* Pers. *Moræa palmifolia;* Thunb. *Moræa plicata;* Swartz. *Ixia americana;* Aubl. ♃. Amérique. Hampe ancipitée; feuilles ensiformes, plissées; fleurs blanches, en têtes; filamens des étamines libres. Serre tempérée; terre franche légère; arrosemens abondans pendant la végétation; multiplication au printemps par la séparation des racines, ou de graines semées en terrine de terre de bruyère, sur couche tiède. On repique le jeune plant en juillet et août.

2. Bermudienne a grappe. *S. racemosum;* Pers. *S. palmifolium;* Willd. *S. latifolium;* H. K. ♃. Brésil. Hampe nue, un peu cylindrique; feuilles ensiformes, plissées; fleurs petites, blanches, en grappes penchées; racines bulbeuses. Serre tempérée; même culture; multiplication de caïeux séparés tous les deux ou trois ans.

3. Bermudienne spathacée. *S. spathaceum;* Pers. ♃. Inde. Hampe cylindrique; feuilles cylindriques, filiformes; fleurs jaunes, en épis latéraux et agrégés; pétales à peine réunis à la base; filamens des étamines libres. Même culture.

4. Bermudienne striée. *S. striatum;* Pers. *S. spicatum;* Cav. *Moræa serrata;* Jacq. ♃. Mexique. Hampe de deux pieds, ancipitée, à rameaux ailés; feuilles ensiformes, sillonnées, plus courtes que la hampe; fleurs un peu ventrues, jaunâtres, linéées de jaune en dessous, terminales, presque en ombelle; bractées trifides. Pleine terre franche légère, un peu humide; couvertures de litière sèche pendant l'hiver; du reste, même culture.

5. Bermudienne mucronée. *S. mucronatum;* Pers. ♃. Pensilvanie. Hampe et feuilles simples, presque sétacées; spathe colorée, ayant une valve terminée par une longue pointe. Même culture, mais orangerie.

6. Bermudienne bicolore. *S. bermudianum;* Pers. ♃. Des Bermudes. Tige ancipitée, rameuse; feuilles ensiformes; spathes mutiques, plus courtes que les fleurs : celles-ci bleues, tachetées de jaune. Orangerie; même culture.

7. Bermudienne graminée. *Sisyrinchium anceps;* Pers. *S. gramineum;* Curt. ♃. Amérique septentrionale. Hampe simple, ailée; feuilles étroites, linéaires, graminées, glauques; fleurs petites, bleues, terminales. Culture du n° 4.

8. Bermudienne a petites fleurs. *S. micranthemum;* Pers. ♃. Pérou. Tige ancipitée; feuilles canaliculées; pétales linéaires. Serre tempérée; même culture; multiplication par la séparation de ses racines fibreuses.

9. Bermudienne ixioïde. *S. ixioïdes;* Pers. ♃. Nouvelle Zélande. Feuilles ensiformes, distiques; fleurs en panicule trichotome, à pétales extérieurs plus courts que les intérieurs, et à pédoncules capillaires de la même longueur que les spathes. Serre tempérée; même culture.

10. Bermudienne roulée. *S. convolutum;* Red. ♃. Du Cap. Feuilles ensiformes, pointues, glauques; tige simple, terminée, en juin, par quatre fleurs jaunes, plus grandes que dans les autres espèces, à divisions roulées en dessus. Orangerie, et même culture.

WITSENIE. *Witsenia;* Thunb. (*Triandrie-monogynie.*) Spathe nulle; calice à tube plus ou moins long, à limbe divisé en six lanières droites; six étamines; un style terminé par un stigmate émarginé ou un peu trifide. Les fleurs naissent entre des feuilles distiques.

1. Witsenie bicolore. *Witsenia maura;* Pers. *ixia disticha;* Lam. ♃. Du Cap. Fleurs tomenteuses en dessous, noirâtres à l'entrée du tube, jaunes sur le limbe. Orangerie, et culture des ixias.

2. Witsenie en corymbe. *W. corymbosa;* Lois. ♃. Du Cap. En août, fleurs en panicule, d'un bleu d'azur, marquées de lignes brunes. Même culture.

3. Witsenie magellanique. *W. magellanica;* Pers. *Tapeina magellanica;* Juss. *Ixia magellanica;* Lam. *Moræa magellanica;* Willd. *Galaxia magellanica;* Cav. ♃. Des Terres de Feu. Feuilles petites; fleurs petites, presque sessiles, à tube très-court, profondément divisé, naissant entre des feuilles semblables à des spathes. Même culture.

4. Witsenie pyramidale. *W. pyramidalis;* Pers. ♃. Ile Maurice. Feuilles linéaires, striées, distiques, très-ouvertes, les supérieures spathacées; tige un peu rameuse; fleurs à tube

très-long, filiforme, ayant une division très-droite. Même culture.

TIGRIDIE. *Tigridia;* Juss. (*Triandrie-monogynie.*) Spathe à deux valves; calice à tube court, à limbe grand, plane, régulier, partagé en six divisions, dont les trois extérieures plus grandes, ovales, les trois intérieures plus petites : les unes et les autres rétrécies à leur base. Trois étamines à filamens tout-à-fait réunis en un long tube. Un ovaire surmonté d'un long style terminé par trois stigmates bifides. Une capsule oblongue, anguleuse, polysperme.

1. TIGRIDIE PANACHÉE. *Tigridia pavonia;* RED. ♃. Mexique. Plante superbe. Racine bulbeuse, à ognon écailleux et tubéreux; feuilles ensiformes, engaînantes, droites, plissées, longues, terminées par une pointe; tige feuillée, haute de plus de deux pieds, rameuse, terminée, en juillet, par deux ou trois fleurs assez grandes, jaunâtres et écarlates, ponctuées de pourpre foncé. Elles se succèdent, mais ne durent chacune que six heures, après quoi elles se ferment pour ne plus s'ouvrir. Serre tempérée, mieux pleine terre légère, substantielle; arrosemens modérés; multiplication par ses caïeux que l'on sépare quand la plante est desséchée, et que l'on plante de suite. On la propage aussi de semence.

FERRAIRE. *Ferraria;* L. (*Triandrie-monogynie.*) Spathe à une fleur et à deux valves; calice à tube court, à limbe partagé en six divisions ondulées; trois étamines dont les filamens sont réunis par leur base; un ovaire surmonté d'un style terminé par trois stigmates trifides, en capuchon; une capsule oblongue, triloculaire, polysperme.

1. FERRAIRE ONDULÉE. *Ferraria undulata;* L. *Ferraria punctata;* PERS. ♃. Du Cap. Racine tubéreuse; tige rameuse, feuillée, d'un pied et demi; feuilles engaînantes, ensiformes, droites, striées, ponctuées de pourpre foncé; en avril, fleurs solitaires, au sommet des rameaux, d'un pourpre brun, violâtre et velouté, marquées d'un cercle blanchâtre, et tachées de points jaunâtres sur les bords. Serre tempérée; terre franche-légère; multiplication de caïeux. Par une singularité fort extraordinaire, les ognons de cette plante se reposent constamment un an avant de recommencer une nouvelle

végétation. Les fleurs sont belles, mais elles ne durent que quelques heures.

2 Ferraire (petite). *Ferraria minor;* Pers. *F. ferrariola;* Willd. *Moræa ferrariola;* Jacq. Tige simple; feuilles très-étroites, ensiformes, engaînantes; fleurs terminales; onglets des pétales verts en dehors, striés de violet noir en dedans : les pétales étroits, sans taches : les plus larges, jaunâtres, striés, et pointillés de violet. Même culture.

IRIS. *Iris;* L. (*Triandrie-monogynie.*) Spathe à une fleur et à deux valves. Calice à tube oblong, partagé en son limbe en six divisions oblongues, dont trois extérieures réfléchies en dehors, et les trois intérieures redressées. Trois étamines à filamens subulés, insérées à la base des divisions extérieures; un ovaire muni d'un style court, terminé par trois stigmates oblongs, grands, pétaliformes, recouvrant les étamines, creusés en dessous d'un sillon longitudinal, et échancrés ou bifides à leur sommet. Une capsule oblongue, trigone ou hexagone, triloculaire, contenant plusieurs graines arrondies.

§ Ier. Fleurs barbues; feuilles ensiformes.

1. Iris ciliée. *Iris ciliata;* Thunb. ♃. Du Cap. Fleurs barbues; feuilles ensiformes, ondulées, ciliées; les divisions de la corolle alternes, ovales. Orangerie, terre légère ou de bruyère; culture des ixias.

2. Iris menue. I. *minuta;* Thunb. ♃. Du Cap. Fleurs barbues; feuilles ensiformes, glabres; hampe vaginée, à une fleur, celle-ci jaune, à pétales oblongs et aigus. Même culture.

3. Iris naine, petite flambe. *I. pumila;* L. ♃. Indigène. Fleurs barbues; tige de quatre à cinq pouces, de la longueur des feuilles; en mars et avril, fleur solitaire, à tube saillant hors de la spathe, violette ou d'une autre couleur, selon les variétés qui sont assez nombreuses.

Var. 1° A tige très-courte.

2° A fleur pourpre.

3° A fleur pourpre-violet.

4° A fleur rose.

5° A fleur pourpre-bleuâtre.

6° A fleur rouge.

7° A fleur blanche.

Pleine terre légère et un peu fraîche; multiplication par éclat des racines en automne et au printemps. On en fait de très-jolies bordures.

4. Iris jaune. *Iris lutescens;* Willd. *I. pumila, Var.* L. ♃. Indigène. Fleurs barbues; tige de sept à huit pouces, plus haute que les feuilles; celles-ci ensiformes et glabres; en mai, fleur solitaire, d'un jaune pâle, veinée de rouge brun, surtout aux onglets des divisions internes; tube non saillant, hors de la spathe. Pleine terre; même culture.

5. Iris a crête. *I. cristata;* Willd. ♃. Amérique méridionale. Fleurs barbues, les barbes formant une crête; hampe à une fleur, de la longueur des feuilles; en mai, fleurs à divisions extérieures entières, bleues, avec le milieu jaune; les intérieures bleues; stigmate d'un bleu pâle, ovaire trigone. Pleine terre; même culture.

6. Iris de Suse. *I. susiana;* Thunb. ♃. Orient. Fleurs barbues; feuilles ensiformes, glabres; tige plus longue que les feuilles, de deux pieds, terminée, en mars et avril, par une fleur très-grande, d'un brun foncé veiné de pourpre. Orangerie; culture du n° 1. Elle a besoin de quelque soin pour fleurir.

7. Iris de Florence. *I. florentina;* Lam. ♃. Europe méridionale. Fleurs barbues; feuilles ensiformes, glabres; hampe beaucoup moins longue que les tiges, terminée, en juin, par deux fleurs sessiles, blanches, grandes, d'une odeur agréable, à base légèrement veinée de rose. Pleine terre franche légère; multiplication par éclats. Ses racines exhalent l'odeur de la violette, et sont employées en parfumerie.

Var. A fleurs blanches. *I. alba;* Savi. ♃. Des environs de Pise. Hampe à plusieurs fleurs, de la même longueur que les feuilles; spathe foliacée à la base, marginée et scarieuse au sommet; tube de la corolle plus long que l'ovaire. Même culture.

8. Iris odorante. *I. flavissima;* Pers. ♃. Sibérie. Fleurs

barbues ; feuilles ensiformes, glabres, longues d'un ou deux pieds, plus courtes que la hampe; celle-ci terminée par deux fleurs; ovaire obtus et trigone. Même culture.

9. IRIS DES SABLES. *Iris arenaria;* PERS. ♃. Allemagne. Fleurs barbues; feuilles ensiformes, plus courtes que la hampe; celle-ci entièrement vaginée; deux fleurs petites, jaunes, veinées de violet à la base. Pleine terre; même culture.

10. IRIS A DEUX FLEURS. *I. biflora;* THUNB. ♃. Portugal. Fleurs barbues; feuilles ensiformes, plus courtes que la hampe: celle-ci terminée, en avril et mai, par deux ou trois fleurs violettes, non échancrées, dont trois divisions ont une raie blanchâtre, et sont veinées de blanc; ovaire cylindrique. Même culture. Cette espèce fleurit deux fois dans l'année.

11. IRIS A TIGE NUE. *I. aphylla;* THUNB. *I. nudicaulis;* LAM. ♃. Lieu......? Fleurs barbues; feuilles ensiformes, glabres, de la même longueur que la tige: celle-ci ordinairement nue, terminée, en mai, par plusieurs grandes fleurs pourpres, à divisions extérieures entières, les intérieures droites, aussi grandes que les autres. Même culture.

12. IRIS PANACHÉE. *I. variegata;* THUNB. ♃. Hongrie. Fleurs barbues; feuilles ensiformes, glabres, de la même longueur que la hampe: celle-ci terminée, en juin, par plusieurs fleurs blanches, pourpres au sommet, veinées de lignes d'un pourpre foncé et à stigmates jaunes. Même culture.

13. IRIS SALE. *I. squalens;* THUNB. *I. variegata;* JACQ. ♃. France méridionale. Fleurs barbues; feuilles ensiformes, glabres, droites, plus courtes que la hampe: celle-ci terminée, en juin, par plusieurs fleurs jaunâtres, à divisions extérieures réfléchies, et les intérieures droites et émarginées; stigmates d'un jaune livide. Même culture.

14. IRIS PLISSÉE. *I. plicata;* LAM. ♃. Orient. Fleurs barbues; tige multiflore, plus haute que les feuilles; fleurs médiocres, d'une odeur agréable, variées de blanc et de violet, veinées à leur base de pourpre foncé, blanchâtres à leur partie moyenne, à divisions ondulées et plissées. Même culture.

15. Iris de Swert. *Iris Swèrtii;* Lam. ♃. Lieu.....? Fleurs barbues; tige à trois fleurs, plus haute que les feuilles, de huit à dix pouces; fleurs blanches, rayées de pourpre, à divisions ondulées et repliées, la raie barbue jaunâtre, et les stigmates d'un pourpre clair. Même culture.

16. Iris du Japon. *I. japonica;* Thunb. ♃. Fleurs barbues; feuilles ensiformes, glabres, courbées en faux, plus courtes que la hampe : celle-ci comprimée, multiflore; fleurs axillaires, blanches. Même culture, mais orangerie.

17. Iris a odeur de sureau. *I. sambucina;* Thunb. ♃. Indigène. Fleurs barbues; feuilles ensiformes, glabres, droites, plus courtes que la hampe : celle-ci terminée, en juin, par plusieurs fleurs à divisions extérieures réfléchies, échancrées, violettes et veinées dans leur milieu : les redressées, pâles, avec une teinte bleuâtre; stigmates dentés. Même culture.

18. Iris pale. *I. lurida;* Willd. ♃. Europe méridionale. Fleurs barbues; feuilles ensiformes, glabres, droites, plus courtes que la hampe : celle-ci terminée, en avril, par plusieurs fleurs à divisions extérieures d'un pourpre noirâtre, avec des raies et la barbe jaunes : les intérieures plus courtes, pourpres, à onglet d'un jaune pâle; stigmates jaunâtres, pourpres au sommet. Elle a beaucoup d'analogie avec la précédente, mais elle est inodore. Même culture.

19. Iris frangée. *I. fimbriata;* Vent. *I. sinensis;* Curt. Mag. *Morœa fimbriata;* Bot. Cul. ♃. Chine. Fleurs barbues; feuilles ensiformes, glabres, plus courtes que la hampe : celle-ci terminée, au printemps, par plusieurs fleurs d'un bleu pâle, à divisions ouvertes, denticulées sur leurs bords; stigmates bifides, frangés. Serre tempérée pour faciliter la floraison. Orangerie, ou même pleine terre à bonne exposition, avec couverture l'hiver. Du reste, même culture.

20. Iris germanique. *I. germanica;* Thunb. ♃. Allemagne. Fleurs barbues; feuilles ensiformes, glabres, courbées en faux, plus courtes que la hampe : celle-ci terminée, en juin, par trois à six fleurs grandes, d'un pourpre-violet ou bleues

foncées ; barbe jaunâtre ; tube plus long que l'ovaire. Culture du n° 7. Ses racines desséchées répandent une odeur agréable.

21. Iris a fleurs pales. *Iris pallida ;* Lam. *I. germanica ;* Var. *Pallida cærulea ;* Pers. ♃. Italie. Fleurs barbues; feuilles ensiformes, glabres, courbées en faux, plus courtes que la hampe : celle-ci plus haute que dans l'espèce précédente, terminée, en juin, par plusieurs fleurs d'un bleu pâle. Est-ce une variété de l'iris germanique, comme le pense Persoon? Même culture.

22. Iris comprimée. *I. compressa ;* Thunb. ♄. le Cap. Fleurs barbues ; feuilles ensiformes, glabres ; tige comprimée, terminée par des fleurs en panicule. Cette plante ligneuse se cultive en serre tempérée, et se multiplie de drageons.

23. Iris dichotome. *I. dichotoma;* Thunb. ♃. Sibérie. Fleurs barbues ; feuilles ensiformes, glabres, plus courtes que la tige : celle-ci terminée, en août, par une panicule à rameaux alternes, divergens, portant chacun deux ou quatre fleurs petites, d'un pourpre vif, à barbe composée de poils très-courts et très-fins. Culture du n° 7.

§ II. Fleurs sans barbes ; feuilles ensiformes.

24. Iris plumeuse. *I. plumaria ;* Thunb. *Moræa iriopetala;* L. Du Cap. Fleurs barbues; feuilles linéaires-ensiformes; hampe terminée par plusieurs fleurs à stigmates multifides. Orangerie ; même culture.

25. Iris du Brésil. *I. northiana;* Pers. *Moræa northiana ;* Andrew. ♃. Amérique méridionale. Fleurs barbues ; feuilles linéaires et courbées en faux, ainsi que la hampe : celle-ci terminée par des fleurs à divisions extérieures blanches et pendantes, les intérieures jaunes et bleuâtres, presque droites, roulées au sommet. Serre chaude, et même culture.

26. Iris orientale. *I. orientalis;* Pers. *Moræa iridioïdes;* Willd. ♃. Constantinople. Fleurs barbues ; feuilles linéaires, distiques, décroissantes de la base au sommet ; hampe cylindrique, terminée par une fleur ouverte, blanche et sans tache ; stigmates bleuâtres, pétaloïdes. Culture du n° 7.

27. Iris xiphium. *Iris xiphium;* Pers. *I. variabilis;* Jacq. ♃. Espagne. Fleurs imberbes; feuilles ensiformes, canaliculées, subulées, striées; tige feuillée, terminée, en juin, par deux fleurs grandes, à stigmates grands et bifides, et à ovaire cylindrique, un peu trigone; racines bulbeuses.

Var. 1° A fleurs rouges, bleues, violettes, panachées dans toutes ces nuances.

2° A tige plus haute, à divisions des fleurs plus étroites; elle a des sous-variétés à fleurs blanches et jaunes, grises, bleu-de-ciel, blanches, rouges, etc.

Pleine terre douce, légère, un peu fraîche; multiplication par caïeux que l'on relève et sépare tous les deux ou trois ans, en renouvelant la terre. De graine, si on veut obtenir des variétés. Toutes les iris bulbeuses se cultivent de même.

28. Iris xiphioïde. *I. xiphioïdes;* Pers. *I. xiphium;* Jacq. ♃. Espagne. Fleurs imberbes; feuilles ensiformes, canaliculées, subulées; hampe biflore; en juin, fleurs plus grandes que celles de la précédente, blanches, bleues, purpurines, selon la variété, à divisions plus larges que les stigmates, et ovaire aigu, anguleux; racines bulbeuses. Même culture.

29. Iris faux-acore, glaïeul des marais. *I. pseudo-acorus;* L. *I. paludosa;* Pers. *Acorus adulterinus;* Bauh. ♃. Indigène. Fleurs imberbes; feuilles ensiformes, droites, presque de la hauteur de la tige; celle-ci haute de trois pieds, fléchie en zig zag, terminée, en juin. par trois ou quatre fleurs d'un beau jaune, à pétales alternes plus petits que les stigmates. Pleine terre marécageuse, ou mieux, dans un baquet plongé dans les eaux d'un bassin; multiplication par l'éclat des racines au printemps.

30. Iris de Le Monnier. *I. Monieri;* Red. ♃. Du Levant. Elle ressemble beaucoup à la précédente, et n'en est peut-être qu'une variété. Elle n'en diffère que par ses pétales intérieurs qui sont beaucoup plus courts que les stigmates. Même culture, mais terre simplement humide.

31. Iris fétide, glaïeul puant. *I. fœtida;* Pers. *I. fœtidissima;* L. ♃. Indigène. Fleurs imberbes; feuilles ensifor-

mes, larges, d'un vert foncé, exhalant une odeur très-désagréable; tige de deux pieds, uni-angulée, terminée, en été, par des fleurs de moyenne grandeur, d'un bleu obscur, jaunâtres à leur base, avec des veines violettes; onglets des pétales plissés et ridés. Culture du n° 7.

Var. A feuilles panachées de blanc, moins haute et moins robuste que la précédente.

32. Iris de Virginie. *Iris virginica;* Thunb. ♃. Amérique septentrionale. Fleurs imberbes; feuilles ensiformes; hampe feuillée, ancipitée, terminée, en juin, par des fleurs blanchâtres, à ovaire trigone. Même culture que la précédente, mais terre plus humide.

33. Iris variée. *I. versicolor;* Thunb. ♃. Amérique septentrionale. Fleurs imberbes; feuilles ensiformes; tige d'un pied, flexueuse, cylindrique, terminée, en mai et juin, par deux ou trois fleurs moyennes, variées de jaune, de blanc, de rouge, veinées de violet, les divisions droites, d'un pourpre bleuâtre; ovaire presque trigone. Très-jolie plante. Culture du n° 7.

34. Iris a longues feuilles. *I. halophila;* Pers. ♃. Sibérie. Fleurs imberbes; feuilles ensiformes, les radicales fort longues; hampe cylindrique, terminée, de juillet en septembre, par trois ou quatre fleurs grandes, d'un blanc pur, à ovaire hexagone. Même culture.

35. Iris jaune d'ocre. *I. ochroleuca;* Thunb. ♃. Orient. Fleurs imberbes; feuilles ensiformes, déprimées, striées, glauques; hampe un peu cylindrique et fléchie, haute d'un pied, terminée, en juin, par des fleurs d'un jaune sale; ovaire hexagone. Même culture.

36. Iris spathacée. *I. spathacea;* Pers. *I. spathulata;* L. ♃. Du Cap. Fleurs imberbes; feuilles ensiformes, raides; hampe cylindrique, terminée par deux fleurs à très longues spathes. Orangerie, et même culture.

37. Iris rameuse. *I. ramosa;* Pers. ♃. Du Cap. Fleurs imberbes; feuilles ensiformes; tige terminée par une panicule de plusieurs fleurs. Orangerie; même culture.

38. Iris onguiculée. *I. unguicularis;* L. *I. stylosa;* Pers. ♃ Barbarie. Fleurs sans barbes et sans tiges; feuilles ensiformes; fleurs bleues, à divisions presque égales, à tube très-

long et à stigmates étroits. Pleine terre légère, chaude, et couverture l'hiver ; mieux, orangerie.

§ III. Fleurs imberbes ; feuilles linéaires.

39. Iris scorpioïde. *Iris scorpioïdes;* Desf. *I. microptera ;* Lam. ♃. Barbarie. Fleurs sans barbes et sans tige ; feuilles nombreuses, canaliculées ; en hiver, trois fleurs d'un beau bleu, à trois divisions droites et plus petites, à tube très-long, à stigmates très-grands et profondément bifides ; ovaire trigone. Orangerie ; même culture , mais terre un peu plus humide pendant la végétation. On peut la cultiver en pleine terre dans la France méridionale.

40. Iris joncée. *I. juncea;* Pers. ♃. Barbarie. Racine bulbeuse, tuniquée ; fleurs imberbes ; feuilles subulées, canaliculées ; tige terminée par deux fleurs jaunes, à spathe diphylle , aiguë , et à tube allongé. Orangerie , et culture du n° 27.

41. Iris a feuilles de safran. *I. sisyrinchium* ; Thunb. ♃. France méridionale. Racine consistant en deux bulbes placées l'une sur l'autre et recouvertes d'une tunique. Fleurs imberbes ; feuilles linéaires , ondulées , réfléchies ; hampe terminée, en mai , par une fleur pourpre , maculée de jaune à la place qu'occupe la barbe dans les autres espèces. Pleine terre; culture du n° 27.

42. Iris du Cap, à longues feuilles. *I. longifolia ;* Andrew. ♃. Du Cap. Racine comme dans la précédente ; feuilles linéaires, canaliculées , glauques , longues de trois pieds ; hampe multiflore ; fleurs maculées de taches jaunes et oblongues. Orangerie ; culture de la précédente.

43. Iris printanière. *I. verna ;* Thunb. *I. nana ;* Pers. ♃. Virginie. Racines fibreuses ; fleurs imberbes ; feuilles linéaires, planes, graminées, de neuf pouces de longueur ; hampe plus courte, terminée, en avril et mai, par une fleur d'un pourpre bleuâtre, panachée, à divisions alternes, égales. Culture du n° 7.

44. Iris de Perse. *I. persica ;* Pers. ♃. Racines bulbeuses ; fleurs imberbes ; feuilles linéaires , planes , s'allongeant après la floraison ; hampe très-courte, terminée , en mars , par une fleur grande , d'un bleu très-pâle , à divisions inté-

rieures blanches, très-petites et très-ouvertes, les autres grandes, rayées de jaune dans le milieu, et tachées de violet au sommet; stigmates grands. Pleine terre et culture du n° 27.

45. IRIS ÉTROITE. *Iris angusta;* PERS. ♃. Du Cap. Fleurs imberbes; feuille linéaire, filiforme, droite, glabre; hampe ordinairement à une fleur, enveloppée dans une spathe obtuse. Orangerie; même culture.

46. IRIS A FEUILLES SÉTACÉES. *I. setacea;* THUNB. *I. setifolia;* L. ♃. Du Cap. Fleurs imberbes; feuille filiforme, linéaire, droite, glabre; hampe glabre, ordinairement terminée par une fleur enveloppée dans une spathe membraneuse et aiguë. Même culture.

47. IRIS A FEUILLES MENUES. *I. tenuifolia;* PERS. ♃. Daourie. Spathe biflore; feuilles très-longues, filiformes; fleurs d'un bleu pâle, exhalant une agréable odeur d'œillet: tube filiforme, allongé. Culture du n° 7.

48. IRIS VENTRUE. *I. ventricosa;* WILLD. ♃. Daourie. Fleurs imberbes; feuilles linéaires; hampe ordinairement à deux fleurs d'un bleu pâle, à tube allongé et à spathe ventrue; ovaire trigone, divisé en deux par un sillon. Même culture.

49. IRIS ÉLÉGANTE. *I. elegans;* PERS. ♃. Lieu...? Fleurs imberbes; feuilles graminées, atténuées; hampe terminée ordinairement par deux fleurs grandes, belles, à divisions extérieures jaunâtres, largement maculées de fauve dans le milieu; stigmate crénelé, denté, d'un jaune de soufre, bordé de bleu, spathe ventrue; ovaire trigone. Culture du n° 7.

50. IRIS GRAMINÉE. *I. graminea;* JACQ. ♃. Autriche. Fleurs imberbes; feuilles linéaires, étroites, un peu plissées, deux fois plus longues que la hampe: celle-ci haute de six pouces, comprimée, tranchante, terminée, en mai et juin, par deux fleurs violettes, mêlées de bleu et de pourpre; ovaire hexagone. Même culture.

51. IRIS GLADIÉE. *I. ensata;* PERS, *I. graminea;* THUNB. ♃. Du Japon. Fleurs imberbes; feuilles linéaires; hampe cylindrique, ordinairement terminée par deux fleurs à ovaire hexagone. Orangerie; même culture.

52. Iris spatulée. *Iris spuria;* Thunb. *I. spathulata;* Lam. ♃. France méridionale. Fleurs imberbes; feuilles linéaires ensiformes; hampe cylindrique, d'un pied, terminée, en juillet, par trois fleurs bleues, grandes; divisions externes terminées par un appendice arrondi, en forme de spatule, veinées de bleu et de violet, sur un fond jaunâtre; ovaire hexagone. Culture du n° 7.

53. Iris de Sibérie. *I. sibirica;* Thunb. *I. orientalis;* Pers. ♃. Indigène. Fleurs imberbes; feuilles linéaires; hampe ordinairement biflore, cylindrique, articulée, à spathes semblables aux feuilles; fleurs brunes, réticulées, à ovaire trigone. Même culture.

54. Iris des prés. *I. pratensis;* Pers. *I. sibirica;* L. ♃. Indigène. Fleurs inermes; feuilles linéaires, planes, droites; tige de quatre pieds de hauteur, cylindrique, terminée, en mai et juin, par trois ou plusieurs fleurs d'un beau bleu, veinées de violet sur un fond blanc. Même culture.

Var. Iris des prés odorante. *I. P. odorata;* Pers. Feuilles graminées, presque de la même longueur que la tige, atténuées en pointe; tige cylindrique, biflore, un peu articulée; fleurs veinées, odorantes, d'un bleu obscur, à divisions extérieures rayées d'une ligne fauve dans le milieu, crépues en dedans. Cette iris, que l'on trouve dans les jardins, mais dont on ignore l'origine, ne serait-elle pas une espèce? Même culture.

55. Iris crépue. *I. crispa;* Thunb. ♃. Du Cap. Fleurs imberbes, feuilles linéaires, crépues. Orangerie, même culture.

56. Iris papilionacée. *I. papilionacea;* Thunb. ♃. Du Cap. Fleurs imberbes; feuilles linéaires, réfléchies, velues. Orangerie; même culture.

57. Iris triste. *I. tristis;* Thunb. *Morœa sordescens;* Jacq. ♃. Du Cap. Feuilles linéaires, glabres; hampe velue, rameuse. Orangerie; culture du n° 7.

58. Iris a plusieurs épis. *I. polystachya;* Thunb. *I. lacera;* Lam. ♃. Du Cap. Fleurs imberbes; feuilles linéaires, planes; hampe glabre, rameuse; fleurs à spathes comme déchirées. Même culture.

59. Iris visqueuse. *I. viscaria;* L. ♃. Du Cap. Fleurs im-

berbes; feuilles linéaires, planes; tige visqueuse, portant des fleurs à divisions ouvertes, et exhalant une odeur de bitume. Même culture.

60. Iris bitumineuse. *Iris bituminosa;* Thunb. ♃. Du Cap. Fleurs imberbes; feuilles linéaires, en spirale; tige visqueuse; fleurs à pétales roulés, exhalant une odeur de bitume, comme la précédente dont elle n'est peut-être qu'une variété. Même culture.

§ IV. Fleurs imberbes; feuilles tétragones.

61. Iris tubéreuse. *I. tuberosa;* Thunb. ♃. Orient. Racine composée de tubérosités en forme de doigts, d'où le nom ancien d'iris hermodacte. Feuilles linéaires, longues de dix-huit pouces, canaliculées, tétragones; hampe de huit à dix pouces, terminée, en mars et avril, par une fleur verdâtre, à divisions externes d'un pourpre noirâtre et velouté. Culture du n° 7.

VIEUSSEUXIE. *Vieusseuxia;* De Cand. (*Tétrandrie monogynie.*) Calice dépourvu de tube, partagé jusqu'à sa base en six divisions, dont les trois extérieures plus grandes, ayant un onglet presque droit. Les trois intérieures linéaires, ou terminées par trois pointes, atteignent ou dépassent peu la longueur des onglets. Trois étamines placées devant les divisions extérieures, et réunies, dans presque toute leur longueur, en un tube cylindrique, renfermant le style qui est terminé par un stigmate à trois divisions pétaloïdes, étalées. Une capsule à trois loges polyspermes.

1. Vieusseuxie a taches bleues. *Vieusseuxia glaucopis;* Red. *Iris tricuspis;* Pers. *Iris tricuspidata;* L. ♃. Du Cap. Une seule feuille linéaire, pointue, radicale, et deux ou trois autres caulinaires, en forme d'écailles; tige droite, simple, terminée, en juin, par deux fleurs à divisions extérieures blanches, tachées de bleu à la base; stigmates pétaloïdes, à deux lobes pointus et dentelés. Orangerie, et culture des ixias.

2. Vieusseuxie a trois pétales. *Vieusseuxia tripetala;* De Cand. *Iris tripetala;* Thunb. ♃. Du Cap. Feuilles linéaires, plus courtes que la hampe; celle-ci terminée par une fleur

bleue, violette ou carnée, selon la variété, à divisions alternes en alène. Même culture.

3. Vieusseuxie de la Martinique. *Vieusseuxia martinicensis;* De Cand. *Iris martinicensis;* Thunb. ♃. Feuilles linéaires, très-étroites; tige de deux pieds, plus longue que les feuilles, terminée, en juin, par des fleurs petites, jaunes, à divisions portant une fossette glanduleuse et noirâtre à la base. Serre chaude et culture des iris.

4. Vieusseuxie comestible. *V. edulis;* De Cand. *Iris edulis;* Thunb. *Moræa fugax;* Jacq. ♃. Du Cap. Feuilles linéaires, pendantes, glabres; hampe glabre, terminée par plusieurs fleurs. Orangerie, même culture.

5. Vieusseuxie fugace. *Vieusseuxia fugax;* De Cand. *Iris fugax;* Pers. *Moræa fugax;* Andrew. ♃ Du Cap. Hampe cylindrique; feuilles radicales lancéolées linéaires, canaliculées, les intérieures presque linéaires; fleurs terminales, à stigmates droits et profondément bifides, assez jolies, mais durant tout au plus trois heures. Orangerie, même culture.

6. Vieusseuxie oeil de paon. *Vieusseuxia pavonia;* De Cand. *Iris pavonia;* Lam. ♃. Du Cap. Feuilles linéaires, glabres, striées; hampe d'un pied, simple, cylindrique, terminée par une ou deux fleurs blanches ou jaunes, avec des points noirs à la base des plus grandes divisions, et une tache d'un beau bleu, en cœur et entourée d'un noir velouté. Orangerie, et même culture.

MORÉE. *Moræa;* L. (*Triandrie monogynie.*) Spathes à deux valves, à une ou deux fleurs; calice à tube très-court, à limbe partagé en six divisions ovales, ouvertes, dont trois alternativement un peu plus petites. Trois étamines à filamens courts, portant des anthères oblongues. Un ovaire muni d'un style terminé par trois stigmates simples, bifides ou multifides. Une capsule ovale ou oblongue, à trois loges contenant des graines arrondies et nombreuses.

1. Morée demi-deuil. *M. lugens;* Pers. *Moræa melaleuca;* Thunb. ♃. Du Cap. Feuilles radicales linéaires, ensiformes, courbées en faux; hampe ancipitée, terminée par une ou deux fleurs dont les trois divisions extérieures blanches à leur base, pourpres au sommet, les trois intérieures blanches à leur base, noires au sommet; stigmates pourpres. Orange-

rie ; terre de bruyère ; arrosemens pendant la végétation ; multiplication par la séparation des caïeux tous les deux ans en renouvelant la terre des pots. On peut encore cultiver avantageusement les morées dans le châssis des ixias.

2. Morée a plusieurs fleurs. *Moræa polyanthos ;* Thunb. ♃. Du Cap. Feuilles flexueuses, droites ; hampe cylindrique, à rameaux capillaires terminés par des fleurs bleues, presque régulières, à pétales alternes plus petits. Même culture.

3. Morée de montagne. *M. collina ;* Thunb. ♃. Du Cap. Feuilles étalées ; hampe cylindrique ; fleurs rouges, à divisions presque égales. Même culture.

4. Morée effilée. *M. virgata ;* Jacq. *Ixia virgata ;* Willd. ♃. Du Cap. Feuilles linéaires, très-longues ; hampe très-rameuse, effilée ; fleurs solitaires, à stigmates partagés en six divisions roulées en dedans ; ovaire linéaire. Même culture.

5. Morée a longues feuilles. *M. longifolia ;* Thunb. *Ixia longifolia ;* Jacq. *M. flexuosa ;* Lin. ♃. Du Cap. Feuilles lâches, révolutées ; hampe cylindrique, articulée, flexueuse ; fleurs jaunes, à tube assez long ; six stigmates. Même culture.

6. Morée élégante. *M. elegans ;* Jacq. ♃. Du Cap. Une seule feuille linéaire ensiforme, étalée ; hampe cylindrique ; une seule fleur terminale, grande, d'un jaune roussâtre, ayant une grande tache verte sur les pétales extérieurs ; les pétales sans glande. Même culture.

7. Morée a grande fleur. *M. grandiflora ;* Willd. ♃. Du Cap. Feuilles lancéolées, plissées ; hampe cylindrique, simple ; spathe à trois fleurs jaunes, à pétales obovés, très-obtus. Même culture.

8. Morée en ombelle. *M. umbellata ;* Thunb. ♃. Du Cap. Hampe cylindrique, striée, terminée par un épi paniculé-ombelliforme, de fleurs bleues, solitaires au sommet de l'épi, à spathe diphylle et très-longue. Même culture.

9. Morée crispée. *M. crispa ;* Thunb. ♃. Du Cap. Feuilles roulées, crépues, réfléchies ; hampe cylindrique, articulée, terminée par peu de fleurs bleues, pédonculées. Même culture.

10. Morée naine. *M. pusila ;* Thunb. ♃. Du Cap. Hampe ancipitée ; feuilles distiques, les radicales linéaires lancéolées,

un peu courbées en faux ; fleur ordinairement solitaire, bleue, à divisions alternes très-étroites. Même culture.

11. Morée gladiée. *Morœa gladiata;* Thunb. *Ixia gladiata;* L. ♃. Du Cap. Hampe et feuilles comprimées ; fleurs ouvertes, jaunes en dedans, rouges en dehors, en épis latéraux et solitaires, à spathes très-courtes, et à bractées ensiformes. Même culture.

12. Morée a tige sans feuilles. *M. aphylla;* Thunb. ♃. Du Cap. Hampe nue, comprimée ainsi que les feuilles ; fleurs latérales, jaunes, en épis solitaires, à spathe très-courte. Même culture.

13. Morée filiforme. *M. filiformis;* Thunb. ♃. Du Cap. Hampe et feuilles comprimées, un peu filiformes ; fleur terminale, solitaire, jaune. Même culture.

IXIA. *Ixia;* L. (*Triandrie monogynie.*) Spathe à deux valves, à une fleur ; calice tubulé inférieurement, ayant son limbe campanulé, partagé en six divisions ovales-oblongues, régulières ; trois étamines à filamens insérés à l'entrée du tube, portant des anthères oblongues ; un ovaire surmonté d'un style filiforme, terminé par trois stigmates simples ; une capsule ovale, à trois loges contenant plusieurs graines arrondies.

Toutes les ixia craignent le froid sans aimer la chaleur ; on les cultive en pleine terre de bruyère, dans une bâche ou un châssis que l'on met à l'abri de la gelée au moyen de litière ou de feuilles sèches, que l'on entasse autour pendant l'hiver, et de paillassons dont on couvre les vitraux. En octobre, on plante les ognons à quatre ou cinq pouces les uns des autres et à deux pouces de profondeur, et l'on donne de l'air toutes les fois que la température le permet. En mai on peut enlever les vitraux. Lorsque les feuilles sont desséchées, tous les deux ans, on lève les ognons, on en sépare les caïeux, et après avoir renouvelé la terre de bruyère, qui doit toujours être sans mélange, on replante de suite, si on n'aime mieux attendre le mois d'octobre. Si on conserve les ognons jusque-là sans les planter, on doit les placer dans un lieu aéré, à l'abri de l'humidité et des rayons du soleil. On n'arrose que pendant la végétation, et modérément, parce que ces plantes craignent beaucoup la pourriture. Quand on veut obtenir de nouvelles variétés, on sème au printemps en terrine et terre de bruyère ; les jeunes ognons, traités dès la seconde année comme les autres, fleurissent à l'âge de trois ou quatre ans.

Sans toutes ces précautions on peut encore cultiver utilement les ixia ; il ne s'agit que de les planter en pots, après avoir mis un lit de gros sable dans le fond pour faciliter l'écoulement des eaux, et de les serrer l'hiver dans une orangerie et prés des jours, ou tout simplement dans un appartement éclairé et à l'abri de la gelée.

§ Ier. Corolle campanulée, sessile ; feuilles linéaires.

1. Ixia menue. *Ixia minuta;* Willd. ♃. Du Cap. Feuilles linéaires-sétacées ; hampe de la longueur des feuilles, terminée, au printemps, par une seule fleur blanche, striée de pourpre.

2. Ixia rose. *I. rosea;* Pers. ♃. Du Cap. Tige très-courte, nue, terminée par une seule fleur rose.

3. Ixia a fleurs jaunes. *I. chloroleuca;* Willd. ♃. Du Cap. Feuilles linéaires, très-longues, roulées sur les bords ; hampe à une fleur.

4. Ixia bulbocode. *I. bulbocodium; L. bulbocodium crocifolium;* Tourn. ♃. France méridionale. Feuilles linéaires, filiformes, canaliculées, réfléchies ; hampe plus courte que les feuilles, terminée par une fleur assez grande, violette ou purpurine, à onglet jaunâtre ; trois stigmates bifides.

Var. 1° A petites fleurs ; *parviflorum ;* Red.

2° Du Cap ; *capensis ;* Andrew. Hampe feuillée ; fleurs pendantes.

5. Ixia crucifère. *I. cruciata ;* Willd. ♃. Du Cap. Feuilles linéaires, amincies à la base, à quatre carènes ou sillons profonds ; hampe terminée par une seule fleur.

6. Ixia odorante. *I. fragrans;* Willd. ♃. Du Cap. Feuilles linéaires ; hampe simple, ordinairement à deux fleurs jaunes et sans taches ; capsule ovale, un peu arrondie.

7. Ixia basse. *I. humilis;* Thunb. ♃. Du Cap. Feuilles droites, en faux ; hampe rameuse ; fleurs penchées du même côté.

§ II. Hampe velue, plus longue que les feuilles.

8. Ixia velue. *Ixia pilosa;* Pers. ♃. Du Cap. Feuilles linéaires, pointues, distiques, un peu plissées, velues; en août, fleurs alternes, d'un rouge obscur, à tube de la même longueur que la spathe.

9. Ixia hérissée. *I. hirta;* Thunb. *I. secunda;* Jaq. ♃. Du Cap. Feuilles ensiformes, hérissées de poils rudes, striées; tige droite ou un peu flexueuse; fleurs sessiles, unilatérales, d'un pourpre bleuâtre, au nombre de trois à cinq formant un épi penché.

10. Ixia unilatérale. *I. secunda;* Pers. *I. scillaris;* L. ♃. Du Cap. Feuilles ensiformes, droites, à quatre ou cinq nervures, plus courtes que la tige : celle-ci droite, haute de dix à douze pouces; fleurs nombreuses, alternes, sessiles, petites, d'un pourpre violet, ouvertes en étoile, en long épi terminal.

§ III. Hampe glabre, plus longue que les feuilles: celles-ci crispées.

11. Ixia crispée. *I. crispa;* Thunb. ♃. Du Cap. Feuilles linéaires, crispées; fleurs alternes, en épi, à tube filiforme, et divisions ovales-oblongues; spathe transparente.

12. Ixia cinnamome. *I. cinnamomea;* Thunb. ♃. Du Cap. Feuilles lancéolées, crispées; fleurs alternes, exhalant, surtout le soir, une odeur agréable de cannelle.

13. Ixia a corymbe. *I. corymbosa;* Thunb. ♃. Du Cap. Feuilles lancéolées, crispées; hampe ancipitée, très-basse, de trois ou quatre pouces; fleurs bleues, petites.

14. Ixia en faisceau. *I. fastigiata;* Lam. ♃. Du Cap. Feuilles ensiformes, lingulées, nervées, crispées; tige flexueuse, ancipitée; fleurs d'un jaune pourpre, réunies en faisceau; bulbe réticulée.

15. Ixia hétérophylle. *I. heterophylla;* Willd. *galaxia plicata;* Jacq. ♃. Du Cap. Feuilles radicales, linéaires-ensiformes, striées, planes, les feuilles florales linéaires, obtuses, ondulées; fleurs agrégées, d'un blanc pur, à tube long : les divisions ponctuées de noir à la base; étamines libres.

§ IV. **Hampe glabre, plus longue que les feuilles : celles-ci planes.**

16. Ixia a fleur d'anémone. *Ixia anemonæflora;* Jacq. ♃. Du Cap. Feuilles linéaires, ensiformes, engaînantes, droites, pointues, glauques, les supérieures obliques ; hampe droite, grêle, terminée, au commencement du printemps, par une seule fleur d'un blanc jaunâtre, tachée de jaune, à limbe grand et plane.

17. Ixia célestine. *I. cœlestina;* Willd. ♃. Caroline. Feuilles linéaires-subulées, beaucoup plus courtes que la hampe : celle-ci terminée par une seule fleur.

18. Ixia linéaire. *I. linearis;* Willd. ♃. Du Cap. Feuilles linéaires, très-étroites, convexes ; hampe simple, droite.

19. Ixia naine. *I. pusilla;* Andrew. ♃. Du Cap. Feuilles un peu linéaires, épaisses, à côtes ; en avril, hampe terminée par deux fleurs bleues, à stigmates un peu épais.

20. Ixia filiforme. *I. filiformis;* Vent. ♃. Du Cap. Feuilles ensiformes, acuminées, striées, glabres ; hampe filiforme, terminée par un épi penché de fleurs unilatérales, d'un rouge cramoisi, à tube plus court que les pétales.

21. Ixia remarquable. *I. speciosa;* Andrew. ♃. Du Cap. Feuilles linéaires, graminées, à côtes ; hampe filiforme, terminée par deux fleurs campanulées, rouges, à tube court ; spathes trivalves.

22. Ixia incarnate. *I. incarnata;* Jacq. ♃. Du Cap. Feuilles ensiformes, roulées à la base ; hampe simple, droite ; fleurs en épi unilatéral.

23. Ixia a fleur ouverte. *I. patens;* Ait. ♃. Du Cap. Feuilles ensiformes, glabres ; en avril, fleurs en grappe terminale, campanulées, ouvertes, à divisions alternes plus étroites que les autres ; filamens droits.

24. Ixia capillaire. *I. capillaris;* Thunb. ♃. Du Cap. Feuilles linéaires ; hampe à plusieurs épis ; spathe scarieuse.

25. Ixia flexueuse. *I. flexuosa;* Ait. ♃. Du Cap. Feuilles linéaires ; hampe inclinée, terminée, en mai, par une grappe flexueuse de fleurs bleues, nombreuses et penchées.

26. Ixia étroite. *I. angusta;* Willd. ♃. Du Cap. Feuilles linéaires, aiguës ; hampe simple, flexueuse ; fleurs à limbe un peu refléchi ; bulbe conique.

27. Ixia radiée. *Ixia radiata;* Willd. *ixia fistulosa;* Var. β; Andrew. Feuilles linéaires, obtuses; hampe flexueuse, genouillée, simple; fleurs pédicellées, à limbe ouvert; stigmates très-longs, courbés.

28. Ixia a fleurs de scille. *I. scillaris ;* Pers. ♃. Du Cap. Feuilles linéaires; fleurs unilatérales, en épi flexueux.

29. Ixia a fleurs blanches. *I. leucantha;* Jacq. ♃. Du Cap. Feuilles linéaires-ensiformes, obliques, droites, un peu striées; hampe droite, terminée par plusieurs épis de fleurs unilatérales, penchées.

30. Ixia a plusieurs épis. *I. polystachya ;* Pers. *I. incarnata ;* Var. β. ; Andrew. *I. erecta;* Willd. Feuilles linéaires, ensiformes, planes, droites; tige de dix-huit pouces, feuillée à la base, terminée, en mai et juin, par des fleurs petites, blanches, rayées de rose, ou presque pourpres, sessiles, alternes, en épis lâches.

31. Ixia maculée. *I. maculata;* Pers. ♃. Du Cap. Feuilles ensiformes, glabres, droites, hampe droite, d'un pied, souvent rameuse; en mai et juin, fleurs sessiles, alternes, rapprochées, en épi court et terminal, de différentes couleurs, selon la variété.

Var. 1° A fleurs jaunes et pourpres au sommet.

2° A fleurs variées de blanc et de jaune.

3° A fleurs violettes.

4° A fleurs d'un rouge pourpre.

32. Ixia a fleurs en tête. *I. capitata ;* Andrew. *I. fuscocitrina ;* Red. ♃. Du Cap. Feuilles droites, linéaires-ensiformes; hampe grêle, droite, cylindrique, terminée, en avril, par un épi de quatre ou cinq fleurs rapprochées, sessiles, d'un jaune jonquille, avec une tache brune, large et luisante; spathe polyphylle.

33. Ixia a fleurs vertes. *I. viridiflora;* Lam. *I. spicata ;* Andrew. ♃. Du Cap. Feuilles linéaires, striées; fleurs verdâtres, sur un fond noirâtre, en épi simple et très-long.

34. Ixia lancéolée. *I. lancea;* Thunb. ♃. Du Cap. Feuilles ensiformes; hampe simple, flexueuse; fleurs unilatérales, penchées.

35. Ixia a cinq étamines. *Ixia pentandra ;* Thunb. Feuilles ensiformes ; fleurs à cinq étamines courbées.

36. Ixia a fleurs ramassées. *I. aulica ;* Ait. ♃. Du Cap. Feuilles ensiformes, planes, nervées, lisses ; fleurs en grappe ; bractées entières.

37. Ixia en faux. *I. falcata ;* Jacq. ♃. Du Cap. Feuilles ensiformes, striées, plus courtes que la hampe : celle-ci flexueuse, terminée par plusieurs épis droits.

38. Ixia coupée. *I. excisa ;* Thunb. ♃. Du Cap. Feuilles ovales ; hampe flexueuse ; fleurs unilatérales, à limbe violacé. *Var.* A ; glume lancéolée et à une ou deux fleurs.

EURIDICE. *Euridice ;* Pers. (*Triandrie-monogynie.*) Spathe à deux ou trois valves, ovale, courte ; calice tubuleux, à tube grêle et divisions hypocratériformes, un peu elliptiques, planes ; trois étamines à filamens réunis, connés, renfermant le style ; celui-ci terminé par des stigmates un peu filiformes. Ce genre est démembré de celui des ixia, et se cultive de même.

1. Euridice a colonne. *Euridice columnaris ;* Pers. *Ixia columnaris ;* Andrew. ♃. Du Cap. Fleurs un peu en tête ; filamens des étamines soudés jusqu'à un peu plus de la moitié de leur longueur. Culture des ixia.

Var. 1° Euridice à feuilles étroites. *E. angustifolia, Ixia angustifolia ;* Andrew. Feuilles linéaires ; fleurs unicolores, rouges ; spathe trifide.

2° Euridice versicolore. *E. versicolor, Ixia versicolor ;* Andrew. Pétales jaunes, noirâtres à la base ; spathes à plusieurs incisions.

3° Euridice à larges feuilles. *E. latifolia, Ixia latifolia ;* Andrew. Feuilles larges, lancéolées, courbées en faux ; fleurs bleuâtres.

2. Euridice a grandes fleurs. *E. grandiflora ;* Pers. *Ixia grandiflora ;* Andrew. ♃. Du Cap. Feuilles linéaires, très-longues ; fleurs violacées ; filamens des étamines soudés dans toute leur longueur. Culture des ixia.

BELEMCANDE. *Belemcanda ;* Pers. (*Triandrie-monogynie.*) Spathe à trois valves, ou frangée, ou entière ; calice à tube un peu court, dilaté au sommet, à limbe incisé, un peu campanulé, et divisions ovales ; trois étamines libres, quelquefois un peu courbées, atteignant le milieu du tube. Du reste, mêmes caractères que les ixia, dont ce genre est démembré.

1. Belemcande de la Chine. *Belemcanda sinensis;* Pers. *Morœa sinensis;* Willd. ♃. Des Indes. Tige flexueuse; divisions de la fleur très-profondes, la faisant paraître comme à six pétales. Culture des ixia, mais serre chaude.

2. Belemcande brulée. *B. deusta;* Pers. *Ixia deusta;* Ait. ♃. Du Cap. Feuilles lancéolées, nerveuses, planes, pointues; hampe simple; fleurs distantes, alternes, sessiles, d'un jaune fauve, avec une tache d'un rouge noirâtre à la base des divisions extérieures. Orangerie; culture des ixia.

3. Belemcande jaune pale. *B. squalida;* Pers. *Ixia squalida;* Ait. *gladiolus lineatus;* Red. ♃. Du Cap. Feuilles linéaires-lancéolées; hampe simple, terminée par un épi de fleurs alternes, sessiles, d'un roux pâle, veinées de noirâtre, presque transparentes, à tube plus long que les bractées, et à divisions ovales-oblongues. Même culture.

4. Belemcande bleuatre. *B. cærulescens;* Pers. *Ixia cærulescens;* Jacq. *Ixia villosa;* Willd. ♃. Du Cap. Feuilles oblongues, lancéolées, velues, un peu plissées, distiques; hampe de la longueur des feuilles; fleurs d'un blanc bleuâtre, campanulées, à tube de même longueur que la spathe. Même culture.

5. Belemcande bleue. *B. cyanea;* Pers. *Ixia cyanea;* Jacq. *Ixia rubro-cyanea;* Willd. ♃. Du Cap. Feuilles oblongues, lancéolées, velues; spathes plus courtes que le tube de la fleur, celle-ci à limbe très-ouvert, d'un bleu rougeâtre. Même culture.

6. Belemcande rouge. *B. punicea;* Pers. *Ixia punicea;* Willd. ♃. Du Cap. Feuilles oblongues, velues; hampe rameuse, fleurs unilatérales, à pétales mucronées. Même culture.

7. Belemcande pourpre. *B. purpurea;* Pers. *Ixia purpurea;* Jacq. ♃. Du Cap. Feuilles ensiformes, velues, à gaîne glabre; hampe rameuse, terminée par un épi de fleurs

alternes, sessiles, à limbe très-ouvert, d'un rouge pourpre ou feu. Même culture.

Var. 1° A fleurs pâles, disque pourpre sans tache.

2° A hampe courte; fleurs pâles, pourpres sur le disque et sur le dos, sans taches, si ce n'est une ligne jaune sur les pétales supérieurs.

3° A très-grandes fleurs pourpres foncées; le pétale inférieur sans tache, les cinq autres avec une ligne jaune.

4° A fleurs d'un pourpre foncé, le pétale supérieur avec une ligne jaune, les autres sans tache.

8. Belemcande barbue. *Belemcanda aristata;* Pers. *Ixia aristata;* Thunb. *Ixia uniflora;* var. *β.*; L. ♃. Du Cap. Feuilles ensiformes, courbées en faux, glabres; hampe ordinairement terminée par deux fleurs grandes, pourpres; spathes lacérées. Même culture.

9. Belemcande frangée. *B. fimbriata;* Pers. *Ixia fimbriata;* Lam. *Ixia semi-flexuosa;* Moench. ♃. Du Cap. Feuilles ensiformes; tige anguleuse, flexueuse; fleurs jaunes, à spathes lacérées et frangées. Même culture.

10. Belemcande bulbifère. *B. bulbifera;* Pers. *Ixia bulbifera;* Willd. ♃. Du Cap. Feuilles linéaires, lancéolées, un peu courbées en faux; tige d'un pied ou davantage, droite, feuillée, fléchie; en mai et en juin, fleurs assez grandes, d'un jaune plus ou moins foncé, sessiles, alternes, à spathes membraneuses, lacérées et les lanières sétacées. Même culture.

ARISTÉE. *Aristea;* L. (*Triandrie-monogynie.*) Une spathe; calice à tube un peu court, à six divisions pétaloïdes; trois étamines; un style penché, terminé par un stigmate obtus, un peu concave, ou en entonnoir; capsule infère, polysperme, les graines comprimées, raboteuses.

1. Aristée barbue. *A. eriophora;* Pers. *A. cyanea;* Ait. *Ixia africana;* L. *Moræa aristea;* Lam. ♃. Du Cap. Feuilles radicales ensiformes, striées, les caulinaires membraneuses; tige ancipitée, plus longue que les feuilles; fleurs bleues, pedonculées, en têtes terminales; spathes velues, lacérées. Orangerie éclairée; terre légère ou de bruyère; multiplication de graines semées sur couche, sous châssis ou

sous cloche, ou par rejetons. On peut encore cultiver avantageusement les aristées comme les ixias.

2. Aristée a épi. *Aristea spicata;* Pers. *A. major;* Andrew. ♃. Du Cap. Feuilles radicales ensiformes, longues de deux à trois pieds; tige plus longue que les feuilles; fleurs sessiles, d'un bleu d'indigo, en épi serré, a stigmate orbiculaire, marginé; spathe petite, diphylle. Même culture.

3. Aristée a bractées. *A. bracteata;* Pers. *Moræa cærulea;* Thunb. ♃. Du Cap. Feuilles linéaires, distiques; tige un peu paniculée; fleurs bleues, pédonculées, renfermées dans des bractées larges, naviculaires; spathe ovale. Même culture.

4. Aristée en spirale. *A. spiralis;* Thunb. ♃. Du Cap. Feuilles droites; hampe comprimée, articulée; fleurs ternées, presque unilatérales, d'un blanc bleuâtre, avec une tache en cœur à la base; stigmate tronqué, velu. Même culture.

5. Aristée frutiqueuse. *A. fruticosa;* Thunb. ♃. Du Cap. Feuilles imbriquées; tige rameuse; fleurs bleues, à tube filiforme; stigmate simple. Même culture.

GALAXIE. *Galaxia;* Thunb. (*Triandrie-monogynie.*) Spathe à une valve et à une fleur. Calice monophylle, en tube filiforme inférieurement, partagé supérieurement en six découpures ovales, ouvertes, dont les trois extérieures creusées d'une fossette nectarifère. Trois étamines à filamens connés. Un ovaire surmonté d'un style filiforme, terminé par trois stigmates multifides. Une capsule oblongue, presque cylindrique, à trois loges contenant plusieurs graines arrondies, très-petites.

1. Galaxie a feuilles ovales. *Galaxia ovata;* Thunb. ♃. Du Cap. Feuilles ovales, glabres, cartilagineuses sur les bords; fleurs assez grandes, jaunes, tachées çà et là de violet, sessiles, à divisions arrondies. Orangerie et même culture que les ixias. *Voy.* page 233.

2. Galaxie a fleurs d'ixia. *G. ixiæflora;* Red. ♃. Du Cap. Feuilles linéaires, pointues engaînées; tige droite, grêle, cylindrique, glabre; fleurs violettes, lilas ou purpurines, bien ouvertes, avec une tache ferrugineuse à la base; anthères violettes; stigmate sessile. Même culture.

3. Galaxie ciliée. *G. ciliata;* Pers. *G. ovata;* Andrew.

♃. Du Cap. Feuilles ovales, allongées, ciliées ; fleurs jaunes, très-longues, arquées. Même culture.

4. Galaxie graminée. *Galaxia graminea ;* Thunb. ♃. Du Cap. Feuilles linéaires, subulées, élargies à la base; fleurs à stigmate infondibuliforme, lacéré en plusieurs filets. Même culture.

DIASIE. *Diasia ;* De Cand. (*Triandrie-monogynie.*) Spathe double : la première placée immédiatement sous le calice et à deux valves, la seconde située à la base du pédoncule, et à deux ou trois divisions profondes. Calice pétaloïde, un peu campanulé, à limbe partagé en six divisions formant presque deux lèvres. Une capsule à trois lobes mousses, à trois loges contenant des graines arrondies, mucronées.

1. Diasie a feuilles d'iris. *Diasia iridifolia;* De Cand. *Gladiolus gramineus ;* Thunb. ♃. Du Cap. Feuilles engaînantes, moins longues que la tige ; celle-ci grêle, cylindrique, rameuse, feuillée à la base ; en automne, fleurs jaunâtres, rayées de pourpre, éparses et sessiles. Culture des ixia.

GLAYEUL. *Gladiolus ;* L. (*Triandrie-monogynie.*) Spathe à deux valves, le plus souvent à une fleur. Calice infondibuliforme, à tube courbé, à limbe partagé en six divisions, dont trois supérieures souvent rapprochées et conniventes, trois inférieures ouvertes. Trois étamines à filamens insérés à l'orifice du tube, portant des anthères cachées sous les divisions supérieures du calice. Un ovaire muni d'un style terminé par un stigmate trifide. Une capsule ovale ou oblongue, à trois loges contenant plusieurs graines.

§ Ier. Calice à deux lèvres, à divisions inégales ; tube s'élargissant, un peu courbé.

1. Glayeul flexueux. *Gladiolus flexuosus ;* Thunb. ♃. Du Cap. Feuilles nulles sous les fleurs ; hampe flexueuse ; fleurs d'un blanc incarnat, à tube deux fois aussi long que la spathe.

Tous les glayeuls se cultivent absolument de la même manière que les ixia. *Voy.* page 233.

2. Glayeul bigarré. *G. tristis ;* Thunb. ♃. Du Cap. Feuilles radicales, longues, étroites, linéaires, sillonnées ; tige de deux pieds, presque nue ; en mai, deux à quatre fleurs jaunâtres, avec des petits points pourpres, rapprochés, formant

des raies dans l'intérieur du calice. Spathe à trois valves. On en possède un grand nombre de variétés.

3. Glayeul a spirale. *Gladiolus spiralis*; Pers. *G. tristis*; *Var. β.* Jacq. Feuilles linéaires, en spirale; spathe bivalve, monophylle; fleurs d'un gris cendré, ponctuées, presque infondibuliformes, à divisions supérieures un peu plus larges.

4. Glayeul a feuilles ailées. *G. pterophyllus*; Pers. *G. tristis*, *Var.* Jacq. ♃. Du Cap. Feuilles linéaires, avec quatre appendices ailés; spathe bivalve; hampe grêle, courbée au sommet, terminée ordinairement par une seule fleur infondibuliforme, formant un peu les deux lèvres, d'un bleu sombre, à divisions un peu crépues, jaunâtres parsemées de points d'un pourpre noirâtre.

5. Glayeul ponctué. *G. punctatus*; Jacq. ♃. Du Cap. Feuilles lancéolées linéaires, planes et vaginantes à la base, les radicales maculées et ponctuées; hampe élevée, rameuse; fleurs bleues, infondibuliformes, un peu comprimées, les stigmates blancs.

6. Glayeul grêle. *G. gracilis*; Willd. ♃. Du Cap. Feuilles linéaires, vaginantes; hampe flexueuse, genouillée, ordinairement à deux fleurs; spathe longue, à deux valves, lancéolée; fleurs un peu labiées, un peu penchées, à tube blanc, violacées ou bleues à la gorge, les divisions obtuses.

7. Glayeul violacé. *G. violaceus*; Pers. *G. ringens*; Red. *G. carinatus*; H. K. ♃. Du Cap. Feuilles linéaires, carénées des deux côtés, glabres, plus longues que la tige; tige d'un pied et demi; fleurs dont les trois divisions supérieures sont d'un violet pâle, et les trois inférieures plus étroites et jaunes; le tube blanc. Cette espèce exhale une douce odeur de violette.

8. Glayeul a feuilles courtes. *G. brevifolius*; Willd. ♃. Du Cap. Feuilles linéaires, très-courtes, vaginées, roulées; fleurs un peu labiées, penchées, unilatérales, dont le tube est plus long que les spathes: il se distingue particulièrement du suivant par ses feuilles.

9. Glayeul commun. *G. communis*; Willd. ♃. France méridionale. Feuilles ensiformes, nervées, distantes; tige de dix-huit pouces, simple; fleurs en épi, unilatérales, distan-

tes, alternes, sessiles, rouges ou blanches, à tube plus court que les spathes.

Variétés nombreuses dans toutes les nuances du blanc, du rose, du rouge et du pourpre. Cette espèce et ses variétés se cultivent en pleine terre substantielle et légère, à exposition chaude, avec une bonne couverture de litière sèche pendant les gelées. On les multiplie de caïeux que l'on sépare tous les trois ou quatre ans quand les fanes sont sèches, et que l'on replante de suite.

10. Glayeul rose. *Gladiolus carneus ;* Jacq. ♃. Du Cap. Feuilles ensiformes, striées, glabres, cartilagineuses à la base; hampe flexueuse, droite ; fleurs un peu labiées, roses, unilatérales.

§ II. Tube court ; divisions divariquées : la supérieure lancéolée, voûtée; les latérales en ovale renversé; les trois inférieures étroites, pendantes, un peu onguiculées.

11. Glayeul strié. *G. striatus ;* Jacq. *G. formosus ;* Pers. ♃. Du Cap. Feuilles lancéolées-ensiformes, crispées, ciliées; fleurs labiées, à divisions divariquées, presque linéaires, les intérieures ondulées, frisées, jaunes, rougeâtres à la base; tube bleuâtre.

12. Glayeul ailé. *G. alatus ;* Jacq. ♃. Du Cap. Feuilles très-longues, linéaires, ensiformes ; hampe rameuse ; fleurs labiées, à divisions divariquées, la supérieure courbée, grisâtre, exhalant une assez forte odeur d'écorce d'orange.

13. Glayeul en casque. *G. galeatus ;* Thunb. ♃. Du Cap. Feuilles ensiformes, obtuses ; fleurs d'un violet pâle, ou d'un rouge pourpre, à divisions arrondies au sommet, les latérales très-larges, et les inférieures un peu verdâtres en dessus.

14. Glayeul de montagne. *G. montanus ;* Thunb. *G. tabularis ;* Pers. ♃. Du Cap. Feuilles lancéolées, nerveuses, radicales, presque de la même grandeur que la hampe : celle-ci sans feuilles ; tube du calice de la même longueur que la spathe.

15. Glayeul a fleurs d'orchis. *G. orchidiflorus ;* Andrew. ♃. Lieu...? Feuilles linéaires lancéolées ; fleurs d'un brun noirâtre, à lanière inférieure jaune, maculée, assez nombreuses, en épi unilatéral; six stigmates.

16. Glayeul bicolore. *G. bicolor ;* Thunb. Feuilles glabres,

ensiformes ; spathes barbues, déchirées ; fleurs jaunâtres, à divisions bleuâtres au sommet, labiées, en plusieurs épis.

§ III. Calice campanulé, à tube un peu court et courbé, les divisions profondes, ovales, presque égales.

17. Glayeul délicat. *Gladiolus tenellus ;* Jacq. ♃. Du Cap. Feuilles linéaires, roulées ; fleurs un peu labiées, infondibuliformes, d'un jaune d'ocre, avec des lignes d'un violet foncé ; deux divisions ponctuées à la gorge.

Var. ß. Flava. Feuilles lancéolées linéaires ; fleurs jaunes avec des stries d'un brun noirâtre.

18. Glayeul raide. *G. strictus ;* Ait. ♃. Du Cap. Feuilles linéaires lancéolées ; tube des fleurs égal à la spathe ; fleurs bleues.

Var. D'un pourpre pâle et tube bleu.

19. Glayeul plissé. *G. plicatus ;* Jacq. ♃. Du Cap. Tige de six pouces, velue, feuillée ; feuilles plissées, velues, ensiformes ; fleurs en grappe un peu unilatérale, labiées et un peu campanulées, d'un violet clair, la division supérieure courbée, les inférieures un peu plus courtes, avec des taches oblongues et blanches ; spathe trivalve.

20. Glayeul nervé. *G. nervosus ;* Lam. ♃. Du Cap. Feuilles ensiformes, nervées, velues ; tube du calice plus court que la spathe, celle-ci pubescente ; fleurs grandes, en petites grappes alternes.

21. Glayeul transparent. *G. hyalinus ;* Willd. *G. strictus ;* Jacq. ♃. Du Cap. Hampe raide, pauciflore ; fleurs labiées ; divisions planes, la supérieure plus large et blanche, les autres jaunâtres, striées et ponctuées de pourpre ; tube bleuâtre, à limbe un peu transparent.

22. Glayeul écarlate. *G. puniceus ;* Lam. ♃. Du Cap. Feuilles linéaires ; fleurs horizontales, unilatérales, sans taches, les divisions inférieures un peu plus longues.

23. Glayeul a fleurs de safran. *G. crocatus ;* Pers. *Ixia crocata ;* L. ♃. Du Cap. Tige d'un pied, un peu penchée et comprimée ; feuilles ensiformes ; mais fleurs alternes, campanulées, à divisions ovales, transparentes à la base.

Var. 1° A fleurs d'un orangé pâle et sans tache.

2° A fleurs orangées; tube citron; les trois divisions extérieures pâles, marquées d'une tache rouge.

3° A fleurs orangées; les divisions marquées de trois taches jaunes.

4° A fleurs rouges, fond pourpre, marquées de trois taches jaunes.

5° A fleurs orangées, avec trois taches d'un brun noir. Cette variété est *l'ixia miniata* de Redouté.

24. GLAYEUL JAUNE-SOUFRE. *Gladiolus sulphureus;* JACQ. ♃. Du Cap. Feuilles ensiformes, velues sur les bords; fleurs infondibuliformes, campanulées, à divisions lancéolées, un peu obtuses, d'un jaune sulfurin; tube droit, violacé; stigmates dilatés.

25. GLAYEUL NAIN. *G. nanus;* ANDREW. —. Du Cap. Feuilles lancéolées, plissées, velues, de la même longueur que la hampe: celle-ci multiflore; spathes à trois valves, épaisses, ventrues à la base, scarieuses au sommet; fleurs bleues, maculées et rayées de rouge dans le milieu, les divisions godronnées, un peu émarginées.

26. GLAYEUL A GRANDES FLEURS. *G. grandiflorus;* ANDREW. ♃. Du Cap. Feuilles ensiformes; hampe ordinairement à trois fleurs: celles-ci grandes, d'un pourpre foncé, à divisions égales, émarginées; anthères bleues; six stigmates. Cette plante devrait peut-être être reportée dans le genre Watsonie.

27. GLAYEUL CAMPANULÉ. *G. campanulatus;* ANDREW. ♃. Du Cap. Feuilles lancéolées, glabres, plus courtes que la hampe, celle-ci ordinairement triflore; fleurs campanulées, assez grandes, purpurescentes, très-ouvertes.

28. GLAYEUL A PLUSIEURS COULEURS. *G. versicolor;* ANDREW. ♃. Du Cap. Feuilles linéaires, croisées; spathe plus longue que le tube; fleurs grandes, de couleurs variées.

29. GLAYEUL BLANC. *G. albidus;* JACQ. ♃. Du Cap. Feuilles ensiformes, glabres, un peu obliques, quelquefois distiques; fleurs un peu labiées; divisions aiguës, les trois inférieures conniventes au sommet; stigmates bi-lamellés, s'élargissant au sommet.

Var. ϐ *Blandus;* AIT. Feuilles linéaires lancéolées; fleurs blanches, avec deux taches de rouge sanguin.

30. Glayeul a feuilles en faux. *Gladiolus falcatus;* Thunb. ♃. Du Cap. Feuilles lancéolées, courbées en faux; fleurs bleues, à limbe ouvert.

31 Glayeul a deux fleurs. *G. biflorus;* Thunb. ♃. Terres magellaniques. Feuilles linéaires, entourant et recouvrant entièrement la hampe, celle-ci terminée par deux fleurs droites, à limbe campanulé et d'une couleur sombre.

32. Glayeul dichotome. *G. dichotomus;* Thunb. Lieu...? Feuilles linéaires; hampe à quatre fleurs, deux fois dichotome; fleurs unilatérales, droites, à limbe campanulé.

§ IV. Calice à tube allongé, un peu droit, infondibuliforme, dilaté, beaucoup plus long que les spathes; divisions inférieures ordinairement maculées de rouge dans le milieu, lancéolées, étalées.

33. Glayeul acuminé. *G. cuspidatus;* Jacq. ♃. Du Cap. Feuilles linéaires-ensiformes, un peu penchées; spathes vaginantes, longues; fleurs un peu labiées, rouges, à tache un peu cordiforme, les divisions lancéolées, atténuées.

34. Glayeul affinis. *G. affinis;* Pers. *G. cuspidatus, Var. β,* Andrew. ♃. Du Cap. Feuilles ensiformes; spathes à valves égales; fleurs jaunâtres, infondibuliformes, droites.

35. Glayeul crispé. *G. crispus;* Thunb. ♃. Du Cap. Feuilles crispées; fleurs à tube un peu grêle, très-long; les divisions presque égales, les supérieures obovées.

36. Glayeul paniculé. *G. paniculatus;* Pers. *G. polystachius;* Andrew. ♃. Du Cap. Feuilles ensiformes, ondulées; hampe très-rameuse, à rameaux biflores; fleurs à tube droit, cylindrique, à divisions presque égales, ouvertes; une seule tache, arquée, rouge.

37. Glayeul a feuilles étroites. *G. angustus;* L. ♃. Du Cap. Feuilles linéaires; fleurs unilatérales, à divisions ovales, planes, les inférieures avec une tache presque rhomboïdale.

38. Glayeul a trois taches. *G. trimaculatus;* Lam. ♃. Du Cap. Feuilles linéaires lancéolées; fleurs ouvertes, blanches en dedans, roses en dehors, à tube courbé à peine plus long que le limbe; trois taches cordiformes sur les divisions; division supérieure très-grande.

39. Glayeul a deux taches. *G. bimaculatus;* Lam. ♃. Du Cap. Feuilles linéaires, très-étroites; fleurs d'un blanc rosé,

ouvertes ; les divisions supérieures plus courtes, ouvertes, réfléchies ; les inférieures presque linéaires.

40. Glayeul ventru. *Gladiolus ventricosus;* Lam. ♃. Du Cap. Feuilles ensiformes, nervées, glabres, un peu maculées; fleurs ventrues, à tube infondibuliforme presque de la même longueur que les spathes, à divisions ordinairement inégales; stigmate à lanières dilatées, membranacées, spatulées.

41. Glayeul a fleurs renversées. *G. resupinatus ;* Jacq. ♃. Du Cap. Feuilles linéaires, ensiformes, glabres; hampe rameuse; fleurs campanulées, résupinées, les divisions avec une tache longitudinale d'un pourpre noirâtre, les latérales quelquefois avec une fascie marginale fauve.

42. Glayeul a fleurs tubuleuses. *G. tubiflorus ;* Willd. ♃. Du Cap. Feuilles linéaires, ensiformes, velues; hampe terminée par plusieurs épis de fleurs un peu campanulées, à tube filiforme et très-long ; spathes velues.

43. Glayeul a fleurs en tube. *G. tubatus;* Willd. *G. longiflorus; Var. β* Andrew. ♃. Feuilles oblongues, plissées, velues, ensiformes, larges; hampe à plusieurs épis ; spathes bivalves, oblongues, velues; fleurs un peu labiées, à tube très-long et grêle, purpurescentes ; les divisions alternes mucronées ; trois taches rouges sur les divisions.

44. Glayeul a fleurs nombreuses. *G. floribundus;* Willd. *G. striatus; Var. β* Andrew. ♃. Du Cap. Feuilles lancéolées, ensiformes, nervées, glabres ; hampe à plusieurs épis ; fleurs à limbe ouvert, un peu réfléchi; spathes plus longues que le tube.

45. Glayeul cuivré. *G. securiger;* Ait. *ixia gladiolaris ;* Lam. ♃. Du Cap. Feuilles linéaires, ensiformes, planes ; calice à lèvre supérieure à trois lames onguiformes, perpendiculaires; fleurs d'un jaune pâle, à divisions-ovales-oblongues, marginées çà et là ; bractées obtuses.

Var. β. flavus; Pers. *montbretia securigera ;* Red. ♃. Du Cap. Feuilles lancéolées, ensiformes, planes; fleurs d'un jaune foncé; lames comme dans le précédent; bractées acuminées.

46. Glayeul spathacé. *G. spathaceus ;* Thunb. ♃. Du Cap. Feuilles ensiformes, plissées, velues; spathes membranacées,

aristées, glabres; fleurs blanches, à tube beaucoup plus long que les spathes.

47. Glayeul a longues fleurs. *Gladiolus longiflorus;* Thunb. *ixia longiflora;* Ait. ♃. Du Cap. Feuilles ensiformes, linéaires; hampe rameuse; tube grêle, presque droit; fleurs d'un blanc rosé, avec des stries pourpres et des taches fauves à la gorge; divisions un peu linéaires, presque tronquées.

§ V. Calice à tube grêle, un peu filiforme; divisions étalées, presque régulières; fleurs petites, ayant de l'analogie avec celles d'Ixia.

48. Glayeul a hampe gladiée. *G. anceps;* Willd. ♃. Du Cap. Feuilles ensiformes, glabres et crispées sur les bords; hampe flexueuse, ancipitée; fleurs à tube filiforme.

49. Glayeul a feuilles fendues. *G. fissifolius;* Willd. ♃. Du Cap. Feuilles ovales, amplexicaules, ondulées sur les bords, velues en dessous, les supérieures fendues au sommet; fleurs à tube filiforme et très-long, sessiles, axillaires.

50. Glayeul silénoïde. *G. silenoïdes;* Willd. ♃. Du Cap. Feuilles linéaires-ensiformes, striées, glabres, planes; hampe un peu comprimée; fleurs à tube filiforme : divisions rouges, les trois inférieures tachées de fauve à la base.

51. Glayeul joncé. *G. junceus;* Thunb. ♃. Du Cap. Feuilles larges, lancéolées; hampe rameuse, à plusieurs épis; fleurs bleuâtres, unilatérales : style à six divisions.

Var. ß. Pers. *marmoratus;* Lam. Feuilles ensiformes, nervées, glabres, maculées; fleurs distiques, violacées; style à six divisions.

§ VI. Fleurs petites, sessiles, en épi distique, à spathes imbriquées.

52. Glayeul alopécuroïde. *G. alopecuroïdes;* Pers. *ixia alopecuroïdea;* L. *ixia spicata;* Willd. *gladiolus spicatus;* Thunb. ♃. Du Cap. Feuilles linéaires; fleurs droites, en épis simples, ovales, imbriqués, distiques.

53. Glayeul a feuilles de plantain. *G. plantagineus;* Willd. *G. alopecuroïdeus;* L. *plalangium spicatum;* Houyt. *ixia plantaginea;* Ait. ♃. Du Cap. Feuilles ensiformes, nervées; fleurs en épi imbriqué, distique, un peu rameux.

Var. A hampe simple et rameuse, à fleurs blanches et bleues.

54. GLAYEUL ROSSIQUE. *Gladiolus rossicus ;* PERS. *G. imbricatus ;* L. *G. parviflorus ; Var. ß.* JACQ. ♃. Du Cap. Feuilles ensiformes ; fleurs imbriquées, unilatérales.

ANTHOLISE. *antholysa ;* L. *(Triandrie-monogynie.)* Spathe à deux valves, uniflore ; calice monophylle, tubulé inférieurement, dilaté graduellement, partagé en son limbe en six découpures inégales et formant deux lèvres ; trois étamines à filamens insérés à l'orifice du tube et rangés sous la lèvre supérieure. Un ovaire chargé d'un style filiforme, terminé par un stigmate à trois divisions capillaires, réfléchies. Une capsule arrondie, à trois loges contenant plusieurs graines triangulaires.

1. ANTHOLYSE A FLEURS ÉCARLATES, Antholyse de Perse ; *A. cunonia ;* WILLD. ♃. Du Cap. Feuilles longues, étroites, ensiformes, un peu nervées ; tige d'un pied ; en mai, fleurs en épis, labiées, d'un rouge écarlate, la lèvre supérieure longue et spatulée ; les divisions latérales larges, arrondies à l'extrémité : les inférieures petites et repliées dans l'intérieur. Même culture que les ixia. *Voyez* page 233.

2. ANTHOLYSE D'ÆTHIOPIE. *A. æthiopica ;* THUNB. ♃. Du Cap. Feuilles ensiformes, engaînantes longues et redressées ; tige de trois pieds ; en mai, fleurs écarlates, en épi pyramidal, labiées, courbées, les cinq divisions petites et réfléchies, la sixième longue et droite.

3. ANTHOLYSE LABIÉE. *A. ringens ;* ANDREW. ♃. Du Cap. Feuilles droites, ensiformes, striées, radicales ; hampe purpurine, velue, de deux pieds ; fleurs rouges, velues, labiées, ouvertes, grandes, en grappes latérales.

4. ANTHOLYSE A FEUILLES PLISSÉES. *A. plicata ;* THUNB. *A. hirsuta ;* LAM. ♃. Du Cap. Feuilles ensiformes, plissées ; tige velue, rameuse, de deux pieds ; en avril, fleurs labiées, à calice plus court que les étamines.

5. ANTHOLYSE RACCOURCIE. *A. abbreviata ;* PERS. *Gladiolus abbreviatus ;* ANDREW. ♃. Du Cap. Feuilles linéaires, tetragones ; fleurs comme la précédente, à spathe de la même longueur que le tube, les divisions un peu courtes, ovales.

SAFRAN. *Crocus ;* L. (*Triandrie-monogynie.*) Spathe

monophylle, membraneuse. Calice monophylle, à tube grêle, plus long que le limbe, celui-ci partagé en six divisions ovales, oblongues, régulières; un ovaire muni d'un style filiforme, terminé par trois stigmates roulés en cornets et souvent dentés en crête; une capsule ovale, à trois loges contenant plusieurs graines arrondies.

1. SAFRAN OFFICINALE. *Crocus officinalis;* PERS. *C. sativus;* WILLD. ♃. Orient. Deux bulbes l'une sur l'autre; feuilles radicales, linéaires, étroites, avec une ligne longitudinale blanche, enveloppées à leur base par une gaîne membraneuse; en octobre, fleurs radicales, pourpres ou violettes, à stigmates d'un rouge orangé, très-odorans. Ce sont ces stigmates qui fournissent au commerce le safran employé dans les arts pour les teintures jaunes; dans la cuisine, et en médecine comme tonique, narcotique, antispasmodique et emménagogue.

Pleine terre légère, substantielle, parfaitement ameublie et nettoyée des mauvaises herbes; dans les terres fortes et humides les ognons se pourissent et fondent. On plante en juillet et août, à trois ou quatre pouces de profondeur et à six de distance, et les ognons fleurissent en septembre et octobre. C'est alors que l'on cueille la fleur, lorsque le soleil a enlevé la rosée, et que l'on en arrache les stigmates, seule partie utile. Au printemps suivant on donne un ratissage de deux pouces de profondeur au plus, en juillet on en donne un second, et un troisième en septembre. La quatrième année on lève les ognons pour en séparer les caïeux, et pour replanter les uns et les autres dans une autre terre; car un sol dans lequel on a cultivé du safran pendant quatre ans, est épuisé pour quinze ou vingt ans quant à cette culture.

2. SAFRAN PRINTANIER. *C. vernus;* L. ♃. D'Europe. Feuilles linéaires, planes; stigmates sans odeur; en février et mars, fleurs jaunes, bleues, grises, blanches, rayées de violet ou de blanc, etc. selon les variétés qui sont très-nombreuses et toutes fort jolies. Pleine-terre-légère, douce; on plante en octobre, et on lève les ognons lorsque les feuilles sont desséchées, afin d'en séparer les caïeux. On peut les laisser en terre pendant trois ou quatre ans, ou même davantage si on veut avoir de jolies touffes.

3. Safran nudiflore. *Crocus nudiflorus*; Pers. *C. multifidus*; Ramond. ♃. Pyrénées. Feuilles ne paraissant qu'après les fleurs, comme dans les colchiques; en automne, fleurs à stigmates inclus, à segmens chevelu-multifides. Culture du n° 1.

WACHENDORFIE. *Wachendorfia*; L. (*Triandrie-monogynie.*) Spathe à une valve. Calice partagé en six divisions irrégulières, dont trois supérieures redressées et trois inférieures étalées; trois étamines fertiles, à filamens filiformes, inclinés : deux ou trois autres filamens stériles, très-courts, placés entre les premiers; un ovaire chargé d'un style filiforme, terminé par un stigmate simple; une capsule presque ovale, à trois loges contenant chacune une graine comprimée, hérissée.

1. Wachendorfie a tige simple. *W. thyrsiflora*; Thunb. ♃. Du Cap. Feuilles larges, canaliculées, radicales, marquées de cinq nervures; tige de trois à quatre pieds; en mai et juin, fleurs en épi lâche et terminal, safranées en dehors, jaunes en dedans, s'ouvrant les unes après les autres. Orangerie; terre légère, sablonneuse, ou de bruyère. Multiplication, en septembre, par la séparation des œilletons que l'on met en pot et à l'ombre jusqu'au moment de rentrer les plantes dans la serre. On peut encore cultiver le wachendorfies comme les ixia.

2. Wachendorfie paniculée. *W. paniculata*; Thunb. ♃. Du Cap. Feuilles trois fois plus courtes que dans la précédente, plissées, à trois nervures, glabres; tige d'un pied, pourpre à la base, verte et velue au sommet; en février, deux ou trois fleurs sur chaque rameau, d'un pourpre pâle. Même culture.

3. Wachendorfie velue. *W. hirsuta*; Thunb ♃. Du Cap. Feuilles ensiformes, plissées, velues, à trois nervures; hampe à plusieurs rameaux ouverts. Même culture.

4. Wachendorfie délicate. *W. tenella*; Thunb. ♃. Du Cap. Feuilles linéaires, glabres, à trois nervures; hampe à un ou deux rameaux ouverts. Même culture.

5. Wachendorfie graminée. *W. graminea*; Thunb. ♃. Du Cap. Feuilles ensiformes, canaliculées, glabres; hampe à plusieurs rameaux ouverts. Même culture.

PONTÉDÉRIE. *Pontederia*; L. (*Hexandrie-monogynie.*) Spathe commune s'ouvrant latéralement. Calice tubuleux inférieurement, partagé à son limbe en six divisions égales, formant deux lèvres, la supérieure relevée, l'inférieure réfléchie. Six étamines, dont trois plus longues, ayant leurs filamens insérés à l'orifice du tube, et trois plus courtes, les ayant dans son milieu. Un ovaire surmonté d'un style simple, terminé par un stigmate épais. Une capsule charnue, conique, à trois loges contenant plusieurs graines arrondies.

1. PONTÉDÉRIE A FEUILLES EN COEUR. *Pontederia cordata*; LAM. ♃. Virginie. Feuilles oblongues, cordiformes; en mai, fleurs bleues, en épi. Terre tourbeuse, en pot plongé dans un baquet d'eau, et rentrer en orangerie, où on la tient constamment humide, ou pleine terre humide ou marécageuse, et couverture pendant l'hiver. Multiplication par la séparation des pieds en automne et au printemps, ou de graines, en terrine et terre de bruyère jusqu'à ce que le plant soit assez fort pour être repiqué en pleine terre.

2. PONTÉDÉRIE A FEUILLES RONDES. *P. rotundifolia*; WILLD. ♃. Surinam. Feuilles orbiculaires-cordiformes; fleurs bleues à divisions inégales, ayant un peu la figure des fleurons neutres de la centaurée bleuet. Serre chaude, terre de bruyère humide, même multiplication.

3. PONTÉDÉRIE AZURÉE. *P. azurea;* SWARTZ. ♃. Jamaïque. Feuilles un peu arrondies, elliptiques, épaissies à la base, ainsi que les pétioles; fleurs d'un bleu de ciel, en épi. Culture du n° 1, mais serre chaude.

4. PONTÉDÉRIE VAGINALE. *P. vaginalis;* PLUCK. ♃. Indes orientales. Feuilles cordiformes; fleurs en grappe penchée. Même culture.

5. PONTÉDÉRIE LIMONEUSE. *P. limosa;* SWARTZ. ♃. Jamaïque. Feuilles ovales-cordiformes; hampe latérale uniflore; fleurs à trois étamines. Même culture.

6. PONTÉDÉRIE HASTÉE. *P. hastata;* L. ♃. Des Indes. Feuilles hastées; fleurs en ombelle. Même culture.

MARICE. *Marica;* WILLD. *Cipura*; AUBLET. (*Triandrie-monogynie.*) Spathes grandes, enveloppant les fleurs; calice tubuleux à sa base, supère; limbe à six divisions, dont trois intérieures alternes, trois fois plus petites que les extérieures. Trois étamines insérées sur le tube; style épais, trigone; stigmate pétaloïde, à trois lobes aigus.

1. MARICE DES MARAIS. *Marica paludosa* ; WILLD. *Cipura paludosa* ; AUBLET. ♃. La Guyane. Feuilles radicales graminées, ensiformes, engaînantes, nerveuses ; fleurs blanches ou bleues, en épi terminal, enveloppées par les spathes. Serre chaude, terre tourbeuse tenue constamment humide ; multiplication par l'éclat des pieds en automne.

CLASSE III.

Plantes monocotylédones, apétales, à étamines attachées sur le pistil.

ORDRE PREMIER.

LES BANANIERS. — *MUSÆ.*

Plantes herbacées ou un peu ligneuses ; *tiges* souvent recouvertes par la base des pétioles des feuilles, qui leur forme comme une espèce de gaîne ; *feuilles* engaînantes, alternes, roulées en cornet dans leur jeunesse, traversées dans le milieu par une nervure longitudinale, de laquelle s'échappe, des deux côtés, une multitude de petites nervures parallèles. *Régime* enveloppé dans une *spathe* avant l'épanouissement des fleurs ; *calice* partagé en deux, quatre, ou six divisions simples ou lobées ; six *étamines* dont une ou plusieurs quelquefois stériles ; un *ovaire* inférieur, surmonté d'un style simple, terminé par un à trois stigmates. *Fruit* à trois loges monospermes ou polyspermes ; *embryon* placé dans la cavité d'un périsperme farineux.

La plus grande partie des plantes de cette famille ne se rencontre que dans les pays les plus chauds de la terre, aussi ne pouvons-nous les cultiver, en France, que dans la tannée de nos serres chaudes.

BANANIER. *Musa ;* L. (*Hexandrie-monogynie.*) Spathe partielle, multiflore. Calice inégal, à deux divisions profondes, dont la supérieure externe et à cinq dents, l'inférieure interne, entière, concave ; six étamines, dont cinq avortent dans les fleurs placées à la base de l'axe commun, et dont cinq sont fertiles dans les fleurs terminales. Un ovaire oblong, à style cylindrique, terminé par un stigmate à trois ou six rayons. Une baie oblongue, triangulaire, à trois loges polyspermes.

Les *bananes,* ou fruits des bananiers, sont excellentes à manger dans leur pays natal ; aussi ces plantes sont-elles très-cultivées dans les Indes, où on en a obtenu un grand nombre de variétés jardinières.

1. Bananier de paradis. *Musa paradisiaca ;* L. ♃. Indes. Tige cylindrique, grosse, de douze à dix-huit pieds de hauteur ; touffe terminale de feuilles longues de huit à dix pieds et de deux à trois de largeur, petiolées, très-lisses, ovales-oblongues ; spadice penché ; fleurs mâles persistantes ; fruits longs de cinq à six pouces, quelquefois au nombre de cent et plus sur le même régime. Ce bananier, comme les suivans, fructifie dans la seconde année dans son pays, après quoi il périt ; dans nos serres le manque de chaleur retarde sa fructification de trois ou quatre ans, ce qui en fait une espèce d'arbre. Serre chaude, et tannée qu'il ne doit jamais quitter ; terre substantielle, légère ; vase très-grand ; beaucoup d'arrosemens en été, modérés en hiver. Multiplication aisée par les rejetons qui poussent aux pieds, qu'on enlève avec leurs racines, et que l'on plante dans des pots de moyenne grandeur. Dans une grande serre on peut le cultiver sans vase, dans une couche de terre de bruyère et moitié terre franche ; mais ayant moins de chaleur il grandit moins vite. Si on veut obtenir des fruits en parfaite maturité, il faut employer tous les moyens d'usage pour augmenter la chaleur, et encore ne peut-on guère compter que sur les fruits qui ont noué au mois de mars ou plus tôt.

Var. Bananier violet. *M. violacea ;* H. P. Même culture.

2. Bananier a petits fruits. *M. sapientum ;* L. ♃. Indes. Tige maculée de taches noires ; feuilles comme le précédent, agréablement veinées ; spadice penché ; fleurs mâles non per-

sistantes ; fruits plus courts, plus droits, plus serrés. Ses fruits sont plus estimés que ceux du précédent, et comme lui il offre un grand nombre de variétés ; une des plus remarquables est le *glauca*. Même culture.

3. Bananier des troglodytes. *Musa troglodytarum* ; L. *M. uranoscopus* ; Rumph. ♃. Les Moluques. Il diffère des précédens par son spadice droit, et par ses spathes caduques ; ses fruits sont petits, irrégulièrement tachés de rouge, et striés de noirâtre. Même culture.

4. Bananier écarlate. *M. coccinea* ; Andrew. ♃. Chine. Tige de trois ou quatre pieds ; spadice droit ; spathes serrées, grandes, d'un écarlate très-brillant, jaunes à leur sommet ; stigmates en tête, lisses ; semences lisses et ovales. Plante d'un très-bel effet. Même culture. On cultive encore le bananier superbe, *M. superba*.

BIHAI. *Heliconia* ; L. (*Pentandrie-monogynie.*) Spathes communes et partielles, les premières distiques, grandes, concaves, en forme de nacelle, enveloppant des paquets de fleurs. Calice profondément partagé en deux lèvres : l'inférieure simple, canaliculée : la supérieure à trois lobes, dont les deux latéraux plus étroits ; six étamines, dont une, à filament plus court, en forme de languette, avorte ; un ovaire à style filiforme, terminé par un stigmate oblong, recourbé à son extrémité. Une capsule oblongue, à trois loges monospermes.

1. Bihai des Antilles. *Heliconia cariboea* ; Willd. ♃. Antilles. Feuilles arrondies à la base et au sommet, de six à sept pieds de longueur, sur dix-huit pouces de largeur ; tige de la grosseur de la cuisse, d'un vert brunâtre ; épi de deux pieds, droit, distique, coloré, composé de spathes qui portent beaucoup de fleurs verdâtres, à filamens des étamines blancs, entassées sous des écailles spathacées. Serre chaude et tannée ; terre tourbeuse, substantielle, tenue constamment humide ; multiplication de rejetons.

2. Bihai jaune-brun. *H. luteo-fusca* ; Jacq. *H. bihai* ; Willd. *Musa bihai* ; L. ♃. Amérique méridionale. Il a le port des bananiers. Feuilles aiguës à la base et au sommet ; tige de douze pieds de hauteur ; spadice droit ; spathes distiques, multiflores ; fleurs d'un jaune safrané, à nectaire bleu.

Du reste il ressemble assez au précédent, et se cultive de même.

3. Bihai de Jacquin. *Heliconia humilis ;* Willd. *Musa humilis;* Aublet. ♃. Guyane. Feuilles de deux pieds de longueur, étroites à la base, acuminées au sommet; tige d'un demi-pied ; spadice d'un pied, flexueux, lisse, luisant, d'une couleur écarlate très-brillante ; spathes ventrues, écarlates, bordées de blanc, vertes au sommet, multiflores ; fleurs sessiles, blanches à la base, vertes au sommet, à deux divisions étroites. Même culture.

4. Bihai des perroquets. *H. psittacorum ;* Andrew. ♃. Surinam. Feuilles arrondies à la base, lancéolées, très-glabres ainsi que l'inflorescence ; tige de trois pieds, simple et lisse ; spathes aurores, multiflores ; fleurs en grappe lâche, moyennes, écarlates, brunâtres au sommet, à nectaire lancéolé, concave. Même culture.

5. Bihai velu. *H. hirsuta ;* Willd. ♃. Amérique méridionale. Feuilles très-glabres, arrondies à la base ; spadice flexueux, velu ; spathes distiques, multiflores ; fleurs à deux pétales, courbées, la division supérieure hispide, l'inférieure ponctuée et maculée de brun au sommet. Même culture.

Var. Bihai des Indes. *H. indica ;* Lam. Feuilles atténuées à la base et au sommet ; spathes renfermant peu de fleurs. Même culture.

RAVENAL. *Ravenala ;* Adans. (*Hexandrie - monogynie.*) Spathe commune monophylle, multiflore ; spathe partielle bifide ; calice partagé en quatre divisions allongées : l'inférieure plus large, ventrue, semblable à la spathe propre, et enveloppant les organes sexuels ; six étamines à filamens très-longs, courbés à leur sommet. Un ovaire surmonté d'un style très-long, presque cylindrique, terminé par trois stigmates connivens et à deux dents ; une capsule allongée, triangulaire, à trois valves, à trois loges contenant plusieurs graines ovales.

1. Ravenal de Madagascar. *Ravenala madagascariensis ;* Sonnerat. *Urania speciosa ;* Pers. ♄. Tige simple, comprimée, arborescente ; feuilles disposées en éventail, de quinze à dix-huit pieds de longueur, sur trois ou quatre de largeur,

pétiolées ; fleurs nombreuses, disposées sur de longs spadices axillaires. Serre chaude. Culture des bananiers.

STRÉLITZIE. *Strelitzia ;* Ait. (*Pentandrie-monogynie.*) Spathe commune monophylle, multiflore ; spathe partielle lancéolée ; calice à six divisions : trois extérieures fort grandes, presque égales : trois intérieures très-irrégulières, enveloppant les organes sexuels ; cinq étamines ; un ovaire muni d'un style simple, terminé par trois stigmates très-longs, subulés, connivens ; une capsule oblongue, à trois valves, à trois loges contenant chacune deux rangs de graines.

1. Strélitzie de la reine. *Strelitzia reginæ ;* Willd. *Heliconia alba ;* L. ♃. Du Cap. Feuilles radicales, très-entières, ondulées et crispées en leurs bords, très-glabres, glauques en dessous, coriaces, persistantes, d'un pied, portées sur des pétioles de trois pieds, droits, glabres ; hampe de la longueur des pétioles, droite, couverte de gaînes alternes, distantes, acuminées, bordées de pourpre verdâtre ; spathes communes vertes et bordées de pourpre : les partielles blanches ; fleurs à divisions extérieures d'un jaune doré, les intérieures d'un très-beau bleu. Plante superbe, aussi remarquable par la beauté de ses fleurs que par leur singularité. Serre chaude et tannée ; terre franche légère, tenue constamment humide en été : arrosemens modérés pendant l'hiver. Multiplication par l'éclat des touffes, ou par la séparation des rejetons enracinés, ou de graines quand elles mûrissent dans la serre.

2. Strélitzie a feuilles étroites. *S. angusta ;* Willd. *Heliconia bihai ;* L. ♃. Du Cap. Elle se distingue de la précédente par ses feuilles plus étroites, à côtes, réticulées, veinées. Même culture. Enfin on cultive encore de la même manière les strélitzies à feuilles de plantain, *plantaginea* seu *marantifolia ;* farineuse, *farinosa ;* à feuilles de jonc, *juncifolia ;* très-grande, *gigantea ;* naine, *humilis.* Toutes ces plantes sont d'un très-bel effet.

ORDRE II.

DES BALISIERS. — *CANNÆ.*

Plantes herbacées; *racines* ordinairement tubéreuses et rampantes ; *tige* feuillée ; *feuilles* simples, alternes, roulées en cornet lors de leur développement, à base engaînante. *Fleurs* naissant le plus souvent sur un spadice ; *calice* double ; l'extérieur monophylle ou trifide, ou triphylle ; l'intérieur pétaloïde, partagé plus ou moins profondément en trois à six divisions. Une ou deux *étamines* à anthères adnées à la lame de leur filament souvent plane et pétaliforme. Un *ovaire* inférieur, surmonté d'un style simple, souvent filiforme, terminé par un *stigmate* simple ou trigone. Une *capsule* à trois loges, le plus souvent à trois valves et polysperme.

BALISIER. *Canna;* L. (*Monandrie-monogynie.*) Calice extérieur de trois folioles lancéolées, persistantes; calice intérieur monophylle, tubuleux inférieurement, à limbe partagé profondément en six divisions lancéolées et irrégulières, dont cinq redressées et la sixième réfléchie; une étamine à filament élargi, pétaliforme, à deux lobes, dont le supérieur porte l'anthère. Un ovaire surmonté d'un style ensiforme, pétaloïde, muni en son bord supérieur d'un stigmate linéaire; une capsule à trois loges, contenant plusieurs graines globuleuses.

1. Balisier paniculé. *Canna paniculata;* Flor. per. ♃. Pérou. Feuilles ovales, laineuses et argentées en dessous ; fleurs en panicule, les divisions intérieures les plus courtes. Serre tempérée, mais il fleurit plus facilement dans la serre chaude; terre franche, substantielle ; arrosemens abondans pendant la végétation, nuls pendant le repos de la plante; multiplication par la séparation des tubercules, en mars, lorsqu'on change la terre des pots. Avant de replanter on doit couper jusqu'au vif toutes les parties attaquées de pourriture, et

laisser sécher les plaies pendant un jour ou deux. On peut encore multiplier les balisiers de graines semées au printemps en terrine sur couche et sous châssis, et repiquant le jeune plant en pot et avec la motte, lorsqu'il a atteint cinq ou six pouces de hauteur. Les balisiers fleurissent assez facilement lorsqu'on les dépote en juin, et qu'on les place à exposition chaude au pied d'un mur au midi, en pleine terre préparée convenablement pour les recevoir ; on les relève en automne, on les met en pot que l'on place en orangerie, et l'on tient la terre absolument sèche pendant tout l'hiver.

2. Balisier a fleur d'iris. *Canna iridiflora;* Flor. per. ♃. Pérou. Feuilles ovales, acuminées, laineuses en dessous; fleurs ayant les trois divisions intérieures plus grandes que les trois extérieures, ces dernières pourpres; capsule oblongue et très-grande. Même culture.

3. Balisier des Indes. *C. indica;* Willd. ♃. Les deux Indes. Feuilles alternes, engaînantes, larges, ovales, pointues, glabres et nerveuses; tige de trois pieds, feuillée, droite, simple; en été, fleurs presque sessiles, d'un beau rouge, en épi terminal, les divisions presque égales. Même culture.

Var. A fleurs jaunes et écarlates.

4. Balisier jaune. *C. lutea;* Ait. ♃. En Afrique et en Amérique entre les tropiques. Feuilles ovales elliptiques; fleurs à divisions intérieures droites et jaunes; nectaire à lanières roulées, marquées de lignes rougeâtres. Même culture.

5. Balisier écarlate. *C. coccinea;* Pers. ♃. Indes. Cette espèce diffère de la précédente par ses proportions plus petites; feuilles ovales, nervées, plus courtes et plus larges; bractées ovales, pulvérulentes; fleurs à divisions intérieures écarlates, réfléchies, marquées de lignes rouges. Même culture.

6. Balisier a feuilles étroites. *C. angustifolia;* Willd. ♃. Amérique équinoxiale. Feuilles lancéolées, pétiolées, à côtes. Il a quelques rapports avec le n° 3, mais il est plus petit; fleurs mêlées de rouge et de jaune. Même culture; serre tempérée.

7. Balisier glauque. *C. glauca;* Willd. ♃. Caroline. Feuilles lancéolées, glauques, sans nervures en dessous;

fleurs d'un jaune pâle. On le cultive en terre tourbeuse, et serre chaude; du reste, même culture, mais beaucoup d'arrosemens.

8. Balisier a feuilles de jonc. *Canna juncea;* Retz. ♃. Chine. Feuilles linéaires, nervées; fleurs petites, d'un roux obscur. Serre chaude; culture du n° 1.

9. Balisier gigantesque. *C. gigantea;* H. K. ♃. Lieu...? Feuilles longues, étroites, longuement engaînantes, lancéolées et glauques; tige de six à sept pieds, droite, articulée; fleurs d'un jaune pâle, lavées et tachetées de rouge, distiques, en épi terminal; calice extérieur à trois divisions. Serre tempérée, et même culture.

10. Balisier flasque. *C. flaccida;* Red. ♃. Caroline. Il ressemble beaucoup au précédent, mais il en diffère par ses fleurs, au nombre de une à huit, droites, grandes, belles, d'un jaune pâle, disposées en épi terminal : chacune accompagnée de deux bractées, une inférieure, large, ovale et petite : l'autre étroite, trois fois plus longue. Serre chaude; même culture.

GLOBBÉE. *Globba;* L. (*Monandrie-monogynie.*) Calice extérieur monophylle, persistant, cylindrique, trifide à son sommet; calice intérieur monophylle, tubuleux, à limbe partagé en trois lobes égaux; deux étamines à anthères adnées longitudinalement aux filamens; un ovaire surmonté d'un style sétacé, terminé par un stigmate aigu; une capsule arrondie, couronnée, à cinq loges contenant plusieurs graines.

1. Globbée penchée. *Globba nutans;* Willd. *Zerumbet speciosum;* Jacq. *Renealmia nutans;* Andrew. Inde. Feuilles longues de deux pieds, lancéolées elliptiques, ciliées; tige simple, de dix à douze pieds; en été, fleurs géminées, en grappe pendante, d'un blanc pur; lobe intérieur de la corolle courbé en carène, orangé en dessous, taché de rouge et d'orangé en dessus. On en possède une variété à feuilles panachées. Serre chaude ou au moins tempérée; terre franche légère; arrosemens fréquens pendant la végétation, très-rares en hiver; multiplication par la séparation de son pied, ou par ses rejetons enracinés. Dépotage annuel, et chaque fois lui donner un vase plus grand.

2. Globbée marantine. *G. marantina;* Mant. ♃. Indes

orientales. Cette plante diffère de la précédente par ses fleurs distancées entre elles, en épi terminal et droit. Serre chaude; même culture.

3. GLOBBÉE DU JAPON. *Globba japonica ;* THUNB. ♃. Du Japon. Feuilles ensiformes ; fleurs en épi terminal et penché. Même culture.

4. GLOBBÉE UVIFORME. *G. uviformis ;* PERS. ♃. Inde. Fleurs en épi latéral. Même culture.

AMOME, cardamome, gingembre. *Amomum ;* L. (*Monandrie-monogynie.*) Calice extérieur tubulé, à trois dents en son bord ; calice intérieur tubuleux, à limbe partagé en quatre divisions inégales ; une étamine à filament membraneux, rétréci vers son extrémité, portant une anthère divisée en deux ; un ovaire à style filiforme, terminé par un stigmate obtus ; une capsule charnue ou coriace, à trois loges contenant plusieurs graines.

1. AMOME ZERUMBET. *Amomum zerumbet ;* PERS. ♃. De l'Inde. Racine tubéreuse, noueuse ; tige de cinq pieds ; feuilles alternes, distiques, assez larges, ovales-lancéolées ; hampe radicale, nue, d'un pied, terminée, de septembre en novembre, par un épi de fleurs jaunâtres, imbriquées d'écailles arrondies et d'un beau rouge. Serre chaude et tannée ; terre franche, substantielle ; arrosemens fréquens pendant la végétation, nuls pendant le repos de la plante. Multiplication, en février ou mars, par la séparation des rejetons enracinés, ou des racines, que l'on plante en pot enfoncé dans la tannée. Dépotage annuel. Ses racines sont légèrement aromatiques ; on les emploie en médecine comme toniques, stomachiques et échauffantes.

2. AMOME GINGEMBRE. *A. zingiber;* SWARTZ. ♃. Indes orientales. Racine noueuse. Tige simple, droite, de quatre à huit pieds ; feuilles alternes, distiques, étroites, engaînantes, acuminées, nerveuses ; hampe radicale, de sept à huit pouces, couverte d'écailles membraneuses, imbriquées et larges à leur sommet ; en septembre, fleurs bleues, en épi ovale et terminal. Même culture.

3. AMOME A FLEURS EN THYRSE. *A. thyrsoïdeum ;* FL. PERUV. ♃. Pérou. Racine tubéreuse, fasciculée ; hampe recouverte de

spathes ovales oblongues; fleurs en épi thyrsoïde; capsule grande, ventrue. Même culture.

AMOME A FLEURS EN GRAPPE. *Amomum racemosum;* PERS. ♃. Pérou. Hampe recouverte de spathes oblongues, imbriquées; fleurs en grappe composée; capsule noire, légèrement striée. Même culture.

5. AMOME ZÉDOAIRE. *A. zedoaria.* PERS. *A. latifolium;* LAM. ♃. Des Indes. Hampe nue; fleurs en épi lâche, tronqué. Même culture.

6. AMOME DES BOIS. *A. sylvestre;* PERS. ♃. Jamaïque. Feuilles larges, lancéolées; hampe nue; bractées oblongues, ventrues; fleurs en épi allongé. Même culture.

7. AMOME MIOGA. *A. mioga;* THUNB. ♃. Japon. Feuilles ensiformes, aiguës; hampe très-courte; capsule ovale. Cette espèce a de l'analogie avec le n° 9. Même culture.

8. AMOME A FEUILLES ÉTROITES. *A. angustifolium;* WILLD. ♃. Madagascar. Feuilles linéaires, lancéolées; tige de huit ou dix pieds; hampe nue, très-courte; fleurs en épi capité. Même culture.

9. AMOME CARDAMOME. *A. cardamomum;* L. ♃. Inde. Feuilles alternes, engaînées ou amplexicaules à leur base, lancéolées, assez étroites, très-pointues; tige de deux pieds; hampe simple, très-courte, à bractées alternes et lâches; fleurs en épi obovale. Même culture. Sa racine, et celle du n° 2, sont employées en médecine, et possèdent les mêmes qualités que celle de l'amome zerumbet.

10. AMOME VELU. *A. villosum;* WILLD. ♃. Inde. Hampe vaginée, très-courte; bractées lancéolées, plus longues que les fleurs: celles-ci en épi presque rond. Même culture.

11. AMOME RAMPANT. *A. repens;* SONNERAT. ♃. Malabar. Feuilles lancéolées; hampe rameuse, tombante. Même culture.

12. AMOME GRAINE DE PARADIS. *A. granum paradisi;* BLACKW. ♃. Guinée. Feuilles ovales, alternes, étroites, acuminées; tige de dix à douze pieds; hampe rameuse, lâche, très-courte. Même culture.

GANDASULI. *Hedychium;* KOENIG. *(Monandrie-monogynie.)* Calice extérieur monophylle, tubuleux, tronqué obliquement en son bord; calice intérieur à tube allongé, grêle, terminé par un limbe ouvert, partagé en six divisions dont deux presque linéaires, trois ovales oblongues, et la sixième plus large échancrée en cœur. Une étamine à filament linéaire, portant à son sommet une anthère adnée et à deux lobes; un ovaire à style capillaire, terminé par un stigmate un peu en tête; une capsule à trois loges polyspermes.

1. Gandasuli a bouquet. *Hedychium coronarium;* Willd. ♃. Inde. Feuilles ovales, aiguës, velues en dessous, stipulées; tige simple, haute de deux ou trois pieds; en septembre et octobre, fleurs odorantes, d'un blanc jaunâtre. Serre chaude. Culture des amomes.

2. Gandasuli a longues feuilles. *H. angustifolia;* Loisel. Deslong. ♃. Du Coromandel. Feuilles plus étroites que la précédente; en juin, un long épi de fleurs rouge-orangé foncées; étamines écarlates. Plante superbe. Même culture. Terre à orangers, mêlée à deux tiers de terre de bruyère.

COSTUS. *Costus;* L. (*Monandrie-monogynie.*) Calice extérieur très-petit, à trois dents; calice intérieur tubulé inférieurement, ayant son limbe partagé en quatre divisions, dont trois égales, redressées, et la quatrième beaucoup plus grande, renflée, tubuleuse, trifide; une étamine à filament élargi, pétaloïde, portant une anthère divisée en deux; un ovaire à style filiforme, terminé par un stigmate comprimé, échancré. Une capsule arrondie, couronnée, à trois loges contenant plusieurs graines.

1. Costus d'Arabie. *Costus arabicus;* Willd. ♃. Amérique méridionale. Feuilles glabres des deux côtés; fleurs en épi, peu nombreuses; écailles foliacées à leur sommet, fastigiée au haut de la hampe. Serre chaude; culture des amomes.

2. Costus élégant. *C. speciosus;* Willd. *C. arabicus;* Jacq. *Amomum hirsutum;* Lam. ♃. Feuilles soyeuses et velues en dessous, alternes, ovales-lancéolées; tige simple, feuillée, de trois ou quatre pieds; en août, fleurs blanchâtres, campanulées, en épi court, sessiles, à écailles terminales et imbriquées. Même culture.

3. Costus a tige rude. *C. scaber;* Pers ♃. Pérou. Feuilles pubescentes en dessous, laissant sur la tige leur gaîne rude, après qu'elles sont tombées; fleurs à demi closes, blanches, en thyrse conique; bractées ovales, apprimées. Même culture.

4. Costus lisse. *C. lævis;* Pers. ♃. Pérou. Fleurs ouvertes,

d'un jaune carné, en thyrse conique, à bractées lancéolées, courbées au sommet. Même culture.

5. Costus argenté. *Costus argenteus;* Pers ♃. Pérou. Feuilles pendantes, pubescentes et argentées en dessous; fleurs jaunâtres, ouvertes, en thyrse oblong, à bractées réfléchies. Même culture.

6. Costus zérumbet. *C. zerumbet;* Pers. *Zerumbet speciosum*; Wenland Sert. ♃. Chine. Fleurs d'un blanc rosé, à carêne très-grande, ondulée et bordée de jaune, en épi lâche et recourbé. Même culture.

MARANTE, galanga, lanquas. *Maranta;* L. (*Monandrie-monogynie.*) Calice extérieur petit, partagé en trois folioles lancéolées; calice intérieur monophylle, tubuleux, à limbe divisé en quatre ou six découpures inégales, dont trois extérieures semblables entre elles, et une ou trois autres plus intérieures, plus grandes et plus difformes; une étamine à filament en languette, portant une anthère; un ovaire surmonté d'un style à stigmate trigone, courbé; une capsule, le plus souvent monoloculaire et monosperme par l'avortement de deux loges.

1. Marante zébrée. *Maranta zebrena;* Curt. ♃. Brésil. Feuilles lancéolées, longues de quinze pouces, larges de six, rayées de brun velouté et de jaunâtre en dessus, d'un beau violet en dessous; en mars et avril, fleurs en épi ovale, d'un blanc violâtre et rayées de bleu; spathes d'un bleu tendre, rayées de bleu foncé. Serre chaude; terre franche légère; arrosemens pendant la végétation, très-modérés en hiver; multiplication de drageons. Du reste, même culture que les amomes.

2. Marante arondinacée. *M. arundinacea;* Willd. ♃. Amérique méridionale. Feuilles alternes, amples, ovales lancéolées, imitant celles du balisier; tige droite, effilée, de trois ou quatre pieds, à rameaux articulés, menus, coudés, ramifiés en panicule lâche; en juillet et août, trois ou quatre fleurs blanches, solitaires sur chaque pédoncule. Même culture.

3. Marante tonchat. *M. tonchat;* Willd. ♃. Cochinchine. Feuilles ovales, glabres; chaume rameux, frutiqueux. Même culture.

4. Marante de Malacca. *M. malaccensis;* Willd. ♃.

Feuilles oblongues, pétiolées, soyeuses et pubescentes en dessous; chaume simple. Même culture.

5. Marante a fleurs en tête. *Maranta capitata;* Pers. ♃. Pérou. Tige simple, terminée par un capitule globuleux et comprimé, de fleurs à lanières internes ressemblant à un nectaire; capsule à trois valves et à trois loges. Même culture.

6. Marante latérale. *M. lateralis;* Pers. ♃. Pérou. Tige simple, portant dans le milieu des fleurs réunies en capitule globuleux. Même culture. Cette espèce ne se distingue pas suffisamment du n° 2.

7. Marante chevelu. *M. comosa;* Willd. ♃. Surinam. Pas de tige; hampe nue, terminée par un épi de fleurs surmontées par une couronne de feuilles réfléchies. Même culture.

PÉRONIE. *Peronia;* Red. (*Monandrie-monogynie.*) Calice extérieur à trois segmens beaucoup plus petits que ceux du calice intérieur, divisés jusqu'à l'ovaire, colorés; calice intérieur partagé en six divisions sur deux rangs : celles du rang extérieur partagées jusqu'à l'ovaire en trois découpures lancéolées, semblables entre elles, deux à trois fois plus longues que les divisions du calice externe : celles du rang le plus intérieur un peu inégales, soudées entre elles à leur base, et déjetées vers le côté supérieur de la fleur; une étamine à filament campanulé, fendu longitudinalement à son côté supérieur, et portant à l'un de ses bords une anthère à une loge; style contourné en spirale.

Jusqu'à présent on ne connaît qu'une espèce de ce genre : Péronie a tige droite; *peronia stricta;* Red., dont on ignore le pays natal. Serre chaude; terre franche légère, et culture des amomes.

CURCUMA. *Curcuma;* L. (*Monandrie-monogynie.*) Calice extérieur monophylle, tubulé, à trois divisions; calice intérieur monophylle, tubulé, à limbe partagé en quatre divisions, dont une plus grande que les autres; cinq filamens linéaires, dont quatre stériles, le cinquième bifide, portant une anthère adnée à l'une de ses divisions; un ovaire surmonté d'un style terminé par un stigmate simple et en crochet; une capsule à trois loges polyspermes.

1. Curcuma rond. *Curcuma rotunda;* Willd. ♃. Inde. Feuilles radicales, ovales lancéolées, engainantes, à nervures

latérales très-rares ; fleurs axillaires, blanches, peu nombreuses, à tube grêle, long et saillant. Serre chaude ; culture des amomes, mais dépotage seulement tous les deux ans. Multiplication de drageons. Les racines de cette espèce, ainsi que celles de la suivante, passent pour diurétiques et apéritives. Les Indiens les emploient dans leurs mets comme assaisonnement.

2. Curcuma long. *Curcuma longa;* L. *Amomum curcuma;* Murr. ♃. Inde. Racine oblongue; feuilles radicales, lancéolées, à nervures latérales très-nombreuses; une tige basse, comprimée, formée par les pétioles des feuilles desséchées; en août, fleurs d'un blanc jaunâtre, en épi gros et presque sessile naissant entre les feuilles; spathes lâches et imbriquées. Même culture.

KÆMPFERIE, zedoaire. *Kæmpferia;* L. (*Monandrie-monogynie.*) Calice extérieur monophylle, tubuleux, ouvert obliquement au sommet; calice intérieur à double limbe: l'extérieur partagé en trois divisions très-étroites, l'intérieur en trois, dont la moyenne bifide; une étamine à filament membraneux, presque ovale, échancré, portant une anthère géminée et adnée; un ovaire muni d'un style terminé par un stigmate à deux lames; une capsule à trois loges polyspermes.

1. Kæmpferie galanga. *Kæmpferia galanga;* Lam. ♃. Inde. Feuilles radicales, ovales, sessiles, étalées; tout l'été, fleurs d'un blanc bleuâtre, tachées de pourpre foncé dans le centre, sessiles, radicales, paraissant, une à la fois, au milieu des feuilles, et se succédant fort long-temps. Serre chaude et culture des amomes, beaucoup d'arrosemens pendant la végétation Multiplication par l'éclat de son collet, ou par la séparation de ses rejetons enracinés, pendant l'hiver.

2. Kæmpferie longue. *K. longa;* L. ♃. Inde. Feuilles ovales oblongues, grandes, radicales, pétiolées, vertes en dessus, violettes en dessous, marquées de grandes taches oblongues et d'un vert pâle; en avril et mai, avant la naissance des feuilles, cinq à sept fleurs radicales, en faisceau, odorantes, à calice extérieur blanc, l'intérieur pourpre et rayé de pourpre plus foncé à la base. Même culture.

3. Kæmpferie ronde. *K. rotunda;* Pers. ♃. Inde. Celle-ci se distingue assez des précédentes par ses feuilles lancéolées,

pétiolées, vertes des deux côtés, et sans tache. Même culture.

THALIE. *Thalia;* Plum. (*Monandrie-monogynie.*) Spathe à une ou deux fleurs; calice extérieur triphylle; calice intérieur profondément divisé en cinq parties, dont trois extérieures grandes et crispées, deux intérieures plus petites, roulées en dedans; nectaire lancéolé, concave; une étamine; stigmate simple; drupe sec, uniloculaire, contenant un noyau à deux semences, quelquefois à une seule paravortement.

1. Thalie géniculée. *Thalia geniculata;* Plum. ♃. Amérique méridionale. Tige de cinq ou six pieds, très-simple et très-lisse; fleurs terminales, en panicule géniculée et flexueuse; calice intérieur à cinq divisions; nectaire lancéolé. Serre chaude, et culture des amomes.

2. Thalie a feuilles de balisier. *T. cannæformis;* ♃. Les Hébrides. Elle se distingue de la précédente par son calice intérieur à six divisions, et par son nectaire droit et bifide. Même culture.

ALPINIE. *Alpinia;* Swartz. (*Monandrie-monogynie.*) Calice double, l'extérieur tubuleux, à trois dents égales: l'intérieur tubuleux, ventru à sa base, à limbe partagé en six divisions, dont les trois extérieures plus courtes, les deux intérieures (nectaire) labiées, à lèvre inférieure étalée; une étamine; stigmate trigone; capsule charnue, à réceptacle pulpeux. Ce genre serait peut-être mieux placé à la suite des costus.

1. Alpinie a épi. *Alpinia spicata;* Jacq. *amomum petiolatum;* Encycl. ♃. Antilles. Feuilles caulinaires, alternes, pétiolées, oblongues, acuminées, luisantes; tige de deux pieds, droite, glabre, terminée par un épi de fleurs jaunes, longues d'un pouce, à limbe partagé en quatre parties, dont une trilobée et arrondie, sortant chacune d'une écaille imbriquée, d'un rouge vif. Serre chaude; culture des amomes; beaucoup d'arrosemens pendant la végétation.

2. Alpinie en spirale. *A. spiralis;* Jacq. ♃. Amérique méridionale. Feuilles unilatérales, alternes, elliptiques, coriaces, très-entières, longues de six pouces, luisantes; tige de quatre pieds, cylindrique, terminée par un épi sessile de fleurs rouges et inodores. Même culture.

3. Alpinie a fleurs en grappe. *A. racemosa;* Swartz. ♃.

Amérique méridionale. Feuilles oblongues, acuminées; fleurs alternes, en grappe terminale et spiciforme; division intérieure et labiée trifide. Même culture.

4. Alpinie galanga. *Alpinia galanga;* Willd. ♃. Indes. Feuilles lancéolées; fleurs alternes, en grappe terminale, lâche; division intérieure et labiée émarginée. Même culture.

5. Alpinie chevelue. *A. comosa;* Willd. ♃. Amérique méridionale. Feuilles ovales oblongues, pubescentes; fleurs en épi terminal couronné par une touffe de bractées colorées, plus longues que les fleurs. Même culture.

6. Alpinie d'Occident. *A. occidentalis;* Swartz. ♃. Jamaïque. Feuilles lancéolées, ovales, très-glabres; fleurs en grappe radicale, composée, droite; division intérieure émarginée au sommet; capsule triloculaire. Même culture.

RÉNÉALMIE. *Renealmia;* Andrew. (*Monandrie-monogynie.*) Calice double, l'extérieur monophylle, à deux ou trois dents irrégulières, comme rompues; l'intérieur à quatre divisions, dont une interne (nectaire) et oblongue; une anthère sessile, opposée à la division interne; baie charnue.

On ne connaît qu'une espèce de ce genre, la Rénéalmie élevée. *R. exaltata*, Willd. ♃, qui habite Surinam, et s'élève à vingt pieds de haut. Serre chaude, et culture des amomes.

PHILYDRE. *Philydrum;* Gært. (*Monandrie-monogynie.*) Spathe uniflore; calice à quatre divisions irrégulières, pétaloïdes; capsule à trois loges polyspermes.

1. Philydre laineux. *Philydrum lanuginosum;* Gært. ♃. Cochinchine. Feuilles droites, grasses, épaisses, laineuses; tige de deux pieds, cylindrique, droite, couverte d'un épais duvet, terminée par un épi droit de fleurs d'un jaune doré, pédonculées, sortant de spathes courtes, acuminées et velues. Serre chaude, et culture des amomes.

HELLÉNIE. *Hellenia;* Willd. (*Monandrie-monogynie.*) Spathe campanulée, bifide; calice double: l'extérieur ordinairement trifide: l'intérieur à deux divisions, dont l'interne diphylle ou bifide; une étamine; capsule triloculaire, coriace, enflée, presque globuleuse.

1. Hellénie allughas. *Hellenia allughas;* Willd. *Heritiera allughas;* Retz. ♃. Inde. Feuilles très-entières; fleurs

en panicule ; division interne diphylle ; capsule un peu spongieuse. Serre chaude ; culture des amomes.

2 HELLÉNIE BLANCHE. *Hellenia alba;* WILLD. *Heritiera alba;* RETZ. ♃. Chine. Feuilles très-entières ; fleurs en panicule, à division interne diphylle ; capsule striée. Même culture.

3. HELLÉNIE DE LA CHINE. *H. sinensis;* WILLD. ♃. Chine. Feuilles ciliées ; division interne diphylle. Même culture.

4. HELLÉNIE AQUATIQUE. *H. aquatica;* WILLD. ♃. Inde. Fleurs denticulées sur les bords ; division interne monophylle et bifide. Même culture.

ORDRE III.

DES ORCHIDÉES. — *ORCHIDEÆ.*

Plantes herbacées ; *racine* ordinairement composée de deux tubercules, ou fibreuse ; *tige* le plus souvent simple, en forme de hampe, rarement grimpante ; *feuilles* radicales engaînantes, les caulinaires sessiles et alternes ; *fleurs* bractéées, ordinairement en épi, rarement solitaires ; *calice* à six divisions souvent colorées, pétaloïdes, irrégulières, trois externes et trois internes, dont l'inférieure, nommée *nectaire*, *labelle* ou *tablier*, est presque toujours plus longue que les autres, et souvent éperonnée ; un *ovaire* inférieur, surmonté d'un style souvent adné à la découpure supérieure du calice, quelquefois très-court ou presque nul, terminé par un stigmate dilaté, pas tout-à-fait terminal, mais comme appliqué à la partie antérieure du style. Deux *anthères* insérées sur le sommet du style et sous le stigmate, renfermant un pollen composé d'une masse de petits globules. Une *capsule* monoloculaire, à trois valves, le plus souvent à trois côtés, s'ouvrant par ses angles, les valves restant adhérentes par la base et le sommet, contenant un grand nombre de graines. *Embryon* placé à la base d'un périsperme charnu.

Les plantes de cette famille sont toutes remarquables

par la beauté ou la bizarrerie de leurs fleurs, mais elles sont en général d'une culture assez difficile, surtout celles indigènes.

ORCHIS ou orquis. *Orchis;* L. (*Gynandrie-trigynie.*) Calice à six divisions, dont cinq supérieures conniventes; labelle élargie, lobée, prolongée postérieurement en éperon; deux anthères ovales, placées au sommet d'un style court, terminé par un stigmate comprimé; une capsule allongée, torse, s'ouvrant par trois fentes longitudinales.

La culture des plantes de ce genre est fort difficile; cependant avec quelques précautions on réussit assez à les conserver. On remplit un vase de la terre dans laquelle elles croissent naturellement, on enlève la plante avec la motte, et on la place dans le vase avec la précaution de ne pas froisser ni mettre à découvert les racines. Cette opération se fait avec assez de succès en toute saison, mais plus sûrement au printemps lorsque les feuilles ne font que commencer à paraître, ou en automne lorsqu'elles sont desséchées. On enterre le vase dans le jardin, en rendant au végétal la même exposition, sèche, humide ou marécageuse, ombragée ou au soleil, qu'il avait dans les champs. Tous les deux ou trois ans on change la terre en lui en donnant une autre de même nature, et l'on sépare alors les œilletons s'il y en a. Dans un jardin paysager on les met en pleine terre avec la motte, et avec la même attention de leur donner une exposition convenable à leur culture. On les multiplie de graines semées en terrine et terre franche légère, recouverte seulement d'un peu de mousse hachée très-fin, et l'on arrose avec la plus grande précaution pour ne pas battre la terre. Jamais on ne doit cultiver, biner, sarcler, ni même arracher les herbes autour des orchis. Peut-être même ce serait utile de semer à la place où on les cultive les végétaux auprès desquels on les a trouvés. Ces plantes sont toutes fort jolies, et mériteraient bien les soins minutieux qu'on en pourrait prendre.

§ Ier. Racines indivisées, composées de deux tubercules; plantes indigènes.

1. ORCHIS A DEUX FEUILLES. *Orchis bifolia*; L. ♃. Indigène. Feuilles longues, radicales; tige de dix-huit pouces; en juin, fleurs blanchâtres, en épi lâche et terminal, d'une odeur agréable; labelle lancéolée, entière; éperon très-long et droit. Terre fraîche.

2. ORCHIS PYRAMIDAL. *O. pyramidalis*; SWARTZ. ♃. Indigène. Feuilles oblongues; tige d'un pied; en juillet, fleurs purpurines, en épi court, serré, pyramidal; labelle à trois lobes presque égaux, à base bituberculée, lobe du milieu émarginé; éperon plus long que l'ovaire; divisions calicinales ovales lancéolées. Terre sèche.

3. ORCHIS FÉTIDE. *O. coriophora*; L. ♃. Indigène. Feuilles radicales, très-étroites; tige de sept à huit pouces; en juin, fleurs petites, nombreuses, d'un rouge mêlé de vert, en épi peu serré; labelle à trois lobes, celui du milieu le plus étroit et le plus long, les latéraux denticulés et réfléchis; éperon court; divisions calicinales, conniventes; odeur désagréable. Terre fraîche.

4. ORCHIS MORIO. *O. morio*; CURT. ♃. Indigène. Feuilles étroites; tige de six pouces; en mai et juin, fleurs purpurines, en épi lâche et peu garni; labelle large, à trois lobes, celui du milieu émarginé, ce qui en fait paraître quatre, les latéraux crénelés, réfléchis; éperon montant et bifide au sommet division;s du calice ovales, obtuses, conniventes. Terre fraîche, ombragée. C'est avec les tubercules de cette espèce qu'on prépare le salep, quoique tous les orchis puissent en fournir.

5. ORCHIS PALE. *O. pallens*; L. ♃. Indigène. Feuilles lancéolées, pointues; tige de cinq pouces; fleurs jaunâtres, en épi lâche; labelle large, trifide, à lobes entiers, arrondis, celui du milieu plus large et un peu échancré; éperon entier au sommet, courbé; divisions calicinales ovales lancéolées, presque droites. Terre humide, ombragée.

6. ORCHIS MALE. *O. mascula*; L. ♃. Indigène. Feuilles planes, pointues, ordinairement tachées; tige d'un pied; en avril et mai, fleurs assez grandes, purpurines, en épi long

de trois pouces ; labelle trifide, crénelée, à lobe du milieu le plus long et bilobé ; éperon un peu courbé, obtus ; divisions calicinales latérales extérieures un peu courbées en faux, aiguës, réfléchies. Terre fraîche, ombragée.

Var. à fleurs blanches ; autre à trois éperons, *O. tricornis;* LOIS. DESL.

7. ORCHIS DE MARAIS. *Orchis palustris;* JACQ. *O. laxiflora*, *Var. ß.* LAM. *O. morio;* L. ♃. Indigène. Feuilles presque linéaires ; tige d'un pied ; en mai, fleurs purpurines ou violettes, en épi lâche et allongé ; labelle trilobée, large, unidentée à la base, les lobes latéraux arrondis, entiers, celui du milieu bifide, un peu courbe ; divisions calicinales latérales extérieures oblongues, divariquées, étalées. Terre marécageuse.

Var. à fleurs lâches, *laxiflora;* LAM. Feuilles lancéolées linéaires, canaliculées ; labelle à deux lobes, celui du milieu étant nul ou presque nul : les latéraux obtus, arrondis, un peu crénelés ; éperon souvent échancré à l'extrémité. Terre humide.

8. ORCHIS PICTÉ. *O. ustulata;* L. ♃. Indigène. Feuilles oblongues, étroites ; tige de huit à dix pouces ; en mai et juin, fleurs petites, d'un pourpre très-foncé, inférieurement variées de rouge et de blanc, en épi serré ; labelle trifide, scabre, à divisions linéaires, celle du milieu allongée et bifide ; éperon obtus ; divisions calicinales distinctes. Terre fraîche.

9. ORCHIS MILITAIRE. *O. militaris;* L. ♃. Indigène. Feuilles radicales, larges, ovales lancéolées ; tige grosse, droite, de deux pieds ; en mai, fleurs grandes, variées de pourpre et de blanc, en épi assez long ; labelle trifide, les deux divisions latérales étroites, linéaires, distantes : celle du milieu élargie, divisée en deux lobes profonds, écartés, larges, entiers, avec une pointe au milieu ; divisions calicinales confluentes. Terre sèche et ombragée.

10. ORCHIS BRUN. *O. fusca;* JACQ. *O. militaris*, *Var. ß.* L. ♃. Indigène. Il diffère du précédent par sa tige un peu moins haute, et les divisions du lobe moyen de la labelle, qui sont taillées un peu obliquement, en biseau en dehors, et légèrement dentées ; fleur d'un violet brun. Terre sèche, ombragée.

11. Orchis varié. *Orchis variegata;* Pers. ♃. Indigène. Feuilles lancéolées, étroites ; tige d'un pied ; en mai, fleurs d'un pourpre pâle, tachetées de points plus foncés ; labelle à trois lobes distans, les latéraux ovales, petits, celui du milieu plus long, élargi, à deux dents, avec une pointe au milieu de l'échancrure; éperon délié, un peu courbe, aigu. Terre fraîche.

12. Orchis singe. *O. simia;* Lam. *O. tephrosanthos;* Pers. *O. zoophora;* Thuill. ♃. Indigène. Feuilles ovales oblongues, obtuses ; tige d'un pied ; en mai, fleurs grandes d'un pourpre clair, en épi court, presque globuleux ; labelle à quatre divisions très-étroites, allongées, entières, avec une pointe entre les deux divisions du milieu ; divisions calicinales aiguës, un peu conniventes ; bractées très-petites Terre sèche, ombragée.

Var. O. cercopithèque. *O. cercopitheca;* Lam. Divisions intermédiaires de la labelle un peu dentées.

13. Orchis casque. *O. galeata;* Lam. *O. mimusops;* Thuill. *O. militaris*, *Var.* ϒ. L. ♃. Indigène. Feuilles lancéolées oblongues ; tige de dix à quinze pouces ; en mai et juin, fleurs d'un pourpre clair, ponctuées de pourpre foncé, en épi court, presque globuleux ; labelle pubescente, trifide, les divisions latérales courtes, écartées, linéaires, celle du milieu allongée, élargie vers son sommet, à deux lobes courts, divergens, arrondis, avec une petite pointe vers le milieu de l'échancrure ; divisions calicinales courtes, conniventes, fermées en manière de casque. Terre ni trop sèche, ni trop humide.

§ II. Racines composées de deux tubercules palmés ; plantes indigènes.

14. Orchis a larges feuilles. *O. latifolia;* L. ♃. Indigène. Feuilles larges, lancéolées-oblongues ; tige grosse, haute d'un à deux pieds ; en mai et juin, fleurs petites, purpurines ou blanches, marquées de lignes ou de points violets, en épi long et droit ; labelle un peu trilobée, les lobes latéraux peu marqués, réfléchis, celui du milieu saillant et court ; trois divisions calicinales supérieures conniventes, deux latérales ouvertes ; bractées étroites, plus longues que les fleurs. Terre humide.

15. Orchis divariqué. *O. divaricata;* Richard. *O. latifolia*,

Var. *β*. Lois. Desl. ♃. Indigène. Feuilles linéaires-lancéolées, canaliculées ; tige de dix-huit pouces ; en mai, fleurs purpurines ou blanches, en épi dense ; labelle presque cunéiforme, à lobe du milieu peu apparent ; bulbes de la racine seulement en deux parties divariquées. Terre fraîche.

16. Orchis maculé. *Orchis maculata* ; L. ♃. Indigène. Feuilles lancéolées, linéaires, tachées ; tige de un à deux pieds ; en juin et juillet, fleurs d'un blanc rosé, avec des taches purpurines, en épi conique et serré ; labelle arrondie, denticulée, un peu échancrée au sommet, avec une pointe qui part de l'échancrure ; divisions calicinales supérieures conniventes, les latérales étalées. Terre humide, ombragée.

17. Orchis incarnat. *O. incarnata* ; L. *O. sambucina* ; Jacq. ♃. Indigène. Feuilles oblongues, lancéolées, obtuses ; tige de quatre à six pouces ; en mai et juin, fleurs grandes, purpurines, en épi un peu lâche ; labelle plane, un peu dentée, ovale pointue, ou à lobes peu marqués, et dont celui du milieu est saillant ; divisions calicinales ouvertes ; éperon très-gros, obtus. Terre ni trop sèche, ni trop humide.

18. Orchis très-odorant. *O. odoratissima* ; L. ♃. Indigène. Feuilles linéaires, longues, très-aiguës, canaliculées ; tige de dix à quinze pouces ; en juin et juillet, fleurs purpurines, odorantes, petites, en épi oblong, grèle, filiforme, un peu lâche ; labelle à trois lobes presque égaux, entiers ; divisions calicinales libres ; éperon délié, aigu, un peu courbe. Terre fraîche.

19. Orchis a long éperon. *O. conopsea* ; L. ♃. Indigène. Feuilles lancéolées, longues ; tige de douze à dix-huit pouces ; en mai et juin, fleurs petites, odorantes, purpurines ou blanches panachées, en épi allongé, un peu lâche ; labelle à trois lobes presque égaux, les deux latéraux obtus, élargis, celui du milieu plus étroit, un peu moins long ; divisions calicinales latérales très-ouvertes ; éperon très-long, très-délié. Terre marécageuse.

§ III. Racines composées de tubercules fasciculés ; plantes indigènes.

20. Orchis avorté. *O. abortiva* ; L. *Limodorum abortivum* ; Swartz. ♃. Indigène. Feuilles avortées et dont il ne reste que

les gaînes; tige un peu flexueuse, grosse, haute de deux pieds; en juin, fleurs grandes, distantes, violettes, en épi très-long et peu fourni; labelle ovale, entière, un peu concave et pointue; éperon un peu courbe; stigmate laineux; écailles courtes et violettes. Terre un peu fraîche, très-ombragée.

§ IV. Espèces exotiques.

A. *Bulbes non divisées.*

21. ORCHIS DE SUSANNE. *Orchis Susanæ;* L. ♃. Amboine. Fleurs très-belles; labelle à trois divisions : les latérales élargies, ciliées, celle du milieu lancéolée, entière; divisions calicinales supérieures dilatées, un peu arrondies. Serre tempérée. Quoique plusieurs plantes des trois dernières divisions puissent passer l'hiver en pleine terre, comme elles sont très-difficiles à multiplier il vaut mieux les cultiver en orangerie pour ne pas courir la chance de les perdre.

22. ORCHIS RADIÉ. *O. radiata;* PERS. *O. Susannæ;* THUNB. ♃. Japon. Labelle à trois divisions : les latérales dilatées, ciliées, celle du milieu lancéolée, entière; divisions calicinales supérieures ovales acuminées. Orangerie.

23. ORCHIS CILIÉ. *O. ciliaris;* ANDREW. ♃. Virginie. Labelle à trois parties, à divisions plusieurs fois subdivisées; éperon très-long, s'élargissant au sommet. Pleine terre.

24. ORCHIS BLÉPHARIGLOTTE. *O. blephariglottis;* WILLD. ♃. Pensylvanie. Labelle lancéolée, ciliée, de la longueur des divisions calicinales supérieures; éperon plus long que l'ovaire. Orangerie.

25. ORCHIS PSYCODÈS. *O. psycodes;* SWARTZ. ♃. Canada. Labelle à trois parties; les divisions cunéiformes, ciliées au sommet; éperon sétacé, de la longueur de l'ovaire.

26. ORCHIS A LANIÈRES *O. habenaria;* L. ♃. Jamaïque. Labelle à trois parties; les divisions latérales sétacées; éperon filiforme, beaucoup plus long que l'ovaire; divisions calicinales intérieures biparties. Serre chaude.

27. ORCHIS MONORHIZE. *O. monorhiza;* PERS. ♃. Jamaïque. Labelle à trois parties, à divisions latérales sétacées; éperon linéaire, comprimé, de la longueur de l'ovaire. Serre chaude.

28. ORCHIS A CRÊTE. *O. cristata;* MICH. ♃. Caroline. Fleurs

jaunes, en épi serré; labelle oblongue, à laciniures pennées; éperon de moitié plus court que l'ovaire; divisions calicinales intérieures arrondies, denticulées en manière de crête. Serre tempérée.

29. Orchis lacéré. *Orchis lacera;* Mich. ♃. Caroline. Fleurs alternes, en épi oblong; labelle allongée, à trois parties, à divisions un peu digitées, filiformes; éperon de la même longueur que l'ovaire. Serre tempérée.

30. Orchis du Japon. *O. japonica;* Thunb. ♃. Labelle atténuée, canaliculée, entière, courbée en bas; éperon atténué, un peu courbe. Serre tempérée.

31. Orchis feuillé. *O. foliosa;* Swartz. ♃. Du Cap. Labelle linéaire, convexe, obtuse, avec une petite dent filiforme à chaque côté de sa base; éperon filiforme, plus large au sommet; divisions calicinales conniventes.

32. Orchis de Roxburgh. *O. Roxburghi;* Pers. *O. plantaginea;* Roxb. *O. foliosa;* Willd. ♃. Inde. Labelle lancéolée, à trois dents, celle du milieu plus longue, aiguë, recourbée; éperon sétacé, deux fois plus long que l'ovaire; divisions calicinales extérieures et latérales réfléchies. Serre chaude.

33. Orchis pectiné. *O. pectinata;* Thunb. *O. burmanniana;* Pers. *Arethusa ciliaris;* L. ♃. Du Cap. Feuilles réniformes orbiculées; hampe à une fleur; labelle à cinq parties, les divisions multiparties-capillaires; calice tubuleux à la base. Orangerie.

34. Orchis unilatéral. *O. secunda;* Thunb. ♃. Du Cap. Deux feuilles radicales ovales; fleurs en épi unilatéral; labelle à cinq parties, à divisions linéaires, ainsi que les divisions calicinales. Orangerie.

35. Orchis hérissé. *O. hispidula;* Pers. *O. hispida;* Thunb. ♃. Du Cap. Deux feuilles radicales ovales arrondies, hispides ainsi que la hampe; labelle droite, à trois parties, linéaires-lancéolées, obtuses, ainsi que les folioles calicinales. Orangerie.

36. Orchis à fleurs vertes. *O. viridiflora;* Pers. ♃. Inde. Feuilles radicales ensiformes; labelle à trois parties, à divisions linéaires, celle du milieu obtuse, courbée en bas. Serre tempérée.

37. Orchis capuchonné. *Orchis cucullata;* Pers. ♃. Sibérie. Deux feuilles radicales ovales; fleurs en épi lâche, unilatérales; labelle trifide, à divisions aiguës; éperon courbé, plus court que l'ovaire. Orangerie.

38. Orchis a grandes fleurs. *O. carnea;* H. K. *diplecthrum foliosum;* Swartz. ♃. Du Cap. Feuilles obrondes, sillonnées en dessous; en septembre, fleurs blanches intérieurement, roses à l'extérieur, inodores, en épi compacte; deux éperons; bractées droites. Orangerie.

39. Orchis a deux cornes. *O. bicornis;* H. K. *diplecthrum parviflorum;* Swartz. ♃. Du Cap. Feuilles ovales, oblongues, lignées en dessous; fleurs très-odorantes, d'un vert jaunâtre, disposées en épi lâche; les bractées réfléchies; deux éperons. Orangerie.

Les autres espèces exotiques appartenant à cette division, sont les orchis : *Ornithis, conica, globosa, cubitalis, longicornu, intacta, longicruris, condensata, sancta, elata, papilionacea, rubra,* que l'on doit tous cultiver en orangerie par la raison que nous avons dite plus haut.

B. *Racines palmées.*

40. Orchis d'Ibérie. *O. iberica;* Willd. ♃. Asie. Feuilles linéaires; tige feuillée; labelle ovale, entière, indivisée, mucronée, dentée; divisions calicinales nervées, conniventes; éperon subulé, deux fois plus court que l'ovaire. Serre tempérée.

41. Orchis couleur de sang. *O. cruenta;* Pers. ♃. Norwége. Labelle entière, un peu cordiforme, crénelée; éperon obtus, plus court que l'ovaire; divisions calicinales étalées. Pleine terre.

C. *Racines fasciculées.*

42. Orchis en massue. *O. clavellata;* Mich. ♃. Caroline. Racines fusiformes; tige monophylle; fleurs en épi lâche; labelle entière, ovale; divisions calicinales conniventes; éperon en massue, de la longueur de l'ovaire. Orangerie.

43. Orchis frangé. *O. fimbriata;* Ait. ♃. Canada. Feuilles alternes, sessiles, oblongues, aiguës, très-entières, carénées,

vaginales; tige tétragone; fleurs d'un bleu pourpre, en épi oblong; labelle à trois parties : les divisions cunéiformes, planes, ciliées; éperon plus long que l'ovaire. Cette espèce, cultivée depuis fort long-temps, réussit très-bien en pleine terre.

44. ORCHIS REMARQUABLE. *Orchis spectabilis*; L. ♃. Virginie. Deux feuilles radicales ovales; labelle ovale, échancrée, à divisions divariquées; éperon de la longueur de l'ovaire; divisions calicinales étalées. Il réussit en pleine terre comme le précédent.

On peut encore cultiver en orangerie les espèces : *Fuscescens, strateumatica, hyperborea, Koenigii, ichneumonea, humilis, tipuloïdes, dentata, procera, membranacea, incisa, fusa, tridentata, quinqueseta, squamosa, mauritiana, robertiana*. Ce dernier est du midi de la France.

OPHRYS. *Ophrys*; L (*Gynandrie-diandrie*) Calice à six divisions, dont cinq supérieures plus ou moins étalées, la sixième inférieure, ou labelle, diversement figurée, non prolongée en éperon; deux anthères; un ovaire tordu et sillonné, surmonté d'un style concave, terminé par un stigmate élargi; une capsule s'ouvrant par ses angles.

1. OPHRYS MOUCHE. *Ophrys myodes*; PERS. ♃. Indigène. Feuilles lancéolées; tige de douze à dix-huit pouces: en mai et juin, fleurs alternes, en épi allongé et très-lâche, à labelle d'un rouge foncé, les divisions supérieures vertes, et les latérales pourpres; labelle velue, pendante, à trois divisions, dont celle du milieu plus longue et bifide, à lobes ovales; divisions calicinales étalées, les trois supérieures lancéolées, obtuses, les deux latérales linéaires. Les fleurs de cette plante ressemblent, à s'y méprendre, à de grosses mouches brunes. Ce que nous avons dit de la culture des orchis convient également aux ophrys. Terre pas trop fraîche, rocailleuse.

2. OPHRYS ABEILLE. *O. apifera*; SWARTZ. ♃. Indigène. Feuilles lancéolées; tige de huit à dix pouces, terminée, en mai et juin, par trois ou quatre grandes fleurs en épi; labelle d'un rouge ferrugineux, velue, à trois divisions, les latérales oblongues, celle du milieu obovale, trilobée, et à lobe terminal subulé et recourbé en crochet; divisions calicinales purpurines, étalées, les trois supérieures elliptiques, ob-

tuses, les deux latérales lancéolées, très-courtes. Terre sèche, rocailleuse.

3. Ophrys araignée. *Ophrys aranifera;* Huds. ♃. Indigène. Feuilles inférieures ovales, les supérieures ovales lancéolées; tige de quatre à huit pouces, terminée, en avril et mai, par trois à six grandes fleurs en épi; labelle velue, trilobée, d'un brun ferrugineux, marquée de deux lignes livides et glabres, le lobe du milieu obovale et échancré; divisions calicinales vertes, étalées, les trois supérieures oblongues obtuses, les deux latérales lancéolées, aiguës, plus courtes. Terre fraîche.

4. Ophrys arachnite. *O. arachnites;* Willd. ♃. Indigène. Feuilles lancéolées; tige de quatre à six pouces, terminée, en mai, par quatre à cinq fleurs; labelle d'un brun ferrugineux, marquée de lignes, velue, à trois divisions, les latérales très-petites, à peine visibles, celle du milieu très-large, arrondie, obtuse, crénelée ou courtement trilobée; divisions calicinales verdâtres, les trois supérieures oblongues, obtuses, les deux latérales linéaires, lancéolées, très-courtes. Terre fraîche, ombragée.

5. Ophrys homme pendu. *O. antropophora;* L. ♃. Indigène. Feuilles ovales lancéolées; tige d'un pied, terminée, en mai et juin, par un épi grêle, allongé et un peu lâche, de petites fleurs; labelle jaune, allongée, pendante, à trois divisions linéaires, écartées, celle du milieu bifide et à lobe linéaire; divisions calicinales d'un blanc jaunâtre, courtes, conniventes. Terre fraîche.

6. Ophrys a une bulbe. *O. monorchis;* L. ♃. Indigène. Feuilles radicales lancéolées; tige de trois à cinq pouces, terminée, en juin, par un épi de fleurs petites, d'un jaune verdâtre; labelle guère plus longue que les pétales, comme à trois lobes, les latéraux courts, presque tronqués, celui du milieu linéaire, allongé, entier; divisions calicinales ouvertes, les deux latérales ayant presque la même forme que la labelle. Terre sèche.

SATYRION. *Satyrium;* L. *(Gynandrie-diandrie.)* Calice irrégulier, à six divisions, dont cinq supérieures élevées en voûte: la sixième inférieure, ou labelle, allongée, divisée, plus ou moins étroite, renflée et comme gibbeuse à la base;

deux anthères comme dans les orchis; éperon court, un peu enflé. (Fleurs en épis).

1. SATYRION VERT. *Satyrium viride;* L. *orchis viridis;* SWARTZ. ♃. Feuilles radicales, larges, ovales; tige de quatre à huit pouces; en juin, fleurs d'un vert pâle; labelle réfléchie en bas, étroite, trifide à l'extrémité, et dont le lobe du milieu est le plus court, tous sont entiers; divisions calicinales libres, courtes et ovales; bractées étroites, plus longues que les fleurs; racines palmées. Culture des orchis, comme toutes les espèces de ce genre. Terre humide.

2. SATYRION A ODEUR DE BOUC. *S. hircinum;* L. *Orchis hircina;* SWARTZ. ♃. Indigène. Plante superbe. Feuilles lancéolées, larges et lisses; tige de deux pieds, ferme, feuillée; en juillet, fleurs verdâtres avec des lignes pourpres, nombreuses, grandes, en long épi; labelle allongée, réfléchie en bas, à trois lobes, les deux latéraux linéaires, entiers, faisant le crochet, celui du milieu long de près de deux pouces, très-grêle, velu à son origine et en dessus. Cette plante exhale une odeur insupportable de bouc. Terre sèche, rocailleuse.

3. SATYRION NOIR. *S. nigrum;* L. *Orchis nigra;* SWARTZ. ♃. Des Alpes. Feuilles étroites, linéaires; tige de sept à huit pouces, feuillée; en juin, fleurs petites, d'un pourpre foncé, très-odorantes, en épi court, conique et serré; labelle entière, ou un peu crénelée. Bulbes palmées. Terre fraîche.

4. SATYRION BLANCHATRE. *S. albidum;* L. *Orchis albida;* SWARTZ. ♃. Indigène. Feuilles radicales ovales, les caulinaires lancéolées; tige d'un pied; fleurs d'un vert blanchâtre, unilatérales; labelle trifide, aiguë, le lobe du milieu le plus long et obtus; bulbes fasciculées. Terre sèche.

5. SATYRION A FEUILLES DE PLANTAIN. *S. plantagineum;* L. ♃. Jamaïque. Tige feuillée; feuilles caulinaires ovales, pétiolées, vaginantes; labelle entière; racines composées de bulbes un peu fibreuses. Orangerie.

6. SATYRION A LONGUES BRACTÉES. *S. bracteatum;* WILLD. ♃. Pensylvanie. Fleurs vertes, munies de bractées étalées deux fois plus longues qu'elles; labelle linéaire, bifide au sommet; divisions calicinales supérieures un peu conniventes, les latérales plus larges et ovales; éperon obtus, scrotiforme. Orangerie.

SÉRAPIAS, elléborine. *Serapias;* L. (*Gynandrie-diandrie.*) Calice à six divisions, dont les cinq supérieures réunies en capuchon, l'inférieur ou labelle plus grande, concave, aiguë, pendante, dépourvue d'éperon; deux anthères placées au sommet du style; un ovaire surmonté d'un style portant, à sa face antérieure et immédiatement sous les anthères, le stigmate, qui est concave; une capsule allongée, s'ouvrant par trois fentes longitudinales.

1. SÉRAPIAS A LARGES FEUILLES. *Serapias latifolia;* L. *Epipactis latifolia;* WILLD. ♃. Indigène. Feuilles ovales, arrondies inférieurement, embrassantes, alternes, pointues, les supérieures ovales lancéolées; tige de un à deux pieds, terminée, en juin et juillet, par un épi très-long, grêle, de fleurs purpurines, penchées, sessiles; labelle entière, presque de la même longueur que les divisions calicinales: celles-ci égales et aiguës; ovaire pubescent. Terre fraîche et ombragée. Culture des orchis.

2. SÉRAPIAS A PETITES FEUILLES. *S. parvifolia;* PERS. *S. microphylla;* HOFFM ♃. Indigène. Feuilles comme le précédent, mais trois fois plus petites; en juin, fleurs d'un pourpre noirâtre; labelle un peu crispée, finement crénelée sur les bords. Du reste, cette plante, quoique plus petite que la précédente, n'en est peut-être qu'une variété. Terre sèche et rocailleuse.

3. SÉRAPIAS DES MARAIS. *S. palustris;* PERS. *S. longifolia;* L. *Epipactis palustris;* WILLD. ♃. Indigène. Feuilles inférieures ovales-lancéolées, engaînantes, les supérieures lancéolées, sessiles, embrassantes; tige de douze à dix-huit pouces, un peu pubescente, terminée, en juillet et août, par un épi lâche, de fleurs verdâtres, variées de pourpre, peu nombreuses, pédicellées, un peu penchées à leur maturité; labelle ayant une appendice arrondie, très-obtuse, plissée sur les bords, plus longue que les divisions calicinales: celles-ci ovales, obtuses. Terre humide.

4. SÉRAPIAS A GRANDES FLEURS. *S. grandiflora;* L. *S. lancifolia;* MURR. *Epipactis pallens;* SWARTZ. *Epipactis lancifolia;* DE CAND. ♃. Indigène. Feuilles ovales, les supérieures ovales lancéolées; tige de douze à dix-huit pouces, terminée, en avril et mai, par un épi de fleurs grandes, peu nombreu-

ses, redressées ; labelle ovale, obtuse, entière, un peu plus courte que les divisions calicinales : celles-ci égales ; ovaire un peu pédicellé. Terre sèche.

5. Sérapias rouge. *Serapias rubra ;* L. *Epipactis rubra ;* All. ♃. Indigène. Feuilles inférieures ovales, les supérieures lancéolées ; tige d'un pied, grêle, flexueuse, terminée, en juin et juillet, par un épi lâche de quatre à huit fleurs d'un rouge clair, grandes, dressées ; labelle aiguë, ondulée, marquée de lignes élevées ; divisions calicinales allongées, distantes, aiguës. Terre fraîche, très-ombragée.

6. Sérapias a languette. *S. lingua ;* L. *S. lingula ;* Hort. ang. *Helleborine lingua ;* Pers. ♃. France méridionale. Feuilles étroites et pointues ; tige d'un pied ; en mai, fleurs d'une couleur ferrugineuse, en épi lâche ; labelle trifide, terminée par une languette étroite et pendante. Terre sèche et chaude.

NÉOTTIE. *Neottia ;* Swartz. (*Gynandrie-diandrie.*) Calice à six divisions, dont les trois supérieures rapprochées à leur base, distinctes à leur sommet, la sixième ou labelle, renflée à sa base, recouverte par deux divisions latérales prolongées en poche sur l'ovaire ; deux anthères placées derrière le stigmate ; un ovaire muni d'un style surmonté d'une appendice aiguë, à stigmate oblique. Une capsule s'ouvrant par ses angles.

1. Néottie spirale. *Neottia spiralis ;* Swartz. *Ophrys spiralis ;* L. *Ophrys autumnalis ;* Balb. ♃. Indigène. Feuilles lancéolées ovales ; tige de cinq à huit pouces, naissant à côté des bulbes, terminée, en août et septembre, par un épi allongé de fleurs blanches, velues, sans odeur, en spirale ; labelle entière, élargie-ovale, finement crénelée ; divisions calicinales preque égales, ouvertes. Terre sèche. Culture des orchis, ainsi que pour les suivantes.

2. Néottie d'été. *N. æstivalis ;* Pers. *Ophrys æstivalis ;* Lam. *Ophrys æstivalis*, *Var.* ϒ. L. ♃. Feuilles longues, linéaires ; tiges de six à dix pouces, partant du milieu de la racine, terminée, en août et septembre, par un épi un peu allongé, grêle, de fleurs blanches, odorantes, en spirales courbées, et, du reste, ressemblant à celle de la précédente ; terre marécageuse.

3. Néottie penchée. *N. Cernua ;* Swartz. *Ophrys cernua*,

L. *Limodorum autumnale;* WALT. ♃. Canada. Feuilles radicales linéaires ; en août et septembre, épi serré de fleurs penchées ; labelle oblongue, aiguë. Terre fraîche.

4. NÉOTTIE ÉLANCÉE *Neottia elata;* WILLD. *N. minor;* JACQ. *Satyrium elatum;* SWARTZ. ♃. Antilles ; feuilles radicales, pétiolées, oblongues ; labelle presque trilobée. Serre chaude ; terre franche légère, constamment humide pendant la végétation.

5. NÉOTTIE REMARQUABLE. *N. speciosa;* JACQ. ♃. Jamaïque. Feuilles radicales, pétiolées, elliptiques, ondulées sur les bords; hampe radicale, terminée par un épi de fleurs nombreuses, d'un rouge carné; labelle ovale acuminée. Serre chaude; beaucoup de chaleur.

MALAXIDE. *Malaxis;* SWARTZ. (*Gynandrie-diandrie.*) Calice à six divisions, dont cinq inférieures; la supérieure, ou labelle, concave, embrassant le style par sa base; deux anthères terminales; un ovaire muni d'un style bossu, creusé par devant, à stigmate concave; une capsule s'ouvrant par ses angles.

1. MALAXIDE DE LOÉSEL. *Malaxis Loeselii;* SWARTZ. *Ophrys Loeselii;* L. *Ophrys paludosa;* FLOR. DAN. ♃. Indigène. Feuilles ovales lancéolées; tige de deux à cinq pouces, grêle, nue, triangulaire, terminée en mai, par deux à quatre fleurs d'un jaune verdâtre, de grandeur moyenne; labelle supérieure ovale, entière, un peu denticulée, recourbée au sommet; divisions calicinales écartées, linéaires. Terre fraîche. Culture des orchis, mais plus facile.

2. MALAXIDE A FEUILLES DE LIS. *M. liliifolia;* SWARTZ *Ophrys liliiflia;* L. ♃. Canada. Deux feuilles ovales, lancéolées; hampe radicale, à trois angles; labelle concave, obovée, aiguë au sommet; divisions calicinales internes réfléchies, discolores. Même culture que la précédente.

3. MALAXIDE A UNE FEUILLE. *M. monophyllos;* SWARTZ. *Ophrys monophyllos, et ciliifolia;* L. ♃. Les Alpes. Feuilles ordinairement solitaires, au nombre de deux dans la variété. *ß major;* hampe triangulaire; labelle concave, acuminée. Terre marécageuse.

4. MALAXIDE DE RÉEDE. *M. Rheedii;* SWARTZ. *Epidendrum resupinatum;* FORST. ♃. Afrique. Plusieurs feuilles lancéolées

ovales, aiguës, plissées ; hampe trigone ; labelle concave, obtuse, crénelée. Orangerie.

ÉPIPACTIDE. *Epipactis;* Swartz. (*Gynandrie-diandrie.*) Calice à six divisions, dont l'inférieure ou labelle, entière ou lobée ; deux anthères attachées au bord postérieur du style ; un ovaire surmonté d'un style à stigmate oblique et terminal ; une capsule s'ouvrant par ses angles.

Nota. M. Desfontaines, dans son catalogue du Jardin du Roi, édition de 1815, a supprimé le genre sérapias, et a rapporté dans celui-ci les plantes dont nous avons donné la description à son article.

1. Épipactide double-feuille. *Epipactis ovata;* Willd. *Ophrys ovata;* L. ♃. Indigène. Deux feuilles au milieu de la tige, ovales-arrondies, grandes ; tige d'un pied, pubescente, terminée, en mai et juin, par un épi grêle, un peu allongé, lâche, de petites fleurs verdâtres ; labelle trois fois plus longue que les autres divisions, linéaire, fendue en deux ; divisions calicinales ovales, un peu obtuses, ouvertes. Terre humide et ombragée. Même culture que les orchis.

2. Épipactide nid d'oiseau. *E. nidus avis;* Willd. *Ophrys nidus avis;* L. ♃. Indigène. Racine à fibres nombreuses, amassées en forme de nid d'oiseau ; feuilles nulles, avortées ; tige d'un pied ; terminée, en mai et juin, par un épi allongé, assez serré, de fleurs roussâtres, assez grandes ; labelle double des autres divisions, pendante, élargie, et divisée en deux lobes écartés, larges et entiers ; divisions calicinales ouvertes, courtes. Terre fraîche, très-ombragée.

ARÉTHUSE. *Arethusa;* L. (*Gynandrie-diandrie.*) Calice formant presque deux lèvres, à sept divisions un peu conniventes ; les trois extérieures longues et ligulées, les trois intérieures alternes, larges, presque égales, nues : l'inférieure, ou labelle, pendante, sans éperon ; style long, linéaire à sa base, portant à son sommet deux anthères operculaires, persistantes, à pollen sous forme de poussière granulée.

1. Aréthuse bulbeuse. *Arethusa bulbosa;* Swartz. ♃. Virginie. Bulbe blanche, arrondie ; tige simple, garnie de deux feuilles étroites, vaginales, terminée, en mai, par une grande fleur droite, rougeâtre, à labelle un peu crénelée ;

divisions calicinales supérieures courbées en dedans Pleine terre un peu humide. Culture des orchis, belle plante.

2. Aréthuse ciliée. *Arethusa ciliaris;* L. ♃. Du Cap. Bulbe oblongue, velue et géminée ; une seule feuille, réniforme, orbiculée, embrassant la base de la tige : celle-ci terminée, en octobre, par une fleur solitaire, à labelle découpée-ciliée. Orangerie et culture des ixia.

3. Aréthuse ophioglosse. *A. ophioglossoïdes;* L. ♃. Amérique. Feuilles ovales, oblongues, au nombre de deux, distantes sur la tige ; celle-ci terminée ordinairement par une fleur ; labelle ovale au sommet, ciliée et barbue. Culture de la précédente.

4. Aréthuse a trois fleurs. *A. trianthophoros;* Swartz. *A. parviflora;* Mich. *A. pendula;* Willd. ♃. Amérique. Feuilles vaginantes, avortées ; tige à trois ou quatre fleurs petites, pendantes, à pédoncules allongés, labelle à trois lobes, celui du milieu acuminé. Même culture.

DIURIS. *Diuris;* Swartz. *(Gynandrie-diandrie.)* Calice à sept divisions étalées formant un peu les deux lèvres, les deux divisions antérieures allongées ; labelle sans éperon ; deux anthères placées sur le stigmate, parallèles au style.

1. Diuris spatulée. *Diuris spathulata;* Swartz ♃. Nouvelle Hollande. Divisions calicinales antérieures spatulées. Serre tempérée ; culture des orchis.

LIMODORE. *Limodorum;* Swartz. *(Gynandrie-diandrie.)* Calice à six divisions, dont l'inférieur, ou labelle, prolongée en éperon ; la labelle devient quelquefois supérieure, et les autres divisions inférieures ; deux anthères hémisphériques, terminales ; un ovaire chargé d'un style portant le stigmate à sa partie antérieure. Une capsule ovale.

1. Limodore de la Chine. *Limodorum incarvillei;* Swartz ; *L. tankervilleæ;* L. ♃. De de la Chine. Feuilles radicales, ovales lancéolées, nerveuses, plissées ; hampe simple, multiflore, latérale, de deux pieds ; en mars et avril, fleurs d'un roux brunâtre en dedans, d'un beau blanc en dehors, grandes, en grappe ; labelle en capuchon, entière, à éperon court. Serre chaude et tannée, près des jours ; terre franche légère, substantielle ; arrosemens pendant la végétation ; multiplication par la séparation des dragcons.

2. LIMODORE BARBU. *Limodorum barbatum;* SWARTZ. *Serapias capensis;* L. ♃. Du Cap. Feuilles radicales, chevauchantes, ensiformes, un peu courbées en faux; hampe flexueuse, vaginée; fleurs rapprochées; labelle un peu trilobée; éperon obtus, plus court que l'ovaire. Serre tempérée, et même culture.

3. LIMODORE FALQUÉ. *L. falcatum;* SWARTZ. *Orchis falcata;* THUNB. ♃. Japon. Feuilles presque radicales, ensiformes, canaliculées, courbées en faux; hampe portant peu de fleurs; éperon filiforme, très-long. Culture du n° 1.; serre chaude.

4. LIMODORE JAUNE PALE. *L. luridum;* SWARTZ. ♃. Sierra-Léone. Tige comprimée, vaginée, paniculée, à rameaux simples et étalés; fleurs pédicellées; labelle trilobée, le lobe du milieu le plus long, obcordé; éperon infléchi, obtus, émarginé. Même culture.

5. LIMODORE A FEUILLES DE VERATRE. *L. veratrifolium;* WILLD. ♃. Inde orientale. Feuilles radicales, pétiolées, ovales, aiguës, nerveuses; hampe simple, multiflore; labelle allongée, à cinq parties; éperon filiforme. Même culture.

6. LIMODORE DE SUÈDE. *L. boreale;* PERS. *Cypripedium bulbosum;* L. ♃. Suède. Bulbe ronde; une seule feuille radicale, obronde; hampe à une fleur; calice formant deux lèvres, dont l'inférieure un peu enflée; labelle repliée, barbue à la gorge; éperon très-court et bifide. Pleine terre; culture des orchis.

7. LIMODORE TRISTE. *L. triste;* SWARTZ. *Satyrium triste* L. ♃. Du Cap. Feuilles radicales, ensiformes, droites; hampe rameuse; fleurs en grappe, un peu campanulée, à éperon obtus, plus court que l'ovaire. Serre chaude, et culture des précédens.

CYMBIDIER. *Cymbidium;* SWARTZ. *(Gynandrie-digynie.)* Calice à six divisions, dont l'inférieure, ou labelle, est concave à sa base, et dépourvue d'éperon; deux anthères hémisphériques, terminales; un ovaire chargé d'un style portant le stigmate à sa partie antérieure; une capsule ovale, trigone ou hexagone.

1. CYMBIDIER POURPRE. *C. purpureum;* DESF. *Limodorum purpureum;* LAM. ♃. Antilles. Racines tubereuses; feuilles ensiformes, longues, nerveuses, plissées; hampe d'un pied,

écailleuse, pourprée, terminée, en hiver, par quatre ou cinq fleurs, alternes, pédonculées, grandes, d'un pourpre vif; labelle à trois lobes et à plis jaunes. Serre chaude et tannée; terre légère, substantielle; arrosemens modérés pendant la végétation; multiplication par caïeux que l'on détache avec beaucoup de précautions quand les tiges sont desséchées. Les autres espèces se multiplient par la séparation des œilletons, en été.

2. CYMBIDIER A FEUILLES D'ALOÈS. *Cymbidium aloïfolium*; SWARTZ. *Epidendrum aloïdes*; CURT. MAG. ♃. Malabar. Feuilles radicales, distiques, linéaires, canaliculées, charnues, rétuses au sommet; hampe droite, terminée, en mai et juin, par une douzaine de fleurs blanchâtres, marquées de lignes d'un rouge orangé, en grappe lâche; labelle à trois lobes, celui du milieu le plus grand et presque entièrement pourpre à son sommet. Serre chaude; terre de bruyère.

3. CYMBIDIER A GRANDES FLEURS. *C. grandiflorum*; SWARTZ. *Epidendrum grandiflorum*; AUBLET. ♃. Guyane. Hampe ordinairement à trois fleurs, vaginée, les gaînes distantes, foliacées, ovales-lancéolées; labelle à trois lobes, celui du milieu émarginé. Même culture; plus d'arrosemens.

4. CYMBIDIER A FEUILLES ENSIFORMES. *C. ensifolium*; SWARTZ. ♃. Du Japon. Feuilles radicales, ensiformes, nerveuses; hampe cylindrique; fleurs peu nombreuses, très-odorantes, à labelle ovale, un peu courbée, maculée. Même culture.

5. CYMBIDIER DE LA CHINE. *C. sinense*; WILLD. *Epidendrum sinense*; PERS. ♃. Du Japon. Feuilles radicales, ensiformes, nerveuses, raides, obtuses, lisses sur les bords; hampe garnie d'écailles foliacées, terminée, en été, par un épi de fleurs peu nombreuses, pédonculées, unilatérales, à divisions striées, les trois extérieures réfléchies; labelle oblongue, obtuse, réfléchie. Même culture.

6. CYMBIDIER JOLI. *C. pulchellum*; SWARTZ. *Limodorum tuberosum*; L. ♃. Amérique septentrionale. Feuilles radicales ensiformes, nerveuses; hampe grêle, de deux pieds, terminée par un petit nombre de fleurs sessiles, alternes, purpurines; labelle d'un beau violet, droite, atténuée à la base, élargie ensuite, à disque concave et poilu. Orangerie; même culture.

7. Cymbidier triste. *Cymbidium triste ;* Forst. ♃. Nouvelle Calédonie. Feuilles cylindriques, fistuleuses; fleurs en corymbe, à pédoncules opposées aux feuilles, et sortant à travers la gaîne; divisions calicinales entières ; labelle entière, spatulée, cordiforme. Serre chaude, et même culture.

8. Cymbidier élevé. *C. altum ;* Willd. *Limodorum altum ;* L. ♃. Antilles. Racine tubéreuse; feuilles radicales, larges, lancéolées, nerveuses, plissées; hampe multiflore, terminée, pendant tout l'été, par une grappe de fleurs pédicellées, d'un blanc jaunâtre ; divisions droites ; labelle lisse. Serre chaude; même culture.

9. Cymbidier pudique. *C. verecundum;* Swartz. *Limodorum altum ;* Jacq. ♃. Bahama. Feuilles radicales, larges, lancéolées, plissées, nerveuses ; hampe multiflore ; divisions intérieures des fleurs, conniventes; labelle ventrue, à lame émarginée, crispée, sillonnée. Serre chaude ; même culture.

10. Cymbidier a capuchon. *C. cucullatum ;* Swartz. *Epidendrum cucullatum ;* L. ♃. Amérique méridionale. Tige simple, grêle, uniflore, portant près de son sommet une ou deux feuilles subulées, charnues, rougeâtres, chagrinées, sillonnées; fleurs très-grandes, à divisions longues, étroites, contournées; labelle ciliée, en capuchon, terminée par une pointe. Serre chaude ; même culture.

11. Cymbidier écarlate. *C. coccineum ;* Swartz. *Epidendrum coccineum;* Dum. Courc. ♃. Antilles. Tige presque caulescente; feuilles caulinaires et radicales obtuses, un peu ensiformes; hampes grêles, filiformes, axillaires, terminées par une fleur. Serre chaude; même culture.

12. Cymbidier jaune. *C. luteum ;* Willd. ♃. Chili. Feuilles radicales, oblongues, aiguës; hampe droite, simple, pauciflore; labelle oblongue, obtuse, plus courte que les divisions calicinales. Serre chaude ; même culture.

13. Cymbidier gigantesque. *C, giganteum ;* Swartz. *Satyrium giganteum ;* L. ♃. Du Cap. Feuilles radicales, chevauchantes, un peu recourbées ; hampe cylindrique, haute de quatre pieds, terminée par plusieurs fleurs grandes, d'un rouge orangé, éloignées les unes des autres; labelle hastée, sa division intermédiaire ovale, plissée. Serre chaude ; même culture.

DENDROBE. *Dendrobium;* Juss. (*Gynandrie-diandrie.*) Calice droit, ouvert, renversé dans quelques espèces; divisions latérales et extérieures conniventes ou connées devant et autour de la base de la labelle, et cachant souvent l'éperon. Deux anthères terminales, operculaires, non persistantes.

§ Ier. Fleurs droites.

1. Dendrobe de Barrington. *Dendrobium Barringtoniæ;* Willd. *Epidendrum Barringtoniæ;* Dum. courc. ♃. Jamaïque. Ordinairement trois feuilles oblongues, nerveuses, naissant sur la racine; hampe vaginée, le plus souvent terminée par une seule fleur droite. Serre chaude; culture des cymbidiers.

2. Dendrobe lancéolé. *D. lanceolatum;* Pers. *Epidendrum lanceolatum;* Swartz. ♃. Jamaïque. Tige très-courte, ne portant qu'une seule feuille lancéolée, un peu pétiolée; pédoncule à deux fleurs. Même culture.

3. Dendrobe a feuilles de palme. *D. palmifolium;* Swartz. ♃. Amérique méridionale. Feuilles larges, lancéolées, nerveuses, toutes radicales; plusieurs hampes multiflores et radicales. Même culture.

4. Dendrobe sanguin. *D. sanguineum;* Swartz. ♃. Jamaïque. Feuilles géminées, oblongues, radicales; hampe subdivisée; divisions calicinales latérales en forme d'éperon, adnées et décurrentes sur l'ovaire; fleurs d'un rouge de sang. Même culture.

5. Dendrobe myosurus. *D. myosurus;* Swartz. ♃. Iles de la Société. Feuilles lancéolées, linéaires, canaliculées, un peu émarginées; plusieurs hampes nues, terminées par un épi grêle et penché. Même culture.

6. Dendrobe musqué. *D. moschatum;* Swartz. ♃. Asie. Tige radicante, marquée de huit sillons; feuilles lancéolées, obtuses, sur deux rangs; fleurs en grappes opposées aux feuilles; labelle entière, en capuchon, velue en dedans. Même culture.

7. Dendrobe a deux bulbes. *D. testiculatum;* Pers. *Epidendrum satyrioïdes;* Swartz. ♃. Hispaniola. Feuilles cylindriques, subulées; hampe simple, terminée, au printemps,

par des fleurs exhalant une agréable odeur de violette ; labelle à deux lobes ventrus. Même culture.

§. II. Fleurs renversées.

8. Dendrobe a plusieurs épis. *Dendrobium polystachyon;* Pers. *Cranichis luteola;* Swartz. ♃. Amérique méridionale. Feuilles presque radicales, larges, lancéolées ; hampe ancipitée ; fleurs en épis alternes, unilatéraux. Serre chaude. Même culture.

9. Dendrobe a deux fleurs. *D. biflorum;* Swartz. ♃. Iles de la Société. Tige cylindrique, simple ; feuilles distiques, lancéolées, planes ; fleurs portées sur des pédoncules deux à deux, opposés aux feuilles, très-courts, sortant de la base des gaînes. Même culture.

10. Dendrobe a tige gladiée. *D. anceps;* Swartz. ♃. Indes. Tige ancipitée, simple ; feuilles distiques, planes, scapelliformes ; pédoncules sortant deux à deux de la base des gaînes. Même culture.

CYPRIPÈDE, sabot. *Cypripedium;* L. (*Gynandrie-triandrie.*) Calice à six divisions irrégulières, dont l'intérieure très-grande, renflée, concave, en forme de sabot ; deux anthères placées latéralement sur le pistil, ayant à leur base deux appendices lancéolées ; un ovaire allongé, contourné, muni d'un style court, terminé par un stigmate charnu ; une capsule ovale oblongue, à trois angles obtus.

1. Cypripède sabot de Vénus. *Cypripedium calceolus;* Willd. ♃. Indigène. Tige d'un pied, feuillée ; feuilles ovales, lancéolées, pointues, engaînantes à la base ; en juin, une ou deux fleurs purpurines, odorantes ; lobe du style elliptique, aigu ; divisions calicinales très-longues ; labelle plus courte que les pétales, comprimée, enflée, creuse, ouverte par en haut, imitant un sabot, d'un très-beau jaune. Pleine terre légère, ou mieux de bruyère, fraîche et ombragée. Culture des orchis.

2. Cypripède blanc. *C. candidum;* Willd. ♃. Pensylvanie. Feuilles oblongues, lancéolées ; tige feuillée ; lobe du style lancéolé ; labelle plus courte que les divisions calicinales, comprimée. Orangerie, même culture.

3. Cypripède a petites fleurs. *C. parviflorum;* Pers. ♃. Virginie. Tige feuillée ; fleurs d'un vert pâle, marquées de

taches ferrugineuses; lobe du style triangulaire, aigu; labelle plus courte que les divisions calicinales, comprimée. Orangerie, et même culture.

4. Cypripède pubescent. *Cypripedium pubescens;* Willd. *C. flavescens;* Red. ♃. Caroline. Cinq à six feuilles, ovales oblongues, pubescentes, engaînantes à leur base; tige feuillée; au printemps, une ou deux fleurs d'un jaune pâle, pointillées de blanc; lobe du style triangulaire, oblong, obtus; labelle plus courte que les divisions calicinales, comprimée. Orangerie, même culture.

5. Cypripède remarquable. *C. spectabile;* Willd. *C. canadense;* Mich. ♃. Canada. Tige feuillée; lobe du style elliptique, cordiforme, obtus; labelle plus longue que les divisions calicinales, fendue en devant. Même culture.

6. Cypripède nain. *C. humile;* Willd. *C. acaule;* Mich. ♃. Caroline. Feuilles radicales, géminées, oblongues, obtuses; hampe sans feuille, uniflore; lobe du style un peu arrondi, rhomboïdal, acuminé, arqué vers la terre; labelle fendue en devant, plus longue que les divisions calicinales, celles-ci lancéolées. Même culture.

7. Cypripède ventru. *C. ventricosum;* Willd. ♃. Sibérie. Tige feuillée; lobe du style sagitté, concave; labelle plus courte que les divisions calicinales, fendue en devant. Même culture.

8. Cypripède a grande fleur. *C. macranthos;* Willd. ♃. Sibérie. Tige feuillée; lobe du style cordiforme, acuminé, courbé en arc vers la terre; labelle crénelée et resserrée à la gorge, plus longue que les divisions calicinales, celles-ci acuminées. Même culture.

9. Cypripède guttulé. *C. guttatum;* Willd. ♃. Sibérie. Tige portant deux feuilles alternes, ovales, oblongues, obtuses; lobe du style ovale, émarginé, courbé en arc vers la terre; labelle plus longue que les divisions calicinales, celles-ci obtuses. Même culture.

10. Cypripède du Japon. *C. japonicum;* Willd. ♃. Du Japon. Tige portant deux feuilles un peu arrondies, aiguës, presque opposées; lobe du style ovale acuminé, courbé vers la terre; labelle plus courte que les pétales, fendue en devant. Serre tempérée; même culture.

ONCIDE. *Oncidium;* WILLD. (*Gynandrie-digynie.*) Calice à quatre ou cinq divisions ouvertes; l'inférieure, ou labelle, plane, large, tuberculeuse à la base; deux anthères operculaires, non persistantes, sur le style.

1. ONCIDE DE CARTHAGÈNE. *Oncidium carthagenense;* WILLD. ♃. Amérique. Feuilles radicales, planes, lancéolées, oblongues; hampe paniculée; fleurs à cinq divisions calicinales dentées; labelle spatulée. Serre chaude; culture des cypripèdes.

2. ONCIDE TRÈS-ÉLEVÉ. *O. altissimum;* WILLD. *epidendrum altissimum;* JACQ. ♃. Jamaïque. Feuilles radicales, lancéolées; hampe paniculée; fleurs à cinq divisions lancéolées; labelle émarginée. Serre chaude; même culture.

3. ONCIDE TETRAPÉTALE. *O. tetrapetalum;* WILLD. *epidendrum tetrapetalum;* JACQ. ♃. Jamaïque. Feuilles radicales, subulées; hampe simple; fleurs à quatre divisions ovales, godronnées; labelle obcordiforme. Serre chaude; même culture.

4. ONCIDE PANACHÉ. *O. variegatum;* WILLD. ♃. Jamaïque. Très-belle plante. Feuilles radicales, lancéolées, carénées, cartilagineuses et dentées en scie sur les bords; hampe simple; en avril, fleurs à quatre divisions obovales; labelle bilobée. Serre chaude, même culture.

ÈPIDENDRE. *Epidendrum;* L. (*Gynandrie-digynie.*) Calice à six divisions, dont l'inférieure ou labelle, plus courte, tubulée, oblique et souvent labiée en son limbe; anthères insérées sur le style; un ovaire oblong, souvent contourné, surmonté d'un style très-court, adhérent latéralement à la division inférieure du calice; une capsule allongée, presque cylindrique, trigone ou hexagone.

1. ÉPIDENDRE EN COQUILLE. *Epidendrum cochleatum;* SWARTZ. ♃. Jamaïque. Feuilles géminées, oblongues, naissant sur la bulbe; hampe allongée, de huit à dix pouces, et s'allongeant davantage à mesure de la floraison; de novembre en décembre, fleurs renversées, à divisions verdâtres; labelle cordiforme, obtuse, concave, violette rayée de blanc. Serre chaude, terre de bruyère, multiplication de caïeux séparés avec précaution quand les tiges sont flétries.

2. ÉPIDENDRE ODORANT. *E. fragrans;* SWARTZ. ♃. Jamaï-

que. Une seule feuille, large, lancéolée, sans nervure, naissant sur la bulbe; hampe très-courte, multiflore; en octobre, fleurs d'une odeur agréable; labelle cordiforme, aiguë. Même culture.

3. Épidendre bifide. *Epidendrum bifidum;* Swartz. ♃. Amérique méridionale. Feuilles ordinairement au nombre de trois, lancéolées, naissant sur la bulbe; hampe grêle, rameuse; rameaux lâches, terminés par deux fleurs violettes, à divisions linéaires; labelle à trois parties, le lobe intermédiaire réniforme et bifide. Serre chaude; même culture.

4. Épidendre a feuilles de lis. *E. liliifolium;* Willd. ♃. Inde. Feuilles ordinairement au nombre de trois, linéaires, lancéolées, naissant sur la bulbe; hampe simple; fleurs à labelle lancéolée. Même culture.

5. Épidendre a plusieurs bulbes. *E. polybulbon;* Swartz. ♃. Jamaïque. Tige rampante, bulbifère, chaque bulbe donnant naissance à deux feuilles et à une fleur; en janvier, fleurs pédonculées, à limbe de la labelle cordiforme. Serre chaude; même culture.

6. Épidendre sessile. *E. sessile;* Willd. ♃. Inde. Tige grimpante, bulbifère; feuilles lancéolées, rétuses, un peu pétiolées, naissant sur la bulbe; fleurs geminées, presque sessiles, à limbe de la labelle lancéolé. Même culture.

7. Épidendre pourpre foncé. *E. atropurpureum;* Willd. ♃. Amérique méridionale. Feuilles ordinairement au nombre de trois, lancéolées, naissant sur la bulbe; hampe simple; fleurs d'un pourpre noirâtre; labelle en cœur renversé, à lobes rétus. Même culture.

8. Épidendre agréable. *E. amabile;* Swartz. ♃. Inde. Feuilles radicales, larges, lancéolées; hampe subdivisée; divisions calicinales latérales orbiculées; labelle à trois lobes, celui du milieu hasté, bifide au sommet. Même culture.

9. Épidendre penché. *E. nutans;* Swartz. ♃. Jamaïque. Tige simple; feuilles ovales-lancéolées, amplexicaules; en octobre, fleurs un peu penchées, en épis; labelle à trois lobes, celui du milieu tridenté. Même culture.

10. Épidendre en ombelle. *E. umbellatum;* Swartz. ♃. Jamaïque. Tige simple; feuilles oblongues, un peu émarginées; fleurs rassemblées, serrées, formant comme une es-

pèce d'ombelle dans le sinus des feuilles ; labelle à trois lobes, celui du milieu émarginé. Même culture.

11. ÉPIDENDRE A FEUILLES OBTUSES. *Epidendrum obtusifolium;* WILLD. ♃. Amérique méridionale. Tige simple ; feuilles oblongues, obtuses, amplexicaules ; fleurs en grappe terminale ; labelle un peu trilobée, le lobe du milieu allongé, bifide, roulé au sommet. Même culture.

12. ÉPIDENDRE NOCTURNE. *E. nocturnum;* SWARTZ. ♃. Jamaïque. Tige simple ; feuilles oblongues, sans veines ni nervures ; fleurs terminales ; limbe de la labelle à trois lobes entiers, celui du milieu linéaire. Même culture.

13. ÉPIDENDRE CILIÉ. *E. ciliare;* SWARTZ. ♃. Martinique. Tige simple ; feuilles oblongues sans veines ni nervures, ordinairement au nombre de deux ; limbe de la labelle à trois lobes, celui du milieu linéaire. Même culture.

14. ÉPIDENDRE BRUN. *E. fuscatum;* SWARTZ. ♃. Jamaïque. Tige simple; feuilles oblongues ou acuminées ; pédoncule terminal, allongé; fleurs en épi globuleux ; labelle plus courte que les divisions calicinales. Même culture.

15. ÉPIDENDRE ALLONGÉ. *E. elongatum;* SWARTZ. ♃. Les Caraques. Tige simple ; feuilles oblongues, amplexicaules ; pédoncule terminal, allongé; fleurs rouges, en épi lâche ; limbe de la labelle denté cilié. Même culture.

VANILLE. *Vanilla;* JUSS. (*Gynandrie-diandrie.*) Calice à six divisions, dont l'inférieure ou labelle concave, creusée en capuchon, ayant son limbe dilaté en lame élargi ; deux anthères ovales, insérées sur le style ; un ovaire oblong, cylindrique, surmonté d'un style court, terminé par un stigmate concave, adhérent à la division inférieure du calice ; une capsule cylindrique, en forme de silique.

1. VANILLE AROMATIQUE. *Vanilla aromatica;* SWARTZ *Epidendrum vanilla;* L. ♃. Brésil. Tige sarmenteuse, grimpante, cylindrique, donnant naissance, à chaque nœud, à une feuille et à une vrille ; feuilles ovales-oblongues, nervées, sessiles ; fleurs grandes, blanches en dedans, verdâtres en dessous ; labelle en cornet campanulé, coupé obliquement et terminé en pointe ; capsule cylindracée, très-longue. Serre chaude et tannée. Terre franche légère, substantielle ; arrosemens fréquens en été, rares en hiver ; du reste, même cul-

ture que les autres orchidées. Tout le monde connaît l'usage que l'on fait de ses graines aromatiques.

2. VANILLE A FEUILLES ÉTROITES. *Vanilla angustifolia*; WILLD. ♃. Japon. Feuilles lancéolées ; tige un peu rameuse ; capsule cylindracée. Même culture.

3. VANILLE CLAVICULÉE. *V. claviculata*; SWARTZ. ♃. Jamaïque. Feuilles lancéolées, aiguës, concaves, recourbées, raides ; capsule presque elliptique. Même culture.

ORDRE IV.

HYDROCHARIDÉES. — *HYDROCHARIDÆ.*

Plantes herbacées, aquatiques ; *racines* fibreuses ou tubéreuses ; *feuilles* submergées ou flottantes ; *tiges* souvent rampantes ou noueuses. *Fleurs* ordinairement sur une hampe, ou un pédoncule spathiforme ; *calice* monophylle ou polyphylle, à divisions ordinairement disposées sur plusieurs rangs, dont les intérieures sont le plus souvent pétaloïdes ; *étamines* en nombre défini ou indéfini, portées par le pistil, ou à la place qu'il devait occuper ; un *ovaire* simple, inférieur, ou semi-inférieur, surmonté de trois à six *stigmates* bifurqués ; une *capsule* à six loges ou plus (à une seule dans la vallisnerie), polyspermes ; *embryon* placé à la base d'un périsperme charnu ou farineux.

Ces plantes sont très-propres à la décoration des eaux, sur lesquelles leurs feuilles nagent avec grâce, tandis que leurs fleurs brillent des plus vives couleurs, à quelques pouces de la surface.

VALLISNERIE. *Vallisneria*; L. (*Diœcie-diandrie.*) Fleurs dioïques ; dans les mâles : spadice conique, entouré d'une spathe à deux ou trois lobes, couvert de fleurs sessiles, ayant un calice à trois divisions et deux étamines ; dans les femelles : spathe tubuleuse, bifide à son sommet, à une fleur, portée à l'extrémité d'une hampe très-longue, roulée en spirale ; calice allongé, partagé en son limbe en six découpures inégales; un ovaire allongé, cylindrique, adhérent avec le calice, surmonté de trois stigmates sessiles, ovales, bifides à leur sommet, munis d'une appendice dans leur partie moyenne; une capsule allongée, cylindrique, tridentée au sommet, monoloculaire, polysperme.

1. VALLISNERIE SPIRALE. *Vallisneria spiralis;* WILLD. ♃. Midi de la France. Feuilles linéaires, atténuées à la base; pédoncule des fleurs mâles court et droit : celui des femelles très-long et en spirale. Cette plante n'est guère cultivée qu'à cause de la singularité de sa fécondation. Elle habite le fond des eaux, où elle reste plongée. A une certaine époque de l'année, les pédoncules des fleurs femelles se déroulent, s'allongent, et portent la fleur à la surface des eaux où elle épanouit. Les mâles, attachés sur les racines par un pédoncule très-court, s'en séparent et s'élèvent sur les ondes : ils ouvrent leur corolle, nagent autour des fleurs femelles, les fécondent et sont ensuite entraînés par les vents ou les courans. Le phénomène opéré, les pédoncules des fleurs femelles se reploient sur eux-mêmes en tire-bouchon comme ils étaient avant, et entraînent les fleurs au fond des eaux, où elles mûrissent leurs graines.

On jette les graines de cette plante dans les eaux limpides d'un bassin, où elle se multiplie ensuite elle-même sans autres soins.

STRATIOTE. *Stratiotes;* L. (*Diœcie-dodécandrie.*) Spathe à une fleur, comprimée, partagée profondément en deux divisions conniventes; calice monophylle, adhérent avec l'ovaire, un peu tubulé, à limbe partagé en six divisions, dont trois intérieures planes, en cœur renversé, et une fois plus grandes que les trois extérieures; vingt étamines, ou environ, insérées sur le sommet du tube; un ovaire ovale, adhérent au calice, surmonté de six styles fendus longitudinalement et terminés par des stigmates simples; une baie ovale, charnue, à six loges, contenant plusieurs graines anguleuses.

1. STRATIOTE A FEUILLES D'ALOÈS. *Stratiotes aloïdes;* L. ♃. Indigène. Feuilles ensiformes-triangulées, ciliées et aiguillonneuses, longues, étroites, pointues, en partie submergées; hampe courte, simple, terminée, en juin, par une jolie petite fleur blanche. On la cultive sur le bord des pièces d'eau

limpide, dans une exposition choisie de manière à ce qu'elle soit constamment submergée dans la moitié de sa longueur. On peut l'y élever en pot, en baquet, ou en pleine terre. Multiplication par la séparation de ses racines.

2. STRATIOTE ACOROÏDE. *Stratioles acoroïdes;* L. ♃. Nouvelle Zélande. Feuilles ensiformes, planes, très-glabres; spathe barbue. Même culture, mais dans un pot plongé dans un baquet d'eau, en serre tempérée. On renouvelle l'eau assez souvent pour maintenir constamment sa limpidité.

3. STRATIOTE NYMPHOÏDÈS. *S. nymphoïdes;* WILLD. ♃. Amérique méridionale. Feuilles un peu arrondies, peltées, flottantes ainsi que la tige. Même culture que la précédente, mais serre chaude.

MORÈNE. *Hydrocharis;* L. (*Diœcie-ennéandrie.*) Fleurs dioïques. Dans les mâles : spathe diphylle, triflore ; calice à six divisions disposées sur deux rangs, les trois intérieures pétaloïdes ; neuf étamines à filamens subulés, insérés trois à trois sur trois rangs et sur un ovaire stérile. Dans les femelles : fleurs solitaires et dépourvues de spathe ; calice comme dans les mâles ; un ovaire inférieur, surmonté de six styles à stigmates bifides ; une capsule coriace, arrondie, à six loges contenant un grand nombre de graines.

1. MORÈNE GRENOUILLETTE. *Hydrocharis morsus ranæ;* LAM. ♃. Indigène. Tige menue, filiforme, flottante, ainsi que les feuilles : celles-ci réniformes et pétiolées ; en juin, fleurs blanches, pédonculées, naissant dans l'aisselle des feuilles. On la cultive dans les eaux dormantes, comme le stratiote n° 1 ; mais elle doit être entièrement submergée.

NÉNUFAR. *Nymphæa ;* L. (*Polyandrie-monogynie.*) Calice polyphylle, à divisions disposées sur plusieurs rangs : l'extérieur de quatre à cinq folioles persistantes : l'intérieur composé de douze à quinze folioles et plus, pétaloïdes, placées sur plusieurs rangs ; étamines nombreuses, à filamens élargis, portant des anthères oblongues ; un ovaire semi-inférieur, dépourvu de style, couronné par un stigmate en plateau orbiculaire, rayonné, persistant ; une capsule ovale ou globuleuse, à plusieurs loges polyspermes.

1. NÉNUFAR JAUNE. *Nymphæa lutea ;* L. ♃. Indigène. Feuilles cordiformes, très-entières, à lobes rapprochés, très-

grandes, épaisses, flottantes ; en juin et août, fleurs grandes, à cinq folioles calicinales plus longues que les pétales : ceux-ci jaunes. Plante superbe, produisant un très-bel effet dans les eaux des bassins, où on la multiplie en y jetant ses graines, ou en plantant dans la vase un éclat de sa racine muni d'un œilleton. On peut, si on veut, la planter dans un baquet que l'on tient submergé dans les pièces d'eau dont le fond est pavé.

Var. β. Pers. *Lutea minima.* Il diffère du précédent par ses proportions plus petites, par ses pétioles demi-cylindriques à la base, ancipités au sommet, et par son stigmate denté. On le cultive de même, mais dans un grand baquet que l'on retire l'hiver en orangerie.

*Var. * Microphylla;* Pers. *β Lutea kalmiana;* Mich. Feuilles n'ayant guère qu'un pouce de longueur ; fleurs atteignant à peine six lignes de largeur. Jolie plante du Canada. Culture de la précédente.

2. Nénufar blanc. *Nimphæa alba;* L. ♃. Indigène. Feuilles cordiformes, très-entières, à lobes imbriqués, arrondis ; calice extérieur tetraphylle ; en juin et août, fleurs grandes, blanches, à stigmate lobé, d'un effet superbe. Culture du n° 1.

3. Nénufar a trois couleurs. *N. advena ;* Ait. ♃. Amérique septentrionale. Feuilles cordiformes, très-entières, à lobes divariqués ; calice extérieur à six folioles plus longues que les pétales : trois extérieures vertes en dehors, d'un pourpre sale en dedans : trois intérieures le double plus grandes, jaunes en dehors, pourpres en dedans ; treize pétales jaunes, ouverts, réfléchis. Culture du n° 1. Il est prudent d'en avoir quelques pieds en baquet, que l'on retire en orangerie.

4. Nénufar odorant. *N. odorata ;* Willd. *N. alba minor;* Gmel. ♃. Sibérie. Feuilles cordiformes, très-entières, émarginées, à lobes divariqués, avec une pointe obtuse ; calice à quatre folioles ; en juillet, fleurs blanches, doubles, odorantes. Culture du n° 1. Quelques pieds en orangerie.

5. Nénufar sagitté. *N. sagittata ;* Mich. *N. longifolia ;* Walt. ♃. Caroline. Feuilles allongées, sagittées-cordiformes,

obtuses; calice à six folioles; pétales nuls; fleurs jaunes. Culture de la variété *minima* du n° 1.

6. Nénufar étoilé. *Nymphæa stellata;* Willd. ♃. Malabar. Feuilles cordiformes, très-entières, à lobes divariqués et aigus; calice à quatre folioles plus longues que les pétales, les uns et les autres aigus. Même culture que le précédent, mais en serre chaude.

7. Nénufar lotos. *N. lotus;* Willd. ♃. Indes orientales. Feuilles cordiformes, glabres, dentées, veloutées en dessous, à lobes rapprochés; calice à quatre folioles; fleurs très-grandes, blanches, à pétales très-nombreux, sur plusieurs rangs. Plante superbe que l'on cultive en serre chaude, comme le précédent.

8. Nénufar bleu. *N. cœrulea;* Andrew. ♃. Égypte. Feuilles ombiliquées, planes, godronnées, rougeâtres en dessous, arrondies en cœur à la base; fleurs odorantes, peu ouvertes, très-grandes, d'un bleu léger, à anthères subulées, pétaloïdes; seize à vingt pétales disposés sur trois rangs. Plante superbe. Serre chaude, et même culture.

9. Nénufar pubescent. *N. pubescens;* Willd. ♃. Indes orientales. Feuilles réniformes, dentées, pubescentes en dessous, à lobes arrondis; calice à quatre folioles; fleurs grandes, blanches, semblables à celles du nénufar blanc. Serre chaude; même culture.

NÉLOMBO. *Nelunbo, vel nelumbium;* Willd. (*Polyandrie-polygynie.*) Calice double; l'extérieur à quatre ou cinq folioles : l'intérieur à folioles pétaloïdes, colorées, nombreuses; étamines et styles nombreux; fruit turbiné, à disque tronqué, offrant plusieurs cavités renfermant chacune une graine; noix ovales, couronnées par le style persistant.

1. Nélombo des Indes. *Nelunbo indica;* Pers. *Nelumbium speciosum;* Willd. *Nymphœa nelunbo;* L. ♃. Indes. Feuilles peltées, à pétioles épineux; fleurs roses, très-grandes, à pédoncules épineux. Plante magnifique, que l'on cultive en serre chaude et dans l'eau, comme les nénufars.

2. Nélombo jaune. *N. lutea;* Pers. ♃. Amérique septentrionale. Feuilles à pétioles glabres; fleurs grandes, d'un jaune pâle; deux folioles extérieures du calice beaucoup plus courtes; pédoncules glabres. Même culture, mais en serre tempérée, ou même en orangerie éclairée.

DICOTYLÉDONES.

Embryon composé, lors de la germination, d'une radicule, d'une plumule, et de deux cotylédons auxquels il est attaché. Sexes très-apparens.

CLASSE IV.

Plantes dicotylédones apétales, à étamines insérées sur le pistil.

ORDRE UNIQUE.

LES ARISTOLOCHÉES. — *ARISTOLOCHIÆ.*

Plantes herbacées ou ligneuses; *tiges* droites, ou couchées, ou volubiles; *feuilles* simples et alternes; *fleurs* dans les aisselles des feuilles ou sur le collet de la racine, ou terminales et réunies; *calice* monophylle, à limbe entier ou divisé; *étamines* au nombre de six à seize; un *ovaire* inférieur, surmonté d'un *style* terminé par un *stigmate* divisé, ou quelquefois point de style. Une *capsule* ou *baie* à six ou huit loges polyspermes; *embryon* placé à l'ombilic ou à la base d'un périsperme cartilagineux.

ARISTOLOCHE. *Aristolochia*; L. (*Gynandrie-hexandrie.*) Calice monophylle, coloré, tubulé, ventru à sa base, élargi le plus souvent en cornet à sa partie supérieure; six anthères presque sessiles au-dessous du stigmate; un ovaire muni d'un style très-court, terminé par un stigmate à six divisions; une capsule ovale, hexagone, à six loges contenant plusieurs graines aplaties.

§ Ier. Tige volubile, frutescente.

1. Aristoloche bilobée. *Aristolochia bilobata*; Willd. ♄. Saint-Domingue. Tiges menues, volubiles, rameuses; feuilles petites, alternes, bilobées; fleurs solitaires, d'un jaune livide, linéées de brun, à languette pointue. Serre chaude; terre franche légère; multiplication de marcottes qui s'enracinent assez facilement, ou de graines semées en terrines et sur couche au printemps; on repique le jeune plant avec la motte, et avec la précaution de ne pas découvrir ses racines. Toutes les aristoloches, ayant les racines très-grosses et très-longues, demandent de grands vases, sans quoi elles périssent en peu de temps.

2. Aristoloche trilobée. *A. trilobata*; Willd. *A. trifida*; Lam. ♄. Jamaïque. Tiges menues, volubiles, rameuses; feuilles alternes, trilobées, veinées; en juin et juillet, fleurs très-grandes, ventrues, axillaires, solitaires, d'un rouge obscur, évasées, avec un appendice linéaire. Serre chaude; peu d'arrosemens en hiver; du reste, même culture.

3. Aristoloche de Surinam. *A. surinamensis*; Willd. ♄. Surinam. Tige volubile; feuilles trilobées; fleurs cylindracées, recourbées vers la terre, à base ventrue, et à lèvre plane et cordiforme. Même culture.

4. Aristoloche de Kæmpfer. *A. Kæmpferi*; Willd. ♄. Japon. Tige volubile; feuilles cordiformes, hastées, un peu trilobées; pédoncules uniflores, nus, portant une fleur penchée, à limbe ovale. Même culture.

5. Aristoloche a cinq étamines. *A. pentandra*; Willd. ♄. Tige volubile; feuilles cordiformes, hastées, un peu trilobées; pédoncules uniflores, munis d'une bractée enveloppante et lancéolée; fleurs recourbées, à limbe lancéolé. Même culture.

6. Aristoloche panduriforme. *A. panduriformis*; Willd. ♄. Caraques. Tige volubile; feuilles oblongues, acuminées, cordiformes, étroites, à lobes allongés, obtus. Même culture.

7. Aristoloche ombiliquée. *A. peltata*; Willd. ♃. Saint-Domingue. Tige volubile; feuilles réniformes, émarginées,

peltées, assez longues; fleurs droites, ponctuées, la lèvre inférieure en spatule, tronquée ou obtuse, hérissée intérieurement. Serre chaude. Même culture.

8. Aristoloche a feuilles réniformes. *Aristolochia reniformis;* Willd. ♃. Saint-Domingue. Feuilles réniformes, émarginées, garnies de paillettes; tige volubile; fleurs droites, ponctuées, à lèvre spatulée, rétuse, courbée, lisse. Serre chaude. Même culture.

9. Aristoloche (grande). *A. maxima;* Willd. ♄. Nouvelle-Espagne. Tige volubile; feuilles oblongues, acuminées, marquées de trois nervures; pédoncules portant plusieurs fleurs courbées, à lèvre ovale et mucronée. Serre chaude; même culture.

10. Aristoloche a deux lèvres. *A. bilabiata;* Willd. ♃. Hispaniola. Tige volubile; feuilles ovales oblongues, à trois nervures, un peu obtuses; pédoncules uniflores; fleurs à deux lèvres, rouges ponctuées de pourpre et de jaunâtre. Même culture. Superbe plante.

11. Aristoloche filifère. *A. caudata;* Willd. ♄. Antilles. Tiges volubiles, rameuses; feuilles alternes, pétiolées, profondément cordiformes, échancrées à leur sommet, les lobes arrondis; fleurs courbées, tachées de brun et veinées, portant à leur lèvre supérieure un filament long, grêle et droit, renflé à son sommet. Serre chaude; même culture.

12. Aristoloche ponctuée. *A. punctata*; Willd. ♄. Saint-Domingue. Feuilles profondément cordiformes, obtuses; tige volubile; fleurs droites, à lèvre lancéolée, obtuse, marquée de trois nervures. Serre chaude; même culture.

13. Aristoloche rugueuse. *A. rugosa;* Lam. *A. obtusata;* Pers. ♄. Antilles. Tige volubile; feuilles profondément cordiformes, oblongues, obtuses, tomenteuses et réticulées en dessous; fleurs droites, à lèvre ovale obtuse. Serre chaude: même culture.

14. Aristoloche a grandes fleurs. *A. grandiflora ;* Swartz. ♄. Jamaïque. Tige volubile; feuilles larges, cordiformes; pédoncules solitaires; fleurs pourpres, à limbe très-grand, entier, la lèvre terminée par une très-longue pointe. Serre chaude; même culture. Plante superbe.

15. Aristoloche labiée. *A. ringens;* Willd. *A. grandi-*

flora; Vahl. Jamaïque. Tige volubile ; feuilles cordiformes, un peu arrondies ; stipules solitaires, presque rondes, cordiformes, embrassantes ; fleurs redressées, à deux lèvres, dont la supérieure spatulée, et l'inférieure lancéolée. Serre chaude ; même culture.

16. Aristoloche siphon. *Aristolochia sipho ;* Willd. *A. macrophylla ;* Lam. ♄. Amérique septentrionale. Tige volubile, longue de vingt à trente pieds ; feuilles grandes, cordiformes, arrondies, pubescentes en dessous ; pédoncules axillaires, portant, en mai et juin, de une à trois fleurs d'un vert brun, ayant la forme d'une pipe par leur tube courbé et ventru, à orifice rond ; limbe à trois lobes égaux, veinés et ponctués de brun. Pleine terre fraîche et ombragée ; du reste, même culture.

17. Aristoloche odorante. *A. odoratissima ;* Pers. ♄. Jamaïque. Tige volubile, frutiqueuse, très-rameuse ; feuilles cordiformes, d'un vert obscur ; fleurs solitaires, jaunâtres, à lèvre grande, avec une languette pourprée. Toutes les parties de la plante exhalent une odeur forte. Serre chaude ; même culture.

18. Aristoloche très-odorante. *A. fragrantissima ;* Pers. ♄. Pérou. Tige grimpante, frutiqueuse ; feuilles cordiformes, acuminées ; pédoncules courts, portant, en janvier et février, de une à trois fleurs. Serre tempérée ; même culture.

19. Aristoloche barbue. *A. barbata ;* Willd. ♄. Caraques. Tige grimpante ; feuilles cordiformes, oblongues ; fleurs droites, à limbe dilaté et lèvre spatulée, barbue au sommet. Serre chaude ; même culture.

20. Aristoloche anguicide. *A. anguicida ;* Willd. ♄. Mexique. Tige volubile, frutescente ; feuilles cordiformes, oblongues, acuminées, garnies à leur base de stipules en cœur, solitaires et embrassantes ; fleurs droites, dilatées, à limbe un peu tronqué ; la languette lancéolée. Serre chaude ; même culture.

21. Aristoloche des Indes. *A. Indica ;* Willd. ♃. Indes orientales. Tige grimpante ; feuilles elliptiques, obtuses, un peu échancrées, légèrement en cœur à la base ; fleurs nombreuses, pédonculées, droites, à lèvre lancéolée, plus longue que le tube. Serre chaude ; même culture.

22. Aristoloche acuminée. *Aristolochia acuminata;* Willd. ♄. Iles Maurice. Tige volubile; feuilles cordiformes, acuminées; fleurs en grappe. Serre chaude; même culture.

23. Aristoloche d'Espagne. *A. Bœtica;* Willd. ♃. Espagne. Tige volubile, articulée, herbacée; feuilles cordiformes, un peu pointues, veinées; pédoncules portant ordinairement trois fleurs courbées, à languette brune terminée par un filet sétacé. Orangerie; même culture.

24. Aristoloche glauque. *A. glauca;* Willd. ♃. Barbarie. Tige volubile; feuilles cordiformes, ovales, obtuses, glauques en dessous; fleurs courbées, à lèvre ovale et rétuse. Orangerie et même culture.

25. Aristoloche élevée. *A. altissima;* Willd. ♃. Barbarie. Tige grimpante, frutiqueuse; rameaux grêles, striés; feuilles glabres, cordiformes, oblongues, luisantes, très-entières, ondulées sur leur bord; fleurs solitaires, d'un pourpre brun à l'extérieur, jaunes et variées de lignes brunes au dedans, courbées, à lèvre ovale, cilicée, rétuse. Orangerie; même culture.

§ II. Tiges grêles, couchées.

26. Aristoloche toujours verte. *A. sempervirens;* Willd. ♄. Orient. Tiges grêles, rameuses, longues d'un pied, couchées, flexueuses, un peu grimpantes; feuilles cordiformes, oblongues, acuminées, petites; en mai et juin, fleurs solitaires, d'un rouge brun, courbées, à lèvre ovale, rétuse; douze étamines. Orangerie; même culture.

27. Aristoloche longue. *A. longa;* Willd. France méridionale. Racine d'un pied de longueur; tiges anguleuses, couchées, un peu grimpantes, longues de deux pieds; feuilles cordiformes, ovales, rétuses; de juin en octobre, fleurs solitaires, d'un vert clair, droites, à lèvre lancéolée aiguë. Orangerie dans le nord de la France; et même culture.

28. Aristoloche serpentaire. *A. serpentaria;* Willd. ♃. Virginie. Tiges grêles, flexueuses, simples, longues d'un pied, redressées; feuilles cordiformes, oblongues, acuminées; fleurs radicales, ou naissant à la base de la tige, solitaires, pédonculées, d'un pourpre foncé, à lèvre lancéolée. Pleine terre

dans la moitié méridionale de la France, orangerie dans le nord; multiplication de graines semées sur couche tiède en automne, et dans des petits pots pour éviter le repiquage. Les jeunes plantes ne fleurissent qu'à l'âge de trois ans, époque à laquelle on peut mettre en place celles que l'on destine à la pleine terre, mais avec la précaution de les couvrir de litière pendant les froids. Cette aristoloche est employée en médecine sous le nom de *serpentaire de Virginie*, et ses racines passent pour être diurétiques, diaphorétiques, emménagogues, vermifuges, fébrifuges et antiseptiques.

29. Aristoloche crénelée. *Aristolochia pistolochia*; Willd. ♃. France méridionale. Tiges grêles, rameuses à la base, flexueuses, couchées, longues de huit à dix pouces; feuilles cordiformes, ovales, crénelées, scabres, réticulées en dessous; fleurs droites, jaunâtres, à lèvre lancéolée. Même culture que la précédente. Elle est employée en médecine aux mêmes usages.

§ III. Tiges droites.

30. Aristoloche ronde. *A. rotunda*; Willd. ♃. France méridionale. Tiges anguleuses, souvent simples, presque droites, longues de dix-huit pouces; feuilles cordiformes, ovales, obtuses, presque sessiles; pendant une partie de l'année, fleurs solitaires, pédonculées, droites, d'un jaune pâle, à lèvre oblongue, rétuse, brune. Même culture que les deux précédentes; on l'emploie aux mêmes usages.

31. Aristoloche clématite. *A. clematitis*; Willd. ♃. Indigène. Racines traçantes; tiges droites, de deux pieds; feuilles cordiformes, un peu arrondies, pétiolées, jaunâtres en dessus, blanchâtres en dessous; de mai en juillet, fleurs jaunes, ramassées par paquets aux aisselles des feuilles, droites, à lèvre oblongue. Pleine terre et même culture.

ASARET, cabaret. *Asarum*; L. (*Dodécandrie monogynie.*) Calice monophylle, campanulé, trifide; douze étamines à filamens plus courts que le calice, portant les anthères dans leur partie moyenne; un ovaire à style court, terminé par un stigmate à six divisions ouvertes en étoile; une capsule à six loges, contenant plusieurs graines ovales.

1. Asaret d'Europe. *Asarum europæum*; Willd. ♃. In-

digène. Plante basse, sans tige ; feuilles radicales, par paires, réniformes, obtuses ; en mai, fleurs petites, solitaires, pédonculées, d'un pourpre brun, un peu pubescentes. Pleine terre ; tout terrain, mieux terre sablonneuse, ombragée, un peu fraîche. Multiplication par éclat des pieds, en automne ou au printemps.

2. Asaret du Canada. *Asarum canadense;* Mich. ♃. Amérique septentrionale. Cette plante ne diffère de la précédente que par ses feuilles réniformes, mucronées, et par ses fleurs très-velues, à divisions réfléchies, paraissant d'avril en juillet. Persoon pense que ce pourrait n'être qu'une variété. Même culture.

3. Asaret de Virginie. *A. virginicum;* Mich. ♃. Virginie. Feuilles solitaires, cordiformes, obtuses, glabres, maculées, portées sur de longs pétioles d'un brun noirâtre, exhalant une agréable odeur ; en avril et mai, fleurs petites, à calice court, campanulé, glabre en dessus. Même culture, mais orangerie, et terre de bruyère. Dans le midi de la France on peut la cultiver en pleine terre, avec la précaution de la couvrir l'hiver.

4. Asaret de la Caroline. *A. arifolium;* Mich. *A. virginicum;* Walt. ♃. Caroline. Elle diffère de la précédente par ses feuilles cordiformes, mais un peu hastées, maculées de blanc, et par ses fleurs à calice tubuleux, resserré au sommet. Orangerie et même culture.

CLASSE V.

Plantes dicotylédones, apétales, à étamines attachées au calice.

ORDRE PREMIER.

LES CHALEFS. — *ELÆAGNEÆ.*

Plantes ligneuses, rarement herbacées ; *feuilles* ordinairement alternes, quelquefois opposées ou même verticillées. *Fleurs* hermaphrodites, ou dioïques, ou polygames ; *calice* monophylle, à limbe découpé ; trois à dix *étamines ;* un *ovaire* inférieur à un *style* terminé par un *stigmate* simple ou trifide ; *fruit* monosperme, le plus ordinairement drupacé ; *embryon* placé au centre d'un *périsperme* charnu, quelquefois si petit qu'il paraît manquer.

Sect. Ire. Cinq étamines, ou moins.

THÉSION. *Thesium; L.* (*Pentandrie-monogynie.*) Calice monophylle, à limbe partagé en quatre ou cinq divisions; quatre à cinq étamines opposées aux divisions du calice ; un ovaire adhérent avec la base du calice, surmonté d'un style filiforme, à stigmate obtus ; une capsule globuleuse, ne s'ouvrant pas, contenant une graine arrondie.

1. Thésion a feuilles de lin. *Thesium linophyllum;* Willd. ♃. Indigène. Tiges menues, droites, un peu rameuses, anguleuses, hautes de six à dix pouces, paniculées; feuilles linéaires, alternes; en juin, fleurs pédicellées, munies de bractées. Terre sèche, rocailleuse ; multiplication par la séparation du pied. On cultive de même, mais en terre sèche et en orangerie, les espèces du Cap.

ROUVET. *Osyris; L.* (*Diœcie-triandrie.*) Fleurs dioïques. Dans les mâles : calice monophylle, à limbe partagé en trois divisions ; trois étamines à filamens très-courts ; dans les femelles : calice comme dans les mâles ; un ovaire turbiné, à style terminé par un stigmate trifide ; un drupe petit, arrondi, contenant un noyau monosperme.

1. Rouvet blanc. *Osyris alba;* Lam. ♄. Du Midi. Arbuste de deux pieds; tige striée, rameuse ; feuilles linéaires, aiguës ; fleurs jaunâtres, au sommet des rameaux. Orangerie ; terre franche, légère, substantielle ; multiplication de marcottes et boutures. Plante d'une multiplication difficile.

2. Rouvet du Japon. *O. Japonica;* Thunb. *Helwingia rusciflora.* Willd. ♄. Du Japon. Il se distingue du précédent par ses feuilles ovales, portant les fleurs petites et verdâtres. Orangerie et même culture. Peut-être cet arbuste devrait-il appartenir à un autre genre.

ARGOUSIER. *Hippophaë; L.* (*Diœcie-tétrandrie.*) Fleurs dioïques. Dans les mâles : calice monophylle, à limbe partagé en deux divisions ; quatre étamines à filamens très-courts, portant des anthères oblongues ; dans les femelles : calice tubulé, bifide en son bord; un ovaire à style très-court, terminé par un stigmate épais, oblong; drupe petit, presque globuleux, monoloculaire et monosperme.

1. Argousier rhamnoïde, griset. *Hippophaë rhamnoïdes;* Willd. ♄. Indigène. Arbrisseau épineux, rameux, de six ou sept pieds; feuilles linéaires lancéolées, glabres en dessus, blanches et écailleuses en dessous; en avril, fleurs verdâtres, solitaires; baie orangée. Variété à feuilles plus longues et argentées. Tout terrain, mieux terre légère et sablonneuse; multiplication de graines, de rejetons, de marcottes et de boutures. Cette espèce peut servir à faire de jolies haies.

2. Argousier du Canada. *H. canadensis;* Willd. ♃. Canada. Arbrisseau sans épines, à jeunes rameaux couverts de plaques cotonneuses; feuilles oblongues, garnies en dessus de plusieurs fascicules de poils, cotonneuses et blanchâtres en dessous, avec des points ferrugineux. Même culture, mieux terre de bruyère, fraîche. Multiplication de marcottes et par racines.

CHALEF. *Eleagnus;* L. (*Tétrandrie-monogynie.*) Calice monophylle, campanulé, coloré intérieurement, à limbe partagé en quatre divisions; quatre étamines à filamens très-courts, alternes avec les divisions du calice; un ovaire adhérent au calice, surmonté d'un style court, terminé par un stigmate simple; un drupe contenant un noyau monosperme.

1. Chalef a feuilles étroites, olivier de Bohême. *Eleagnus angustifolia;* Willd. ♄. France méridionale. Arbre de moyenne grandeur à rameaux droits, couverts de duvet blanchâtre; feuilles lancéolées, blanchâtres, cotonneuses; en juillet, fleurs petites, jaunâtres, d'une odeur agréable, qui se sent à une très-grande distance. Son fruit ressemble un peu à une olive. Terre légère ou sablonneuse à bonne exposition; multiplication de rejetons, marcottes ou boutures. Il produit un très-joli effet par son feuillage d'un blanc argenté. On en possède une variété à feuilles plus larges.

2. Chalef d'Orient. *E, orientalis.* Pers. ♄. Orient. Il ne diffère du précédent que par ses feuilles oblongues, ovales,

opaques, blanches, molles, argentées sur les deux surfaces, et plus larges. Même culture, mais orangerie.

3. CHALEF A LARGES FEUILLES. *Eleagnus latifolia;* LAM. ♄. Amérique. Il se distingue des précédens par ses feuilles plus larges, ovales, maculées et linéées de pourpre noirâtre. Même culture; orangerie.

TUPÉLO. *Nyssa;* L. (*Diœcie-pentandrie.*) Fleurs polygames, dioïques; dans les mâles : calice à cinq divisions; dix étamines à filamens subulés; dans les hermaphrodites : calice comme dans les mâles; cinq étamines; un ovaire inférieur, à style subulé, terminé par un stigmate aigu; un drupe contenant un noyau sillonné, anguleux, monosperme.

1. TUPÉLO A FEUILLES ENTIÈRES. *Nyssa integrifolia;* AIT. *N. villosa;* MICH. *N. montana;* HORT. ♄. Amérique septentrionale. Arbre aquatique; feuilles très-entières, ovales, à bord et pétiole velus; pédoncules des fleurs femelles ordinairement triflores; fruit sec, court, ovale, obtusément strié. Terre tourbeuse et humide, ou même marécageuse; multiplication de graines semées en terrines et terre de bruyère, qu'on retire l'hiver en orangerie. Il est prudent d'abriter de même le jeune plant pendant les trois ou quatre premiers hivers.

Var. Tupélo glauque; *N. glauca;* PERS. Feuilles obovales, glabres, presque entières, glauques en dessous.

2. TUPÉLO AQUATIQUE. *N. aquatica;* PERS. *N. biflora;* MICH. ♄. Amérique septentrionale. Arbre de quarante à quarante-cinq pieds, aquatique. Feuilles ovales oblongues, très-entières, aiguës, glabres des deux côtés; pédoncule des fleurs femelles biflore. Même culture.

3. TUPÉLO BLANCHATRE. *N. candicans;* WILLD. *N. capitata;* MICH. ♄. Amérique septentrionale. Arbre de trente pieds, aquatique; feuilles très-courtement pétiolées, oblongues, presque entières, en coin à leur base, blanchâtres en dessous; pédoncule des fleurs femelles uniflore. Même culture, mais orangerie.

4. TUPÉLO COTONNEUX. *N. tomentosa;* WILLD. *N. Grandidentata;* MICH. ♄. Floride. Arbre de soixante et dix à quatre-vingts pieds; feuilles longuement pétiolées, oblongues, acuminées, dentées en scie, mais à dents écartées, cotonneuses en dessous;

folioles calicinales en coin; pédoncule des fleurs femelles uniflore. Orangerie et même culture; terre moins humide.

5. Tupélo denticulé. *Nyssa denticulata;* Willd. *N. angulisans;* Mich. ♄. Caroline. Arbre aquatique ; feuilles longuement pétiolées, oblongues, acuminées, dentées en scie, mais à dents écartées, glabres des deux côtés; pédoncule des fleurs femelles uniflore. Orangerie; même culture; terre constamment humide.

6. Tupélo des forêts. *N. sylvatica;* Mich. ♄. Amérique septentrionale. Arbre de soixante à soixante et dix pieds; feuilles ovales très-entières; fruit sec, court, ovale, obtusément strié, moitié plus gros que celui du n° 1. Pleine terre franche légère, moins humide que pour les précédens; du reste, même culture.

Nota. Sous le climat de Paris, les espèces que nous avons indiquées comme de pleine terre, peuvent cependant périr dans les hivers rigoureux. Aussi est-il prudent d'en avoir quelques pieds en orangerie.

CONOCARPE. *Conocarpus;* L. (*Pentandrie-monogynie.*) Fleurs agrégées ; calice petit, à cinq divisions subulées ; cinq étamines ; un pistil ; une capsule petite, plane, solitaire, infère, monosperme, membraneuse en ses bords, ne s'ouvrant pas.

1. Conocarpe droit. *Conocarpus erecta;* Willd. ♄. Jamaïque. Arbre de trente pieds, droit; feuilles lancéolées, très-entières, pointues; fleurs petites, jaunâtres, ramassées en petites têtes disposées en grappe. Serre chaude ; terre franche légère, substantielle ; multiplication par la séparation des drageons, de marcottes et de boutures.

2. Conocarpe couché. *C. procumbens;* Jacq. ♄. De Cuba. Arbrisseau couché ; feuilles obovales, épaisses, presque sessiles, ressemblant à celles du buis ; fleurs petites, verdâtres, réunies en petites têtes disposées le long des branches et en épi terminal. Même culture. On en a une variété dont les fleurs ont cinq et six étamines.

3. Conocarpe a grappe. *C. racemosa;* Jacq. ♄. Amérique méridionale. Feuilles lancéolées ovales, un peu obtuses ; les jeunes rameaux rougeâtres ; fleurs disposées en grappe; fruits séparés ; dix étamines. Serre chaude; même culture.

SECT. II. Ordinairement dix étamines.

GRIGNON. *Bucida;* L. (*Décandrie-monogynie.*) Calice campanulé, à cinq dents ; dix étamines, plus longues que le calice ; un ovaire inférieur, surmonté d'un style de la longueur des étamines, terminé par un stigmate obtus ; un drupe sec, couronné par le calice, contenant un noyau monosperme.

1. GRIGNON CORNU. *Bucida buceras;* L. ♄. Jamaïque. Arbre de trente pieds de hauteur ; feuilles cunéiformes, glabres ; fleurs petites, blanchâtres, cotonneuses, en épis allongés. Les fruits s'allongent souvent en une excroissance de plus d'un pouce, spongieuse, et ayant la forme d'une corne de bœuf. Serre chaude, terre franche, douce ; substantielle ; multiplication de marcottes et boutures.

2. GRIGNON A TÊTE. *B. capitata;* PERS. ♄. Montferrat. Il diffère du précédent par ses feuilles cunéiformes, velues et ciliées sur les bords, et par ses fleurs rapprochées en tête spiciforme. Même culture.

BADAMIER. *Terminalia;* L. (*Décandrie-monogynie.*) Fleurs polygames, monoïques ; dans les mâles : calice à cinq divisions, à limbe ouvert en étoile ; dix étamines aussi longues ou plus longues que le calice ; dans les hermaphrodites : calice et étamines comme dans les mâles ; un ovaire à style en alène, terminé par un stigmate simple ; un drupe comprimé, ayant son bord en carène ou aminci, contenant un noyau monosperme.

1. BADAMIER DU MALABAR. *Terminalia catappa;* LAM. ♄. Indes orientales. Arbre très-grand, pyramidal, à branches disposées par étages ; feuilles obovales, crénelées, cotonneuses en dessous, persistantes ; fleurs petites, nombreuses, axillaires, blanchâtres. Serre chaude et tannée. Terre légère, substantielle ; arrosemens modérés ; dépotage annuel en juin ou septembre. Multiplication de graines venues de son pays natal, ou, mais plus difficilement, par marcottes, et par boutures étouffées sur couche chaude.

2. BADAMIER BENJOIN. *T. Benzoe;* LAM. *T. angustifolia;* JACQ. *Croton benzoe;* LIN. ♄. Indes orientales. Arbrisseau à

tige droite et à rameaux souvent verticillés ; feuilles étroites, lancéolées, pointues, entières, velues en dessous, d'un vert jaunâtre veiné de rouge, persistantes ; fleurs en grappe. Même culture. On a cru long-temps que le benjoin du commerce était le suc résineux qui découle des incisions faites aux rameaux de cet arbre ; mais Dryader, dans les *Transactions philosophiques*, a prouvé que le véritable benjoin est fourni par un arbre du genre des aliboufiers.

Var. BADAMIER AU VERNIS. *T. vernix;* PERS. ♄. De la Chine. Il diffère du précédent par ses feuilles lancéolées, linéaires, glabres. Les Japonais et les Chinois tirent de cet arbre un très-beau vernis pour leurs meubles. Même culture.

LAGET. *Lagetta;* LAM. (*Hexandrie-monogynie.*) Calice coriace, tubuleux, rétréci à sa base, à quatre glandes, et à limbe à quatre divisions ; six ou huit étamines sessiles ; un style ; noix velue, monosperme, ne s'ouvrant pas, couverte par le calice persistant et circulairement coupé à sa base.

1. LAGET A DENTELLE, bois-dentelle. *Lagetta lintearia;* LAM. *Daphne lagetto;* SWARTZ. ♄. Jamaïque. Arbrisseau de douze à quinze pieds ; feuilles alternes, ovales-cordiformes, aiguës ; fleurs en grappes spiciformes et pédicellées. Serre chaude ; terre légère, substantielle ; arrosemens modérés. Multiplication de boutures étouffées sur couche chaude, de marcottes, et de graines venues de son pays natal. L'écorce intérieure de cet arbrisseau consiste en un réseau imitant parfaitement la dentelle ; dans les îles on en fait des manchettes, des garnitures de robe, etc On la lave dans de l'eau de savon comme si c'était un tissu de fil, dont elle a la finesse et la blancheur. Conservation très-difficile.

ORDRE II.

LES THYMÉLÉES. — *THYMELEÆ.*

Plantes ligneuses ; *tiges* frutescentes et rameuses ; *feuilles* simples, entières, alternes, rarement opposées ; *fleurs* solitaires ou groupées, axillaires ou terminales ; *calice* monophylle, tubuleux inférieurement, divisé en son limbe ; *corolle* nulle, mais, dans quelques espèces, des écailles pétaloïdes à l'ouverture du tube du calice, et figurant une corolle polypétale ; huit à dix *étamines ;* un *ovaire* supérieur, surmonté d'un *style* à *stigmate*, ordinairement simple. *Fruit* monosperme ; *embryon* dépourvu de périsperme.

DIRCA. *Dirca;* L. (*Octandrie-monogynie.*) Calice tubuleux, à limbe partagé en quatre divisions inégales ; huit étamines plus longues que le calice ; un ovaire à style filiforme, terminé par un stigmate simple ; un petit drupe monosperme.

1. Dirca des marais, bois-cuir. *Dirca palustris;* Lam. ♄. Virginie. Arbuste de quatre à six pieds ; feuilles ovales, blanchâtres en dessous ; en mars et avril, avant les feuilles, fleurs latérales, pendantes, en cornet, d'un blanc jaunâtre. Pleine terre de bruyère constamment humide, ombragée ; multiplication de graines semées en terrine, ou de marcottes longues à s'enraciner.

DAPHNÉ, lauréole, garou. *Daphne;* L. (*Hexandrie-monogynie.*) Calice tubuleux, pétaliforme, à limbe partagé en quatre divisions. Huit étamines plus courtes que le calice ; un ovaire à style court, terminé par un stigmate en tête ; un drupe monosperme.

§ Ier. Fleurs latérales.

1. Daphné bois-gentil, lauréole gentille, mézéréon ; *Daphne mezereum;* L. ♄. Indigène. Arbuste de deux ou trois pieds ; feuilles lancéolées, entières, éparses, non persistantes ; de décembre en février, fleurs petites, sessiles sur la tige, ternales, odorantes, d'un rouge rose ; baies rouges. Pleine terre franche, substantielle, fraîche et à demi ombragée ; multiplication de graines semées en terrines aussitôt la maturité, sans quoi elles mettent deux ans à lever. Arrosemens soutenus, mais modérés.

Var. 1° A fleurs blanches, *album.*

2° D'automne, *autumnale.*

3° Toujours vert, *sempervirens.*

2. Daphné thymélée. *D. thymelea ;* Lam. ♄. France méridionale. Souche ligneuse et grosse, d'où s'élèvent des ra-

meaux simples, d'un pied de longueur; feuilles lancéolées, éparses, glauques; en avril, fleurs sessiles, axillaires, jaunâtres. Même culture, mais exposition plus chaude.

3. DAPHNÉ PUBESCENT. *Daphne pubescens;* PERS. ♄. Autriche. Il diffère du précédent par ses feuilles lancéolées linéaires, par ses tiges pubescentes, et par ses fleurs sessiles, latérales, agrégées, étroites, à tube filiforme. Même culture.

4. DAPHNÉ BLANC. *D. tartonraira;* LAM. ♄. France méridionale. Arbuste de quinze à dix-huit pouces de hauteur; feuilles obovales, nerveuses, soyeuses, d'un blanc argenté, persistantes; en mai et juin, fleurs petites, jaunâtres, agrégées, munies d'écailles imbriquées à la base. Même culture, mais orangerie. Comme toutes les autres espèces délicates, on peut la greffer sur le daphné lauréole.

5. DAPHNÉ DES ALPES. *D. alpina;* L. ♄. Des Alpes. Arbrisseau de deux pieds, formant buisson; feuilles lancéolées, un peu obtuses, cotonneuses en dessous, persistantes; en mai et juin, fleurs blanches, cinq ou six ensemble, en grappes courtes; baies orangées. Pleine terre et même culture.

6. DAPHNÉ LAURÉOLE. *D. laureola;* LAM. ♄. Indigène. Arbuste de trois pieds de hauteur; feuilles lancéolées, glabres, persistantes; de janvier en mars, fleurs verdâtres, au nombre de cinq disposées en grappes axillaires et courtes; baies noires. Pleine terre et même culture. Cette espèce peut avantageusement servir de sujet pour greffer les espèces et variétés.

Var. à fleur rouge, *flore rubro.*

DAPHNÉ DU LEVANT. *D. pontica;* L. ♄. Asie. Arbuste de deux à quatre pieds; feuilles lancéolées, ovales, persistantes; en mars et avril, fleurs nombreuses, d'un jaune pâle, odorantes, pendantes, portées par des pédoncules latéraux et biflores. Orangerie et même culture.

§ II. Fleurs terminales.

8. DAPHNÉ PANICULÉ, sainbois, garou; *D. gnidium;* WILLD. ♄. France méridionale. Arbuste de trois pieds de hauteur; feuilles linéaires, lancéolées, terminées par une pointe assez raide; en juin et juillet, fleurs petites, odorantes, roses en dedans, blanchâtres en dehors, en grappes terminales et

paniculées. Orangerie et même culture; il passe aisément l'hiver en pleine terre au midi de Paris.

9. DAPHNÉ DE L'INDE. *Daphne indica;* L. ♄. De la Chine. Arbuste de quatre à cinq pieds; feuilles opposées, ovales, oblongues, glabres; en février et mars, fleurs blanches, nombreuses, en tête terminale et pédonculée, exhalant une odeur tres-agréable. Orangerie et même culture.

Var. à fleurs roses; *flore roseo.*

10. DAPHNÉ ODORANT. *D. odora;* AIT. ♄. De la Chine. Arbuste de cinq à six pieds; feuilles éparses, oblongues, lancéolées, glabres; fleurs très-blanches, d'une odeur fort agréable, nombreuses, sessiles et réunies en tête au sommet des rameaux. Il arrive cependant quelquefois que les fleurs sont latérales, surtout dans les vieux individus. Orangerie; même culture. Quoi qu'en disent les auteurs, celui-ci n'est qu'une variété accidentelle de l'autre.

Var. à fleurs roses; autre à feuilles panachées. Cette dernière se multiplie par la greffe.

11. DAPHNÉ CNÉORUM. *D. cneorum.* L. ♄. Indigène. Arbuste très-petit; tiges menues, penchées; feuilles lancéolées, nues, mucronées, persistantes; d'avril en septembre, fleurs odorantes, d'un rouge rose, sessiles, réunies en faisceaux au sommet des tiges. Pleine terre et même culture.

Var. à feuilles argentées; autre à feuilles dorées, toutes deux panachées.

12. DAPHNÉ DES HAUTES-ALPES. *D. altaica;* WILLD. ♄. Des Hautes-Alpes. Feuilles opposées, oblongues-lancéolées, obtuses, à base étroite, glabres; fleurs blanches, presque sessiles, réunies en tête au sommet des rameaux. Orangerie et même culture.

13. DAPHNÉ A FEUILLES DE SAULE. *D. salicifolia;* LAM. *D. oleoides;* PERS. ♄. De la Crête. Arbuste de un à deux pieds; feuilles alternes, elliptiques, lancéolées, glabres; fleurs petites, blanches, geminées, sessiles, au nombre de six à sept terminant les rameaux. Orangerie; même culture

14. DAPHNÉ DES COLLINES. *D. collina;* PERS. *D. oleæfolia;* LAM. *D. sericea;* VAHL. ♄. Italie. Arbuste plus grand que le précédent; feuilles obovales, obtuses, glabres en dessus, velues en dessous, persistantes; fleurs violettes, à divisions

obtuses, sessiles, en fascicules au sommet des rameaux. Orangerie ; même culture.

Var. Daphné delphine; *Daphne delphina;* hybride du précédent et du *Daphne indica ;* ses fleurs sont plus grandes, plus colorées, et d'une odeur plus agréable que dans le précédent. Il est un peu plus délicat et exige une place éclairée dans l'orangerie.

PASSERINE. *Passerina;* L. (*Octandrie-monogynie.*) Calice tubuleux, ventru, à limbe partagé en quatre divisions ouvertes ; huit étamines ; un ovaire à style filiforme, latéral, surmonté d'un stigmate velu et en tête; une capsule coriace, monosperme.

1. Passerine filiforme. *Passerina filiformis;* L. ♄. Du Cap. Arbrisseau rameux , de six à sept pieds ; rameaux cotonneux; feuilles petites, convexes, linéaires, imbriquées sur quatre rangs, persistantes ; fleurs nombreuses, petites, dans les aisselles des feuilles supérieures, à étamines longues et d'un beau jaune, produisant un charmant effet, en juillet et août. Terre franche légère ; orangerie sèche et éclairée ; multiplication de rejetons, marcottes ou boutures, sur couche chaude et sous châssis. Arrosemens rares en hiver. Toutes les plantes de ce genre se cultivent de même, et peuvent se multiplier de graines venues de leur pays natal.

2. Passerine velue. *P. hirsuta;* L. *P. metnau;* Forsk. *P. tomentosa;* Hort. ♄. France méridionale. Arbuste d'un pied ; rameaux grêles, cotonneux ; feuilles petites, épaisses, rapprochées, glabres en dessus ; de juillet en août, fleurs petites, verdâtres, axillaires.

3. Passerine capitée. *P. capitata;* L. ♄. Du Cap. Tiges très-rameuses; feuilles linéaires, éparses, glabres, persistantes ; fleurs portées sur des pédoncules épais et cotonneux, nombreuses et réunies en têtes globuleuses, terminales et sessiles ; seize étamines sur la gorge de la corolle, dont huit intérieures stériles. Pas de tube.

4. Passerine ciliée. *P. ciliata;* Willd. ♄. Du Cap. Tiges velues ; feuilles oblongues, lancéolées, ciliées ; fleurs d'un rouge pourpre, axillaires.

5. Passerine dioïque. *P. dioïca ;* L. *Daphne dioïca* ; Gouan. ♄. Pyrénées. Feuilles linéaires, lancéolées, glabres ; fleurs

axillaires, géminées, d'un blanc jaunâtre. Celle-ci passe très-bien l'hiver en pleine terre avec quelques soins et une couverture de litière.

6. Passerine caliculée. *Passerina calycina;* Pers. *Daphne calycina;* Willd. ♄. France méridionale. Feuilles linéaires, lancéolées, glabres; tiges couchées; fleurs axillaires, solitaires, caliculées.

7. Passerine a une fleur. *P. uniflora;* L. ♄. Éthiopie. Arbuste d'un pied; rameaux glabres; feuilles linéaires, opposées, persistantes; fleurs d'un bleu pourpré, solitaires, terminales, à huit étamines.

8. Passerine a grandes fleurs. *P. grandiflora;* Pers. ♄. Du Cap. Tige peu élevée, très-glabre comme tout l'arbuste; feuilles oblongues, aiguës, concaves, membraneuses en leur bord, persistantes; en juin et juillet, fleurs blanches, sessiles, terminales; rameaux uniflores.

9. Passerine a épi. *P. spicata;* Pers. ♄. Du Cap. Tige droite, grisâtre; feuilles ovales, velues, persistantes; fleurs blanches, latérales, solitaires.

10. Passerine lache. *P. laxa;* Pers. ♄. Du Cap. Tige droite, grisâtre, à rameaux lâches et penchés; feuilles ovales, éparses; en juin et juillet, fleurs en tête terminale, velues en dehors, à tube court.

11. Passerine droite. *P. stricta;* Thunb. ♄. Du Cap. Tige et rameaux droits et raides; feuilles ovales, velues; fleurs en tête.

STELLÉRINE. *Stellera;* L. (*Octandrie-monogynie.*) Calice à tube grêle et allongé, à limbe divisé en quatre à cinq découpures; huit étamines, et quelquefois dix; un ovaire à style très-court, terminé par un stigmate en tête; une capsule ou coque monosperme, terminée par une pointe en forme de bec.

1. Stellérine passerine. *Stellera passerina;* L. ⊙. France méridionale. Feuilles linéaires; en juillet et août, fleurs axillaires, quadrifides, sessiles, en épis lâches. De graine semée sur couche au printemps; repiquage en pleine terre et culture de toutes les plantes annuelles. On peut cultiver de même les deux autres espèces du genre: *S. altaica,* et *S. chamæjasme.*

STRUTHIOLE. *Struthiola;* L. (*Tétrandrie-monogynie.*) Calice à tube filiforme et allongé, à limbe partagé en quatre divisions ouvertes ; huit écailles insérées à l'ouverture du tube calicinal ; quatre étamines courtes, renfermées dans ce tube; un ovaire à style filiforme, terminé par un stigmate en tête ; une capsule sèche, monosperme.

1. STRUTHIOLE EFFILÉE. *Struthiola virgata;* L. ♄. Du Cap. Arbrisseau de cinq à six pieds, à tige droite et à rameaux pubescens ; feuilles lancéolées, striées, ciliées au sommet ; en été, fleurs odorantes, blanches ou rougeâtres, axillaires, solitaires, sessiles. Orangerie sèche et éclairée ; terre légère et substantielle, ou, mieux, terre de bruyère mélangée à un sixième de terre franche ; arrosemens soutenus, mais modérés. Multiplication de boutures faites en mai et juin sur couche chaude et sous châssis. Les plantes de ce genre se cultivent toutes de la même manière et sont assez délicates, surtout dans leur jeunesse ; comme les bruyères, elles craignent également le chaud et le froid, la sécheresse et une humidité stagnante.

2. STRUTHIOLE DROITE. *S. erecta;* THUNB. ♄. Du Cap. Arbrisseau de trois à quatre pieds, à tige droite et à rameaux glabres et tétragones ; feuilles linéaires, glabres, persistantes ; de juin en août, fleurs odorantes, blanches, petites, sessiles, solitaires et écartées.

3. STRUTHIOLE NAINE. *S. nana;* L. ♄. Du Cap. Arbuste très-petit, poilu ; feuilles linéaires, obtuses, velues ; fleurs odorantes, terminales, en petits faisceaux cotonneux, munis de bractées bleuâtres.

4. STRUTHIOLE GENÉVRIER. *S. juniperina;* RETZ. ♄. Du Cap. Arbuste à feuilles linéaires, aiguës, étalées ; fleurs odorantes, à calice et corolle nus.

5. STRUTHIOLE CILIÉE. *S. ciliata;* ANDREW. ♄. Du Cap. Arbuste de deux à trois pieds ; feuilles éparses, lancéolées, mucronées, ciliées, concaves, imbriquées sur quatre rangs, recourbées au sommet ; fleurs blanches, très-odorantes le soir.

Var. β. Rubra. PERS. *S. ciliata;* LAM. *S. rubra;* ANDREW. Elle diffère de l'autre par ses feuilles droites et ses fleurs rouges.

6. Struthiole imbriquée. *Struthiola imbricata;* Andrew. ♄. Du Cap. Très-joli arbuste de trois ou quatre pieds, à feuilles ovales, sillonnées, imbriquées sur quatre rangs, serrées, ciliées sur les bords; en été, fleurs blanches, odorantes, munies de quatre glandes jaunâtres et velues, grandes, formant comme une espèce de corolle.

Var. β. S. I. striata; Pers. *S. striata;* Lam. Elle diffère de la précédente par le duvet qui la couvre dans toutes ses parties, et par ses feuilles opposées, ovales, peu imbriquées, sillonnées, striées.

7. Struthiole a feuilles de myrte. *S. ovata;* Thunb. *S. mirsynites;* Lam. ♄. Du Cap. Tige divisée en rameaux alternes, glabres, rugueux; feuilles ovales, glabres; fleurs odorantes, blanches, grandes, sessiles, solitaires.

PIMÉLÉE. *Pimelea;* Smith. (*Diandrie-monogynie.*) Calice quadrifide; deux étamines insérées à la gorge du calice; un style latéral; noix uniloculaire, recouverte d'une écorce.

1. Pimélée a feuilles de lin. *Pimelea linifolia;* Smith. ♄. Nouvelle-Hollande. Joli petit arbrisseau à feuilles linéaires lancéolées, larges; en avril et en été, vingt à trente fleurs blanches, velues extérieurement, disposées en têtes terminales enveloppées par un involucre à quatre folioles. On en possède une variété à fleurs roses. Orangerie; terre légère ou de bruyère; multiplication de graines, de marcottes et boutures, et même culture que les struthioles. On cultive encore de la même manière les pimélées : *drupacea, lanceolata, pauciflora*, etc.

LACHNÉE. *Lachnœa;* L. (*Octandrie-monogynie.*) Calice tubuleux, pétaliforme, à limbe inégal, quadrifide; huit étamines saillantes hors du tube; un ovaire surmonté d'un style filiforme, latéral, terminé par un stigmate velu et en tête; un petit drupe presque sec, environné par la base du style persistant.

1. Lachnée a tête laineuse. *Lachnœa eriocephala;* L. ♄. Du Cap. Très-joli arbuste, d'un pied de hauteur; feuilles linéaires, persistantes, imbriquées sur quatre rangs; en mars et avril, fleurs blanches, réunies en têtes solitaires et entourées d'un duvet épais et blanc, avec des bractées membra-

nacées. Orangerie ; terre de bruyère ; multiplication de boutures et marcottes. Même culture que les struthioles.

2. Lachnée conglomérée. *Lachnæa conglomerata ;* Lin. *L. phylicoides ;* Lam. ♄. Du Cap. Feuilles linéaires, subulées, persistantes, glabres, imbriquées, mais un peu lâches ; au printemps, fleurs petites, brunes et jaunâtres, réunies en têtes rapprochées et petites, entourées d'un duvet blanchâtre. Même culture.

3. Lachnée a feuilles de buis. *L. buxifolia ;* Pers. *Gnidia filamentosa ;* L. ♄. Du Cap. Cette espèce ne diffère des précédentes que par ses feuilles ovales, sessiles et très-glabres. Même culture.

DAIS. *Dais ;* L. (*Décandrie-monogynie.*) Calice à tube allongé et filiforme, à limbe ayant quatre ou cinq divisions ; huit ou dix étamines ; un ovaire adhérent à la base du calice, surmonté d'un style filiforme, terminé par un stigmate en tête ; un petit drupe monosperme.

1. Daïs a feuilles de fustet. *Dais cotinifolia ;* Willd. *D. laurifolia ;* Jacq. ♄. Du Cap. Arbuste de dix à douze pieds ; feuilles obovales, obtuses, glabres, presque sessiles, persistantes ; en juillet et août, fleurs d'un pourpre clair, à cinq divisions, pubescentes en dehors, réunies en faisceau ombelliforme et terminal, accompagné d'une collerette de quatre folioles. Serre tempérée ; terre franche légère ; multiplication assez difficile par marcottes, boutures et racines.

2. Daïs a deux graines. *D. disperma ;* Willd. ♄. Inde. Il diffère du précédent par ses feuilles ovales lancéolées, sans nervures, et par ses fleurs à huit et dix étamines. Même culture, mais serre chaude.

GNIDIENNE. *Gnidia ;* L. (*Octandrie-monogynie.*) Calice à tube grêle, à limbe quadrifide ; quatre écailles pétaloïdes, insérées à l'ouverture du tube calicinal, et alternes avec les divisions du limbe ; huit étamines ; un ovaire à style filiforme, latéral, terminé par un stigmate velu et en tête ; un petit drupe caché au fond du calice persistant.

1. Gnidienne a feuilles de pin. *Gnidia pinifolia ;* L. ♄. Du Cap. Tige droite, à rameaux verticillés et nombreux ; feuilles éparses, trigones ; en mai et juin, fleurs d'un blanc pur, sessiles, velues, au nombre de sept à huit, en têtes terminales

et ombelliformes ; quatre anthères sur la gorge du tube, environnées de poils ; quatre autres plus bas. Orangerie éclairée ; terre de bruyère ; multiplication de boutures, de marcottes et de graines. Ces plantes craignent beaucoup l'humidité et se cultivent comme les struthioles.

2. Gnidienne radiée. *Gnidia radiata ;* L. ♄. Du Cap. Tige droite ; feuilles subulées, triquètres, aiguës ; fleurs à divisions velues, en têtes terminales, sessiles et radiées ; bractées lancéolées. Même culture.

3. Gnidienne a tige simple. *G. simplex ;* L. ♄. Du Cap. Tige droite, glabre, à rameaux montans ; feuilles toutes linéaires et aiguës, persistantes ; pendant une grande partie de l'année, fleurs d'un jaune pâle, sessiles, odorantes, rassemblées, au nombre de vingt à trente, en tête terminale. Même culture.

4. Gnidienne imbriquée. *G. imbricata ;* L. ♄. Du Cap. Feuilles oblongues, soyeuses, imbriquées sur quatre rangs ; fleurs terminales dans l'aisselle des feuilles. Même culture.

5. Gnidienne soyeuse. *G. sericea ;* Thunb. *Passerina sericea ;* L. ♄. Du Cap. Tige velue, rameuse, haute d'un pied ; feuilles opposées, ovales, cotonneuses ; de mai en juillet, fleurs petites, sessiles, terminales, réunies au nombre de deux ou trois ; huit écailles colorées formant une espèce de couronne autour de l'entrée du tube. Même culture.

6. Gnidienne a feuilles opposées. *G. oppositifolia ;* Thunb. *Passerina lœvigata ;* L. *Nectandra lœvigata ;* Berg. ♄. Du Cap. Tige d'un à quatre pieds, très-glabre, à rameaux droits et effilés ; feuilles opposées, lancéolées, ovales, cotonneuses ; de mai en juillet, quatre à six fleurs réunies, sessiles, terminales. Même culture.

7. Gnidienne a feuilles de daphné. *G. daphnœfolia ;* L. ♄. Madagascar. Dix étamines ; feuilles oblongues, planes, très-entières ; fleurs à cinq divisions, en tête terminale, pédonculée, munie d'un involucre comme les daïs, mais à cinq folioles. Même culture, et serre chaude.

ORDRE III.

LES PROTÉACÉES. — *PROTEACEÆ*.

Plantes ligneuses ; *tiges* frutescentes ou arborescentes ; *feuilles* simples, alternes, presque verticillées ; *calice* à quatre ou cinq divisions, ou tubuleux à limbe à quatre ou cinq divisions, souvent muni d'écailles à sa base ; *étamines* en nombre égal aux divisions du calice ; un *ovaire* supérieur, surmonté d'un seul *style*, et d'un *stigmate* le plus souvent simple ; un *fruit* monosperme, ou, mais rarement, polysperme ; *embryon* dépourvu de périsperme, à radicule inférieure.

PROTÉE. *Protea;* L. (*Tétrandrie-monogynie.*) Calice presque monophylle, à quatre divisions conniventes en tube, et sillonnées intérieurement ; quatre étamines à filamens très-courts, portant des anthères oblongues, enfoncées dans le sillon des divisions calicinales. Un ovaire à style filiforme, terminé par un stigmate en massue. Une capsule monosperme. Fleurs agrégées, dans la plupart des espèces, sur un réceptacle commun nu, ou couvert d'écailles ou de paillettes, tantôt interposées entre chaque fleur, tantôt environnant la circonférence du réceptacle, de même que le calice commun des fleurs composées.

§ Ier. Feuilles pinnées, filiformes.

1. PROTÉE COUCHÉ. *Protea decumbens;* WILLD. ♄. Du Cap. Tige couchée, filiforme ; feuilles filiformes, trifides, glabres, plus longues que les entre-nœuds ; fleurs en très-petites têtes terminales, soyeuses, à écailles calicinales ovales pointues. Orangerie sèche et éclairée ; terre très-légère, substantielle, mieux terre de bruyère amendée avec du terreau de feuilles très-consommé ; vase petit, de manière à ce que les racines ne puissent s'étendre trop promptement : car ces arbustes doivent être dépotés tous les ans sans que l'on soit obligé de couper ni retrancher aucune partie de racines, sous peine de les voir périr ; arrosemens soutenus, mais modérés, en évi-

tant de mouiller les feuilles; surtout éviter une humidité stagnante, qui leur est mortelle. Multiplication de graines tirées de leur pays natal, sur couche tiède et sous châssis, mais avec la précaution d'éviter le repiquage en plaçant chaque graine dans un petit pot; quelquefois elles ne lèvent qu'au bout d'un, deux, trois, ou même quatre ans. On peut encore les multiplier de marcottes longues à s'enraciner. Toutes les espèces se cultivent de la même manière, et toutes sont de charmans arbrisseaux.

2. Protée fleuri. *Protea florida;* Thunb. ♄. Du Cap. Tige droite; feuilles trifides, filiformes; fleurs en têtes solitaires, à bractées obovales.

3. Protée cyanoïde. *P. cyanoïdes;* Pers. ♄. Du Cap. Tige droite; feuilles trifides-pinnées, filiformes; fleurs en têtes solitaires, nues; calice pourpre en dedans, le dehors entièrement couvert de poils longs, serrés et blanchâtres.

4. Protée étendu. *P. patula;* Pers. ♄. Du Cap. Tige droite; feuilles trifides-pinnées, filiformes; fleurs en têtes agrégées; calice blanc, cotonneux; écailles calicinales ovales, glabres, acuminées.

5. Protée agréable. *P. pulchella;* Willd. ♄. De la Nouvelle-Hollande. Tige de quatre à cinq pieds; feuilles bipinnées, glabres, filiformes; fleurs en têtes terminales et coniques, sans feuilles, bractées, rassemblées; calice d'un blanc pâle; écailles rougeâtres, en alêne, réfléchies en dehors lors de la maturation.

6. Protée a tête ronde. *P. sphœrocephala;* Pers. ♄. Du Cap. Tige droite, rude, rougeâtre; feuilles bipinnées, filiformes; fleurs en têtes rassemblées, à pédoncules plus courts que les têtes; écailles calicinales ovales et velues à la base.

7. Protée a feuilles d'anémone. *P. anemonefolia;* Hort. Angl. ♄. Tige droite, glabre; feuilles alternes, bipinnées, longuement pétiolées, à pinnules trifides, glabres, sèches et dures; fleurs jaunes.

8. Protée tridactylide. *P. tridactylides;* Cavan. ♄. Nouvelle-Hollande. Feuilles bipinnées, à pinnules linéaires cunéiformes, la dernière trifide; fleurs en strobiles sphériques, solitaires, terminaux.

9. Protée a pointes. *P. acufera;* Pers. ♄. Nouvelle-Hol-

lande. Feuilles pinnées, à pinnules opposées; fleurs en strobile sphérique, à calice jaune, monophylle.

10. Protée dichotome. *Protea dichotoma;* Cavan. ♄. Nouvelle-Hollande. Tige rameuse, à rameaux dichotomes; feuilles bipinnées, filiformes, glabres; fleurs en strobiles coniques, presque sessiles, solitaires à la bifurcation des rameaux.

11. Protée a feuilles coupées. *P. serraria;* Thunb. ♄. Du Cap. Tige flexueuse, droite, haute de deux pieds; feuilles multifides, filiformes, velues; fleurs en têtes, les pédoncules plus longs que les têtes; écailles calicinales ovales lancéolées, velues.

12. Protée triterné. *P. triternata;* Thunb. ♄. Du Cap. Tige simple, flexueuse au sommet, haute d'un pied et demi; feuilles bipinnées, filiformes, glabres; fleurs en tête; les pédoncules plus longs que les têtes; calice couvert de poils argentés; écailles calicinales lancéolées, velues.

13. Protée glomérulé. *P. glomerata;* Thunb. ♄. Du Cap. Tige glabre, cylindrique; feuilles bipinnées, filiformes; fleurs en tête hémisphérique, à pédoncule commun nu et allongé; les pédicelles plus longs que les têtes; écailles calicinales, glabres, en alêne.

14. Protée phylicoïde. *P. phylicoïdes;* Thunb. ♄. Du Cap. Feuilles bipinnées, filiformes; fleurs en têtes terminales, solitaires, laineuses.

15. Protée pied-de-lièvre. *P. lagopus;* Thunb. ♄. Du Cap. Tige droite, cylindrique, rameuse au sommet; feuilles bipinnées, filiformes; fleurs en têtes, disposées en épis solitaires, sessiles, pointus et couverts de poils blancs très-serrés.

16. Protée en épi. *P. spicata;* Thunb. ♄. Du Cap. Tige cylindrique, rameuse, un peu velue; feuilles bipinnées, filiformes; trois pinnules opposées, les secondaires alternes, pointues, avec une glande oblongue, fauves au sommet; fleurs en têtes, disposées en épis distincts.

17. Protée sceptre. *P. sceptrum;* Thunb. Du Cap. Tige de deux à trois pieds, glabre, rameuse; feuilles inférieures bipinnées, les supérieures trifides et entières; fleurs en épi cylindrique, terminal; calice long d'un pouce, chargé de poils argentés; écailles obtuses épaisses, très-soyeuses.

§ II. Feuilles dentées, calleuses.

18. Protée a fleurs chevelues. *Protea crinita;* Thunb. *P. criniflora;* L. ♄. Du Cap. Tige droite; feuilles glabres, à cinq dents; fleurs en têtes ordinairement ternées, terminales.

19. Protée a fruits coniques. *P. conocarpa;* Thunb. *Leucospermum conocarpum;* Brown. ♄. Du Cap. Tige de trois ou quatre pieds, rameuse et velue, droite; feuilles glabres, à cinq dents; fleurs d'un pouce de longueur, couvertes de poils roussâtres, en tête terminale.

Var. à tige glabre; à tige velue; à feuilles entières, ou à trois, à cinq, à sept dents.

20. Protée elliptique. *P. elliptica;* Thunb. ♄. Du Cap. Tige droite; feuilles elliptiques, tridentées, glabres; fleurs en tête terminale; calice long et velu.

21. Protée hypophylle. *P. hypophylla;* Thunb. ♄. Du Cap. Tige couchée, glabre, simple; feuilles tridentées, glabres, lancéolées, elliptiques; fleurs en têtes solitaires, terminales, à calice filiforme et velu; écailles ovales, aiguës.

22. Protée en capuchon. *P. cucullata;* Thunb. ♄. Du Cap. Tiges noueuses, cotonneuses; feuilles tridentées, glabres; fleurs jaunâtres, en têtes latérales.

23. Protée cotonneux. *P. tomentosa;* Thunb. ♄. Du Cap. Tige simple, cylindrique; feuilles linéaires, à trois dents, recouvertes d'un duvet blanchâtre, comme toute la plante; fleurs en têtes terminales, à calice très-menu et écailles ovales aiguës.

24. Protée hétérophylle. *P. heterophylla;* Thunb. ♄. Du Cap. Tige couchée; feuilles à trois dents et feuilles entières.

§ III. Feuilles filiformes, subulées.

25. Protée a feuilles de pin. *P. pinifolia;* Thunb. ♄. Du Cap. Arbuste de deux pieds, formant buisson; feuilles filiformes, à pointes rougeâtres; fleurs en grappes, glabres, sans calice commun.

26. Protée a grappes. *P. racemosa;* Thunb. ♄. Du Cap. Tige droite, de trois pieds; feuilles filiformes, les inférieures glabres; fleurs caliculées, en grappes terminales et coton-

neuses; calice commun uniflore, ce qui distingue très-bien cette espèce des deux suivantes.

27. Protée courbé. *Protea incurva;* Thunb. ♄. Du Cap. Tige droite, rameuse au sommet; feuilles filiformes, courbées, glabres; fleurs en têtes réunies en grappes spiciformes, presque sessiles, blanches et cotonneuses; calice commun, à quatre fleurs.

28. Protée en queue. *P. caudata;* Thunb. *P. hirta;* Hortul. ♄. Du Cap. Tige droite, de six ou sept pieds, rameuse au sommet; feuilles filiformes, velues; têtes des fleurs presque sessiles et spiciformes; calice commun biflore et à quatre folioles, rarement à une ou trois fleurs.

29. Protée a bractées. *P. bracteata;* Thunb. ♄. Du Cap. Tige simple, haute d'un pied; feuilles filiformes, canaliculées; fleurs en tête terminale, munie de bractées multifides.

30. Protée chevelu. *P. comosa;* Thunb. ♄. Tige noueuse accidentellement à l'insertion de quelques feuilles; feuilles inférieures filiformes, les supérieures lancéolées; fleurs en tête terminale.

31. Protée pourpre. *P. purpurea;* Thunb. ♄. Du Cap. Tige penchée, très-rameuse; feuilles linéaires, sillonnées en dessus, imbriquées et courbées; fleurs petites, ferrugineuses, en têtes terminales et penchées.

32. Protée prolifère. *P. prolifera;* Thunb. ♄. Du Cap. Tige prolifère; feuilles linéaires, subulées, appliquées contre les rameaux.

33. Protée a corymbe. *P. corymbosa;* Thunb. *P. bruniades;* L. ♄. Du Cap. Tige de quatre pieds, à rameaux verticillés, un peu agrégés et fastigiés; feuilles linéaires, subulées, appliquées contre les rameaux.

34. Protée rosacé. *P. rosacea;* Thunb. *P. nana;* L. ♄. Du Cap. Tige droite, rameuse; feuilles linéaires, subulées; fleurs en tête terminale, solitaire, à calice chargé de poils dorés; les écailles intérieures pourpres.

35. Protée laineux. *P. lanata;* Thunb. ♄. Du Cap. Tige filiforme, glabre; feuilles triquètres, appliquées contre la tige; fleurs en tête terminale et laineuse; calice entièrement couvert de poils et de duvet argenté.

§ IV. Feuilles linéaires.

36. Protée tortillé. *Protea torta;* Thunb. ♄. Du Cap. Tige de deux pieds, droite, glabre; feuilles linéaires, obliques, ouvertes, calleuses, plus larges dans leur milieu, cartilagineuses et un peu jaunâtres au sommet; fleurs d'un blanc argenté, en têtes terminales.

37. Protée blanc. *P. alba;* Thunb. ♄. Du Cap. Tige droite, cylindrique, à rameaux disposés en ombelle; feuilles linéaires, obtuses, droites et imbriquées; fleurs en têtes axillaires, laineuses et soyeuses comme toute la plante.

§ V. Feuilles elliptiques et lancéolées.

38. Protée a feuilles de camélée. *P. aulacea;* Thunb. ♄. Du Cap. Tige droite, non rameuse, haute de trois à quatre pieds; feuilles linéaires, spatulées, avec une pointe, glabres comme toute la plante; fleurs en grappes terminales, sans calice commun, courtement pédonculées, avec une bractée blanche et droite sous chaque pédoncule; calice quadrifide, blanc.

39. Protée en ombelle. *P. umbellata;* Willd. ♄. Du Cap. Tige de deux pieds, droite et rameuse; feuilles linéaires, spatulées, glabres; feuilles en têtes terminales et solitaires, munies de bractées multifides.

40. Protée linéaire. *P. linearis;* Thunb. ♄. Du Cap. Tige de quatre pieds, rameuse; feuilles spatulées, glabres, convexes en dessus, concaves en dessous, terminées par une pointe roussâtre; fleurs en tête terminale, cotonneuses, à tube du calice comprimé.

41. Protée cendré. *P. cinerea;* Ait. ♄. Du Cap. Tige de deux pieds, à rameaux verticillés; feuilles linéaires, cunéiformes, soyeuses; fleurs en tête terminale et soyeuse.

42. Protée a petites feuilles. *P. scolymus;* Thunb. ♄. Du Cap. Tige droite, ridée, haute de trois pieds; feuilles lancéolées, aiguës, portant une glande au sommet; fleurs en tête arrondie, terminale et glabre, à calice purpurin ou d'un jaune verdâtre; écailles pubescentes, très-cotonneuses à leur bord.

43. Protée d'Abyssinie. *Protea abyssinica;* Thunb. ♄. D'Abyssinie. Tige de neuf pieds de hauteur; feuilles lancéolées, atténuées et obtuses à la base; fleurs en tête terminale et hémisphérique.

44. Protée mellifère. *P. mellifera;* Thunb. *P. repens;* L. ♄. Du Cap. Tige de six pieds, droite, rameuse; feuilles lancéolées elliptiques, glabres; fleurs en tête terminale, ovale oblongue, glabre, visqueuse.

45. Protée rampant. *P. repens;* Thunb. ♄. Du Cap. Tige couchée, de six pouces de longueur; feuilles lancéolées elliptiques, glabres; fleurs en tête terminale, ovale, glabre.

46. Protée plumeux. *P. plumosa;* Thunb. ♄. Du Cap. Feuilles lancéolées, cunéiformes, blanchâtres; fleurs en tête terminale, oblongue; divisions du calice glabres à la base, velues au sommet; poils très-longs.

47. Protée oblique. *P. obliqua;* Thunb. ♄. Du Cap. Tige haute de deux pieds, glabre; feuilles elliptiques, glabres, calleuses, obliques; fleurs en tête terminale, solitaire; écailles extérieures ovales, glabres.

Var. β. Protée arqué; *P. arcuata;* Lam. Feuilles spatulées, arquées, lâches, lisses; rameaux glabres, solitaires.

48. Protée a petites fleurs. *P. parviflora;* Thunb. ♄. Du Cap. Tige très-rameuse, à rameaux grêles, filiformes; feuilles elliptiques, obtuses, calleuses, obliques; fleurs en têtes glabres terminant les rameaux.

49. Protée pale. *P. pallens;* Thunb. ♄. Du Cap. Tige de deux pieds, très-rameuse, à rameaux simples et divariqués; feuilles lancéolées, glabres, aiguës, calleuses, atténuées à la base; fleurs en tête terminale et involucrées; l'involucre long et pâle.

Var. Protée glauque; *Protea glauca;* Dum. Courc. A feuilles glauques, plus longues et plus larges.

50. Protée conifère. *P. conifera;* Thunb. ♄. Du Cap. Feuilles lancéolées, glabres, aiguës, atténuées à la base, calleuses; fleurs en tête terminale, involucrée; l'involucre long, aigu, concolore.

51. Protée rameux. *P. levisanus;* Thunb. ♄. Du Cap. Tige de deux pieds, velue, très-rameuse, formant buisson; feuilles obovales, obtusement acuminées, imbriquées, gla-

bres; fleurs en tête jaune, à involucre obtus, plus long qu'elle.

52. Protée a grandes bractées. *Protea strobilina;* Thunb. ♄. Du Cap. Tige haute de trois pieds, formant buisson; feuilles elliptiques-oblongues, rétuses, calleuses, glabres comme les fleurs qui sont en tête terminale.

53. Protée imbriqué. *P. imbricata;* Thunb. ♄. Du Cap. Tige de trois pieds, rameuse; feuilles lancéolées, glabres, imbriquées, striées; fleurs en tête terminale au sommet des rameaux, à calice entièrement couvert de poils laineux et jaunâtres.

54. Protée soyeux. *P. sericea;* Thunb. ♄. Du Cap. Tige couchée, à rameaux filiformes; feuilles lancéolées, soyeuses et argentées; fleurs à calice jaune, cotonneux.

55. Protée a feuilles de saule. *P. saligna;* Thunb. ♄. Du Cap. Tige de cinq ou six pieds, rameuse dans sa moitié supérieure; feuilles lancéolées, soyeuses; fleurs en têtes oblongues, involucrées.

56. Protée argenté. *P. argentea;* Thunb. ♄. Du Cap. Tige arborescente, de dix à douze pieds; feuilles lancéolées, argentées, cotonneuses, ciliées, d'un beau blanc; fleurs en tête globuleuse, argentée.

§ VI. Feuilles oblongues, ovales.

57. Protée sans tige. *P. acaulis;* Thunb. ♄. Du Cap. Tige couchée, très-courte, ne dépassant guère deux à trois pouces; feuilles oblongues, glabres; fleurs en tête globuleuse, terminale, solitaire, glabre.

58. Protée a feuilles de myrte. *P. myrtifolia;* Thunb. ♄. Du Cap. Tige de trois pieds; feuilles oblongues, glabres, obliques à la base, glanduleuses au sommet; fleurs en têtes terminales et agrégées.

59. Protée a grandes fleurs. *P. grandiflora;* Thunb. ♄. Du Cap. Tige arborescente et rameuse; feuilles oblongues, veinées, glabres; fleurs blanches, cotonneuses, en tête terminale, hémisphérique et glabre.

60. Protée glabre. *P. glabra;* Thunb. ♄. Du Cap. Tige frutiqueuse; feuilles oblongues, non veinées, glabres; fleurs en tête hémisphérique et glabre.

61. Protée élégant. *Protea formosa;* Andrew. ♄. Du Cap. Tige velue ; feuilles lancéolées, pubescentes; fleurs orangées, nombreuses, en tête hémisphérique et terminale.

62. Protée agréable. *P. speciosa*; Thunb. ♄. Du Cap. Tige arborescente, velue; feuilles oblongues, glabres, fleurs en tête oblongue ; les écailles calicinales variées de jaune, de brun, de blanc et de noir, barbues au sommet.

Var. 1° Protée noir. *P. nigra ;* calice intérieur courbé au sommet, noir et barbu ; fleurs en tête obovale ; écailles calicinales rouges, munies au-dessous du sommet de longs poils noirs.

2° Protée rouge. *P. rubra, P. latifolia ;* feuilles ovales, bordées de rouge ; fleurs en tête ronde ; écailles calicinales incarnates et recourbées au sommet. Cette superbe variété est regardée, par quelques auteurs, comme une véritable espèce.

63. Protée a longues feuilles. *P. longifolia ;* Andrew. ♄. Du Cap. Feuilles presque linéaires, à base étroite et oblique ; fleurs en tête longue, cylindrique ; écailles calicinales intérieures lancéolées, droites.

Var. β. Protée pourpre-ferrugineux. *P. ferruginoso-purpurea ;* And. Fleurs en tête un peu globuleuse.

Var. Protée turbiné. *P. turbinata ;* And. Fleurs d'un pourpre noirâtre, en tête turbinée.

64. Protée élevé. *P. totta ;* Thunb. ♄. Du Cap. Tige cylindrique, droite et velue ; feuilles ovales, glabres, calleuses ; fleurs en tête ovale, terminale, solitaire, à calice cylindrique et velu.

Var. Veiné, *venosa ;* Pers Rameaux velus ; feuilles ovales, nues, veinées, imbriquées ; fleurs disposées en plusieurs têtes presque terminales.

65. Protée a longue fleur. *P. longiflora ;* Lam. ♄. Du Cap. Rameaux velus ; feuilles ovales elliptiques, nues, imbriquées, presque sessiles ; fleurs en tête oblongue.

66. Protée velu. *P. hirta ;* Thunb. ♄. Du Cap. Tige velue, droite, haute de trois pieds ; feuilles ovales, glabres ; fleurs latérales.

67. Protée camélé. *P. chamœlea ;* Lam. ♄. Du Cap. Feuilles lancéolées, obtuses au sommet, atténuées à la

base, nues; fleurs en tête terminale, glabres et involucrées.

68. Protée pubère. *Protea pubera;* Thunb. ♄. Du Cap. Tige velue, rameuse, haute de deux pieds; feuilles ovales, elliptiques, assez courtes, cotonneuses; fleurs en têtes terminales, solitaires ou rassemblées, à calice laineux.

69. Protée divariqué. *P. divaricata;* Thunb. *P. dichotoma;* Lam. ♄. Du Cap. Tige d'un pied, flexueuse, pubescente, à rameaux divariqués; feuilles ovales, velues, imbriquées, les inférieures réfléchies; fleurs argentées, en tête terminale.

§ VII. Feuilles presque rondes.

70. Protée spatulé. *P. spatulata;* Thunb. ♄. Du Cap. Tige de deux pieds, velue, rameuse; feuilles spatulées, un peu capuchonnées, glabres; fleurs laineuses, en tête terminale.

71. Protée a feuilles concaves. *P. concava;* Lam. ♄. Du Cap. Tige de deux pieds, rameuse, à rameaux légèrement velus; feuilles ovales, concaves, imbriquées, presque sessiles; fleurs en têtes agrégées.

72. Protée cynaroïde. *P. cynaroïdes;* Thunb. ♄. Du Cap. Tige droite, d'un pied, rugueuse, simple; feuilles un peu arrondies, pétiolées, glabres; fleurs en tête terminale, ovale, de la grosseur d'un gros artichaut; calice blanc ou purpurin, cotonneux. Plante superbe.

73. Protée a feuilles cordiformes. *P. cordata;* Thunb. ♄. Du Cap. Tige d'un pied, couchée, striée; feuilles cordiformes, marquées de neuf nervures; fleurs en tête ovale, assez grosse, tronquée.

LAMBERTIE. *Lambertia;* Smith. (*Tétrandrie-monogynie.*) Calice commun polyphylle, imbriqué, à écailles intérieures les plus longues, renfermant ordinairement sept fleurs; calice à quatre divisions roulées, staminifères; quatre étamines; un pistil à stigmate subulé, sillonné; capsule à trois cornes, monoloculaire, disperme; semences échancrées.

1. Lambertie élégante. *L. formosa;* Smith. *Protea nectarina;* Schrad. ♄. Nouvelle-Hollande. Tige de cinq pieds de hauteur, droite, à rameaux droits, cylindriques, velus;

feuilles ternées, persistantes; en avril, fleurs terminales, sessiles, solitaires, pourpres, velues en dedans. Charmant arbrisseau, que l'on cultive en orangerie de la même manière que les protées.

BANKSIE. *Banksia;* L. (*Tétrandrie-monogynie.*) Calice à quatre divisions, d'abord conniventes dans toute leur longueur, commençant à s'ouvrir par le bas, restant encore réunies autour du stigmate, s'ouvrant enfin totalement et se roulant en dehors; quatre étamines à anthères sessiles dans la partie concave et supérieure des divisions calicinales; un ovaire à style filiforme, terminé par un stigmate épais; une capsule bivalve, monoloculaire, monosperme; fleurs agrégées sur un chaton imbriqué d'écailles coriaces.

1. Banksie dentée. *Banksia serrata;* L. *B. conchifera;* Gærtn. ♄. Nouvelle-Hollande. Arbre de vingt pieds, à rameaux souvent cotonneux; feuilles linéaires, longues, étroites, dentées également en scie, tronquées au sommet avec une pointe au milieu; fleurs jaunes et velues. Orangerie; terre légère ou de bruyère; exposition chaude quand l'arbrisseau est à l'air libre; multiplication de graines semées en terrines sur couche tiède et sous châssis : repiquer le jeune plant de la même manière en le privant d'air et de lumière jusqu'à la reprise. On peut encore multiplier de marcottes, ou de boutures étouffées en serre chaude. Toutes les espèces se cultivent de même.

2. Banksie a grandes dents. *B. dentata;* L. ♄. Nouvelle-Hollande. Feuilles oblongues, atténuées vers le pétiole, courbées, flexueuses, dentées, blanches en dessous, les dents terminales épineuses.

3. Banksie a feuilles entières. *B. integrifolia;* Cav. *B. spicata;* Gærtn. ♄. Nouvelle-Hollande. Feuilles cunéiformes, très-entières, blanches et cotonneuses en dessous.

4. Banksie tronquée. *B. præmorsa;* Andrew. ♄. Nouvelle-Hollande. Feuilles en coin, tronquées, dentées en scie, ponctuées et blanches en dessous; fleurs en épi très-grand et ovale, pourpres en dehors.

5. Banksie a petits épis. *B. microstachia;* Cav. ♄. Nouvelle-Hollande. Feuilles lancéolées linéaires, dentées et épineuses, cotonneuses et blanches en dessous, tronquées à

leur sommet; fleurs d'un jaune safrané, cotonneuses, formant un cône de la grosseur d'un gland.

6. Banksie a feuilles oblongues. *Banksia oblongifolia;* Cav. ♄. Nouvelle-Hollande. Tige arborée; feuilles oblongues, ovales lancéolées, dentées, cotonneuses en dessous; rameaux velus; fleurs d'un jaune doré, en épi elliptique.

7. Banksie élevée. *B. robur;* Cav. ♄. Botany-Bay. Arbre d'environ trente pieds de hauteur, ayant le port d'un chêne; feuilles ovales-oblongues, dentées-épineuses, éparses, cotonneuses et ferrugineuses en dessous; chaton de trois pouces de longueur, portant plus de six cents fleurs.

8. Banksie a feuilles de saule. *B. salicifolia;* Cav. ♄. Nouvelle-Hollande. Arbrisseau de six pieds, à rameaux cotonneux; feuilles éparses, oblongues, très-entières, courtement mucronées au sommet : le dessous d'abord ferrugineux, puis ensuite blanc.

9. Banksie marginée. *B. marginata;* Cav. ♄. Nouvelle-Hollande. Arbrisseau de quatre à cinq pieds; feuilles linéaires, tronquées, bordées, roulées, blanches et cotonneuses en dessous; fleurs en chatons de deux pouces de longueur; capsule comprimée.

10. Banksie a feuilles d'olivier. *B. oleæfolia;* Cav. ♄. Nouvelle-Hollande. Tige de douze pieds; feuilles verticillées, presque lancéolées, très-entières, cotonneuses et blanches en dessous.

11. Banksie spinescente. *B. spinulosa;* Smith. ♄. Nouvelle-Hollande. Tige de dix pieds; feuilles linéaires, roulées, un peu mucronées, denticulées-épineuses vers le sommet; fleurs jaunâtres, en cônes de quatre pouces de longueur.

12. Banksie a feuilles de bruyère. *B. ericæfolia;* L. ♄. Nouvelle-Hollande. Feuilles très-nombreuses, rapprochées, petites, en forme d'épingles, tronquées-émarginées, glabres; fleurs en cônes souvent longs de six pouces, jaunes, fort jolies.

VAUBIER. *Hakea;* Cav. (*Tétrandrie-monogynie.*) Calice à quatre divisions linéaires, concaves à leur sommet; quatre étamines insérées dans la concavité des divisions calicinales; un ovaire pédiculé et glanduleux à la base; une capsule ligneuse, bivalve, contenant deux graines ailées; fleurs agrégées, ayant leur réceptacle commun environné d'écailles imbriquées et caduques.

1. Vaubier en poignard. *Hakea pugioniformis;* Cav. *H. glabra;* Sert. ♄. Nouvelle-Hollande. Arbrisseau de six à huit pieds; feuilles alternes, cylindriques, mucronées; en été, fleurs blanches, axillaires le long des tiges; capsule conique, pointue, munie, au tiers inférieur de sa longueur, de quatre à cinq pointes courtes. Orangerie, terre légère, ou, mieux, de bruyères; arrosemens abondans en été, et situation à demi ombragée, mais chaude. Multiplication semblable à celle du genre précédent. Toutes les espèces se cultivent de même.

2. Vaubier pubescent. *H. gibbosa;* Cav. *H. pubescens;* Dum. Courc. *Banksia gibbosa;* White. ♄. Nouvelle-Hollande. Tige droite, rameuse, de six à sept pieds; feuilles éparses, nombreuses, cylindriques; en avril et mai, fleurs blanches; capsule ovale, gibbeuse, rugueuse.

3. Vaubier dactyloïde. *H. dactyloïdes;* Cav. *Banksia dactyloïdes;* Gærtn. *Conchium dactyloïdes;* Smith. ♄. Nouvelle-Hollande. Arbrisseau élevé; feuilles alternes, ovales-lancéolées, raides, marquées de trois nervures; en mai, fleurs blanches, en bouquets axillaires; capsule ovale-arrondie, scabre.

4. Vaubier pyriforme. *H. pyriformis;* Cav. *Banksia pyriformis;* Gærtn. ♄. Nouvelle-Hollande. Tige de quinze pieds; rameaux opposés; feuilles lancéolées, opposées, à pétioles élargis et renflés; fleurs en épis axillaires et opposés; capsule pubescente, en forme de poire, longue de trois pouces.

5. Vaubier a feuilles de saule. *H. saligna;* Brown. *Embothrium salicifolium;* Vent. ♄. Nouvelle-Hollande. Tige de huit à neuf pieds; rameaux alternes; feuilles alternes, lancéolées, rétrécies en pétiole à leur base, glabres; fleurs d'un jaune pâle, axillaires, odorantes; capsule ovale, osseuse, verruqueuse, terminée par une pointe recourbée

6. Vaubier a feuilles grêles. *H. acicularis;* Vent. ♄. Nouvelle-Hollande. Tige cylindrique, simple ou peu rameuse; feuilles éparses, nombreuses, cylindriques, mucronées, très-glabres; en février et mars, fleurs nombreuses, blan-

ches, axillaires; capsule ovale, comprimée, tuberculeuse, surmontée de deux cornes courtes.

EMBOTHRION. *Embothrium;* Forst. (*Tétrandrie-monogynie.*) Calice de quatre folioles linéaires, concaves à leur extrémité; quatre étamines à anthères presque sessiles, situées dans une petite cavité vers l'extrémité de chaque foliole du calice; un ovaire pédiculé, à style courbé en crosse, terminé par un stigmate dilaté; une follicule oblongue, monoloculaire, contenant quatre à cinq graines ailées.

1. Embothrion écarlate. *Embothrium speciosissimum;* Willd. *Telopea speciosissima;* Brown. *E. spatulatum;* Cav. ♄. Nouvelle-Hollande. Bel arbrisseau à feuilles obovales, obtuses, dentées inégalement en scie; de mai en juillet, fleurs d'un beau rouge, en épi corymbiforme, avec une collerette rouge, polyphylle. Orangerie, et culture des protées et des banksia. Toutes les espèces se cultivent de même.

2. Embothrion rouge. *E. coccineum;* Willd. *E. emarginatum;* Flor. Peruv. ♄. Terre de Feu. Feuilles elliptiques, très-entières; fleurs en grappe terminale et serrée.

3. Embothrion a grandes fleurs. *E. grandiflorum;* Willd. ♄. Du Pérou. Feuilles ovales, très-entières; fleurs en grappes allongées, à calice partagé en quatre lobes.

4. Embothrion soyeux. *E. sericeum;* Willd. *E. linearifolium et cytisoïdes;* Cav. ♄. Nouvelle-Hollande. Feuilles ternées, lancéolées, très-entières, à bords roulés, soyeuses en dessous; presque toute l'année, fleurs d'un pourpre clair, ou lilas, en grappes serrées et terminales; follicule glabre et tuberculée.

5. Embothrion a feuilles de silaus. *E. silaïfolium;* Smith. *Lomatia silaïfolia;* Lois. Deslong. ♄ Nouvelle-Hollande. Tige de deux pieds; feuilles tripinnatifides, à divisions décurrentes et aiguës; de juin en août, fleurs d'un jaune pâle ou blanchâtre, en épis, géminées, pédicellées.

6. Embothrion a feuilles de buis. *E. buxifolium;* Smith. ♄. Nouvelle-Hollande. Tige de quatre pieds; feuilles elliptiques, très-entières, roulées en leurs bords, rudes en dessus, pubescentes et soyeuses en dessous; fleurs blanches ou rougeâtres, en ombelle terminale; follicule velu.

PERSOONIE. *Persoonia ;* SMITH. (*Tétrandrie-monogynie.*) Calice de quatre folioles rapprochées en tube renflé inférieurement, très-ouvertes en leur partie supérieure ; quatre étamines à filamens courts, insérées à la base des divisions du calice ; un ovaire à style subulé, terminé par un stigmate obtus ; un drupe contenant un noyau monosperme.

1. PERSOONIE LINÉAIRE. *P. linearis;* ANDREW. ♄. Nouvelle-Hollande. Tige de trois pieds de hauteur, très-rameuse ; feuilles linéaires, sessiles, éparses, tournées obliquement, un peu velue ; en été, fleurs jaunes, solitaires. Orangerie ; même culture que les protées ; multiplication de marcottes, de boutures au printemps. Toutes se cultivent de même.

2. PERSOONIE A FEUILLES DE LAURIER. *P. laurina;* PERS. *P. latifolia;* HORT. ANGL. ♄. Nouvelle-Hollande. Feuilles ovales, coriaces ; fleurs jaunes, un peu en grappes, cotonneuses.

3. PERSOONIE A FEULLES DE SAULE. *P. salicina;* PERS. ♄. Nouvelle-Hollande. Feuilles oblongues, larges, lancéolées ; fleurs jaunes, en grappes.

4. PERSOONIE LANCÉOLÉE. *P. lanceolata;* ANDREW. *Linkia lævis;* CAV. ♄. Nouvelle-Hollande. Tige de sept à huit pieds ; feuilles lancéolées, acuminées ; fleurs rouges, petites, solitaires, éparses.

5. PERSOONIE VELUE. *P. hirsuta;* PERS. ♄. Nouvelle-Hollande. Arbrisseau hérissé de poils dans toutes ses parties ; feuilles linéaires, à bords roulés.

ORDRE IV.

LES LAURINÉES. — *LAURINEÆ.*

Plantes ligneuses ; *tiges* arborescentes ; *feuilles* entières, ovales, souvent persistantes ; *calice* persistant, à six, ou, mais rarement, huit divisions ; trois à douze *étamines* ayant leurs anthères adnées aux filamens ; un *ovaire* supérieur, à un *style*, terminé par un *stigmate* simple ou divisé. Un *drupe* à noyau monoloculaire et monosperme ; *embryon* dépourvu de périsperme.

LAURIER. *Laurus;* L. (*Ennéandrie-monogynie.*) Fleurs hermaphrodites ou dioïques ; calice à six divisions égales ou à six parties ; douze filamens des étamines, placés sur plusieurs rangs : six extérieurs tous fertiles, et six intérieurs, dont trois seulement fertiles, munis à leur base de deux appendices ou de deux glandes ; un ovaire à style simple, terminé par un stigmate en tête ; un drupe monosperme.

1. Laurier cannelier. *Laurus cinnamomum;* Lam. ♄. Ceylan. Arbre de vingt à vingt-quatre pieds ; feuilles presque opposées, ovales-oblongues, marquées de trois nervures partant de la base et se perdant avant d'arriver au sommet ; fleurs dioïques, petites, blanchâtres, en panicule terminale. Serre chaude et tannée ; terre franche, substantielle ; arrosemens fréquens en été, modérés en hiver. Multiplication de marcottes longues à s'enraciner, ou de boutures sur couches chaudes et étouffées. Cette espèce fournit la *canelle* du commerce.

2. Laurier cassia. *L. cassia;* L. ♄. Inde. Il a beaucoup de rapport avec le précédent ; feuilles lancéolées, triplinervées, c'est-à-dire ayant deux nervures naissant à la base de la nervure médiaire, et deux autres au-dessus à une distance plus ou moins grande des premières ; fleurs en panicule lâche, presque latérale. Serre chaude ; même culture. Il fournit de la cannelle comme le précédent.

Var. B. culiban; Pers. Feuilles triplinervées, presque opposées. Même culture.

3. Laurier du Malabar. *L. malabratum;* Lam. ♄. Malabar. Arbre de vingt à trente pieds ; feuilles presque opposées, très-longues, aiguës des deux côtés, triplinervées, veinées transversalement ; fleurs paniculées, transversales. Cette espèce a de l'affinité avec la première et se cultive de même.

4. Laurier camphrier. *L. camphora;* Lam. ♄. Japon. Arbre élevé ; feuilles un peu triplinervées, lancéolées ovales, alternes, luisantes en dessus, pâles en dessous ; fleurs petites, blanchâtres, en panicules pendantes et axillaires. Orangerie et même culture. C'est de cet arbre que l'on tire l'huile volatile concrète connue sous le nom de *camphre*.

5. Laurier glauque. *L. glauca;* Thumb. ♄. Japon. Feuilles nerveuses, lancéolées, terminées par une pointe obtuse,

roulées sur les bords, glauques ou jaunâtres en dessous, solitaires et éparses; rameaux tuberculeux; fleurs solitaires. Serre chaude; même culture. Dans son pays natal on tire de son fruit une huile odorante qui entre dans la fabrique des chandelles.

6. Laurier franc, d'Apollon, commun, de cuisine. *Laurus nobilis*; L. ♄. Orient. Arbre de quinze à vingt pieds; feuilles lancéolées, coriaces, un peu ondulées, veinées, persistantes; fleurs petites, jaunâtres, un peu quadrifides, dioïques, en petites ombelles axillaires. Pleine terre franche légère; exposition abritée et couverture de paille pendant l'hiver, ou orangerie; arrosemens fréquens pendant la végétation. Multiplication de graines sur couche chaude et en terrines que l'on rentre l'hiver en orangerie, jusqu'à ce que le jeune plant soit assez fort pour être mis en pleine terre, ou de marcottes, rejetons, racines, et boutures sur couche et étouffées.

Var. 1° A feuilles étroites; *angustifolia*.

2° A feuilles crispées; *crispa*.

3° A feuilles panachées; *foliis variegatis*.

7. Laurier royal, ou des Indes. *L. indica*; L. ♄. Iles Canaries. Arbre de trente à quarante pieds; feuilles veinées, lancéolées, persistantes, planes, alternes, à pétioles rouges; en octobre et novembre, fleurs blanchâtres, pubescentes, en grappe; calice à six parties. Orangerie; culture du précédent.

8. Laurier fétide. *L. fœtens*; Ait. *L. maderiensis*; Lam. ♄. Iles Canaries. Arbrisseau rameux, formant buisson; feuilles veinées, elliptiques, aiguës, persistantes, ayant, en dessous, quelques poils placés à l'aisselle des veines; fleurs en grappes allongées, paniculiformes, composées. Orangerie et même culture.

9. Laurier avocat, poirier avocat. *L. persea*; Jacq. ♄. Amérique méridionale. Arbre de quarante pieds; feuilles ovales, coriaces, persistantes, avec des veines transversales; fleurs blanchâtres, en corymbe, à six étamines; fruit très-gros, pyriforme, violet, d'un goût très-agréable. Serre chaude; culture du n° 1.

10. Laurier rouge. *L. borbonia*; L. ♄. De la Caroline. Tronc droit; feuilles lancéolées, persistantes, glauques ou jaunâtres; fleurs petites, velues, jaunâtres, en grappe axil-

laire ; calice devenant un fruit en baie. Orangerie et même culture.

11. Laurier de la Caroline. *Laurus caroliniensis;* Mich. ♄. De la Caroline. Feuilles persistantes, ovales lancéolées, un peu glauques en dessous ; pédoncules simples ; fleurs en têtes fasciculées et terminales, les divisions intérieures du calice moitié plus courtes que les intérieures ; baie presque globuleuse, d'un noir bleuâtre. Orangerie et même culture.

Var. A rameaux et feuilles glabres ; autre à rameaux et feuilles pubescens.

12. Laurier genouillé. *L. geniculata;* Mich. *L. axillaris;* Lam. ♄. Caroline. Arbrisseau à rameaux divariqués et flexueux; feuilles caduques, lancéolées, barbues en dessous à la base ; fleurs jaunes, polygames, en ombelle. Orangerie et même culture, mais terre bourbeuse et beaucoup d'arrosemens.

13. Laurier faux-benjoin. *L. benzoin;* Lin. *L. Pseudo-benzoin;* Mich. ♄. Virginie. Arbrisseau formant buisson ; feuilles sans nervures, ovales, aiguës des deux côtés, entières, caduques; fleurs petites, jaunâtres, agglomérées, latérales, sessiles. Pleine terre et culture du n° 6. Il résiste, sans couverture, aux froids les plus rigoureux. On a cru long-temps que le suc de cet arbre était le benjoin du commerce, mais on sait à présent que cette substance est due à une espèce du genre *terminalia*.

14. Laurier sassafras. *L. sassafras;* L. ♄. Caroline. Arbre de vingt à trente pieds ; feuilles entières ou trilobées, caduques, alternes, pétiolées; fleurs petites, herbacées, dioïques, en grappes lâches et terminales, paraissant avant les nouvelles feuilles. Pleine terre et culture du n° 6. Cet arbre est un puissant sudorifique ; on le regarde comme un remède efficace dans les maladies syphilitiques. Il ne craint pas plus le froid que le précédent.

HERNANDIE. *Hernandia;* Plum. (*Monœcie-triandrie.*) Fleurs monoïques; dans les mâles : calice à six divisions, dont trois intérieures un peu plus petites ; six glandes nées de la base des divisions du calice ; trois étamines à filamens courts, presque connés à leur base ; dans les femelles : calice double, l'extérieur monophylle, inférieur, persistant, urcéolé, presque entier en son bord : l'intérieur (ou corolle) supérieur, à huit divisions caduques. Un ovaire surmonté d'un style épais à stigmate en entonnoir; quatre glandes posées sur l'ovaire; drupe à huit sillons, contenant un noyau monosperme, et caché par le calice extérieur qui persiste et enfle en forme de vessie coriace et perforée.

1. Hernandie sonore. *Hernandia sonora;* L. ♄. Amérique méridionale. Arbre élevé; feuilles alternes, peltées, ovales, pointues, entières, avec une tache purpurine en dessus vers l'insertion du pétiole; fleurs d'un jaune pâle, en grappes paniculées, axillaires. Lorsque le vent pénètre dans la coque renfermant le fruit, elle produit un sifflement qui s'entend de fort loin. Serre chaude; terre franche, substantielle; arrosemens fréquens pendant la végétation, rares en hiver. Multiplication difficile, de marcottes, de racines, ou de graines venues de son pays natal, et semées sur couche chaude et en terrine.

2. Hernandie ovigère. *H. ovigera;* L. ♄. Inde. Il se distingue aisément du précédent par ses feuilles ovales, pétiolées à la base. Serre chaude, et même culture.

3. Hernandie de la Guyane. *H. guyanensis;* Willd. ♄. Guyane. Il a de l'affinité avec l'ovigère; mais il s'en distingue par ses feuilles cordiformes, oblongues, acuminées, pliées en double, pétiolées à la base; fleurs munies d'un involucre. Serre chaude et même culture.

MUSCADIER. *Myristica;* L. *Virola;* Aublet. (*Diœcie-monadelphie.*) Fleurs dioïques, à calice trifide, urcéolé; dans les mâles: douze étamines, rarement neuf, à anthères oblongues et à filamens réunis par la base; fleurs femelles: ovaire supère, portant deux stigmates sessiles; baie sèche, pyriforme, monosperme; semence grande, solide, veineuse à l'intérieur, couverte à l'extérieur d'une membrane réticulée.

Nota. Decandolle fait de ce genre le type d'une nouvelle famille, les myristicées, qu'il place entre les protéacées et les laurinées. Nous l'avons intercalé dans cette dernière, quoiqu'il ne s'y rapporte réellement que par quelques-uns de ses caractères les moins importans.

1. Muscadier aromatique. *Myristica aromatica;* Lam. *M. moschata;* Willd. ♄. Des Moluques. Arbre de trente pieds, à branches verticillées; feuilles oblongues, acumi-

nées, glabres, à veines simples ; fleurs petites, jaunâtres ; fruit solitaire, glabre. Serre chaude et tannée, beaucoup de chaleur ; terre légère ; arrosemens soutenus et modérés ; multiplication de marcottes très-longues à prendre racine. Cet arbre est d'une conservation très-difficile ; c'est lui qui fournit au commerce son fruit, connu sous le nom de *noix muscade.*

2. MUSCADIER PORTE-SUIF. *Myristica sebifera;* WILLD. *Virola sebifera ;* AUBLET. ♄. Brésil. On le distingue du précédent par ses feuilles oblongues, cordiformes, aiguës, cotonneuses en dessous, à veines rameuses, par ses fleurs paniculées, et plus facilement encore par son fruit, consistant en un drupe capsulaire, cotonneux, sillonné, et à deux valves. On extrait de ses semences une huile aromatique qui entre dans la composition des bougies. Serre chaude ; même culture.

ORDRE V.

LES POLYGONÉES. — *POLYGONEÆ.*

Plantes herbacées, rarement ligneuses ou sarmenteuses ; *tiges* géniculées dans la plupart ; *feuilles* alternes, roulées en dehors, pétiolées ; stipules engaînantes. *Fleurs* paniculées ou en épi ; *calice* monophylle, à limbe divisé, ou tout-à-fait polyphylle ; *étamines* en nombre défini, insérées dans le bas du calice ; un *ovaire* supérieur, portant ordinairement plusieurs *styles* ou plusieurs *stigmates* sessiles. *Fruit* monosperme, enveloppé par le calice ; *embryon* placé au centre ou sur le côté d'un périsperme farineux.

RAISINIER. *Coccoloba;* L. (*Octandrie-trigynie.*) Calice monophylle, à cinq divisions colorées, persistantes ; huit étamines à filamens subulés, un peu plus courts que le calice, portant des anthères arrondies, à deux loges ; un ovaire surmonté de trois styles courts, terminés par autant de stigmates simples ; une noix monoloculaire, monosperme, recouverte par le calice qui a pris la forme d'un drupe.

1. RAISINIER A GRAPPES. *Coccoloba uvifera ;* L. ♄. Antilles.

Arbre élevé ; feuilles cordiformes, arrondies, luisantes, sessiles, coriaces ; fleurs en grappes axillaires ; fruits rouges, de la grosseur d'une cerise, d'une saveur sucrée et acidulée. Serre chaude ; terre franche, mêlée à moitié de terre de bruyère ; arrosemens modérés. Multiplication de graines venues de leur pays natal, semées sur couche chaude, de marcottes, et de boutures sur couche en avril.

2. Raisinier a larges feuilles. *Coccoloba latifolia;* Pers. *C. rheifolia;* Hort. Par. ♄. Antilles. Il a beaucoup d'affinité avec le précédent, mais il s'en distingue par ses feuilles plus petites, entières, très-larges, resserrées à la base, presque membraneuses, cordiformes-orbiculaires. Serre chaude, et même culture.

3. Raisinier pubescent. *C. pubescens ;* L. *C. grandifolia ;* Jacq. *C. macrophylla ;* Jacq. ♄. Antilles. Arbre de soixante à quatre-vingts pieds ; feuilles très-grandes, d'un à deux pieds de diamètre, orbiculaires, très-entières, rugueuses, pubescentes en dessous ; fleurs en grappes axillaires. Serre chaude ; même culture.

4. Raisinier écorcé. *C. excoriata ;* L. *C. pyrifolia ;* Hort. Par. ♄. Antilles. Arbre de moyenne grandeur ; feuilles ovales-oblongues, un peu aiguës, cordiformes à la base ; rameaux à écorce très-mince ; fleurs en grappes pendantes. Serre chaude ; même culture.

Var. A feuilles plus courtes, ovales, presque aiguës, et à grappes plus longues.

5. Raisinier a fleurs blanches. *C. nivea ;* Swartz. *C. fagifolia ;* Jacq. ♄. Jamaïque. Arbre de vingt pieds ; feuilles oblongues, acuminées, veinées, luisantes en dessus ; fleurs en grappes terminales et redressées ; fruits blancs. Serre chaude, et même culture.

6. Raisinier ponctué. *C. punctata ;* L. ♄. Amérique. Arbre de grandeur moyenne, à rameaux courts et droits ; feuilles lancéolées, ovales. Serre chaude ; même culture.

7. Raisinier a feuilles obtuses. *C. obtusifolia ;* Jacq. ♄. Amérique méridionale. Il se distingue des précédens par ses feuilles oblongues et très-obtuses Serre chaude ; même culture.

8. Raisinier a petits épis. *C. microstachya ;* Willd. ♄.

Indes occidentales. Arbrisseau à feuilles ovales-obtuses, très-glabres, pétiolées, à peine longues d'un pouce et demi; rameaux d'un gris cendré; fleurs en grappes très-courtes et pendantes. Serre chaude; même culture.

9. Raisinier a feuilles diverses. *Coccoloba diversifolia;* Jacq. ♄. Saint-Domingue. Arbrisseau de dix à douze pieds; feuilles des jeunes rameaux ovales, les autres ovales-cordiformes; fleurs en grappes terminales, simples; fruits rouges. Serre chaude; même culture.

10. Raisinier a feuilles de laurier. *C. laurifolia;* Jacq. ♄. Caraques. Arbrisseau de dix pieds, rameux et diffus; feuilles oblongues, obtuses, très-entières, lisses, de quatre à cinq pouces de longueur; fleurs blanches, en grappes droites, axillaires. Serre chaude; même culture.

BRUNICHIE. *Brunichia;* Banks. (*Octandrie-trigynie.*) Calice monophylle, anguleux, à cinq divisions réfléchies en dehors, devenant coriace à la maturité; dix ou, mais rarement, huit étamines; un ovaire surmonté de trois styles terminés par des stigmates bifides; une capsule monoloculaire, monosperme.

1. Brunichie a vrille. *Brunichia cirrhosa;* Gærtn. ♄. Amérique septentrionale. Tige grimpante; feuilles cordiformes, sagittées; fleurs unilatérales, en grappes multiflores; capsule incluse dans le calice très-agrandi, presque couverte par le pédicule ensiforme et dilaté. Pleine terre franche légère; multiplication par ses drageons ou ses traces. Cet arbrisseau est très-propre à couvrir les murs et les palissades, mais il faut l'abriter pendant les froids rigoureux.

ATRAPHACE. *Atraphaxis;* L. (*Hexandrie-digynie.*) Calice divisé profondément en quatre parties, dont deux plus grandes et deux plus petites; six étamines; un ovaire surmonté de deux stigmates globuleux; une capsule aplatie, monosperme, renfermée entre les deux grandes divisions du calice, appliquées l'une contre l'autre en forme d'ailes.

1. Atraphace épineux. *Atraphaxis spinosa;* L. ♄. Du Levant. Arbuste de deux pieds, à rameaux terminés par une épine; feuilles alternes, lancéolées, planes, glauques, persistantes; en août, fleurs petites, blanches; ailes de la capsule d'un beau rouge. Orangerie; terre franche légère; arro-

semens modérés. Multiplication de graines semées en terrine et terre de bruyère, ou de rejetons.

2. ATRAPHACE ONDULÉ. *Atraphaxis undulata*; L. *Polygonum undulatum*; BERG. ♄. Du Cap. Arbuste de deux pieds et demi, à rameaux droits et grêles, inermes; feuilles alternes, ondulées, ovales, pointues, glabres; fleurs en juin et juillet. Orangerie, et même culture.

RENOUÉE. *Polygonum*; L. (*Octandrie-trigynie.*) Calice monophylle, coloré, partagé profondément en cinq divisions persistantes; cinq à huit étamines; un ovaire surmonté de deux à trois styles filiformes, terminés chacun par un stigmate simple; une capsule triangulaire, monosperme, entourée par le calice persistant.

1. RENOUÉE FRUTESCENTE. *Polygonum frutescens*; L. ♄. Sibérie. Tige frutiqueuse, d'un pied, formant buisson; feuilles lancéolées, atténuées des deux côtés, blanchâtres en dessous; en juillet, fleurs blanches, en grappes axillaires, avec deux folioles du calice réfléchies; huit étamines, et trois styles. Pleine terre légère, un peu sèche. Multiplication de graines, de marcottes et de boutures.

2. RENOUÉE POLYGAME. *P. polygamum*; VENT. *Polygonella parvifolia*; MICH. ♄. Caroline. Tige droite, cylindrique, d'un pied de hauteur, garnie de gaînes à sa base; feuilles spatulées, petites, glabres; en hiver, fleurs d'un blanc verdâtre, petites, en grappes. Serre tempérée et même culture.

3. RENOUÉE ÉCHANCRÉE; *P. emarginatum*; ROTH. ⊙. Chine. Tige droite, inerme; feuilles cordiformes, sagittées; semences ayant des ailes larges, rouges, membraneuses, échancrées au sommet de la graine, d'un effet assez joli. Pleine terre. On la sème au printemps sur couche tiède, et on la repique lorsqu'elle a cinq ou six pouces de hauteur. Ordinairement elle se ressème d'elle-même.

4. RENOUÉE BISTORTE. *P. bistorta*; L. ♃. Indigène. Racine grosse et comme tordue et repliée sur elle-même; tige simple, ne portant qu'un épi; feuilles grandes, ovales, décurrentes sur le pétiole; de mai en septembre, fleurs petites, lilas ou roses, en épi serré et terminal. Pleine terre humide; multiplication par la séparation des œilletons, ou de graines semées au printemps et en place.

5. RENOUÉE DES ALPES. *Polygonum alpinum;* WILLD. ♃. Des Alpes. Tige rameuse, genouillée, barbue; feuilles ovales lancéolées, glabres, ciliées sur les bords; fleurs en grappes paniculées, à huit étamines et trois styles. Pleine terre légère, fraîche, à demi ombragée; même multiplication.

6. RENOUÉE D'ORIENT, grande persicaire. *P. orientale;* L. ⊙. Indes orientales. Tige droite, simple, de sept à huit pieds; feuilles ovales, pointues, grandes, molles; d'août en octobre, fleurs d'un beau rouge, en épis longs, terminaux et pendans. Sept étamines et deux styles. Culture du n° 3.

Var. A fleur blanche. Même culture.

PATIENCE. *Rumex;* L. (*Hexandrie-trigynie.*) Calice à six divisions, dont trois extérieures réfléchies, et trois intérieures rapprochées; six étamines; un ovaire chargé de trois styles capillaires, terminés chacun par un stigmate lacinié; une capsule triangulaire, monosperme, recouverte par le calice.

1. PATIENCE SANGUINE, sang-dragon. *Rumex sanguineus;* L. ♃. Virginie. Tige d'un pied et demi; feuilles cordiformes, lancéolées, veinées de rouge foncé; fleurs verticillées, en épi grêle. Pleine terre franche, substantielle, un peu fraîche. Multiplication de graines semées sur une vieille couche, et repiquer en place lorsque le plant est assez fort, ou par la séparation des touffes et des œilletons.

2. PATIENCE VIOLON. *R. pulcher;* L. ♂. Indigène. Tige très-rameuse, d'un pied et demi; feuilles radicales ovales-obtuses, échancrées de chaque côté, imitant la forme d'un violon: les caulinaires lancéolées-linéaires, pointues; valves dentées; rameaux florifères recourbés. Pleine terre légère et fraîche; multiplication de graines au printemps et en place.

RHUBARBE. *Rheum;* L. (*Ennéandrie-trigynie.*) Calice monophylle, à limbe partagé en six divisions alternativement plus grandes et plus petites; neuf étamines; un ovaire surmonté de trois stigmates presque sessiles; une capsule triangulaire, ne s'ouvrant pas, membraneuse sur ses angles, monosperme.

1. RHUBARBE RHAPONTIC. *Rheum rhaponticum;* AIT. ♃ Asie. Feuilles très-grandes, obtuses, glabres, veinées et un peu velues sur les veines, en cœur à la base; pétiole rouge, ca-

naliculé, à bords arrondis; tige de trois pieds, terminée par une panicule de fleurs blanches et nombreuses. Toutes les rhubarbes se cultivent de la même manière. (*Voyez*, pour leur culture, le tome II, page 440.)

Rhubarbe palmée. *Rheum palmatum;* L. ♃. Chine. Feuilles très-grandes, palmées, acuminées; tige de quatre à cinq pieds; fleurs en panicule serrée.

3. Rhubarbe compacte. *R. compactum*; L. ♃. Tartarie. Feuilles grandes, un peu lobées, très-obtuses, glabres et très-luisantes en dessus, denticulées, à pétioles sillonnés; tige de cinq à six pieds, terminée par une panicule assez grande.

4. Rhubarbe de Tartarie. *R. tartaricum;* L. ♃. Petite-Tartarie. Feuilles grandes, ovales cordiformes, entières, planes, très-glabres, couchées sur la terre; pétioles rouges, demi-cylindriques, angulés; fleurs en grappe à peine aussi haute que les feuilles.

5. Rhubarbe hybride. *R. hybridum;* Ait. ♄, selon Pers. ♃, selon Desf. Asie-Boréale. Feuilles glabres en dessus, un peu velues en dessous, légèrement lobées, aiguës, le sinus de la base étroit; pétioles obtusément sillonnés en dessus et à bords arrondis.

6. Rhubarbe leucorhize. *R. leuchorizum;* Pers. ♃. Sibérie. Feuilles radicales couchées sur la terre, transversalement ovales, déprimées, à base rude, finement denticulée; fleurs en panicule divariquée; deux folioles du calice plusieurs fois plus grandes que les autres. Excepté cette espèce, toutes les rhubarbes sont employées en médecine comme toniques, stomachiques, purgatives et vermifuges.

TRIPLARIDE. *Triplaris;* L. (*Diœcie-ennéandrie.*) Fleurs dioïques; dans les mâles: calice tubulé à sa base, ayant son limbe partagé en six divisions; douze étamines; dans les femelles: calice turbiné à sa base, partagé en son bord en six découpures, dont trois très-longues, aiguës, et trois intermédiaires beaucoup plus courtes; un ovaire à trois styles subulés, terminés chacun par un stigmate velu; noix triangulaire, monosperme, enveloppée par le calice.

1. Triplaride d'Amérique. *Triplaris americana;* Vahl. ♄. Guyane. Arbre de quarante pieds, à tête pyramidale; feuilles oblongues, très-entières; fleurs en grappes terminales au

bout des rameaux. Serre chaude ; terre franche ; multiplication de marcottes et boutures.

2. TRIPLARIDE RAMIFLORE. *Triplaris ramiflora;* VAHL. ♄. Carthagène. Feuilles ovales, glabres ; fleurs en grappes latérales et simples, ordinairement solitaires. Serre chaude ; même culture.

CALLIGON. *Calligonum;* L. (*Dodécandrie-tétragynie.*) Calice persistant, à cinq folioles arrondies, inégales ; douze étamines ou environ ; un ovaire surmonté de deux à trois styles courts, terminés par autant de stigmates en tête ; une capsule pyramidale, à trois ou quatre angles, hérissée de filets rameux ou fourchus, et contenant une seule graine.

1. CALLIGON HÉRISSÉ. *Calligonum comosum;* DESF. ♄. Barbarie. Arbrisseau dont les jeunes rameaux ont de la ressemblance avec les éphédra ; fruits à réseau ; soies rameuses et molles. Orangerie ; terre légère ; multiplication de rejetons, de marcottes et de boutures.

2. CALLIGON POLYGONOÏDE. *C. polygonoïdes;* L'HÉRIT. ♄. Mont Ararat. Arbuste de trois ou quatre pieds ; feuilles linéaires ; fruit à réseau, à soies rameuses et raides. Pleine terre et même culture.

PALLASIE. *Pallasia;* L. (*Dodécandrie-tétragynie.*) Calice persistant, à cinq folioles arrondies, réfléchies lors de la maturité du fruit : deux d'entre elles plus petites ; dix à quinze étamines ; un ovaire surmonté de deux à trois styles courts, terminés chacun par un stigmate en tête ; une capsule oblongue, tétragone, à angles ailés ou bordés d'une crête épineuse, contenant une seule graine.

1. PALLASIE CASPIENNE. *Pallasia caspica;* L. *P. pterococcus;* PALL. *Calligonum pallasia;* WILLD. ♄. Les bords de la mer Caspienne. Arbuste de quatre ou cinq pieds, à rameaux articulés ; fleurs blanchâtres ; fruit ailé, à ailes membraneuses, crispées et dentées. Orangerie ; terre légère ; multiplication de marcottes et boutures.

ÉRYOGONON. *Eryogonum;* MICH. (*Ennéandrie-monogynie.*) Calice presque campanulé, à six divisions ; neuf étamines à filamens capillaires ; un ovaire surmonté d'un style court, terminé par trois stigmates longs et presque filiformes ; une capsule à quatre angles aigus, monosperme, enveloppée par le calice.

1. Éryogonon cotonneux. *Eryogonum tomentosum;* Mich. ♃. Caroline. Tige herbacée, dichotome; feuilles ternées, verticillées, obovales; fleurs blanches. Orangerie; terre légère substantielle; arrosemens soutenus pendant la végétation. Multiplication de graines sur couche tiède au printemps, ou par la séparation des drageons et des pieds.

KOENIGE. *Kœnigia;* Lam. (*Triandrie-digynie.*) Calice à trois divisions; trois étamines; un ovaire surmonté par deux ou trois stigmates sessiles; une graine nue, ovale.

1. Koenige d'Islande. *Kœnigia islandica;* Lam. ⊙. Islande. Tige très-basse, un peu succulente; feuilles ovales, obtuses, très-entières, épaisses, alternes au bas de la tige, quaternées au sommet; en avril, fleurs petites, nombreuses, terminales, fasciculées, munies de bractées vaginales. Pleine terre; multiplication de graines semées au printemps et en place.

ORDRE VI.

LES ARROCHES. — *ATRIPLICEÆ.*

Plantes herbacées, ou, mais rarement, frutescentes; *racines* longues et ordinairement tortues; *tiges* le plus souvent droites; *feuilles* simples et alternes. *Fleurs* presque toujours hermaphrodites; *inflorescence* variée. *Calice* polyphylle, ou monophylle et ordinairement divisé en plusieurs découpures; *étamines* en nombre défini, insérées à la partie inférieure du calice; un *ovaire* supérieur, portant quelquefois un seul *style,* ou le plus souvent plusieurs, terminés chacun par un stigmate simple; rarement bifide. *Fruit* consistant en une seule graine nue, ou enveloppée par le calice: quelquefois baie ou capsule; *embryon* circulaire ou roulé en spirale autour d'un périsperme farineux.

Sect. Ire. Fruit en baie.

PHYTOLACCA. *Phytolacca;* L. (*Décandrie-décagynie.*) Calice à cinq divisions colorées; sept à vingt étamines; un ovaire strié, muni de sept à dix styles très-courts, terminés chacun par un stigmate simple; une baie orbiculaire, comprimée, à sept ou dix sillons, et divisée en autant de loges monospermes.

1. Phytolacca commun, raisin d'Amérique. *P. decandra;* L. ♃. Indigène. Tige grosse, d'un beau rouge, haute de cinq à six pieds, rameuse; feuilles ovales, pointues, assez grandes; en août et septembre, fleurs petites, blanches et rougeâtres, en grappes axillaires; dix étamines et dix styles. Pleine terre franche; exposition chaude; des arrosemens pendant la sécheresse, et garantir de l'humidité pendant l'hiver. Multiplication de graines en terrines et sur couche, ou par la séparation des racines au printemps. Les vignerons se servent des baies de cette espèce pour augmenter la couleur du vin.

2. Phytolacca du Mexique. *P. octandra;* L. ♄. Mexique. Tige de deux pieds; feuilles ovales lancéolées; de juillet en novembre, fleurs blanches, planes, avec une tache pourpre dans le milieu, en grappes; huit étamines et huit styles. Serre chaude; même culture, mais, de plus, multiplication de marcottes et boutures.

3. Phytolacca d'Abyssinie. *P. abyssinica;* Pers. *P. dodecandra;* L'Hérit. ♄. Abyssinie. Tige de quinze à vingt pieds; feuilles ovales; fleurs blanches, en grappes spiciformes; de quinze à vingt-sept étamines, et cinq styles. Serre chaude et culture du n° 2.

4. Phytolacca rouge. *P. icosandra;* L. ♄. Inde. Tige de deux ou trois pieds; feuilles lancéolées, pointues, les unes alternes, les autres opposées; de juillet en novembre, fleurs blanches, assez grandes, en grappes; dix-sept étamines; dix styles. Serre chaude; culture du n° 2.

5. Phytolacca droit. *P. stricta;* Hoffm. *P. heptandra;* Retz. ♃. Amérique. Tige herbacée, de deux pieds; feuilles lancéolées, mucronées; fleurs à huit étamines et sept styles,

ou à sept étamines et six styles. Culture du n° 1, mais orangerie éclairée.

6. PHYTOLACCA DIOÏQUE. *Phytolacca dioïca;* L. ♄. Amérique méridionale. Tige grosse, très-rameuse; feuilles ovales, glabres, à grosses nervures rouges, longuement pétiolées; fleurs dioïques, blanches, en grappes, ayant un grand nombre d'étamines. Culture du n° 2.

RIVINE. *Rivina;* PLUM. *Piercea;* MILLER. (*Tétrandrie-monogynie.*) Calice coloré, à quatre divisions profondes; quatre à douze étamines; un ovaire surmonté d'un style court, terminé par un stigmate obtus; une baie globuleuse, monoloculaire et monosperme.

1. RIVINE VELUE. *Rivina humilis;* L. *Piercea tomentosa;* MILL. ♄. Antilles. Petit arbuste à rameaux étalés; feuilles ovales, pubescentes, persistantes; une partie de l'année, fleurs blanches, en grappes simples et axillaires; quatre étamines. Baies rouges, d'un joli effet. Serre chaude; terre franche; arrosemens fréquens en été; multiplication de graines sur couche et sous châssis.

2. RIVINE LISSE. *R. levis;* L. *R. humilis;* MILL. ♄. Antilles. Arbuste entièrement glabre; tige cylindrique; feuilles ovales, acuminées, glabres, planes, bordées de pourpre, persistantes; fleurs petites, blanches, en grappes simples, à quatre étamines. Serre chaude; même culture.

Var. * A larges feuilles, *latifolia;* PERS. Feuilles larges, ovales, lisses; baie sèche. De Madagascar.

3. RIVINE DU BRÉSIL. *R. brasiliensis;* WILLD. ♄. Amérique. Tige droite, sillonnée; feuilles ovales, ondulées, rugueuses; fleurs en grappes simples, axillaires, à quatre étamines. Serre chaude; même culture.

4. RIVINE A DOUZE ÉTAMINES. *R. dodecandra;* LAM. *R. octandra;* PERS. ♄. Amérique méridionale. Tige grimpante, de dix-huit à vingt pieds; feuilles glabres, elliptiques; fleurs en grappes latérales; huit ou douze étamines; baies bleues. Même culture.

BOSÉE. *Bosea;* L. (*Pentandrie-digynie.*) Calice à cinq folioles; cinq étamines à filamens un peu plus longs que la corolle; un ovaire aigu, surmonté de deux stigmates sessiles. Une baie globuleuse et monosperme.

1. Bosée a feuilles de lilas. *Bosea yerva - mora;* L. ♄. Canaries. Arbuste tortueux, de cinq à six pieds; feuilles ovales, pointues, glabres et persistantes; fleurs rougeâtres, en grappes lâches et axillaires. Orangerie; terre franche légère; multiplication de boutures et de marcottes.

Sect. II. Fruit capsulaire.

PÉTIVÈRE. *Petiveria;* L. (*Heptandrie-monogynie.*) Calice à quatre folioles égales, persistantes; six à huit étamines; un ovaire surmonté de quatre styles subulés, terminés par des stigmates obtus; une petite capsule oblongue, rétrécie inférieurement, élargie, comprimée et échancrée en sa partie supérieure, et terminée par quatre crochets réfléchis en dehors.

1. Pétivère alliacé. *Petiveria alliacea;* L. ♄. Antilles. Arbuste de trois à quatre pieds; feuilles ovales-oblongues, pubescentes, persistantes; de juin en octobre, fleurs petites, blanches, en épis longs et terminaux; six étamines. Serre chaude, dont on le sort pendant les trois mois les plus chauds de l'année; terre franche légère; multiplication de boutures faites en juin, en pots sur couche tiède et ombragée.

Var. A huit étamines. *P. octandra.* Jacq. Tige plus basse et plus mince. Même culture.

POLYCNÈME. *Polycnemum;* L. (*Triandrie monogynie.*) Calice à cinq folioles persistantes; une à trois étamines à filamens capillaires, plus courts que le calice; un ovaire surmonté d'un à deux styles; une capsule monosperme, ne s'ouvrant pas.

1. Polycnème a une étamine. *Polycnemum monandrum;* Willd. ♃. Sibérie. Tiges droites, herbacées; feuilles linéaires, aiguës; fleurs petites, nombreuses, à une étamine. Orangerie; terre sablonneuse ou de bruyère; arrosemens modérés; multiplication de graines ou d'éclats.

CAMPHRÉE. *Camphorosma;* L. (*Tétrandrie-monogynie.*) Calice urcéolé, à quatre divisions, dont deux alternativement plus grandes; quatre étamines à filamens plus longs que le calice; un ovaire surmonté d'un style bifide à stigmates aigus; une capsule monosperme, enveloppée par le calice persistant.

1. Camphrée de Montpellier. *Camphorosma monspeliaca;* L. ♄. Du midi de la France. Arbuste de un à six pieds; feuil-

les velues, linéaires, petites, persistantes; en août, fleurs petites, verdâtres, en paquets axillaires. Orangerie; terre légère ou sablonneuse; exposition au soleil; arrosemens modérés. Multiplication de marcottes et boutures.

2. Camphrée paléacée. *Camphorosma paleacea;* L. ♄. Du Cap. Tige de trois ou quatre pieds, frutiqueuse; rameaux velus, paléacés, spiciformes. Orangerie; terre de bruyère. Même culture.

PTÉRANTHE. *Pteranthus;* Desf. (*Tétrandrie-monogynie.*) Calice à quatre divisions concaves, dont deux plus grandes, en crête à leur sommet, et deux plus petites, terminées en alêne; un ovaire surmonté d'un style à deux stigmates; une capsule membraneuse, monosperme, ne s'ouvrant pas, cachée dans le calice persistant.

1. Ptéranthe hérissé. *Pteranthus echinatus;* Desf. *Camphorosma pteranthus;* L. *Luichea cervina;* L'Hérit. ⊙. Barbarie. Tiges articulées, plus ou moins couchées, longues d'un pied; feuilles verticillées, linéaires, épaisses, inégales; fleurs petites, verdâtres, à pédoncules planes, obovés. De graines semées sur couche, au printemps; repiquer en terre légère et bonne exposition, ou l'y laisser pour assurer la maturité des semences.

GALÉNIE. *Galenia;* L. (*Octandrie-digynie.*) Calice quadrifide; huit étamines à filamens à peine aussi longs que le calice; un ovaire arrondi, surmonté de deux styles à stigmates simples; une capsule à deux loges, à deux semences.

1. Galénie d'Afrique. *Galenia africana;* L. ♄. Du Cap. Arbuste de trois ou quatre pieds, droit; feuilles linéaires, un peu charnues, persistantes; en juillet, fleurs petites, herbacées, en panicule terminale. Orangerie; terre légère ou de bruyère, arrosemens fréquens pendant la végétation; multiplication de marcottes, ou de boutures en juin sur couche tiède et sous châssis.

2. Galénie couchée; *G. procumbens;* L. ♄. Du Cap. Cet arbuste diffère du précédent par ses tiges couchées et ses feuilles ovales, canaliculées, à sommet recourbé et étalé. Orangerie et même culture.

Sect. III. Graines recouvertes par le calice ; cinq étamines.

BASELLE. *Basella;* L. (*Pentandrie trigynie.*) Calice urcéolé, à sept divisions, dont deux divisions extérieures opposées et plus larges ; cinq étamines ; un ovaire globuleux chargé de trois styles qui portent leurs stigmates adnés à leur face interne ; une graine enveloppée dans le calice, qui s'est accru et qui est devenu semblable à une baie.

1. Baselle a feuilles cordiformes. *Basella cordifolia;* L. ♂. Indes. Tiges grosses, succulentes, non grimpantes, d'un pied ; feuilles un peu cordiformes, grandes, arrondies au sommet, épaisses, charnues ; fleurs d'un pourpre pâle, en paquets axillaires. Ses feuilles sont comestibles comme celles des baselles rouge et blanche, et elle se cultive de même. *Voyez* tome II, page 319.

2. Baselle vésiculeuse. *B. vesicaria;* Lam. *Anrandera spicata;* Juss. ♄. Pérou. Tige grimpante, de deux à trois pieds ; feuilles alternes, pétiolées, ovales, épaisses, charnues ; fleurs en épis solitaires et axillaires ; fruits un peu vésiculeux. Serre chaude ; terre franche, un peu sablonneuse ; arrosemens modérés. Multiplication de marcottes, de boutures étouffées, ou de graines sur couche chaude.

SOUDE. *Salsola;* L. (*Pentandrie-digynie.*) Calice monophylle, à cinq divisions ; cinq étamines ; un ovaire globuleux, surmonté de deux à trois styles courts, terminés par des stigmates recourbés ; une graine roulée sur elle-même en spirale, enveloppée par le calice, dont les divisions prennent de l'accroissement, deviennent conniventes et semblent former une sorte de capsule.

1. Soude a feuilles courtes. *Salsola brevifolia;* Desf. ♄. Barbarie. Arbuste de deux à trois pieds, à tige frutiqueuse, très-rameuse ; feuilles ovales, rapprochées, très-courtes, pubescentes ; fleurs nombreuses, axillaires, sessiles, solitaires. Orangerie éclairée ; terre sablonneuse, substantielle ; multiplication aisée de boutures.

2. Soude arbrisseau. *S. fruticosa;* L. *Chenopodium fruticosum;* Willd. ♄. Indigène. Tige frutiqueuse, de deux ou trois pieds ; feuilles charnues, cylindriques, obtuses, imbri-

quées, mutiques, persistantes; fleurs sessiles, axillaires, solitaires. Pleine terre et même culture.

3. Soude couchée. *Salsosa prostrata;* L. ♄. Sibérie. Arbrisseau à tiges couchées; feuilles linéaires, poilues, sans aiguillons. Pleine terre et même culture. Par prudence, on en a quelques pieds en orangerie.

4. Soude satinée. *S. sericea;* Willd. *Chenolea diffusa;* Thunb. ♄. Du Cap. Arbrisseau à rameaux diffus; feuilles lancéolées, soyeuses; fleurs à calice non épineux. Orangerie éclairée et culture du n° 1.

5. Soude a feuilles opposées. *S. oppositifolia;* Desf. *S. fruticosa;* Cav. ♄. Barbarie. Tiges rameuses, d'un pied; feuilles subulées, inermes, opposées; fleurs sessiles, réunies par deux ou trois, axillaires. Orangerie; culture du n° 1. Joli arbuste.

6. Soude blanchatre. *S. canescens;* Desf. *Chenopodium sinense;* Willemet. ♄. De la Chine. Tige sous-ligneuse, feuillée; feuilles linéaires, aiguës, cotonneuses, planes, d'un soyeux argenté dans les jeunes rameaux; fleurs sessiles, solitaires, axillaires. Orangerie et culture du n° 1.

7. Soude cultivée. *S. sativa;* L. ♃. Espagne. Tiges herbacées, diffuses; feuilles cylindriques, glabres; fleurs ramassées. Pleine terre sablonneuse; multiplication de graines. C'est particulièrement de cette espèce que l'on tire, par l'incinération, l'alkali connu dans le commerce sous le nom de *soude,* quoique toutes puissent en fournir.

ANSERINE. *Chenopodium;* L. (*Pentandrie-digynie.*) Calice à cinq folioles; cinq étamines; un ovaire surmonté d'un style très-court, ordinairement bifide, plus rarement trifide, à stigmates obtus; une graine orbiculaire, enveloppée dans le calice persistant, et qui forme cinq angles.

1. Anserine anthelmintique. *Chenopodium anthelminticum;* L. ♄. Amérique. Tige de trois pieds, droite; feuilles ovales, oblongues, rarement dentées, pubescentes, persistantes; en juillet, fleurs à trois styles, en grappes sans feuilles et axillaires. Orangerie; terre légère; arrosemens modérés; multiplication de graines en terrines sur couche tiède, pour repiquer en pots quand le plant est assez fort, ou de boutures qui s'enracinent facilement.

2. Anserine laciniée. *C. multifidum;* L. ♄. Buenos-Ayres.

Tige de deux pieds, très-rameuse, feuillée et velue; feuilles nombreuses, multifides, à pinnules linéaires, persistantes; fleurs sessiles, axillaires, en paquets. Orangerie et même culture.

3. Anserine a feuilles incisées. *Chenopodium incisum;* Desf. *C. ambrosioïdes fruticosum;* Boer. *C. fruticosum;* Mill. ♄. Mexique. Tige de quatre à cinq pieds, striée, pubescente; feuilles lancéolées, oblongues, laciniées ou profondément dentées, persistantes; fleurs sessiles, très-petites, axillaires, réunies au nombre de deux à cinq. Orangerie éclairée et même culture.

4. Anserine odorante, ambroisie. *C. ambrosioïdes;* L. ⊙. Mexique. Tige herbacée, velue, droite, de un à deux pieds; feuilles lancéolées, dentées; de juin en octobre, fleurs herbacées, très-petites, en grappes axillaires, feuillées, simples. Toute la plante exhale une odeur aromatique, forte et agréable. Pleine terre légère, à exposition chaude; multiplication de graines sur couche tiède au printemps; repiquer en place, et quelques pieds en pots pour leur faire mûrir leur graine dans l'orangerie.

5. Anserine belvédère. *C. scoparium;* L. ⊙. Chine. Tige herbacée, de trois à quatre pieds; feuilles planes, linéaires, lancéolées, très-entières, à bords ciliés; en juin et septembre, fleurs sessiles, agglomérées, axillaires. De graines semées en mars sur couche tiède, et repiquer en mai.

6. Anserine rouge. *C. rubrum;* L. ⊙. Indigène. Tige rougeâtre, de deux pieds; feuilles cordiformes, triangulaires, un peu obtuses, sinuées, dentées; en août, fleurs en grappes droites, composées, un peu feuillées. Même culture que la précédente.

7. Anserine purpurescente. *C. purpurescens;* Jacq. *C. atriplicis;* Ait. ⊙. Chine. Tige droite, herbacée, d'un pourpre foncé comme toute la plante; feuilles rhomboïdales ovales, lancéolées, les inférieures sinuées et dentées; fleurs en panicules axillaires et rameuses, paraissant en août. Même culture que la précédente.

ARROCHE. *Atriplex;* L. (*Pentandrie-digynie.*) Fleurs polygames. Dans les hermaphrodites : calice de cinq folioles; cinq étamines; un ovaire surmonté d'un style court, bifide, à stigmates réfléchis ; une graine renfermée dans le calice, qui devient anguleux; dans les femelles : calice à deux folioles; un ovaire à style bifide, terminé par des stigmates réfléchis; graines enveloppées par les deux folioles du calice, qui prennent de l'accroissement après la fleuraison.

1. Arroche halime. *Atriplex halimus ;* L. ♄. France méridionale. Arbrisseau de cinq ou six pieds, dont la tige, très-rameuse, et les rameaux sont, ainsi que les feuilles, d'un glauque argenté; feuilles deltoïdes, entières, un peu charnues, persistantes; fleurs en petites grappes terminales. Pleine terre légère, sablonneuse, à exposition très-chaude; couverture de litière sèche pendant l'hiver; multiplication de boutures en pot et terre de bruyère, sur couche tiède, au printemps.

2. Arroche a feuilles de pourpier. *A. portulacoïdes;* L. ♄. Indigène. Tige frutiqueuse, d'un pied et demi; rameaux diffus, d'un blanc glauque; feuilles un peu pétiolées, obovales, épaisses; fleurs en épis grêles et terminaux. Pleine terre et même culture; elle est plus rustique que la précédente.

3. Arroche glauque. *A. glauca;* L. ♄. France méridionale. Tige sous-frutiqueuse, couchée; feuilles ovales, sessiles, très-entières, les inférieures un peu dentées, d'un blanc glauque; fleurs en paquets axillaires. Culture du n° 1.

4. Arroche blanche. *A. albicans;* Willd. ♄. Du Cap. Tige droite, frutescente; feuilles très-entières, hastées, pointues; fleurs en épis terminaux. Orangerie et même culture.

Voyez, pour l'arroche des jardins, le tome II, page 304.

Sect. IV. Graines recouvertes par le calice; moins de cinq étamines.

AXIRIDE. *Axiris;* L. (*Monœcie-triandrie.*) Fleurs monoïques. Les mâles rassemblés en chaton, ayant un calice de trois folioles, et trois étamines; les femelles éparses, à calice de cinq folioles, dont les deux extérieures plus courtes; un ovaire surmonté de deux styles capillaires, à stigmates acuminés; une graine ovale, étroitement enveloppée par les trois plus grandes folioles du calice.

1. Axiride fausse amaranthe. *Axiris amaranthoïdes;* L. ⊙.

Sibérie. Tige droite, de quatre à cinq pieds; feuilles ovales; en juillet, fleurs en épis simples et terminaux. Pleine terre. De graine semée en place au printemps.

BLÈTE. *Blitum;* L. (*Monandrie-digynie.*) Calice de trois folioles; une étamine; un ovaire surmonté de deux styles; une graine enveloppée dans le calice qui devient succulent et prend la forme d'une baie.

1. Blète a tête, Épinard-fraise. *Blitum capitatum;* L. ☉. Indigène. Tige droite, de deux pieds; feuilles triangulaires, dentées; de mai en août, fleurs très-petites; fruits en têtes sessiles, terminales, succulentes, ressemblant parfaitement à une fraise. Tout terrain; de graine semée en place au printemps. Elle se ressème d'elle-même.

2. Blète effilée. *B. virgatum;* L. ☉. Indigène. Tige effilée, de deux pieds; feuilles grandes, profondément dentées, à dents aiguës; fleurs et fruits le long des rameaux. Même culture.

SALICORNE. *Salicornia;* L. (*Monandrie-monogynie.*) Calice tétragone, ventru, entier; une ou deux étamines; un ovaire surmonté d'un style terminé par deux stigmates; une graine recouverte par le calice enflé.

1. Salicorne arbrisseau. *Salicornia fruticosa;* L. ♄. France méridionale. Tige droite, frutiqueuse, articulée, d'un pied et demi; articulations des rameaux ancipitées; feuilles persistantes; écailles florales membraneuses et tronquées; fleurs très-petites, aux articulations. Orangerie; terre franche légère; multiplication de boutures.

2. Salicorne d'Arabie. *S. arabica;* L. ♄. D'Arabie. Tige articulée; articulations obtuses, épaissies à leur base; feuilles alternes, vaginantes, obtuses, déhiscentes; fleurs en épis ovales. Orangerie et même culture.

POLLICHIE. *Pollichia;* Ait. (*Monandrie-monogynie.*) Calice inférieur, monophylle, à cinq dents; une seule étamine à filament filiforme, portant une anthère arrondie; un ovaire à style simple, terminé par un stigmate bifide; une graine enveloppée aux trois quarts dans le calice, qui a pris de l'accroissement et presque la forme d'une baie.

1. Pollichie champêtre. *Pollichia campestris;* Ait. *Neckeria campestris;* Gmel. ♄. Du Cap. Tiges grêles, cylindriques,

de deux pieds; feuilles verticillées, linéaires lancéolées, glabres, glauques, à stipules persistantes et inégales; fleurs solitaires, ou ramassées en tête, charnues, blanches, fort singulières. Serre tempérée; beaucoup de lumière; terre légère et substantielle; arrosemens soutenus, mais modérés. Multiplication de graines sur couche chaude, de boutures et de marcottes.

SECT. V. Graine non-couverte par le calice.

CORISPERME. *Corispermum;* L. (*Monandrie-digynie.*) Calice à deux divisions; une étamine, plus rarement deux à cinq; un ovaire surmonté de deux styles capillaires; une graine nue, ovale, comprimée, entourée d'un rebord membraneux.

1. CORISPERME A FEUILLES D'HYSSOPE. *Corispermum hyssopifolium;* L. ⊙. France méridionale. Tige d'un pied, striée; feuilles linéaires, mutiques, sans nervures; fleurs en épi terminal, en août. De graines semées au printemps sur couche tiède ou en place.

CLASSE VI.

Plantes dicotylédones, apétales, à étamines attachées sous le pistil.

ORDRE Ier.

LES AMARANTHES. — *AMARANTHI.*

Plantes herbacées; *feuilles* entières, ordinairement alternes et sans stipules, ou quelquefois opposées et stipulées; *fleurs* petites, nombreuses, souvent bractées, quelquefois unisexuelles, en capitules ou en grappes; *calice* polyphylle, ou monophylle partagé en plusieurs découpures, souvent entouré d'écailles à sa base; *étamines* ordinairement au nombre de cinq, tantôt distinctes et interposées entre cinq petites écailles, tantôt ayant leurs filamens monadelphes et réunis en cylindre à leur base ; un *ovaire* supérieur, surmonté d'un à trois styles et d'autant de stigmates ; une *capsule* monoloculaire, monosperme ou polysperme, s'ouvrant à son sommet ou en travers ; quelquefois une capsule monosperme et ne s'ouvrant pas ; *embryon* courbé et entourant circulairement un *périsperme* farineux.

AMARANTHE. *Amaranthus;* L. (*Monœcie-pentandrie.*) Fleurs monoïques ; dans les mâles : calice de trois à cinq folioles ; trois à cinq étamines ; dans les femelles : calice comme dans les mâles ; un ovaire surmonté de trois styles, terminés chacun par un stigmate ; une capsule à trois pointes, s'ouvrant en travers et contenant une graine.

1. AMARANTHE TRICOLORE. *Amaranthus tricolor;* L. ☉. Inde. Tige de deux pieds ; feuilles grandes, ovales lancéolées, panachées de vert, de jaune et de rouge, les supérieures souvent d'un rouge brillant ; fleurs sessiles, glomérulées ; trois étamines. De graines semées en mars sur couche chaude et sous châssis ; repiquer en place en mai.

2. AMARANTHE A QUEUE. *A. caudatus;* L. ☉. Pérou. Tige de trois ou quatre pieds ; feuilles lancéolées, ovales ; de juin en septembre, fleurs en grappes décomposées, pendantes, très-longues, cylindriques, d'un rouge foncé. De graines semées en place au printemps. Elle se ressème d'elle-même.

CÉLOSIE, passe-velours. *Celosia;* L. (*Pentandrie-monogynie.*) Calice de cinq folioles, muni à sa base de deux à trois petites écailles persistantes ; cinq étamines à filamens réunis par leur base en un tube court ; un ovaire surmonté d'un style subulé, terminé par un stigmate simple ou trifide ; une capsule monoloculaire, s'ouvrant transversalement et contenant plusieurs graines.

1. CÉLOSIE CRÊTE DE COQ. *Celosia cristata;* L. ☉. Asie. Tige d'un pied à un pied et demi ; feuilles oblongues, ovales ; de juin en septembre, fleurs très-petites, tellement nombreuses et serrées en têtes longues, aplaties et plissées, qu'elles ont l'apparence de crêtes de velours, jaunes ou rouges, selon la variété. On en possède plusieurs sous-variétés nuancées de diverses couleurs et à crêtes de formes différentes. Terre fran-

che légère; exposition chaude; arrosemens fréquens. Multiplication de graines en mars sur couche chaude et sous châssis ou sous cloches; repiquage sur une autre couche jusqu'en juillet, époque à laquelle on les met en place, avec la motte. On recueille la graine à mesure qu'elle mûrit, sans quoi elle se perd. Plante charmante.

2. Célosie écarlate. *Celosia coccinea;* L. ☉. Inde. Tige de trois ou quatre pieds, sillonnée; feuilles ovales, raides, sans oreilles; de juillet en septembre, fleurs en épis, les uns formant la crête, les autres plumeux, tous d'un beau rouge. Même culture.

IRÉSINE. *Iresine;* L. (*Diæcie-pentandrie.*) Fleurs dioïques. Dans les mâles : calice de cinq folioles, muni extérieurement de deux petites écailles; cinq étamines dont les filamens sont interposés entre cinq petites écailles; dans les femelles : calice comme dans les mâles; un ovaire dépourvu de style et surmonté de deux stigmates arrondis; une capsule monoloculaire, contenant plusieurs graines environnées de duvet.

1. Irésine faux célosie. *Iresine celosioïdes;* L. ☉, selon Persoon; ♃, selon Dumont de Courset; ♄, selon Desfontaine. C'est un arbuste des Antilles. Tige de deux à trois pieds, sillonnée, noueuse; feuilles petites, ponctuées, scabres, les inférieures oblongues, acuminées, les supérieures ovales lancéolées; fleurs très-petites, jaunâtres, en pannicule rameuse et serrée. Serre chaude; terre légère; arrosemens soutenus. Multiplication de graines ou de boutures.

CADÉLARI. *Achyranthes;* L. (*Pentandrie-monogynie.*) Calice à cinq folioles, muni à sa base de trois écailles caliciformes; cinq étamines interposées entre un pareil nombre d'écailles; un ovaire chargé d'un stigmate simple ou bifide; une graine renfermée dans le calice, dont les cinq folioles sont conniventes et forment comme une capsule à cinq valves.

1. Cadélari frutescent. *Achyranthes fruticosa;* Lam. ♄. Inde. Tige droite, de quatre à cinq pieds; feuilles ovales, molles, glabres; fleurs scarieuses, glabres, luisantes; les écailles violettes et velues. Serre chaude; multiplication de graines et boutures.

2. Cadélari hérissé. *A. lappacea;* L. *A. atropurpurea;*

Lam. ♄. Inde. Tige frutiqueuse, diffuse; feuilles glabres, ovales, acuminées, atténuées à la base, persistantes; en septembre et octobre, fleurs en épis terminaux, hérissées de pointes purpurines. Même culture.

3. Cadélari étalé. *Achyranthes porrigens;* Jacq. ♄. Pérou. Tige droite, très-rameuse; feuilles opposées, souvent au nombre de quatre à chaque nœud, ovales, très-entières, un peu molles au toucher; toute l'année, plusieurs petits épis de fleurs d'un beau rouge, d'abord arrondis, puis s'allongeant en vieillissant. Serre chaude; même culture.

AMARANTHINE. *Gomphrena;* L. (*Pentandrie-monogynie.*) Calice divisé profondément en cinq découpures, muni à sa base de deux grandes écailles conniventes et colorées; cinq étamines à filamens entièrement réunis en un tube à cinq dents, à l'entrée duquel sont les anthères; un ovaire portant un style bifide et deux stigmates; une capsule monosperme, s'ouvrant en travers.

1. Amaranthine globuleuse, immortelle violette, toïde. *Gomphrena globosa;* L. ⊙. Inde. Tige droite; feuilles ovales lancéolées, molles, pubescentes; de mai en octobre, fleurs en tête globuleuse, d'un beau rouge, ou rouge violet, ou blanches, ou couleur de chair, selon la variété. Terre franche légère et bonne exposition; de graines semées au printemps sur couche et sous cloche; repiquer en place avec la motte lorsque le plant est assez fort et que l'on n'a plus rien à craindre des gelées. Jolie plante.

2. Amaranthine interrompue. *G. interrupta;* L. ♃. Antilles. Tige penchée, articulée, pubescente; feuilles ovales, blanchâtres, cotonneuses; en juillet, fleurs petites, jaunâtres, en épi interrompu et terminal. Serre chaude et même culture que la précédente. On la multiplie aussi de boutures et par l'éclat des racines.

3. Amaranthine du Brésil. *G. brasiliana;* L. ♄. Brésil. Arbrisseau à tige droite et rameuse; feuilles ovales oblongues; fleurs petites, en têtes pedonculées, globuleuses, sans feuilles; serre chaude et même culture que la précédente; de plus, multiplication par marcottes.

ILLÉCÈBRE. *Illecebrum;* L. (*Pentandrie-monogynie.*) Calice à cinq folioles, muni extérieurement de trois écailles;

cinq étamines à filamens réunis à leur base en un tube urcéolé ; un ovaire surmonté d'un style très-court, terminé par un stigmate élargi ; une capsule monosperme, à cinq valves.

1. ILLÉCÈBRE LAINEUX. *Illecebrum lanatum;* WILLD. *Achyranthes lanata;* LAM. ♃. Inde. Tige diffuse, un peu couchée ; feuilles alternes, ovales, petiolées ; fleurs en épis latéraux et cotonneux. Serre chaude ; terre franche légère ; multiplication de graines, et par la séparation des drageons.

2. ILLÉCÈBRE DE JAVA. *I. javanicum;* L. *Achyranthes javanica;* PERS. *Achyranthes alopecuroïdes;* LAM. *Iresine javanica;* BURM. ♃. De Java. Tige droite, presque simple, blanche ; feuilles alternes, oblongues, cotonneuses ; fleurs en épis nombreux et terminaux. Serre chaude ; même culture.

PARONYQUE. *Paronychia;* JUSS. (*Pentandrie-monogynie.*) Calice de cinq folioles acuminées, colorées intérieurement ; cinq étamines interposées entre cinq petites écailles linéaires ; un ovaire surmonté d'un style bifide, terminé par deux stigmates ; une capsule monosperme, à cinq valves, cachée dans le calice, dont les folioles deviennent conniventes.

1. PARONYQUE FRUTESCENTE. *Paronychia frutescens;* HORT. PAR. *Illecebrum frutescens;* L'HÉRIT. ♄. Pérou. Tige frutiqueuse, à rameaux dichotomes ; feuilles opposées, pulvérulentes. Serre chaude ; terre franche légère ; multiplication de boutures et marcottes.

2. PARONYQUE ARGENTÉE. *P. argentea;* FLOR. FR. *Illecebrum paronychia;* L. ♃. France méridionale. Tiges couchées, articulées, de six à huit pouces ; feuilles lisses, ovales oblongues, acuminées ; de mai en août, fleurs en bouquets terminaux, garnies de bractées blanches, luisantes, argentées, obovales. Orangerie ; terre franche légère ; multiplication de graines et par la séparation des drageons ou des racines.

HERNIOLE. *Herniaria;* L. (*Pentandrie-digynie.*) Calice divisé profondément en cinq découpures colorées intérieurement ; cinq étamines à filamens interposés entre cinq petites écailles filiformes ; un ovaire surmonté de deux styles courts, terminés chacun par un stigmate aigu ; une capsule monosperme, ne s'ouvrant pas, et cachée dans le calice persistant.

1. HERNIOLE LIGNEUSE. *Herniaria fruticosa;* L. ♄. France méridionale. Tiges frutiqueuses, grêles, rameuses, longues

d'un pied; feuilles très-petites, ovales, nombreuses, rapprochées, velues, un peu aiguës, persistantes; fleurs agglomérées, à quatre divisions, hérissées de poils. Orangerie; multiplication de graines, de boutures et de marcottes.

2. Herniole blanche. *Herniaria incana;* Lam. ♃. Des Alpes. Tiges blanchâtres, basses, menues, couchées; feuilles ovales oblongues, velues, grisâtres; fleurs en faisceaux axillaires, velues et blanches. Pleine terre légère et fraîche; du reste, même culture.

ORDRE II.

LES PLANTAGINÉES. — *PLANTAGINEÆ.*

Plantes herbacées; *tige* ordinairement simple, quelquefois rameuse ou nulle; *feuilles* radicales ramassées, souvent multinervées, quelquefois opposées. *Fleurs* hermaphrodites, quelquefois monoïques, sessiles, bractées, en épi; *calice* à quatre divisions, plus rarement à trois; *corolle* (calice intérieur) en tube resserré à sa partie supérieure, le plus souvent à quatre divisions, scarieuse et persistante; quatre *étamines* à filamens saillans et insérés au fond du tube; un *ovaire* supérieur, à style et stigmate simples. Une *capsule* s'ouvrant horizontalement en travers, divisée par une cloison à deux ou quatre faces qui la partagent comme en deux ou quatre loges monospermes ou polyspermes; quelquefois la capsule est monosperme et ne s'ouvre pas. *Embryon* placé au milieu d'un périsperme dur et presque corné.

PULICAIRE. *Psyllium;* L. (*Tétrandrie-monogynie.*) Capsule à deux loges et à deux graines; tige rameuse et trichotome, feuillée; feuilles linéaires, opposées; du reste, mêmes caractères que le genre plantain.

1. Pulicaire sous-ligneuse. *Psyllium suffruticosum;* Willd. *Plantago cynops;* L. ♄. France méridionale. Tige rameuse, sous-frutiqueuse, à moitié couchée; feuilles très-entières, filiformes, raides, canaliculées, un peu velues; de mai en août, fleurs en têtes courtes, terminales, avec des bractées. Oran-

gerie; terre légère et sablonneuse; peu d'arrosemens. Multiplication de graines et de marcottes.

PLANTAIN. *Plantago;* L. (*Tétrandrie-monogynie.*) Calice à quatre divisions; corolle tubuleuse, à quatre divisions; quatre étamines à filamens capillaires; un ovaire surmonté d'un style filiforme plus court que les étamines; une capsule divisée par une cloison à deux ou quatre faces, et formant deux à quatre loges monospermes ou polyspermes.

1. PLANTAIN DES ALPES. *Plantago alpina;* JACQ. *P. sphærocephala;* LAM. ♃. Des Alpes. Feuilles linéaires, planes, formant gazon; hampe cylindrique, velue; de juin en septembre, fleurs en épi oblong, droit, s'allongeant à mesure que les fleurs se développent. Terre légère. Multiplication de graines ou par l'éclat des pieds.

2. PLANTAIN A FEUILLES CAPUCHONNÉES. *P. cucullata;* LAM. *P. maxima;* JACQ. ♃. Sibérie. Feuilles ovales, concaves, capuchonnées, marquées de neuf nervures, pubescentes en dessous; hampe cylindrique, haute; fleurs blanches, imbriquées, en épi long de neuf à douze pouces. Même culture.

3. PLANTAIN A GAÎNES. *P. vaginata;* VENT. ♄. Canaries. Arbrisseau à tige cylindrique, droite, de quatre ou cinq pouces; feuilles alternes, concaves, pointues, un peu dentées; hampes striées, canaliculées, engaînantes, pubescentes; presque toute l'année, fleurs en épis cylindriques, velus, longs de deux pouces. Orangerie et même culture.

LITTORELLE. *Littorella;* L. (*Monœcie-tétrandrie.*) Fleurs monoïques. Dans les mâles : calice à quatre folioles; corolle tubuleuse, quadrifide; quatre étamines à filamens très-longs; dans les femelles : calice de trois folioles; tube pétaloïde, trifide; un ovaire surmonté d'un style filiforme beaucoup plus long que le calice, et terminé par un stigmate simple; une capsule monosperme ne s'ouvrant pas. Fleurs mâles sur des pédoncules aussi longs que les feuilles; fleurs femelles sessiles à la base des pédoncules qui portent les mâles.

1. LITTORELLE DES MARAIS. *Littorella lacustris;* L. ♃. Indigène. Plante très-petite, jolie. Feuilles radicales, étroites, aiguës; de juillet en août, hampe de deux pouces, uniflore. Terre tourbeuse, ou, mieux, marécageuse, toujours humide. Multiplication de graines ou d'éclats.

ORDRE III.

LES NYCTAGINÉES. — *NYCTAGINEÆ.*

Plantes herbacées ou ligneuses ; *tiges* herbacées ou frutescentes ; *feuilles* simples, opposées ou alternes. *Fleurs* presque toujours hermaphrodites, axillaires ou terminales ; *calice* monophylle ; *corolle* (calice intérieur) attachée sous le pistil ; ordinairement cinq *étamines*, plus rarement une à quatre, ou six à huit, ayant leurs filamens qui prennent naissance au réceptacle, et sont insérés sur une glande qui entoure un *ovaire* supérieur surmonté d'un style terminé par un *stigmate* le plus souvent simple, quelquefois bifide. *Capsule* monosperme, ne s'ouvrant pas, et cachée par la partie inférieure du calice qui est persistant ; *embryon* placé autour d'un périsperme farineux.

BELLE-DE-NUIT, nyctage. *Mirabilis ;* L. (*Pentandrie-monogynie.*) Calice double, l'extérieur campanulé, à cinq divisions, l'intérieur (corolle) monophylle, infondibuliforme, pétaloïde, ventru à sa base, resserré au-dessus de l'ovaire, et ayant son limbe dilaté et ouvert, presque entier ou à cinq dents. Cinq étamines à filamens nés du receptacle, réunis à leur base, et formant une sorte de glande à cinq dents, qui entoure un ovaire à style filiforme, terminé par un stigmate globuleux ; une capsule monosperme, ne s'ouvrant pas, recouverte par la base du calice intérieur, devenu coriace.

1. Belle-de-nuit ordinaire, faux jalap, merveille du Pérou. *Mirabilis jalapa ;* L. ♃. Mexique. Racine fusiforme ; tige rameuse, de deux pieds ; feuilles opposées, presque cordiformes, pointues, très-entières, glabres ; de juillet en septembre, fleurs rouges, blanches, jaunes ou panachées, selon la variété, en bouquets axillaires, ne s'ouvrant que la nuit. Pleine terre franche légère, substantielle et pas trop sèche ; multiplication de graines semées en avril, sur couche tiède et sous cloche ; repiquer le jeune plant en place lors-

qu'il est assez fort. On peut se contenter de la semer en plate-bande, terreautée, au midi, mais il n'est pas sûr qu'elle mûrisse ses graines. Cette plante se cultive ordinairement comme annuelle; mais si on veut arracher sa racine à l'automne et la serrer en lieu sec et à l'abri des gelées, en la replantant au printemps, elle fleurira beaucoup plus tôt, et la maturité des graines sera plus assurée.

2. BELLE-DE-NUIT A LONGUES FLEURS. *Mirabilis longiflora;* L. ♃. Mexique. Racine fusiforme; tiges fistuleuses, très-longues, velues; feuilles lancéolées, cordiformes, pointues, très-entières, visqueuses ainsi que la tige; de juillet en septembre, fleurs odorantes, blanches, rouges à l'entrée du tube: celui-ci cylindrique et long de quatre à cinq pouces. Même culture.

Var. HYBRIDE, *hybrida.* DUM. COURC. Hybride des deux précédentes; tiges droites, se soutenant bien; feuilles moins grandes, moins velues, moins visqueuses que dans la longiflore, et ses fleurs blanches, pourpre-pâle, ou panachées, ou d'un rouge très-vif, sont aussi beaucoup moins longues, quoiqu'elles soient plus longues que dans la belle-de-nuit ordinaire. Même culture. Elle est un peu plus délicate.

3. BELLE-DE-NUIT DICHOTOME. *M. dichotoma;* L. ♃. Mexique. Tige renflée aux dichotomies des rameaux; en juillet, fleurs sessiles, axillaires, droites, solitaires, pourpres, moitié plus petites que les précédentes. Même culture.

CALYXHYMÈNE. *Calyxhymenia;* ORTEGA. (*Triandrie-monogynie.*) Calice double; l'extérieur monophylle, à cinq dents; l'intérieur (corolle) infondibuliforme, pétaloïde, plissé; trois étamines à filamens plus longs que le limbe du calice intérieur; un ovaire à style et stigmate simples; une capsule monosperme, ne s'ouvrant pas, recouverte par le calice qui s'accroît et devient membraneux.

1. CALYXHYMÈNE VISQUEUX. *Calyxhymenia viscosa;* PERS. *Mirabilis viscosa;* CAV. ♃. Pérou. Tige grosse, cannelée, branchue, de trois ou quatre pieds; feuilles cordiformes, plus grandes en bas de la tige; en août, fleurs paniculées, nombreuses, pourpres, à limbe plane; filets des étamines du double plus long que la corolle. Culture des belles-de-nuit.

2. CALYXHYMÈNE AGGLOMÉRÉ. *C. aggregata;* ORT. ♃. *Mira-*

bilis aggregata; Cav. ♃. Nouvelle-Espagne. Tige d'un pied, cylindrique, penchée; feuilles opposées, glauques, ovales lancéolées; en septembre, fleurs solitaires, penchées, roses, petites, à tube court. Même culture.

3. Calyxhymène en corymbe. *Calyxhymenia corymbosa*; Cav. ♃. Nouvelle-Espagne. Tige tétragone, dichotome; feuilles cordiformes; fleurs petites, rouges, en corymbe; étamines plus courtes que la corolle. Même culture.

4. Calyxhymène couchée. *C. prostrata*; Pers. ⊙. Pérou. Tige cylindrique, articulée, de trois pieds; feuilles cordiformes et ovales; fleurs à étamines plus courtes que la corolle. Même culture.

5. Calyxhymène ovale. *C. ovata*; Pers. ♃. Pérou. Tige de trois pieds, grosse, cannelée; feuilles ovales, visqueuses, velues; fleurs en corymbe dichotome, à étamines de la même longueur que la corolle. Même culture.

BOÉRHAVIE. *Boerhaavia*; L. (*Triandrie-monogynie.*) Calice double; l'extérieur oblong, tubuleux, resserré en son bord et entier; l'intérieur (corolle) monophylle, campanulé, plissé, à cinq divisions, posé sur le calice extérieur; une, deux ou trois étamines, ayant leurs filamens insérés entre les dents d'un corps glanduleux, charnu, presque cylindrique, entourant à sa base un ovaire pédiculé, à style tordu, portant un stigmate en tête; une capsule monosperme, ne s'ouvrant pas, recouverte par le calice, qui prend de l'accroissement.

1. Boérhavie a tige droite. *Boerhaavia erecta*; L. ♃. Antilles. Tige glabre, tétragone, de deux pieds, visqueuse dans les entre-nœuds; feuilles ovales, opposées, blanchâtres en dessous; de juillet en septembre, fleurs d'un rose pâle, en corymbe paniculé, ayant deux étamines. Serre chaude; multiplication de graines sur couche chaude; repiquer en pot quand le plant est assez fort.

2. Boérhavie étalée. *B. diffusa*; L. ♃. Antilles. Tiges diffuses, couchées, d'un à deux pieds; feuilles petites, ovales, godronnées; de juillet en septembre, fleurs d'un rouge pâle, en ombellules pédonculées et latérales. Serre chaude et même culture.

3. Boérhavie velue. *B. hirsuta*; L. ♃. Antilles. Elle ne

diffère de la précédente, dont Persoon la regarde comme une variété, que par sa pubescence et ses fruits ciliés. Même culture.

4. Boérhavie grimpante. *Boerhaavia scandens;* L. ♄. Amérique méridionale. Tige droite, un peu grimpante, longue de cinq ou six pieds; feuilles cordiformes; d'avril en septembre, fleurs jaunes, en ombelles, à deux étamines. Serre tempérée; même culture; de plus multiplication de marcottes et boutures.

5. Boérhavie tubéreuse. *B. tuberosa;* Lam. ♄. Pérou. Racine tubéreuse; tige de trois pieds; feuilles ovales cordiformes; fleurs en ombelles pédiculées et axillaires. Culture du n° 4, mais serre chaude.

6. Boérhavie en arbre. *B. arborea;* Vahl. ♄. Nouvelle-Espagne. Tige arborescente; feuilles ovales, très-entières, pubescentes, velues; fleurs en ombelles, souvent à dix étamines. Même culture que le n° 5.

PISONIE. *Pisonia;* Plum. (*Heptandrie-monogynie.*) Calice campanulé ou infondibuliforme, pétaloïde, à cinq divisions ou entier en son limbe, nu à sa base, ou environné par deux à cinq écailles; six étamines ordinairement, plus rarement cinq ou huit, à filamens saillans, portant des anthères arrondies, dont parfois quelques-unes avortent; un ovaire à style terminé par un stigmate souvent bifide; une capsule ou baie monosperme et anguleuse.

1. Pisonie épineuse. *Pisonia aculeata;* L. ♄. Antilles. Tige droite, à rameaux tétragones, munis au sommet et aux aisselles des feuilles de deux épines horizontales; feuilles ovales, atténuées des deux côtés, très-entières; en avril et mai, fleurs blanches, odorantes, semblables à celles du jasmin. Serre chaude; terre légère, substantielle; arrosemens fréquens pendant la végétation, très-modérés en hiver. Multiplication de graines venues de son pays natal et semées sur couche chaude, de marcottes, ou de boutures étouffées faites sur couche chaude et tannée en février et mars.

2. Pisonie noiratre. *P. nigricans;* Pers. *P. inermis;* L. ♄. Amérique méridionale. Feuilles ovales, acuminées; fleurs en cyme, droites; fruits en baie. Serre chaude et même culture.

3. Pisonie cordiforme. *Pisonia subcordata;* Swartz. ♄. Amérique méridionale. Arbrisseau sans épines; feuilles cordiformes, un peu arrondies; fruit sec, en massue, pentagone, à angles muriqués au sommet. Même culture.

4. Pisonie écarlate. *P. coccinea;* Swartz. ♄. Hispaniola. Arbrisseau sans épines; feuilles lancéolées, ovales; fleurs rouges, pendantes, sur des pédoncules lâches et terminaux; fruit en baie. Même culture.

ORDRE IV.

LES PLUMBAGINÉES. — *PLUMBAGINEÆ.*

Plantes herbacées; *tige* ordinairement simple, quelquefois rameuse ou nulle; *feuilles* radicales ramassées, souvent multinervées, quelquefois opposées. *Fleurs* hermaphrodites, quelquefois monoïques, sessiles, bractées, en épis; *calice* à quatre divisions, plus rarement à trois; *corolle* en tube resserré à sa partie supérieure, le plus souvent à quatre divisions scarieuses et persistantes; quatre *étamines* à filamens saillans et insérées au fond du tube; un *ovaire* supérieur, à style et stigmate simples. Une *capsule* s'ouvrant horizontalement en travers, divisée par une cloison à deux ou quatre faces qui la partagent comme en deux ou quatre loges monospermes et polyspermes; quelquefois la capsule est monosperme et ne s'ouvre pas. *Embryon* placé au milieu d'un périsperme dur et presque corné.

DENTELAIRE. *Plumbago;* L. (*Pentandrie-monogynie.*) Calice double : l'extérieur monophylle, tubuleux, à cinq dents; l'intérieur (corolle) monophylle, infondibuliforme, à tube long, à limbe à cinq divisions égales; cinq étamines hypogynes, à filamens élargis par leur base et entourant un ovaire surmonté d'un style terminé par cinq stigmates; une capsule monosperme, s'ouvrant en cinq valves, et renfermée dans le calice.

1. Dentelaire d'Europe. *Plumbago Europæa;* Willd. ♃. France méridionale. Tige droite, quelquefois couchée; feuilles amplexicaules, lancéolées, scabres, raides; en septembre et octobre, fleurs bleuâtres, sessiles, en bouquets terminaux. Pleine terre frauche et chaude; multiplication de graines semées en place à bonne exposition, ou par l'éclat de son pied.

2. Dentelaire du Cap. *P. capensis;* Thuil. ♄. Du Cap. Arbrisseau à tige droite; feuilles pétiolées, oblongues, entières, glauques en dessous. Fleurs d'août en octobre. Orangerie; même culture, de plus multiplication de marcottes et boutures.

3. Dentelaire de Ceylan. *P. zeylanica;* L. ♄. Indes orientales. Tiges droites, grêles, striées; feuilles pétiolées, ovales, glabres, persistantes, parsemées de points blanchâtres; d'avril en septembre, fleurs blanches, sessiles, avec une pointe particulière aux divisions de la corolle. Serre chaude; beaucoup d'arrosemens en été, peu en hiver; du reste même culture.

4. Dentelaire rose. *P. rosea;* L. ♄. Amérique méridionale. Tiges genouillées, gibbeuses, de quatre à cinq pieds; feuilles pétiolées, ovales, glabres, un peu denticulées, persistantes; en différens temps, fleurs roses, en épi terminal, s'allongeant jusqu'à un pied à mesure de la floraison. Serre chaude; même culture.

5. Dentelaire grimpante. *P. scandens;* L. ♄. Amérique méridionale. Tiges grêles, flexueuses, un peu grimpantes; feuilles pétiolées, ovales, glabres; de juillet en août, fleurs blanches, sessiles, sans pointe particulière. Serre chaude et même culture.

6. Dentelaire auriculée. *P. Auriculata;* Lam. ♄. Inde. Tiges sarmenteuses, grêles, longues de cinq à six pieds; feuilles ovales oblongues, pétiolées, avec des petits points écailleux en dessous : pétioles auriculés, embrassant la tige; de septembre en novembre, fleurs grandes, sessiles, d'un bleu céleste, en épi s'allongeant à mesure de la floraison. Serre tempérée ou orangerie éclairée et même culture.

STATICÉ. *Statice;* L. (*Pentandrie-pentagynie.*) Calice double : l'extérieur monophylle, coloré, à limbe plissé et scarieux; l'intérieur (corolle) à six folioles pétaloïdes; plus rarement monophylle ou à cinq divisions; cinq étamines insérées sur l'onglet des folioles calicinales internes, ou sous l'ovaire lorsque le calice intérieur est monophylle; un ovaire surmonté de cinq styles filiformes, terminés chacun par un stigmate aigu; une capsule monosperme, ne s'ouvrant pas, et enveloppée par le calice et la corolle persistans.

1. Staticé monopétale. *Statice monopetala;* L. ♄. France méridionale. Tige frutiqueuse, feuillée, scabre, de deux à trois pieds; feuilles linéaires-lancéolées, glauques, rudes, persistantes; fleurs sessiles, solitaires, les plus grandes du genre, monopétales, planes, d'un rouge pâle ou pourpre. Orangerie; terre de bruyère; arrosemens fréquens pendant la végétation; multiplication de graines, d'éclats, de boutures.

Var. A feuilles étroites. *Angustifolia.* Tige plus basse, à rameaux diffus et courbés; feuilles plus longues et très-étroites; fleurs plus nombreuses et paraissant plus souvent. Même culture.

2. Staticé sous-arbrisseau. *S. suffruticosa;* L. ♄. Sibérie. Tige frutiqueuse, d'un pied, divisée, au sommet, en deux ou trois rameaux nus; feuilles lancéolées, vaginantes; pendant une partie de l'année, fleurs petites, à calice argenté et corolle bleue, en têtes sessiles. Terre légère, même culture, et orangerie.

3. Staticé fasciculée. *S. fasciculata;* Vent. ♄. Sardaigne. Tige frutescente, droite, d'un demi-pied; feuilles linéaires, fasciculées, nombreuses, canaliculées, glabres; hampe simple, cylindrique, d'un pied; tout l'été, fleurs pédonculées, en tête, d'un rose très-pâle ou blanches. Orangerie et même culture.

4. Staticé sinuée. *S. sinuata;* Desf. *Limonium africanum;* Mart. ♃. Orient. Tige herbacée, ancipitée, ailée; feuilles radicales lyrées, les caulinaires linéaires; de juin en octobre, fleurs en épi courbé et s'allongeant à mesure de la floraison: calices bleus et corolles blanches. Orangerie; même culture.

Var. A feuilles entières, velues; corolle d'un jaune pâle et calice d'un pourpre agréable.

5. Staticé mucronée. *S. mucronata;* L. F. *S. crispa;* L. *Limonium peregrinum;* Pluck. ♃. Barbarie. Tiges d'un pied

et demi, rameuses, à ailes crispées et ondulées; feuilles radicales pétiolées, elliptiques, mucronées; les caulinaires entières; tout l'été, fleurs unilatérales, sessiles, d'un joli rouge, en épis; écailles calicinales brunes ou roussâtres. Orangerie et même culture.

6. Staticé pourpre. *Statice purpurata;* Thunb. ♃. Du Cap. Tige un peu feuillée; feuilles ovales cunéiformes, marquées de trois nervures, mucronées; hampe de près d'un pied, terminée par une panicule spiciforme de fleurs à calice pourpre, dont les cinq divisions rouges, et à corolle purpurescente. Pleine terre légère et fraîche. Même culture. Il est prudent d'en avoir quelques pieds en orangerie.

7. Staticé de Tartarie. *S. tatarica;* Willd. ♃. Tartarie. Hampe rameuse, divariquée, à rameaux triangulaires; feuilles lancéolées, obovales, mucronées; en juin, fleurs distantes, en épis, blanches ou rouges, selon la variété. Pleine terre et culture de la précédente.

8. Staticé agréable. *S. speciosa;* Willd. ♃. Tartarie. Hampe rameuse, cylindrique, à rameaux ancipités et ailés; feuilles obovales, acuminées, mucronées, cartilagineuses sur les bords; fleurs en petites têtes nombreuses, imbriquées, à calice blanc ou rosé, un peu frangé, plus long que la corolle: celle-ci blanche. Pleine terre; multiplication de graines; du reste même culture.

9. Staticé a feuilles rudes. *S. echioïdes;* Desf. ♃. France méridionale. Tige droite, très-rameuse, haute de plus de deux pieds; feuilles radicales obovales, étalées sur la terre; fleurs en panicule, d'un bleu pâle, avec des stries purpurines ou d'un pourpre rose, les pétales très-étroits; calice entouré de bractées aiguës et tuberculées. Orangerie et culture des précédentes.

10. Staticé réticulée. *S. reticulata;* Pers. ♃. *S. dichotoma;* Cav. Hampe paniculée, couchée, à rameaux stériles réfléchis et nus; feuilles cunéiformes, mutiques; fleurs terminales, fasciculées, d'un bleu pâle. Pleine terre; même culture.

Var. ß. Dichotoma; tige sans feuilles, dichotome; feuilles spatulées, glabres; pétales réunis par la base.

11. Staticé a feuilles cordiformes. *S. cordata;* Thunb. *Li-*

monium coarctatum; Miller. ♃. France méridionale. Hampe grêle, paniculée, de sept à huit pouces; feuilles spatulées, rétuses, glabres; fleurs d'un rouge pâle, en épis courts au sommet des ramifications de la panicule. Pleine terre; même culture.

12. Staticé a feuilles d'olivier. *Statice oleæfolia;* Willd. ♃. Italie. Hampe paniculée, à rameaux anguleux, ailés; feuilles lancéolées, mucronées, souvent cartilagineuses sur leurs bords; fleurs unilatérales, blanches ou violettes, à écailles brunes, blanchâtres sur leurs bords. Orangerie; même culture.

13. Staticé a larges feuilles. *S. latifolia;* Smith. *S. coriaria;* Pallas. ♃. Sibérie. Hampe paniculée, très-rameuse, scabre; feuilles pubescentes, à poils en faisceaux étoilés; fleurs petites, bleuâtres, unilatérales, munies d'écailles aiguës. Pleine terre; même culture.

14. Staticé a balai. *S. scoparia;* Willd ♃. Sibérie. Hampe paniculée, cylindrique; feuilles ovales oblongues, coriaces, mucronées, ponctuées en dessous. Orangerie et même culture.

15. Staticé maritime. *S. limonium;* L. ♃. Indigène. Hampe paniculée, cylindrique, de deux pieds; feuilles lisses, ondulées, sans nervures, mucronées sous le sommet; de juin en juillet, fleurs petites, d'un violet bleuâtre, unilatérales. Pleine terre; même culture.

16. Staticé a feuilles de graminées. *S. graminifolia;* Ait. Lieu...? Hampe paniculée, à rameaux triangulaires; feuilles linéaires, canaliculées; fleurs d'un rose pâle, paraissant en juin et juillet. Pleine terre; même culture.

17. Staticé a bordures, gazon d'olympe. *S. armeria;* L. *Montana;* Miller. ♃. Indigène. Feuilles radicales, très-nombreuses, linéaires, formant des touffes épaisses; hampes grêles, nues, droites, de huit à neuf pouces, terminées, de mai en août, par des fleurs rouges, lilas ou blanches, en tête terminale. Pleine terre légère et fraîche; multiplication par l'éclat des touffes en automne ou au printemps. Cette espèce est très-employée en bordures, mais comme elle s'élargit beaucoup, elle a besoin d'être renouvelée tous les trois ans.

Var. A fleurs plus foncées. Autre plus petite dans toutes ses parties.

18. STATICÉ A TÊTE. *Statice cephalotes ;* PERS. *S. pseudo-arenaria;* MURR. ♃. Espagne. Feuilles lancéolées, marquées de neuf nervures; hampe simple, d'un pied à un pied et demi, terminée, de mai en juillet, par une tête de fleurs blanches; folioles du calice terminées par une longue soie. Pleine terre et même culture que la précédente. On l'emploie quelquefois au même usage.

19. STATICÉ DE PORTUGAL. *S. lusitanica;* POIR. *S. scorsoneræfolia;* L. ♃. Portugal. Feuilles ovales, lancéolées, acuminées, marquées de trois nervures; hampe simple, terminée par une tête de fleurs pourpres. Fort jolie plante. Pleine terre; même culture.

20. STATICÉ NAINE. *S. minuta;* DESF. ♄. France méridionale. Feuilles très-petites, glauques, entières, formant une petite rosette sur la terre; tige courte, ligneuse, en buisson; hampe droite, nue, terminée par une panicule de fleurs à calice rose et corolle rouge. Orangerie et culture du n° 1.

21. STATICÉ PECTINÉE. *S. pectinata;* AIT. ♄. Des Canaries. Feuilles ovales, pétiolées; tige et rameaux paniculés, triangulaires; fleurs en épis unilatéraux. Orangerie; culture de la précédente.

22. STATICÉ A ÉPI. *S. spicata;* WILLD. ♃, ou ⊙. De la Perse. Tiges droites, simples, sans feuilles, hautes de huit à dix pouces; feuilles radicales sinuées; fleurs blanches, en épis serrés et terminaux. Orangerie éclairée et même culture.

CLASSE VII.

Plantes dicotylédones, monopétales, à corolle attachée sous le pistil.

ORDRE PREMIER.

LES LYSIMACHIES. — *LYSIMACHIÆ.*

Plantes herbacées; *racines* presque toujours vivaces; *feuilles* ordinairement opposées, quelquefois verticillées, ou alternes, ou radicales. *Inflorescence* très-variée; *calice* monophylle, ordinairement à cinq divisions, rarement à quatre, six, sept, plus ou moins profondes; *corolle* monopétale, ordinairement régulière, et à limbe divisé le plus souvent en cinq lobes, ou de même que le calice; cinq *étamines*, rarement plus ou moins, placées devant les lobes de la corolle, et toujours en même nombre que ceux-ci; un *ovaire* supérieur, à style simple, terminé par un stigmate simple, ou, mais rarement, bifide. *Fruit* monoloculaire et polysperme : le plus souvent une capsule, s'ouvrant par le sommet en plusieurs valves, quelquefois en travers comme une boîte à savonnette; *graines* attachées autour d'un placenta libre et central; *embryon* placé au milieu d'un périsperme charnu.

CENTENILLE. *Centunculus;* L. (*Tétrandrie-monogynie.*) Calice quadrifide; corolle monopétale, en roue, à quatre lobes; quatre étamines; un ovaire surmonté d'un style à stigmate simple; une capsule globuleuse, s'ouvrant en travers et contenant plusieurs graines.

1. Centenille lancéolée. *Centunculus lanceolatus;* Mich. ⊙. Caroline. Feuilles étroites à la base, les inférieures ovales, les supérieures lancéolées; fleurs petites, pédicellées. Plante

de collection botanique. Terre légère ou de bruyère; multiplication de graines semées au printemps.

MOURON. *Anagallis;* L. (*Pentandrie-monogynie.*) Calice à cinq divisions; corolle monopétale, en roue, à cinq lobes ovales, égaux; cinq étamines à filamens velus en leur partie inférieure; un ovaire à style filiforme, terminé par un stigmate en tête; une capsule globuleuse, s'ouvrant en travers, et contenant plusieurs graines.

1. Mouron arbrisseau. *Anagallis fruticosa;* Vent. *A. collina;* Pers. *A. grandiflora;* Ait. ♄. Barbarie. Tige ligneuse à la base, tétragone, rameuse, diffuse, de dix-huit pouces; feuilles verticillées, ternées, amplexicaules, lancéolées, cordiformes à la base; toute l'année, fleurs solitaires, axillaires, écarlates. Orangerie; terre franche légère; multiplication de graines semées aussitôt la maturité, ou de boutures sur couche tiède. Jolie plante.

2. Mouron a feuilles étroites. *A. monelli;* L. ♃. Italie. Tige droite, herbacée, rameuse; rameaux grêles et diffus; feuilles opposées, linéaires, lancéolées; de mai en septembre, fleurs grandes, bleues, pédonculées et axillaires. Très-jolie plante. Orangerie et même culture. Les boutures fleurissent souvent au bout de six semaines.

3. Mouron délicat. *A. tenella;* Pers. *Irasekia alpina;* Schmidt. *Lysimachia tenella;* L. ♃. Indigène. Tiges couchées, filiformes; feuilles petites, ovales; en août, fleurs d'un rose foncé, solitaires, axillaires. Même culture, mais terre constamment humide. Nous mentionnons cette petite plante parce qu'elle pourrait produire un effet charmant sur le bord des eaux.

LYSIMACHIE, corneille. *Lysimachia;* L. (*Pentandrie-monogynie.*) Calice à cinq divisions; corolle monopétale, en roue, à cinq lobes ovales-oblongs; cinq étamines; un ovaire à style filiforme, terminé par un stigmate obtus; une capsule globuleuse, s'ouvrant par son sommet en cinq à dix valves.

1. Lysimachie commune. *Lysimachia vulgaris;* L. ♃. Indigène. Tige droite, presque simple, de trois ou quatre pieds; feuilles ovales-lancéolées, ternées, quelquefois opposées ou

quaternées ; en juillet, fleurs jaunes, en grappe terminale. Pleine terre humide ; multiplication par ses traces.

2. Lysimachie a feuilles de saule. *Lysimachia ephemerum ;* L. ♃. Espagne. Tige droite, glabre, de quatre à cinq pieds ; feuilles linéaires, lancéolées, opposées, glauques ; fleurs blanches, en grappes longues et spiciformes. Terre franche légère et humide, à bonne exposition ; multiplication de graines semées sur vieille couche aussitôt la maturité et au levant, ou par l'éclat des pieds.

3. Lysimachie a fleurs en thyrse. *L. thyrsiflora ;* L. ♃. Indigène. Tige droite, d'un pied ; feuilles opposées, linéaires, lancéolées ; de juin en juillet, fleurs jaunes, petites, en grappes latérales et pédonculées. Même culture.

4. Lysimachie d'Orient. *L. orientalis ;* Lam. *L. atropurpurea ;* Murr. ♃. D'Orient. Fleurs d'un pourpre foncé, en épis terminaux, à pétales lancéolés : les étamines plus longues que la corolle. Orangerie et même culture.

5. Lysimachie a quatre feuilles. *L. quadrifolia ;* L. *L. hirsuta ;* Mich. ♃. Amérique méridionale. Feuilles quaternées, à pétiole cilié ; fleurs jaunes, solitaires sur des pétioles quaternés. Pleine terre ; même culture.

6. Lysimachie ponctuée. *L. punctata ;* L. ♃. Indigène. Tige simple, d'un pied ; feuilles verticillées, presque quaternées, lancéolées, parsemées de points noirs ; de juin en juillet, fleurs jaunes, solitaires sur des pédoncules axillaires. Pleine terre ; même culture.

7. Lysimachie verticillée. *L. verticillata ;* Pall. ♃. Du Caucase. Feuilles pétiolées, toutes verticillées ; fleurs deux à trois ensemble, sur des pédoncules axillaires, formant une grappe terminale au sommet de la tige. Pleine terre de bruyère humide ; du reste même culture.

8. Lysimachie des bois. *L. nemorum ;* L. ♃. Indigène. Tige couchée ; feuilles ovales-aiguës ; de mai en juillet, fleurs jaunes, solitaires, axillaires. Pleine terre ordinaire ; même culture.

Var. A feuilles panachées ; *foliis variegatis.*

9. Lysimachie numulaire. *L. numularia ;* L. ♃. Indigène. Tige rampante ; feuilles presque cordiformes ; de mai en

juillet, fleurs jaunes, solitaires, axillaires. Culture de la précédente.

10. Lysimachie lin étoilé. *Lysimachia linum stellatum;* L. ☉. Indigène. Tige droite, très-rameuse, de trois pouces; feuilles petites, lancéolées, pointues; en juin, fleurs solitaires, axillaires; les calices plus grands que les corolles. De graines semées aussitôt la maturité, en plate-bande au levant.

HOTTONIE. *Hottonia;* L. (*Pentandrie-monogynie.*) Calice partagé profondément en cinq découpures linéaires; corolle monopétale, à tube court, et à limbe plane divisé en cinq lobes égaux; cinq étamines; un ovaire surmonté d'un style terminé par un stigmate en tête; une capsule globuleuse, acuminée.

1. Hottonie des marais, plumeau, flûteau. *Hottonia palustris;* L. ♃. Indigène. Plante aquatique; tige droite, fistuleuse, s'élevant de huit ou dix pouces au-dessus de la surface des eaux; feuilles verticillées, pinnées, à pinnules linéaires; en juillet, fleurs blanches, à gorge jaune, verticillées, en épis lâches et interrompus. Jolie plante pour orner les eaux des bassins. Multiplication par éclats des racines.

LUBINE. *Lubinia;* Comm. (*Pentandrie-monogynie.*) Calice à cinq parties; corolle tubuleuse, dont le tube est de la longueur du calice et le limbe plane, à cinq parties presque égales; cinq étamines adnées au milieu du tube de la corolle; anthères ovales, obtuses; stigmates obtus; capsule ovale, mucronée, à deux ou quatre valves.

1. Lubine spatulée. *Lubinia spatulata;* Vent. *Lysimachia mauritiana;* Lam. ♂. De l'île Maurice. Tige fistuleuse, haute de sept à huit pouces; feuilles alternes, spatulées; en été, fleurs jaunes, pédonculées, axillaires, solitaires. Serre chaude; terre de bruyère; arrosemens soutenus; multiplication de graines sur couche chaude, semées aussitôt la maturité.

CORIDE. *Coris;* L. (*Pentandrie-monogynie.*) Calice ventru, à cinq dents, au-dessous desquelles sont des petites épines; corolle monopétale, tubuleuse, à limbe partagé en cinq divisions inégales; cinq étamines; un ovaire à style terminé par un stigmate un peu épais; une capsule globuleuse, à cinq valves, cachée dans le calice, et contenant plusieurs graines.

1. Coride de Montpellier. *Coris monspeliensis;* L. ♃. France méridionale. Tige de sept à huit pouces; feuilles linéaires, les supérieures un peu épineuses; de juin en juillet, fleurs purpurescentes, en épi ovale et terminal. Orangerie; terre légère, sablonneuse; multiplication de graines semées au printemps, ou de boutures étouffées, sur couche tiède.

LIMOSELLE. *Limosella;* L. (*Didynamie-angiospermie.*) Calice à cinq divisions, persistant; corolle monopétale, très-petite, campanulée, à cinq lobes presque réguliers; quatre étamines didynamiques; un ovaire à style simple, terminé par un stigmate globuleux; une capsule ovale, à deux valves, à une loge contenant plusieurs graines.

1. Limoselle aquatique. *Limosella aquatica;* L. ♃. Indigène. Plante très-petite; hampe plus courte que les feuilles: celles-ci lancéolées, spatulées; d'août en septembre, une fleur petite, blanche, terminale. Pleine terre tourbeuse, constamment humide; multiplication de graines ou d'éclats.

TRIENTALE. *Trientalis;* L. (*Heptandrie-monogynie.*) Calice à sept folioles; corolle monopétale, en roue, à sept divisions; sept étamines; un ovaire à style filiforme, terminé par un stigmate en tête; une baie sèche, globuleuse, à une loge, s'ouvrant par ses sutures, et contenant plusieurs graines.

1. Trientale d'Europe. *Trientalis Europœa;* L. ♃. Des Alpes. Feuilles ovales-lancéolées, très-entières; fleurs en juin. Pleine terre légère et fraîche; multiplication de graines et d'éclats.

ARÉTIE. *Aretia;* L. (*Pentandrie-monogynie.*) Calice persistant, à cinq divisions; corolle en soucoupe, à tube court, resserré à son entrée, muni de cinq protubérances glanduleuses, et ayant son limbe partagé en cinq lobes; cinq étamines; un ovaire à style terminé par un stigmate en tête; une capsule globuleuse ou ovoïde, s'ouvrant en cinq valves.

1. Arétie a fleurs jaunes. *Aretia vitaliana;* Pers. *Primula vitaliana;* Willd. ♃. Des Alpes. Feuilles linéaires, recourbées; fleurs presque sessiles, jaunes, à tube allongé. Pleine terre de bruyère fraîche; couverture de feuilles sèches pendant l'hiver. Il est prudent d'en avoir quelques pieds en orangerie.

2. Arétie imbriquée. *A. helvetica;* L. *Androsace imbri-*

cata; LAM. *Androsace diapensia;* WILLD. ♃. De la Suisse. Tige d'un pouce; feuilles ovales, imbriquées, cotonneuses; fleurs blanches, presque sessiles, solitaires et terminales. Même culture.

3. ARÉTIE DES ALPES. *Aretia alpina;* L. *Androsace alpina;* LAM. ♃. De la Suisse. Tige d'un pouce, formant un gazon épais; feuilles linéaires, étalées; fleurs pédonculées, bleuâtres. Même culture.

DIAPENSIE. *Diapensia;* L. (*Pentandrie-monogynie.*) Calice à cinq parties, muni extérieurement de trois ecailles; corolle en coupe, dont le limbe est à cinq divisions planes; cinq étamines insérées au sommet du tube, et alternes avec les divisions; un style; un stigmate; capsule à trois loges et trois valves polyspermes.

1. DIAPENSIE DE LAPONIE. *Diapensia Laponica;* LIN. ♃. Laponie. Plante petite; feuilles radicales, formant gazon; en juillet et août, fleurs solitaires, pédonculées, au sommet des hampes. Même culture que les plantes du genre précédent.

ANDROSACE. *Androsace;* L. (*Pentandrie-monogynie.*) Calice persistant, à cinq divisions; corolle en soucoupe, à tube court, resserré à son entrée, et muni de cinq protubérances glanduleuses, à limbe partagé en cinq lobes; cinq étamines; un ovaire à style surmonté d'un stigmate en tête; une capsule globuleuse ou ovoïde, s'ouvrant en cinq valves; fleurs en ombelle, munies à leur base d'un involucre polyphylle.

1. ANDROSACE A GRAND CALICE. *Androsace maxima;* L. ⊙. Indigène. Tiges nues; feuilles ovales, dentées; de mars en juin, fleurs petites, blanches, avec une grande collerette. De graines semées en place, en plate-bande terreautée; terre légère mêlée de moitié terre de bruyère.

2. ANDROSACE BLANC. *A. lactea;* L. *A. pauciflora;* VILLAR. ♃. Des Alpes. Tiges nues, de trois pouces, glabres comme toute la plante; feuilles linéaires, très-entières; en juin, deux à quatre fleurs terminales, blanches, jaunâtres en dedans, à corolle plus grande que le calice. Terre de bruyère, mêlée à un peu de terre légère; multiplication de graines semées en terrine, ou par l'éclat des pieds.

3. ANDROSACE VELU. *A. villosa;* L. ♃. Des Alpes. Tiges

velues, d'un pouce et demi ; feuilles ovales lancéolées, ciliées ; de juin en août, fleurs blanches, en ombelle, à calice velu et plus grand que la corolle. Même culture.

4. Androsace a feuilles obtuses. *Androsace obtusifolia*; Willd. ♃. Des Alpes. Tige courte; feuilles lancéolées, étroites à la base, glabres; fleurs en ombelle, à collerette angulée, pubescente. Même culture.

5. Androsace d'Autriche. *A. chamæjasme;* Pers. ♃. Des Alpes. Plante velue; feuilles lancéolées, très-entières; de juin en août, fleurs à pédoncules très-courts, et à corolle plus grande que le calice. Même culture.

6. Androsace rose. *A. carnea;* L. ♃. Des Alpes. Tiges de deux pouces, pubescentes ; feuilles subulées, glabres, formant gazon ; en août, fleurs assez grandes, d'un rose foncé, en ombelle. Même culture.

PRIMEVÈRE. *Primula;* L. (*Pentandrie-monogynie.*) Calice tubuleux, à cinq dents ; corolle en entonnoir, à tube allongé, dépourvu de glandes, à limbe partagé en cinq lobes ; cinq étamines ; un style ; une capsule s'ouvrant en cinq ou dix valves.

1. Primevère commune. *Primula veris;* L. ♃. Indigène. Feuilles radicales, ovales, dentées, ridées, velues en dessous ; tige de cinq à six pouces, terminée par une ombelle de fleurs jaunes, pendantes, à limbe concave, légèrement odorantes. Culture de la suivante.

2. Primevère élevée. *P. elatior;* Jacq. ♃. Indigène. Elle diffère de la précédente par sa hampe un peu plus haute, par ses fleurs à limbe plane, dont celles du milieu de l'ombelle sont droites. Ces deux espèces ont fourni un très-grand nombre de variétés à fleurs simples, doubles, prolifères, dans toutes les nuances. Les principales sont :

1° *Flore pleno;* à fleurs doubles, jaunes.

2° *Carnea plena;* à fleurs couleur de chair, doubles.

3° *Coccinea plena;* à fleurs d'un rouge vif, doubles.

4° *Purpurea plena;* à fleurs pourpres, doubles.

5° *Alba;* à fleurs blanches.

Les amateurs font des collections des variétés de ces deux plantes, et pour qu'ils les réputent belles, il faut que les tiges soient fortes, de six pouces au moins; les corolles nuancées de trois ou au moins de deux couleurs vives et tranchantes; l'œil, formé par la gorge de la corolle, parfaitement arrondi; les anthères ni plus haut ni plus bas que l'ouverture du tube; le limbe bordé de blanc, de rose ou de feu. Les plus estimées sont dans les couleurs brune, noire, carmin foncé, feu, et orangé. Ces variétés s'obtiennent de graines semées en automne, en pleine terre, au levant ou en terrine, et très-peu recouvertes de terre. On les repique en place l'automne suivant, et on multiplie celles que l'on veut conserver, par la séparation des pieds quand la fleur est passée ou à l'automne. Terre franche légère, fraîche et à demi ombragée.

3. Primevère oreille-d'ours. *Primula auricula*; L. ♃. Alpes. Feuilles dentées, charnues, obovales, sortant d'une tige grosse, charnue, très-courte; hampe de quatre à six pouces, terminée par une ombelle de fleurs jaunes à l'état sauvage.

Cette espèce a fourni un nombre de variétés encore plus considérable que les deux précédentes, dans toutes les couleurs et du plus beau velouté. Les amateurs en distinguent de trois sortes : 1° les *françaises* ou *flamandes*, à couleurs vives, veloutées, non recouvertes de poussière blanche sur le limbe; 2° les *poudrées* ou *anglaises*, qui sont comme saupoudrées d'une poussière fine, blanche, ressemblant à de la farine; elles sont bizarres dans leurs formes et dans l'arrangement de leurs couleurs; l'œil, toujours blanc, est quelquefois carré, d'autres fois pentagone, et s'étend plus ou moins sur le limbe; celui-ci est souvent irrégulier, panaché de brun, de noir, d'olive, de vert, de ventre de biche, etc.; 3° les *doubles*, qui sont les moins estimées, si on en excepte la jaune et la mordorée.

Pour être réputée belle, une oreille-d'ours doit avoir ces qualités : tige forte, se soutenant bien; anthères paraissant à l'entrée du tube, mais ne le dépassant pas, et entourant le stigmate; gorge ou œil jaune ou blanc, formant un cercle parfait et s'étendant sur la moitié du limbe; limbe d'une couleur tranchante, vive, veloutée, plus foncée autour de l'œil. Si le limbe est bordé d'un petit cercle d'une autre couleur, la plante est parfaite. Les fleurs doivent être larges, nombreuses, formant bien l'ombelle, et à limbe plane, ni plissé ni chiffonné.

On n'obtient ces variétés que par le semis. On sème de décembre en mars en terrines remplies de terre de bruyère et exposées au levant. On enterre fort peu les graines et l'on arrose avec les plus grandes précautions. Quand le plant a cinq ou six feuilles, on le repique en terrine s'il est faible, ou en bordure s'il est fort. Au printemps suivant, toutes les plantes fleurissent, et l'on choisit pour mettre en pots les espèces les plus belles. Les oreilles-d'ours aiment une terre franche légère, fraîche, mais sans trop d'humidité; car elles craignent beaucoup le pouri. Aussi abrite-t-on des pluies continuelles celles que l'on a en pots. Multiplication aisée par l'éclat des touffes. Exposition du levant ou du nord; arrosemens très-modérés.

4. Primevère de la Chine. *Primula sinensis;* Hort. angl. ♃. De la Chine. Tige de huit à neuf pouces, charnue; feuilles longuement pétiolées, cordiformes-arrondies, à sept ou neuf lobes profonds; presque toute l'année, fleurs roses, à gorge jaune, un peu irrégulières, de huit à douze, formant trois verticilles à trois pouces d'intervalle les uns des autres, sur des hampes latérales et axillaires. Orangerie éclairée; terre légère; multiplication de graines et d'éclats. Dans la serre tempérée elle fleurit dès février.

5. Primevère a grandes fleurs. *P. grandiflora;* Flor. franc. *P. acaulis;* Jacq. ♃. Indigène. Feuilles radicales, rugueuses, dentées, velues en dessous; en juin, hampe de six pouces, terminée par une seule fleur assez grande et jaune. Culture du n° 2.

Var. A fleurs bleues; à fleurs doubles; à fleurs nuancées de jaune et de rouge.

6. Primevère farineuse. *P. farinosa;* Jacq. ♃. Des Alpes. Souche basse; feuilles rugueuses, crénelées, glabres, farineuses en dessous; en mai, hampe de quatre à cinq pouces, terminée par une ombelle de fleurs droites, d'un bleu rougeâtre ou blanches. Même culture.

7. Primevère a feuilles de cortuse. *P. cortusoïdes;* Willd. ♃. Sibérie. Feuilles rugueuses, lobées, cordiformes, radicales; hampe haute, terminée, en mai, par une om-

belle de fleurs pourpres, odorantes Orangerie pour avoir sa fleur en janvier ; autrement pleine terre et même culture.

8. Primevère velue. *Primula villosa;* Jacq. ♃. Des Alpes. Feuilles planes, dentées, velues, ovales-cunéiformes, charnues ; en avril et mai, hampe terminée par une ombelle de fleurs à corolles glabres. Culture du n° 3.

9. Primevère des neiges. *P. nivalis;* Willd. ♃. Des Alpes. Feuilles lancéolées, planes, un peu dentées, très-glabres ; hampe deux fois plus haute que les feuilles, terminée par une ombelle de fleurs blanches, à collerette très-petite. Même culture.

10. Primevère bordée. *P. marginata;* Willd. *P. crenata;* Lam. ♃. Des Alpes. Feuilles obovales, dentées en scie, glabres, bordées de blanc farineux ; hampe de deux pouces, terminée par une ombelle de fleurs d'un beau pourpre ; une collerette de folioles courtes et linéaires. Même culture.

11. Primevère a longues feuilles. *P. longifolia;* Pers. *P. auriculata;* Lam. ♃. Orient. Feuilles oblongues-ovales, denticulées, glabres, glauques ; hampe farineuse au sommet, terminée par une ombelle de sept à huit fleurs lilas, d'un jaune citron à l'intérieur. Orangerie et même culture.

12. Primevère a feuilles entières. *P. integrifolia;* Jacq. ♃. Des Alpes. Feuilles très-entières, elliptiques, un peu crénelées et cartilagineuses à la base ; hampe grêle, peu élevée, terminée par une ombelle de deux à quatre fleurs droites, purpurines ou carnées. Même culture, mais pleine terre.

13. Primevère visqueuse. *P. glutinosa;* Jacq. ♃. Des Alpes. Feuilles finement dentées en scie, lancéolées, glutineuses ; fleurs à odeur d'orchis, sessiles, à collerette aussi longue qu'elles. Même culture.

14. Primevère gigantesque. *P. gigantea;* Jacq. ♃. Sibérie. Feuilles dentées en scie, glabres, rhomboïdales-ovales ; fleurs sur une hampe très-longue, peu nombreuses. Même culture.

15. Primevère très-petite. *P. minima;* Jacq. ♃. Des Alpes. Plante très-basse ; feuilles très-glabres, luisantes, cunéiformes, finement dentées en scie ; hampe terminée par peu de fleurs, d'un rose carné. Même culture.

CORTUSE. *Cortusa;* L. (*Pentandrie-monogynie.*) Calice

à cinq dents; corolle en cloche, à tube très-court, à limbe partagé en cinq lobes; cinq étamines presque sessiles; un ovaire surmonté d'un style filiforme plus long que la corolle; une capsule ovoïde, s'ouvrant, jusqu'à moitié, en cinq valves.

1. Cortuse de matthiole. *Cortusa matthioli;* L. ♃. De la Suisse. Feuilles radicales, cordiformes, incisées ou lobées, velues; hampe de cinq à sept pouces, terminée, en mai, par une ombelle de fleurs rouges ou blanches, à calice plus court que la corolle. Pleine terre légère ou de bruyère, fraîche et à demi ombragée. Multiplication de graines en terrine, semées en automne et très-peu recouvertes de terre, ou d'éclats. Du reste même culture que la primevère oreille-d'ours.

2. Cortuse de Gmelin. *C. Gmelini;* L. ♃. Sibérie. Mêmes caractères que la précédente, mais fleurs plus petites et calice plus grand que la corolle. Même culture.

SOLDANELLE. *Soldanella;* L. (*Pentandrie-monogynie.*) Calice à cinq dents; corolle campanulée, ayant son limbe divisé en un grand nombre de lanières linéaires; cinq étamines à anthères terminées par un filet; un ovaire surmonté d'un style filiforme; une capsule oblongue, s'ouvrant par le sommet en plusieurs valves.

1 Soldanelle des Alpes. *Soldanella alpina;* Jacq. ♃. Des Alpes. Feuilles réniformes, un peu lobées, très-entières; hampe de cinq à six pouces, terminée, en avril et mai, par deux à quatre fleurs rougeâtres, pédonculées, à bords frangés; variété à fleurs pourpres ou blanches. Terre légère ou de bruyère; exposition à demi ombragée; multiplication de graines, ou par l'éclat des racines en octobre; couverture de feuilles sèches pendant l'hiver. Si on la cultive en orangerie, elle fleurit un mois plus tôt.

GYROSELLE. *Dodecatheon;* L. (*Pentandrie-monogynie.*) Calice à cinq divisions; corolle à tube court, presque globuleux, à limbe partagé en cinq divisions réfléchies; cinq étamines; un ovaire surmonté d'un style filiforme, à stigmate simple; une capsule oblongue, s'ouvrant par son sommet.

1. Gyroselle de Virginie. *Dodecatheon meadia;* Mich. ♃. De la Virginie. Feuilles radicales, oblongues-ovales, obtuses, glabres, étalées en rosette sur la terre; en avril et mai, hampe d'un pied, terminée par une ombelle d'une douzaine de fleurs,

petites, pendantes, d'un rose pourpre. Terre franche légère, à exposition à demi ombragée; couverture de feuilles sèches, pendant l'hiver, ou, mieux, orangerie; multiplication de graines semées aussitôt la maturité en terrine de terre de bruyère, ou par l'éclat des racines en automne.

2. GYROSELLE A FEUILLES ENTIÈRES. *Dodecatheon integrifolium;* MICH. ♃. Amérique septentrionale. Feuilles un peu spatulées, très-entières; fleurs peu nombreuses, droites, en ombelle, à bractées linéaires. Même culture, mais orangerie.

CYCLAME. *Cyclamen;* L. (*Pentandrie-monogynie.*) Calice campanulé, à cinq divisions; corolle à tube court, presque globuleux, à limbe partagé en cinq divisions réfléchies; cinq étamines; un ovaire surmonté d'un style droit, terminé par un stigmate aigu; une capsule bacciforme, globuleuse, s'ouvrant par son sommet en cinq valves.

1. CYCLAME D'EUROPE, pain de pourceau. *Cyclamen europæum;* AIT. ♃. Indigène. Feuilles orbiculaires, cordiformes, crénelées, marquées en dessus de taches blanchâtres, rougeâtres en dessous; au printemps, et quelquefois en automne, fleurs petites, nombreuses, purpurines ou blanches, tournées vers la terre et solitaires. Terre légère, fraîche et ombragée; couverture de feuilles sèches pendant l'hiver, ou, mieux, orangerie. Multiplication de graines sur couche tiède, ou par la séparation des racines tuberculeuses, au printemps.

2. CYCLAME DE COS. *C. couum;* AIT. ♃. Italie. Plus petit que le précédent; feuilles orbiculaires, cordiformes, nombreuses, d'un vert foncé en dessus, pourpres en dessous ainsi que les pétioles; au printemps, fleurs rouges, à pétales larges et courts. Même culture. Il fleurit presque toute l'année quand on le cultive en pot et terre de bruyère, sous châssis ou en orangerie.

3. CYCLAME DE PERSE. *C. persicum;* AIT. ♃. Ile de Chypre. Plante plus grande; feuilles oblongues-ovales, cordiformes, crénelées, rouges en dessus; fleurs rouges, odorantes. Même culture.

4. CYCLAME A FEUILLES DE LIERRE. *C. hederæfolium;* AIT. ♃. Italie. Feuilles en cœur, anguleuses, denticulées, rousses en dessous; fleurs, en avril, blanches, roses ou rouges, selon la variété. Même culture, mais orangerie.

5. Cyclame d'Alep. *Cyclamen alepicum*; L. ♃. Turquie. Feuilles longuement pétiolées, plus grandes que celles du nº 1, crénelées, cordiformes, maculées de vert plus foncé; de mars en mai, hampe de six pouces, terminée par une fleur très-grande, blanche et odorante. Orangerie et même culture.

Var. A fleurs rouges; autre à fleurs blanches et gorge rouge.

Nota. Les genres qui suivent ont été placés dans cette famille, seulement parce qu'ils ont de l'affinité avec elle.

GLOBULAIRE. *Globularia*; L. (*Tétrandrie-monogynie.*) Calice monophylle, à cinq divisions profondes; corolle tubuleuse à sa base, ayant son limbe partagé en cinq découpures inégales, formant deux lèvres; quatre étamines; un ovaire à style filiforme, terminé par un stigmate simple ou bifide; une graine recouverte par le calice persistant. Fleurs réunies en tête sur un réceptacle commun, garni de paillettes, et muni à sa base d'un involucre composé d'écailles imbriquées.

1. Globulaire a longues feuilles. *Globularia longifolia*; Ait. *G. salicina*; Lam. ♄. Madère. Arbuste de trois pieds, à rameaux droits; feuilles linéaires lancéolées, très-entières, éparses, nombreuses et lisses; en juillet et août, fleurs d'un bleu pâle, en têtes axillaires, aplaties, presque solitaires. Orangerie; terre légère; multiplication de boutures étouffées, sur couche tiède, ou, plus facilement, de marcottes.

2. Globulaire alypum. *G. alypum*; L. *Alypum monspeliensium, seu frutex terribilis*; Bauh. ♄. France méridionale. Tige frutiqueuse, de deux pieds, très-rameuse; feuilles lancéolées, tridentées, entières; d'août en novembre, fleurs bleuâtres, en tête terminale. Orangerie et même culture. Cette plante est âcre, fortement purgative, et vénéneuse.

3. Globulaire commune. *G. vulgaris*; L. ♃. Indigène. Tige herbacée; feuilles radicales tridentées, les caulinaires lancéolées; en juin, fleurs bleues ou blanches, en tête terminale. Pleine terre légère, sèche et maigre; exposition chaude et élevée; multiplication par éclat du pied.

4. Globulaire a feuilles en coeur. *G. cordifolia*; L. ♃. Des Alpes. Tige presque nue; feuilles cunéiformes, tridentées,

la dent du milieu plus petite; de juin en juillet, fleurs bleues, petites, en tête terminale. Culture du n° 3, et orangerie.

5. Globulaire a tige nue. *Globularia nudicaulis;* L. ♃. Des Alpes. Tige nue; feuilles très-entières, lancéolées; en juillet, une ou deux écailles soutenant une tête de fleurs bleues. Culture du n° 3.

6. Globulaire a feuilles de lin. *G. linifolia;* Lam. ♃. Espagne. Tige herbacée, feuillée; feuilles radicales spatulées, raides, tridentées au sommet, les caulinaires étroites, linéaires-lancéolées, acuminées; en juin, fleurs d'un bleu pâle, en tête terminale. Culture des deux précédentes, mais quelques pots en orangerie, par prudence.

7. Globulaire épineuse. *G. spinosa;* Lam. ♃. Espagne. Feuilles radicales crénelées, aiguillonneuses, les caulinaires très-entières, mucronées; en mai, fleurs bleues, en tête terminale. Culture de la précédente, mais orangerie.

8. Globulaire naine. *G. nana;* Lam. ♃. France méridionale. Hampe nue, très-courte; feuilles ovales-spatulées, très-entières. Culture du n° 3.

SAMOLE. *Samolus;* L. (*Pentandrie-monogynie.*) Calice à cinq divisions, persistant; corolle monopétale, en soucoupe, à limbe partagé en cinq lobes, avec une petite écaille filiforme située à la base de chacune de ses échancrures; cinq étamines; un ovaire semi-inférieur, surmonté d'un style filiforme, terminé par un stigmate en tête; une capsule monoloculaire, polysperme, s'ouvrant à moitié en cinq valves.

1. Samole mouron-d'eau. *Samolus valerandi;* L. ♃. Indigène. Tige droite; feuilles obtuses; de juin en août, fleurs blanches, en grappe terminale. Dans les eaux des bassins où il ne s'agit que de jeter une fois ses graines pour qu'elle s'y perpétue.

UTRICULAIRE. *Utricularia;* L. (*Diandrie-monogynie.*) Calice à deux folioles caduques; corolle monopétale, à tube très-court, à limbe partagé en deux lèvres irrégulières, dont la supérieure entière, redressée, et l'inférieure plus grande, entière, présentant un palais saillant, en cœur, et prolongée en éperon à sa base; deux étamines portées par la lèvre supérieure de la corolle; un ovaire à style court, terminé par un stigmate conique ; une capsule globuleuse, monoloculaire, polysperme.

1. Utriculaire commune. *Utricularia vulgaris ;* L. ♃. Indigène. Plante aquatique, à rameaux flottans ; feuilles pinnées-multifides, à lanières capillaires ; en juillet, fleurs jaunes, en épi lâche. Par éclats jetés en automne dans les eaux des bassins, où elle se multiplie seule. Les autres espèces ne sont pas cultivées.

GRASSETTE. *Pinguicula ;* L. (*Diandrie-monogynie.*) Calice à deux lèvres, dont la supérieure trifide et l'inférieure bifide ; corolle monopétale, irrégulière, terminée postérieurement en éperon, ayant son limbe à deux lèvres, dont la supérieure à trois lobes, et l'inférieure, plus courte, à deux lobes ; deux étamines très-courtes ; un ovaire à style court, terminé par un stigmate à deux lames recouvrant les anthères ; une capsule monoloculaire, polysperme.

1. Grassette commune. *Pinguicula vulgaris ;* L. ♃. Indigène. Feuilles ovales, oblongues, couchées ; en mai, hampe de cinq à six pouces, soutenant chacune une fleur d'un violet pâle, à éperon conique, droit, de la longueur des pétales, et lèvre supérieure bilobée. En baquet rempli de terre limoneuse et plongé dans les eaux d'un bassin ; multiplication par l'éclat des racines, en automne.

MENYANTHES. *Menyanthes ;* L. (*Pentandrie-monogynie.*) Calice monophylle, partagé en cinq divisions profondes ; corolle monopétale, infondibuliforme ou presqu'en roue, à limbe partagé en cinq lobes chargés de poils ou de cils ; cinq étamines à filamens alternes avec les divisions de la corolle, et portant des anthères bifides à leur base ; un ovaire à style cylindrique, terminé par un stigmate à deux ou trois lobes ; une capsule monoloculaire, contenant beaucoup de graines disposées sur deux rangs, le long du milieu des valves.

1. Menyanthes trèfle d'eau. *Menyanthes trifoliata ;* L. ♃. Indigène. Feuilles longuement pétiolées, à trois folioles ; hampe d'un pied, terminée, en juillet, par un épi de fleurs blanches, assez grandes, à limbe couvert de cils blancs produisant un effet très-agréable. En baquet rempli de terre limoneuse et plongé dans les eaux d'un bassin ; multiplication par éclats.

ORDRE II.

LES PÉDICULAIRES. — *PEDICULARES.*

Plantes herbacées ou frutescentes; *tiges* simples ou rameuses; *feuilles* simples, opposées ou alternes, quelquefois remplacées par des écailles. *Fleurs* souvent en épis; *calice* monophylle, souvent tubuleux à sa base, plus ou moins profondément divisé en son bord, quelquefois tout-à-fait polyphylle; *corolle* monopétale, ordinairement irrégulière; deux, quatre ou huit *étamines*, le plus souvent quatre, dont deux plus courtes et deux plus longues; un *ovaire* supérieur à style simple, terminé par un stigmate également simple, rarement bilobé. Une *capsule* à deux valves, tantôt réunies par leur nervure moyenne, de manière à former deux loges divisées par une cloison centrale, qui sert de réceptacle des deux côtés; tantôt séparées, portant les graines sur la côte longitudinale, et ne formant qu'une seule loge, chaque loge contenant une ou plusieurs graines. *Embryon* muni d'un périsperme charnu.

SECT. Ire. Deux étamines ou plusieurs, non didynames.

POLYGALA. *Polygala*; L. (*Diadelphie-octandrie.*) Calice à cinq divisions, dont deux beaucoup plus grandes que les autres, en forme d'ailes, et souvent colorées; corolle en tube à sa base, fendue supérieurement en deux lèvres, dont la supérieure partagée en deux lobes, et l'inférieure concave, barbue en dessous ou nue; huit étamines à filamens réunis en deux faisceaux renfermés dans la lèvre inférieure, et portant des anthères monoloculaires; un ovaire à style simple, terminé par un stigmate presque bifide; une capsule en cœur renversé, à deux valves, à deux loges contenant chacune une graine.

§ Ier. Fleurs barbues.

1. Polygala commun. *Polygala vulgaris*; L. ♃. Indigène. Tiges couchées; feuilles linéaires, lancéolées, un peu aiguës; en juillet et août, fleurs bleues, rougeâtres ou blanches, à ailes ovales, de la longueur des fleurs, à trois raies, en grappes unilatérales et terminales. Terre légère mêlée à moitié terre de bruyère; exposition à demi ombragée; arrosemens fréquens. Multiplication de graines semées en terrine, ou par éclat. Jolie plante, ainsi que les variétés ou espèces, *monspeliaca*, *amara*, *austriaca*, et *repens*, toutes indigènes et se cultivant de la même manière.

2. Polygala bractéolé. *P. bracteolata*; Willd. ♄. Du Cap. Arbrisseau à tige droite; feuilles linéaires, lancéolées, glabres, persistantes; de mai en juillet, fleurs d'un vert rougeâtre en dehors, d'un beau violet en dedans, en grappes terminales: ailes marquées de plusieurs nervures, et terminées par une pointe. Orangerie éclairée; terre légère, terre de bruyère et terreau, mêlés par égales portions; pendant l'été, exposition à demi ombragée; multiplication de marcottes, de boutures, et de graines sur couche chaude et sous châssis. Tous les polygala sont de charmans arbrisseaux.

3. Polygala a feuilles cylindriques. *P. teretifolia*; Willd. ♄. Du Cap. Tige frutiqueuse, à rameaux cotonneux, pubescens; feuilles linéaires, subulées; fleurs en grappes terminales, peu nombreuses; ailes ovales, un peu aiguës, marquées de beaucoup de nervures. Culture du précédent.

4. Polygala a feuilles de myrte. *P. myrtifolia*; Willd. ♄. Du Cap. Tige frutiqueuse, de sept à huit pieds; feuilles oblongues, un peu obtuses, glabres, persistantes; tout l'été, fleurs assez grandes, d'un beau violet à l'intérieur, pâles en dehors, peu nombreuses, en grappes courtes et terminales: carène courbée en faux. Orangerie, et culture du n° 2.

5 Polygala a feuilles opposées. *P. oppositifolia*; L ♄. Du Cap. Tige frutiqueuse, haute de trois pieds; feuilles opposées, ovales-aiguës, persistantes; tout l'été, fleurs assez grandes, d'un rouge violet, en épis. Orangerie et même culture.

6. Polygala a feuilles en coeur. *Polygala cordifolia;* Willd. ♄. Du Cap. Tige frutiqueuse, à rameaux pubescens, longs et grêles; feuilles cordiformes, mucronées, opposées, persistantes; en été, fleurs rouges, en grappes terminales. Orangerie et même culture.

7. Polygala épineux. *P. spinosa;* Willd. ♄. Du Cap. Tige frutiqueuse, épineuse; feuilles ovales, obtuses, mucronées, persistantes; fleurs petites, axillaires, solitaires, blanches, à carène rouge; fruit consistant en une baie charnue. Orangerie et même culture.

8. Polygala a belles fleurs. *P. speciosa;* Lois. Deslong. ♄. Du Cap. Tiges de trois à quatre pieds; feuilles lancéolées-ovales; en juin et juillet, fleurs les plus grandes du genre, d'un violet pourpre, en épis assez longs; carène surmontée d'un filament violacé et frangé. Orangerie et même culture.

§ II. Fleurs sans barbes.

9. Polygala a feuilles de buis. *P. chamœbuxus;* Willd. ♄. De la Suisse. Tiges touffues, frutiqueuses, de cinq à six pouces; feuilles oblongues, lancéolées, aiguës; au printemps, fleurs jaunâtres, tachées de pourpre à l'extrémité, au nombre de deux ou trois sur des pédoncules axillaires ou terminaux. Jolie espèce. Pleine terre et culture du n° 1.

10. Polygala a feuilles de bruyère. *P. heisteria;* Pluck. ♄. Du Cap. Tige très-rameuse, arborescente, à rameaux droits; feuilles triangulaires, mucronées, piquantes, persistantes; toute l'année, fleurs en épis, petites, latérales, blanches et bifides dans la partie supérieure, l'inférieure d'un beau pourpre. Orangerie, et culture du n° 2.

11. Polygala mixte. *P. mixta;* L. ♄. Du Cap. Tige frutiqueuse, à rameaux filiformes; feuilles cylindriques, mucronées, nombreuses et très-serrées; presque toute l'année, fleurs petites, axillaires, sessiles, pourpres. Orangerie, et culture du n° 2.

12. Polygala stipulé. *P. stipulacea;* L. ♄. Du Cap. Tige sous-frutiqueuse; feuilles ternées, linéaires, aiguës, accompagnées de stipules; fleurs latérales, sessiles, solitaires, d'un pourpre rouge. Orangerie et même culture.

13. Polygala lancéolé. *Polygala lanceolata;* Pers. ♄. Du Pérou. Tige sous-frutescente, à rameaux grêles, divariqués; feuilles sessiles, lancéolées, acuminées, glabres; fleurs purpurines, en épi lâche. Orangerie; même culture.

14. Polygala de Virginie. *P. senega;* Willd. ♃. Amérique méridionale. Tige droite, herbacée, très-simple; feuilles oblongues, lancéolées; en juillet, fleurs petites, blanchâtres, en épi filiforme. Orangerie; même culture. Toutes les autres espèces, au nombre de plus de quatre-vingts, se cultivent à peu près de même.

VÉRONIQUE. *Veronica;* L. (*Diandrie-monogynie.*) Calice partagé en quatre divisions, rarement en cinq; corolle monopétale, le plus souvent en roue, à limbe divisé en quatre lobes inégaux; deux étamines; un ovaire surmonté d'un style filiforme, terminé par un stigmate simple; une capsule en cœur renversé, ou quelquefois ovale, à deux loges dont la cloison est opposée aux valves; plusieurs graines dans chaque loge.

§ Ier. Fleurs en épis.

1. Véronique de Sibérie. *Veronica sibirica;* Willd. ♃. De la Sibérie. Tige un peu velue, haute de quatre à cinq pieds; feuilles en verticilles, au nombre de sept; de juin en juillet, fleurs blanches, en gros épis. Tout terrain, mieux terre légère, substantielle. Multiplication de graines semées au printemps, et repiquer le jeune plant à l'automne, ou par éclats des pieds. Toutes les plantes de ce genre, à deux ou trois près, sont rustiques, et se cultivent de la même manière. La plupart sont fort jolies.

2. Véronique de Virginie. *V. Virginica.* Pers. ♃. Amérique septentrionale. Tige de six à sept pieds; feuilles quaternées et quinées; de juillet en octobre, fleurs blanches, en épis terminaux.

3. Véronique batarde. *V. spuria;* Pers. ♃. Allemagne. Tige de deux pieds; feuilles lancéolées, également dentées en scie; de mai en juin, fleurs bleues.

Var. Véronique naine. *V. sp. nana.* Autre : Véronique pendante. *V. sp. pendula.*

4. Véronique maritime. *Veronica maritima;* Pers. ♄. Europe. Arbrisseau à tige de deux pieds; feuilles lancéolées, un peu cordiformes, inégalement dentées; de mai en juin, fleurs bleues, en plusieurs épis.

Var. A fleurs blanches, *alba;* à fleurs bleuâtres, *cœrulescens;* à fleurs roses, *incarnata,* et à feuilles panachées, *foliis variegatis.*

5. Véronique a longues feuilles. *V. longifolia;* Pers. ♃. Autriche. Tige d'un pied et demi à deux pieds; feuilles lancéolées, acuminées, dentées, se rétrécissant en pétiole; fleurs bleues, en épis terminaux.

6. Véronique blanchatre. *V. incana;* Pers. ♃. Autriche. Tige couchée à la base, redressée au sommet; feuilles opposées, crénées, obtuses, cotonneuses comme la tige; de juillet en septembre, fleurs bleues, en épis terminaux.

7. Véronique a épi. *V. spicata;* Pers. ♃. Indigène. Tige très-simple, d'un pied et demi, dressée; feuilles crénelées, opposées, obtuses, très-entières au sommet; de juin en août, fleurs bleues, en épi terminal.

8. Véronique hybride. *V. hybrida;* Pers. ♃. Hort. angl. Tige droite; feuilles elliptiques, obtuses, inégalement dentées et crénelées; de juin en août, fleurs bleues, en épis terminaux.

9. Véronique pinnée. *V. pinnata;* Pers. ♃. Sibérie. Tige d'un pied; feuilles linéaires, pinnatifides, un peu fasciculées, à pinnules filiformes et divariquées; en juillet, fleurs d'un bleu pâle, en épi terminal.

10. Véronique incisée. *V. incisa;* Pers. ♃. Sibérie. Feuilles lancéolées, incisées-pinnatifides, glabres; en juillet et août, fleurs en épis nombreux.

11. Véronique d'Allioni. *V. Allionii;* Pers. ♃. France méridionale. Tige glabre, rampante; feuilles opposées, un peu arrondies, raides et luisantes; en juin, fleurs en épis latéraux et pédonculées.

12. Véronique des îles Falkland. *V. decussata;* Pers. ♄. Les îles Falkland. Tige d'un pied, frutiqueuse, rameuse; feuilles elliptiques, persistantes, très-entières; en août, fleurs blanches, en grappes axillaires et pauciflores. Ce joli arbuste se cultive comme les autres véroniques, mais en orangerie; on le multiplie de marcottes et boutures.

§ II. Fleurs en grappes corymbiformes.

13. Véronique a feuilles de paquerette. *Veronica bellidioïdes;* Pers. ♃. Des Alpes. Tiges redressées; feuilles obtuses, crénées; en juillet, fleurs petites, bleues, à calice velu.

14. Véronique a feuilles de gentiane. *V. gentianoïdes;* Pers. ♃. D'Arménie. Tige redressée; feuilles lancéolées, cartilagineuses sur les bords, les inférieures connées et vaginantes; en juin, fleurs d'un bleu pâle, en corymbe terminal.

15. Véronique fruticuleuse. *V. fruticulosa;* Pers. ♄. Des Alpes. Tige un peu frutiqueuse, de quatre à cinq pouces; feuilles lancéolées, un peu obtuses et denticulées; de juin en juillet, fleurs carnées, en corymbe terminal, à folioles calicinales-aiguës.

16. Véronique a feuilles de germandrée. *V. teucrium;* Pers. ♃. Indigène. Tige redressée; feuilles ovales, rugueuses, dentées, un peu obtuses; en juillet, fleurs d'un beau bleu veiné de rouge, en grappes latérales et très-longues.

17. Véronique chamoedrys. *V. chamœdrys;* Pers. ♃. Indigène. Tige d'un pied, avec des poils rangés sur deux lignes opposées; feuilles ovales, sessiles, rugueuses, dentées; de mai en juin, fleurs d'un beau bleu, assez grandes, en grappes latérales.

18. Véronique du Levant. *V. orientalis;* Pers. ♃. Arménie. Feuilles pinnatifides ou profondément dentées, glabres, aiguës, atténuées à la base; en juin, fleurs d'un bleu d'azur, en grappes latérales, à calices inégaux, et à pédicelles capillaires plus longs que les bractées.

19. Véronique multifide. *V. multifida;* Pers. ♃. Sibérie. Feuilles multiparties, à lanières pinnatifides, et lobes décurrans; de juin en août, fleurs en grappes latérales, à calice très-glabre, et à pédoncules courts.

20. Véronique d'Autriche. *V. Austriaca;* Pers. ♃. Autriche. Feuilles un peu velues, linéaires, pinnatifides, à lanières d'en bas les plus longues et divariquées; fleurs en grappes latérales, à calice un peu velu et pédoncules plus courts que les bractées.

21. Véronique a larges feuilles. *V. latifolia;* Pers. ♃. De la Suisse. Tige droite; feuilles cordiformes, sessiles, rugueuses

obtusément dentées ; en juin, fleurs petites, rougeâtres, en grappes latérales : les folioles du calice quinées.

22. Véronique paniculée. *Veronica paniculata;* Pers. ♃. Tartarie. Tige redressée ; feuilles lancéolées, ternées, dentées ; fleurs en grappes latérales et fort longues, à calice quadrifide.

23. Véronique perfoliée. *V. perfoliata;* Hort. Ang. ♄. Nouvelle-Hollande. Tige frutiqueuse, grêle, d'un à trois pieds ; feuilles opposées, ovales, entières, glauques ; de juillet en septembre, fleurs d'un bleu pâle, en grappes grêles. Orangerie ; terre de bruyère, et, du reste, même culture.

§ III. Pédoncules uniflores.

24. Véronique a feuilles de serpolet. *V. serpyllifolia;* Pers. ♃. Indigène. Tige redressée, rampante à la base ; feuilles ovales, les inférieures crénées ; de mai en juillet, fleurs blanches, rayées de bleu, solitaires, mais formant un peu l'épi. Les autres espèces de cette division sont annuelles et n'offrent quelque intérêt que dans les grandes collections botaniques.

SIBTHORPIE. *Sibthorpia.* L. (*Didynamie-angiospermie.*) Calice à cinq divisions profondes ; corolle à tube court, à limbe partagé en six divisions régulières, ouvertes ; quatre étamines disposées par paires et ayant leurs filamens à peu près égaux ; un ovaire à style cylindrique, terminé par un stigmate en tête ; une capsule comprimée, orbiculaire, s'ouvrant par son sommet, à deux loges contenant plusieurs graines.

1. Sibthorpie d'Europe. *Sibthorpia europœa;* L. ♃. Indigène. Tige rampante, radicante ; feuilles réniformes, un peu peltées, crénelées ; en août, fleurs solitaires, pourpres. Pleine terre fraîche et humide ; multiplication de graines et d'éclats.

DISANDRE. *Disandra;* L.f (*Heptandrie-monogynie.*) Calice monophylle, à cinq ou huit divisions ; corolle monopétale, en roue, à tube court, à limbe partagé en cinq à huit découpures égales ; cinq à huit étamines ; un ovaire à style et stigmate simples ; une capsule ovale, à deux loges renfermant plusieurs graines.

1. Disandre couchée. *Disandra prostrata;* L. *Sibthorpia*

peregrina; Lam. ♃. De Madère. Tige couchée, pubescente, d'un pied; feuilles réniformes-orbiculaires, entières, crénelées; tout l'été, fleurs jaunes, petites, solitaires sur des pedoncules ternés et axillaires. Orangerie; terre légère; multiplication par éclats.

Sect. II. Quatre étamines didynames.

ÉRINÉ. *Erinus.* L. (*Didynamie-angiospermie.*) Calice à cinq folioles; corolle monopétale, tubuleuse, à limbe partagé en cinq lobes presque égaux et échancrés en cœur; quatre étamines courtes; un ovaire à style court, terminé par un stigmate en tête; une capsule ovale, entourée par le calice persistant, à deux loges contenant plusieurs graines.

1. Ériné des Alpes. *Erinus alpinus.* Pers. ♃. Tiges simples, pubescentes, de six pouces; feuilles spatulées, ovales, profondément dentées, en touffes, presque glabres; de mars en juin, fleurs nombreuses, roses, rayées de pourpre, en grappes. Pleine terre franche et ombragée; multiplication de graines, ou par éclat à l'automne.

2. Ériné d'Afrique. *E. africanus;* Pers. ♃. Du Cap. Tige débile, flexueuse, presque droite; feuilles lancéolées, dentées. Orangerie; terre de bruyère, et même culture.

3. Ériné du Cap. *E. capensis;* Mant. *E. Lychnideus;* Pers. *Selago lychnidea;* L. ♃. Du Cap. Tige herbacée; feuilles lancéolées, glabres, dentées au sommet; de mai en juin, fleurs d'un pourpre sale, grandes, velues en dehors, en corymbe terminal qui s'allonge ensuite en épi. Orangerie et même culture.

MANULÉE. *Manulea;* L. (*Didynamie-angiospermie.*) Calice partagé en cinq divisions; corolle monopétale, tubuleuse, à limbe divisé en cinq découpures entières; quatre étamines non saillantes; un ovaire à style filiforme et à stigmate simple; une capsule ovale, à deux loges formées par les bords rentrans des valves, et contenant plusieurs graines.

1. Manulée a feuilles opposées. *Manulea oppositifolia;* Vent. ♄. Du Cap. Tige frutiqueuse, pubescente; feuilles opposées, ovales, incisées, dentées; fleurs sur des pédoncules uniflores. Orangerie éclairée; terre légère et substantielle, un peu consistante; multiplication de graines, marcottes et boutures.

2. MANULÉE A FLEURS OPPOSÉES. *Manulea oppositiflora;* VENT. ♄. Du Cap. Tige droite, de deux pieds, très-rameuse; feuilles pétiolées, opposées, ovales, dentées, ciliées, persistantes; presque toute l'année, fleurs petites, nombreuses, d'un blanc pur, axillaires et solitaires. Orangerie et même culture.

3. MANULÉE A FEUILLES ALTERNES. *M. alternifolia;* PERS. ♃. Nouvelle-Hollande. Tige herbacée; feuilles alternes, ovales, pétiolées, dentées en scie; fleurs blanches, jaunâtres à la gorge, pédonculées, en corymbe. Orangerie; même culture; multiplication d'éclats.

EUFRAISE. *Euphrasia;* L. (*Didynamie-angiospermie.*) Calice tubuleux, quadrifide; corolle tubuleuse, à deux lèvres, dont la supérieure concave et échancrée, l'inférieure à trois lobes égaux; quatre étamines didynames, à anthères à deux lobes, dont l'un, dans les anthères inférieures, est muni à sa base d'une pointe particulière; un ovaire à style simple, terminé par un stigmate obtus et un peu globuleux; une capsule ovale, comprimée, à deux loges contenant plusieurs graines.

1. EUFRAISE OFFICINALE. *Euphrasia officinalis;* L. ⊙. Indigène. Tige de trois à six pouces, droite, raide, rameuse; feuilles ovales, obtusément dentées; en août et octobre, jolies petites fleurs blanches, mêlées de jaune et de pourpre. Terre de bruyère; multiplication de graines. Cultivée dans les jardins de médecine, elle mériterait de l'être dans ceux d'agrément.

BUCHNÈRE. *Buchnera;* L. (*Didynamie-angiospermie.*) Calice à cinq divisions et à cinq dents; corolle tubuleuse, filiforme, à limbe partagé en cinq découpures inégales dont les inférieures sont en cœur; capsule ovale-oblongue.

1. BUCHNÈRE VISQUEUSE. *Buchnera viscosa;* AIT. ♄. Du Cap. Tige frutiqueuse, droite, grêle; feuilles linéaires-lancéolées, lâches, dentées, un peu visqueuses; pendant toute l'année, fleurs d'un rose pâle, pedonculées, axillaires, solitaires, ordinairement opposées. Orangerie; terre légère ou de bruyère; multiplication de boutures.

COCRÈTE. *Rhinanthus;* L. (*Didynamie-angiospermie.*) Calice ventru, quadrifide; corolle tubuleuse, à deux lèvres: la supérieure en casque, légèrement bifide; l'inférieure plane, à trois lobes, dont le moyen plus large; quatre étamines didynames, à anthères vacillantes, barbues antérieurement, et bifides postérieurement; un ovaire à style terminé par un stigmate obtus; une capsule ovale, comprimée, à deux loges polyspermes.

1. COCRÈTE D'ORIENT, trompe d'éléphant. *Rhinanthus elephas;* L. ⊙. Orient. Cette plante se fait remarquer par ses fleurs grandes, d'un jaune safrané, à lèvre supérieure subulée, droite, et à lèvre inférieure prolongée de manière à imiter la trompe d'un éléphant. De graines semées au printemps sur couche tiède; repiquer en place, en terre légère et exposition chaude. En laisser quelques pieds sur la couche pour s'assurer la maturité des graines.

BARTSIE. *Bartsia;* L. (*Didynamie-angiospermie.*) Calice à quatre divisions inégales, colorées à leur sommet; corolle tubulée, à deux lèvres, l'inférieure très-petite et bifide, la supérieure droite et entière; capsule ovale, comprimée.

1. BARTSIE A FLEURS PALES. *Bartsia pallida;* L. ♃. Sibérie. Tige anguleuse, simple, droite; feuilles alternes, lancéolées, très-entières, les florales ovales et dentées, colorées; de juin en septembre, fleurs purpurines, axillaires, en épi feuillé et terminal. Pleine terre un peu fraîche; multiplication de graines semées en place, et par la séparation des pieds.

PÉDICULAIRE. *Pedicularis;* L. (*Didynamie-angiospermie.*) Calice ventru, à cinq divisions; corolle tubuleuse, à deux lèvres: la supérieure plus étroite, en forme de casque, comprimée, échancrée; l'inférieure plane, élargie, presqu'à trois lobes, dont le moyen plus étroit; quatre étamines didynames; un ovaire surmonté d'un style filiforme, terminé par un stigmate obtus; une capsule arrondie, mucronée, oblique, à deux loges contenant plusieurs graines.

1. PÉDICULAIRE DES MARAIS. *Pedicularis palustris;* L. ♃. Indigène. Tige rameuse; feuilles pinnées, à pinnules pinnatifides et dentées; de mai en juin, fleurs rouges, axillaires, formant un épi terminal et feuillé. Terre marécageuse, constamment humide; multiplication de graines semées en place.

MÉLAMPYRE. *Melampyrum;* L. (*Didynamie-angiospermie.*) Calice tubuleux, quadrifide; corolle tubuleuse, à limbe partagé en deux lèvres comprimées, dont la supérieure en casque, et ayant ses bords réfléchis : l'inférieure trifide, presque égale à la supérieure ; quatre étamines didynames, à filamens subulés, portant des anthères oblongues ; un ovaire filiforme, terminé par un stigmate obtus ; une capsule oblongue, obliquement acuminée, à deux loges monospermes.

1. Mélampyre des blés, rouge-herbe. *Melampyrum arvense;* L. ☉. Indigène. Tige d'un pied, carrée ; feuilles lancéolées, longues, sessiles, pointues, les supérieures très-divisées ; en juillet, fleurs purpurines, à gorge jaune, formant, avec leurs bractées colorées, un très-joli épi terminal et conique. Terre franche, substantielle; multiplication de graines semées en place à l'automne.

ORDRE III.

LES ACANTHÉES. — *ACANTHEÆ.*

Plantes herbacées ou ligneuses ; *tiges* droites, ou couchées, ou grimpantes, quelquefois frutescentes ; *feuilles* grandes, souvent élégamment découpées, ordinairement opposées. *Inflorescence* variée ; *calice* partagé en divisions plus ou moins profondes, ou entièrement polyphylle ; *corolle* monopétale, ordinairement irrégulière ; deux *étamines*, ou quatre, et didynames ; un *ovaire* supérieur, à style unique, surmonté d'un stigmate à deux lobes, rarement simple. Une *capsule* à deux loges, contenant une ou plusieurs graines, à deux valves élastiques, séparées par une cloison opposée aux valves, formée par le bord rentrant de celles-ci, et se fendant longitudinalement par le milieu, du sommet à la base, en deux parties le long desquelles les graines sont attachées. *Embryon* dépourvu de périsperme.

BARRELIÈRE, colasseau. *Barleria;* Plum. (*Didynamie-angiospermie.*) Calice partagé en quatre divisions plus ou moins profondes et inégales, muni à sa base de deux bractées souvent épineuses ; corolle infondibuliforme, à cinq divisions presque égales ; quatre étamines, dont deux beaucoup plus courtes que les autres; un ovaire surmonté d'un style filiforme, terminé par un stigmate bifide; une capsnle presque tétragone, à deux loges contenant chacune une à deux graines.

1. Barrelière prionitis. *Barleria prionitis;* L. *Justicia appressa;* Forsk. ♄. Inde. Tige cylindrique, rameuse, de trois ou quatre pieds, portant, ainsi que les rameaux, quatre épines pédiculées dans chaque aisselle; feuilles ovales, lancéolées, très-entières; fleurs petites, bleues, à lèvre supérieure la plus courte. Serre chaude; terre légère, substantielle; arrosemens fréquens pendant la végétation, rares en hiver. Multiplication de boutures étouffées, sur couche chaude.

2. Barrelière a crête. *B. cristata;* L. ♄. Inde. Tige et rameaux épineux; feuilles oblongues, très-entières; fleurs bleues, infondibuliformes, ayant deux folioles du calice plus larges et ciliées, et deux linéaires aiguës. Serre chaude et même culture.

3. Barrelière a fleurs écarlates. *B. coccinea;* L. ♄. Amérique méridionale. Tige et rameaux sans épines; feuilles pétiolées, opposées, ovales-pointues, denticulées; de juin en novembre, fleurs écarlates, sessiles, axillaires. Serre chaude; même culture.

4. Barrelière a longues feuilles. *B. longifolia;* L. ♂. Tige simple, articulée, velue, tétragone; feuilles opposées, ensiformes, longues, rudes; de juillet en septembre, fleurs purpurines, sessiles, verticillées, munies de six épines aussi verticillées. Serre chaude; multiplication d'éclats et de graines.

5. Barrelière a fleurs d'onagre. *B. œnotheroïdes;* L. *Justicia lutea;* Hort. Angl. ♄. Amérique méridionale. Tige droite, cylindrique, non épineuse, rameuse; feuilles opposées, pétiolées, lancéolées-oblongues, en pointe au sommet, persistantes; en hiver, fleurs d'un beau jaune, en épis terminaux et accompagnés de bractées. Serre chaude et même culture.

6. Barrelière a feuilles de buis. *B. buxifolia;* L. ♄. Inde. Tige épineuse, de dix-huit pouces, rameuse; deux épines axillaires et opposées; feuilles opposées, ovales-arrondies, très-entières, petites; fleurs bleues, sessiles, solitaires et axillaires. Serre chaude; même culture.

7. Barrelière a feuilles de morelle. *Barleria solanifolia;* L. ♄. Amérique méridionale. Tige rameuse; feuilles opposées, lancéolées, légèrement sinuées et denticulées; fleurs petites, bleues, sessiles, solitaires et axillaires. Serre chaude et même culture.

ACANTHE. *Acanthus;* L. (*Didynamie-angiospermie.*) Calice de quatre folioles inégales, muni de trois bractées à sa base; corolle monopétale, à tube court, fermé par des poils, à limbe formé par une seule lèvre inférieure, plane, large et à trois lobes; quatre étamines à anthères velues antérieurement; un ovaire surmonté d'un style filiforme, terminé par un stigmate bifide; une capsule à deux loges, à une ou deux semences.

1. Acanthe épineuse. *Acanthus spinosus;* L. ♃. Italie. Feuilles épineuses, très-grandes, pinnées; tige de trois pieds, garnie, de juillet en octobre, par des fleurs à lèvre blanche. Pleine terre franche, profonde et fraîche; couverture de litière sèche pendant l'hiver; multiplication de graines ou par la séparation des racines.

2. Acanthe branch-ursine. *A. mollis;* L. ♃. Italie. Feuilles sinuées, sans épines, très-grandes, pinnatifides et amplexicaules; tige de trois à quatre pieds, droite, garnie jusqu'à son sommet de fleurs assez grandes, d'un rouge livide. Même culture. Les feuilles de cette plante ont servi de modèle aux ornemens de la colonne Corinthienne.

THUNBERGIE. *Thunbergia;* Willd. (*Didynamie-angiospermie.*) Calice double : l'extérieur à deux folioles; l'intérieur court, divisé en douze parties subulées; corolle campanulée, à tube élargi, à limbe à cinq lobes égaux; stigmate à deux lobes; capsule globuleuse, terminée par un bec, à loges dispermes.

1. Thunbergie odorante. *Thunbergia fragrans;* Willd. ♃. Tige grimpante; feuilles cordiformes, acuminées, à base un peu anguleuse et dentée; fleurs assez grandes, blanches, odorantes, axillaires. Serre chaude; terre franche, légère; multiplication de boutures et de drageons.

2. Thunbergie du Cap. *T. capensis;* Thunb. ♃. Du Cap. Tige couchée; feuilles ovales, presque sessiles; fleurs jaunes,

portées sur des pédoncules solitaires. Serre chaude; même culture.

RUELLIE, crustolle. *Ruellia;* Plum. (*Didynamie-angiospermie.*) Calice monophylle, à cinq divisions; corolle monopétale, presque campanulée, à limbe partagé en cinq lobes inégaux; quatre étamines à filamens filiformes, portant des anthères rapprochées par paires; un ovaire surmonté d'un style filiforme, terminé par un stigmate bifide; une capsule cylindrique, aiguë à sa base et à son sommet, à deux loges contenant un petit nombre de graines.

1. Ruellie ovale. *Ruellia ovata;* Cav. ♃. Mexique. Tiges couchées; feuilles sessiles, ovales, velues, ciliées; en août, fleurs axillaires, ternées, grandes, bleues, presque sessiles, à bractées linéaires et aiguës. Serre chaude; terre franche légère, substantielle; arrosemens fréquens pendant la végétation, rares pendant le repos de la plante. Multiplication de graines en terrines et terre de bruyère, sur couche chaude au printemps.

2. Ruellie étalée. *R. patula;* Jacq. ♄. Inde. Tiges divergentes, frutiqueuses, velues; feuilles ovales, entières, très-obtuses; en juillet, fleurs d'un violet pâle, agrégées, axillaires; capsule obovale. Même culture, mais de plus multiplication de boutures étouffées, sur couche chaude. Toutes les suivantes se cultivent de même.

3. Ruellie odorante. *R. fragrans;* Forst. ♄. Tahiti. Feuilles sessiles, oblongues, obtusément dentées; fleurs axillaires, solitaires, sessiles. Même culture.

4. Ruellie blanche. *R. lactea;* Willd. ♃. Mexique. Tige très-velue, droite; feuilles pétiolées, ovales, oblongues, ciliées, un peu dentées; en août, fleurs grandes, d'un blanc bleuâtre ou violâtre, ordinairement au nombre de trois sur des pédoncules très-courts. Serre chaude.

5. Ruellie variable. *R. varians;* Vent. *Eranthemum pulchellum;* And. ♄. De l'Inde. Tige droite, tétragone; feuilles ovales, acuminées, glabres, un peu luisantes; de janvier en mai, fleurs d'abord bleues, puis pourpres, portées par des pédoncules terminaux, et accompagnées de bractées blanches et imbriquées. Serre chaude. Belle plante.

6. Ruellie a épi serré. *R. blechum;* Willd. ♃. Antilles.

Feuilles ovales, dentées en scie, un peu velues; fleurs d'un blanc bleuâtre, ternées, sessiles, en épis ovales; bractées inférieures géminées. Serre chaude.

7. Ruellie tubéreuse. *Ruellia tuberosa;* Swartz. ♃. Antilles. Racines tubéreuses; tige simple; feuilles cunéiformes, ovales, crénelées; en août, fleurs bleues, portées sur des pédoncules solitaires. Serre chaude.

8. Ruellie élégante. *R. formosa;* Hort. angl. ♄. Du Brésil. Tige de deux pieds; feuilles ovales, pubescentes; presque tout l'été, fleurs d'un rouge vif et brillant. Serre chaude.

9. Ruellie imbriquée. *R. imbricata;* Pers. *R. dorsiflora;* Retz. ♄. De Bourbon. Feuilles pétiolées, ovales, ondulées, crénelées; fleurs blanches, ne s'épanouissant que la nuit, en épis imbriqués, unilatérales. Serre chaude.

10. Ruellie élastique. *R. strepens;* L. ♃. Virginie. Tige d'un pied, tétragone, articulée; à chaque articulation, deux feuilles ovales, très-entières, pétiolées; en juillet et en août, fleurs d'un rouge pâle, petites, articulaires, courtement pédonculées. Orangerie.

11. Ruellie clandestine. *R. clandestina;* L. ♃. Des Barbades. Tige de six pouces; feuilles radicales couchées, pétiolées: les caulinaires opposées; en juillet et août, fleurs petites, pourpres, longuement pétiolées, au nombre de trois à chaque articulation.

Sect. III. Deux étamines.

CARMANTINE. *Justicia;* L. (*Diandrie-monogynie.*) Calice à cinq folioles ou à cinq divisions profondes, souvent muni de trois bractées à sa base; corolle à tube bossu, à limbe partagé en deux lèvres, dont la supérieure échancrée et l'inférieure trifide; deux étamines situées sous la lèvre supérieure; un ovaire surmonté d'un style filiforme, terminé par un stigmate simple. Une capsule oblongue, rétrécie à sa base, divisée en deux loges à une ou deux semences.

§ Ier. Tiges ligneuses.

1. Carmentine en arbre, noyer des Indes. *Justicia adhatoda;* L. ♄. Ceylan. Tige arborescente, de huit à douze

pieds; feuilles lancéolées-ovales, grandes, opposées, persistantes; de juin en juillet, fleurs grandes, blanches, en épis courts, axillaires, avec des bractées ovales, nervées et persistantes. Une anthère. Orangerie; terre franche, légère, substantielle; exposition chaude; arrosemens fréquens; vase peu grand, de manière à ce que les racines y soient un peu gênées. Multiplication au printemps, de boutures sur couche tiède, ou de marcottes.

2. Carmantine a feuilles d'hyssope. *Justicia hyssopifolia;* L. ♄. Des Canaries. Tige de trois ou quatre pieds, rameuse; feuilles linéaires, lancéolées, obtuses, très-entières, persistantes; presque toute l'année, fleurs d'un blanc pâle; pédoncules triflores, ancipités; bractées plus courtes que le calice. Une anthère. Orangerie et même culture.

3. Carmantine a feuilles d'orchis. *J. orchioïdes;* Pers. ♄. Du Cap. Feuilles lancéolées, raides, aiguës des deux côtés; en août et septembre, fleurs à deux lèvres, portées sur des pédoncules axillaires, solitaires, uniflores; calice simple; deux étamines. Orangerie; même culture.

4. Carmantine épineuse. *J. spinosa;* Jacq. ♄. Antilles. Tige de cinq à six pieds, à rameaux grêles et épineux; feuilles fasciculées, oblongues, petites, persistantes; fleurs purpurines, en épis axillaires; calice simple; corolle à divisions presque égales. Serre chaude et même culture.

5. Carmantine paniculée. *J. paniculata;* Vahl. ♄. Inde. Feuilles lancéolées; fleurs unilatérales, en panicules axillaires ou terminales, dichotomes; calice simple; corolle bilabiée, à lèvres entières; filamens des étamines velus. Serre chaude.

6. Carmantine tubulée. *J. nasuta;* L. ♄. Inde. Tige de quatre à cinq pieds, tétragone; feuilles lancéolées-ovales, très-entières, persistantes; presque toute l'année, fleurs très-blanches, un peu tachées de rouge, en panicules latérales vers le sommet des rameaux, à pédoncules dichotomes; corolle bilabiée, à lèvre supérieure entière, droite, linéaire. Serre chaude.

7. Carmantine bractéolée. *J. bracteolata;* Jacq. ♄. Caracas. Tige de trois ou quatre pieds, tétragone, scabre sur ses angles; feuilles oblongues, atténuées des deux côtés; fleurs

en grappes terminales, à pédoncules triflores; deux anthères; calice simple; corolle à deux lèvres divisées. Serre chaude.

8. CARMANTINE ÉCARLATE. *Justicia coccinea;* SMITH. ♄. Caïenne. Tige de cinq à six pieds; feuilles et bractées elliptiques, nues sur les bords; en été, fleurs écarlates en épis terminaux; corolle bilabiée, à lèvre supérieure entière, lancéolée, refléchie au sommet. Serre chaude. Très-bel arbrisseau.

9. CARMANTINE MOUCHETÉE. *Justicia pulcherrima;* JACQ. ♄. Amérique méridionale. Fleurs en épis terminaux ou axillaires; bractées ovales, imbriquées, ciliées, mutiques; lèvre supérieure de la corolle lancéolée, bifide, droite; calice simple. Serre chaude.

10. CARMANTINE POMPON, ou à crête. *J. cristata;* JACQ. *Ruellia cristata;* AND. ♄. Lieu...? Tige peu rameuse; feuilles grandes, ovales; en août et septembre, fleurs en épis, très-longues, tubuleuses, d'un beau rouge vermillon. Serre chaude. Superbe plante.

11. CARMANTINE INFONDIBULIFORME. *J. infundibuliformis;* L. ♄. Inde. Feuilles lancéolées, ovales, quaternées; fleurs très-belles, blanches, en épis terminaux; calice simple; corolle à divisions presque égales. Orangerie.

12. CARMANTINE A CROCHET. *J. ecbolium;* L. ♄. Inde. Tige droite, de deux pieds; feuilles ovales, pointues, très-entières, opposées, persistantes; de mars en août, fleurs d'un bleu très-pâle, en épis terminaux, coniques; bractées ovales, imbriquées, ciliées, mucronées; lèvre supérieure linéaire, recourbée. Serre chaude.

13. CARMANTINE SALICIFORME. *J. gendarussa;* L. ♄. Inde. Tige de trois à quatre pieds, rameuse, articulée; feuilles opposées, étroites, lancéolées, pointues, entières, glabres; fleurs petites, purpurines et jaunâtres, en épis simples et terminaux; une anthère. Serre chaude.

14. CARMANTINE QUADRIFIDE. *J. quadrifida;* VAHL. *J. coccinea;* CAV. ♄. Nouvelle-Espagne. Tige de dix-huit pouces, grisâtre, très-rameuse, à rameaux droits et grêles; feuilles opposées, rapprochées, lancéolées, étroites, acuminées; en été, fleurs d'un rouge de garance, à divisions presque égales, peu nombreuses, terminales; deux anthères. Serre chaude.

15. CARMANTINE BICALICULÉE. *J. bicaliculata;* VAHL. *J. ligu-*

lata; Cav. *Dianthera malabarica;* L. ♄. Inde. Tige rameuse, hexagone, de trois pieds; feuilles opposées, pétiolées, ovales, entières, velues; fleurs d'un rouge pâle, petites, en panicule terminale; calice double, à cinq divisions, dont une plus longue, en languette, droite; anthères doubles. Serre chaude.

16. Carmantine bicolore. *Justicia bicolor;* Hort. Angl. ♄. Jamaïque. Tige de dix-huit pouces à deux pieds; feuilles ovales, aiguës; de mai en août, fleurs blanches, plus ou moins tachées de rouge. Serre chaude.

17. Carmantine jaune. *J. lutea;* Hort. Angl. ♄. Tige de deux à trois pieds, rameuse; feuilles ovales, oblongues, aiguës; en mars, fleurs jaunes, imbriquées, en épi. Serre chaude.

18. Carmantine peinte. *J. picta;* Vahl. ♄. Asie. Tige droite, de sept à huit pieds; feuilles ovales, opposées, très-entières, marquées sur le disque de taches jaunes, luisantes, persistantes; en mars, fleurs d'un beau rouge écarlate, verticillées, en grappes axillaires ou terminales; calice simple; corolle à deux lèvres entières. Serre chaude. Belle plante.

19. Carmantine luisante. *J. nitida;* Vahl. ♄. Antilles. Tige luisante; feuilles lancéolées, elliptiques, atténuées des deux côtés; fleurs en grappes terminales, un peu rameuses, presque verticillées; calice simple; corolle à deux lèvres divisées; une anthère. Serre chaude.

20. Carmantine rétuse. *J. retusa;* Vahl. ♄. Santa-Cruz. Feuilles ovales, acuminées; fleurs en épis terminaux, à bractées obovales, un peu retuses, imbriquées; calice simple; corolle à deux lèvres divisées; deux anthères. Serre chaude.

21. Carmantine eustachienne. *J. eustachiana;* Vahl. ♄. Ile Saint-Eustache. Fleurs en épis axillaires ou terminaux : les inférieures géminées, les supérieures solitaires; bractées cunéiformes; calice simple; corolle à deux lèvres divisées; deux anthères. Souvent les fleurs sont au nombre de deux ou trois dans un involucre à six folioles. Serre chaude.

23. Carmantine sanguinolente. *J. sanguinolenta;* Vahl. ♄. Ile de Ceylan. Tige rampante, couleur de sang comme toute la plante; feuilles oblongues; fleurs alternes, solitaires sur des pédoncules axillaires; calice simple; corolle à deux lèvres; une anthère. Serre chaude.

§ II. Tiges herbacées.

23. CARMANTINE FOURCHUE. *Justicia furcata;* JACQ. *J. peruviana;* CAV. ♃. Pérou. Tiges nombreuses, droites, de trois ou quatre pieds; feuilles ovales-aiguës, persistantes; en été, fleurs d'un blanc pourpré, munies de trois bractées, en épis courts, axillaires ou terminaux; calice simple; corolle labiée; deux anthères. Serre chaude.

24. CARMANTINE CILIÉE. *J. ciliaris;* L. ⊙. Ceylan. Plante herbacée, velue; feuilles lancéolées; de juin en août, fleurs petites, blanches, opposées, sessiles; bractées et divisions du calice sétacées, hispides, plus longues que les fleurs; calice simple; corolle à deux lèvres divisées; une anthère. De graines semées au printemps sur couche chaude et sous châssis où la plante doit rester toute l'année.

25. CARMANTINE A FEUILLES DE GREMIL. *J. lithospermifolia;* JACQ. *J. ladanoïdes;* LAM. ⊙. Pérou. Tiges de dix-huit pouces, glabres, marquées de cinq cannelures; feuilles opposées, ovales, très-entières, glabres; fleurs petites, d'un pourpre pâle, en paquets axillaires, opposées, à pédoncules inégaux, munies de bractées cordiformes; corolle à deux lèvres; deux anthères. Culture de la précédente.

ELYTRAIRE. *Elytraria;* MICH. (*Diandrie-monogynie.*) Calice coriace, à quatre parties, l'antérieure à deux dents; corolle tubulée, à limbe divisé en cinq parties presque égales, dont deux supérieures droites; deux filamens des étamines stériles; un ovaire oblong, surmonté d'un style filiforme, terminé par un stigmate ligulé; capsule oblongue, biloculaire, à deux valves cloisonnées dans leur milieu. Semence presque lenticulaire.

1. ELYTRAIRE DE LA CAROLINE. *Elytraria caroliniensis;* PERS. *E. virgata;* MICH. ♃. Amérique septentrionale. Feuilles radicales, entières, nervées, glabres en dessous; hampe grêle, radicale, très-longue, munie d'écailles engaînantes, terminée par un épi de petites fleurs imbriquées et accompagnées de bractées. Orangerie. Terre de bruyère tenue constamment humide. Multiplication par l'éclat des pieds.

ORDRE IV.

LES JASMINÉES. — *JASMINEÆ.*

Plantes ligneuses; *tiges* frutescentes ou arborées, quelquefois sarmenteuses et grimpantes; *feuilles* ordinairement opposées, simples ou foliolées. *Fleurs* en thyrse, en corymbe ou en grappe; *calice* monophylle, tubuleux, quelquefois de quatre folioles distinctes, ou tout-à-fait nul; *corolle* monopétale, tubuleuse, régulière, quelquefois nulle ou composée de deux ou quatre pétales; deux *étamines*, rarement davantage; un *ovaire* supérieur, à style simple, ou, mais rarement, bifide, terminé par un *stigmate* le plus souvent à deux lobes, quelquefois à trois. Tantôt une *capsule* comme dans l'ordre précédent, tantôt une *baie* ou un *drupe* à une ou deux loges, renfermant une à quatre graines. *Embryon* entouré le plus ordinairement d'un périsperme charnu.

Sect. Ire. Fruits capsulaires.

LILAS. *Syringa;* L. (*Diandrie-monogynie.*) Calice monophylle, très-court, à quatre dents; corolle tubuleuse, à limbe partagé en quatre divisions; deux étamines renfermées dans le tube; un ovaire à style terminé par un stigmate un peu épais et bifide; une capsule à deux valves naviculaires, opposées à la cloison, à deux loges contenant une ou deux graines comprimées et bordées d'une aile membraneuse.

1. Lilas commun. *Syringa vulgaris;* L. *Lilas vulgaris;* Lam. ♄. Perse. Arbrisseau de dix à quinze pieds, à feuilles cordiformes et à fleurs en thyrse, paraissant d'avril en mai; pleine terre franche et légère; exposition du levant, quoiqu'il vienne assez bien partout. Multiplication de rejetons, marcottes, boutures, et de graines.

Var. 1° A fleurs blanches, *alba;* 2° à fleurs blanches doubles, *alba plena;* 3° à feuilles panachées, *foliis variegatis;* 6° à fleurs pourpres, *purpurea;* 5° à fleurs tardives, *tardiva;* 4° à fleurs pâles, *pallida.* Tous ces arbrisseaux sont charmans et exhalent une odeur agréable.

*. Li lasde Marly. *Syringa media.* Autre variété du lilas commun ; ses fleurs sont plus grandes, plus foncées, et forment un thyrse plus épais que le premier, dont elles ont l'odeur agréable. Même culture.

2. Lilas de Perse. *S. persica;* L. ♄. De la Perse. Arbrisseau de six à sept pieds, à rameaux grêles, divergens ; feuilles ovales, atténuées à la base et au sommet, plus petites que le précédent ; en mai, fleurs d'un pourpre clair, en pannicule pyramidale. Terre légère, substantielle et chaude ; même multiplication.

Var. 1° A fleurs blanches, *alba;* 2° à feuilles laciniées, *laciniata;* celle-ci est un peu plus délicate. Sous-variété du lacinié, à fleurs roulées.

*. Lilas Varin. *S. rothomagensis; S. dubia;* Pers. *S. sinensis;* Willd. Hybride du lilas de Perse et du lilas commun. Ses feuilles sont plus petites que celles de ce dernier, et ses thyrses plus allongés, plus fournis de fleurs que dans le lilas de Perse ; ses fleurs sont aussi plus grandes et plus colorées. Du reste, culture du n° 1. Variété à fleurs d'un rouge vif.

3. Lilas du Japon. *S. suspensa;* Thunb. *S. perpensa;* Lam. ♄. Du Japon. Tige de dix-huit pouces ; feuilles ovales, dentées, ternées ; fleurs jaunes, pendantes, en grappe lâche ; calice profondément divisé ; corolle campanulée. Même culture, mais serre tempérée, ou au moins bonne orangerie éclairée.

FRÊNE. *Fraxinus;* L. (*Diœcie-diandrie.*) Fleurs unisexuelles, polygames ; calice nul ; corolle nulle ; deux anthères sessiles ; un ovaire oblong, comprimé, surmonté d'un style droit, terminé par un stigmate bifide ; une capsule oblongue, terminée par une aile membraneuse, à une seule loge qui ne s'ouvre point et ne contient qu'une graine ; la seconde loge avorte constamment.

1. Frêne élevé. *Fraxinus excelsior;* Willd. ♄. Indigène. Arbre de première grandeur ; feuilles ailées, à folioles un peu pétiolées, lancéolées, acuminées, dentées, glabres, cunéiformes à la base ; d'avril en mai, fleurs verdâtres, paniculées. Multiplication de semences aussitôt la maturité, recouvertes d'un pouces et demi de terre et semées en sillons. On met le plant en place lorsqu'il a sept à huit pieds ; jusque-là on le cultive dans la pépinière comme les autres arbres. Tous les

frênes aiment un terrain franc et un peu argileux, frais, ou même humide, quoiqu'ils réussissent assez bien dans tous. Les variétés, et les espèces délicates, se multiplient par la greffe sur celui-ci.

Var. 1° Frêne doré. *Fraxinus aurea;* Écorce jaune, boutons noirs; rameaux anguleux et comprimés, souvent pointillés de brun; feuilles de neuf à onze folioles plus étroites; sous-variété à branches pendantes.

2° Frêne jaspé. *F. jaspidea;* branches et tiges rayées longitudinalement de jaune.

3° Frêne argenté. *F. argentea;* Feuilles presque blanches, tachées ou rayées de vert plus foncé.

4° Frêne a feuilles déchirées. *F. erosa;* feuilles dentées, comme rongées.

5° Frêne horizontal. *F. horizontalis;* rameaux s'écartant horizontalement. Sous-variété à écorce dorée, *horizontalis aurea.*

6° Frêne véruqueux. *F. verrucosa;* écorce du tronc et des rameaux rude et raboteuse.

7° Frêne pleureur. *F. pendula;* branches et rameaux pendans; arbre fort agréable.

8° Frêne d'un vert noiratre. *F. atrovirens;* feuillage d'un vert foncé, presque noir.

9° Frêne a une feuille. *F. monophylla;* feuilles simples, sans folioles.

10° Frêne strié. *F. striata;* tige striée profondément et longitudinalement.

11° Frêne tortillard. *F. implicata;* bois mêlé et entrelacé comme celui de l'orme tortillard.

12° Frêne nain. *F. nana;* celui-ci n'est qu'un arbrisseau.

2. Frêne a feuilles rondes. *Fraxinus rotundifolia;* Lam. ♄. Italie. Arbre peu élevé; feuilles à cinq ou sept folioles presque rondes, peu pointues, presque sessiles, deux fois dentées en scie; fleurs corollées, à pétales longs et rougeâtres. Même culture.

3. Frêne a feuilles de lentisque. *F. lentiscifolia;* Pers. *F. parvifolia;* Lam. ♄. Orient. Folioles ovales, oblongues,

aiguës des deux côtés, glabres, mucronées; fleurs nues. Même culture.

4. Frêne pubescent. *Fraxinus pubescens;* Lam. ♄. Amérique septentrionale. Folioles pétiolées, elliptiques, ovales, dentées; le dessous des pétioles et des rameaux cotonneux; fleurs caliculées. Même culture.

Var. Frêne noir. *F. nigra;* Willd. Frêne du roi. Feuilles longues, à folioles ovales, lancéolées, atténuées, un peu dentées.

5. Frêne d'Amérique. *F. americana;* Willd. *F. acuminata;* Lam. ♄. D'Amérique. Folioles pétiolées, oblongues, luisantes, acuminées, très-entières, glauques en dessous; fleurs caliculées; fruit étroit. Même culture.

6. Frêne a feuilles de noyer. *F. juglandifolia;* Lam. ♄. Amérique septentrionale. Folioles pétiolées, ovales, dentées, glauques en dessous, opaques, presque semblables à celles du précédent aux dents près, avec quelques poils aux aisselles des veines; rameaux glabres; fleurs caliculées. Même culture.

7. Frêne a feuilles de sureau. *F. sambucifolia;* Willd. ♄. Amérique septentrionale. Folioles sessiles, ovales-lancéolées, dentées, un peu rugueuses, arrondies à la base; feuilles un peu odorantes, semblables à celles du noyer noir; fleurs nues. Même culture.

8. Frêne quadrangulaire. *F. quadrangulata;* Mich. ♄. Amérique septentrionale. Rameaux quadrangulaires; folioles quadrijuguées, presque sessiles, ovales-lancéolées, finement dentées, pubescentes en dessous; fruits obtus des deux côtés. Même culture.

9. Frêne a large fruit. *F. platicarpa;* Mich. ♄. Amérique septentrionale. Folioles presque sessiles, dentées en dehors, lancéolées-elliptiques (ainsi que le fruit), pâles en dessous, avec de grandes veines velues. Même culture.

10. Frêne a long fruit. *F. oxicarpa;* Willd. ♄. Du Caucase. Folioles presque sessiles, lancéolées, acuminées, dentées, glabres; fleurs nues. Fruit lancéolé, atténué des deux côtés, terminé par une longue pointe. Même culture.

11. Frêne a petites feuilles. *F. parvifolia;* Willd. ♄. Orient. Folioles ovales, presque sessiles, aiguës, mucronées,

dentées, glabres, à base cunéiforme; fleurs nues. Même culture.

ORNE. *Ornus;* PERS. (*Diandrie-monogynie.*) Calice monophylle, très-petit, à quatre divisions; corolle de quatre pétales linéaires; deux étamines à filamens aussi longs que les pétales; un ovaire oblong, surmonté d'un style droit, terminé par un stigmate bifide; une capsule oblongue, comprimée, terminée par une aile membraneuse, à une loge ne s'ouvrant point et ne contenant qu'une graine : il y a une seconde loge qui avorte constamment.

1. ORNE D'EUROPE, frêne à fleurs. *Ornus europœa;* PERS. *Fraxinus ornus;* L. ♄. Europe. Arbre de treize à vingt pieds; feuilles foliolées, à folioles pétiolées, pointues, légèrement dentées, ovales ou lancéolées; en mai et juin, fleurs blanches, en panicules. Terre franche légère, pas trop humide, profonde; du reste même culture que les frênes.

FONTANÉSIE. *Fontanesia;* LABILL. (*Diandrie-monogynie.*) Calice à quatre divisions; corolle à deux pétales, profondément bifide; deux étamines plus longues que la corolle; un ovaire surmonté d'un style bifide; une capsule ovale, membraneuse, à deux loges qui ne s'ouvrent pas et qui renferment chacune une graine.

FONTANÉSIE A FEUILLES DE FILARIA. *Fontanesia phillyreoïdes;* PERS. ♄. Asie. Arbrisseau de dix à douze pieds, très-rameux; feuilles opposées, ovales-lancéolées, pointues; en mai, fleurs petites, d'abord blanches, puis rougeâtres, en grappes. Pleine terre franche, légère, rocailleuse et sèche, à l'exposition du levant. Multiplication de graines, de boutures, de marcottes et même d'éclats.

SECT. II. Une baie ou un drupe.

CHIONANTHE. *Chionanthus;* L. (*Diandrie-monogynie.*) Calice monophylle, à quatre dents; corolle à tube très-court, à limbe partagé profondément en quatre découpures longues et linéaires; deux ou trois étamines très-courtes; un ovaire à style court, terminé par un stigmate trifide; un petit drupe arrondi, monoloculaire et monosperme.

1. CHIONANTE DE VIRGINIE, arbre de neige. *Chionanthus vir-*

ginica; WILLD. ♄. Arbrisseau de huit à neuf pieds; feuilles grandes, aiguës; en juin, fleurs blanches, en panicule terminale et trifide, composée de pédoncules triflores. Ce bel arbrisseau varie par sa corolle de quatre à six divisions, et par ses étamines qui sont quelquefois au nombre de quatre. Terre franche et humide, sur le bord d'un ruisseau, s'il est possible, et à demi ombragée. Multiplication de graines venues de son pays natal, semées en terrine sur couche tiède et sous châssis, et mettant quelquefois un an à lever; ou de marcottes. On peut encore le greffer sur le frêne commun.

Var. CHIONANTE A FEUILLES ÉTROITES. *C. angustifolia.* On en possède encore deux espèces : *C. montana* et *C. maritima.*

OLIVIER. *Olea;* L. (*Diandrie-monogynie.*) Calice campanulé, à quatre dents; corolle infondibuliforme, à limbe partagé en quatre découpures; deux étamines, rarement quatre; un ovaire à style court, terminé par un stigmate à deux lobes; un drupe ovoïde, contenant un noyau qui renferme une ou deux graines.

1. OLIVIER D'EUROPE. *Olea europæa;* AIT. ♄. Europe méridionale. Nous avons décrit cet arbre et donné sa culture dans notre tome II, page 580; il nous reste ici à parler des variétés que l'on cultive en orangerie, en terre franche légère, et que l'on multiplie par la greffe sur le troène ou sur l'olivier commun, ou de boutures sur couche tiède, de marcottes, de racines et de rejetons si les sujets sont francs.

Var. 1° A feuilles de buis. *O. buxifolia;* AIT. Feuilles ovales, petites, à rameaux ouverts, très-divergens.

2° A feuilles obliques. *O. obliqua;* AIT. Feuilles oblongues, obliques, pâles en dessous.

3° A feuilles ferrugineuses. *O. ferruginea;* AIT. Feuilles lancéolées, ferrugineuses en dessous.

4° A larges feuilles. *O. latifolia;* AIT. Feuilles larges, oblongues, blanches en dessous.

5° A longues feuilles. *O. longifolia;* AIT. Feuilles longues; étroites, pointues, blanches en dessous.

6° Verruqueux. *Verrucosa.* WILLD. Du Cap. Rameaux verruqueux; feuilles planes, blanches en dessous.

2. OLIVIER DU CAP. *O. capensis;* AIT. ♄. du Cap. Arbuste d'un à deux pieds; feuilles ovales, très-entières, persistantes;

en différens temps, fleurs petites, blanches, en grappes paniculées et divariquées. Orangerie; même culture.

Var. A feuilles étroites. *Angustifolia.*

3. OLIVIER D'AMÉRIQUE. *Olea americana;* AIT. ♄. Caroline. Arbuste à tiges droites; feuilles lancéolées, elliptiques, très-entières, persistantes; en juin, fleurs en grappes étroites; toutes les bractées persistantes, connées et petites. Orangerie; même culture.

4. OLIVIER ODORANT. *O. fragrans;* THUNB. ♄. Chine. Arbuste de quatre à six pieds, à rameaux souples; feuilles lancéolées, dentées, persistantes; en juillet et août, fleurs blanches, très-petites, odorantes, sur des pédoncules latéraux, agrégés et uniflores; dans le Japon et la Chine, on les prend en infusion comme le thé. Orangerie et même culture.

5. OLIVIER ÉCHANCRÉ. *O. emarginata;* LAM. ♄. Madagascar. Arbre de quarante à cinquante pieds; feuilles obovales, rétuses, émarginées; fleurs les plus grandes du genre, en grelot, peu nombreuses, en panicules terminales. Même culture, mais serre chaude.

6. OLIVIER ONDULÉ. *O. ondulata;* JACQ. ♄. du Cap. Arbrisseau rameux, de huit pieds, à rameaux parsemés de tubercules oblongs; feuilles opposées, lancéolées, pointues aux deux bouts, ondulées et luisantes; fleurs très-nombreuses, en panicule terminale. Orangerie; même culture.

7. OLIVIER A FEUILLES DORÉES. *O. chrysophylla;* LAM. ♄. Ile Maurice. Feuilles étroites, lancéolées, aiguës des deux côtés, luisantes et d'un jaune d'or en dessous; fleurs en panicule latérale. Serre chaude; même culture.

NOTÉLÉE. *Notelæa;* VENT. (*Diandrie-monogynie.*) Calice à quatre dents inégales; corolle de quatre pétales ovales, redressés, réunis deux à deux à leur base par les filamens des étamines, qui sont au nombre de deux, plus courts que la corolle, dilatés, portant les anthères dans leur milieu; style nul, à stigmate bifide; un drupe.

1. NOTÉLÉE A LONGUES FEUILLES. *Notelæa longifolia;* VENT. ♄. Nouvelle-Hollande. Tige de trois pieds, droite, rameuse; feuilles opposées en croix, lancéolées, pointues, très-entières, persistantes; fleurs d'un jaune pâle, très-petites, en

grappes courtes et axillaires. Joli arbrisseau. Orangerie ; terre de bruyère ; multiplication de marcottes.

FILARIA. *Phillyrea;* L. (*Diandrie-monogynie.*) Calice petit, à quatre dents; corolle monopétale, courte, à quatre lobes; un ovaire arrondi, surmonté d'un style terminé par un stigmate épais, entier ; une baie globuleuse, à deux loges monospermes : une des loges avorte fréquemment.

1. Filaria a feuilles étroites. *Phillyrea angustifolia ;* Lam. ♄. France méridionale. Arbrisseau de neuf à dix pieds ; feuilles linéaires, lancéolées, très-étroites, persistantes ; en mars, fleurs petites, verdâtres. Pleine terre franche, sèche et rocailleuse ; exposition du nord, et couverture de litière sèche pendant les premiers hivers de leur jeunesse. Multiplication de marcottes, ou de graines semées en terrines aussitôt leur maturité, et que l'on rentre en orangerie jusqu'à ce que le plant soit assez fort pour résister au froid en pleine terre. On s'en sert, comme des suivans, pour former des palissades toujours vertes.

Var. 1° A feuilles lancéolées. *P. lanceolata;* Ait. Rameaux droits.

2° A feuilles de romarin. *P. rosmarinifolia;* Ait. Feuilles lancéolées, subulées, allongées ; rameaux droits.

3° Branchu. *P. brachiata;* Ait. Feuilles oblongues, lancéolées, plus courtes ; rameaux divergens.

2. Filaria moyen. *P. media;* Ait. ♄. France méridionale. Arbrisseau de douze à quinze pieds, plus agréable et plus cultivé que le précédent ; feuilles oblongues-lancéolées, entières ou dentées, persistantes ; fleurs blanchâtres ou verdâtres, en petites grappes axillaires. Même culture, mais plus rustique.

Var. 1° A feuilles de troène. *P. ligustrifolia;* Ait. Feuilles oblongues, lancéolées.

2° A rameaux effilés. *P. virgata;* Ait. Feuilles lancéolées ; rameaux droits et effilés.

3° A rameaux pendans. *P. pendula ;* Ait. Feuilles lancéolées ; rameaux divergens et pendans.

4° A feuilles d'olivier ; *P. oleæfolia;* Ait. Feuilles oblongues-lancéolées ; rameaux presque droits.

5° A feuilles de buis. *P. buxifolia;* Ait. Feuilles ovales oblongues, un peu obtuses; fleurs en mai et en juin.

3. Filaria a larges feuilles. *Phillyrea latifolia;* Lam. ♄. France méridionale. Feuilles ovales-cordiformes, dentées, persistantes. Arbrisseau de dix à quinze pieds, aussi agréable et aussi cultivé que le précédent. Même culture.

Var. 1° A dents obtuses. *P. lævis;* Ait. Feuilles ovales, planes, à dents émoussées.

2° Épineux. *P. spinosa;* Ait. Feuilles ovales oblongues, pointues, planes, à dents piquantes.

3° A feuilles obliques. *P. obliqua;* Ait. Feuilles lancéolées, oblongues, pointues, dentées en scie et obliques.

MOGORI. *Mogorium;* Juss. (*Diandrie-monogynie.*) Calice monophylle, à huit divisions; corolle tubuleuse, à limbe ouvert, partagé en huit découpures; deux étamines; un ovaire à style simple, terminé par deux stigmates droits; une baie souvent didyme, à une ou deux loges, contenant une graine dans chaque loge.

1. Mogori-Sambac, jasmin d'Arabie. *Mogorium sambac;* Hort. par. *Nyctanthes sambac;* L. *Jasminum sambac.* Pers. ♄. Arabie. Arbrisseau de dix à douze pieds, à rameaux et pétioles pubescens; feuilles opposées, simples, elliptiques, ovales; un peu cordiformes, membraneuses et opaques, persistantes; tout l'été, fleurs blanches, très-odorantes, solitaires, ou deux à quatre ensemble, pédonculées et terminales. Serre tempérée ou chaude, et à l'air libre de juillet en août; terre légère ou de bruyère; arrosemens fréquens pendant la végétation; multiplication de marcottes ou de boutures étouffées sur couche chaude. Ce charmant arbrisseau doit être soumis à la taille.

Var. 1° A fleurs doubles et prolifères.

2° Jasmin du grand duc de Toscane; fleurs très-grandes et très-doubles, mais s'ouvrant mal.

2. Mogori multiflore. *M. multiflorum;* Lam. *Jasminum pubescens;* Willd. ♄. Chine. Tige sarmenteuse et pubescente; feuilles opposées, ovales, cordiformes, pubescentes des deux côtés; toute l'année, fleurs en têtes, très-blanches, inodores. Même culture.

3. Mogori glauque. *M. glaucum;* Pers. *Jasminum ligus-*

trifolium; Lam. *Nyctanthes glauca;* L. ♄. Du Cap. Tige de deux ou trois pieds, assez droite; feuilles opposées, simples, lancéolées, luisantes, persistantes; en août, fleurs blanches, odorantes, à lanières calicinales subulées. Orangerie; même culture.

4. Mogori ondulé. *Mogorium undulatum;* Juss. *Nyctanthes undulata;* L. *Jasminum undulatum;* Pers. ♄. Du Malabar. Petit arbuste à feuilles ovales, acuminées, ondulées, et à rameaux cylindriques. Serre tempérée; même culture.

5. Mogori velu. *M. hirsutum;* Juss. *Nyctanthes hirsuta;* L. *Jasminum hirsutum;* Willd. ♃. Inde. Plante herbacée, à pétiole et pédoncule velus. Serre chaude; même culture.

6. Mogori a trois nervures. *M. trinerve;* Juss. *Jasminum trinerve;* Vahl. ♄. Java. Feuilles opposées, simples, ovales, atténuées, à trois nervures; pédoncules axillaires, ordinairement à une fleur. Serre tempérée et même culture.

JASMIN. *Jasminum;* L. (*Diandrie-monogynie.*) Calice à cinq dents ou à cinq divisions; corolle tubuleuse, à limbe plane, divisé en cinq découpures obliques; deux étamines renfermées dans le tube; un ovaire, à style simple, terminé par un stigmate bifide; une baie à deux loges, contenant chacune une graine munie d'une tunique propre.

1. Jasmin auriculé. *Jasminum auriculatum;* Vahl. ♄. Malabar. Arbrisseau à rameaux cylindriques, pubescens; feuilles ternées, opposées, simples sur les jeunes rameaux florifères; fleurs à calice étroit. Serre chaude; terre franche légère; multiplication de marcottes et boutures.

2. Jasmin des Açores. *J. azoricum;* Ait. ♄. Des îles Açores. Arbrisseau rameux et assez élevé; feuilles grandes, opposées, ternées, à folioles ovales, presque cordiformes, ondulées, persistantes; rameaux glabres; en octobre, fleurs blanches, odorantes, à divisions de la corolle aussi grandes que le tube. Orangerie; multiplication de graines, de rejetons et de marcottes.

3. Jasmin genouillé. *J. geniculatum;* Vent. ♄. Ile de la mer du Sud. Tiges grimpantes, de huit à dix pieds; pétioles coudés et noueux; feuilles opposées, ovales, pointues, très-entières, cordiformes à leur base, persistantes; en été, fleurs

blanches, très-odorantes, de la grandeur de celles du jasmin blanc. Orangerie; multiplication de graines ou marcottes.

4. Jasmin a grandes fleurs. *Jasminum grandiflorum;* Ait. ♄. Inde. Tige de deux à trois pieds, à rameaux longs et diffus; feuilles opposées, pinnées, à folioles un peu obtuses, persistantes; de juillet en octobre, fleurs blanches en dedans, rougeâtres en dehors. Orangerie; même multiplication que les précédens, et par la greffe en fente. Cet arbrisseau se taille court au printemps.

Var. A feuilles semi-doubles, s'ouvrant mal. Autre à feuilles panachées.

5. Jasmin très-odorant, jasmin jonquille. *J. odoratissimum;* Ait. ♄. Inde. Tige droite, cylindrique; feuilles alternes, ternées et pinnées, un peu obtuses, persistantes, les supérieures simples; presque toute l'année, fleurs jaunes, à odeur de jonquille. Orangerie et même culture.

6. Jasmin triomphant. *J. revolutum;* Hort. Angl. ♄. Du Japon. Tiges sarmenteuses, de huit à dix pieds; feuilles deux ou trois fois pinnées, avec impaire; tout l'été, fleurs d'un jaune jonquille, exhalant une odeur très-agréable. Pleine terre et même culture.

7. Jasmin sarmenteux. *J. volubile;* Hort. Par. ♄. Du Cap. Arbrisseau de cinq ou six pieds, à tiges volubiles et sarmenteuses; feuilles simples, ovales, lancéolées; de mai en juillet, fleurs odorantes. Orangerie et même culture.

8. Jasmin commun. *J. officinale;* Ait. ♄. Inde. Arbrisseau de dix à douze pieds, sarmenteux et grimpant; feuilles opposées, à folioles acuminées; de juillet en octobre, fleurs blanches, odorantes, en bouquets terminaux. Pleine terre franche, légère; exposition du midi; du reste, même culture. On en fait de très-jolies palissades, et des rideaux de verdure pour cacher les murailles; on doit le tailler court au printemps.

Var. A feuilles panachées de blanc; autre à feuilles panachées de jaune.

9. Jasmin jaune, ou à feuilles de cytise. *J. fruticans;* Ait. ♄. France méridionale. Tiges rameuses, de trois ou quatre pieds; feuilles alternes, ternées ou simples, à folioles obovales, cunéiformes et obtuses; rameaux anguleux; de mai

en septembre, fleurs petites, jaunes, à divisions calicinales subulées. Pleine terre et même culture.

10. Jasmin d'Italie. *Jasminum humile;* Ait. ♄. Italie. Arbuste de deux ou trois pieds, rameux; feuilles alternes, aiguës, ternées et pinnées; rameaux anguleux; de juin en septembre, fleurs d'un jaune pâle, petites, à divisions calicinales très-courtes. Pleine terre, mais à exposition chaude, et couverture de litière sèche pendant l'hiver.

11. Jasmin de l'Ile-de-France. *J. mauritianum;* Desf. ♄. Ile-de-France. Tiges grimpantes, volubiles, rameuses, à rameaux cylindriques; feuilles opposées, ternées, à folioles ovales, très-larges, persistantes. Du reste il ressemble assez au jasmin des Açores. On le cultive de même, mais en serre chaude.

TROËNE. *Ligustrum;* L. (*Diandrie-monogynie.*) Calice très-court, à quatre dents; corolle à tube court, à limbe ouvert, à quatre divisions; deux étamines contenues dans le tube de la corolle; un ovaire à style filiforme, terminé par un stigmate épais et bifide; une baie à une loge contenant quatre graines.

1. Troëne commun. *Ligustrum vulgare;* L. ♄. Indigène. Arbrisseau de huit à dix pieds; feuilles lancéolées, un peu aiguës; au printemps, fleurs petites, blanches, en panicule serrée. Tout terrain et toute exposition. Multiplication de graines, de rejetons, de boutures et de marcottes. On en forme de très-jolies haies, et on l'emploie pour servir de sujet à la greffe des oliviers.

Var. 1° A fruits jaunes;

2° D'Italie. *Italicum;* Mill. A feuilles plus larges, lancéolées et aiguës.

2. Troëne du Japon. *L. japonicum;* Thunb. ♄. Japon. Arbrisseau de douze à quinze pieds; feuilles ovales, acuminées; en été, fleurs de quatre à cinq lignes de diamètre, en panicule décomposée. Même culture. Il mérite la préférence pour greffer l'olivier.

ORDRE V.

LES GATTILIERS. — *VITICEÆ.*

Plantes herbacées ou ligneuses; *tiges* herbacées, frutescentes ou arborées; *feuilles* alternes ou opposées. *Calice* monophylle, tubuleux, à quatre ou cinq dents, souvent persistant; *corolle* monopétale, tubuleuse, à limbe partagé en plusieurs lobes égaux ou inégaux; quatre *étamines* didynames : plus rarement deux ou six; un *ovaire* supérieur, chargé d'un style terminé par un stigmate simple ou à deux lobes. Une *baie*, ou un *drupe* à deux ou quatre osselets renfermant une ou deux semences, quelquefois deux à quatre graines dépourvues de péricarpes, et enveloppées dans le calice persistant. *Embryon* dépourvu de périsperme.

SECT. Ire. Fleurs en corymbe et opposées.

PÉRAGU. *Clerodendrum;* L. (*Didynamie-angiospermie.*) Calice campanulé, à cinq divisions; corolle à tube grêle, à limbe ouvert, partagé en cinq découpures presque égales; quatre étamines à filamens plus longs que la corolle; un ovaire à style allongé, terminé par un stigmate simple; une baie recouverte par le calice persistant et renflé, à une loge renfermant quatre osselets monospermes.

1. PÉRAGU VISQUEUX. *Clerodendrum infortunatum;* L. *C. Viscosum;* VENT. ♄. Inde. Arbrisseau de trois pieds de hauteur, un peu pubescent; feuilles cordiformes, dentées, opposées, persistantes; en hiver et au printemps, fleurs assez grandes, odorantes, très-blanches, pourpres à la base; calice grand, un peu pentagone, visqueux; divisions de la corolle tournées du même côté. Serre chaude; terre franche légère; arrosemens fréquens pendant la végétation, modérés en hiver. Multiplication de semences en terrines sur couche chaude, de boutures étouffées sur la même couche, ou de rejetons.

2. PÉRAGU A FEUILLES ENTIÈRES. *C. fortunatum;* L. ♄. Inde.

Tige cylindrique, droite ; feuilles lancéolées, très-entières. Serre chaude ; même culture.

3. PÉRAGU ÉCAILLEUX. *Clerodendrum squamatum;* VAHL. ♄. Inde. Feuilles cordiformes, un peu angulées ; fleurs en panicule dichotome et glabre ; rameaux dichotomes et glabres. Serre chaude et même culture.

4. PÉRAGU PANICULÉ. *C. paniculatum ;* VAHL. ♄. Inde. Tige sillonnée sur quatre rangs ; feuilles à cinq lobes, denticulées, glabres ; fleurs en panicule très-grande, branchue, laineuse aux aisselles. Serre chaude ; même culture.

VOLKAMIER. *Volkameria;* L. (*Didynamie-angiospermie.*) Calice turbiné, à cinq divisions, ou presque entier ; corolle tubulée, à limbe partagé en cinq lobes un peu inégaux ; quatre étamines à filamens saillans hors de la corolle ; un ovaire à style filiforme, terminé par un stigmate bifide, à divisions inégales ; une baie contenant deux osselets à deux loges et à deux graines, ou à quatre osselets monospermes.

1. VOLKAMIER A AIGUILLONS. *Volkameria aculeata;* WILLD. ♄. Antilles. Tige droite, de trois à quatre pieds ; feuilles oblongues, aiguës, très-entières, munies d'aiguillons courts à leur insertion, persistantes ; d'août en octobre, fleurs blanches, inodores, ayant souvent cinq ou six étamines. Serre chaude ; terre franche, légère, substantielle ; arrosemens soutenus. Multiplication de boutures étouffées sur couche chaude.

2. VOLKAMIER A FEUILLES ÉTROITES. *V. angustifolia;* LAM. *V. heterophylla;* VENT. ♄. Ile Bourbon. Arbrisseau entièrement glabre ; feuilles linéaires-lancéolées, très-entières ; fleurs inodores ; fruits globuleux. Serre chaude ; culture du précédent.

3. VOLKAMIER SANS AIGUILLONS. *V. inermis;* WILLD. ♄. Inde. Tige de cinq à six pieds ; feuilles ovales, très-entières, luisantes, à pétioles glabres, persistantes ; d'août en novembre, fleurs blanches, à étamines pourpres et anthères violettes. Serre chaude et même culture.

4. VOLKAMIER A FEUILLES DE TROÈNE. *V. ligustrina;* WILLD. ♄. Ile-de-France. Tige de cinq à six pieds ; feuilles oblongues-lancéolées ; d'août en novembre, fleurs comme le pré-

cédent, dont il diffère par ses pétioles, ses pédoncules et ses calices velus. Serre chaude et même culture.

5. Volkamier cotonneux. *Volkameria tomentosa;* Vent. ♄. Lieu...? Tige droite, velue, rameuse; feuilles ovales-lancéolées, ondulées, cotonneuses en dessous, persistantes; fleurs d'un blanc jaunâtre, inodores, sur des pédoncules axillaires et triflores. Serre chaude; même culture.

6. Volkamier du Japon. *V. japonica;* Jacq. *V. fragrans;* Vent. *Clerodendrum fragrans;* Hortul. ♄. Japon. Tige de deux à trois pieds, droite, tétragone; feuilles un peu cordiformes, crénelées ou dentelées, pubescentes, persistantes, munies de deux glandes à la base; de mai en septembre, fleurs très-nombreuses, d'un pouce de largeur, très-doubles, blanches en dedans, purpurines en dehors, très-odorantes, en corymbe terminal, hémisphérique et serré. Serre chaude; terre franche légère. Multiplication par rejetons, par racines ou par boutures, les uns et les autres sur couche chaude et sous cloche dépolie. Vase de moyenne grandeur, et dépotage seulement quand les racines en tapissent bien les parois. (Nous pensons que cette espèce et la suivante seraient mieux placées parmi les clerodendrum, dont on les a sorties.)

7. Volkamier de Kempfer. *V. Kæmpferi;* Willd. ♄. Chine. Tige droite; feuilles cordiformes, pubescentes, denticulées; en juillet et août, fleurs écarlates, à pédoncules colorés, en panicule terminale et divariquée. Serre chaude et même culture.

ÉGIPHILE. *Ægiphila;* L. (*Tétrandrie-monogynie.*) Calice court, campanulé, à cinq dents; corolle à tube plus long que le calice, à limbe plane, partagé en quatre découpures égales; quatre étamines à filamens égaux, saillans hors de la corolle; un ovaire à style capillaire, profondément bifide, terminé par des stigmates simples. Une baie à quatre loges monospermes, quelquefois, par avortement, à une ou deux loges seulement, environnée à sa base par le calice persistant.

1. Égiphile de la Martinique. *Ægiphila martinicensis;* Swartz. ♄. Martinique. Arbrisseau de quatre à six pieds, à rameaux diffus; feuilles ovales-lancéolées, acuminées, glabres; en novembre, fleurs blanches, à calice glabre, en pa-

nicule terminale ou axillaire. Serre chaude; terre franche légère; arrosemens soutenus; multiplication aisée de boutures.

GATTILIER. *Vitex*; L. (*Didynamie-angiospermie.*) Calice court, à cinq dents; corolle à tube plus long que le calice, à limbe un peu labié, partagé en cinq lobes inégaux; quatre étamines didynames, à filamens saillans hors du tube; un ovaire à style filiforme, terminé par un stigmate bifide; une baie à quatre loges et à quatre graines.

GATTILIER COMMUN, arbre au poivre. *Vitex agnus castus*; L. ♄. France méridionale. Arbrisseau de dix à douze pieds, à rameaux tétragones; feuilles digitées, à cinq ou sept digitations lancéolées, presque entières; en été, fleurs petites, violettes, en épis paniculés. Pleine terre légère, chaude et ombragée; couverture de litière sèche pendant l'hiver. Multiplication de graines en pots et serrées en orangerie pendant les trois premières années: ou de marcottes.

Var. A feuilles larges; autre à fleurs blanches.

2. GATTILIER INCISÉ. *V. incisa*; LAM. ♄. De la Chine. Tige de sept à huit pieds; feuilles à cinq digitations incisées-pinnatifides; de juin en juillet, fleurs petites, d'un violet pâle, en épis verticillés. Même culture, mais orangerie, ou couverture pendant l'hiver.

Var. A fleurs blanches.

CALLICARPE. *Callicarpa*; L. (*Tétrandrie-monogynie.*) Calice campanulé, à quatre dents; corolle à tube court, à limbe partagé en quatre découpures; quatre étamines égales, saillantes hors de la corolle; un ovaire à style terminé par un stigmate en tête; une baie renfermant quatre graines calleuses.

1. CALLICARPE D'AMÉRIQUE. *Callicarpa americana*; L. ♄. Amérique septentrionale. Arbuste de deux à trois pieds; feuilles ovales, dentées, cotonneuses en dessous; en automne fleurs petites, rougeâtres, en corymbes axillaires. Orangerie; terre légère ou de bruyère; multiplication de semences sur couche tiède, de marcottes, ou de boutures faites au printemps en terre de bruyère humide.

2. CALLICARPE A GRANDES FEUILLES. *C. macrophylla*; VAHL. ♄. Inde. Arbrisseau à rameaux cotonneux et blanchâtres;

feuilles lancéolées elliptiques, crénelées, atténuées, rugueuses en dessus, cotonneuses et blanchâtres en dessous. Orangerie et même culture.

AGNANTHE. *Cornutia;* L. (*Didynamie-angiospermie.*) Calice très-petit, à quatre ou cinq dents; corolle à tube beaucoup plus long que le calice, à limbe partagé en quatre découpures inégales; quatre étamines didynames, saillantes hors de la corolle; un ovaire à style de la longueur des étamines, terminé par un stigmate bifide; une baie contenant une seule graine, et cachée dans le calice persistant.

1. Agnanthe pyramidale. *Cornutia pyramidata;* L. *Hosta cœrulea;* Jacq. ♄. Antilles. Arbrisseau de dix à onze pieds, à rameaux tétragones; feuilles ovales, très-entières; en juillet, fleurs bleues, en grappes terminales. Serre chaude; terre franche, substantielle; arrosemens fréquens pendant la végétation, très-modérés en hiver. Multiplication de graines tirées de son pays natal, ou de boutures étouffées sur couche chaude.

TECTONE, ou tek. *Tectona;* L. (*Pentandrie-monogynie.*) Calice à cinq ou six lobes; corolle à tube court, à limbe ouvert, divisé en cinq ou six lobes crénelés; cinq à six étamines; stigmate bifide ou trifide; fruit sec, spongieux, enveloppé par le calice enflé et vésiculeux, contenant un osselet à trois ou quatre loges, et trois ou quatre semences.

1. Tectone de l'Inde. *Tectona grandis;* L. *Theka grandis;* Rheed. ♄. Java. Arbre élevé, à rameaux tétragones; feuilles opposées, grandes, pendantes, obliques, argentées en dessous, glabres et pointillées de blanc en dessus; fleurs blanches, parsemées de points noirs, odorantes, en panicule. Serre chaude; terre franche, substantielle; multiplication de marcottes et de boutures étouffées, sur couche chaude.

Sect. II. Fleurs alternes.

CITHAREXYLON, bois-guitare, cotelet; *Citharexylum;* L. (*Didynamie-angiospermie.*) Calice campanulé, à cinq dents, ou presque entier; corolle à tube plus long que le calice, à limbe ouvert en cinq lobes égaux; quatre étamines non saillantes; un ovaire à style surmonté d'un stigmate en tête; une baie contenant deux osselets, à deux loges et à deux graines, et souvent par avortement, à une loge et à une graine.

1. CITHAREXYLON CENDRÉ. *Citharexylum cinereum;* WILLD. *C. teres;* JACQ. ♄. Amérique méridionale. Arbre de quinze à vingt pieds, à rameaux cylindriques; feuilles oblongues, acuminées, très-entières; fleurs blanches, odorantes, à calice denté, en grappes pendantes. Serre chaude; terre franche, substantielle; arrosemens très-fréquens en été, modérés en hiver. Multiplication de marcottes et boutures.

2. CITHAREXYLON QUADRANGULAIRE. *C. quadrangulare;* WILLD. ♄. Martinique. Arbre de quinze à vingt pieds, à rameaux tétragones; feuilles ovales, glabres, acuminées, très-entières; fleurs petites, blanches, odorantes, en grappes pendantes. Serre chaude; même culture. Il est moins délicat que le précédent et peut passer l'été en plein air à exposition chaude.

3. CITHAREXYLON DENTÉ. *C. subserratum;* WILLD. ♄. Amérique méridionale. Arbre à rameaux tétragones; feuilles oblongues, raides, luisantes, un peu dentées au sommet; fleurs à calice denté, en grappes redressées. Serre chaude; même culture.

4. CITHAREXYLON VELU. *C. villosum;* JACQ. ♄. Saint-Domingue. Rameaux tétragones; feuilles obovales, pubescentes en dessous, un peu dentées au sommet; fleurs en grappes pendantes. Serre chaude; même culture.

5. CITHAREXYLON A CINQ ÉTAMINES. *C. pentandrum;* VENT. ♄. Porto-Rico. Arbrisseau de sept à huit pieds, à rameaux droits, obtusément tétragones; feuilles ovales, oblongues: les supérieures dentées, pubescentes en dessous, persistantes; en été, fleurs blanches, petites, munies de bractées, à cinq étamines. Serre chaude et même culture.

MYOPORE. *Myoporum;* FORST. (*Didynamie-angiospermie.*) Calice à cinq divisions; corolle campanulée, à limbe étalé, presque égale, à cinq divisions; quatre étamines, dont deux plus courtes; drupe à une ou deux semences, à osselets biloculaires.

1. MYOPORE A PETITES FEUILLES. *Myoporum parvifolium;* LOIS. DESLONC. Nouvelle-Hollande. Arbuste de deux à trois pieds, diffus et rameux; à rameaux glanduleux; feuilles linéaires, spatulées, un peu épaisses, glanduleuses; en été,

fleurs petites, blanches, inodores, au nombre de deux à trois dans les aisselles des feuilles. Orangerie; terre franche, légère, très-substantielle; multiplication de marcottes et boutures.

DURANTE. *Duranta;* L. (*Didynamie-angiospermie.*) Calice tronqué, à cinq dents; corolle à tube un peu courbé, à limbe partagé en cinq lobes presque égaux; quatre étamines non saillantes; un ovaire à style filiforme, terminé par un stigmate un peu épais; une baie renfermée dans le calice, contenant quatre osselets à deux loges et deux semences.

1. Durante de plumier. *Duranta plumieri;* L. ♄. Amérique méridionale. Arbrisseau de douze pieds, très-rameux; feuilles ovales, glabres, un peu dentées au sommet, persistantes; d'août en octobre, fleurs bleues, petites, à calice contourné, en grappes un peu penchées. Serre chaude, et en plein air pendant l'été; terre légère, substantielle, mêlée à un tiers de terre de bruyère; multiplication de marcottes, et de boutures étouffées sur couche chaude.

2. Durante a feuilles lancéolées. *D. ellisia;* L. ♄. Jamaïque. Feuilles ovales, lancéolées, opposées, pointues, inégalement dentées, persistantes; rameaux droits; fleurs en grappes plus courtes que dans le précédent, à calice droit. Serre chaude et même culture.

3. Durante a petites feuilles. *D. microphylla;* Hort. Par. ♄. Antilles. Arbrisseau de dix pieds; feuilles ovales, entières, ondulées sur les bords, ou très-finement denticulées; du reste, il ressemble au n° 1er. Serre chaude et même culture.

PÉTRÉE. *Petrœa;* L. (*Didynamie-angiospermie.*) Calice grand, coloré, à cinq divisions ouvertes, longues, scarieuses, et muni de cinq écailles à son entrée; corolle plus courte que le calice, à tube court, à limbe à cinq lobes ouverts et presque égaux; quatre étamines non saillantes; un stigmate; capsule à deux loges et deux semences placées au fond du calice persistant, et couvertes par ses écailles.

1. Pétrée volubile. *Petrœa volubilis;* L. ♄. Amérique méridionale. Arbrisseau de quinze à seize pieds, s'enlaçant autour des corps environnans; feuilles lancéolées, aigues des deux côtés; fleurs à corolle blanche, à calice bleu, en grappes terminales. Serre chaude; terre légère; arrosemens soutenus;

multiplication de graines venues de son pays natal, semées en terrine sur couche chaude et tannée, de boutures et marcottes. C'est un bel arbrisseau, mais il exige beaucoup de chaleur pour fleurir.

Var. A corolle bleue.

CAMARA. *Lantana;* L. (*Didynamie-angiospermie.*) Calice très-court, à quatre dents; corolle à tube cylindrique, plusieurs fois plus long que le calice, à limbe plane, partagé en quatre lobes inégaux; quatre étamines non saillantes; un ovaire à style filiforme, terminé par un stigmate courbé en crochet; un petit drupe contenant un osselet à trois loges, dont une avorte constamment.

1. Camara mêlée. *Lantana mista;* Swartz. Amérique méridionale. Tige aiguillonneuse en dessous; feuilles ovales, aiguës, poilues; fleurs en têtes arrondies, munies de bractées lancéolées. Serre chaude, terre franche, légère; arrosemens soutenus pendant toute l'année, fréquens en été; dépotage deux fois par an. Multiplication de graines en terrines et sur couche; de boutures d'une reprise facile sur couche tiède. Air libre depuis mai jusqu'en septembre. Ces jolis arbrisseaux craignent autant l'humidité que le froid.

2. Camara a fleurs variées. *L. camara;* L. ♄. Amérique méridionale. Tige rameuse, de trois à quatre pieds, sans épines; feuilles oblongues, persistantes; une partie de l'année, fleurs d'abord jaunes, puis rouges, en tête ombelliforme et sans feuilles. Serre chaude; même culture.

3. Camara a collerette. *L. involucrata;* Pluck. ♄. Amérique méridionale. Tige de trois à quatre pieds; feuilles opposées et ternées, cunéiformes-ovales, obtuses, linéées, cotonneuses, persistantes; de mai en août, fleurs blanches, mêlées de rose pâle, en têtes squarreuses, munies de bractées ovales. Serre chaude; même culture.

4. Camara odorant. *L. odorata;* Ait. *L. suaveolens;* Hort. Par. Tige de trois ou quatre pieds, sans épines; feuilles opposées, ternées, elliptiques, rugueuses; de mai en novembre, fleurs blanches, munies de petites bractées lancéolées, à pédoncules plus courts que les feuilles, en têtes squarreuses. Serre chaude; même culture.

5. Camara a fleurs blanches. *L. nivea;* Vent. ♄. Inde.

Tige aiguillonneuse ; feuilles ovales-lancéolées, acuminées, crénelées, persistantes ; pendant une partie de l'année, fleurs grandes, d'un blanc pur, sessiles, odorantes, munies de bractées linéaires, en têtes hémisphériques. Serre chaude ; même culture.

6. Camara piquant. *Lantana aculeata;* Ait. ♄. Amérique méridionale. Tige aiguillonneuse, de six à sept pieds; feuilles ovales, presque cordiformes, un peu molles en dessous, rudes en dessus, persistantes ; d'août en novembre, fleurs d'abord jaunes, puis ensuite rouges, en têtes ombelliformes, munies de bractées linéaires-cunéiformes. Serre chaude et même culture.

7. Camara cendré. *L. cinerea;* Lam. ♄. Amérique méridionale. Tige de trois pieds, aiguillonneuse ; feuilles opposées, pétiolées, ovales, crénelées, cendrées et légèrement cotonneuses en dessous ; fleurs d'un pourpre pâle, en petites têtes pédonculées, axillaires au sommet des tiges. Serre chaude, même culture.

8. Camara trifolié. *L. trifolia;* Pers. ♄. Antilles. Tige sans aiguillons ; feuilles ternées ou quaternées, elliptiques, rugueuses en dessus, velues en dessous ; de juin en septembre, fleurs en épis oblongs et imbriquées. Serre chaude ; même culture.

SPILMANE. *Spielmannia;* Willd. (*Tétrandrie-monogynie.*) Calice à cinq divisions; corolle à tube barbu en son orifice, à limbe partagé en cinq lobes presque égaux; quatre étamines non saillantes; un ovaire à style court, terminé par un stigmate en crochet; un drupe contenant un osselet à deux loges monospermes.

1. Spilmane d'Afrique. *Spielmannia africana;* Willd. *Lantana africana;* L. ♄. Du Cap. Arbrisseau de cinq à six pieds, à rameaux tétragones, presque ailés; feuilles sessiles, décurrentes, ovales, pointues, inégalement dentées, persistantes ; pendant une partie de l'année, fleurs blanches, solitaires, ressemblant à celles du jasmin. Orangerie ; terre franche, légère ; multiplication de graines et de boutures; du reste, même culture que les camara.

ZAPANE. *Zapania;* Lam. (*Didynamie-angiospermie.*) Calice tubulé, à quatre dents; corolle à tube plus long que le calice ; à limbe ouvert, partagé en cinq lobes ; quatre étamines non saillantes; un ovaire à style filiforme, terminé par un stigmate oblong et oblique; deux graines nues, renfermées dans le calice persistant

1. ZAPANE NODIFLORE. *Zapania nodiflora;* PERS. *Verbena nodiflora;* L. ♃. France méridionale. Tiges couchées, radicantes, à rameaux redressés, de huit à neuf pouces; feuilles cunéiformes, dentées; tout l'été, fleurs d'un blanc jaunâtre, en tête conique. Orangerie; terre légère. Multiplication de graines au printemps sur couche tiède; de rejetons et d'éclats.

2. ZAPANE GLOBULEUX. *Z. globifera;* HORT. PAR. *Z. odorata;* PERS. *Z. lantanoïdes;* LAM. *Verbena globifera;* L'HER. *Verbena odoratissima;* SCOP. ♄. Antilles. Tiges frutescentes, à rameaux légèrement cotonneux; feuilles lancéolées, crénelées, rugueuses, scabres; fleurs blanches, en têtes globuleuses. Serre chaude; même culture; de plus, multiplication de boutures et marcottes.

PRIVA. *Priva;* PERS. (*Didynamie-angiospermie.*) Calice ventru ou renflé, à cinq dents; corolle à tube un peu plus long que le calice, et resserré à son sommet; quatre étamines didynames; un style simple; deux graines nues, accolées l'une à l'autre et enveloppées par le calice.

1. PRIVA DU MEXIQUE. *Priva mexicana;* PERS. *Verbena mexicana;* L. ♃. Du Mexique. Tige de cinq à six pieds, branchue; feuilles sessiles, en cœur, pointues, dentées; d'août en septembre, fleurs d'un rouge pâle, en épis longs et terminaux. Serre chaude, et même culture que le zapane, n° 1.

STACHYTARPHÉTA. *Stachytarpheta;* VAHL. (*Didynamie-angiospermie.*) Fleurs disposées sur des épis épais, enfoncées dans une fossette, et munies d'écailles imbriquées; calice tubulé, à quatre dents; corolle en soucoupe, à limbe partagé en cinq découpures inégales; quatre étamines, dont deux stériles; un ovaire surmonté d'un style simple; deux graines nues, accolées l'une à l'autre, et enveloppées par le calice.

1. STACHYTARPHÉTA DE LA JAMAÏQUE. *Stachytarpheta jamaïcensis;* VAHL. *Verbena jamaïcensis;* L. ♄. De la Jamaïque. Tige de deux pieds, rameuse, velue; feuilles oblon-

gues, ovales, dentées, glabres ; rameaux velus ; de juin en septembre, fleurs blanches, petites, en épis longs; bractées membraneuses à la base, ovales, plus courtes que le calice. Serre chaude ; terre légère et substantielle; multiplication de graines, de boutures et de marcottes.

2. STACHYTARPHÉTA CHANGEANT. *Stachytarpheta mutabilis ;* VAHL. *Verbena mutabilis;* JACQ. ♄. Chili. Tige frutescente, un peu blanchâtre ; feuilles ovales, dentées, rugueuses, blanchâtres ; fleurs grandes, d'abord d'un rouge de minium, puis roses, en longs épis ; bractées, lancéolées, plus courtes que le calice. Serre chaude ; même culture.

VERVEINE. *Verbena ;* L. (*Didynamie – angiospermie.*) Calice à cinq divisions ; corolle presqu'à deux lèvres et à cinq lobes inégaux ; quatre étamines non saillantes ; un ovaire à style filiforme, terminé par un stigmate obtus; quatre graines nues, enveloppées par le calice persistant.

1. VERVEINE A TROIS FEUILLES, verveine citronnelle. *Verbena triphylla;* L'HÉRIT. *Aloysia citriodora;* ORTEG. ♄. Chili. Arbrisseau de trois à quatre pieds; feuilles lancéolées, linéaires, ternées, exhalant, comme toute la plante, une agréable odeur de citron ; en juillet et août, fleurs petites, blanches en dedans, un peu violettes en dehors, en grappes paniculées et terminales. Orangerie ; terre franche, légère ; arrosemens soutenus pendant la végétation ; multiplication de marcottes, ou de boutures étouffées sur couche chaude. Ce joli arbrisseau se prête à la taille.

2. VERVEINE HASTÉE. *V. hastata;* L. ♃. Amérique septentrionale. Tiges de cinq à six pieds, tétragones ; feuilles hastées, pointues, dentées; de juin en août, fleurs bleues en épis longs et paniculés, acuminées ; pleine terre, légère et fraîche ; multiplication de graines sur vieille couche, de boutures, de drageons, et par l'éclat des pieds.

3. VERVEINE A BOUQUETS, ou de Miquelon. *V. aubletia ;* MICH. ♂. Caroline. Tiges rameuses, redressées ; feuilles trifides, incisées ; de juillet en novembre, fleurs d'un beau rouge, en épis solitaires et pédonculés. Pleine terre, franche, légère, mêlée à un tiers de terreau consommé ; exposition chaude ; peu d'arrosemens ; multiplication de graines sur couche tiède au printemps. Si on veut la conserver deux

ans, on la place en orangerie, et alors on peut la multiplier de marcottes ou boutures. Son suc a la singulière propriété de cailler l'eau.

4. Verveine a rameaux serrés. *Verbena stricta;* Vent. *V. rigens;* Mich. ♃. Amérique septentrionale. Tiges cylindriques, droites, blanchâtres, de trois pieds, hérissées; feuilles ovales, dentées, presque sessiles; en été, fleurs petites, d'un bleu violet, en épis cylindriques et raides. Culture du n° 2, mais bonne exposition et terrain chaud.

SÉLAGINE. *Selago;* L. (*Didynamie - angiospermie.*) Calice tubulé, à quatre divisions inégales; corolle à tube court ou filiforme, plus long que le calice, à limbe partagé en trois ou cinq découpures presque égales; quatre étamines inégales, saillantes hors de la corolle; un ovaire à style terminé par un stigmate aigu; deux graines arrondies, enveloppées par le calice.

1. Sélagine a corymbe. *Selago corymbosa;* L. ♄. Du Cap. Arbuste de deux ou trois pieds; feuilles filiformes, fasciculées, glabres, persistantes; de juillet en septembre, fleurs blanches, petites, en panicule corymbiforme. Orangerie éclairée; terre légère, mêlée à moitié de terre de bruyère; multiplication de marcottes et boutures.

2. Sélagine batarde. *S. spuria;* Thunb. ♂. Du Cap. Plante herbacée, à feuilles linéaires, entières, dentées; en juillet, fleurs violettes, en épis fasciculés; capsule à six valves. Même culture que la verveine, n° 3.

3. Sélagine luisante. *S. lucida;* Vent. ♄. Du Cap. Tige de dix-huit pouces, frutiqueuses; feuilles obovales, très-entières, luisantes; en juin, fleurs blanches, en épis cylindriques et terminaux. Culture du n° 1. Orangerie.

HÉBENSTRÈTE. *Hebenstretia;* L. (*Didynamie- angiospermie.*) Calice échancré profondément, fendu en dessous; corolle tubulée, irrégulière, à une seule lèvre supérieure, quadrifide; quatre étamines inégales, et dont les deux plus grandes sortent par la fente inférieure de la corolle; un ovaire surmonté d'un style filiforme, terminé par un stigmate simple; une capsule monoloculaire, à deux graines.

1. Hébenstrète dentée. *Hebenstretia dentata;* L. ♂. Du Cap. Tige droite, rameuse; feuilles linéaires, entières, den-

tées, glabres; presque toute l'année, fleurs blanches, petites, à calice entier et glabre, en épis terminaux. Pendant le jour cette plante exhale une odeur fétide qui devient agréable pendant la nuit. Orangerie. Terre franche. Multiplication de boutures étouffées sur couche tiède, ou de graines.

2. Hébenstrète a feuilles cordiformes. *Hebenstretia cordata*; L. ♄. Du Cap. Arbuste à tige blanchâtre; feuilles cordiformes, charnues; en été, fleurs blanches, rouges à la gorge de la corolle, en épi sessile et terminal. Même culture, de plus multiplication de marcottes.

ORDRE VI.

LES LABIÉES. — *LABIATÆ*.

Plantes herbacées ou ligneuses; *tiges, branches*, et *rameaux* tétragones; *branches* et *feuilles* opposées. *Fleurs* souvent munies de bractées, opposées ou verticillées, en tête, en corymbe, en épi, ou solitaires, axillaires ou terminales; *calice* tubuleux, bilabié ou à cinq divisions; *corolle* tubuleuse, irrégulière, le plus souvent à deux lèvres; quatre *étamines*, dont deux plus longues et deux plus courtes, insérées sous la lèvre supérieure de la corolle; quelquefois deux étamines seulement, les deux autres étant avortées; un *ovaire* à quatre lobes, surmonté d'un *style* né du réceptacle entre les lobes de l'ovaire, et terminé par un *stigmate* bifide. Quatre *graines* dépourvues de péricarpe, cachées au fond du calice persistant. *Embryon* sans périsperme.

Sect. Ire. Deux étamines fertiles.

LYCOPE. *Lycopus*; L. (*Diandrie-monogynie.*) Calice tubuleux, à cinq divisions, nu pendant la maturation des graines; corolle tubuleuse, à limbe partagé en quatre lobes presque égaux, dont le supérieur plus large et échancré; étamines distantes.

1. Lycope pinnatifide. *Lycopus exaltatus*; L. ♃. Italie. Tige de cinq pieds ; feuilles de la base pinnatifides-dentées ; fleurs blanches, ponctuées de rouge, petites, en verticilles serrées, à corolle quadrifide. Pleine terre légère et un peu humide, quoiqu'à bonne exposition. Multiplication de graines au printemps, ou par l'éclat des pieds.

AMÉTHYSTE. *Amethystea* ; L. (*Diandrie-monogynie.*) Calice campanulé, à cinq divisions ; corolle tubuleuse, presque labiée, à limbe partagé en cinq lobes, dont l'intérieur plus long et concave ; étamines rapprochées.

1. Améthyste bleue. *Amethystea cerulea* ; L. *A. corymbosa* ; Pers. ⊙. Sibérie. Tige d'un pied ; feuilles inférieures simples, les supérieures à trois lobes dentés ; de juin en juillet, fleurs petites, d'un beau bleu. Pleine terre franche, légère, fraîche, à demi ombragée ; multiplication de graines semées en place au printemps.

ZIZIPHORE. *Ziziphora* ; (*Didynamie - gymnospermie.*) Calice cylindrique, strié, à cinq dents, garni de poils à son orifice ; corolle à tube allongé, à limbe court et partagé en deux lèvres, dont la supérieure entière, réfléchie, et l'inférieure à trois lobes.

1. Ziziphore a feuilles de thym. *Ziziphora acinoïdes* ; L. ♃. Sibérie. Tiges herbacées ; feuilles ovales ; de juillet en août, fleurs latérales. Pleine terre franche, légère ; multiplication de graines et par l'éclat des pieds.

CUNILE. *Cunila* ; L. (*Didynamie-gymnospermie.*) Calice cylindrique, à dix stries et à cinq dents ; corolle à deux lèvres, dont la supérieure redressée, plane, échancrée, et l'inférieure à trois lobes ; calice fermé par des poils pendant la maturation des graines.

1. Cunile du Maryland. *Cunila mariana* ; L. ♃. Amérique septentrionale. Tige droite, d'un pied, à rameaux pourpres ; feuilles ovales, dentées, sessiles, ponctuées ; de juin en juillet, fleurs petites, en corymbe dichotome. Terre franche, légère, à exposition chaude ; multiplication par éclat des touffes ou séparation des drageons.

MONARDE. *Monarda* ; L. (*Diandrie - monogynie.*) Calice cylindrique, strié, à cinq dents ; corolle cylindrique, allongée, à deux lèvres, dont la supérieure droite, étroite, entière, enveloppant les étamines, et l'inférieure plus large, réfléchie, à trois lobes, dont celui du milieu plus long que les autres.

1. Monarde écarlate, thé d'Oswego. *Monarda didyma;* L. *M. coccinea;* Mich. ♃. Amérique septentrionale. Tiges de dix-huit pouces; feuilles ovales, glabres, dentées; de juin en août, fleurs d'un rouge vif, assez grandes, en têtes verticillées. Pleine terre légère et substantielle, à demi ombragée; couverture de litière sèche pendant l'hiver; changer la plante de place tous les trois ans, ou renouveler sa terre; multiplication par l'éclat des racines en automne. Très-belle plante d'ornement.

2. Monarde fistuleuse. *M. fistulosa;* L. *M. purpurescens;* N. ♃. Canada. Tiges de quatre à cinq pieds, obtusément tétragones, rougeâtres et velues; feuilles cordiformes, lancéolées, velues; de juillet en août, fleurs d'un pourpre pâle, en têtes terminales; même culture. On en possède une variété à fleurs blanches.

3. Monarde a longues feuilles. *M. oblongata;* Ait. *M. longifolia;* Lam. ♃. Amérique septentrionale. Elle ne diffère de la précédente que par ses feuilles ovales, lancéolées, velues, planes, et par ses fleurs plus petites et plus pâles qui paraissent de juillet en septembre. Même culture.

4. Monarde ponctuée. *M. punctata;* L. *M. lutea;* Mich. ♂. De la Virginie. Tige droite, blanchâtre, de deux pieds; feuilles linéaires, lancéolées, un peu dentées; de juin en octobre, fleurs jaunes, ponctuées de pourpre, à calice barbu au sommet et bractées colorées, en verticilles terminales. Même culture, mais multiplication de graines sur couche tiède au printemps.

5. Monarde ciliée. *M. ciliata;* Pers. ♃. Virginie. Tiges d'un pied, redressées, velues et blanchâtres; feuilles distantes, crénelées; fleurs blanches, petites, à corolle plus longue que l'involucre, et à bractées ciliées. Culture du n° 1.

WESTERINGIE.• *Westeringia;* Andrew. (*Didynamie-gymnospermie.*) Calice presque cylindrique, à cinq dents; corolle tubulée, à limbe partagé en cinq découpures presque égales, les deux supérieures échancrées au sommet; quatre étamines didynames, dont deux stériles.

1. Westeringie a feuilles de romarin. *Westeringia rosmarinacea;* Andrew. *Cunila fruticosa;* Willd. ♄. Nouvelle-Hollande. Tige droite, à rameaux tétragones et pubescens dans leur jeunesse; feuilles verticillées, presque linéaires, aiguës, cotonneuses et blanchâtres en dessous, persistantes; en été, fleurs blanches, grandes. Orangerie; terre légère ou de bruyère. Multiplication de graines semées au printemps sur couche tiède, de boutures étouffées sur la même couche, et de marcottes.

ROMARIN. *Rosmarinus;* L. (*Diandrie-monogynie.*) Calice comprimé à son sommet, et à deux lèvres, dont la supérieure entière, l'inférieure bifide; corolle plus longue que le calice, à deux lèvres, dont la supérieure fendue en deux, et l'inférieure à trois divisions, dont la moyenne très-grande; filamens des étamines plus longs que la corolle, et munis d'une dent.

1. Romarin officinal. *Rosmarinus officinalis;* L. ♄. France méridionale. Arbrisseau de quatre à cinq pieds, aromatique dans toutes ses parties; feuilles opposées, étroites, linéaires, roulées en leurs bords, persistantes; de janvier en mai, fleurs d'un bleu pâle. Pleine terre, légère, à exposition chaude et abritée; arrosemens pendant les sécheresses; multiplication de boutures, de marcottes, et d'éclats des pieds. Lorsqu'on le soumet à la tonte il se garnit beaucoup mieux.

Var. 1° A feuilles panachées de blanc, *R. argenteus;* 2° à feuilles panachées de jaune, *R. aureus;* toutes deux plus délicates et d'orangerie.

SAUGE. *Salvia.* (*Diandrie-monogynie.*) Calice presque campanulé, strié, à deux lèvres dont la supérieure à trois dents, et l'inférieure bifide; corolle tubulée, élargie à son orifice, à limbe partagé en deux lèvres dont la supérieure concave, échancrée, et l'inférieure divisée en trois lobes, dont le moyen plus grand que les autres et arrondi; filamens des étamines très-courts, portant transversalement un filet terminé à son extrémité supérieure par une anthère fertile, et à son inférieure par une anthère stérile.

1. Sauge éclatante. *Salvia splendens;* Hort. Angl. *S. fulgens;* Willd. ♃. Du Brésil. Tige de deux à trois pieds; feuilles ovales acuminées, dentées; de septembre en décem-

bre, fleurs grandes, à corolle et calice d'un rouge éclatant, en long épi. Cette plante magnifique se cultive en serre chaude, et terre franche mêlée à moitié terreau très-consommé; arrosemens fréquens en été, modérés en hiver; multiplication de boutures et d'éclats.

2. SAUGE POMIFÈRE. *Salvia pomifera;* L. ♃. Candie. Tige de quatre à cinq pieds; feuilles lancéolées, ovales, entières, crénelées; de juin en juillet, fleurs courtes, grosses, bleues, avec une tache jaunâtre à la base de la lèvre inférieure. Orangerie; terre légère à exposition chaude; multiplication par l'éclat des pieds, ou de graines semées au printemps en pots sur couche tiède.

3. SAUGE A FEUILLES DE CHAMÆDRIS, ou citronnée. *S. chamœdryoïdes;* CAV. ♄. Nouvelle-Espagne. Tiges de trois pieds, couchées; feuilles ovales, crénelées, tomenteuses en dessous, exhalant une odeur agréable de citron; fleurs grandes, d'un très-beau bleu. Orangerie; culture du n° 1.

4. SAUGE ÉCARLATE. *S. coccinea;* AIT. ♄. Amérique septentrionale. Tige haute de quatre pieds; feuilles cordiformes, aiguës, dentées, cotonneuses; de juin en juillet, fleurs grandes, verticillées, d'un rouge écarlate très-vif. Orangerie, et même culture.

5. SAUGE A FLEURS EN GRAPPES. *S. racemosa;* PERS. ♄. Amérique méridionale. Feuilles cordiformes, aiguës, un peu lancéolées, dentées, souvent pourpres ou maculées de jaunâtre; au printemps, fleurs d'un bleu obscur, en grappes terminales et composées. Orangerie, et même culture.

6. SAUGE D'AFRIQUE. *S. africana;* PERS. ♄. Du Cap. Tige de cinq à six pieds; feuilles un peu arrondies ou cunéiformes, dentées, tronquées à la base, cotonneuses en dessous; fleurs bleues ou violettes, assez grandes, en épis. Orangerie; terre franche; du reste même culture.

7. SAUGE DORÉE. *S. aurea;* PERS. ♄. Du Cap. Tige de six pieds, frutescente; feuilles un peu arrondies, très-entières, dentées et tronquées à la base, d'un blanc argenté; en mai, fleurs grandes, d'abord d'un beau jaune doré, puis couleur de rouille; calice campanulé, à trois lobes. Orangerie, et culture du n° 1.

8. SAUGE DE CRÈTE. *S. cretica;* L. ♄. Orient. Tige de

trois pieds ; feuilles linéaires, lancéolées ; fleurs d'un rouge pâle, à deux styles et à calice diphylle, en verticilles écartées. Pleine terre légère, chaude, rocailleuse, et même culture.

9. Sauge élégante. *Salvia formosa;* L'Herit. *S. nodosa;* Pers. *S. leonuroïdes;* Gloxin. ♄. Du Pérou. Tige de deux pieds ; feuilles persistantes, cordiformes, les supérieures ovales, dentées ; presque toute l'année, fleurs axillaires, d'un beau rouge écarlate, à lèvre supérieure velue. Pleine terre, et culture du n° 8.

10. Sauge paniculée. *S. paniculata;* P. ♄. Du Cap. Tige frutescente ; feuilles obovales-cunéiformes, denticulées, nues ; fleurs grandes, d'un bleu clair, en épis nombreux. Pleine terre et même culture.

11. Sauge des Canaries. *S. canariensis;* Pers. ♄. Des Canaries. Tige de quatre à cinq pieds ; feuilles hastées-triangulaires, oblongues, crénelées, obtuses ; de juin en septembre, fleurs d'un pourpre pâle, en épis ; pétioles longs ; calice à cinq divisions hispides. Pleine terre et même culture.

12. Sauge de l'Inde. *S. indica;* Jacq. ♃. De l'Inde. Tige de trois pieds ; feuilles cordiformes, un peu lobées, les supérieures sessiles ; de mai en juillet, fleurs grandes, bleues, à lèvre inférieure blanchâtre, maculée de violet, et bordée de blanc jaunâtre. Pleine terre, et culture du n° 1.

13. Sauge bicolore. *S. bicolor;* Desf. *S. crassifolia;* Jacq. ♃. Alger. Tige de trois pieds ; feuilles épaisses, ovales, dentées ; en juin, fleurs grandes, penchées, d'un beau bleu, avec la division moyenne de la lèvre inférieure d'un beau blanc. Orangerie, si on veut conserver ses tiges ; dans le cas contraire, pleine terre et même culture.

14. Sauge argentée. *S. argentea;* Pers. ♂. De Crète. Feuilles dentées-anguleuses, grandes, comme rongées, laineuses ; de mai en août, fleurs verticillées, blanches ; à bractées concaves, les verticilles supérieures stériles. Pleine terre ; culture de la précédente.

15. Sauge ormin. *S. horminum;* L. ☉. De la Grèce. Tige de deux pieds ; feuilles obtuses, crénelées ; les bractées supérieures stériles, grandes, et d'un rose agréable ; en juillet, fleurs terminales. Terre légère, sèche et chaude ; semis sur place au printemps. Variété à bractées rouges.

16. Sauge officinale. *Salvia officinalis ;* L. ♄. France méridionale. Tiges rameuses, de dix-huit pouces ; feuilles lancéolées-ovales, crénelées, d'un vert blanchâtre, entières; de juin en août, fleurs bleues, petites, verticillées, à calice mucroné. Toute terre sèche et légère ; multiplication de semences et d'éclats.

Var. 1° Sauge tricolore. *S. tricolor.*

2° Sauge panachée. *S. variegata.*

3° A feuilles étroites. *S. angustifolia.*

4° A petites feuilles. *S. tenuior.*

5° Sauge gauffrée ou frisée. *S. tomentosa.*

COLLINSONE. *Collinsonnia;* L. (*Diandrie-monogynie.*) Calice à deux lèvres, dont la supérieure à trois dents, et l'inférieure bifide ; corolle infondibuliforme, beaucoup plus longue que le calice, à limbe partagé en cinq lobes dont les quatre supérieurs très-courts, et l'inférieur grand, frangé ; une seule graine globuleuse : les trois autres avortant constamment.

1. Collinsone du Canada. *Collinsonnia canadensis ;* Mich. ♃. Amérique septentrionale. Tige de deux à trois pieds ; feuilles cordiformes, ovales, glabres ; d'août en octobre, fleurs jaunâtres, nombreuses, en panicule terminal, à calice denté, court, subulé, presque de la même longueur que le tube de la corolle. Pleine terre franche, un peu fraîche, abritée ; multiplication de graines sur couche tiède ou par la séparation des pieds en février et mars ; couverture de litière sèche pendant l'hiver.

Sect. II. Quatre étamines didynames; la lèvre supérieure de la corolle nulle ou très-courte.

BUGLE. *Ajuga ;* L. (*Didynamie-gymnospermie.*) Calice à cinq dents presque égales ; corolle tubulée, à deux lèvres, dont la supérieure très-petite, sensible seulement par deux petites dents très-courtes, et l'inférieure partagée en trois lobes, dont le moyen est grand et échancré en cœur.

1. Bugle d'Orient. *Ajuga orientalis ;* Willd. ♃. Du Levant. Tiges droites, d'un pied ; feuilles ovales ; de mai en juin, fleurs panachées de bleu et de blanc, renversées, verticillées. Orangerie ; toute terre ; multiplication d'éclats.

GERMANDRÉE. *Teucrium ;* L. (*Didynamie-gymnospermie.*) Calice tubuleux ou campanulé, un peu renflé d'un côté à sa base, ayant son bord à cinq dents, ou à cinq découpures. Corolle à tube court, à limbe formant une seule lèvre qui est inférieure, à cinq divisions, dont les deux extérieures sont très-petites, réfléchies, et le lobe moyen plus grand que tous les autres, arrondi, concave, échancré ou entier. Étamines saillantes à la place que devrait occuper la lèvre supérieure.

1. Germandrée a feuilles de bétoine. *Teucrium betonicum;* L'Hérit. *T. canescens;* Forst. *T. maderiense ;* Lam. ♄. Des Canaries. Tige de deux à trois pieds, rameuses ; feuilles lancéolées, crénelées, tomenteuses, blanchâtres en dessous, persistantes ; en août, fleurs d'un pourpre foncé, en grappes terminales. Orangerie ; terre franche, légère; multiplication de graines semées en pots et sur couche tiède, de boutures et d'éclats.

2. Germandrée arbrisseau. *T. fruticans;* Pers. ♄. France méridionale. Tige de quatre à cinq pieds ; feuilles lancéolées, très-entières, blanchâtres en dessous; de juin en septembre, fleurs grandes, solitaires, d'un bleu violet pâle. Orangerie et même culture.

3. Germandrée maritime. *T. marum;* L. ♄. Espagne. Petit arbuste formant buisson ; feuilles très-entières, ovales, aiguës, pétiolées, cotonneuses en dessous; de juillet en septembre, fleurs purpurines, unilatérales, en grappes. Orangerie et même culture.

4. Germandrée de Marseille. *T. massiliense;* L. ♄. De Marseille. Tiges d'un pied et demi, rameuses; feuilles ovales, rugueuses, incisées-crénelées, blanchâtres, persistantes; de juillet en septembre, fleurs d'un pourpre rose, unilatérales et en grappes. Orangerie et même culture.

5. Germandrée jaune. *T. flavum;* Pers. ♄. Espagne. Tige frutiqueuse, de deux pieds, pubescente; feuilles ovales, crénelées, les florales très-entières, persistantes; de juillet en septembre, fleurs d'un jaune pâle, verticillées, formant des grappes terminales. Orangerie; même culture.

6. Germandrée jaunatre. *T. flavicans;* Lam. *T. aureum;* Schreb. ♄. France méridionale. Tiges nombreuses, coton-

neuses ; feuilles ovales, dentées, couvertes d'un poil laineux et serré, persistantes, de juillet en septembre, fleurs jaunes ou verdâtres, en têtes sessiles et terminales. Pleine terre et même culture.

7. Germandrée a grandes feuilles. *Teucrium macrophyllum;* Lam. *T. abutiloïdes;* L'her. ♄. Madère. Tige de deux à trois pieds, rameuse; feuilles cordiformes, dentées, acuminées, grandes, persistantes; en août, fleurs jaunes, en grappes latérales et pendantes. Orangerie et même culture.

8. Germandrée officinale, petit chêne. *T. chamœdrys;* L. ♄. Indigène. Tiges de quatre à cinq pouces, nombreuses; feuilles cunéiformes, ovales, incisées, crénelées, pétiolées, persistantes; en juin, fleurs purpurines, deux ou trois ensemble dans les aisselles supérieures. Pleine terre et même culture. Jolie plante pour bordure, utile aux personnes qui élèvent des abeilles.

9. Germandrée luisante. *T. lucidum;* Pers. ♃. Alpes. Tiges de deux pieds, droites, lisses; feuilles ovales, incisées-dentées, glabres, persistantes; en juin, fleurs purpurines, en verticilles unilatérales. Pleine terre et même culture.

10. Germandrée multiflore. *T. multiflorum;* Pers. ♃. Espagne. Tiges d'un pied, droites, rameuses; feuilles petites, ovales, dentées, les florales très-entières et pétiolées; de juillet en septembre, fleurs purpurines, deux ou trois ensemble, en verticilles formant des grappes terminales. Pleine terre et même culture.

11. Germandrée des Pyrénées. *T. pyrenaïcum;* L. ♃. Indigène. Tiges couchées, de trois ou quatre pouces; feuilles cunéiformes-orbiculées, crénelées, velues; de juin en juillet, fleurs blanches, en têtes arrondies et terminales. Pleine terre et même culture.

12. Germandrée d'Hircanie. *T. hircanïum;* L. ♃. De la Perse. Tiges de deux à trois pieds; feuilles cordiformes, oblongues, obtuses, crénelées, ridées; d'août en octobre, fleurs d'un pourpre foncé, en épis longs et terminaux. Pleine terre et même culture.

SECT. III. Quatre étamines didynames; corolle à deux lèvres.

SARRIETTE. *Satureia ;* L. (*Didynamie-gymnospermie.*) Calice tubulé, strié, à cinq dents presque égales ; corolle à tube cylindrique plus court que le calice, à limbe partagé en cinq lobes presque égaux. Filamens des étamines écartés.

1. SARRIETTE A FLEURS EN TÊTE. *Satureia capitata ;* L. ♄. Orient. Tige d'un pied, à rameaux grêles et blanchâtres; feuilles carénées, ponctuées, ciliées ; de juin en octobre, fleurs purpurines, en épis. Orangerie, et culture des autres sarriettes. *Voyez* tome II, page 442.

2. SARRIETTE VERTICILLÉE. *S. thymbra ;* L. ♄. Orient. Tiges grêles, de deux pieds ; feuilles obovales, oblongues, acuminées, ponctuées, hispides, persistantes ; de mai en juillet, fleurs d'un rouge vif, en verticilles un peu arrondies et hispides. Orangerie et même culture.

HYSSOPE. *Hyssopus ;* L. (*Didynamie-gymnospermie.*) Calice cylindrique, strié, à cinq dents ; corolle à tube égal au calice, à limbe partagé en deux lèvres, dont la supérieure courte, échancrée, et l'inférieure à trois lobes, dont le moyen plus grand, échancré en cœur et crénelé ; étamines saillantes hors de la corolle.

1. HYSSOPE A FEUILLES DE SCROPHULAIRE. *Hyssopus scrophulariæfolius ;* WILLD. ♃. Canada. Feuilles cordiformes, ovales, acuminées, obtusément dentées ; fleurs grandes, rougeâtres, à divisions intermédiaires crénelées, à style plus long que la corolle, et en épis verticillés et cylindriques. Même culture que l'hyssope officinale. *Voyez* tome II, page 385.

CATAIRE ou chataire. *Nepeta ;* L. (*Didynamie-gymnospermie.*) Calice à cinq dents inégales ; corolle à tube cylindrique, courbé ; à limbe divisé en deux lèvres, dont la supérieure échancrée, et l'inférieure à trois lobes, dont les deux latéraux très-courts, réfléchis, et le moyen concave, crénelé ; étamines rapprochées.

1. CATAIRE A LONGUES FLEURS. *Nepeta longiflora ;* VENT. ♃. De la Perse. Tiges droites, de dix-huit pouces ; feuilles cordiformes, ovales, rugueuses, dentées, presque sessiles ; pendant une partie de l'année, fleurs d'un bleu foncé, pédon-

culées, à tube très-long. Pleine terre, ni trop humide ni trop ombragée. Multiplication de graines, ou par la séparation des pieds en automne ou en mars.

2. Cataire réticulée. *Nepeta reticulàta*; Desf. ♃. Barbarie. Tiges droites, canaliculées, rameuses; feuilles lancéolées, sessiles; en été, fleurs nombreuses, d'un violet pâle ou d'un bleu purpurin foncé, en verticilles rapprochées; bractées ovales, véné-réticulées, colorées. Pleine terre sèche et chaude. Même culture.

3. Cataire a feuilles de mélisse. *N. melissæfolia*; Pers. ♃. De la Barbarie. Tiges glabres, sillonnées, anguleuses; feuilles cordiformes, oblongues, crénelées, pétiolées, obtuses; fleurs en verticilles capitées et serrées. Pleine terre et même culture.

4. Cataire tubéreuse. *N. tuberosa*; Ait. ♃. Espagne. Tige de trois à quatre pieds, laineuse, blanchâtre; feuilles cordiformes, pubescentes; de juin en août, fleurs d'un pourpre violet, à lobes latéraux réfléchis, en épis terminaux; bractées oblongues, acuminées, lisses, colorées. Pleine terre; même culture.

5. Cataire crispée. *N. crispa*; Willd. ♃. Orient. Tiges d'un pied à dix-huit pouces; feuilles cordiformes, dentées, rugueuses, ondulées, crispées, pétiolées, blanchâtres; de juillet en août, fleurs bleues, en épis verticillés et interrompus. Pleine terre et même culture.

LAVANDE. *Lavandula*; L. (*Didynamie-gymnospermie.*) Calice ovale-cylindrique, strié, à cinq dents, muni d'une bractée à sa base; corolle renversée, à tube plus long que le calice, à limbe partagé en cinq lobes inégaux et formant imparfaitement deux lèvres. Étamines non saillantes hors du tube.

1. Lavande dentée. *Lavandula dentata*; L. ♄. Espagne. Tige d'un pied et demi; feuilles sessiles, linéaires, pectinées-pinnées, persistantes; de juin en septembre, fleurs d'un bleu rougeâtre pâle, en épis serrés, couronnés par quelques feuilles florales. Orangerie; terre franche, légère et substantielle; peu d'arrosemens en hiver. Multiplication de graines sur couche tiède, ou de boutures faciles à la reprise.

2. Lavande élégante. *L. elegans*; Desf. *L. abrotanoïdes*;

WILLD. *L. canariensis;* WILLD. ♄. Canaries. Tiges de deux pieds; feuilles pétiolées, pinnées, un peu glabres, à folioles pinnatifides décurrentes; fleurs d'un bleu foncé, en épis rameux, interrompus et tétragones; bractées ovales, acuminées, nerveuses et glabres. Orangerie et même culture.

3. LAVANDE HÉTÉROPHYLLE. *Lavandula heterophylla;* DESF. ♄. Barbarie. Feuilles sessiles, elliptiques, dentées-incisées et linéaires; fleurs en épis cylindriques. Orangerie; même culture.

4. LAVANDE PINNÉE. *L. pinnata;* JACQ. ♄. Madère. Tige d'un pied; feuilles pétiolées, pinnées, à folioles cunéiformes; d'avril en octobre, fleurs violettes, en épi imbriqué. Orangerie; même culture.

5. LAVANDE STECHAS. *L. stæchas;* L. ♄. France méridionale. Tige de deux à trois pieds; feuilles sessiles, linéaires, cotonneuses, roulées sur les bords, persistantes; de mai en juillet, fleurs d'un violet foncé, en épi serré, presque sessile, terminé par des feuilles florales d'un pourpre bleuâtre; bractées un peu trilobées. Orangerie et même culture.

Voyez, pour les autres espèces, le tome II, page 393.

CRAPAUDINE. *Sideritis;* L. (*Didynamie-gymnospermie.*) Calice tubulé, à cinq dents presque égales. Corolle égale au calice ou un peu plus longue, à limbe partagé en deux lèvres, dont la supérieure échancrée ou à deux divisions, et l'inférieure à trois lobes dont celui du milieu plus large et crénelé. Étamines non saillantes. Deux stigmates inégaux, dont le plus long embrassé à sa base par le plus court.

1. CRAPAUDINE DES CANARIES. *Sideritis canariensis;* L. ♄. Des Canaries. Tige de deux à trois pieds, velue dans sa jeunesse; feuilles cordiformes, oblongues, aiguës, pétiolées, persistantes; de mai en août, fleurs petites, blanches, en épis verticillés et penchés avant la floraison. Orangerie, terre franche, légère; multiplication par les graines semées au printemps, sur couche tiède; ou d'éclats et de boutures; peu d'arrosemens en hiver.

2. CRAPAUDINE DE CRÈTE. *S. cretica;* LAM. ♄. De Madère. Tige frutiqueuse et cotonneuse comme tout l'arbuste; feuilles cordiformes, oblongues, obtuses, pétiolées; rameaux

divariqués; de mai en août, fleurs blanches, en épis, verticillées. Orangerie et même culture.

3. CRAPAUDINE A FEUILLES D'HYSSOPE. *Sideritis hyssopifolia;* L. ♄. Des Pyrenées. Feuilles lancéolées, glabres, très-entières, à trois nervures; tiges simples, de huit à dix pouces; de juin en novembre, fleurs en verticilles serrées, formant un épi court et terminal. Pleine terre et même culture.

4. CRAPAUDINE DES ALPES. *S. alpina;* PERS. ♃. Du Dauphiné. Tige sous-frutiqueuse; feuilles ovales-lancéolées, les inférieures obtuses, aiguëment dentées, les supérieures lancéolées, aiguës, très-entières; fleurs en épis ovales, et à bractées épineuses. Pleine terre et même culture.

BISTROPOGON. *Bystropogon;* L'HÉRIT. (*Didynamie-gymnospermie.*) Calice subulé, garni de poils à son orifice. Corolle à deux lèvres, dont la supérieure à deux divisions, et l'inférieure trifide. Étamines distantes.

1. BISTROPOGON DES CANARIES. *Bystropogon canariense;* L'HÉRIT. ♄. Des Canaries. Tige de trois à quatre pieds; feuilles ovales, crénelées, pubescentes, très-velues en dessous, persistantes; de juillet en août, fleurs blanches, très-petites, en têtes cotonneuses et sphériques, à pédoncules dichotomes. Orangerie; terre franche légère; multiplication de graines sur couche tiède, de boutures étouffées sur couche chaude, et de marcottes.

2. BISTROPOGON PONCTUÉ. *B. punctatum;* L'HÉRIT. ♄. Madère. Tige droite, d'un à deux pieds; feuilles ovales, dentées, glabres, ponctuées, persistantes; de juillet en août, fleurs purpurines, en têtes, à divisions calicinales non subulées. Orangerie et même culture.

MENTHE. *Mentha;* L. (*Didynamie-gymnospermie.*) Calice à cinq dents à peu près égales; corolle un peu plus longue que le calice, à limbe partagé en quatre lobes presque égaux, dont le supérieur un peu plus large et échancré; étamines distantes, tantôt plus longues, tantôt plus courtes que la corolle.

1. MENTHE FRISÉE. *Mentha crispa;* L. ♃. Indigène. Tiges velues; feuilles cordiformes, incisées, dentées, ondulées, sessiles; en août, fleurs rougeâtres, en têtes spiciformes, à étamines de la même longueur que la corolle; bractées infé-

rieures laciniées. Pleine terre marécageuse ; multiplication par la séparation des pieds.

2. MENTHE AQUATIQUE. *Mentha aquatica ;* L. ♃. Indigène. Tiges de dix-huit pouces, velues comme toute la plante ; feuilles ovales, dentées, pétiolées ; en juillet, fleurs violettes, en têtes terminales. Culture de la précédente.

3. MENTHE VERTE ou romaine. *M. viridica ;* L. ♃. Indigène. Tiges de dix-huit pouces, glabres ; feuilles lancéolées, sessiles, pointues, dentées en scie ; en août, fleurs rougeâtres, en épis oblongs et interrompus, à étamines plus longues que la corolle. Plante entièrement glabre. Pleine terre légère ; même multiplication.

4. MENTHE DES JARDINS. *M. gentilis ;* SMITH. *M. rubra ;* SOLE. ♃. Indigène. Tiges brunes, très-rameuses, étalées ; feuilles ovales, pétiolées, un peu obtuses ; en juillet, fleurs purpurines, en verticilles garnissant la moitié de la longueur des tiges. Pleine terre et même culture. *Voyez*, pour les autres menthes, le tome II, page 409.

GLÉCOME. *Glechoma ;* L. (*Didynamie-gymnospermie.*) Calice cylindrique, strié, à cinq dents inégales. Corolle une fois plus longue que le calice, à limbe partagé en deux lèvres, la supérieure à deux divisions, et l'inférieure à trois lobes, dont celui du milieu plus grand et échancré. Anthères rapprochées deux à deux en forme de croix. Dans les jardins de médecine, on cultive, en terre légère et sèche, le GLÉCOME LIERRE TERRESTRE ; *glechoma hederacea ;* L. On le multiplie par ses traces.

HYPTIS. *Hyptis ;* JACQ. (*Didynamie-gymnospermie.*) Calice turbiné, à cinq dents ; corolle tubulée, infondibuliforme, à limbe renversé, partagé en deux lèvres, dont la supérieure à deux divisions, et l'inférieure partagée en trois lobes, dont les deux latéraux ovales-aigus, et celui du milieu arrondi, concave, obtus ; anthères pendantes.

1. HYPTIS A FLEURS EN TÊTE. *Hyptis capitata ;* WILLD. ♄. Antilles. Arbrisseau à feuilles ovales, dentées ; fleurs en tête pédonculées, entourées d'un involucre lancéolé aussi long que les fleurs. Serre chaude ; terre franche légère ; multiplication d'éclats, de boutures et marcottes.

LAMIER. *Lamium ;* L. (*Didynamie-gymnospermie.*) Calice à cinq dents aiguës et ouvertes. Corolle à tube court, renflée à son orifice, et munie de chaque côté en son bord d'une petite dent réfléchie, à limbe partagé en deux lèvres, dont la supérieure en voûte, le plus souvent entière, et l'inférieure à deux lobes. Anthères velues.

1. LAMIER ORVALE. *Lamium orvala*; L. ♃. D'Italie. Tiges de deux pieds, carrées, rougeâtres; feuilles grandes, cordiformes, ridées, acuminées, inégalement dentées; de mai en juillet, fleurs grandes, rouges, panachées, en verticilles axillaires. Pleine terre franche un peu fraîche; multiplication de graines au printemps, ou par l'éclat des racines en automne.

2. LAMIER D'ITALIE. *L. garganicum*; L. ♃. Italie. Tiges velues, carrées, d'un pied et demi; feuilles cordiformes, concaves, un peu blanches; d'avril en juin, fleurs d'un pourpre rose, grandes, en verticilles axillaires. Pleine terre et même culture.

GALÉOPSIS ou chambreuse. *Galeopsis*; L. (*Didynamie-gymnospermie.*) Calice campanulé, à cinq dents aiguës et quelquefois épineuses. Corolle à tube court, insensiblement dilatée, munie de deux dents à son orifice, à limbe divisé en deux lèvres, dont la supérieure voûtée, un peu crénelée, et l'inférieure à trois lobes dont celui du milieu plus large, échancré et crénelé.

1. GALÉOPSIS VERSICOLORE. *Galeopsis versicolor*; PERS. *G. cannabina*; WILLD. ⊙. Indigène. Tige de deux à trois pieds, velue, renflée aux articulations; feuilles ovales, dentées, un peu poilues; en août, fleurs très-belles, grandes, à lèvres supérieure jaune, et inférieure pourpre; corolle trois fois plus grande que le calice, celui-ci velu. Pleine terre légère et chaude. Arrosemens fréquens. Multiplication de graines, semées en place au printemps.

GALÉOBDOLON. *Galeobdolon*; HUDS. (*Didynamie-gymnospermie.*) Calice campanulé, à cinq dents inégales et aiguës. Corolle à limbe partagé en deux lèvres, dont la supérieure très-entière, en voûte, et l'inférieure à trois divisions aiguës.

1. GALÉOBDOLON JAUNE. *Galeobdolon vulgare*; PERS. *G. luteum*; SMITH. *Cardiaca sylvatica*; FLOR. FRANC. *Leonurus galeobdolon*; WILLD. *Galeopsis galeobdolon*; L. ⊙. Tiges

d'un pied, velues; feuilles ovales, cordiformes, pointues, dentées; de mai en juin, fleurs jaunes, grandes, sessiles. Pleine terre franche, légère, ombragée, un peu fraîche. Multiplication de graines semées en place au printemps.

BÉTOINE. *Betonica;* L. (*Didynamie-gymnospermie.*) Calice tubulé, à cinq dents très-aiguës. Corolle à tube plus long que le calice, à limbe partagé en deux lèvres, dont la supérieure droite, presque plane, entière, et l'inférieure divisée en trois lobes, dont celui du milieu plus large et échancré.

1. Bétoine velue. *Betonica hirsuta;* L. ♃. Indigène. Tige d'un pied, droite, velue; feuilles cordiformes, oblongues; en juillet, fleurs assez grandes, d'un rouge vif et foncé, en épi feuillé à la base; lèvre supérieure entière. Pleine terre franche, légère, fraîche et à demi ombragée. Multiplication de graines semées en mars, ou par éclat des racines en automne.

2. Bétoine jaune. *B. alopecuros;* L. ♃. Des Alpes. Tiges simples, de huit à dix pouces; feuilles cordiformes, larges, arrondies, crénelées; en juillet, fleur d'un jaune pâle, en épi feuillé à sa base; lèvre supérieure bifide. Pleine terre et même culture.

3. Bétoine a grandes fleurs. *B. grandiflora;* Willd. ♃. Orient. Tiges d'un pied; feuilles radicales grandes, cordiformes, obtuses, largement dentées; fleurs rouges, en épi feuillé et interrompu; bord du calice velu, à dents subulées; lèvre supérieure obcordiforme. Pleine terre et même culture.

4. Bétoine d'Orient. *B. orientalis;* L. *B. grandiflora;* Thuill. ♃. D'Orient. Tiges étalées, simples; feuilles oblongues, cordiformes à la base, crénelées; de juin en juillet, fleur d'un pourpre pâle, en épis entiers. Division intermédiaire des lèvres de la corolle très-entière. Pleine terre et même culture. Dans le jardin médical on cultive de même la Bétoine officinale. *B. officinalis;* L. ♃. Indigène.

ÉPIAIRE. *Stachys;* L. (*Didynamie-gymnospermie.*) Calice anguleux, à cinq dents acuminées. Corolle à tube court, à deux lèvres, dont la supérieure voûtée, échancrée, et l'inférieure partagée en trois lobes, dont les deux latéraux réfléchis sur les côtés, et celui du milieu plus grand, échancré. Étamines déjetées sur les côtés de la corolle, après la fécondation.

1. Épiaire écarlate. *Stachys coccinea;* Willd. ♃. Du Mexique. Tiges rameuses, anguleuses, de trois pieds; feuilles ovales, cordiformes, crénelées, à pétioles élargis; de juin en septembre, fleurs moyennes, écarlates, en épi, au nombre de six par chaque verticille. Orangerie éclairée, terre légère et substantielle; très-peu d'arrosemens en hiver; multiplication facile de boutures sur couche tiède, et de graines semées au printemps sur la même couche.

2. Épiaire laineuse; *S. lanata;* Jacq. ♃. Sibérie. Tiges couchées, radicantes, d'un pied et demi, cotonneuses et blanches comme toute la plante; feuilles ovales-oblongues, obtuses, entières; tout l'été, fleurs purpurines, en verticilles formant l'épi. Pleine terre; multiplication de graines et par la séparation des pieds en février et mars.

3. Épiaire de Crète. *S. cretica;* L. ♃. De Candie. Tiges cotonneuses, blanchâtres, de deux pieds, formant un buisson large et arrondi; feuilles cordiformes, arrondies, crénelées, cotonneuses et blanchâtres; en juin et juillet, fleurs purpurines, nombreuses, verticillées. Pleine terre et même culture.

4. Épiaire a feuilles arrondies. *S. circinnata;* L'Hérit. *S. canariensis;* Jacq. Tige rameuse, d'un pied et demi; feuilles cordiformes, arrondies, régulièrement crénelées, un peu blanchâtres; de mai en juillet, fleurs d'un pourpre pâle, au nombre de six par verticille, en épis terminaux. Pleine terre et même culture.

BALOTTE. *Ballota;* L. (*Didynamie-gymnospermie.*) Calice pentagone, à dix stries, terminé par cinq dents presque égales; corolle à tube cylindrique, de la longueur du calice, à limbe partagé en deux lèvres, dont la supérieure concave, un peu crénelée, et l'inférieure à trois lobes, dont celui du milieu plus large et échancré.

1. Balotte laineuse. *Ballota lanata;* Willd. *Leonurus lanatus;* Pers. ♃. Sibérie. Tiges d'un pied, un peu couchées, cotonneuses; feuilles palmées, dentées; en juillet et

août, fleurs jaunâtres, assez grandes, en verticilles serrées. Pleine terre, et culture des épiaires.

MARRUBE. *Marrubium*; L. (*Didynamie-gymnospermie.*) Calice à dix stries, terminé dans plusieurs espèces par cinq dents, dans quelques autres par dix dents alternativement plus grandes et plus petites; corolle à tube cylindrique, un peu plus long que le calice, à limbe partagé en deux lèvres, dont la supérieure droite, étroite, souvent bifide, et l'inférieure à trois lobes, dont celui du milieu plus grand et échancré; orifice du calice presque caché par des poils pendant la maturation des graines.

1. Marrube d'Astracan. *Marrubium astracanicum*; Willd. ♃. Orient. Tiges quadrangulaires; feuilles elliptiques, obtuses, crénelées, cotonneuses, rugueuses; fleurs verticillées, à calice à cinq dents, lancéolées; bractées lancéolées. Pleine terre chaude et légère; multiplication de graines et d'éclats.

2. Marrube d'Espagne. *M. hispanicum*; Lam. ♃. Espagne. Tiges carrées, droites, velues; feuilles cordiformes, ovales, crénelées; de juillet en août, fleurs blanches, tachetées de rouge, verticillées; limbe du calice étalé, à dix dents ovales, mucronées, alternativement une grande et une courte. Pleine terre et même culture.

AGRIPAUME ou cardiaque. *Leonurus*; L. (*Didynamie-gymnospermie.*) Calice à cinq angles et à cinq dents aiguës; corolle à tube souvent à peine plus long que le calice, à limbe partagé en deux lèvres, dont la supérieure velue, entière, concave, et l'inférieure réfléchie, divisée en trois lobes presque égaux; anthères parsemées de points brillans.

1. Agripaume commun, cardiaque. *Leonurus cardiaca*; Willd. ♃. Indigène. Tiges droites, de quatre à cinq pieds, carrées; feuilles cunéiformes, ovales, trilobées, dentées, les inférieures arrondies; en juillet, fleurs purpurines, petites, en verticilles serrées, garnies de folioles sétacées; division moyenne de la lèvre inférieure aiguë. Pleine terre; multiplication de graines. Elle se ressème d'elle-même.

2. Agripaume de Tartarie. *L. tataricus*; L. ♂. De Tartarie. Tiges de quatre à sept pieds; feuilles à trois divisions laciniées; en juillet, fleurs rougeâtres, verticillées; lèvre su-

périeure voûtée, l'inférieure à trois divisions dont celle du milieu émarginée. Pleine terre et même culture.

PHLOMIDE. *Phlomis ;* L. (*Didynamie-gymnospermie.*) Calice anguleux, à cinq dents ; corolle à tube oblong, à limbe partagé en deux lèvres, dont la supérieure concave, en voûte, velue, comprimée latéralement, arquée, un peu bifide, et l'inférieure divisée en trois découpures, dont la moyenne plus grande et à deux lobes.

1. PHLOMIDE FRUTIQUEUSE. *Phlomis fruticosa ;* L. ♄. Sicile. Tiges de deux à trois pieds, formant buisson ; feuilles un peu arrondies, cotonneuses, crénelées, persistantes ; de juillet en septembre, fleurs jaunes, grandes, verticillées, à involucres lancéolés. Terre légère, substantielle, un peu consistante, à exposition chaude ; couverture de litière pendant l'hiver ; multiplication de graines, de boutures sur couche tiède, et de marcottes.

Var. 1° *Angustifolia ;* à feuilles étroites et oblongues.

2° *Latifolia ;* à feuilles ovales-oblongues, ondulées sur les bords.

2. PHLOMIDE POURPRE. *P. purpurea ;* SMITH. ♄. Espagne. Tiges de deux à trois pieds, couvertes d'un duvet cotonneux ; feuilles oblongues, étroites, obtuses, un peu cordiformes à la base, couvertes en dessous de poils laineux et serrés, persistantes ; en juillet et août, fleurs d'un pourpre léger, verticillées ; calice pentagone, acuminé ; bractées lancéolées, aiguës, piquantes. Orangerie et même culture.

3. PHLOMIDE TUBÉREUSE. *P. tuberosa ;* L. ♃. Sibérie. Tiges de cinq à six pieds, rougeâtres ; feuilles radicales-cordiformes, scabres, les supérieures oblongues-lancéolées ; de juin en septembre, fleurs purpurines, verticillées, à bractées subulées et hispides ; lèvre supérieure dentée. Pleine terre et même culture ; arrosemens fréquens en été ; multiplication par la séparation des racines tuberculeuses tous les trois ans.

4. PHLOMIDE QUEUE DE LION. *P. leonurus ;* L. ♄. Du Cap. Tiges de cinq à six pieds, droites, carrées ; feuilles lancéolées, dentées, persistantes ; d'octobre en décembre, fleurs d'un beau rouge écarlate, longues, verticillées ; calice décagone, et à dix dents. Orangerie sèche, et culture du n° 1. Arrosemens fréquens en été, très-rares en hiver. Très-bel arbrisseau.

5. Phlomide des Alpes. *Phlomis alpina;* Willd. ♃. Des Alpes. Tiges pubescentes; feuilles radicales, cordiformes, un peu velues, les caulinaires lancéolées; fleurs verticillées, à bractées linéaires-subulées, velues. Pleine terre et même culture.

6. Phlomide lychnide. *P. lychnitis;* Willd. ♄. Europe méridionale. Tiges d'un pied, velues, blanchâtres; feuilles lancéolées, cotonneuses, les florales ovales; de juillet en septembre, fleurs jaunes, verticillées, à bractées sétacées, laineuses comme toute la plante; calice obtusément denté. Pleine terre à exposition chaude et même culture. Couverture de litière pendant l'hiver.

7. Phlomide, herbes du vent; *P. herba-venti;* L. ♃. France méridionale. Tiges velues, un peu couchées, d'un pied et demi; feuilles oblongues, ovales, dentées, velues en dessous; de juillet en septembre, fleurs d'un pourpre vif, verticillées en têtes terminales; bractées subulées et velues. Pleine terre et même culture.

8. Phlomide laciniée. *P. laciniata;* L. ♃. Syrie. Tiges de cinq à six pieds; feuilles pinnées, à folioles laciniées, les radicales très-grandes et persistantes; en août, fleurs assez grandes, lavées de pourpre, en verticilles, à calice laineux. Pleine terre et même culture. Couverture de litière sèche pendant l'hiver.

MOLUCELLE. *Molucella;* L. (*Didynamie-gymnospermie.*) Calice très-grand, turbiné, à limbe campanulé, denté-épineux en son bord. Corolle plus petite que le calice, tubuleuse, à limbe partagé en deux lèvres, dont la supérieure entière, concave, et l'inférieure divisée en trois lobes, dont le moyen plus long et échancré.

1. Molucelle lisse. *M. lævis;* Willd. ⊙. Syrie. Tiges de deux pieds; feuilles pétiolées, ovales-arrondies, dentées; en juillet et août, fleurs blanches, verticillées; calice campanulé, à cinq dents égales et mutiques. Pleine terre légère et substantielle. Multiplication de graines sur couche tiède; exposition chaude.

2. Molucelle épineuse. *M. spinosa;* L. ⊙. Syrie. Tiges de trois ou quatre pieds; feuilles pétiolées, ovales, profondément dentées; de juillet en août, fleurs en verticilles axillaires, la lèvre supérieure d'un rose pâle, et l'inférieure

jaunâtre ; lèvre supérieure du calice lancéolée, mucronée, la plus longue ; l'inférieure arrondie et à sept dents épineuses. Pleine terre et même culture. Pour l'une comme pour l'autre on laisse quelques pieds sur la couche, pour s'assurer la maturité des graines.

CLINOPODE. *Clinopodium;* L. (*Didynamie-gymnospermie.*) Calice cylindrique, ayant son bord partagé en deux lèvres, dont la supérieure à trois dents, et l'inférieure à deux. Corolle à tube un peu plus long que le calice, s'évasant et se partageant en deux lèvres, dont la supérieure droite, échancrée, et l'inférieure à trois lobes dont le moyen plus grand et échancré. Stigmate simple.

1. Clinopode blanchatre. *Clinopodium incanum;* L. *Pycnanthemum incanum;* Pers. ♃. Amérique septentrionale. Tige de deux à trois pieds, blanchâtre comme les feuilles, celles-ci ovales, aiguës, dentées; de juillet en octobre, fleurs petites, purpurines, en têtes; bractées sétacées. Pleine terre légère et chaude; multiplication de graines et d'éclats.

ORIGAN. *Origanum;* L. (*Didynamie-gymnospermie.*) Calice variable dans sa forme, ordinairement inégal, tantôt à deux lèvres, ou divisé en deux, tantôt à cinq dents; corolle à tube comprimé, à limbe partagé en deux lèvres, dont la supérieure droite, échancrée, et l'inférieure à trois divisions presque égales. Fleurs imbriquées, ramassées en épis serrés, et chacune d'elles munie à sa base d'une bractée ovale et colorée.

1. Origan a coquille. *Origanum Ægyptiacum.* L. ♄. Orient. Tiges de deux pieds, droites, blanchâtres comme toute la plante ; feuilles concaves, arrondies, un peu épaisses, cotonneuses, persistantes; de juin en août, fleurs blanches ou roses, en épis nus. Orangerie éclairée ; terre légère; arrosemens très-modérés en hiver; multiplication de graines, et de boutures faites en été, ou par l'éclat des pieds. Plante odorante dans toutes ses parties.

2. Origan marjolaine. *O. majoranoïdes ;* Willd. ♄. Orient. Tiges d'un pied, nombreuses, grêles et droites; feuilles pétiolées elliptiques, obtuses, cotonneuses; de juin en juillet, fleurs blanches, en épis arrondis, aglomérés et pédonculés. Orangerie et même culture. Plante odorante.

3. Origan dictamne. *Origanum dictamnus;* L. ♃. Du mont Ida. Tiges d'un pied et demi, cotonneuses; feuilles orbiculaires, ridées, entières, un peu charnues, persistantes ; de juin en août, fleurs purpurines, en épis pendans. Pleine terre à exposition chaude; même mode de multiplication. Plante odorante.

THYM. *Thymus;* L. (*Didynamie-gymnospermie.*) Calice tubulé, divisé en deux lèvres, dont la supérieure à trois dents, et l'inférieure à deux. Corolle à tube de la longueur du calice; à limbe partagé en deux lèvres, dont la supérieure plus courte, droite, échancrée, et l'inférieure plus longue, à trois lobes; le moyen le plus large, entier ou échancré; calice resserré à son orifice, et fermé par des poils pendant la maturation des graines.

1. Thym Serpolet. *Thymus serpyllum;* L. ♄. Indigène. Tiges de quatre à six pouces, grêles, nombreuses, couchées; feuilles planes, ovales-obtuses, ciliées à la base, persistantes; de juin en août, fleurs purpurines ou blanches, en épis ou en têtes. Culture de l'espèce suivante :

Var. 1° Serpolet à odeur de citron. *T. S. citratum; Voyez* tome II, page 446.

2° Serpolet velu. *T. S. villosum;* à fleurs d'un pourpre foncé.

3° Serpolet velu à feuilles étroites.

2. Thym commun. *T. vulgaris;* L. ♄. Espagne. *Voy.*, pour sa culture et celle du précédent, le tome II, page 446.

3. Thym masticline. *T. mastichina;* L. ♄. Espagne. Arbuste de deux pieds; feuilles ovales, un peu glabres, persistantes; de juillet en septembre, fleurs blanches, à calice blanc, laineux, à dents sétacées. Orangerie et culture des précédens.

THYMBRA. *Thymbra;* L. (*Didynamie-gymnospermie.*) Calice presque cylindrique, à deux lèvres, dont la supérieure à trois dents, et l'inférieure bifide, bordé en dehors d'une rangée de poils et nu en dedans; corolle à deux lèvres, dont la supérieure bifide, et l'inférieure à trois lobes presque égaux.

1. Thymbra a épis. *Thymbra spicata;* L. ♄. Orient. Arbuste de cinq à six pouces, à tige brune; feuilles linéaires, gla-

bres, ponctuées, persistantes; en juin et en juillet, fleurs pourpres, en épis terminaux. Orangerie; terre légère. Multiplication de graines, marcottes et boutures.

MÉLISSE. *Melissa;* L. (*Didynamie-gymnospermie.*) Calice presque campanulé, à deux lèvres, dont la supérieure plane, à trois dents, et l'inférieure bifide. Corolle à deux lèvres, dont la supérieure un peu en voûte, bifide, et l'inférieure à trois lobes, dont le moyen échancré en cœur.

1. Mélisse officinale. *Melissa officinalis;* L. ♃. France méridionale. *Voyez* tome II, page 396.

2. Mélisse a grandes fleurs. *M. grandiflora;* L. ♃. Des Alpes. Tiges de deux pieds; feuilles ovales, aiguës, finement dentées; de juin en septembre, fleurs grandes, rouges, à bractées lancéolées et sessiles; pédoncules axillaires triflores ou quadriflores. Pleine terre, légère, à exposition chaude; multiplication de graines et d'éclats.

DRACOCÉPHALE. *Dracocephalum;* L. (*Didynamie-gymnospermie.*) Calice tubuleux, tantôt à deux lèvres, tantôt à cinq dents presque égales. Corolle à tube renflé vers son orifice, à limbe divisé en deux lèvres, dont la supérieure concave et en voûte, et l'inférieure à trois lobes, dont les deux latéraux courts et redressés, et celui du milieu plus allongé, entier ou bifide.

1. Dracocéphale d'Autriche. *Dracocephalum austriacum;* L. ♃. Indigène. Tiges de huit à dix pouces, rameuses; feuilles sessiles, linéaires, mucronées, les caulinaires à trois ou cinq divisions à la base, et celles des rameaux simples; de juillet en août, fleurs d'un bleu violâtre, grandes, en épis; bractées triparties. Pleine terre franche, légère, substantielle et chaude; multiplication de graines sur couche tiède, par éclats, ou par la séparation des drageons.

2. Dracocéphale de Virginie. *D. virginianum;* L. ♃. Amérique septentrionale. Tiges simples, de deux à trois pieds, glabres comme toute la plante; feuilles linéaires, lancéolées, dentées; de juillet en septembre, fleurs roses, assez grandes, en épis serrés. Pleine terre et même culture. On a donné le nom de cataleptique à cette plante, parce que Ventenat a remarqué que les fleurs conservaient la position dans laquelle on les mettait en leur faisant faire un demi-tour.

3. Dracocéphale denticulé. *Dracocephalum denticulatum;* Ait. ♃. Caroline. Feuilles obovales, lancéolées, denticulées au sommet; en août, fleurs purpurines, assez grandes, distantes, en épis terminaux. Pleine terre et même culture.

4. Dracocéphale des Canaries. *D. canariense;* Willd. ♃. Des Canaries. Tiges de deux pieds, rougeâtres; feuilles ternées, oblongues; de juillet en septembre, fleurs rougeâtres, avec des lignes blanches, en épis. Orangerie et même culture.

5. Dracocéphale découpé. *D. peregrinum;* Willd. ♃. Sibérie. Tiges de huit à dix pouces; feuilles lancéolées, mucronées, dentées; en août, fleurs d'un bleu pourpre, un peu en épis; bractées linéaires, lancéolées, légèrement dentées-épineuses. Pleine terre et même culture.

6. Dracocéphale a feuilles linéaires. *D. ruyschiana;* L. ♃. Sibérie. Tiges d'un pied, glabres; feuilles lancéolées, linéaires, entières, mutiques, avec des veines un peu proéminentes en dessous; en juin et juillet, fleurs bleues, assez grandes, en épis. Pleine terre et même culture.

7. Dracocéphale a grandes fleurs. *D. grandiflorum;* Willd. ♃. Sibérie. Tiges d'un pied, feuilles oblongues, obtuses, dentées, pétiolées; en juillet, fleurs bleues, à bractées lancéolées, très-entières; lèvre du calice elliptique, obtuse et entière. Pleine terre et même culture.

8. Dracocéphale de Sibérie. *D. sibiricum;* Willd. ♃. Sibérie. Tiges de trois pieds; feuilles lancéolées, cordiformes, acuminées, dentées, glabres; de juin en août, fleurs purpurines, en verticilles pédonculées, bifides et unilatérales. Pleine terre et même culture.

9. Dracocéphale de montagne. *D. altaiense;* Willd. ♃. Tartarie. Tiges d'un pied; feuilles radicales, ovales, cordiformes, les caulinaires sessiles, orbiculaires-cunéiformes, aiguëment dentées; en juillet, fleurs verticillées, grandes, bleues, tachées de brun, à bractées pourpres. Cette plante se distingue parfaitement du n° 7, par ses feuilles caulinaires, sessiles, par ses fleurs plus grandes et par son calice et son style moins longs que la corolle. Pleine terre et même culture.

10. Dracocéphale de Moldavie. *D. moldavica;* Willd.

⊙. Sibérie. Tiges de deux pieds, rougeâtres ; feuilles ovales-lancéolées, profondément crénelées ; en juillet, fleurs bleues, purpurines ou blanches, verticillées ; bractées lancéolées, profondément dentées, à dents garnies d'un filet, comme celles des feuilles supérieures. Pleine terre et même culture. Multiplication de graines semées en place au printemps.

MÉLITE ou mélissot. *Melittis;* L. (*Didynamie-gymnospermie.*) Calice campanulé, à deux lèvres, dont la supérieure plus longue, et l'inférieure bifide. Corolle à tube beaucoup plus étroit que le calice ; à limbe partagé en deux lèvres, dont la supérieure plane, entière, et l'inférieure à trois lobes grands et inégaux, entiers ou crénelés.

1. MÉLITE A FEUILLES DE MÉLISSE. *Melittis melissophyllum;* WILLD. ♃. Indigène. Tiges d'un pied ; feuilles opposées, ovales, dentées ; en mai et juin, fleurs grandes, belles, blanches ou carnées, à lèvre inférieure d'un beau pourpre ; calice à trois lobes velus. Terre légère, fraîche, ombragée ; multiplication de graines semées en place au printemps, ou par l'éclat des pieds.

HORMINELLE ou hormin. *Horminum;* L. (*Didynamie-gymnospermie.*) Calice turbiné, strié, à deux lèvres, dont la supérieure à trois dents, et l'inférieure bifide. Corolle à tube plus long que le calice, à limbe partagé en deux lèvres, dont la supérieure très-courte, arrondie, bifide, et l'inférieure à trois lobes arrondis.

1. HORMINELLE DES PYRÉNÉES. *Horminum pyrenaïcum;* L. *Melissa pyrenaïca;* WILLD. ♃. France méridionale. Tiges d'un pied, nues, droites, un peu velues ; feuilles ovales-arrondies, crénelées, dentées ; fleurs bleuâtres, à calice d'un brun rougeâtre, pédonculées, verticillées, les verticilles inférieures distantes. Pleine terre légère et chaude, à bonne exposition ; multiplication de graines semées en place au printemps, ou par l'éclat des pieds.

GERMAINE. *Plectranthus;* L'HÉRIT. (*Didynamie-gymnospermie.*) Calice court, à deux lèvres, dont la supérieure ovale, plus large, et l'inférieure divisée en quatre découpures subulées. Corolle à tube comprimé, muni à sa base et dans sa partie supérieure d'un éperon court ; à limbe partagé en deux lèvres disposées dans un ordre renversé, la supérieure à trois lobes, dont le moyen plus grand et échancré en cœur, l'inférieure plus petite, concave, entière ou ondulée.

1. Germaine a feuilles d'ortie. *Plectranthus urticœfolia; P. fruticosus;* L'Hérit. *Germanea urticœfolia;* Lam. ♄. Du Cap. Tige de deux pieds, droite, cylindrique, glabre; feuilles assez grandes, cordiformes, dentées, persistantes; en automne, fleurs d'un bleu pâle, tachetées de brun, éperonnées, en grappes composées. Orangerie sèche; terre franche légère; arrosemens très-modérés. Multiplication de graines sur couche tiède au printemps, ou de boutures à la même époque et en été.

2. Germaine nudiflore. *P. nudiflorus;* Willd. *Germanea nudiflora;* L. ♃. De la Chine. Tige de huit à neuf pouces, pubescentes; feuilles cordiformes, rugueuses, les supérieures amplexicaules; fleurs petites, pubescentes, à tube courbé et fermé à son entrée, en grappes paniculées et nues; éperon bossu. Même culture, mais serre tempérée.

BASILIC. *Ocymum;* L. (*Didynamie-gymnospermie.*) Calice à deux lèvres, dont la supérieure plus large, orbiculaire, et l'inférieure quadrifide. Corolle à tube court; à limbe partagé en deux lèvres disposées dans un ordre renversé; la supérieure à quatre lobes égaux, et l'inférieure plus longue, entière, crénelée. Filamens des deux étamines plus courts, munis chacun à leur base d'une petite dent ou d'un prolongement.

1. Basilic commun. *O. Basilicum;* L. ⊙. Inde. Tige d'un pied, droite, rameuse; feuilles ovales, glabres; en juillet, fleurs blanches ou purpurines, à calice cilié. Pleine terre légère et chaude; arrosemens modérés et soutenus pendant les chaleurs; multiplication de graines semées sur couche en mars. On repique le jeune plant en place ou en pot. Odeur très-aromatique.

Var. 1° A feuilles d'ortie; 2° à feuilles de laitue; 3° anisé; 4° à grappes vertes; 5° à grappes violettes; 6° à larges feuilles; 7° d'Amérique.

2. Basilic a petites feuilles. *O. Maximum;* L. ⊙. Ceylan. Tige de cinq à six pouces, très-rameuse, formant un buisson arrondi; feuilles ovales, très-entières; en juillet, fleurs

blanches, petites, verticillées. Pleine terre et même culture. Espèce aromatique.

3. Basilic a grandes fleurs. *Ocymum grandiflorum;* L'Hérit. ♄. Afrique. Arbuste de deux à trois pieds; feuilles ovales, dentées; fleurs blanches, grandes, à filamens des étamines droits. Odeur peu agréable. Serre chaude, sur les tablettes près des jours; multiplication de graines sur couche tiède; repiquer le jeune plant en pot enfoncé dans une couche chaude pour faciliter la reprise.

4. Basilic suave. *O. gratissimum;* Jacq. ♄. Inde. Tige de deux à trois pieds; feuilles lancéolées ovales, un peu cotonneuses; en juillet, fleurs petites, blanchâtres, à anthères jaunes, en grappes cylindriques. Serre chaude et même culture.

TOQUE. *Scutellaria;* L. (*Didynamie-gymnospermie.*) Calice très-court, à deux lèvres entières, dont la supérieure munie d'une petite écaille concave, qui ferme l'orifice du calice en manière d'opercule, pendant la maturation des graines. Corolle à tube courbé à sa base, et beaucoup plus long que le calice; à limbe divisé en deux lèvres dont la supérieure en voûte, ayant deux dents à sa base, et l'inférieure plus large, échancrée. Stigmate à peine bifide.

1. Toque arbrisseau. *S. fruticosa;* Desf. ♄. De la Perse. Tige d'un pied, frutiqueuse; feuilles cordiformes, rugueuses, cotonneuses et blanchâtres; fleurs jaunes, à tube très-long, en épis. Orangerie, terre légère, sablonneuse; arrosemens fréquens en été; multiplication de graines sur couche tiède et en petits pots pour éviter la transplantation.

2. Toque des Alpes. *S. Alpina;* L. ♃. De la Suisse. Tiges de cinq à huit pouces, un peu couchées; feuilles cordiformes, incisées, dentées, crénelées; de juin en octobre, fleurs assez grandes, imbriquées en épis; lèvre supérieure bleue, et l'inférieure blanchâtre; bractées du double plus courtes que les fleurs. Pleine terre sablonneuse et de médiocre qualité. Multiplication de graines semées en place à l'automne.

3. Toque du levant. *S. orientalis;* L. ♃. Du Levant. Tige couchée; feuilles incisées, cotonneuses en dessous; de juillet en août, fleurs d'un beau jaune, en épis arrondis, un peu tétragones. Pleine terre; même culture.

4. Toque a grandes fleurs. *Scutellaria lupulina;* Willd. ♃. Sibérie. Tiges couchées; feuilles cordiformes, incisées, dentées, aiguës, glabres; de juin en octobre, fleurs grandes, jaunes, en épis imbriqués arrondis et un peu tétragones. Pleine terre et même culture.

5. Toque élevée. *S. altissima;* L. ♃. Du Levant. Tige de trois à quatre pieds; feuilles cordiformes, oblongues, acuminées, dentées; de juillet en août, fleurs pourpres, à long tube, en épis presque nus. Pleine terre et même culture.

BRUNELLE. *Prunella;* L. (*Didynamie-gymnospermie.*) Calice à deux lèvres, dont la supérieure plane, tronquée, à trois dents, et l'inférieure plus étroite, bifide. Corolle à deux lèvres, dont la supérieure concave, en voûte, entière, et l'inférieure à trois lobes, dont le moyen plus grand et échancré; filamens des étamines bifurqués à leur sommet : l'une des branches portant l'anthère, et l'autre étant nue; stigmate bifide.

1. Brunelle a grandes fleurs. *Prunella grandiflora;* Willd. ♃. Indigène. Tiges droites, d'un pied; feuilles pétiolées, oblongues, ovales, dentées à la base; de juillet en août, fleurs grandes, rouges ou blanches, en épis pédonculés; lèvre supérieure trifide. Terre légère, à exposition découverte; multiplication de graines semées en place en mars, ou par l'éclat des pieds.

2. Brunelle a feuilles d'hyssope. *P. hyssopifolia;* L. ♃. France méridionale. Tige droite; feuilles sessiles, lancéolées, très-entières, scabres, ciliées à la base; de juillet en août, fleurs purpurines ou bleues, en épis. Pleine terre et même culture.

3. Brunelle a feuilles ovales. *P. ovata;* Desf. ♃. Amérique septentrionale. Tiges très-rameuses, d'un pied et demi; feuilles larges, ovales, dentées; en juillet, fleurs grandes, d'un pourpre obscur, unicolores, en épis. Pleine terre et même culture. Ces trois espèces offrent un grand nombre de variétés à fleurs blanches, jaunes, rouges, etc.

CLÉONIE. *Cleonia;* L. (*Didynamie-gymnospermie.*) Calice à deux lèvres, dont la supérieure à trois dents, et l'inférieure plus courte, bifide; corolle à deux lèvres, dont la supérieure droite, bifide, en carène, et l'inférieure à trois lobes, dont les deux latéraux étalés, et le moyen échancré; filamens des étamines bifurqués à leur sommet : la branche extérieure portant l'anthère, et l'autre étant nue.

1. Cléonie de Portugal. *Cleonia lusitanica;* L. *Prunella odorata;* Lam. ☉. France méridionale. Tiges velues, de six à sept pouces; feuilles allongées, rétrécies en pétiole, obtuses, dentées; de juin en juillet, fleurs grandes, violettes, tachetées de blanc, en épis terminaux. Pleine terre franche légère, à exposition chaude; multiplication de graines au printemps, semées sur couche tiède, où on en laisse quelques pieds pour assurer la maturité des graines; repiquer en place quand le plant est assez fort.

PRASION ou Prasi. *Prasium;* L. (*Didynamie-gymnospermie.*) Calice turbiné, à deux lèvres, dont la supérieure plus large, trifide, et l'inférieure bifide; corolle à deux lèvres, dont la supérieure concave, échancrée, et l'inférieure à trois lobes : celui du milieu étant plus grand; quatre baies monospermes, situées dans le fond du calice.

1 Prasion arbrisseau. *Prasium majus;* L. ♄. France méridionale. Tige de deux pieds, rameuse ; feuilles ovales, oblongues, dentées; en juillet, fleurs blanches, assez grandes, verticillées; baies noires. Orangerie. Terre franche; multiplication par rejetons, ou par boutures étouffées, sur couche tiède.

2. Prasion herbacé. *P. minus;* L. ♃. Italie. Tiges d'un pied; feuilles ovales, à crénelures doubles des deux côtés; en août, fleurs blanches, marquées de quelques points pourpres. Orangerie et même culture.

ORDRE VII.

LES SCROPHULAIRES. — *SCROPHULARIÆ.*

Plantes herbacées, rarement frutescentes; *feuilles* opposées, quelquefois verticillées ou alternes; *inflorescence* très-variée. *Calice* monophylle, souvent persistant, à plusieurs dents ou découpures, ou partagé en plusieurs folioles ; *corolle* monopétale, à limbe divisé en plusieurs lobes, le plus souvent irrégulier et formant deux lèvres ; quatre *étamines* ordinairement didynames, plus rarement deux ; un *ovaire* supérieur, surmonté d'un seul *style* terminé par un *stigmate* simple ou à deux lobes ; une *capsule* à deux loges, s'ouvrant seulement par le sommet, ou entièrement à deux valves nues en dedans et concaves, rarement fendues en deux plus ou moins profondément ; *graines* nombreuses et menues, attachées sur les deux côtés d'un réceptacle central parallèle aux valves, et servant de cloison entre elles. *Embryon* muni d'un périsperme charnu.

SECT. Ire. Quatre étamines didynames.

BUDLÈJE. *Budleia;* L. (*Tétrandrie-monogynie.*) Calice monophylle, court, persistant, à quatre divisions ; corolle tubuleuse ou presque campanulée, à limbe quadrifide ; étamines courtes, saillantes ; stigmate simple, obtus ; capsule ovale, à deux valves profondément bifides, de manière à paraître en former quatre.

1. BUDLÈJE A GLOBULES. *Budleia globosa ;* LAM. ♄. Chili. Tige de six à sept pieds, droite ; feuilles lancéolées, acuminées, crénelées, cotonneuses et blanches en dessous, persistantes ; en juin, fleurs petites, odorantes, d'un jaune doré, réunies en têtes sur des réceptacles communs, à pédoncules opposés. Pleine terre franche et fraîche, à demi ombragée ; arrosemens fréquens en été ; exposition abritée ; multiplication de marcottes, et de boutures étouffées sur couche tiède ; les jeunes plants en orangerie pendant les deux premières années.

2. BUDLÈJE A FEUILLES DE SAULE. *B. salicifolia ;* JACQ. ♄. Du Cap. Tige droite, rameuse ; feuilles lancéolées, dentées, blanches et cotonneuses en dessous, persistantes ; fleurs très-petites, blanches, pendantes, en grappes terminales ; pédicelles multiflores. Orangerie, et terre légère ; du reste même culture. On le multiplie aussi de drageons.

3. BUDLÈJE A FEUILLES DE SAUGE. *B. salvifolia ;* WILLD.

Lantana salvifolia; L. ♄. Du Cap. Tige de six à sept pieds; feuilles lancéolées, cordiformes, crénelées, rugueuses, opposées, presque sessiles, persistantes; en septembre, fleurs blanches, en panicules. Orangerie, et culture du n° 2.

4. Budlèje glabre. *Budleia glaberrima*; Lois. Deslong. ♄. Nouvelle-Hollande. Tiges de six pieds; feuilles linéaires, lancéolées, glabres; de décembre en avril, fleurs petites, jaunes, en grappes, odorantes. Orangerie et même culture.

SCOPAIRE. *Scoparia*; L. (*Tétrandrie-monogynie.*) Calice monophylle, à quatre divisions; corolle à tube très-court, velue à son orifice, à limbe partagé en quatre lobes étalés en roue; quatre étamines non saillantes; stigmate simple, aigu; capsule ovale ou globuleuse.

1. Scopaire doux. *Scoparia dulcis*; Willd. ⊙. Antilles. Tiges à six angles, de deux pieds; feuilles ternées, ovales, dentées; de juin en septembre, fleurs petites, blanches, barbues, pédonculées. Pleine terre à exposition très-chaude; multiplication de graines sur couche chaude au printemps; transplanter en place avec la motte, et quelques pieds sur une autre couche pour assurer la maturité des graines.

CAPRAIRE. *Capraria*; L. (*Didynamie-angiospermie.*) Calice à cinq découpures; corolle campanulée, à tube court, à limbe partagé en cinq divisions presque égales; quatre étamines non saillantes; stigmate en tête échancrée; capsule oblongue, acuminée, à deux valves bifides, ayant leurs bords rentrans et formant une double cloison.

1. Capraire lancéolée. *Capraria lanceolata*; Ait. ♄. Du Cap. Arbrisseau à feuilles opposées, linéaires, lancéolées, très-entières; fleurs en grappes composées et terminales. Orangerie éclairée; terre légère et substantielle; multiplication de graines sur couche et sous châssis, de boutures et de marcottes.

2. Capraire ondulée. *C. ondulata*; Ait. ♄. Du Cap. Tiges cylindriques, de quatre à six pieds; feuilles opposées, ovales-oblongues, très-entières, ondulées, les supérieures un peu cordiformes et verticillées; de mars en juillet, fleurs en grappes spiciformes. Orangerie et même culture.

3. Capraire a deux fleurs. *C. biflora*; L. ♄. Antilles. Tiges rameuses, de trois à quatre pieds; feuilles ovales, al-

ternes, dentées ; de juillet en août, fleurs blanches, petites, géminées. Serre tempérée, et même culture. Les Américains se servent de ses feuilles odorantes pour remplacer le thé.

4. Capraire a feuilles luisantes. *Capraria lucida;* Willd. *Teedia lucida;* Pers. ♃. Du Cap. Tiges tétragones, glabres comme toute la plante ; feuilles opposées, oblongues, aiguement dentées, lisses ; en avril et mai, fleurs purpurines, tachées de pourpre noirâtre, trois ensemble sur le même pédoncule, axillaires ; pétioles ailés. Orangerie éclairée et même culture.

HALLERIE. *Halleria;* L. (*Didynamie-angiospermie.*) Calice monophylle, très-court, persistant, à trois lobes. Corolle grande, infondibuliforme, à tube renflé vers son sommet; à limbe droit, oblique, partagé en quatre lobes inégaux, dont le supérieur plus grand et échancré; quatre étamines un peu saillantes. Stigmate simple ou à peine bilobé. Capsule bacciforme, acuminée par le style, à deux loges contenant des graines comprimées.

1. Hallerie luisante. *Halleria lucida;* Thunb. ♄. Du Cap. Arbuste de quatre pieds, rameux ; feuilles ovales, pointues, luisantes, persistantes ; en juillet, fleurs d'un rouge brun, solitaires ou géminées. Orangerie ; terre légère, substantielle ; arrosemens fréquens en été ; exposition un peu ombragée ; dépotage annuel ; multiplication de marcottes ou boutures.

SCROPHULAIRE. *Scrophularia;* L. (*Didynamie-angiospermie.*) Calice monophylle, persistant, à cinq lobes. Corolle presque globuleuse, à limbe partagé en deux lèvres, dont la supérieure à deux lobes arrondis, et l'inférieure à trois divisions. Stigmate simple. Capsule arrondie, acuminée, à deux valves ayant leurs bords rentrans.

1. Scrophulaire a feuilles de sureau. *Scrophularia sambucifolia;* L. ♃. Espagne. Tiges de quatre à cinq pieds, grosses, carrées et velues ; feuilles ailées, à pinnules interrompues, cordiformes, inégales ; de juillet en août, fleurs grandes, rougeâtres, mêlées de vert, en grappes terminales ; pédoncules axillaires, géminés et dichotomes. Pleine terre, ombragée et fraîche sans être froide ; de graines semées sur couche tiède ; repiquer le jeune plant en place lorsqu'il a cinq ou six pouces de hauteur.

DODARTE. *Dodartia ;* L. (*Didynamie-angiospermie.*) Calice monophylle, campanulé, à cinq dents. Corolle tubuleuse, à limbe partagé en deux lèvres, dont la supérieure échanerée, et l'inférieure plus large et plus longue, trifide. Stigmate bifide. Capsule globuleuse, enveloppée par le calice persistant.

1. Dodarte du Levant. *Dodartia orientalis;* L. ♃. Tiges d'un pied, droites, rameuses, presque nues; feuilles linéaires, glabres, très-entières; en juillet, fleurs d'un pourpre foncé, alternes, en grappes lâches. Pleine terre; multiplication par ses traces.

LINAIRE. *Linaria;* L. (*Didynamie-angiospermie.*) Calice divisé en cinq folioles persistantes. Corolle munie d'un éperon à sa base, à tube renflé, à limbe partagé en deux lèvres, dont la supérieure bifide, réfléchie, et l'inférieure à trois divisions; son milieu étant renflé en une éminence convexe, ou palais, qui ferme l'orifice de la corolle. Un stigmate obtus. Capsule ovale, s'ouvrant à son sommet en trois ou cinq découpures.

1. Linaire a fleurs d'orchis. *Linaria bipartita;* L. *Antirrhinum bipartitum;* Pers. *Antirrhinum orchidiflorum;* Hort. Par. ⊙. Maroc. Tiges cylindriques, glabres, glauques; feuilles linéaires, lancéolées, les inférieures opposées, et les supérieures alternes; en été, fleurs jolies, d'un violet bleuâtre, en grappes lâches; lèvre supérieure à deux divisions. Tout terrain; semis au printemps sur couche ou en place.

2. Linaire a trois feuilles. *L. triphylla;* Willd. ⊙. Tunis. Tiges droites, simples, de huit à dix pouces; feuilles ternées, ovales-lancéolées, trinervées; de juin en septembre, fleurs grandes, sessiles, blanchâtres, avec le palais d'un jaune safrané, en épis terminaux. Pleine terre et même culture.

3. Linaire pourpre. *L. purpurea;* Willd. ♃. Indigène. Tiges droites, rameuses, de trois à quatre pieds; feuilles quaternées, lancéolées-linéaires, très-longues; de juillet en septembre, fleurs un peu petites, entièrement violettes, à éperon courbé, en épis. Même culture; de plus multiplication par éclat.

4. Linaire variée. *L. versicolor;* Willd. ⊙. Indigène. Tiges droites; feuilles linéaires-lancéolées, les inférieures ternées; de juillet en septembre, fleurs d'un jaune pâle, à palais sa-

frané, à éperon droit et violet, en épis. Même culture et pleine terre.

5. LINAIRE STRIÉE. *Linaria striata;* LAM. *Linaria repens;* L. ♃. Tiges couchées, puis redressées, d'un à deux pieds; feuilles linéaires, étroites, les inférieures quaternées; de juillet en octobre, fleurs d'un gris blanchâtre, striées de pourpre, à palais jaune, odorantes, petites, en épis. Pleine terre; même culture.

6. LINAIRE JONCIFORME. *L. juncea;* LAM. *Antirrhinum sparteum;* CAV. ⊙. Espagne. Tige d'un pied, glabre; feuilles subulées, canaliculées, charnues, les inférieures ternées; de juin en octobre, fleurs jaunes, à palais rouge ou d'un jaune vif, en grappes. Pleine terre et même culture.

7. LINAIRE TRISTE. *L. tristis;* L. ♃. Espagne. Tiges faibles, d'un pied; feuilles linéaires, éparses, les inférieures opposées; de juin en août, fleurs grandes, presque sessiles, jaunâtres ou roussâtres, à palais d'un brun noirâtre, en épis. Orangerie; du reste même culture.

8. LINAIRE DES ALPES. *L. alpina;* WILLD. ♂. Des Alpes. Tiges couchées, de sept à huit pouces; feuilles quaternées, linéaires-lancéolées, glauques; de juillet en novembre, fleurs d'un bleu pourpre, à palais orangé, striées, en grappes terminales; éperon droit. Jolie plante. Pleine terre et même culture.

9. LINAIRE A FEUILLES DE GENÊT. *L. genistifolia;* WILLD. ♃. Suisse. Tiges de deux pieds; feuilles lancéolées, acuminées; en juillet et août, fleurs d'un jaune pâle, très-vif sur le palais, en panicule effilée, flexueuse. Pleine terre et même culture.

10. LINAIRE DE MONTPELLIER. *L. monspessulana;* WILLD. *Antirrhinum galioïdes;* LAM. ♃. France méridionale. Tiges droites; feuilles linéaires, filiformes, éparses et rapprochées; de juin en août, fleurs blanches, teintes de violet, à palais jaune, en épis. Pleine terre et même culture.

11. LINAIRE-CYMBALAIRE. *L. cymbalaria;* WILLD. ♃. Indigène. Tiges nombreuses, rampantes; feuilles alternes, glabres, à cinq lobes, cordiformes, petites; tout l'été, fleurs solitaires, bleues, à palais jaune. Pleine terre et même cul-

ture. Très-propre à tapisser les rocailles et les vieilles murailles.

12. Linaire a grandes fleurs. *Linaria triornithophora;* Willd. ⊙. Portugal. Tiges de quatre à cinq pieds de hauteur, un peu couchées; feuilles verticillées, lancéolées, à trois nervures; en automne, fleurs grandes, ternées, d'un violet terne, à tube rayé, en grappes terminales, peu nombreuses, portées par de longs pédoncules; éperon droit; palais saillant et jaunâtre. Orangerie éclairée et même culture.

MUFLIER. *Antirrhinum;* L. (*Didynamie-angiospermie.*) Calice de cinq folioles persistantes. Corolle dépourvue d'éperon, mais bossue à sa base, à deux lèvres comme dans la linaire. Un stigmate obtus. Une capsule oblique à sa base, s'ouvrant à son sommet par trois trous.

1. Muflier velouté. *Antirrhinum molle;* L. *Orontium molle;* Pers. ♄. Espagne. Tiges couchées, rameuses; feuilles opposées, ovales, cotonneuses, persistantes; de juillet en novembre, fleurs grandes, blanches, à palais jaune, et lèvre supérieure striée de rouge, en épis terminaux. Orangerie. Terre légère; multiplication de graines, d'éclats et de boutures.

2. Muflier toujours vert. *A. sempervirens;* Lapeyr. ♄. France méridionale. Tige divariquée, frutescente; feuilles elliptiques, opposées, persistantes; de juillet en novembre, feuilles grandes, blanches, teintes de rouge, sur des pédoncules axillaires. Orangerie et même culture.

Var. A fleurs doubles; *flore pleno.*

3. Muflier des jardins. *A. majus;* L. ♂. Indigène. Tiges de deux à trois pieds, glabres, rameuses; feuilles lancéolées, opposées, entières; de juin en août, fleurs en épis, grandes, purpurines, à palais jaune; tout terrain et toute exposition; multiplication de graines ou d'éclats.

Var. 1° A fleurs écarlates. *A. coccineum.*

2° A fleurs blanches et palais d'un rouge vif. *A. bicolor.*

3° A feuilles rondes.

4° A fleurs doubles d'un rouge pâle. Celle-ci est un peu plus délicate et demande l'orangerie.

ANARRHINE. *Anarrhinum;* Desf. (*Didynamie-angiospermie.*) Calice de cinq folioles persistantes. Corolle tubuleuse, munie (quelquefois dépourvue) d'un éperon à sa base; à limbe partagé en deux lèvres, dont la supérieure à deux lobes obtus, redressés, et l'inférieure plane, dépourvue de palais, trifide en son bord. Stigmate simple. Capsule à deux loges, et s'ouvrant en plusieurs valves.

1. Anarrhine a feuilles de paquerette. *Anarrhinum bellidifolium;* Desf. *Antirrhinum bellidifolium;* L. ♂. Indigène. Tige d'un à deux pieds, droite, rameuse; feuilles radicales ligulées, dentées, glabres : les caulinaires à trois ou quatre découpures pointues; de juin en septembre, fleurs nombreuses, petites, d'un bleu violet pâle, en épis. Pleine terre légère, à bonne exposition; multiplication de graines semées en place au printemps.

NÉMÉSIE. *Nemesia;* Vent. (*Didynamie-angiospermie.*) Calice de cinq folioles. Corolle munie d'un éperon, à limbe partagé en deux lèvres, avec un palais proéminent. Capsule comprimée, tronquée, s'ouvrant longitudinalement en deux valves. Graines nombreuses, linéaires.

1. Némésie fétide. *Nemesia fœtens;* Vent. ♄. Du Cap. Tiges droites, très-rameuses, d'un pied; feuilles quaternées, linéaires, lancéolées, glabres, ordinairement à trois nervures; en été, fleurs grisâtres, veinées de pourpre, à palais d'un rouge orangé, en grappes terminales et bractéées. Orangerie; terre légère; multiplication de graines, marcottes et boutures.

2. Némésie a feuilles de chamoedrys. *N. Chamedrifolia;* Vent. *Antirrhinum macrocarpum;* Vahl. ♃. Du Cap. Feuilles ovales, dentées, pétiolées; fleurs solitaires, sur des pédoncules axillaires. Orangerie et même culture.

HORNEMANNE. *Hornemania;* Willd. (*Didynamie-angiospermie.*) Calice à cinq divisions; corolle à deux lèvres, dont la supérieure ovale et l'inférieure à trois lobes roulés; quatre étamines didynames. Capsule à deux loges polyspermes. On en cultive une seule espèce, l'Hornemanne bicolore; *H. Bicolor;* Willd. ♂. Du Cap. En orangerie et terre de bruyère; on la multiplie de graines semées sur couche tiède au printemps.

DIGITALE. *Digitalis;* L. (*Didynamie-angiospermie.*) Calice de cinq folioles inégales. Corolle tubulée à sa base, ensuite ventrue, dilatée, beaucoup plus grande que le calice; à limbe oblique, partagé en quatre lobes inégaux, dont l'inférieur plus grand. Stigmate presque ovale. Capsule ovale, pointue.

1. Digitale pourpre. *Digitalis purpurea;* L. ♂. Indigène. Tiges de trois à quatre pieds, simples, velues; feuilles ovales-lancéolées, ridées, cotonneuses; de juillet en septembre, fleurs grandes, purpurines, pendantes, ponctuées de pourpre intérieurement, en épi unilatéral; lèvre supérieure de la corolle entière; folioles calicinales, ovales, aiguës. Terre légère, sèche et graveleuse; exposition chaude; multiplication de graines aussitôt leur maturité, ou par la séparation des œilletons.

2. Digitale a grandes fleurs. *D. grandiflora;* Lam. *D. ambigua;* L. *D. intermedia;* Pers. *D. lutea;* Roth. ♃. Indigène. Tige de deux pieds; feuilles lancéolées, pointues, amplexicaules, glabres, pubescentes sur les bords; de juillet en septembre, fleurs grandes, jaunâtres, tachées de pourpre à l'intérieur; lèvre supérieure émarginée, bifide. Même culture; de plus, multiplication par l'éclat des pieds. Terre fraîche.

3. Digitale (petite). *D. minor;* L. ♃. Espagne. Tige d'un pied; feuilles oblongues, sessiles, lisses; de juillet en septembre, fleurs roses, en grappe terminale, à corolle ventrue, ponctuée de pourpre en dedans; corolle obtuse, à lèvre supérieure un peu bilobée. Même culture.

4. Digitale jaune. *D. lutea;* L. *D. parviflora;* Lam. Tige de deux à trois pieds, simple, glabre; feuilles étroites, lancéolées, denticulées, glabres; de juin en juillet, fleurs d'un jaune pâle, en épi long, unilatérales, petites, à lèvre supérieure aiguë et diphylle. Pleine terre et même culture.

5. Digitale rouillée. *D. ferruginea;* L. ♃. Italie. Tige de cinq à six pieds, presque simple, droite; feuilles sessiles, lancéolées, linéées; de juin en juillet, fleurs de couleur ferrugineuse, en très-long épi. Pleine terre et même culture.

6. Digitale a petites fleurs. *D. parviflora;* Jacq. *D. ferruginea;* Lam. ♂. Lieu....? Tige simple; feuilles linéaires, obtuses, très-entières, à bords d'un blanc laineux; fleurs

petites, jaunâtres-ferrugineuses, plus courtes que les bractées, en épi terminal. Pleine terre et même culture.

7. Digitale d'Orient. *Digitalis orientalis;* Lam. ♃. Du Levant. Tige de trois pieds, simple, glabre; feuilles sessiles, linéaires-lancéolées, très-entières, glabres; fleurs blanchâtres, à lèvre supérieure presque nulle, l'inférieure grande et en spatule. Pleine terre et même culture.

8. Digitale obscure. *D. obscura;* L. ♄. Espagne. Tige sous-frutiqueuse, ligneuse, d'un pied et demi; feuilles linéaires-lancéolées, très-entières, glabres, adnées à la base; de juin en juillet, fleurs roussâtres, en grappes terminales; corolle courbée et ventrue. Orangerie éclairée et même culture, arrosemens très-modérés en hiver.

9. Digitale des Canaries. *D. canariensis;* L. ♄. Des Canaries. Tige frutiqueuse, de deux à trois pieds, cylindrique, velue; feuilles lancéolées, dentées, persistantes; en juin et juillet, fleurs d'un jaune rougeâtre, en épi terminal; lèvre supérieure plus longue que l'inférieure. Orangerie, et même culture.

10. Digitale de Madère. *D. sceptrum;* Ait. ♄. De Madère. Tige frutiqueuse, droite, rameuse; feuilles elliptiques, dentées; de juin en juillet, fleurs jaunâtres et rougeâtres, en épi terminal. Orangerie, et même culture.

11. Digitale cotonneuse. *D. lanata;* Willd. ♃. De la Grèce. Tiges glabres; feuilles lancéolées, très-entières; fleurs brunes, à lèvre inférieure très-longue, veinée et ponctuée de pourpre, en épis serrés. Pleine terre fraîche; même culture.

USTÉRIE. *Usteria;* Cavan. (*Didynamie-angiospermie.*) Calice de cinq folioles. Corolle campanulée, à limbe inégal, partagé en deux lèvres, dont la supérieure à deux lobes droits, et l'inférieure beaucoup plus grande, à trois découpures arrondies, échancrées. Filamens des étamines calleux à leur base. Capsule ovale, divisée en deux presque jusqu'à sa base, à deux loges s'ouvrant à leur sommet en cinq valves.

1. Ustérie sarmenteuse. *Usteria scandens;* Cavan. *Maurendia semperflorens;* Jacq. ♃. Mexique. Tiges grimpantes, à rameaux grêles et volubiles, de quatre ou cinq pieds; feuilles

alternes, quelques-unes opposées, pétiolées, triangulaires, hastées; une partie de l'année, fleurs axillaires, très-grandes, pourpres, solitaires. Orangerie; terre légère, substantielle ou de bruyère; multiplication de graines sur couche chaude au printemps, et de boutures. On peut la cultiver en pleine terre à exposition chaude et abritée, avec couverture l'hiver. On cultive de même la jolie et nouvelle espèce : Ustérie a fleur de muflier. *Usteria antirrhiniflora;* Willd. ♃.

Sect. II. Deux étamines.

CALCÉOLAIRE. *Calceolaria;* L. (*Diandrie-monogynie.*) Calice monophylle, persistant, à quatre lobes égaux; corolle à tube très-court, à limbe partagé en deux lèvres, dont la supérieure très-petite, et l'inférieure très-grande, renflée et concave en forme de sabot, ouverte dans la partie tournée vers l'orifice du tube; deux étamines à filamens fort courts, portant des anthères recourbées; stigmate obtus; capsule conique, s'ouvrant au sommet en quatre valves.

1. Calcéolaire pinnée. *Calceolaria pinnata;* L. ☉. Pérou. Tige de deux pieds, renflée au nœud; feuilles ailées avec impaire, à neuf ou treize folioles oblongues, dentées, obtuses, pubescentes; de juillet en octobre, fleurs jaunes, pédonculées, au sommet de la tige et des rameaux. Serre chaude; multiplication de graines sur couche chaude au printemps.

Sect. III. Genres qui ont de l'affinité avec les scrophulaires; feuilles opposées.

COLOMNÉE. *Columnea;* L. (*Didynamie-angiospermie.*) Calice divisé profondément en cinq découpures persistantes; corolle beaucoup plus grande que le calice, à tube courbé, bossu à sa base, à limbe partagé en deux lèvres, dont la supérieure plus longue, en voûte, échancrée, et l'inférieure plus courte, à trois lobes; quatre étamines à anthères rapprochées et jointes ensemble; stigmate bifide; capsule globuleuse, molle, à deux loges séparées par une cloison charnue.

1. Colomnée écarlate. *Columnea erecta;* Lam. *Cyrilla pulchella;* L'Hérit. *Buchnera coccinea;* Scop. *Gesneria coccinea;* Swartz. *Trevirana coccinea;* Willd. *Achymenes coc-*

cinea; PERS. *Achymenes minor;* BROWN. ♃. Antilles. Tiges nombreuses, grêles, rougeâtres; fleurs ternées, ovales; de juillet en novembre, fleurs axillaires, d'un rouge écarlate très-vif. Serre chaude; terre franche légère, substantielle; arrosemens fréquens en été, rares en hiver; multiplication par la séparation des racines.

2. COLOMNÉE VELUE. *Columnea hirsuta;* SWARTZ. ♄. Antilles. Tiges grêles, longues, grimpantes; feuilles ovales, acuminées, dentées, velues; en novembre, fleurs d'un rouge écarlate ou d'un blanc rougeâtre, velues, ainsi que les divisions calicinales qui sont denticulées. Serre chaude et même culture.

3. COLOMNÉE GRIMPANTE. *C. scandens;* WILLD. ♄. Amérique méridionale. Tiges grimpantes; feuilles ovales, aiguës, très-entières, un peu velues; fleurs écarlates, velues, distillant une liqueur sucrée, d'où le nom de *liane à sirop* que cet arbrisseau porte dans les colonies; divisions calicinales entières et pubescentes. Serre chaude et même culture.

GRATIOLE. *Gratiola;* L. (*Diandrie-monogynie.*) Calice à cinq folioles, accompagné de deux bractées à sa base; corolle un peu tubuleuse, à limbe imparfaitement partagé en deux lèvres, dont la supérieure à deux lobes ou échancrée, et l'inférieure à trois lobes égaux; deux étamines fertiles et deux filamens stériles; stigmate à deux lobes; capsule ovale, à deux loges et à deux valves.

1. GRATIOLE OFFICINALE. *Gratiola officinalis;* L. ♃. France méridionale. Tige d'un pied, simple, glabre; feuilles ovales, dentées, lisses, sessiles, à trois nervures; de juin en juillet, fleurs axillaires, solitaires, jaunâtres, avec un peu de rouge. Lèvre inférieure barbue. Pleine terre; multiplication d'éclats.

BESLÈRE. *Besleria;* L. (*Didynamie-angiospermie.*) Calice à cinq divisions; corolle tubuleuse, renflée à sa base et à son sommet, à cinq lobes inégaux; quatre étamines didynames; un ovaire glanduleux à sa base, surmonté par un style à stigmate bifide; fruit mou, presque en baie, à une loge polysperme.

1. BESLÈRE A FEUILLES DE MÉLITTE. *Besleria melittifolia;* WILLD. ♄. La Martinique. Tiges de deux pieds, quadrangulaires; feuilles ovales, crénelées; en juillet et août, fleurs à calice d'un rouge orangé, à corolle jaune rayée de rouge foncé;

pédoncules rameux. Serre chaude et tannée; terre légère et substantielle; arrosemens fréquens pendant la végétation; multiplication de boutures.

2. Beslère incarnate. *Besleria incarnata;* Willd. ♃. De la Guyane. Tiges de deux pieds, cotonneuses; feuilles oblongues, crénelées, cotonneuses des deux côtés; en août et septembre, fleurs d'un rouge-incarnat, axillaires, opposées; pédoncules simples, solitaires. Serre chaude; même culture; de plus, multiplication d'éclats.

3. Beslère dentée. *B. serrulata;* Willd. ♄. Amérique méridionale. Tiges grimpantes; feuilles oblongues, acuminées des deux côtés; fleurs jaunes, solitaires, à limbe glabre et dentelé; calice denté et pédoncules simples. Serre chaude et même culture.

4. Beslère écarlate. *B. coccinea;* Willd. ♄. Guyane. Tiges grimpantes; feuilles ovales, glabres; fleurs jaunes, à calice écarlate, en ombelle pédonculée et axillaire; calice denté; corolle glabre, à limbe un peu denté. Serre chaude; même culture.

MIMULE. *Mimulus;* L. (*Didynamie-angiospermie.*) Calice prismatique, à cinq dents; corolle tubuleuse, à deux lèvres, dont la supérieure bifide, réfléchie, et l'inférieure plus large, divisée en trois lobes, avec une saillie convexe et bifide vers sa base, formant une sorte de palais; quatre étamines à anthères réniformes; stigmate bifide; capsule ovale, biloculaire, polysperme, à deux valves.

1. Mimule de Virginie. *Mimulus ringens;* Willd. ♃. Amérique septentrionale. Tige droite, d'un à deux pieds, carrée, presque simple; feuilles lancéolées, acuminées, glabres, sessiles; de juillet en août, fleurs d'un bleu pâle, assez grandes, solitaires, à pédoncules plus longs que les fleurs. Pleine terre franche, légère, humide, à demi ombragée; multiplication de graines semées aussitôt la maturité, ou par l'éclat des racines.

2. Mimule glutineux. *M. glutinosus;* Willd. *M. aurantiacus;* Curt. Mag. ♄. Lieu....? Tige de trois pieds, rameuse; feuilles oblongues, visqueuses, un peu obtuses, sessiles, persistantes; tout l'été, fleurs d'un jaune orangé, longues d'un pouce et demi, à pédoncules plus courts qu'elles

et stigmates épais. Orangerie ; terre légère ; multiplication de graines, boutures, et marcottes.

3. Mimule tacheté. *Mimulus guttatus;* Dec. *M. luteus;* Willd. ♃. Du Pérou. Tige rampante ; feuilles ovales-arrondies, nerveuses : les inférieures pétiolées. Orangerie et même culture.

4. Mimule ailé. *M. alatus;* Ait. Amérique septentrionale. Tige droite, ailée, tétragone ; feuilles ovales, pétiolées ; en juillet et août, fleurs à corolle un peu plus longue que le calice. Pleine terre, et même culture que le n° 1.

LINDERNE. *Lindernia;* L. (*Didynamie-angiospermie.*) Calice à cinq folioles ; corolle tubulée, à limbe partagé en deux lèvres, dont la supérieure très-courte, échancrée, et l'inférieure divisée en trois découpures égales ; quatre étamines, dont deux ont leurs filamens terminés par une dent droite, les anthères étant latérales ; stigmate échancré ; capsule ovale, bivalve, à deux loges, à cloison parallèle aux valves. Une seule espèce, la linderne pyxidaire, *lindernia pyxidaria,* L. ⊙, croît en France dans les marais. On la cultive dans les eaux des bassins où l'on jette ses graines, et où elle se multiplie ensuite elle-même.

Sect. IV. Genres ayant de l'affinité avec les scrophulaires ; feuilles alternes.

BROUALLE. *Browallia;* L. (*Didynamie-angiospermie.*) Calice tubuleux, à cinq divisions ; corolle tubuleuse, à limbe plane, partagé en cinq lobes presque égaux, le supérieur un peu plus grand ; quatre étamines, dont deux ayant les anthères plus grandes, bouchant l'orifice de la corolle ; stigmate à quatre lobes ; capsule ovale, à deux loges polyspermes, à deux valves bifides à leur sommet.

1. Broualle a tige tombante. *Browallia demissa;* L. ⊙. Amérique méridionale. Tige rameuse, d'un pied ; feuilles ovales, pointues, velues ; de juillet en septembre, fleurs d'un violet bleuâtre, tachées de jaune à la base de la division supérieure, axillaires, sur des pédoncules uniflores. Terre légère, substantielle, à exposition chaude ; multiplication de graines, semées au printemps sur couche chaude et sous châssis ; repiquer en place et avec la motte, lorsque le plant

est assez fort. On en laisse quelques pieds sur la couche et sous châssis, pour assurer la maturité des graines.

2. BROUALLE ÉLEVÉE ou violette bleue. *Browallia elata;* L. ☉. Pérou. Tige de deux pieds, très-rameuse ; feuilles lancéolées, pointues, moins pubescentes ; de juillet en septembre, fleurs d'un bleu violacé, à tube long et d'un jaune doré, sur des pédoncules uniflores et multiflores. Même culture.

ORDRE VIII.

LES SOLANÉES. — *SOLANEÆ.*

Plantes herbacées ou ligneuses ; *tiges* quelquefois frutescentes ou grimpantes, ayant souvent des épines axillaires ou terminales ; *feuilles* alternes, entières ou lobées, quelquefois géminées au voisinage des fleurs ; *inflorescence* variée ; *fleurs* souvent extra-axillaires ; *calice* monophylle, le plus souvent persistant, à cinq divisions, quelquefois partagé en cinq folioles ; *corolle* monopétale, ordinairement régulière et à cinq divisions ; *étamines* le plus souvent au nombre de cinq, insérées communément dans le bas de la corolle ; un *ovaire* supérieur, surmonté d'un *style* terminé par un *stigmate* simple, ou à deux lobes ; *fruit* ordinairement biloculaire, polysperme, consistant en une *baie* à une ou plusieurs loges, ou en une *capsule* bivalve, ayant la cloison parallèle aux valves comme dans les scrophulaires ; *embryon* courbé autour d'un périsperme farineux. La plupart des plantes de cette famille sont vénéneuses.

SECT. Ire. Une capsule.

CELSIE. *Celsia ; (Didynamie-angiospermie.)* Calice de cinq folioles. Corolle en roue, à limbe plane, partagé en cinq lobes inégaux. Quatre étamines didynames, à filamens velus. Un stigmate obtus. Capsule arrondie, à deux loges et à deux valves.

1. Celsie lancéolée. *Celsia lanceolata;* Vent. ♃. Des bords de l'Euphrate. Tiges faibles, striées, un peu cotonneuses; feuilles lancéolées; en mai et juin, fleurs axillaires, solitaires, jaunes, maculées de pourpre à la base de la corolle. Orangerie; terre franche légère; multiplication de boutures ou d'éclats.

2. Celsie a longs pédoncules. *C. arcturus;* Vahl. ♂. Orient. Tiges d'un pied; feuilles radicales lyrées, les supérieures oblongues; de juillet en août, fleurs jaunes, à filamens des étamines pourpres et velus; pédicelles plus longs que les bractées; folioles calicinales linéaires, très-entières. Orangerie; même culture; multiplication de graines.

3. Celsie hétérophylle. *C. heterophylla;* Pers. ♂. Lieu...? Tige très-rameuse, à rameaux grêles; feuilles inférieures pinnées: les pinnules de la base ovales-lancéolées, grandes: feuilles supérieures sessiles, un peu cordiformes; fleurs petites, jaunâtres, en grappes. Orangerie et même culture.

4. Celsie de Crète. *C. cretica;* L. ♂. Orient. Tige simple, de deux pieds; feuilles radicales lyrées, les supérieures oblongues; en juillet, fleurs grandes, jaunes, marquées de deux taches ferrugineuses. Orangerie; même culture.

HÉMITOME. *Hemitomus;* L'Hérit. (*Didynamie-angiospermie.*) Calice divisé en cinq parties presque jusqu'à sa base; corolle beaucoup plus grande que le calice, à deux lèvres, dont la supérieure fendue, et creusée à sa base par des fossettes nectarifères; l'inférieure concave, obtuse; quatre étamines didynames, quelquefois deux seulement; stigmate simple, un peu aigu; capsule ovale, aiguë, à deux loges, dont l'une plus grosse et bossue.

1. Hémitome arbrisseau. *Hemitomus fruticosus;* L'Hérit. *Celsia linearis;* Jacq. *Hemimeris coccinea;* Wild. ♄. Du Pérou. Tige de deux pieds, rameuse; feuilles ternées, linéaires, denticulées, persistantes; de juillet en octobre, fleurs d'un beau rouge écarlate, en épis lâches et terminaux. Serre chaude; terre franche légère, substantielle; arrosemens pendant la végétation; multiplication de boutures étouffées, de marcottes, et quelquefois par drageons.

2. Hémitome a feuilles d'ortie. *H. urticæfolia;* Hort. Par. *Celsia urticæfolia;* Bot. Mag. *Hemimeris urticæfolia,*

Willd. ♄. Pérou. Tige rameuse, frutescente, de deux pieds; feuilles ovales, dentées, opposées, persistantes; de juillet en octobre, fleurs écarlates, alternes, en grappes. Orangerie et même culture.

MOLÈNE. *Verbascum;* L. (*Pentandrie-monogynie.*) Calice de cinq folioles; corolle en roue, à limbe plane, partagé en cinq lobes inégaux. Cinq étamines inégales, inclinées, ayant leurs filamens velus, ou au moins la plupart d'entre eux. Stigmate obtus; capsule ovale, à deux valves, et à deux loges polyspermes.

1. Molène bouillon blanc. *Verbascum thapsus;* L. ♂. Indigène. Tige de quatre à six pieds; feuilles décurrentes, cotonneuses des deux côtés; de juillet en août, fleurs grandes, jaunes, en épis simples. Terre légère, graveleuse, médiocre, exposée au levant; multiplication de graines en place, semées aussitôt leur maturité.

2. Molène pulvérulente. *V. pulverulentum;* Smith. ♂. Indigène. Tige cylindrique, rameuse; feuilles ovales-oblongues, un peu dentées, pulvérulentes des deux côtés; fleurs grandes, d'un jaune doré, en panicules; calice farineux. Terre franche légère, substantielle; même culture.

3. Molène bleue. *V. phœniceum;* L. ♂. Carniole. Tige de dix-huit pouces, menues; feuilles ovales, nues, crénelées, radicales; de mai en juillet, fleurs d'un pourpre bleuâtre, en grappes. Même culture.

Var. 1° A fleurs roses; 2° à fleurs pâles.

4. Molène ferrugineuse. *V. ferrugineum;* Ait. ♃. Europe méridionale. Tige rameuse, de trois à quatre pieds; feuilles un peu velues, rugueuses, les caulinaires presque sessiles, également crénelées; les radicales oblongues, cordiformes, doublement crénelées; de mai en août, fleurs grandes, ferrugineuses, en longs épis. Même culture.

5. Molène épineuse. *V. spinosum;* L. ♄. Orient. Tige frutescente, feuillée, de dix-huit pouces, à rameaux terminés par une épine; feuilles ovales oblongues, dentées ou incisées; fleurs petites, d'un jaune citron, en panicules raides. Orangerie et même culture; de plus multiplication de boutures.

RAMONDE. *Ramonda;* Pers. (*Pentandrie-monogynie.*) Calice de cinq folioles oblongues. Corolle en roue, presque régulière, à limbe plane, partagé en cinq lobes. Cinq étamines à anthères s'ouvrant par deux fentes longitudinales réunies vers le sommet. Capsule à une loge, à deux valves roulées en dedans par leurs bords, et portant les graines dans toute l'étendue de leurs parois internes.

RAMONDE DES PYRÉNÉES. *Ramonda pyrenaïca;* PERS. *Verbascum Myconi;* L. ♃. Pyrénées. Feuilles radicales, ovales, cotonneuses, crénelées; en mai, hampes de cinq à six pouces, terminées par un bouquet de fleurs penchées, d'un bleu purpurin. Terre légère ou de bruyère, à l'exposition du levant; multiplication de graines et d'éclats.

JUSQUIAME. *Hyosciamus;* L. (*Pentandrie-monogynie.*) Calice tubuleux, à cinq divisions. Corolle infondibuliforme, à limbe oblique et inégal, partagé en cinq lobes. Cinq étamines. Stigmate en tête. Capsule ovale, ventrue à sa base, un peu comprimée, et creusée d'un sillon de chaque côté, s'ouvrant horizontalement à son sommet, comme par un couvercle.

1. JUSQUIAME A FLEURS PENDANTES. *Hyoscianus scopolia;* L. *Scopolia carniolica;* JACQ. ♃. D'Italie. Tige de deux à trois pieds, droite, glabre; feuilles ovales, entières, géminées; en mai, fleurs d'un pourpre jaunâtre, pendantes, à calice enflé, campanulé, et lisse. Pleine terre légère et chaude; multiplication de semences, semées en terrines au printemps, ou de boutures étouffées, faites en été sur couche tiède; couverture de litière sèche pendant l'hiver.

2. JUSQUIAME DORÉE. *H. aureus;* L. ♃. Orient. Tige d'un pied, grêle, velue; feuilles pétiolées, dentées, aiguës; en mars, fleurs d'un beau jaune en dehors, d'un pourpre noir en dedans, pédonculées et pendantes. Orangerie éclairée et même culture.

NICOTIANE, ou tabac. *Nicotiana;* L. (*Pentandrie-monogynie.*) Calice urcéolé, à cinq divisions peu profondes; corolle infondibuliforme, à tube plus long que le calice, à limbe plane, et à cinq divisions; cinq étamines; stigmate échancré; capsule à deux loges, à deux valves, s'ouvrant par le sommet.

1. NICOTIANE TABAC. *Nicotiana tabacum;* L. ⊙. Amérique méridionale. Tige de quatre à cinq pieds; feuilles lancéolées ovales, sessiles, décurrentes; de juillet en novembre, fleurs purpurines, en bouquets terminaux. Terre franche légère,

préparée par des engrais et de bons labours. Multiplication de graines, semées au printemps, et en place. Tout le monde connaît l'usage que l'on fait des feuilles préparées de cette plante. On la cultive en grand dans quelques provinces de la France.

2. Nicotiane ondulée. *Nicotiana ondulata;* Vent. ♂. Nouvelle-Hollande. Tige de trois pieds, simple, cylindrique; feuilles radicales un peu spatulées, les caulinaires pétiolées, ovales, ondulées; tout l'automne, fleurs assez grandes, d'un blanc de lait, à tube long et cylindrique, à limbe plane, exhalant une odeur agréable de jasmin. Terre légère substantielle; multiplication de graines, semées sur couche tiède au printemps; repiquer en place lorsque le plant a cinq ou six feuilles; exposition chaude. En orangerie on peut la conserver deux ans.

3. Nicotiane arbrisseau. *N. fruticosa;* L. ♄. De la Chine. Tige de cinq à six pieds, presque simple, frutescente; feuilles lancéolées, un peu pétiolées, amplexicaules, persistantes; de juillet en novembre, fleurs purpurines, assez grandes. Orangerie éclairée. Terre légère. Arrosemens abondans pendant la végétation, rares en hiver. Multiplication de graines.

STRAMOINE. *Datura;* L. (*Pentandrie-monogynie.*) Calice grand, tubuleux, ventru, à cinq angles, à cinq divisions à son sommet, en partie caduc, la base presque orbiculaire seule persistante. Corolle très-grande, infondibuliforme, à tube long, à limbe campanulé, à cinq angles, à cinq lobes peu prononcés, mais terminés en pointe aiguë. Cinq étamines. Stigmate obtus, à deux lames. Capsule ovale, à quatre loges, dont deux ont leur cloison incomplète, n'atteignant pas le haut des parois des valves. Graines réniformes.

1. Stramoine pomme épineuse. *Datura stramonium;* L. ⊙. Amérique septentrionale, naturalisée en France. Tige fistuleuse, de trois à quatre pieds, très-branchue; feuilles ovales, sinuées, glabres, atténuées en pétioles à leur base; de juillet en septembre, fleurs blanches, grandes, solitaires et axillaires. Pleine terre chaude; multiplication de graines semées en place au printemps.

2. Stramoine féroce. *D. ferox;* L. ⊙. Chine. Tige d'un pied et demi, branchue; feuilles plissées, pétiolées, ovales-

lancéolées, anguleuses ; de juillet en septembre, fleurs blanches, plus petites ; fruit à épines beaucoup plus fortes. Pleine terre, à exposition très-chaude ; multiplication de graines sur couche tiède ; repiquer en place lorsque le plant est assez fort.

3. Stramoine violette. *Datura tatula ;* L. ⊙. Asie. Tige pourprée, de quatre à cinq pieds ; feuilles cordiformes, presque tronquées à la base, glabres, dentées ; de juillet en septembre, fleurs d'un pourpre violet, à tube plus long et plus étroit. Même culture que le nº 1.

4. Stramoine velue. *D. metel ;* L. ⊙. Asie. Tige de deux à trois pieds, cotonneuses ; feuilles cordiformes, presque entières, pubescentes ; de juin en septembre, fleurs blanches, à tube long et un peu verdâtre ; fruit épineux et penché. Culture du nº 2.

5. Stramoine fastueuse. *D. fastuosa ;* L. ⊙. Égypte. Tige de quatre pieds, d'un beau pourpre ; feuilles ovales, glabres, anguleuses ; de juillet en novembre, fleurs d'un rose violacé en dehors, d'un blanc satiné en dedans, à limbe grand et à dix angles ; souvent il y a deux ou trois corolles l'une dans l'autre. Culture du nº 2. Belle plante, ainsi que la suivante.

6. Stramoine cornue. *D. cerataucola ;* Jacq. *D. macrocaulis ;* Roth. *Solandra herbacea ;* Lois. Deslong. ⊙. Cuba. Tige de deux à trois pieds, dichotome ; feuilles ovales-lancéolées, ondulées, cotonneuses en dessous ; à la fin de l'été, fleurs très-grandes, blanches en dedans, légèrement teintes de violet en dehors sur les angles, d'une odeur agréable, fort belles. Culture du nº 2.

7. Stramoine en arbre. *D. arborea ;* Hort. Par. *D. suaveolens ;* Willd. *Brugmensia candida ;* Pers. ♄. Du Pérou. Tige cylindrique, grosse, de douze à quinze pieds ; feuilles ovales-lancéolées, oblongues, souvent géminées ; de juillet en octobre, fleurs superbes, d'un beau blanc, d'un pied environ de longueur, pendantes, à limbe plissé à cinq angles, ouverts en forme de trompette. Serre tempérée ; terre franche, substantielle, terreautée ; arrosemens fréquens en été, rares en hiver ; multiplication aisée de boutures. Cet arbrisseau craint plus l'humidité que le froid, et pourrait très-bien passer l'hiver dans une orangerie sèche et éclairée.

Sect. II. Fruit en baie.

TRIGUÈRE. *Triguera ;* Cav. (*Pentandrie-monogynie.*) Calice à cinq divisions ; corolle campanulée, irrégulière, ayant son orifice dilaté en un limbe ventru, inégal, presque à deux lèvres, et à cinq lobes peu marqués ; cinq étamines à filamens très-courts, dilatés et réunis à leur base en une sorte de godet membraneux, à cinq dents, environnant l'ovaire ; stigmate en tête ; un petit drupe globuleux, à deux ou quatre loges, étroitement enveloppé jusqu'à moitié dans le calice persistant.

1. Triguère odorant. *Triguera ambrosiaca ;* Cav. ⊙. Portugal. Tige sillonnée, ailée ; feuilles supérieures obovales, dentées, pubescentes ; fleurs odorantes. Terre franche, légère, à exposition chaude ; multiplication de graines semées sur couche tiède ; repiquer en place lorsque le plant est assez fort.

SOLANDRE. *Solandra ;* Swartz. (*Pentandrie-monogynie.*) Calice cylindrique, bifide ; corolle très-grande, infondibuliforme, à tube de la longueur du calice, à limbe campanulé, bordé de cinq lobes arrondis ; cinq étamines ; stigmate en tête arrondie ; une baie globuleuse, à quatre loges polyspermes.

1. Solandre à grandes fleurs. *Solandra grandiflora ;* Swartz. *Datura sarmentosa ;* Lam. ♄. Antilles. Tige de quinze à dix-huit pieds ; feuilles ovales lancéolées ; en mars et avril, fleurs grandes, d'un blanc jaunâtre, lavées de pourpre dans l'intérieur, légèrement odorantes. Serre chaude. Terre franche légère ; multiplication de graines sur couche chaude au printemps, ou de boutures étouffées. Cet arbrisseau craint beaucoup l'humidité.

BELLADONE. *Atropa ;* L. (*Pentandrie-monogynie.*) Calice à cinq divisions. Corolle campanulée, à tube très-court, à limbe ventru, à cinq divisions. Cinq étamines. Stigmate en tête. Une baie globuleuse, entourée par la base du calice, divisée en deux loges polyspermes.

1. Belladone mandragore. *Atropa mandragora ;* L. ♃. Indigène. Racine fusiforme, grosse, fourchue ; pas de tige ; feuilles lancéolées, grandes, glabres, un peu ondulées ; en mars et avril, fleurs solitaires, pédonculées, d'un blanc

pourpre; baie de la grosseur d'une pomme. Terre franche, bonne, profonde, à exposition au midi et abritée. Couverture de litière sèche pendant l'hiver; multiplication de graines aussitôt mûres, en pots enfoncés dans une couche tiède et placés en orangerie ou sous châssis : elles lèvent en février, et le jeune plant peut se mettre en place l'automne suivant. La plante ne fleurit qu'au bout de quatre ou cinq ans. On attribuait autrefois des vertus merveilleuses à cette plante.

2. Belladone d'Espagne. *Atropa frutescens*; L. ♄. D'Espagne. Tige de quatre à six pieds, très-rameuse, formant buisson; feuilles ovales cordiformes, obtuses, très-entières; en juillet et août, quelquefois en hiver, fleurs jaunâtres, axillaires, le plus souvent solitaires. Orangerie, terre franche légère; arrosemens abondans en été; multiplication de graines, semées sur couche au printemps, ou de boutures étouffées, ou de drageons.

3. Belladone a feuilles de solanum. *A. solanacea*; L. *Solanum guineense*; L. *Solanum aggregatum*; Jacq. ♄. Du Cap. Tige frutiqueuse, de quatre à six pieds; feuilles ovales-oblongues; fleurs d'un bleu pâle, solitaires; baie jaune; orangerie et même culture.

NICANDRE. *Nicandra*; Adans. (*Pentandrie-monogynie.*) Calice à tube court, à cinq angles et à cinq divisions. Corolle grande, campanulée, à cinq lobes peu marqués. Cinq étamines à filamens filiformes, dilatés à leur base, et connivens au-dessous de l'ovaire. Une baie globuleuse, presque sèche, à trois ou cinq loges, enveloppée par le calice renflé, et à cinq angles.

1. Nicandre du Pérou. *Nicandra physalodes*; Goertn. *Atropa physalodes*; L. ☉. Du Pérou. Tige de quatre à cinq pieds, anguleuse; feuilles oblongues, pointues, sinuées, anguleuses; de juillet en septembre, fleurs grandes, d'un bleu léger. Pleine terre, et culture des stramoines annuelles.

COQUERET. *Physalis*; L. (*Pentandrie-monogynie.*) Calice ventru, à cinq divisions. Corolle en roue, à tube court, à limbe à cinq divisions. Cinq étamines, à anthères oblongues conniventes. Stigmate obtus. Une baie globuleuse, renfermée dans le calice persistant, renflé, vésiculeux. Plusieurs graines aplaties, réniformes.

1. COQUERET ALKÉKENGE. *Physalis alkekengi;* L. ♃. Indigène. Racines traçantes; tiges d'un pied, rameuses; feuilles géminées, entières, aiguës; de juillet en septembre, fleurs blanches, solitaires, axillaires; baie rouge, de la grosseur d'une cerise, enveloppée dans le calice vésiculeux et rouge. Tout terrain pas trop humide; multiplication de graines et d'éclats.

2. COQUERET DES BARBADES. *P. pubescens;* L. *P. edulis;* CURT. MAG. ⊙. Des Indes. Tiges inermes, cotonneuses, succulentes, d'un pied et demi; feuilles velues, visqueuses, cordiformes; en août, fleurs petites, jaunâtres, axillaires, pendantes, tachées de pourpre foncé; fruit comme le précédent, mais jaune, mangeable, et d'une saveur assez agréable. Terre franche légère à exposition très-chaude; mieux, le laisser sur la couche tiède où on l'a semé au printemps, ou le repiquer en pots et le placer en serre tempérée, pour assurer la maturité des graines.

MORELLE. *Solanum;* L. (*Pentandrie-monogynie.*) Calice à cinq divisions; corolle en roue, à tube court, à limbe plane, à cinq divisions; étamines au nombre de cinq, à anthères oblongues, conniventes, s'ouvrant au sommet par deux trous; stigmate obtus; une baie arrondie, pulpeuse, quelquefois oblongue, glabre, à deux loges, entourée à sa base par le calice persistant.

1. MORELLE MELONGÈNE. *Solanum melongena;* WILLD. *S. esculentum;* DUN. ⊙. Amérique méridionale. Tige herbacée, sans épines; feuilles ovales, cotonneuses; fleurs à pédoncules pendans et à calice inerme. *Voyez*, pour sa culture et l'usage que l'on fait de son fruit, le tome II, page 408.

Var. S. M. ovigerum; celle-ci s'en distingue par ses fruits blancs, ovales, ressemblant parfaitement à des œufs, mais qui ne sont pas mangeables à cause de leurs qualités malfaisantes. On la cultive de même, et on la repique en pots, où on la laisse jusqu'à ce qu'elle périsse.

2. MORELLE A CORYMBE. *S. corymbosum;* JACQ. ♃. Pérou. Tige sous-frutiqueuse, inerme, de deux pieds; feuilles ovales-lancéolées, aigues, entières ou un peu trilobées; de juillet en

août, fleurs petites, violettes, en corymbes. Orangerie éclairée; terre franche, substantielle; arrosemens fréquens en été, rares en hiver, exposition chaude. Multiplication de graines semées en terrine sur couche, en mars et avril; repiquer en pots enfoncés dans une couche tiède pour favoriser la reprise. Dépotage annuel. Quelques espèces ♃ ou ♄ se multiplient encore de rejetons et de boutures. Du reste, toutes se cultivent de même.

3. Morelle faux-piment, amomum, cerisette; *Solanum pseudocapsicum;* L. ♄. Madère. Tige de trois ou quatre pieds, frutiqueuse; feuilles lancéolées, persistantes, godronnées; de juin en septembre, fleurs blanches, en ombelle, sessiles; baie rouge ou jaunâtre, ressemblant à une cerise. Orangerie.

4. Morelle douce-amère. *S. dulcamara;* L. ♄. Indigène. Tige inerme, frutiqueuse, grimpante; feuilles cordiformes, glabres, les supérieures auriculées; en juin et juillet, jolies fleurs violettes, en corymbes opposés aux feuilles. On peut la multiplier de rejetons et l'employer à couvrir des tonnelles. Pleine terre.

Var. A feuilles panachées, S. D. *foliis variegatis.*

5. Morelle a feuilles épaisses. *S. crassifolium;* Lam. ♄. Du Cap. Tige inerme, frutescente, un peu sarmenteuse; feuilles ovales, entières ou sinuées-anguleuses, épaisses, velues, un peu obtuses; fleurs pendantes. Orangerie.

6. Morelle a feuilles de bette. *S. betaceum;* Cav. ♄. Pérou. Tige frutiqueuse, inerme; feuilles ovales-aiguës, épaisses, à limbe crispé; en été, fleurs d'un rose pâle en bouton, blanches quand elles sont écloses, en grappes pendantes; baie ovale, de la grosseur d'un œuf de pigeon, rouge à la maturité. Serre chaude.

7. Morelle d'Æthiopie. *S. æthiopicum;* Jacq. ⊙. Afrique. Tige inerme, herbacée; feuilles ovales, anguleuses; fleurs grandes, blanches, à pédoncules penchés et uniflores. Fruit rouge, gros, toruleux.

8. Morelle quadrangulaire. *S. quandragulare;* Thunb. ♄. Du Cap. Tige inerme, frutescente, tétragone; feuilles ovales, entières, anguleuses, souvent décurrentes; fleurs paniculées. Orangerie.

9. Morelle a bouquets. *S. bonariense;* L. ♄. Buenos Ayres.

Tige un peu épineuse, frutiqueuse, de huit à dix pieds; feuilles ovales oblongues, sinuées, scabres, un peu échancrées à la base, persistantes; de juin en septembre, fleurs grandes, blanches, pendantes; baie orangée. Orangerie.

10. MORELLE A FEUILLES DE CHÊNE. *Solanum quercifolium;* L. ♃. Pérou. Tige inerme, un peu herbacée, flexueuse, anguleuse, scabre; feuilles pinnatifides; fleurs violettes, en grappes corymbiformes. Orangerie.

11. MORELLE RAMPANTE. *S. radicans;* L. ♃. Pérou. Tige inerme, herbacée, lisse, presque cylindrique, couchée, radicante; feuilles pinnatifides; fleurs plus petites que dans la précédente, en grappes corymbiformes et opposées aux feuilles. Orangerie.

12. MORELLE RECOURBÉE. *S. reclinatum;* PERS. ♂. Pérou. Tige inerme, sillonnée, rameuse, d'un à deux pieds; feuilles pinnatifides, à pinnules longues, presque linéaires, décurrentes; en juillet, fleurs bleues, en grappes axillaires. Orangerie.

13. MORELLE DE LA CAROLINE. *S. carolinense;* L. ♃. De la Caroline. Tige de deux pieds, aiguillonneuse, annuelle; feuilles ovales-oblongues, hastées-anguleuses, couvertes d'aiguillons des deux côtés; de juillet en septembre, fleurs assez grandes, bleues ou blanches, en grappes lâches. Orangerie.

14. MORELLE MARGINÉE. *S. marginatum;* L. *S. argyracantha;* DUM. COURC. ♄. Abyssinie. Tige blanche, cotonneuse, de six à huit pieds, aiguillonneuse; feuilles cordiformes, bordées de blanc, cotonneuses en dessous; tout l'été, fleurs grandes, violettes; calice à six ou sept divisions. Orangerie.

15. MORELLE LACINIÉE. *S. laciniatum;* PERS. ♄. Pérou. Tige aiguillonneuse, frutiqueuse, grimpante; feuilles laciniées, géminées, quelques-unes lancéolées, très-entières; de juillet en août, fleurs bleues, en grappes filiformes et très-longues. Orangerie.

16. MORELLE COTONNEUSE. *S. tomentosum;* PERS. ♄. Æthiopie. Tige aiguillonneuse, frutiqueuse, à aiguillons acérés et droits; feuilles cordiformes, inermes, ondées, entières, cotonneuses; de juillet en août, fleurs bleues, en grappes latérales au sommet des rameaux. Orangerie.

17. Morelle écarlate. *Solanum coccineum;* Jacq. Variété du précédent, selon Persoon. ♄. D'Æthiopie. Tige frutiqueuse, aiguillonneuse; feuilles ovales, un peu godronnées, aiguillonneuses, un peu cotonneuses ; fleurs écarlates. Serre chaude.

18. Morelle a piquans rouges. *S. igneum;* L. ♄. Amérique méridionale. Tige aiguillonneuse, frutiqueuse, de trois pieds; feuilles lancéolées, acuminées, roulées à la base, persistantes; tout l'été, fleurs blanches, en grappes simples. Dans son état de nature, cet arbrisseau est couvert d'épines rouges, que la culture fait disparaître. Orangerie.

19. Morelle faux-lyciet. *S. lycioïdes;* Jacq. ♄. Du Pérou. Tige frutiqueuse, épineuse, diffuse ; feuilles elliptiques, lancéolées, pointues, glabres ; fleurs à cinq pointes jaunes débordant le limbe qui est blanc, à pédoncules agrégés et uniflores. Orangerie.

20. Morelle a feuilles de molène. *S. verbascifolium ;* L. ♄. Amérique méridionale. Tige inerme, frutiqueuse, de sept à huit pieds ; feuilles ovales, cotonneuses, très-entières, persistantes ; fleurs blanches, en corymbes bifides et terminaux. Serre tempérée.

21. Morelle sodomée. *S. sodomœum ;* L. ♄. Du Cap. Tige de trois pieds, frutiqueuse, cylindrique, aiguillonneuse ; feuilles pinnatifides sinuées, couvertes d'aiguillons épars et nus ; de juin en juillet, fleurs bleues ou blanches, à calice aiguillonneux. Orangerie.

22. Morelle hérissonnée. *S. Aculeatissimum;* Jacq. ♄. Amérique méridionale. Tige de trois à quatre pieds, frutiqueuse, entièrement couverte de piquans très-aigus ; feuilles cordiformes, à cinq lobes sinués, un peu velues ; en juillet, fleurs blanches, à calice un peu épineux. Serre chaude.

23. Morelle de Madagascar. *S. pyrancantha;* Lam. ♄. Madagascar. Tige frutescente, couverte dans sa jeunesse d'aiguillons longs et nombreux, d'un rouge de feu ; feuilles longues, étroites, pointues, sinuées, épineuses ; en août, fleurs d'un bleu clair, en corymbes latéraux. Serre chaude.

24. Morelle a fleurs de stramoine. *S. stramoniifolium ;* Ait. ♄. Amérique méridionale. Tige de six pieds, frutiqueuse, aiguillonnée ; feuilles cordiformes, anguleuses, lo-

bées, entières, presque nues, un peu cotonneuses en dessous; de juin en septembre, fleurs d'un bleu pâle. Orangerie.

25. MORELLE DES INDES. *Solanum indicum;* L. *S. stramonii-folium;* LAM. *S. ferrugineum;* JACQ. *S. Torvum;* SWARTZ. *S. ficifolium;* ORTEG. *S. cuneatum;* MOENCH. ♄. Antilles. Tige aiguillonneuse, frutiqueuse, de trois pieds, d'un brun pourpre; feuilles cunéiformes, anguleuses, un peu velues, très-entières, couvertes des deux côtés d'aiguillons droits; en juillet fleurs grandes, violettes; baie rouge, petite. Serre chaude.

26. MORELLE VESPERTILION. *S. vespertilio;* AIT. *Nycterium cordifolium;* VENT. ♄. Des Canaries. Tige frutiqueuse, cylindrique, aiguillonneuse, de trois à quatre pieds; feuilles cordiformes, ovales, aiguës, ondulées, cotonneuses, un peu aiguillonneuses; en été, fleurs lilas, imitant celles des papilionacées, en corymbes. Orangerie.

SARAQUIER. *Saracha;* RUIZ. (*Pentandrie-monogynie.*) Calice campanulé, à cinq angles, à cinq divisions; corolle campanulée à la base, ayant son limbe partagé en cinq découpures ouvertes en roue; cinq étamines, à anthères s'ouvrant longitudinalement; un style filiforme, terminé par un stigmate en tête; baie à une loge, enveloppée jusque vers son milieu par le calice, contenant plusieurs graines comprimées.

1. SARAQUIER DENTÉ. *Saracha dentata;* PERS. ♃. Pérou. Tige couchée; feuilles géminées, entières ou dentées, ovales; fleurs d'un blanc violacé, velues des deux côtés, sur des pédoncules ordinairement quadriflores. Orangerie, et culture des morelles.

TOMATE. *Lycopersicum;* DUNAL. (*Pentandrie-monogynie.*) Calice monophylle, à cinq ou six divisions; corolle monopétale, à limbe partagé en cinq ou six découpures en roue; cinq ou six étamines à anthères coniques, conniventes au sommet, s'ouvrant longitudinalement par leur partie inférieure; stigmate obtus, presque bifide; baie arrondie, à deux ou trois loges, contenant plusieurs graines velues.

1. TOMATE CULTIVÉE. *Lycopersicum esculentum;* DUNAL. *Solanum lycopersicum;* L. *Voyez* page 446 du second volume.

2. Tomate cerise. *Lycopersicum cerasiforme;* Dunal. *Solanum pseudo-lycopersicum;* Jacq. ⨀. Pérou. Tige inerme, herbacée ; feuilles pinnatifides, incisées ; fleurs en grappes simples ; fruit rouge, ressemblant à une cerise. Même culture que la précédente.

3. Tomate du Pérou. *L. peruvianum;* Dunal. *Solanum peruvianum;* L. ♃. Du Pérou. Tige inerme, herbacée ; feuilles pinnées, incisées, cotonneuses et blanchâtres ; fleurs jaunes, à divisions aiguës et réfléchies, portées sur de longs pédicelles ; fruit un peu velu. Orangerie ; culture des morelles.

PIMENT. *Capsicum;* L. (*Pentandrie-monogynie.*) Calice à cinq divisions. Corolle en roue, à tube court, à limbe plane, à cinq divisions. Cinq étamines à anthères oblongues, conniventes. Stigmate obtus. Une baie presque sèche, de forme variable, à deux loges contenant plusieurs graines comprimées réniformes.

1. Piment annuel. *Capsicum annuum;* L. ⨀. Antilles. *Voyez* le tome II, page 422.

2. Piment cerise. *C. cerasiforme;* Willd. ♄. Du Brésil. Tige frutiqueuse, de deux à trois pieds ; feuilles alternes, lancéolées, pointues ; de juin en septembre, fleurs d'un blanc jaunâtre, sur des pédoncules solitaires ; fruit globuleux. Serre chaude ; terre franche légère ; arrosemens abondans ; multiplication de graines sur couche chaude et sous châssis.

3. Piment arbrisseau. *C. frutescens;* L. ♄. Inde. Tige frutiqueuse, de deux à trois pieds ; feuilles petites, lancéolées, pointues, molles, entières ; de juin en septembre, fleurs petites, blanches, sur des pédoncules solitaires ; fruit ovale, ce qui le fait aisément distinguer du précédent. Serre chaude et même culture.

4. Piment a baies. *C. baccatum;* L. ♄. Inde. Tige frutescente, lisse ; fleurs à pédoncules géminés ; fruit petit, rouge comme les deux précédens, servant aux mêmes usages que celui du n° 1er. Serre chaude et même culture.

LICIET. *Lycium;* L. (*Pentandrie-monogynie.*) Calice court, en godet, à cinq divisions ou à cinq dents. Corolle infondibuliforme, à tube beaucoup plus long que le calice, à limbe droit et à cinq lobes, ou plane et à cinq découpures. Cinq étamines à filamens renflés et velus à leur base. Stigmate bifide. Une baie arrondie ou ovale, à deux loges contenant plusieurs graines réniformes.

1. LICIET JASMIN D'AFRIQUE. *Lycium afrum;* L. ♄. Espagne. Tige de sept à huit pieds, droite, rameuse, épineuse; feuilles fasciculées, linéaires, persistantes, une partie de l'été; fleurs d'un violet foncé, latérales, à long tube; baie globuleuse. Orangerie. Terre franche légère; multiplication de graines et de drageons.

2. LICIET A FEUILLES DE BOERHAAVIA. *L. boerhaaviæfolium;* L. *Ehretia halimifolia;* L'HÉRIT. ♄. Pérou. Tige droite, épineuse, de cinq à six pieds; feuilles ovales, très-entières, aiguës, glauques, persistantes; en avril, fleurs odorantes, d'un violet clair, en panicule. Orangerie; même culture.

3. LICIET LANCÉOLÉ, OU JASMINOÏDE. *L. barbarum;* L. ♄. Afrique. Tige un peu couchée, anguleuse, simple, avec un peu d'épines; feuilles pétiolées, elliptiques; calice bifide, à divisions bidentées; corolle d'un blanc pourpré, velue sur les bords; baie elliptique. Pleine terre et même culture.

4. LICIET DE LA CHINE. *L. Chinense;* PERS. *L. barbarum;* AIT. ♄. De la Chine. Tige droite, épineuse, à rameaux diffus et anguleux; feuilles pétiolées, lancéolées, aiguës; tout l'été, fleurs d'un pourpre violet, infondibuliformes, à style à peine plus long que les étamines; calice à deux ou trois divisions; baie ovale. Pleine terre et même culture.

5. LICIET D'EUROPE. *L. Europœum;* L. ♄. France méridionale. Tige et rameaux droits, cylindriques, épineux; feuilles spatulées; fleurs d'un blanc rougeâtre, à filamens des étamines imberbes; baie un peu arrondie; fruit rouge ou jaune selon la variété. Pleine terre et même culture. On fait de très-jolies palissades avec ces trois dernières espèces.

6. LICIET DE RUSSIE. *L. rutenicum;* WILLD. ♄. Russie. Feuilles linéaires, fasciculées; rameaux lâches; gemmes épineux. Pleine terre et même culture.

CESTREAU. *Cestrum;* L. (*Pentandrie-monogynie.*) Calice court, en godet, à cinq dents; corolle infondibuliforme, à tube grêle, beaucoup plus long que le calice, un peu évasé à son orifice, à limbe à cinq divisions; cinq étamines à filamens insérés sur le milieu du tube, non saillans, nus à leur base, et souvent munis d'une petite dent particulière; stigmate obtus ; une baie ovale ou arrondie, à deux loges contenant plusieurs graines presque rondes.

1. Cestreau fétide. *Cestrum fœtidissimum;* Jacq. ♄. Antilles. Tiges de dix pieds, glabres ; feuilles ovales-lancéolées, très-entières, planes, minces, alternes, exhalant une mauvaise odeur ; fleurs jaunâtres, pédonculées, axillaires et terminales, odorantes pendant la nuit. Serre chaude ; terre franche légère ; arrosemens fréquens en été, modérés en hiver ; multiplication de graines au printemps, semées sur couche chaude, ou de boutures étouffées sur la même couche, ou enfin de marcottes.

2. Cestreau a feuilles de laurier. *C. laurifolium;* L'Hérit. *C. venatum;* Lam. ♄. Amérique méridionale. Tige droite, rameuse, cylindrique ; feuilles elliptiques, coriaces, très-blanches, persistantes ; en août, fleurs d'un jaune pâle, à pédoncules plus courts que les pétioles. Serre chaude et même culture.

3. Cestreau a grandes feuilles. *C. macrophyllum;* Vent. ♄. Antilles. Tige droite, rameuse ; feuilles ovales-oblongues, acuminées, très-glabres, persistantes ; en août, fleurs blanches, fasciculées et sessiles ; filamens des étamines denticulés. Orangerie et même culture.

4. Cestreau nocturne, ou galant de nuit. *C. nocturnum;* L. ♄. Du Chili. Tige de six pieds, droite, peu rameuse ; feuilles ovales, pointues, entières ; en novembre, fleurs verdâtres, presque en grappes, à filamens des étamines dentés ; pédoncules de la longueur des feuilles. Serre tempérée et même culture.

5. Cestreau du soir. *C. vespertinum;* L'Hérit. ♄. Antilles. Tige de huit à dix pieds ; feuilles éparses, un peu obliques à leur base, ovales-oblongues, très-entières, persistantes ; de mai en juillet, fleurs d'un blanc violet, à filamens des étamines sans dent, et à tube long et filiforme ; pédoncules très-courts ; elles exhalent le soir une agréable odeur de vanille. Orangerie et même culture.

6. Cestreau du jour, ou galant du jour. *C. diurnum;* L'Hérit. ♄. Chili. Tige de dix pieds, rameuse ; feuilles lancéolées, très-entières, persistantes ; en novembre, fleurs blanches, à filamens des étamines sans dent, et à divisions

de la corolle un peu arrondies et réfléchies. Serre chaude et même culture.

7. Cestreau parqui. *Cestrum parqui;* L'Hérit. *C. jamaïcense;* Lam. ♄. Des Antilles. Tiges droites ; feuilles lancéolées, aiguës, persistantes ; en mars, fleurs jaunes, odorantes, ouvertes en étoiles, à limbe bordé de blanc ; filamens des étamines denticulés ou nus ; pédoncules en grappes corymbiformes ; bractées linéaires. Orangerie et même culture. On peut en risquer quelques pieds en pleine terre, avec bonne couverture l'hiver.

Sect. III. Genres qui ont de l'affinité avec les solanées.

BILLARDIÈRE. *Billardiera ;* Smith. (*Pentandrie-monogynie.*) Calice de cinq folioles caduques ; corolle de cinq pétales alternes avec les folioles du calice ; cinq étamines ; stigmates à deux lobes ; une baie ovale, velue, contenant plusieurs graines aplaties, arrondies, un peu réniformes.

1. Billardière grimpante. *Billardiera scandens ;* Smith. ♄. Nouvelle-Hollande. Tiges grimpantes ; feuilles un peu velues ; fleurs portées sur des pédoncules solitaires et uniflores. Orangerie, et culture des cestreaux.

DAPHNOT. *Bontia ;* L. (*Didynamie-angiospermie.*) Calice petit, à cinq divisions, persistant ; corolle monopétale, à tube beaucoup plus long que le calice, à limbe partagé en deux lèvres, dont la supérieure droite, échancrée, et l'inférieure roulée en dehors, velue et semi-trifide ; quatre étamines didynames ; stigmate obtus et bifide ; un drupe ovale, contenant un noyau à deux loges ; deux ou quatre semences.

1. Daphnot a feuilles de daphné. *Bontia daphnoïdes ;* L. ♄. Antilles. Arbre de trente pieds, restant arbrisseau dans nos serres ; feuilles alternes-lancéolées, persistantes ; en juin, fleurs d'un jaune rougeâtre, sur des pédoncules uniflores. Serre tempérée, terre franche, légère, substantielle ; donner de l'air quand la saison le permet ; arrosemens modérés ; multiplication de graines, semées sur couche chaude au printemps ; repiquer en pot le jeune plant, lorsqu'il est assez fort, et faciliter sa reprise en l'enfonçant dans une nouvelle couche ; on peut encore le multiplier de boutures étouffées.

BRUNSFELSE. *Brunsfelsia;* L. (*Didynamie-angiospermie.*) Calice court, campanulé, à cinq dents; corolle grande, infondibuliforme, à tube très-long, à limbe plane, partagé en cinq lobes inégaux; quatre étamines didynames, une cinquième stérile; stigmate en tête, un peu saillant ainsi que les deux plus longues étamines; une baie globuleuse, plus grosse qu'une cerise, contenant beaucoup de graines placées sur un grand réceptacle charnu et central.

1. Brunsfelse d'Amérique. *Brunsfelsia americana;* L. ♄. Antilles. Arbre de vingt ou vingt-cinq pieds dans son pays natal, arbrisseau de six à huit pieds dans nos serres; feuilles obovales, acuminées, très-entières, persistantes; en été, fleurs grandes, d'abord d'un blanc pur, puis jaunâtre, à tube droit et à limbe entier, exhalant l'odeur la plus agréable. Serre chaude et tannée; terre franche, mêlée de moitié terre de bruyère; multiplication de boutures étouffées sur couche chaude.

2. Brunsfelse ondulée. *B. undulata;* Swartz. *B. grandiflora;* Hort. Angl. ♄. Des Barbades. Tige droite, de vingt pieds dans son pays, de quatre ou cinq dans nos serres; feuilles ovales-lancéolées, atténuées des deux côtés, persistantes; au printemps, fleurs grandes, blanches, très-odorantes, à limbe ondulé et à tube courbé. Fruit atteignant quatre pieds de longueur. Serre chaude et même culture. Ces deux arbres demandent à être fréquemment arrosés sur leurs feuilles en été, et surtout à être débarrassés des cochenilles qui les attaquent fréquemment.

CALEBASSIER. *Crescentia;* L. (*Didynamie-angiospermie.*) Calice monophylle, caduc, partagé en deux découpures; corolle grande, presque campanulée, à tube ventru, courbé, à limbe droit, partagé en cinq divisions inégales, dentées et ondulées; quatre étamines didynames, quelquefois cinq; stigmate en tête et échancré; une baie très-grosse, ovale ou arrondie, à écorce dure, à une seule loge renfermant une pulpe au milieu de laquelle sont placées beaucoup de graines presque en cœur et à deux loges.

1. Calebassier a feuilles longues. *Crescentia cujete;* L. ♄. Antilles. Arbre de vingt-cinq pieds, tortueux; feuilles cunéiformes-lancéolées, rapprochées au nombre de neuf à dix

à chaque nœud des rameaux ; fleurs d'un blanc pâle, solitaires, pendantes ; fruit depuis deux pouces jusqu'à un pied de diamètre. Serre chaude ; terre franche légère ; arrosemens fréquens pendant la végétation, presque nuls en hiver ; multiplication de graines venues de son pays natal, semées sur couche chaude au printemps, et de boutures. Avec l'écorce de ses fruits, on fait différens ustensiles de ménage.

Var. 1° A feuilles étroites. *Crescentia angustifolia ;* PLUM. Fruit plus petit, globuleux, ou ovale.

2° A petits fruits. *C. minima ;* PERS. Fruit dur, petit, de la grosseur d'un œuf.

3° A grands fruits. *C. macrocarpa ;* feuilles semblables à celles de l'olivier. Fruit très-gros.

2. CALEBASSIER A FEUILLES LARGES. *C. latifolia ;* LAM. *C. cucurbitana ;* SWARTZ. ♄. Campèche. Arbre de dix-huit à vingt pieds ; feuilles ovales, un peu coriaces, alternes ; fleurs petites, d'un jaune foncé, naissant dans les aisselles des branches ; fruit rond ou ovale, un peu plus gros qu'un citron. Serre chaude et même culture.

ORDRE IX.

DES BORRAGINÉES. — *BORRAGINEÆ.*

Plantes herbacées pour l'ordinaire, vivaces ou annuelles ; *tiges* à rameaux alternes, hérissées de poils raides, comme les feuilles ; *feuilles* simples, sessiles, alternes, scabres. *Fleurs* en épis rameux ou en grappes paniculées, ou solitaires, ou extra-axillaires, souvent unilatérales ; *calice* monophylle, persistant, partagé en cinq divisions plus ou moins profondes ; *corolle* monopétale, en roue, en soucoupe, en entonnoir ou en cloche, à limbe divisé en cinq lobes ordinairement réguliers ; cinq *étamines ;* un *ovaire* supérieur, simple ou à quatre lobes, surmonté d'un *style* simple terminé par un stigmate entier ou à deux lobes. *Fruit* composé de quatre petites noix monospermes, attachées au fond du calice, quelquefois entourées d'un péricarpe charnu qui en fait une *capsule* ou *baie* renfermant quatre semences ; *embryon* dépourvu de périsperme.

SECT. Ire. Une baie ; tiges ligneuses.

SÉBESTIER. *Cordia;* L. (*Pentandrie-monogynie.*) Calice presque tubulé, à cinq dents ; corolle infondibuliforme, à limbe campanulé, partagé en cinq, et quelquefois en quatre, six ou huit divisions ; cinq étamines, plus rarement quatre à huit : anthères oblongues ; style deux fois bifide à son sommet, terminé par quatre stigmates ; un drupe globuleux, contenant un noyau à quatre loges monospermes, dont deux à trois avortent souvent.

1. SÉBESTIER MONOÏQUE. *Cordia monoïca;* WILLD. ♄. Inde. Arbrisseau à feuilles ovales arrondies, dentées, veineuses, scabres ; fleurs monoïques, en corymbes axillaires. Serre chaude et tannée ; terre franche ; arrosemens fréquens en été ; dépotage annuel ; multiplication de graines venues de leur pays natal, sur couche chaude ; ou de boutures étouffées sur couche et tannées.

2. SÉBESTIER COMMUN. *C. Sebestena;* ANDR. ♄. Antilles. Tige de dix à quatorze pieds ; feuilles ovales-oblongues, scabres, persistantes ; de mai en juillet, fleurs d'un rouge aurore, grandes, crispées ; arbrisseau superbe. Serre chaude et même culture.

3. SÉBESTIER DICHOTOME. *C. dichotoma;* FORST. ♄. Nouvelle-Hollande. Feuilles ovales-oblongues, à peine crénelées ; fleurs en corymbes dichotomes. Serre chaude et même culture.

4. SÉBESTIER A LARGES FEUILLES. *C. macrophylla;* L. ♄. Antilles. Arbre de quarante à soixante pieds, et à tronc grêle ; feuilles ovales, velues, longues d'un pied et demi ; de juillet en août, fleurs blanches, en grappes. Serre chaude ; même culture.

5. SÉBESTIER A LONGUES FEUILLES. *C. collococca;* PERS. ♄. Jamaïque. Feuilles ovales oblongues, très-entières ; fleurs en corymbes, à calice cotonneux en dedans. Serre chaude et même culture.

6. SÉBESTIER OFFICINAL. *C. officinalis;* LAM. *C. mixta;* L. ♄. Égypte. Arbre de quinze à vingt pieds ; feuilles ovales,

glabres en dessus, longues de trois pieds; fleurs en corymbes latéraux, à calice marqué de dix stries. Serre chaude; même culture. Les fruits de cette espèce se mangent dans les Indes; on les emploie aussi en médecine.

CABRILLET. *Ehretia;* L. (*Pentandrie-monogynie.*) Calice campanulé, à cinq divisions; corolle campanulée ou infondibuliforme, à limbe partagé en cinq lobes. Cinq étamines. Style simple, terminé par un stigmate à deux lobes. Une baie arrondie, à quatre loges monospermes.

1. Cabrillet a feuilles de laurier tin. *Ehretia tinifolia;* Willd. ♄. Antilles. Arbre droit, de vingt à trente pieds; feuilles ovales-oblongues, glabres, très-entières; en février, fleurs petites, blanches, en grappes. Serre chaude, terre legère, substantielle; multiplication de graines sur couche chaude, de marcottes et de boutures étouffées.

2. Cabrillet de Beurrer. *E. Beurreria;* L. *Beurreria succulenta;* Jacq. ♄. Antilles. Arbrisseau de sept à huit pieds; feuilles ovales, très-entières, lisses; en septembre, fleurs blanches, odorantes, un peu en corymbe, à calice glabre. Serre chaude; même culture.

3. Cabrillet a feuilles de buis. *E. buxifolia;* Willd. ♄. Inde. Feuilles fasciculées, obovales, calleuses et ponctuées, souvent à trois dents à leur sommet; fleurs portées sur des pédoncules multiflores. Serre chaude; même culture.

4. Cabrillet lisse. *E. lævis;* Willd. ♄. Inde. Feuilles ovales, glabres; fleurs latérales, en corymbes spiciformes, unilatéraux et divariqués. Serre chaude; même culture.

VARRONE ou Monjoli. *Varronia;* L. (*Pentandrie-monogynie.*) Calice tubuleux, à cinq dents. Corolle tubuleuse, à limbe ouvert, partagé en cinq découpures. Cinq étamines à anthères tombantes. Un style terminé par quatre stigmates. Un drupe enveloppé dans le calice, contenant un noyau à quatre loges monospermes.

1. Varrone a grandes fleurs. *Varronia mirabilioïdes;* Jacq. *Tournefortia serrata;* L. *V. Geniculata;* Swartz. ♄. Antilles. Feuilles ovales, rugueuses, dentées en scie; fleurs à corolle hypocratériformes, en grappes unilatérales. Serre chaude et culture des cabrillets.

2. Varronne a long épi. *V. curassavica;* Jacq. ♄. Jamaïque.

Arbrisseau de douze à quinze pieds; feuilles lancéolées, hérissées en dessus de très-petits tubercules; fleurs blanches, en épis oblongs. Serre chaude et même culture.

PITTONE. *Tournefortia*; L. (*Pentandrie-monogynie.*) Calice petit, à cinq divisions. Corolle infondibuliforme, à tube cylindrique, globuleux par sa base; limbe ouvert, à cinq divisions. Cinq étamines non saillantes. Style en massue, terminé par un stigmate entier. Une baie très-petite, globuleuse, perforée au sommet par deux ou quatre pores, et contenant deux à quatre osselets monospermes.

1. PITTONE GRIMPANTE. *Tournefortia volubilis*; LAM. ♄. Antilles. Tiges sarmenteuses, de dix à douze pieds; feuilles ovales, acuminées, glabres; en juillet, fleurs blanches, petites, en corymbes dichotomes; pétioles réfléchis. Serre chaude; terre légère. Multiplication de graines, de marcottes, et de boutures étouffées.

2. PITTONE A FLEURS CHANGEANTES. *T. mutabilis*; VENT. ♄. Antilles. Arbrisseau d'un à deux pieds; feuilles ovales, très-entières, scabres; au printemps, fleurs d'abord blanches, puis noires, en cymes courtes, droites et terminales. Même culture. Cette espèce, comme les suivantes, peut passer à l'air libre les trois mois les plus chauds de l'année.

3. PITTONE A FEUILLES DE LAURIER. *T. laurifolia*; VENT. ♄. Antilles. Tiges volubiles, de neuf à dix pieds; feuilles ovales-oblongues, glabres, godronnées; en été, fleurs jaunes, à pétioles géniculés; baie toruleuse. Serre chaude et même culture.

4. PITTONE A LARGES FEUILLES. *T. macrophylla*; LAM. *T. cymosa*; L. *T. fœtidissima*; MILL. ♄. Jamaïque. Feuilles ovales, lancéolées, nues, très-grandes; en juillet, fleurs en épis allongés et pendans, portées sur des pédoncules rameux. Serre chaude et même culture.

5. PITTONE RUDE. *T. scabra*; LAM. ♄. Antilles. Arbrisseau à rameaux grêles; feuilles petites, un peu dentées, ovales-oblongues, scabres; fleurs en épis rameux et terminaux. Serre chaude et même culture.

ARGUZE. *Messerschmidia*; L. (*Pentandrie-monogynie.*) Calice à cinq divisions; corolle infondibuliforme ou en soucoupe, à tube globuleux par sa base, à limbe à cinq divisions, plissé ou plane; cinq étamines non saillantes, à anthères subulées et redressées; stigmate en tête; baie sèche, subéreuse, cylindrique, aplatie à son sommet, et marquée d'un ombilic entouré de quatre dents, se partageant à sa maturité en deux parties, dont chacune contient deux graines osseuses.

1. Arguze frutescente. *Messerschmidia fruticosa;* L. ♄. Canaries. Tiges droites, velues; feuilles lancéolées, oblongues, subulées, rudes; de juin en octobre, fleurs blanches, odorantes, à corolle hypocratériforme, en faisceaux ombelliformes. Orangerie; terre légère; multiplication de boutures étouffées, sur couche tiède.

Sect. II. Une ou deux capsules.

ELLISE. *Ellisia;* L. (*Pentandrie-monogynie.*) Calice plus grand que la corolle, à cinq divisions profondes; corolle infondibuliforme, à cinq divisions; cinq étamines non saillantes, à anthères arrondies; stigmate bifide; une capsule coriace, à deux loges, à deux valves, posée sur le calice ouvert en étoile; chaque loge contient deux graines posées l'une sur l'autre.

1. Ellise de Virginie. *Ellisia nyctelea;* L. ⊙. Amérique septentrionale. Tiges de six à sept pouces, très-rameuses; feuilles alternes, pinnatifides, à découpures pointues, velues, et une dent de chaque côté; en juillet et août, fleurs blanches, penchées, solitaires et pédonculées. Pleine terre légère à exposition chaude; multiplication de graines semées sur couche tiède au printemps; repiquer en place et conserver quelques pieds sur la couche, pour assurer la maturité des graines.

HYDROPHYLLE. *Hydrophyllum;* L. (*Pentandrie-monogynie.*) Calice divisé profondément en cinq découpures; corolle campanulée, à cinq divisions, creusée en dedans de cinq stries longitudinales, mellifères; cinq étamines saillantes, ayant leurs filamens reçus dans les sillons de la corolle, terminés par des anthères oblongues, vacillantes; stigmate bifide; capsule globuleuse, à une loge et monosperme par l'avortement des trois autres graines.

1. Hydrophylle du Canada. *Hydrophyllum canadense;* L.

♃. Amérique septentrionale. Tiges basses, nombreuses, un peu glabres; feuilles lobées, anguleuses; en mai, fleurs blanches. Tout terrain, mieux frais et ombragé; multiplication de graines semées en place, ou par la séparation des pieds en automne ou au printemps.

2. Hydrophylle de Virginie. *Hydrophyllum virginicum;* L. ♃. De la Virginie. Tiges basses, simples, en touffes; feuilles pinnatifides et pinnées, à pinnules ovales-lancéolées, incisées; en mai, fleurs blanches, en grappes. Même culture.

DICHONDRE. *Dichondra;* Forst. (*Pentandrie-digynie.*) Calice à cinq folioles; corolle presque campanulée, à limbe ouvert, à cinq divisions; cinq étamines; ovaires à deux lobes, portant deux styles et deux stigmates; deux capsules monoloculaires et monospermes.

1. Dichondre de la Caroline. *Dichondra carolinensis;* Mich. *Dimidofia repens;* Gmel. ♃. De la Caroline. Tiges rampantes, pubescentes; feuilles réniformes, sans échancrures, vertes des deux côtés; fleurs petites, penchées, solitaires, à calice velu. Pleine terre légère; multiplication de graines et par éclats; couverture l'hiver.

MELINET. *Cerinthe;* L. (*Pentandrie-monogynie.*) Calice partagé jusqu'à la base en cinq divisions; corolle tubuleuse, s'élargissant graduellement dans sa partie supérieure, qui se termine en cinq lobes, et ayant l'entrée du tube nue; cinq étamines à anthères droites; stigmate simple ou légèrement échancré; graines réunies deux à deux, et formant comme un fruit à deux loges monospermes; une de ces loges avorte le plus souvent.

1. Melinet a fleurs obtuses. *Cerinthe major;* Lam. ⊙. Sibérie. Tiges droites, charnues, de dix-huit pouces; feuilles ovales-oblongues, amplexicaules; de juillet en août, fleurs assez grandes, d'un pourpre mêlé de jaune, à corolle campanulée, ventrue, obtuse, à limbe ouvert. Terre légère, chaude, et un peu sèche; multiplication de graines semées en terrines aussitôt la maturité; abriter en orangerie pendant l'hiver, et repiquer en place au printemps.

SECT. III. Quatre fruits distincts; entrée de la corolle nue.

HÉLIOTROPE. *Heliotropium;* L. (*Pentandrie-monogynie.*) Calice à cinq divisions profondes, rapprochées en tube; corolle en forme de soucoupe, à limbe partagé en cinq lobes séparés par cinq petites dents; cinq étamines très-courtes; stigmate échancré; quatre graines nues au fond du calice; il y en a quelquefois deux qui avortent.

1. HÉLIOTROPE DU PÉROU. *Heliotropium peruvianum;* L. ♄. Du Pérou. Arbuste de trois à quatre pieds; feuilles lancéolées, ovales, persistantes; de juin en novembre, fleurs petites, bleuâtres, en épis nombreux, agrégés, corymbiformes, à odeur agréable de vanille. Serre tempérée; terre franche légère; exposition chaude, mais un peu ombragée; multiplication de graines semées sur couche tiède au printemps, ou de boutures sur la même couche. Cet arbuste craint beaucoup l'humidité, et le moindre froid détruit ses tiges, mais il repousse de ses racines.

2. HÉLIOTROPE A GRANDES FLEURS. *H. grandiflorum;* LOIS. DESLONG. ♄. Pérou. Tiges de quatre à six pieds; feuilles ovales-lancéolées; toute l'année, fleurs plus grandes, à tube une fois plus long que le calice, exhalant une odeur plus douce. Serre chaude et même culture.

VIPÉRINE. *Echium;* L. (*Pentandrie-monogynie.*) Calice à cinq divisions; corolle en entonnoir, à limbe évasé, partagé obliquement en cinq lobes inégaux; cinq étamines; style filiforme, terminé par un stigmate bifide, à divisions filiformes; quatre graines ridées ou tuberculeuses.

1. VIPÉRINE BLANCHATRE. *Echium candicans;* AIT. ♄. Canaries. Tige frutiqueuse, épaisse, de six pieds; feuilles lancéolées, nerveuses, velues ainsi que les rameaux; de juillet en septembre, fleurs d'un beau bleu, en grappe terminale; folioles calicinales-oblongues, lancéolées, aiguës; style velu. Orangerie; terre franche légère; arrosemens fréquens en été, multiplication de graines semées aussitôt la maturité, ou de boutures étouffées sur couche chaude.

2. VIPÉRINE GIGANTESQUE. *E. giganteum;* L. F. ♄. Des Canaries. Tige frutiqueuse, de six à sept pieds; feuilles lancéolées, atténuées à la base, velues, à poils très-courts; en mai,

fleurs d'un bleu céleste, en épi terminal ; les folioles calicinales, oblongues, lancéolées, aiguës ; étamines plus longues que la corolle. Orangerie et même culture.

3. VIPÉRINE A GRANDES FLEURS. *Echium grandiflorum ;* ANDR. *E. formosum ;* PERS. ♄. Du Cap. Arbrisseau de quatre à cinq pieds, rameux ; fleurs blanchâtres, lancéolées, hispides ; au printemps, fleurs grandes, à corolle d'un rouge pâle, égale ; limbe court et obtus. Orangerie et même culture.

4. VIPÉRINE ARBRISSEAU. *E. fruticosum ;* AIT. *E. africanum ;* PLUCK. ♄. Æthiopie. Tige frutiqueuse, de deux à trois pieds ; feuilles lancéolées, atténuées à la base, velues, raides, sans veines ; de mai en juin, fleurs purpurines, solitaires, axillaires ; folioles calicinales, lancéolées et pointues. Orangerie et même culture.

GRÉMIL. *Lithospermum ;* L. (*Pentandrie-monogynie.*) Calice à cinq divisions plus ou moins profondes ; corolle en entonnoir, à limbe partagé en cinq lobes réguliers ; cinq étamines ; stigmate en tête et légèrement échancré ; quatre graines osseuses, lisses ou ridées ; quelquefois une seule par avortement des trois autres.

1. GRÉMIL D'ORIENT. *Lithospermum orientale ;* PERS. *Anchusa orientalis ;* L. ♃. Du Levant. Tiges d'un pied, couchées, velues ; feuilles lancéolées, pubescentes, les radicales assez grandes ; en juin, fleurs jaunes, solitaires dans les bractées, en épis longs et terminaux. Pleine terre légère et profonde, à bonne exposition ; multiplication de graines sur couche ; repiquer en place ou en pots, quand le jeune plant a quelques feuilles.

2. GRÉMIL VIOLET. *L. purpureo-cœruleum ;* PERS. ♃. Indigène. Tiges stériles rampantes, les fertiles droites, hautes d'un pied ; feuilles linéaires, lancéolées, pointues, sessiles ; en juin, fleurs violettes, en petites grappes axillaires ; corolle plusieurs fois plus grande que le calice. Pleine terre ; même culture.

PULMONAIRE. *Pulmonaria ;* L. (*Pentandrie-monogynie.*) Calice campanulé, à cinq divisions et à cinq angles ; corolle en entonnoir, à limbe partagé en cinq lobes réguliers, peu évasés ; cinq étamines ; style filiforme, terminé par un stigmate simple ; quatre graines lisses.

1. Pulmonaire de Virginie. *Pulmonaria virginica;* Mich. *Mertensia pulmonarioïdes;* Roth. ♃. Amérique septentrionale. Tige de deux pieds, presque nue; feuilles ovales, lancéolées, entières; de mars en mai, fleurs bleues, rouges ou blanches, grandes, en bouquets paniculés ou pendans; calice court et très-glabre. Pleine terre de bruyère et ombragée; multiplication de graines et d'éclats.

2. Pulmonaire de Sibérie. *P. sibirica;* L. ♃. Sibérie. Feuilles radicales cordiformes; fleurs en corymbe, pendantes; calice court. Pleine terre et même culture.

3. Pulmonaire maritime. *P. maritima;* Pers. ⊙. Indigène. Tiges rameuses, couchées; feuilles ovales; en juillet, fleurs d'un bleu pourpre, à calice court; semences glabres et lisses. Pleine terre; même culture; multiplication de graines.

4. Pulmonaire a feuilles étroites. *P. angustifolia;* Pers. ♃. De la Suisse. Tiges basses, d'un pied, en touffe; feuilles radicales lancéolées; en avril et mai, fleurs d'abord rouges, ensuite bleues, en bouquets terminaux. Culture du n° 1.

ÉCHIOIDE. *Echioïdes;* Desf. (*Pentandrie-monogynie*) Calice à cinq lobes, prenant de l'accroissement après la floraison; corolle en entonnoir, à tube droit, terminé par un limbe à cinq lobes réguliers; cinq étamines cachées dans le tube; quatre graines ovoïdes. Les amateurs ne cultivent guère que l'Échioïde a fleurs noires, *echioïdes nigricans*, Desf. ⊙, d'Italie, à cause de la couleur de ses fleurs d'un pourpre tirant sur le noir. Pleine terre chaude et légère; multiplication de graines sur couche tiède au printemps.

ORCANETTE. *Onosma;* L. (*Pentandrie-monogynie.*) Calice à cinq divisions profondes; corolle tubuleuse, s'élargissant graduellement dans sa partie supérieure, terminée par cinq lobes courts; cinq étamines oblongues; un style terminé par un stigmate en tête et un peu échancré; graines lisses et luisantes.

1. Orcanette de Crimée. *Onosma taurica;* Willd. ♃. Russie. Feuilles linéaires lancéolées, hispides; fleurs en grappes axillaires, un peu penchées; corolle cylindrique et obtuse. Terre franche légère et sèche; multiplication de graines sur couche tiède au printemps, ou d'éclats.

2. Orcanette a feuilles de vipérine. *O. echioïdes;* L. ♂.

Indigène. Tiges droites, simples, d'un pied ; feuilles lancéolées, hispides, un peu plus larges que les précédentes ; en mai, fleurs jaunâtres, en épis roulés et terminaux. Même culture.

SECT. IV. Quatre fruits distincts; tube de la corolle couronné d'écailles.

CONSOUDE. *Symphytum ;* L. (*Pentandrie-monogynie.*) Calice à cinq divisions ; corolle tubuleuse, un peu évasée en cloche, à limbe droit, et à cinq dents ; cinq rayons subulés et connivens, fermant la gorge de la corolle ; cinq étamines à anthères oblongues ; un style à stigmate simple.

1. CONSOUDE D'ORIENT. *Symphytum orientale ;* MARSCH. *S. tauricum ;* WILLD. ♃. Du Levant. Tiges d'un pied et demi ; feuilles cordiformes, crénelées, inégales à la base ; en mai, fleurs bleues. Pleine terre franche, légère, profonde, à exposition chaude ; multiplication de graines semées sur couche tiède au printemps, ou par l'éclat des racines.

2. CONSOUDE OFFICINALE. *S. officinale ;* L. ♃. Indigène. Racines noires en dehors ; tige de deux pieds, velue, ailée par la décurrence des feuilles ; feuilles ovales, lancéolées, assez grandes, velues ; de mai en octobre, fleurs rouges ou blanchâtres, en épi lâche, unilatérales et penchées. Même culture, mais terre fraîche.

LYCOPSIDE. *Lycopsis ;* L. (*Pentandrie-monogynie.*) Calice à cinq divisions plus ou moins profondes ; corolle en entonnoir, à cinq lobes, à tube courbé, ayant l'entrée de la gorge fermée par cinq écailles conniventes ; cinq étamines ; style filiforme, terminé par un stigmate bifide ; quatre graines irrégulièrement ovoïdes, ridées.

1. LYCOPSIDE DES CHAMPS. *Lycopsis arvensis ;* L. ⊙. Indigène. Tige d'un pied et demi, droite, anguleuse ; feuilles lancéolées, hispides ; de juin en juillet, fleurs d'un bleu rougeâtre, à tube courbé, en épis feuillés, roulés et unilatéraux. Pleine terre franche, légère ; multiplication de graines semées en place aussitôt leur maturité.

SCORPIONE, ou Gremillet. *Myosotis ;* L. (*Pentandrie-monogynie.*) Calice à cinq divisions. Corolle en forme de soucoupe, à tube court, muni à sa partie supérieure de cinq écailles convexes et rapprochées, terminé par un limbe plane et à cinq lobes échancrés. Cinq étamines. Un stigmate. Quatre graines lisses ou bordées.

1. Scorpione des marais, Souvenez-vous de moi, ne m'oubliez pas, Gremillet. *Myosotis palustris;* Roth. *M. scorpioïdes;* Willd. ♃. Indigène. Tiges un peu couchées, de six à huit pouces, presque simples; feuilles lancéolées, obtuses, un peu épaisses; d'avril en août, fleurs d'un bleu céleste, en épis terminaux et roulés en crosse avant l'épanouissement. Pleine terre humide ou marécageuse; multiplication de graines au printemps, ou par l'éclat des pieds.

BUGLOSSE. *Anchusa;* L. (*Pentandrie-monogynie.*) Calice à cinq divisions plus ou moins profondes. Corolle en entonnoir, à limbe partagé en cinq lobes arrondis, ayant la gorge fermée par cinq écailles oblongues, proéminentes et conniventes. Cinq étamines; un style filiforme, terminé par un stigmate échancré. Quatre graines obtuses.

1. Buglosse toujours verte. *Anchusa sempervirens;* L. ♃. Espagne. Tiges velues, hautes de dix-huit pouces; feuilles ovales pointues; de mars en juillet, fleurs bleues; petites, en têtes et à pédoncules diphylles. Pleine terre douce, franche, à exposition chaude; multiplication par éclat des pieds, ou de graines au printemps.

2. Buglosse de Virginie. *A. Virginica;* P. ♃. Virginie. Tiges glabres, d'un pied; feuilles ovales-oblongues; en été, fleurs jaunes, éparses. Plate-bande de terre de bruyère et même culture.

3. Buglosse officinale. *A. officinalis;* L. *A. Italica;* Retz. ♃. Indigène. Tige de deux à trois pieds; feuilles lancéolées; de juin en octobre, fleurs bleues ou blanches, en épis imbriqués et roulés; bractées ovales. Tout terrain et même culture.

BOURRACHE. *Borrago;* L. (*Pentandrie-monogynie.*) Calice à cinq divisions; corolle en roue ou en cloche très-évasée, à cinq lobes aigus; les cinq écailles placées à l'entrée de la gorge sont échancrées; cinq étamines; anthères oblongues, presque sessiles, insérées à la base des écailles; style simple; quatre graines ridées.

1. Bourrache officinale. *Borrago officinalis;* L. ⊙. Indi-

gène. Tige de dix-huit pouces, hérissée; feuilles alternes, lancéolées, ridées, hérissées; de juin en septembre, fleurs bleues, ou carnées, ou blanches. Tout terrain; multiplication de semences.

CYNOGLOSSE. *Cynoglossum;* L. (*Pentandrie-monogynie.*) Calice à cinq divisions; corolle en entonnoir, à cinq lobes obtus, à écailles de la gorge convexes, proéminentes, conniventes; cinq étamines; un style en alène, à stigmate en tête; quatre graines comprimées et bordées de dents.

1. Cynoglosse des Alpes. *Cynoglossum montanum;* Lam. *C. Virginianum;* L. *C. sylvaticum;* Ait. ♃. Des Alpes. Tiges de deux pieds; feuilles spatulées-lancéolées, luisantes, presque nues, scabres en dessous; de mai en septembre, fleurs petites et rougeâtres. Terre légère, multiplication de graines ou d'éclats.

2. Cynoglosse a feuilles de cheiri. *C. cheirifolium;* L. ♂. Orient. Tige droite, de dix-huit pouces; feuilles lancéolées, soyeuses, à duvet argenté; de juin en juillet, fleurs rouges, en grappes courtes et terminales. Terre légère, à bonne exposition; multiplication de graines en place à l'automne.

3. Cynoglosse printannière, petite consoude. *C. omphalodes;* L. ♃. Indigène. Tiges grêles, de six pouces; feuilles radicales ovales cordiformes, les caulinaires ovales, pétiolées; de mars en mai, fleurs d'un beau bleu, rayées de blanc. Terre légère, fraîche, à demi ombragée; multiplication par ses traces.

4. Cynoglosse a feuilles de lin. *C. linifolium;* L. ⊙. Portugal. Tige d'un pied; feuilles linéaires-lancéolées, glabres, denticulées et scabres sur les bords; de juin en août, fleurs blanches, paniculées, souvent unilatérales. Multiplication du n° 2.

RINDÉRA. *Rindera;* Pall. (*Pentandrie-monogynie.*) Calice de cinq folioles linéaires; corolle en entonnoir, à limbe partagé en cinq divisions droites, lancéolées; cinq étamines à anthères sessiles, linéaires, situées entre les découpures du limbe; style sétacé, terminé par un stigmate globuleux à peine visible; quatre graines comprimées, bordées tout au tour d'une aile large, membraneuse, striée; elles adhèrent à un réceptacle épais, conique, terminé par le style persistant.

1. Rindera ailé. *Rindera tetraspis;* Pall. *Cynoglossum rindera ;* L. ♃. Russie. Tiges de deux pieds ; feuilles lancéolées, blanchâtres, un peu imbriquées ; en mai et juin, fleurs jaunâtres, en girandole. Pleine terre légère à demi ombragée ; multiplication de graines et boutures.

NOLANE. *Nolana;* L. (*Pentandrie-monogynie.*) Calice turbiné à sa base, partagé supérieurement en cinq découpures. Corolle campanulée, plissée, à cinq lobes peu marqués. Cinq étamines à anthères sagittées. Cinq ovaires, du milieu desquels s'élève un style terminé par un stigmate en tête. Cinq capsules bacciformes, à deux ou quatre loges, qui renferment chacune une seule graine.

1. Nolane couchée. *N. prostrata;* L. ♂. Pérou. Tige couchée ; feuilles ovales oblongues ; de juillet en septembre, fleurs grandes, d'un bleu rougeâtre, axillaires, nombreuses. Orangerie ; terre légère ; exposition chaude ; multiplication de graines sur couche tiède au printemps. Comme elle mûrit sa graine dans l'année, on peut la cultiver comme annuelle.

ORDRE X.

CONVOLVULACÉES. — *CONVOLVULACEÆ.*

Plantes herbacées ou ligneuses ; *tiges* souvent sarmenteuses, volubiles et grimpantes ; *feuilles* alternes, entières ou découpées. *Fleurs* pédonculées ; *pédoncules* axillaires ou terminaux, uniflores, bibractéées ou multiflores ; *calice* à cinq divisions, rarement à quatre, ordinairement persistant ; *corolle* régulière, à limbe le plus souvent à cinq divisions ; *étamines* communément au nombre de cinq, alternes avec les divisions de la corolle ; un *ovaire* supérieur, surmonté d'un ou plusieurs styles. *Capsule* à deux, trois ou quatre loges, s'ouvrant en autant de valves, et contenant une ou plusieurs graines presque osseuses, ombiliquées à leur base et attachées dans le bas d'un placenta central. *Embryon* muni d'un périsperme.

FALKIE. *Falkia ;* Andrew. (*Pentandrie-digynie.*) Calice un peu enflé, à cinq divisions et à cinq angles ; corolle campanulée, à limbe émarginé, crénelé, à dix parties; cinq étamines inégales; deux styles divariqués, à stigmates un peu globuleux et laineux; quatre semences nues, arrondies dans le fond du calice.

1. Falkie rampante. *Falkia repens;* Andrew. *Convolvulus falkia;* Thunb. ♃. Du Cap. Tige sarmenteuse; feuilles cordiformes, portées sur de longs pétioles; en mai, fleurs à peu près semblables à celles des liserons. Orangerie éclairée; terre légère ou de bruyère; multiplication de graines, boutures ou marcottes.

LISERON. *Convolvulus;* L. (*Pentandrie-monogynie.*) Calice à cinq divisions; corolle campaniforme ou infondibuliforme, à limbe plissé, entier, ou à cinq angles; cinq étamines à filamens subulés; un style filiforme, terminé par deux stigmates; capsule arrondie, entourée par le calice, à deux loges renfermant chacune deux graines arrondies.

Division Ire. Tiges grimpantes.

1. Liseron farineux. *Convolvulus farinosus;* L. ♃. Madère. Tiges farineuses; feuilles cordiformes, acuminées, ondulées, entières ou à trois lobes; en mai et juin, fleurs purpurines sur des pédoncules triflores. Orangerie; terre légère, substantielle, un peu consistante; exposition chaude; arrosemens fréquens en été, rares en hiver; multiplication de boutures étouffées, ou de graines sur couche tiède.

2. Liseron a feuilles de platane. *C. plantanifolius;* Vahl. ♃. Amérique septentrionale. Tiges grimpantes; feuilles cordiformes, trilobées, les lobes latéraux dentés, anguleux; fleurs à calice glabre, portées sur des pédoncules triflores, presque égaux. Orangerie et même culture.

3. Liseron patate. *C. batatus;* L. ♃. Des deux Indes. *Voyez* tome II, page 419.

4. Liseron en ombelle. *C. umbellatus;* L. ♃. Amérique méridionale. Tiges volubiles; feuilles cordiformes; en juin et juillet, fleurs d'un beau jaune, en ombelle. Serre chaude et même culture.

5. Liseron des Canaries. *C. canariensis;* L. ♄. Des Canaries. Tige grimpante, velue; feuilles cordiformes, pubes-

centes; de mai en septembre, fleurs d'un bleu pâle, sur des pédoncules multiflores. Orangerie ; même culture.

6. Liseron jalap. *Convolvulus jalapa;* Ait. ♄. Du Mexique. Racine grande et noirâtre en dehors; tige volubile, de dix pieds; feuilles ovales, un peu cordiformes, obtuses, ondulées, velues en dessous; en août et septembre, fleurs d'un jaune pâle, sur des pédoncules uniflores. La racine de cette plante fournit le vrai jalap du commerce. Serre chaude; même culture.

7. Liseron a feuilles de guimauve. *C. althæoïdes;* L. ♃. Du Levant. Tiges volubiles ; feuilles cordiformes, sinuées, soyeuses, à lobes ondulés; de juin en septembre, fleurs grandes, rougeâtres, sur des pédoncules biflores. Orangerie et même culture.

8. Liseron du Caire. *C. cairicus;* Vahl. ♃. D'Égypte. Tiges grimpantes ; feuilles palmées, glabres, un peu dentées en scie; stipules foliiformes, palmées, axillaires, cotonneuses; en juin et juillet, fleurs à calice lisse, pédonculées. Serre chaude et même culture.

Division II. Tiges couchées, non volubiles.

9. Liseron rayé. *C. lineatus;* L. *C. spicæfolius;* Lam. ♃. France méridionale. Tiges de trois ou quatre pouces, velues; feuilles lancéolées, soyeuses, pétiolées, rayées; en juin, fleurs rougeâtres, velues en dehors, sur des pédoncules biflores. Orangerie et même culture.

10. Liseron argenté. *C. cneorum;* L. *C. argenteus;* Lam. ♄. Du Levant. Arbuste de deux pieds, formant buisson; feuilles lancéolées, cotonneuses, persistantes ; de mai en juillet, fleurs blanches, en ombelle terminale, à calice velu. Orangerie ; même culture.

11. Liseron linéaire. *C. linearis;* Curt. Mag. ♄. Lieu....? Tiges droites, frutiqueuses ; feuilles linéaires, aiguës, velues, soyeuses; tout l'été, fleurs d'un rose pâle, en ombelle paniculée et terminale; calice velu. Orangerie ; même culture.

12. Liseron cantabre. *C. cantabrica;* L. ♃. Europe méridionale. Tige rameuse, presque droite ; feuilles linéaires lancéolées, aiguës; une partie de l'été, fleurs moyennes, roses

ou blanches, à calice velu, et à pédoncules ordinairement biflores. Orangerie et même culture.

Var. β. Terrestris; Pers. Feuilles linéaires, soyeuses; pédoncules à trois fleurs; calice velu et mucroné.

13. Liseron tricolore, ou belle-de-jour. *Convolvulus tricolor;* L. ⊙. Espagne. Tiges d'un pied, traînantes; feuilles ovales, lancéolées, glabres; de juin en septembre, fleurs solitaires, grandes, à limbe bleu, blanc et jaune, ou d'autres couleurs, selon les variétés. Pleine terre légère, à exposition chaude; multiplication de graines en avril.

QUAMOCLIT. *Ipomea;* L. (*Pentandrie-monogynie.*) Calice petit, persistant, à cinq découpures. Corolle campanulée ou infondibuliforme, à limbe plissé, partagé en cinq lobes peu marqués. Cinq étamines à filamens subulés, presque de la longueur de la corolle. Style filiforme, terminé par un stigmate en tête. Capsule arrondie, à trois loges polyspermes.

1. Quamoclit a feuilles ailées. *Ipomea quamoclit;* L. *Jasminum americanum;* Clus. ⊙. De l'Inde. Tiges volubiles, de sept à huit pieds; feuilles pinnatifides, linéaires; de juillet en septembre, fleurs écarlates, presque solitaires. Pleine terre légère et substantielle, à exposition très-chaude; multiplication de graines semées sur couche en mars; repiquer en place en avril. Laisser quelques pieds sur la couche pour assurer la maturité des graines.

2. Quamoclit écarlate. *I. coccinea;* L. ⊙. Antilles. Tiges volubiles, de six à sept pieds; feuilles cordiformes, acuminées, anguleuses à la base; de juillet en septembre, fleurs d'un écarlate vif, axillaires, plusieurs sur le même pédoncule. Pleine terre et même culture.

3. Quamoclit pourpre, volubilis des jardiniers. *I. purpurea;* Roth. *Convolvulus purpureus;* L. ⊙. Des Antilles. Tige de huit à neuf pieds, volubile; feuilles cordiformes, indivisées; de juin en septembre, fleurs grandes, pourpres à l'intérieur, blanches mêlées de violet à l'extérieur. Même culture.

Var. 1° A fleurs blanches; 2° à fleurs d'un bleu violet; 3° à fleurs panachées.

4. Quamoclit remarquable. *I. insignis;* Lois. Deslong. ♃.

Coromandel. Racine tubéreuse ; tige grimpante, herbacée ; feuilles cordiformes ; de juillet en septembre, fleurs roses en dehors, rouges en dedans. Serre chaude ; terre franche, légère, mêlée à un tiers de terreau très-consommé ; multiplication de boutures.

5. Quamoclit changeant. *I. mutabilis;* Hort. Ang. ♃. Amérique méridionale. Tige frutiqueuse ; feuilles cordiformes, à trois lobes ; de juillet en septembre, fleurs nombreuses, bleues, nuancées de rose, à tube allongé, et limbe large de près de trois pouces. Serre chaude et même culture.

6. Quamoclit paniculé. *I. paniculata;* Burm. *I. parviflora;* Vahl. ♃. Java. Tige volubile, allongée ; feuilles cordiformes, acuminées, glabres ; de juillet en septembre, fleurs nombreuses, à pédoncules multiflores, paniculées ; tube d'un blanc rosé, fond pourpre et limbe rose. Serre chaude et même culture.

7. Quamoclit hédéracé. *I. hederacea;* Willd. *Convolvulus hederaceus;* L. ⊙. Des deux Indes. Tiges grimpantes, de deux à trois pieds ; feuilles cordiformes, à trois ou cinq lobes ; en juillet et août, fleurs purpurines, sur des pédoncules uniflores ; calice velu ; stigmate à trois lobes. Culture du n° 1.

8. Quamoclit ondulé. *I. repanda;* Jacq. ⊙. Amérique. Feuilles cordiformes, oblongues, ondulées ; fleurs à pédoncules rameux et en cyme. Même culture.

9. Quamoclit sanguin. *I. sanguinea;* Vahl. ⊙. Santa-Cruz. Feuilles cordiformes, trilobées, à lobes latéraux anguleux et un peu lobés ; fleurs à calice glabre et à pédoncules triflores. Même culture.

10. Quamoclit nil, ou liseron de Michaux. *I. nil;* L. ⊙. Amérique. Tige grimpante ; feuilles cordiformes, trilobées ; en juillet et août, fleurs d'un beau bleu, nombreuses ; corolle presque à cinq divisions, et pédoncules plus courts que les pétioles. Même culture.

LISEROLLE. *Evolvulus;* L. (*Pentandrie-digynie.*) Calice à cinq divisions ; corolle presque en roue, à cinq divisions ; cinq étamines à filamens capillaires, presque de la longueur de la corolle ; quatre styles capillaires ; capsule à quatre loges monospermes.

1. LISEROLLE A FEUILLES D'ALSINE. *Evolvulus alsinoïdes;* L. ⊙. Inde. Tiges grêles, étalées, de huit à neuf pouces; feuilles presque en cœur, obtuses et velues; de juin en juillet, deux autres fleurs sur chaque pédoncule, axillaires. Terre légère; multiplication de graines en pots et sous châssis, sur couche tiède d'où la plante ne doit pas sortir.

ORDRE XI.

LES POLÉMONIACÉES. — *POLEMONIACEÆ.*

Plantes herbacées ou ligneuses; *tiges* rameuses; *feuilles* simples, alternes ou opposées. *Fleurs* souvent en corymbe; *calice* monophylle, divisé plus ou moins profondément; *corolle* monopétale, le plus souvent à cinq lobes réguliers; cinq *étamines*; un *ovaire* supérieur, surmonté d'un *style* terminé par trois stigmates. *Capsule* à trois valves, recouvertes par le calice persistant : chaque valve portant, vers le milieu de sa face interne, une côte proéminente qui s'applique sur un angle saillant du réceptacle, pour former trois loges, contenant chacune une ou plusieurs graines. *Embryon* placé au milieu d'un périsperme corné.

PHLOX. *Phlox;* L. (*Pentandrie-monogynie.*) Calice divisé profondément en cinq découpures; corolle en entonnoir, à tube allongé, à limbe plane, partagé en cinq divisions; cinq étamines à filamens inégaux, attachés au fond du tube et non saillans; ovaire conique, surmonté d'un style filiforme; capsule à trois loges monospermes.

1. PHLOX PANICULÉ. *P. paniculata;* AIT. ♃. Amérique septentrionale. Tiges droites, lisses, de trois ou quatre pieds; feuilles lancéolées, scabres sur les bords, ondulées; d'août en septembre, fleurs d'un pourpre pâle ou lilas, en corymbe paniculé; corolle à divisions arrondies. Cette espèce, comme la plupart des autres, est de pleine terre; toutes viennent assez bien en tous terrains, mais elles préfèrent les terres franches et fraîches, et elles réussissent mal à l'exposition du nord. On les multiplie par la séparation des racines au prin-

temps, ou de boutures en pots et en orangerie le premier hiver. Toutes se cultivent de même.

Var. 1° A fleurs blanches; 2° à feuilles panachées : celle-ci est délicate et exige une couverture de litière pendant les froids.

2. Phlox ondulé. *Phlox undulata;* Ait. ♃. Amérique septentrionale. Tiges lisses, de trois ou quatre pieds; feuilles lancéolées, oblongues, un peu ondulées, scabres sur les bords; en juillet et août, fleurs bleuâtres, en corymbe paniculé; divisions de la corolle un peu rétuses.

3. Phlox blanc. *P. suaveolens;* Ait. *P. candida;* Pers. ♃. Amérique méridionale. Tiges tres-glabres, de dix-huit pouces; feuilles ovales, lancéolées, très-glabres; de juin en juillet, fleurs d'un blanc pur, un peu odorantes, en grappes paniculées.

Var. A feuilles panachées de blanc.

4. Phlox maculé. *P. maculata;* L. ♃. Amérique septentrionale. Tiges maculées, un peu scabres, de trois à cinq pieds; feuilles oblongues, lancéolées, glabres; en août et septembre, fleurs d'un pourpre bleuâtre, en grappes corymbiformes.

5. Phlox velu. *P. pilosa;* Pers. ♃. Virginie. Tiges d'un pied, droites; feuilles lancéolées, velues; en juin et juillet, fleurs d'un lilas pâle, en corymbes terminaux. Orangerie.

6. Phlox de la Caroline. *P. carolina;* L. ♃. Caroline. Tige de deux pieds, scabre; feuilles lancéolées, lisses; de juillet en septembre, fleurs d'un beau pourpre, en corymbe fasciculé et terminal.

7. Phlox glabre. *P. glaberrima;* L. ♃. Virginie. Tige droite, d'un pied et demi; feuilles linéaires, lancéolées, glabres; de juin en août, fleurs d'un pourpre clair, en corymbe terminal.

8. Phlox divariqué. *P. divaricata;* L. ♃. Virginie. Tige d'un pied, souvent inclinée, dichotome; feuilles larges, lancéolées, les supérieures alternes; au printemps, fleurs d'un bleu léger, en grappes lâches; pédoncules géminés.

9 Phlox a feuilles ovales. *P. ovata;* Pers. ♃. Virginie. Tiges grêles, de dix-huit pouces; feuilles ovales; en juillet, fleurs grandes, d'un rouge vif, solitaires.

10. Phlox rampant. *Phlox reptans;* Mich. ♃. Caroline. Tiges fertiles, droites et simples, les autres couchées, pubescentes comme toute la plante; feuilles radicales obovales, les caulinaires ovales, lancéolées; au printemps, fleurs d'un lilas violet ou d'un bleu pâle, grandes, peu nombreuses et en corymbe.

11. Phlox subulé. *P. subulata;* L. ♃. Virginie. Tiges couchées; feuilles subulées, velues, persistantes; d'avril en mai, fleurs opposées, roses, marquées d'une étoile d'un pourpre violet à la base du limbe, à divisions émarginées.

12. Phlox sétacé. *P. setacea;* L. ♃. Virginie. Tiges fertiles redressées, les autres couchées; feuilles sétacées, les caulinaires opposées, lancéolées, velues comme toute la plante; en juin et juillet, fleurs solitaires, grandes, roses, ou d'un pourpre léger, tachées de rouge au centre de la corolle. Cette espèce est un peu délicate: on la couvre l'hiver ou on la met en orangerie.

13. Phlox pyramidal. *P. pyramidalis;* Hort. Ang. ♃. Amérique septentrionale. Tiges de trois ou quatre pieds; feuilles lancéolées; en juin et juillet, fleurs d'un beau pourpre, en épi pyramidal.

14. Phlox arbrisseau. *P. fruticosa;* Hort. Angl. ♄. Amérique septentrionale. Tige cylindrique, droite, rameuse et glabre; feuilles lancéolées, oblongues ou ovales, très-glabres; en été, fleurs bleues, en corymbes terminaux. Orangerie.

15. Phlox sous-arbrisseau. *P. suffructicosa;* Willd. ♄. Amérique septentrionale. Tiges d'un à deux pieds; feuilles lancéolées; en juin, fleurs d'un rouge violacé, un peu odorantes, en panicule. Orangerie si l'on veut qu'il conserve ses tiges.

16. Phlox en croix. *P. decussata;* Hort. Ang. *P. acuminata;* Lois. Deslong. ♃. Amérique septentrionale. Tiges droites, de deux ou trois pieds; feuilles opposées en croix pour la plupart, ovales-lancéolées; de septembre en octobre, fleurs d'un lilas tendre plus foncé au milieu du limbe.

Var. A fleurs blanches.

POLÉMOINE. *Polemonium;* L. (*Pentandrie-monogynie.*) Calice en soucoupe, partagé jusqu'à moitié en cinq divisions; corolle en roue, à tube court, à limbe divisé en cinq lobes;

cinq étamines à filamens dilatés à leur base ; un style filiforme, terminé par un stigmate à trois divisions ; capsule à trois loges, contenant plusieurs graines anguleuses.

1. Polémoine bleue, valériane grecque. *Polemonium cœruleum ;* L. ♃. Europe. Tiges de deux pieds ; feuilles pinnées, à folioles oblongues et nombreuses ; de mai en juillet, fleurs bleues, droites, en bouquets terminaux. Pleine terre à exposition ouverte ; multiplication de graines ou par éclats des touffes. Cette plante se ressème souvent d'elle-même.

Var. A fleurs blanches ; *flore albo.*

2. Polémoine rampante. *P. reptans ;* L. ♃. Amérique septentrionale. Tiges un peu couchées ; feuilles pinnées, à sept folioles ; en avril et mai, fleurs d'un bleu pâle, en bouquets terminaux, un peu penchées. Même culture.

CANTU. *Cantua ;* Juss. (*Pentandrie-monogynie.*) Calice en soucoupe, à trois ou cinq dents ; corolle en entonnoir, à tube plus long que le calice, et à limbe plane, partagé en cinq lobes ; cinq étamines à filamens égaux, non dilatés, quelquefois saillans ; style terminé par trois stigmates ; capsule à trois loges, contenant plusieurs graines munies d'une aile membraneuse. On n'en cultive guère qu'une espèce, et encore dans les collections botaniques ; le cantu a feuilles de troène, *cantua ligustrifolia*, Juss. ; *periphragmos fœtidus*, Fl. Per. ; *vestia lycioïdes*, Willd. Feuilles lancéolées, glabres ; fleurs sur des pédoncules triflores. Serre tempérée et culture des quamoclits.

BONPLANDE. *Bonplandia ;* Cav. (*Pentandrie-monogynie.*) Calice tubulé, à cinq dents ; corolle tubulée, partagée en son limbe en cinq découpures, dont deux supérieures droites, rapprochées, et trois inférieures abaissées et écartées ; cinq étamines ; un style surmonté de trois stigmates ; capsule triangulaire, à trois loges monospermes. On n'en connaît qu'une espèce : bonplande a feuilles géminées, *bonplandia geminiflora*, Cav. ; *caldasia heterophylla*, Willd. ♃. Nouvelle-Espagne. Tige droite ; feuilles alternes, lancéolées, dentées ; de septembre en octobre, fleurs d'un bleu violet, géminées et axillaires. Orangerie éclairée ; terre légère ; multiplication des graines semées au printemps sur couche, ou par la séparation des racines.

COBÉE. *Cobœa;* Cav. (*Pentandrie-monogynie.*) Calice campanulé, pentagone; corolle en cloche, à limbe partagé en cinq lobes; cinq étamines à filamens attachés à la partie inférieure du tube, saillans hors de celui-ci, et un peu contournés en spirale; style plus long que les étamines, terminé par trois ou cinq stigmates; ovaire environné à sa base par un corps glanduleux; capsule à trois valves, à trois loges contenant beaucoup de graines planes, entourées d'un rebord membraneux, et imbriquées sur un receptacle prismatique.

1. Cobée grimpante. *Cobœa scandens;* Cav. ♄. Mexique. Tiges sarmenteuses, longues de trente à soixante pieds; feuilles ailées avec impaire, à sept folioles opposées, ovales-oblongues; pétioles munis de vrilles; tout l'été, fleurs grandes, d'abord jaunâtres, puis violettes. Orangerie; terre franche légère, à exposition chaude; arrosemens abondans en été; multiplication de graines sur couche tiède au printemps, de boutures et de marcottes. Comme elle mûrit ses graines dans l'année, on peut la cultiver comme annuelle et la planter en pleine terre. On en couvre des palissades, treillis, tonnelles, etc., où elle produit un charmant effet.

ORDRE XII.

LES BIGNONES. — *BIGNONIÆ.*

Plantes herbacées ou ligneuses; *tiges* herbacées, frutescentes, ou arborescentes, quelquefois sarmenteuses; *feuilles* simples ou conjuguées, quelquefois ternées, ou deux fois ailées avec impaire, opposées, rarement alternes. *Fleurs* ordinairement en panicules terminales, quelquefois en grappes; *calice* monophylle, divisé en son limbe; *corolle* monopétale, le plus souvent irrégulière, à limbe partagé en quatre ou cinq lobes; quatre *étamines* souvent didynames, quelquefois deux seulement; un *filament* stérile dans le premier cas, et trois dans le second; un *ovaire* surmonté d'un *style* à stigmate simple ou bilobé. *Capsule* tantôt à deux valves et à deux loges, ayant la cloison parallèle ou opposée aux valves sans y adhérer, tantôt coriace, comme ligneuse, s'ouvrant seulement par le haut, séparée intérieurement par une cloison adhérente aux valves, au milieu desquelles s'élève quelquefois un réceptacle en forme d'aile, formant une demi-cloison dans chaque loge. *Embryon* dépourvu de périspermes.

GALANE. *Chelone;* L. (*Didynamie-angiospermie.*) Calice court, à cinq découpures; corolle tubuleuse à sa base, renflée et ventrue à sa partie supérieure, son limbe formant deux lèvres dont la supérieure échancrée et l'inférieure trifide; quatre étamines didynames, un cinquième filament stérile, plus court que les autres, et glabre; un seul stigmate; capsule ovale, à deux valves, à deux loges renfermant plusieurs graines entourées d'un rebord membraneux.

1. GALANE A ÉPI. *Chelone glabra;* L. ♃. Amérique septentrionale. Tiges de trois ou quatre pieds, un peu tétragones, sillonnées; feuilles pétiolées, lancéolées, dentées, les supérieures opposées; de septembre en octobre, fleurs blanches. Pleine terre franche et un peu fraîche; exposition un peu ombragée; multiplication de graines qui mûrissent assez souvent, ou par la séparation des touffes au commencement du printemps.

2. GALANE OBLIQUE. *C. obliqua;* L. *C. purpurea;* MILL. ♃. Virginie. Tiges de deux à trois pieds cylindriques; feuilles pétiolées, lancéolées, opposées; en septembre et octobre, fleurs d'un pourpre vif. Même culture.

3. GALANE BARBUE. *C. barbata;* CAVAN. *C. ruellioïdes;* ANDREW. ♃. Mexique. Tiges de quatre à cinq pieds, glabres, cylindriques; feuilles opposées, connées, linéaires-aiguës, très-entières; de juin en octobre, fleurs écarlates, à corolle barbue, penchées, en panicule terminale, très-belles. Terre légère et fraîche; couverture de litière sèche pendant l'hiver, ou orangerie; du reste même culture.

PENTSTEMON. *Pentstemon;* SCHR. (*Didynamie-angiospermie.*) Ce genre ne diffère du précédent que parce que le cinquième filament stérile est barbu à sa partie supérieure, et plus long que les autres.

1. Pentstemon velu. *Pentstemon hirsuta;* Willd. ♃. Virginie. Tige velue; feuilles pubescentes; fleurs pâles. Pleine terre légère, à exposition ombragée, et couverture de litière sèche pendant l'hiver; du reste même culture que le genre précédent. Toutes les autres plantes du genre se cultivent de même, mais en orangerie.

2. Pentstemon pubescent, ou museau de chien. *P. pubescens;* Ait. *Chelone pentstemon ;* L. ♃. Amérique septentrionale. Tige de dix-huit pouces, pubescente; feuilles amplexicaules, lancéolées, opposées; de septembre en octobre, fleurs d'un blanc pourpré, en panicules dichotomes.

3. Pentstemon a feuilles lisses. *P. lœvigata ;* Willd. *Chelone pentstemon ;* Mill. ♃. Amérique septentrionale. Tiges glabres; feuilles inférieures ovales-acuminées, très-entières, les supérieures amplexicaules, dentées ; de septembre en octobre, fleurs violettes. Orangerie et même culture.

4. Pentstemon campanulée. *P. campanulata ;* Willd. *Chelone campanulata ;* Cavan. ♃. Mexique. Tiges de quatre ou cinq pieds, glabres ; feuilles lancéolées, acuminées, toutes finement dentées ; de juin en octobre, fleurs d'un rouge foncé en dehors, blanchâtres en dedans, campanulées, en épis.

SÉSAME, ou Jugéoline. *Sesamum ;* L. (*Didynamie-angiospermie.*) Calice à cinq divisions inégales ; corolle presque campanulée, à tube court, ayant son limbe partagé en cinq lobes, dont l'inférieur plus grand ; quatre étamines didynames, avec le rudiment d'une cinquième ; stigmate divisé en deux lames ; capsule oblongue, presque tétragone, à quatre sillons, à deux loges partagées par la saillie de l'angle rentrant du sillon ; graines nombreuses, attachées à un réceptacle central, grêle. On ne cultive guère que le sésame d'Orient, *sesamum orientale,* L. ⊙. Plante économique dans son pays natal. Serre tempérée ; multiplication de graines sur couche chaude au printemps. On extrait de l'huile de ses graines.

JOSÉPHINE. *Josephinia ;* Vent. (*Didynamie-angiospermie.*) Calice à cinq divisions, dont la supérieure plus petite ; corolle campanulée, bilabiée, à tube court et à gorge enflée ; quatre étamines didynames, et le rudiment d'une cinquième ;

stigmate quadrifide ; noix hérissée de pointes, percée de trois à quatre trous au sommet ; semences cylindriques.

1. JOSÉPHINE IMPÉRATRICE. *Josephinia imperatricis ;* VENT. ♂. Nouvelle-Hollande. Tige droite, noueuse, de dix-huit pouces ; feuilles ovales-cordiformes, opposées ; en été, fleurs à peu près semblables à celles de la bignone catalpa. Orangerie ; terre légère ou de bruyère ; multiplication de graines sur couche chaude en automne ou au printemps, ou en pots pour éviter le repiquage.

BIGNONE. *Bignonia ;* L. (*Didynamie-angiospermie.*) Calice court, à deux ou cinq divisions ; corolle presque campanulée, à limbe évasé, inégal, partagé en cinq lobes arrondis ; quatre étamines didynames, avec une cinquième stérile, ou seulement deux étamines avec trois filamens stériles ; sitgmate divisé en deux lames ; capsule allongée, semblable à une silique, à deux valves, à deux loges contenant plusieurs graines aplaties, membraneuses en leur bord.

SECT. Ire. Feuilles simples.

1. BIGNONE CATALPA. *Bignonia catalpa ;* L. *Catalpa syringifolia ;* AIT. ♄. Amérique septentrionale. Arbre de vingt à trente pieds, à tige droite ; feuilles simples, cordiformes, ternées ; en août, fleurs blanches, pointillées de pourpre, en panicules terminales, ressemblant assez à celles du marronnier d'Inde. Pleine terre franche légère, humide ; multiplication de graines au printemps, et abriter le jeune plant du froid pendant les trois premières années, ou de boutures et marcottes.

2. BIGNONE A FEUILLES DE CHÊNE. *B. quercus ;* LAM. *B. longissima ;* WILLD. *Catalpa longissima ;* AIT. ♄. Antilles. Arbre de quarante pieds dans son pays natal ; feuilles simples, oblongues, acuminées, ternées ; fleurs d'un blanc purpurin, à deux étamines, en panicules terminales ; silique filiforme, très-longue ; graines laineuses. Serre chaude et tannée ; terre substantielle et franche, légère ; arrosemens abondans pendant l'été, très-modérés pendant l'hiver ; multiplication de graines tirées de son pays natal, de marcottes et boutures.

3. BIGNONE TOUJOURS VERTE, gelsémier luisant, jasmin odo-

rant de la Caroline. *Bignonia sempervirens;* L. *Gelsemium lucidum;* Hort. Ang. ♄. Amérique septentrionale. Tige sarmenteuse, volubile ; feuilles lancéolées, simples ; de juin en juillet, fleurs d'un beau jaune, infondibuliformes, odorantes. Pleine terre franche et légère, à exposition très-chaude ; avec couverture pendant l'hiver, ou, plus sûrement, orangerie ; du reste même culture.

Sect. II. Feuilles conjuguées.

4. Bignone griffe de chat. *Bignonia unguis-cati;* L. ♄. Antilles. Tiges sarmenteuses, feuilles conjuguées, avec vrilles, les folioles ovales acuminées ; fleurs jaunes, sur des pédoncules axillaires et uniflores. Serre chaude et culture du n° 2.

5. Bignone a vrilles. *B. capreolata;* L. ♄. Antilles. Tiges sarmenteuses, de trois à six pieds ; feuilles inférieures simples, les supérieures conjuguées, avec vrilles, à folioles cordiformes lancéolées ; en juin, fleurs d'un jaune orangé au sommet, pourpres à leur base. Pleine terre, contre un mur exposé au midi, avec couverture l'hiver pendant sa jeunesse ; multiplication de marcottes, de rejetons et de boutures.

6. Bignone crucifère. *B. crucigera;* L. ♄. Amérique septentrionale. Tiges sarmenteuses, couvertes de tubercules ; feuilles conjuguées, avec vrilles, les inférieures ternées ; folioles ovales cordiformes, acuminées ; fleurs grandes, d'un jaune pâle, en grappes axillaires. Orangerie et même culture.

7. Bignone paniculée. *B. paniculata ;* Vahl. ♄. Antilles. Tige grimpante; feuilles conjuguées, cordiformes-ovales ; fleurs pourpres, odorantes, en grappes, à calice double. Serre chaude ; même culture.

Sect. III. Feuilles digitées.

8. Bignone trifoliée. *B. triphylla;* L. ♄. Antilles. Tige frutiqueuse, droite ; feuilles ternées, glabres, à folioles ovales acuminées ; fleurs blanches. Serre chaude ; même culture.

9. Bignone a cinq feuilles. *B. pentaphylla ;* L. ♄. Antilles. Arbrisseau de douze à quinze pieds ; feuilles digitées, à folioles obovales et très-entières ; fleurs purpurines. Serre chaude et même culture.

Sect. IV. Feuilles pinnées.

10. Bignone a grandes fleurs. *Bignonia grandiflora;* Andrew. *B. chinensis;* Lam. ♄. Chine. Tiges sarmenteuses, grimpantes, radicantes; feuilles pinnées, à folioles ovales acuminées, dentées; fleurs nombreuses, safranées, en panicule terminale, à tube de la corolle aussi long que le calice. Orangerie et même culture.

11. Bignone grimpante, jasmin de Virginie. *B. radicans;* L. ♄. Amérique septentrionale. Tige grimpante, de vingt à trente pieds; feuilles pinnées, à folioles ovales, acuminées, dentées; de juillet en septembre, fleurs rouges, grandes, à tube de la corolle trois fois plus long que le calice, en corymbes terminaux. Pleine terre franche, légère, un peu humide sans être froide, à bonne exposition; du reste, même culture. On en fait de charmans tapis pour couvrir les murailles.

Var. β. B. coccinea; Catesb; feuilles imitant celles du frêne; fleurs plus petites, écarlates. Même culture.

12. Bignone a feuilles de frêne. *B. stans;* L. ♄. Antilles. Tige droite, de sept à huit pieds; feuilles pinnées, à folioles oblongues lancéolées, dentées; en août, fleurs jaunes, en grappes simples et terminales. Serre chaude et même culture.

13. Bignone de Norfolk. *B. pandorea;* Andrew. *B. australis;* Brow. ♄. Nouvelle-Hollande. Tige volubile; feuilles pinnées, souvent quadrijuguées, à folioles elliptiques, ordinairement entières; en automne, fleurs d'un blanc terne rayé de pourpre, en grappes composées. Orangerie; terre franche légère; vases très-grands. Même culture.

14. Bignone faux-chéloné. *B. chelonoïdes;* L. ♄. Inde. Arbre très-grand dans son pays natal; feuilles pinnées avec impaire, à folioles ovales, très-entières, pubescentes; fleurs barbues, semi-pentandriques. Serre chaude et même culture.

15. Bignone a ébène, ébène jaune. *B. leucoxylon;* Willd. ♄. Jamaïque. Arbre de trente à quarante pieds dans son pays natal; feuilles digitées, à folioles lancéolées, acuminées, très-entières, glabres; en juin, fleurs blanches, terminales, solitaires, odorantes. Serre chaude et même culture.

CORNARET ou bicorne. *Martynia;* L. (*Didynamie-angiospermie.*) Calice à cinq divisions; corolle campanulée ou en entonnoir, ventrue à sa base, ayant son limbe évasé, partagé en quatre ou cinq lobes inégaux; quatre étamines didynames, avec le rudiment d'une cinquième; stigmate à deux lames; capsule ligneuse, ovale conique, terminée par une pointe recourbée, marquée extérieurement de quatre sillons, s'ouvrant imparfaitement en deux valves par son sommet, à une seule loge à sa base, à cinq loges dans le reste de sa longueur, la cinquième loge étant au milieu des quatre autres; chaque loge contient plusieurs graines ovales, comprimées.

1. Cornaret a longues cornes. *Martynia proboscidea;* Willd. *M. alternifolia;* Lam. ☉. Amérique méridionale. Tige rameuse d'un pied; feuilles alternes, cordiformes, très-entières; de juin en août, fleurs blanches, en grappes terminales; capsule à corne longue et arquée. En pots et en terre franche légère; multiplication de graines sur couche chaude et sous châssis. On laisse quelques pieds sur la couche pour s'assurer de la maturité des graines.

2. Cornaret anguleux. *M. angulosa;* Lam. *M. diandra;* Jacq. ☉. Mexique. Tige cylindrique, rameuse, d'un pied; feuilles opposées, cordiformes, dentées; fleurs blanches, tachetées de pourpre, à deux étamines. Même culture.

3. Cornaret annuel. *M. craniolaria;* Willd. *M. spathacea;* Lam. *craniolaria annua;* L. ☉. Amérique méridionale. Tige rameuse; feuilles opposées, à cinq lobes dentés; fleurs à calice double, l'intérieur monophylle et spatacé. Même culture.

4. Cornaret brillant. *M. speciosa;* Lois. Deslong. *Gloxinia speciosa;* Edwig. ♃. Du Brésil. Tige d'un pied; feuilles grandes, très-velues; une partie de l'été, fleurs campanulées, d'un beau bleu bordé de violet, solitaires sur chaque pédoncule, nombreuses. Serre chaude; même culture; de plus, multiplication par éclats.

Var. 1° A fleurs blanches; 2° à fleurs d'un bleu pâle.

5. Cornaret vivace. *M. perennis;* L. *Gloxinia maculata;* L'Hérit. ♃. Antilles. Tige d'un pied, rougeâtre, cylindrique; feuilles opposées, pétiolées, cordiformes, dentées, un peu ridées; en août, fleurs bleues, pédonculées, axillaires et terminales. Serre chaude et culture de la précédente.

6. Cornaret a longues fleurs. *M. longiflora;* Ait. *M. Ca-*

pensis; Glox. ⊙. Du Cap. Tige simple; feuilles arrondies, ondulées; en juillet et août, fleurs à tube ventru à la base, presque plane. Culture du n° 1.

ORDRE XIII.

LES GENTIANÉES. — *GENTIANEÆ.*

Plantes herbacées, rarement frutescentes; *feuilles* opposées, entières et sessiles. *Fleurs* terminales ou axillaires, souvent bractéées; *calice* monophylle, persistant, partagé en plusieurs divisions; *corolle* monopétale, souvent marcescente, à limbe divisé en plusieurs lobes égaux, le plus ordinairement en cinq; *étamines* égales en nombre aux lobes de la corolle, et alternes avec eux; un *ovaire* supérieur, portant un seul style, quelquefois divisé en deux; *stigmate* simple ou lobé. *Capsule* à deux valves, à une loge ou à deux loges formées par les bords rentrant des valves; *graines* menues et nombreuses, attachées sur les valves. *Embryon* entouré d'un périsperme charnu.

GENTIANE. *Gentiana;* L. (*Pentandrie-digynie.*) Calice presque divisé jusqu'à sa base en cinq parties, corolle tubuleuse à sa base, un peu campanulée supérieurement, à limbe partagé en cinq lobes, rarement en quatre; cinq étamines, plus rarement quatre; style divisé en deux; capsule oblongue, fourchue ou bifide à son sommet, n'ayant qu'une seule loge.

§ Ier. Corolle presque en cloche, de cinq à neuf divisions.

1. Gentiane jaune, grande gentiane. *Gentiana lutea;* L. ♃. Alpes. Tiges de trois à quatre pieds; feuilles larges, ovales, nervées; en juillet, fleurs jaunes, grandes, à sept à huit divisions allongées, en roue, verticillées, à calice spatacé. Pleine terre légère, mélangée à moitié terreau de bruyère; exposition à demi ombragée; multiplication de graines, ou par l'éclat des pieds. Les semis se font à l'exposition du le-

vant, et l'on ne transplante les jeunes sujets que lorsqu'ils ont un an.

2. Gentiane pourpre. *Gentiana purpurea;* Pers. *G. punctata;* Willd. ♃. Alpes. Tiges de deux pieds; feuilles ovales aiguës, opposées; en juillet, fleurs jaunes, pointillées de pourpre, verticillées, campanulées, à calice membraneux et spatacé. Même culture.

3. Gentiane ponctuée. *G. punctata;* Pers. *G. purpurea;* Willd. ♃. Des Alpes. Tiges de dix-huit pouces; feuilles nervées, les inférieures ovales, pointues, les supérieures lancéolées, aiguës; en juillet, fleurs d'un pourpre jaunâtre, verticillées, à corolle campanulée et pointillée; calice membraneux et tronqué. Même culture.

4. Gentiane a sept divisions. *G. septemfida;* Pers. ♃. De la Suisse. Corolle campanulée, de cinq à sept divisions, les intermédiaires ciliées. Même culture.

5. Gentiane a feuilles d'asclepias. *G. asclepiadea;* L. ♃. Alpes. Tiges de dix-huit pouces; feuilles amplexicaules, ovales-lancéolées; de juin en août, fleurs campanulées, d'un beau bleu, à cinq divisions, opposées, axillaires, presque sessiles. Même culture.

Var. Gentiane plissée. *G. plicata;* Schmidt. Tige uniflore.

6. Gentiane croisette. *G. cruciata;* Pers. ♃. Indigène. Tiges un peu couchées, de sept à dix pouces; feuilles lancéolées, opposées, à bases amplexicaules; en juin et juillet, fleurs bleues, à quatre divisions imberbes, verticillées, sessiles. Même culture.

7. Gentiane a grandes feuilles. *G. macrophylla;* Pers. ♃. Sibérie. Tige couchée, nue dans la moitié de sa longueur; feuilles radicales grandes; en juin et juillet, fleurs rassemblées, terminales, à cinq divisions, sessiles et verticillées. Même culture.

8. Gentiane pneumonanthe. *G. pneumonanthe;* L. ♃. Indigène. Tige d'un pied; feuilles linéaires lancéolées, obtuses; en septembre, fleurs d'un beau bleu, grandes, campanulées, axillaires, pédonculées, à cinq divisions; filamens des étamines connés. Même culture.

9. Gentiane de Virginie. *G. saponaria;* Mich. ♃. Amérique septentrionale. Tige cylindrique, un peu rude, de huit

à dix pouces ; feuilles ovales lancéolées ; en août et septembre, fleurs bleues, longues, campanulées, sessiles, fasciculées au sommet des tiges ; corolle à cinq divisions terminées par une pointe obtuse. Même culture.

10. Gentiane a feuilles étroites. *Gentiana angustifolia* Mich. ♃. Caroline. Tige simple, grêle, biflore ; feuilles étroites, linéaires, étalées ; fleurs grandes à cinq divisions dentées. Même culture.

11. Gentiane jaunatre. *G. ochroleuca;* Pers. ♃. Caroline. Feuilles ovales-lancéolées, marquées de trois nervures, lisses ; fleurs d'un jaune d'ocre, à cinq divisions, campanulées, verticillées, un peu pédonculées. Même culture.

§ II. Corolle nue, à cinq divisions.

12. Gentiane sans tige. *G. acaulis;* L. *G. grandiflora;* Lam. ♃. Alpes. Tige presque nulle, atteignant à peine un pouce de longueur ; feuilles ovales-lancéolées, trinervées, en rosette ; en avril et mai, fleur solitaire sur la tige, campanulée, à cinq divisions, d'un très-beau bleu d'outremer. Même culture.

Var. β. A feuilles étroites. *Angustifolia;* Pers. *Caulescens;* Lam. Tige un peu plus haute ; feuilles oblongues, linéaires, sans nervures.

Var. γ. Des Alpes. *Alpina;* Pers. Feuilles ovoïdes, un peu charnues, sans nervures, obtuses ; tige allongée, corolle campanulée, plus petite que dans les précédentes.

13. Gentiane printanière. *G. verna;* L. *G. bavarica;* Jacq. ♃. Alpes. Tige simple, basse ; feuilles ovales, un peu aiguës, les radicales plus grandes et en rosette ; d'avril en mai, fleurs d'un beau bleu, à cinq divisions crénelées, infondibuliformes, appendiculées à la base. Même culture.

14. Gentiane visqueuse. *G. viscosa;* Ait. *Exacum viscosum;* Willd. ♃. Des Canaries. Tige de trois ou quatre pieds, très-rameuse ; feuilles lancéolées, oblongues, trinervées, à demi amplexicaules ; en juin et juillet, fleurs d'un beau jaune, visqueuses, infondibuliformes, à cinq divisions, à un seul style, en panicule trichotone. Orangerie et terre de bruyère ; du reste même culture.

SWERTIE. *Swertia;* L. (*Pentandrie-digynie.*) Calice

presque divisé en cinq parties; corolle en roue, à tube très-court, à limbe plane; partagé en cinq découpures lancéolées, munies chacune à leur base et intérieurement de deux glandes ciliées; cinq étamines; style court, terminé par deux stigmates; capsule à une loge, renfermant des graines rangées longitudinalement sur les bords des valves.

1. Swertie vivace. *Swertia perennis;* Willd. ♃. Indigène. Tige d'un pied, indivisée; feuilles radicales, ovales, en rosette; en juillet, fleurs bleues, rayées et pointillées de bleu verdâtre, à cinq divisions, en bouquets terminaux; pédoncules tétragones, subulés. Pleine terre humide, ou même marécageuse. Multiplication de graines semées aussitôt leur maturité, ou par la séparation de ses racines traçantes.

VILLARSIE. *Villarsia;* Gml. (*Pentandrie-monogynie.*) Calice partagé en cinq divisions; corolle en roue, à limbe divisé en cinq lobes chargés de poils ou de cils; cinq étamines; style court, terminé par un stigmate à deux lobes; capsule à une loge; graines entourées d'un rebord membraneux, et disposées longitudinalement sur les deux bords de chaque valve.

1. Villarsie ovale. *Villarsia ovata;* Vent. *Menyanthes ovata;* L. ♃. Du Cap. Feuilles pétiolées, ovales, très-entières, un peu creusées en cuiller. Tige cylindrique, terminée, en été, par une panicule de fleurs d'un beau jaune, à corolle ciliée, large d'un pouce. Serre chaude, dans un pot constamment plongé dans un baquet d'eau. Multiplication par éclats.

2. Villarsie a feuilles de nymphea. *V. nymphoïdes;* Vent. *Menyanthes nymphoïdes;* L. ♃. Indigène. Feuilles cordiformes, très-entières, flottantes; en juillet, fleurs jaunes, ciliées, en espèce d'ombelle et flottantes. On la cultive dans les eaux des bassins, où on la multiplie par éclat. Il est bon de l'avoir en baquet.

3. Villarsie élevée. *V. excelsa;* Lois. Deslong. ♃. Nouvelle-Hollande. Feuilles radicales, ovales-lancéolées, cordiformes à la base; tige de quinze à vingt pouces, terminée, de juin en juillet, par des fleurs assez grandes, jaunes, en corymbe. Serre tempérée; terre légère et tourbeuse; arrosemens continuels pendant la végétation; même multiplication.

CHIRONE. *Chironia;* L. (*Pentandrie-monogynie.*) Calice

à cinq divisions; corolle en entonnoir, à limbe partagé en cinq découpures; cinq étamines à anthères roulées en spirale après la fécondation; style terminé par un stigmate épais et comme tronqué; capsule à deux loges formées par le bord rentrant des valves.

1. Chirone jasminoïde. *Chironia jasminoïdes;* Lam. ♃. Du Cap. Tige herbacée, tétragone; feuilles lancéolées; fleurs roses, à calice subulé. Orangerie éclairée; terre de bruyère; exposition à demi ombragée; arrosemens soutenus pendant l'été, très-modérés pendant l'hiver. Multiplication de graines semées en terrine aussitôt la maturité, de marcottes ou de boutures sur couche tiède. Toutes se cultivent de la même manière.

2. Chirone a feuilles de lin. *C. linoïdes;* L. ♄. Du Cap. Tige de deux à trois pieds, rameuse, fastigiée; feuilles linéaires, glabres, persistantes; en juillet, fleurs roses, petites, en panicule terminale.

3. Chirone baccifère. *C. baccifera;* L. ♄. Du Cap. Tige d'un pied, frutiqueuse, très-rameuse; feuilles linéaires lancéolées, glabres, persistantes; en juillet, fleurs petites et rouges; baies ovales et rouges.

4. Chirone arbrisseau. *C. frutescens;* L. ♄. Du Cap. Tige frutiqueuse, de quatre ou cinq pieds; feuilles lancéolées, un peu cotonneuses; de juin en octobre, fleurs d'un pourpre pâle, grandes, se fermant la nuit, à calice campanulé. Variété à fleurs blanches.

5. Chirone a feuilles en croix. *C. decussata;* Vent. ♄. Du Cap. Tige plus grosse et plus cotonneuse que dans la précédente; feuilles en croix, oblongues, larges, linéaires, cotonneuses, persistantes; de juillet en septembre, fleurs d'un beau rouge purpurin, d'un tiers plus grandes, à calice globuleux et à cinq parties.

6. Chirone petite centaurée. *C. centaurium;* Willd. *Gentiana centaurium;* L. *Erythræa centaurium;* P. ⊙. Indigène. Tiges d'un pied, droites, anguleuses, branchues au sommet; feuilles opposées, oblongues-ovales, sessiles, marquées de trois nervures; en juillet et août, fleurs roses, en bouquets terminaux et corymbiformes. Pleine terre légère et un peu sèche; multiplication de graines semées en place au

printemps. Cette plante est d'usage en médecine ; on la regarde comme tonique et vermifuge.

SPIGÈLE. *Spigelia ;* L. (*Pentandrie-monogynie.*) Calice à cinq divisions ; corolle en entonnoir, à limbe étalé, partagé en cinq découpures égales ; cinq étamines ; un ovaire à deux lobes, chargé d'un style subulé, terminé par un stigmate aigu ; capsule à deux lobes, presque à deux coques, à deux loges, à quatre valves ; graines attachées à l'angle intérieur des loges.

1. SPIGÈLE DU MARYLAND. *Spigelia marylandica;* L. ♃. Amérique septentrionale. Tige d'un pied, tétragone ; feuilles opposées, ovales-lancéolées, sessiles ; en août, fleurs d'un beau rouge à l'extérieur, jaunes en dedans, légèrement odorantes, en épi unilatéral. Pleine terre légère, fraîche et à demi ombragée ; multiplication de graines ou d'éclats.

ORDRE XIV.

LES APOCYNÉES. — *APOCYNEÆ.*

Plantes ligneuses, ou herbacées et vivaces ; *tiges* frutescentes ou herbacées, quelquefois rampantes, succulentes ou charnues dans quelques espèces, ou se roulant de droite à gauche ; *feuilles* opposées, quelquefois alternes. *Fleurs* terminales ou axillaires, solitaires ou en corymbes ; *calice* monophylle à cinq divisions ; *corolle* monopétale, à limbe partagé en cinq découpures régulières, souvent oblique, tantôt munie d'une couronne frangée, tantôt de cinq écailles, lames ou cornets, de formes différentes ; cinq *étamines* non saillantes ; un ou deux *ovaires* supérieurs, chargés d'un ou deux *styles*, ayant leur *stigmate* de diverses formes. Dans les genres à un seul ovaire, une *baie*, ou plus rarement une *capsule* ordinairement à deux loges polyspermes ; dans les genres à deux ovaires, deux *follicules* ou capsules univalves, monoloculaires, allongées, s'ouvrant d'un seul côté et longitudinalement, contenant beaucoup de graines imbriquées, et, dans la plupart des genres, couronnées par une aigrette de poils soyeux. *Embryon* muni d'un périsperme charnu.

SECT. Ire. Deux ovaires, deux capsules folliculeuses; graines sans aigrette.

PERVENCHE. *Vinca;* L. (*Pentandrie-monogynie.*) Calice à cinq divisions ; corolle en forme de soucoupe, à tube allongé, dilaté en sa partie supérieure et pentagone, à limbe plane, partagé en cinq lobes obliques et tronqués ; cinq étamines à anthères membraneuses ; style cylindrique, terminé par un stigmate double ; deux capsules folliculeuses, allongées, contenant plusieurs graines oblongues, dépourvues d'aigrette.

1. PERVENCHE (GRANDE). *Vinca major;* L. ♃. Indigène. Tiges de deux pieds, les unes droites, les autres couchées ; feuilles ovales, les plus jeunes ciliées sur les bords ; de mai en septembre, fleurs grandes, pédonculées, bleues, axillaires. Pleine terre fraîche et ombragée; multiplication de graines semées au printemps, plus aisément de rejetons.

Var. 1° A fleurs blanches ; 2° à fleurs panachées.

2. PERVENCHE (PETITE). *V. minor;* L. ♃. Indigène. Tiges couchées ; feuilles oblongues-lancéolées, à bords glabres ; tout l'été, fleurs bleues, plus petites que dans la précédente. Pleine terre et même culture.

Var. 1° A feuilles argentées ; 2° à larges feuilles ; 3° à feuilles dorées ; 4° à fleurs blanches ; 5° à fleurs pleines ; 6° à fleurs rouges ; 7° à fleurs blanches précoces.

3. PERVENCHE HERBACÉE. *V. herbacea;* PERS. ♃. Hongrie. Tiges couchées, rampantes ; feuilles oblongues-lancéolées, sans dents ; au printemps, fleurs d'un bleu foncé, à calice cilié. Pleine terre et même culture.

Var. A fleurs doubles.

4. PERVENCHE JAUNE *V. lutea;* L. ♄. Caroline. Tiges volubiles ; feuilles oblongues ; au printemps, fleurs jaunes. Orangerie et même culture ; de plus, multiplication de marcottes et boutures.

5. PERVENCHE ROSE, ou de Madagascar. *V. rosea;* L. ♄. Inde. Tiges droites, rameuses ; feuilles ovales-oblongues, à pétioles bidentés à la base ; de juillet en août, fleurs couleur

de chair plus foncées au centre, géminées et sessiles. Serre chaude, terre franche légère, substantielle; arrosemens fréquens en été; dépotage annuel; multiplication de graines sur couche chaude au printemps, de marcottes et boutures. Comme elle mûrit ses graines dans l'année, on peut la cultiver sur couche comme annuelle.

Var. 1° A tiges jaunes et fleurs blanches, cœur rouge; 2° à cœur vert.

TABERNE. *Tabernæmontana;* L. (*Pentandrie-monogynie.*) Calice à cinq découpures plus ou moins profondes, caduques; corolle en entonnoir, allongée, à limbe plane, divisé en cinq lobes obliques, obtus; cinq étamines à anthères acuminées, conniventes; deux ovaires surmontés d'un style terminé par un stigmate en tête; deux follicules ventrues, horizontales, contenant des graines enveloppées d'une pulpe.

1. Taberne a feuilles étroites. *Tabernæmontana angustifolia;* Willd. *Amsonia angustifolia;* Pers. ♃. Amérique septentrionale. Tiges pubescentes, nombreuses; feuilles étroites, linéaires, éparses, droites, pubescentes; en mai et juin, fleurs jaunes, peu nombreuses, en grappes terminales, pédonculées. Pleine terre légère ou de bruyère, à exposition à demi ombragée, mais chaude; arrosemens soutenus; multiplication de graines et d'éclats.

2. Taberne a larges feuilles. *T. amsonia;* L. *Amsonia latifolia;* Pers. ♃. Amérique septentrionale. Tiges de dix-huit pouces, un peu glabres, formant buisson; feuilles ovales-lancéolées, les supérieures acuminées; de mai en juillet, fleurs d'un bleu pâle, en panicules ouvertes et terminales. Pleine terre et culture de la précédente.

3. Taberne a feuilles de citronnier. *T. citrifolia;* L. ♄. Antilles. Tiges de quinze à seize pieds, laiteuses comme toute la plante; feuilles ovales, luisantes, persistantes; fleurs d'un beau jaune, latérales, réunies en ombelles, odorantes. Serre chaude; terre substantielle; arrosemens modérés, surtout en hiver; multiplication de graines venues de leur pays natal, ou de boutures étouffées sur couche chaude, plantées en terre légère trois ou quatre jours après avoir été coupées.

4. Taberne a feuilles de laurier. *T. laurifolia;* Jacq. ♄. Antilles. Tiges de deux pieds; feuilles ovales, un peu obtuses,

persistantes ; fleurs petites, en ombelles latérales. Serre chaude et même culture.

CAMÉRIER. *Cameraria ;* L. (*Pentandrie-monogynie.*) Calice très-court, à cinq dents ; corolle infondibuliforme, à tube cylindrique, renflé à sa base et à son sommet, à limbe plane, partagé en cinq lobes obliques ; cinq étamines à filamens munis d'une appendice à leur base, portant des anthères conniventes et chargées de deux soies à leur sommet ; ovaire à deux lobes, surmonté d'un style court, terminé par un stigmate bifide ; deux follicules comprimées, écartées horizontalement, presque hastées, à trois lobes, dont les deux latéraux plus courts et le moyen allongé ; graines comprimées, membraneuses à leur sommet.

1. Camérier a feuilles larges. *Cameraria latifolia ;* L. ♄. Antilles. Tige de six à neuf pieds, laiteuse ; feuilles opposées, ovales, acuminées, très-entières, luisantes ; fleurs blanches, pédonculées et terminales. Serre chaude et tannée ; multiplication de graines, et de boutures étouffées sur couche chaude ; arrosemens fréquens en été ; beaucoup de chaleur.

FRANGIPANIER. *Plumeria ;* L. (*Pentandrie-monogynie.*) Calice court, à cinq dents peu profondes ; corolle infondibuliforme, à tube allongé, dilaté graduellement dans sa partie supérieure, à limbe ouvert et divisé en cinq lobes obtus ; cinq étamines à anthères conniventes et saillantes ; ovaire bifide, surmonté d'un style très-court, également bifide, à stigmates aigus ; deux follicules allongées, ventrues, ouvertes et même réfléchies en dehors ; graines aplaties et bordées d'une aile membraneuse.

1. Frangipanier rouge. *Plumeria rubra ;* L. ♄. Antilles. Tige de douze à quinze pieds, nue jusqu'au sommet ; feuilles ovales-oblongues, à pétioles biglanduleux ; en août, fleurs grandes, d'un rouge plus ou moins foncé, d'une odeur agréable, en corymbe terminal. Serre chaude et tannée ; terre légère, sablonneuse, peu substantielle, ou de bruyère ; arrosemens très-modérés, presque nuls en hiver ; multiplication de graines venues de leur pays natal, ou de boutures étouffées sur couche chaude, après avoir laissé sécher la plaie ; beaucoup de chaleur.

2. Frangipanier blanc. *Plumeria alba;* L. ♄. Antilles. Port du précédent; feuilles lancéolées, roulées en leurs bords, d'un pied de long; en août, fleurs blanches, en corymbes terminaux, exhalant une odeur suave. Serre chaude et même culture.

3. Frangipanier caréné. *P. carinata;* Pers. ♄. Pérou. Port des précédens; feuilles oblongues-ovales, carénées, acuminées, planes et rouges sur les bords; fleurs grandes, à trois couleurs, jaunes au centre, blanches vers le milieu et rougeâtres sur les bords. Serre chaude; même culture.

Sect. II. Deux ovaires; deux capsules folliculeuses; graines aigrettées.

NÉRION, laurose, laurelle ou laurier rose. *Nerium;* L. (*Pentandrie-monogynie.*) Calice très-petit, à cinq divisions; corolle infondibuliforme, à tube dilaté dans sa partie supérieure, ayant son limbe partagé en cinq divisions obliques, à la base desquelles sont cinq appendices formant une espèce de couronne à l'entrée du tube; cinq étamines à anthères sagittées, conniventes et terminées par un long filet; un style à stigmate en tête; deux follicules droites, allongées. Graines oblongues, aigrettées.

1. Nérion laurier rose, ou commun. *Nerium oleander;* Willd. ♄. France méridionale. Arbrisseau de six ou huit pieds; feuilles lancéolées, étroites, opposées ou ternées, à côtes saillantes en dessous, persistantes; de juin en octobre, fleurs rouges ou roses, en corymbes terminaux; divisions calicinales squareuses; nectaires planes, tricuspidés. Orangerie; exposition chaude; terre franche; multiplication de rejetons, marcottes et boutures.

Var. 1° A fleurs blanches; 2° à fleurs doubles : celle-ci est plus délicate et demande beaucoup plus de chaleur pour fleurir; 3° à feuilles panachées; 4° à fleurs panachées; 5° à fleurs blanches et odeur de vanille.

2. Nérion odorant. *N. odorum;* Willd. *N. odoratum;* Lam. ♄. Inde. Tige moins forte et plus élevée; feuilles linéaires-lancéolées, ternées, marquées de côtes saillantes en dessous, persistantes; de juin en septembre, fleurs roses ou blanches, en bouquets terminaux; divisions calicinales droi-

tes ; nectaire à plusieurs parties filiformes ; filets des anthères barbus et plumeux au sommet. Orangerie, ou mieux, serre tempérée ; arrosemens très-abondans en été ; beaucoup de chaleur pour faciliter la floraison ; du reste même culture.

Var. 1° A fleurs doubles, panachées de rose et de blanc ; 2° à fleurs doubles, blanches et odorantes.

3. Nérion antidysentérique. *Nerium antidysentericum* ; Lam. ♄. Des Indes. Tige de sept à huit pieds, rameuse ; feuilles ovales, acuminées, pétiolées, persistantes ; fleurs blanches, odorantes, en corymbes terminaux. Serre chaude et même culture.

4. Nérion a bouquets. *N. coronarium ;* Ait. ♄. Inde. Tige de quatre pieds, rameuse, à rameaux dichotomes ; feuilles elliptiques, persistantes ; tout l'été, fleurs blanches, odorantes, au nombre de deux sur chaque pédoncule : ceux-ci naissant aux dichotomies des rameaux ; couronne double. Serre chaude et même culture.

STAPÉLIE. *Stapelia.* L. (*Pentandrie-monogynie.*) Calice court, à cinq divisions persistantes ; corolle grande, en roue, à limbe partagé en cinq découpures élargies à leur base, acuminées ; une double appendice formant deux étoiles à cinq divisions, entourant les organes de la génération ; cinq étamines à anthères linéaires, attachées dans la longueur de leurs filamens ; deux stigmates sessiles ; deux follicules oblongues, subulées, contenant des graines aigrettées.

1. Stapélie roulée. *Stapelia revoluta ;* Pers. ♄. Du Cap. Rameaux tétragones, droits, denticulés, à dents ouvertes ; fleurs glabres, d'un violet pâle, à divisions ciliées, aiguës et roulées. Serre chaude ; terre franche ; peu d'arrosemens en été, presque point l'hiver ; multiplication par leurs tiges ou leurs drageons enracinés, ou par bouture ; laisser sécher la plaie avant de planter, et mettre un bon lit de gros sable ou de gravois au fond du pot, afin de laisser échapper l'humidité. Quelques espèces mûrissant leurs graines dans la serre peuvent être propagées de semences. Ces plantes peuvent se conserver en orangerie éclairée et sèche, mais elles y fleurissent moins bien et plus rarement. Toutes se cultivent de la même manière. Elles plaisent par la singularité de leurs formes et de leurs fleurs.

2. **Stapélie velue.** *Stapelia hirsuta;* Thunb. ♄. Du Cap. Tiges nombreuses, de dix-huit pouces, droites, sans feuilles, tétragones, à dents droites; d'avril en juillet, fleurs pédonculées. velues, grandes, un peu ridées, d'un rouge brun, rayées transversalement de pourpre noirâtre, à divisions violacées au sommet et sur les bords. Ses fleurs exhalent un telle odeur de chair corrompue, que les mouches y sont trompées, et y viennent déposer leurs œufs.

3. **Stapélie a grandes fleurs.** *S. grandiflora;* Pers. ♄. Du Cap. Rameaux quadrangulaires, en massue, à angles dentés, les dents distantes et courbées vers le bas; fleurs d'un pourpre noir; grandes, planes, à cinq divisions lancéolées et aiguës, ciliées, sur leurs bords.

4. **Stapélie ambigue.** *S. ambigua;* Pers. ♄. Du Cap. Rameaux droits, quadrangulaires, en massue, les angles dentés, et les dents écartées et courbées vers la terre; fleurs grandes, d'un pourpre roux, striées transversalement de violet noirâtre, hispides, planes, à cinq divisions lancéolées, ciliées sur les bords.

5. **Stapélie coussinette.** *S. pulvinata;* Pers. ♃. Du Cap. Branches et rameaux tétragones, réclinés, dentés; corolle à cinq divisions planes, velues au milieu, à fond roux, et à nectaire d'un violet noirâtre; divisions étalées, rugueuses, acuminées, ciliées.

6. **Stapélie a cinq nervures.** *S. gemmiflora;* Pers. ♄. Du Cap. Rameaux nombreux, droits, tétragones, dentés, à dents presque droites, aiguës; corolle plane, scabre, jaune, maculée de pourpre, à cinq divisions ovales-lancéolées, marquées en dessus de cinq nervures, et ciliées dessus les bords.

7. **Stapélie divariquée.** *S. divaricata;* ♄. Du Cap. Rameaux tétragones, divariqués, glabres, dentés, à dents petites et presque droites; corolle d'un rouge couleur de chair, très-glabre, à cinq divisions lancéolées et ouvertes, roulées et ciliées sur les bords; nectaire orangé.

8. **Stapélie rousse.** *S. rufa;* Pers. ♄. Du Cap. Branches et rameaux droits, tétragones, aiguëment dentés, à dents droites; corolle d'un pourpre noirâtre, à cinq divisions triangulaires, aiguës, rugueuses, ciliées sur les bords.

9. **Stapélie couchée.** *S. reclinata;* Pers. ♄. Du Cap. Ra-

meaux tétragones, couchés, dentés, à dents aiguës, ouvertes; corolle petite, d'un pourpre noirâtre, à nectaire jaune, à cinq divisions recourbées et frangées.

10. Stapélie touffue. *Stapelia cœspitosa;* Pers. ♄. Du Cap. Rameaux serrés, penchés, tétragones, dentés, à dents aiguës, ouvertes; corolle d'un pourpre noirâtre, cerclée de verdâtre, à cinq divisions recourbées, étalées et ciliées.

11. Stapélie agréable. *S. concinna;* Pers. ♄. Du Cap. Branches et rameaux droits, tétragones et très-glabres; angles à dents droites; corolles à cinq divisions planes, hispides, brunes, striées et ondulées de blanc, et chargées de poils de la même couleur; fond fauve.

12. Stapélie glandulifère. *S. glandulifera;* Pers. ♄. Du Cap. Rameaux presque droits, tétragones; angles à dents droites et aiguës; corolle sulfurine, couverte de poils blancs et en massue; divisions ovales-lancéolées, ouvertes, aiguës; nectaire noir et orangé.

13. Stapélie mammillaire. *S. mammillaris;* Pers. ♄. Du Cap. Rameaux florifères droits, exagones, tuberculeux, à tubercules terminés par une épine blanche, dure et piquante; corolle brune, à cinq divisions lancéolées, glabres; pédoncule plus court que la corolle.

14. Stapélie géminée. *S. geminata;* Pers. ♄. Du Cap. Rameaux oblongs, un peu tétragones, dentés, à dents petites; fleurs géminées, d'un jaune orangé, à divisions lancéolées, aiguës, roulées sur les bords.

15. Stapélie jolie. *S. pulchella;* Pers. ♄. Du Cap. Rameaux courbés, dentés, à dents aiguës; fleurs en faisceaux, jaunâtres, ponctuées de rouge, brunâtres au sommet des divisions; corolle à cinq divisions triangulaires, aiguës, arrondies au centre.

16. Stapélie vieille. *S. vetula;* Pers. ♄. Du Cap. Rameaux droits, tétragones, glabres, à angles dentés; dents courbes vers le sommet; fleurs d'un violet foncé, transversalement rayées de lignes d'un violet noirâtre; corolle plane, glabre, à cinq divisions lancéolées, obtuses, marquées de trois nervures en dessus.

17. Stapélie aspergée. *S. irrorata;* Pers. ♄. Du Cap. Rameaux presque droits, denticulés, à dents un peu ouvertes,

aiguës, à sommet recourbé; fleurs d'un jaune de soufre, maculées de rouge, purpurescentes au sommet des divisions; corolle plane, rugueuse, à divisions lancéolées, aiguës.

18. STAPÉLIE PANACHÉE, ou fleur de crapaud. *Stapelia variegata;* PERS. ♄. Du Cap. Rameaux tétragones, redressés, florifères à la base; en juillet, fleurs grandes, planes, ridées, glabres, d'un jaune pâle, pointillées et maculées de brun; corolle à cinq divisions ovales-aiguës; pédoncules plus longs que la corolle.

19. STAPÉLIE CAMPANULÉE. *S. campanulata;* PERS. ♄. Du Cap. Rameaux simples, droits, tétragones, dentés, à dents ouvertes et aiguës; fleurs d'un jaune sulfurin, maculées de jaune noirâtre, à fond brun; corolle à dix divisions, campanulée, scabre; tube barbu.

20. STAPÉLIE NAINE. *S. humilis;* PERS. ♄. Du Cap. Rameaux étalés, à quatre ou cinq angles; fleurs sur des pédoncules solitaires, à corolle orbiculaire, et à dix divisions, dont cinq plus longues, et cinq courtes et étalées.

Obs. On en cultive encore un assez grand nombre d'autres espèces, mais qui se trouvent très-difficilement dans le commerce. La plus riche collection que nous ayons vue est celle de M. Jacquin, professeur de botanique au jardin des plantes de Vienne en Autriche.

PÉRIPLOCA. *Periploca;* L. (*Pentandrie-monogynie.*) Calice court, à cinq divisions persistantes; corolle en roue, à limbe partagé en cinq découpures oblongues, munies à leur base d'un anneau placé autour des organes de la fructification, et divisé en cinq appendices linéaires; cinq étamines à filamens velus et à anthères conniventes; un style court, portant un stigmate en forme de champignon; deux follicules allongées, contenant des graines aigrettées.

1. PÉRIPLOCA DE LA GRÈCE, arbre à soie de Virginie. *Periploca græca;* L. ♄. Syrie. Tige volubile, de vingt-cinq à trente pieds, sans vrilles; feuilles ovales-lancéolées, opposées; en août, fleurs d'un pourpre foncé bordé de vert, velues en dedans, terminales. Pleine terre; exposition à demi ombragée; multiplication de semences, drageons, marcottes et boutures. Cette plante s'emploie pour couvrir des berceaux.

2. PÉRIPLOCA A FEUILLES ÉTROITES. *P. angustifolia;* BILL.

P. lœvigata; Vahl. Non Willd. ♄. Syrie. Tige grimpante, glabre, de cinq à six pieds; feuilles lancéolées, lisses, sans veines, persistantes; fleurs pourpres intérieurement, marquées dans le milieu d'une tache blanche; corolle glabre, à divisions émarginées. Orangerie; terre franche légere, et même culture.

APOCIN. *Apocynum;* L. (*Pentandrie-monogynie.*) Calice très-court, persistant, à cinq divisions; corolle campanulée, à cinq lobes roulés; cinq corpuscules glanduleux entourant l'ovaire; cinq étamines à filamens très-courts, portant des anthères oblongues et conniventes; deux ovaires à style presque nu, terminés par deux stigmates aussi grands que les ovaires; deux follicules allongées, acuminées; semences à longues aigrettes.

1. Apocin a feuilles d'androsême, ou apocin gobe-mouche. *Apocynum androsœmifolium;* L. ♃. Amérique septentrionale. Tige de deux pieds, rameuse, herbacée, redressée; feuilles ovales, glabres des deux côtés; d'août en septembre, fleurs d'un rouge pâle, petites, penchées, en cymes terminales et glabres. Les mouches passent leur trompe dans les filets et corpuscules qui entourent les ovaires, ne peuvent l'en retirer, et périssent dans ce piége. Pleine terre franche, légère et fraîche; à l'exposition du levant; multiplication de graines, plus facile par ses traces nombreuses, en mars.

2. Apocin a feuilles vertes. *A. cannabinum;* L. ♃. Amérique septentrionale. Tige droite, herbacée, de trois pieds; feuilles oblongues, cotonneuses en dessous; de juillet en septembre, fleurs petites, verdâtres, en cyme latérale plus longue que les feuilles. Même culture.

3. Apocin a feuilles de millepertuis. *A. hypericifolium;* Willd. ♃. Amérique septentrionale. Tige un peu droite, herbacée; feuilles oblongues, cordiformes, glabres; fleurs en cyme plus courte que les feuilles. Même culture.

4. Apocin maritime. *A. venetum;* L. ♃. Italie. Tige redressée, herbacée, de trois pieds; feuilles elliptiques, lancéolées, mucronées, rudes et denticulées sur les bords; en juillet et août, fleurs blanches ou rougeâtres. Orangerie; terre légère substantielle; exposition chaude; du reste même culture.

CYNANQUE. *Cynanchum;* L. (*Pentandrie-monogynie.*)

Calice très-petit, persistant, à cinq dents; corolle à tube très-court, à limbe partagé en cinq découpures allongées linéaires, ouvertes en étoile; une couronne presque cylindrique, oblongue, bordée de cinq dents, et placée au centre de la fleur; cinq étamines opposées aux dents de la couronne, ou cinq corpuscules qui en tiennent lieu, à anthères biloculaires, adnées à la face interne des filamens; un ovaire bilobé, surmonté de deux styles courts, ou d'un seul style bifide, terminé par deux stigmates obtus, deux follicules oblongues, contenant des graines aigrettées.

1. Cynanque noir. *Cynanchum nigrum;* Willd. ♃. Mexique. Tige volubile; feuilles oblongues cordiformes, glabres, aiguës; fleurs noires, en grappes simples et pauciflores. Pleine terre légère et chaude, avec couverture l'hiver; multiplication de drageons ou de graines.

2. Cynanque de Sibérie. *C. sibiricum;* Willd. ♃. Sibérie. Tige volubile; herbacée, feuilles articulées-cordiformes, glabres. Même culture.

3. Cynanque droit. *C. erectum;* L. ♄. Syrie. Tige droite, divariquée; feuilles cordiformes, glabres; en juillet et août, fleurs blanches, en corymbe. Pleine terre; même culture.

4. Cynanque viminal. *C. viminale;* L. ♄. Du Cap. Tige grêle, volubile, sans feuilles, lisse, verdâtre, de trois à six pieds; fleurs peu connues. Serre chaude; multiplication de graines tirées de leur pays natal et de boutures.

ASCLÉPIADE. *Asclepias;* L. (*Pentandrie-monogynie.*) Calice petit, persistant, à cinq divisions; corolle en roue, à limbe partagé en cinq découpures ouvertes ou réfléchies; cinq cornets, du fond de chacun desquels sort un filet incliné vers le centre de la fleur; cinq étamines membraneuses, élargies vers leur base, alternes avec les divisions de la corolle, et à chacune desquelles est adnée sur sa face interne, une anthère oblongue et à deux loges; cinq corpuscules noirs, luisans, fendus en deux parties du côté intérieur, placés devant les fentes du pistil, et ayant à leur base deux filets qui aboutissent chacun dans l'une des loges des anthères; deux ovaires surmontés d'un style court, terminé par un stigmate pentagone, fendu sur chacun de ses côtés; deux follicules oblongues, contenant des graines aigrettées.

§ Ier. Feuilles opposées.

1. Asclépiade gigantesque. *Asclepias gigantea;* Ait. ♄. Inde. Tige droite, presque simple, de cinq à six pieds; feuilles obovales, oblongues, à pétioles très-courts; de juillet en septembre, fleurs d'un jaune rougeâtre, d'un pouce de diamètre, à divisions de la corolle réfléchies et roulées. Serre chaude; multiplication de graines en terrine et sur couche chaude, de boutures étouffées et par l'éclat des pieds. Cette plante est tellement vénéneuse, qu'un jour, je m'étais empoisonné seulement en en froissant quelques feuilles dans mes mains; sans les prompts secours que me porta un de mes amis, professeur de médecine au Val-de-Grâce, peu d'heures après cette imprudence, je serais mort dans des douleurs et des convulsions horribles qu'il parvint à calmer.

2. Asclépiade de Syrie, herbe à la ouatte. *A. syriaca;* L. ♃. Amérique septentrionale. Tige très-simple, cotonneuse, de quatre à cinq pieds; feuilles ovales, cotonneuses en dessous; de juillet en août, fleurs rougeâtres, en ombelles terminales et penchées. Pleine terre légère ou de bruyère un peu humide, à l'exposition du midi; couverture pendant l'hiver; multiplication de graines semées aussitôt la maturité, d'éclats, ou par la séparation des traces. On croit que les longues soies qui couronnent ses graines, pourraient être filées et employées comme le lin à la fabrication des étoffes.

3. Asclépiade de Curaçao. *A. curassavica;* Mill. ♄. Amérique méridionale. Tige cylindrique, simple, de deux pieds; feuilles lancéolées, pétiolées, glabres, blanchâtres; de juin en septembre et quelquefois en hiver, fleurs d'un jaune orangé, en ombelles droites, solitaires. Serre tempérée et même culture.

Var. 1° A fleurs blanches. *A. C. alba;* 2° à fleurs pâles. *A. C. pallida.*

4. Asclépiade pourprée. *A. purpurascens;* Pers. ♃. Caroline. Tige simple; feuilles ovales, velues en dessous; d'août en septembre, fleurs verdâtres, à cornets d'un beau pourpre et renversés, en ombelles droites. Pleine terre et même culture.

5. Asclépiade élégante. *A. amœna;* L. ♃. Amérique sep-

tentrionale. Tige simple, de trois pieds; feuilles ovales, un peu poilues en dessous; de juillet en août, fleurs pourpres, à cornets droits et roses, en ombelles. Pleine terre; même culture.

6. Asclépiade panachée. *Asclepias variegata;* L. ♃. Amérique septentrionale. Tige simple, maculée de pourpre; feuilles ovales, rugueuses, nues; en juillet, fleurs d'un blanc pâle, à cornets rouges, en ombelles presque sessiles; les pédicelles cotonneux. Pleine terre; même culture.

7. Asclépiade incarnat. *A. incarnata;* Mich. ♃. Amérique septentrionale. Tige droite, rameuse et cotonneuse au sommet; feuilles lancéolées, laineuses des deux côtés; de juillet en août, fleurs d'un pourpre léger, à odeur de vanille, en plusieurs ombelles géminées; les cornets saillans. Pleine terre; même culture.

§ II. Feuilles latérales, roulées.

8. Asclépiade arbrisseau. *A. fruticosa;* L. ♄. Du Cap. Tige frutiqueuse, de cinq à six pieds; feuilles linéaires, lancéolées, roulées en leur bord; de juin en septembre, fleurs blanches, en ombelles axillaires. Orangerie et même culture.

§ III. Feuilles alternes.

9. Asclépiade a feuilles de linaire. *A. linaria;* Cavan. ♃. Lieu...? Feuilles éparses, subulées, canaliculées; fleurs nombreuses, en ombelles latérales. Orangerie; même culture.

10. Asclépiade tubéreuse. *A. tuberosa;* L. ♄. Amérique septentrionale. Racines tubéreuses; tiges velues, divariquées, d'un pied et demi; feuilles alternes, lancéolées, velues; de juillet en septembre, fleurs d'un rouge orangé, en ombelles. Pleine terre et même culture. Variété plus basse et à fleurs plus rouges.

11. Asclépiade charnue. *A. carnosa;* L. *Hoya carnosa,* Lois. Deslong. ♄. Chine. Tiges sarmenteuses, radicantes; feuilles ovales, opposées, planes, charnues, très-glabres, persistantes; fleurs blanches, lavées de rose. Serre chaude et même culture.

Sect. III. Ovaire simple, une baie ou plus rarement une capsule.

ORÉLIE. *Allamanda;* L. (*Pentandrie-monogynie.*) Calice à cinq divisions profondes; corolle infondibuliforme, grande, à tube allongé, très-évasé, à limbe ouvert, partagé en cinq grands lobes, un peu inégaux; cinq étamines presque sessiles, à anthères sagittées; ovaire porté sur un disque en forme d'anneau, surmonté d'un style filiforme, à stigmate rétréci dans son milieu; capsule ovale, coriace, comprimée, hérissée de toutes parts de longs aiguillons, à deux valves, à une loge contenant des graines orbiculaires, entourées d'un rebord membraneux, disposées sur un double rang au bord des valves.

1. Orélie purgative. *Allamanda cathartica;* L. ♄. De la Guyane. Arbrisseau à tiges laiteuses et grimpantes; feuilles quaternées, ovales, oblongues, acuminées; de juin en octobre, fleurs campanulées, grandes, belles, d'un jaune clair. Serre chaude; terre légère; arrosemens fréquens en été, rares en hiver; multiplication de marcottes et de boutures étouffées.

RAUVOLFE. *Rauvolfia;* L. (*Pentandrie-monogynie.*) Calice très-petit, persistant, à cinq dents; corolle infondibuliforme, à tube globuleux à sa base, à limbe plane, partagé en cinq découpures; cinq étamines à anthères droites, aiguës; ovaire à style court, terminé par un stigmate en tête; drupe presque globuleux, sillonné d'un côté, contenant une noix à deux loges, à deux graines, ou quelquefois deux noix monospermes.

1. Rauvolfe a feuilles luisantes. *Rauvolfia nitida;* L. ♄. Antilles. Tige de sept à huit pieds; feuilles quaternées, lancéolées, acuminées, très-glabres, blanchâtres; en juillet, fleurs pédonculées, axillaires. Serre chaude; terre franche légère; multiplication de graines tirées de son pays natal et qui mettent souvent un an à lever, ou de boutures étouffées sur couche chaude et sous châssis.

OPHIOSE. *Ophioxylon;* L. (*Pentandrie-monogynie.*) Fleurs polygames; calice très-petit, à cinq dents; corolle infondibuliforme, à tube long, filiforme, renflé dans son milieu, à limbe divisé en cinq découpures; cinq étamines à anthères aiguës ; ovaire à style filiforme, terminé par un stigmate en tête ; baie à deux lobes, à deux loges, et à deux graines.

1. Ophiose noix de serpent. *Ophioxylon serpentinum ;* L. ♄. Inde. Tiges d'un pied ; feuilles verticillées, lancéolées-oblongues, persistantes ; de juin en août, fleurs blanches en dedans, rouges en dehors, terminales et conglomérées. Serre chaude ; terre franche, substantielle ; arrosemens fréquens en été, rares en hiver ; multiplication par la séparation des drageons en avril, placés sur couche chaude et sous cloche, pour favoriser la reprise. On croit, dans l'Inde, que sa racine est un excellent antidote contre la morsure des serpens, et contre les flèches empoisonnées.

AHOUAI. *Cerbera ;* L. (*Pentandrie – monogynie.*) Calice à cinq folioles ouvertes ; corolle infondibuliforme, à tube resserré à son orifice par cinq dents presque conniventes, puis évasé en un limbe grand, partagé en cinq découpures obliques ; cinq étamines à anthères conniventes ; ovaire arrondi, à style filiforme, terminé par un stigmate à deux lobes ; drupe sillonné d'un côté, contenant un noyau à quatre valves, à deux loges et à deux graines.

1. Ahouaï du Brésil. *Cerbera ahouai ;* Willd. ♄. Du Brésil. Arbre de quinze à vingt pieds, à suc laiteux et vénéneux ; feuilles éparses au sommet des rameaux, ovales aiguës, persistantes ; en juillet, fleurs jaunâtres, à divisions ondulées et folioles calicinales réfléchies. Serre chaude et tannée ; beaucoup de chaleur ; peu ou point d'humidité pendant sa jeunesse ; terre franche légère ; multiplication de graines venues de leur pays natal, ou de boutures étouffées sur couche chaude, plantées après avoir laissé sécher les plaies pendant deux ou trois jours.

2. Ahouaï manghas. *C. manghas ;* L. ♄. Inde. Arbre comme le précédent, restant aussi arbrisseau dans nos serres ; feuilles lancéolées, à nervures transversales ; en juillet, fleurs d'un blanc pur, maculées de pourpre, odorantes, assez grandes. Même culture.

3. Ahouaï des Antilles. *C. thevetia ;* L. ♄. Antilles. Arbrisseau de douze à quinze pieds, à rameaux tuberculeux ; feuilles linéaires, très-longues, serrées, persistantes ; fleurs

jaunes, odorantes, grandes, à divisions tronquées. Même culture.

4. Ahouaï ondulé. *Cerbera undulata;* Andrew. *C. maculata;* Willd. *Ochrosia maculata;* Jacq. ♄. Bourbon. Feuilles lancéolées, ondulées, atténuées aux deux bouts, souvent maculées; fleurs blanches, à fond d'un joli rouge, en cymes rameuses, divariquées et axillaires. Même culture.

ARDUINE. *Arduina;* L. (*Pentandrie-monogynie.*) Calice petit, persistant, à cinq divisions; corolle infondibuliforme, à tube cylindrique, courbé dans sa partie supérieure, et s'évasant en un limbe à cinq découpures aiguës; cinq étamines non saillantes; ovaire à style filiforme, terminé par un stigmate bifide, épais; baie à deux loges monospermes.

1. Arduine bifurqué. *Arduina bispinosa;* Willd. *Carissa arduina;* Lam. ♄. Du Cap. Arbrisseau de deux à trois pieds, formant buisson; feuilles ovales, cordiformes, mucronées, presque sessiles; rameaux armés d'épines opposées et fourchues; en été, fleurs blanches, odorantes, petites, fasciculées; baie disperme. Orangerie; terre légère mêlée à moitié terre de bruyère; multiplication de semences, boutures et marcottes.

COQUEMOLLIER. *Theophrasta;* L. (*Pentandrie-monogynie.*) Calice petit, persistant, à cinq divisions; corolle campanulée, courte, à cinq lobes égaux; cinq étamines courtes; ovaire à style court, terminé par un stigmate aigu; capsule globuleuse, grosse, à une loge contenant plusieurs graines arrondies, disposées autour d'un réceptacle cylindrique et central.

1. Coquemollier d'Amérique. *Theophrasta americana;* L. ♄. Antilles. Tige simple, nue; feuilles très-longues, ondulées, aiguës, coriaces, rassemblées au sommet de la tige; fleurs en corymbes terminaux; fruits de la grosseur d'une pomme médiocre, jaune, rugueux, à pulpe mangeable. Serre chaude; terre franche légère; multiplication de boutures sur couche chaude.

2. Coquemollier a longues feuilles. *T. longifolia;* Willd. ♄. Amérique méridionale. Il diffère du précédent par ses feuilles dentées, mucronées, atténuées à la base et au sommet. Serre chaude et même culture.

VOMIQUE. *Strychnos*; L. (*Pentandrie-monogynie.*) Calice caduc, à cinq divisions; corolle tubulée, à limbe ouvert, à cinq divisions; cinq étamines; un style surmonté par un stigmate épais; baie globuleuse, monoloculaire et pulpeuse intérieurement, à écorce ligneuse ou crustacée; graines arrondies ou angulaires, situées sur le réceptacle central.

1. Vomique des Indes, noix vomique. *Strychnos nux vomica*; L. ♄. Inde. Arbre très-gros; tige et rameaux sans épines; feuilles ovales, entières, opposées, nerveuses; fleurs en corymbes axillaires et terminaux. Serre chaude et tannée; terre franche légère; multiplication de marcottes et de boutures.

2. Vomique des buveurs. *S. potatorum*; Willd. ♄. Madras. Feuilles ovales, aiguës, quintuplinerves, veinées; fleurs odorantes, très-blanches, à gorge fermée par des poils blancs, en cymes axillaires; fruit monosperme, de la grosseur d'une cerise. Serre chaude et même culture. Les fruits de ces arbres, surtout ceux de la première espèce, sont un poison violent pour les animaux.

ORDRE XV.

LES SAPOTILLIERS. — *SAPOTÆ.*

Plantes ligneuses, lactescentes; *tiges* frutescentes ou arborescentes; *feuilles* ordinairement entières, toujours alternes, souvent duveteuses. *Fleurs* pédonculées sur des rameaux au dessous des feuilles, ou en petits paquets dans leurs aisselles; *calice* persistant, partagé en plusieurs divisions; *corolle* monopétale, à divisions régulières, tantôt égales en nombre à celles du calice, et alternes avec autant d'appendices intérieures, tantôt en nombre double et sans appendices; *étamines* opposées aux découpures de la corolle, et en même nombre qu'elles, ou en nombre double, les appendices portant alors les anthères; un seul *ovaire* supérieur, surmonté d'un *style* terminé par un *stigmate* ordinairement simple. Une *baie* ou un *drupe* à une ou plusieurs loges monospermes; *graines* osseuses, luisantes, marquées d'un ombilic latéral. *Embryon* entouré d'un périsperme charnu.

SIDÉROXYLON. *Syderoxylum;* L. (*Pentandrie-monogynie.*) Calice à cinq divisions; corolle en roue, à cinq divisions, munie de cinq appendices ou petites écailles courbées en dedans; cinq étamines, quelquefois dix lorsque les appendices portent des anthères; style court, à stigmate obtus; drupe contenant un noyau à cinq graines.

1. SIDÉROXYLON A FEUILLES DE LAURIER. *Syderoxilum melanophleos;* L. *S. laurifolium;* LAM. *Manglilla melanophleos;* PERS. ♄. Madagascar. Arbre de quinze pieds; feuilles lancéolées, ondulées, glabres, persistantes; fleurs petites, d'abord rouges, puis blanches, à pédoncules très-courts, pourpres, charnus. Orangerie; terre franche légère; dépotage annuel; arrosemens abondans en été. Multiplication de marcottes et de boutures.

2. SIDÉROXYLON VERT-SOMBRE. *S. atrovirens;* LAM. ♄. Amérique méridionale. Arbrisseau de quatre à cinq pieds, laiteux; feuilles ovales, obtuses, épaisses, coriaces, acuminées, avec la nervure blanche, persistantes; fleurs petites, blanchâtres, en faisceaux axillaires et petits. Orangerie; même culture.

3. SIDÉROXYLON A FEUILLES DE LYCIET. *S. licioïdes;* L. ♄. Amérique septentrionale. Arbrisseau de six à huit pieds, épineux, laiteux; feuilles lancéolées, assez étroites, pointues, presque persistantes; fleurs petites, d'un blanc verdâtre, disposées au nombre d'une vingtaine en faisceaux axillaires. Même culture. Il passe l'hiver en pleine terre avec la précaution de le couvrir.

4. SIDÉROXYLON DORÉ. *S. tenax;* L. *Bumelia tenax;* WILLD. *S. chrysophylloïdes;* MICH. ♄. Caroline. Arbrisseau de vingt pieds; feuilles ovales-lancéolées, obtuses, très-entières, d'abord soyeuses et argentées en dessous, puis dorées; en juillet et août, fleurs petites, nombreuses, dans les bouquets de feuilles. Orangerie et même culture.

5. SIDÉROXYLON COURBÉ. *S. reclinatum;* MICH. *Bumelia reclinata;* VENT. ♄. Géorgie. Arbrisseau à rameaux épineux, courbés et arqués vers la terre; feuilles ovales-oblongues,

obtuses, rassemblées par bouquets sur le vieux bois; en été, fleurs très-petites, blanches, pédonculées, solitaires, axillaires, réunies en petits faisceaux sur le vieux bois. Orangerie et même culture.

CAIMITIER. *Chrysophyllum;* L. (*Pentandrie-monogynie.*) Calice à cinq découpures; corolle campanulée, à cinq divisions arrondies, ouvertes, et munie en outre de cinq petites écailles qui la font paraître à dix divisions; cinq étamines; style court, terminé par un stigmate un peu divisé en cinq; baie globuleuse, à dix loges, contenant chacune une graine comprimée.

1. Caïmitier argenté. *Chrysophyllum argenteum;* Jacq. ♄. Antilles. Arbre de quinze pieds; feuilles ovales, en faux, cotonneuses et blanchâtres en dessous, persistantes; fleurs couvertes d'un duvet doré ou argenté; fruit de la forme d'une grosse olive. Serre chaude et tannée; terre franche et substantielle; arrosemens modérés en hiver; vases étroits; multiplication de marcottes et boutures.

2. Caïmitier glabre. *C. glabrum;* Willd. ♄. Antilles. Arbre de quinze pieds; feuilles ovales-oblongues, aiguës, glabres des deux côtés; fruit bleu, elliptique et lisse. Serre chaude et même culture.

3. Caïmitier caïnite. *C. caïnito;* L. ♄. Antilles. Arbre de vingt à trente pieds; feuilles ovales, striées parallèlement, dorées en dessus, cotonneuses et blanchâtres en dessous, persistantes; fleurs petites; fruit arrondi, de la grosseur d'une pomme, pourpre ou bleu selon la variété.

SAPOTILLIER. *Achras;* L. (*Pentandrie-monogynie.*) Calice à six divisions disposées sur deux rangs; corolle campanulée, à limbe à six divisions, muni à son orifice de six petites écailles échancrées; six étamines; ovaire à style subulé, terminé par un stigmate obtus; pomme globuleuse, charnue, à douze loges contenant chacune une graine ovale, comprimée.

1. Sapotillier cultivé. *Achras sapota;* Jacq. ♄. Amérique méridionale. Arbre de quarante pieds dans son pays natal; feuilles lancéolées, ovales; fleurs solitaires, à six étamines, blanches, campanulées; fruit de la grosseur d'une orange, à pulpe agréable. Serre chaude et tannée; beaucoup

de chaleur ; terre franche légère ; vases étroits ; multiplication de graines venues de leur pays natal, et de marcottes.

MIRSINE. *Myrsine* ; L. (*Pentandrie-monogynie.*) Calice petit, persistant, divisé profondément en cinq découpures ; corolle à cinq divisions conniventes ; cinq étamines ; ovaire à style cylindrique, persistant, terminé par un stigmate lanugineux, grand, saillant ; baie globuleuse, contenant cinq graines, dont trois à quatre avortent constamment.

1. Mirsine d'Afrique. *Myrsine africana* ; Lam. ♄. Du Cap. Arbuste de quatre à cinq pieds ; feuilles ovales, aiguës, un peu dentées, persistantes ; en mai, fleurs petites, rougeâtres ; baie violette. Orangerie ; terre franche légère ; multiplication de graines, de marcottes, et de boutures étouffées sur couche tiède.

2. Mirsine a feuilles arrondies. *M. retusa* ; Ait. *M. rotundifolia* ; Lam. ♄. Des Açores. Arbrisseau très-touffu, de trois à quatre pieds ; feuilles obovales, obtuses, échancrées et denticulées au sommet, persistantes ; au printemps, fleurs très-petites, blanchâtres, en petits corymbes axillaires et penchés. Orangérie et même culture ; de plus, multiplication de rejetons.

ARDISIE. *Ardisia* ; L. (*Pentandrie-monogynie.*) Calice à cinq folioles oblongues, persistantes ; corolle monopétale, à tube très-court, à limbe à cinq divisions allongées, ouvertes et réfléchies ; cinq étamines tubulées, insérées sur le tube, très-courtes, à anthères grandes, lancéolées, droites ; ovaire supérieur, globuleux ; style filiforme, surmonté par un stigmate simple ; fruit sec, globuleux, à une seule semence.

1. Ardisie crénelée. *Ardisia crenulata* ; Vent. ♄. Antilles. Arbrisseau de deux pieds ; feuilles lancéolées ovales, ondulées, crénelées, acuminées, atténuées à la base, persistantes ; fleurs très-petites, roses, en petites panicules ; fruit rouge, nombreux, d'un effet agréable. Serre chaude ; terre légère ou de bruyère ; multiplication de graines, boutures et marcottes.

2. Ardisie pyramidale. *A. pyramidalis* ; Cavan. ♄. Santa Cruz. Arbre à feuilles lancéolées, ovales, glabres ; fleurs rouges, en grappes terminales ; pédoncules ombellifères, comprimés. Serre chaude et même culture.

3. Ardisie solanacée. *A. solanacea* ; Willd. ♄. Inde.

Arbrisseau de cinq à six pieds ; feuilles oblongues, atténuées à la base et au sommet ; en juin et juillet, fleurs purpurines, en corymbes axillaires, et triparties. Serre chaude ; même culture.

4. Ardisie élevée. *Ardisia excelsa ;* Ait. ♄. Madère. Arbrisseau de cinq à six pieds ; feuilles obovales, cartilagineuses et dentées sur les bords, persistantes ; fleurs en grappes axillaires et simples. Orangerie et même culture.

5. Ardisie paniculée. *A. paniculata ;* Hort. Angl. ♄. Antilles. Arbrisseau de huit à neuf pieds ; feuilles lancéolées, longues quelquefois de deux pieds, en faisceaux au bout des rameaux ; presque toute l'année, fleurs d'un rose violacé, en grappe paniculée, terminale et très-longue. Serre chaude ; même culture. Très-belle plante.

6. Ardisie coriace. *A. coriacea ;* Swartz. ♄. Antilles. Arbrisseau à feuilles oblongues, entières, coriaces, sans veines ; fleurs paniculées. Serre tempérée et même culture.

JACQUINIER. *Jacquinia ;* (*Pentandrie-monogynie.*) Corolle à dix divisions ; cinq étamines insérées sur le réceptacle ; un style ; baie monosperme.

1. Jacquinier armillaire. *Jacquinia armillaris ;* Vahl. ♄. Amérique. Arbrisseau de cinq à six pieds ; feuilles cunéiformes ; rameaux verticillés et noueux à leurs ramifications. Serre chaude ; terre légère, ou de bruyère ; multiplication de marcottes.

2. Jacquinier orangé. *J. aurantiaca ;* Ait. ♄. Amérique. Tige de deux à trois pieds ; feuilles oblongues, cunéiformes, persistantes ; en juin et juillet, fleurs petites, d'un jaune orangé, produisant un charmant effet. Serre chaude ; même culture.

MIMUSOPE. *Mimusops ;* L. (*Octandrie-monogynie.*) Calice à huit parties, géminé ; corolle à huit parties entières, ou divisée en trois ; huit appendices petites, en forme d'écaille ; huit étamines ; un style ; fruit charnu, à une ou deux semences.

1. Mimusope a feuilles pointues, Magouden, Cavequi. *Mimusops elangi ;* Willd. ♄. Inde. Arbre très-grand dans son pays natal ; feuilles alternes, ovales, acuminées ; fleurs très-odorantes, pédonculées et axillaires. Serre chaude et tannée ;

beaucoup de chaleur; terre sablonneuse ou de bruyère, substantielle; multiplication de marcottes et boutures.

INOCARPE. *Inocarpus;* L. (*Décandrie-monogynie.*) Calice bifide; corolle infondibuliforme, à cinq divisions longues et linéaires; dix étamines insérées sur le tube, sur deux rangs; anthères presque sessiles, non saillantes; point de style; un stigmate concave; fruit gros, ovale, un peu comprimé, courbé à son sommet, contenant un noyau fibreux, réticulé, à une semence.

1. Inocarpe commestible. *Inocarpus edulis;* L. ♄. Java. Arbrisseau de quinze pieds; feuilles alternes, un peu cordiformes; fleurs petites, munies de bractées, en épis axillaires et velus. Serre chaude et tannée; terre franche légère; multiplication de marcottes et boutures.

LÉE. *Leea;* Willd. (*Pentandrie-monogynie.*) Fleurs monoïques; calice campanulé, à cinq divisions; corolle tubulée, courte, à limbe égal et à cinq divisions; écailles intérieures alternes, bifides à leur sommet. Fleurs mâles: cinq étamines insérées au fond de la corolle entre les écailles; un style; un stigmate; ovaire avorté. Fleurs femelles: les mêmes écailles doubles, les intérieures plus petites; ovaire supérieur; un style; stigmate lacéré; fruit globuleux, à six loges; six semences.

Lée crépue. *Leea crispa;* Pers. ♄. Du Cap. Arbuste à tige anguleuse et frangée; feuilles pinnées; en octobre, fleurs petites, blanches, en corymbes terminaux. Serre chaude; terre légère; multiplication de marcottes, boutures, et par la séparation de ses racines tubéreuses.

Observation. Les genres *mirsine*, *inocarpus*, *ardisia* et *leea* ne sont placés dans cette famille que parce qu'ils ont de l'analogie avec elle.

CLASSE VIII.

Plantes dicotylédones, monopétales, à corolle attachée au calice.

ORDRE PREMIER.

LES PLAQUEMINIERS. — *GUAIACANÆ.*

Plantes ligneuses, *tiges* frutescentes ou arborescentes, très-rameuses; *feuilles* simples et alternes; *fleurs* axillaires; *calice* monophylle, divisé à son sommet, quelquefois polyphylle; *corolle* monopétale, lobée ou profondément divisée, attachée à la base ou au sommet du calice; *étamines* en nombre variable, insérées sur la corolle; *ovaire* le plus souvent supérieur: dans quelques genres, inférieur ou semi-inférieur, surmonté d'un seul *style,* terminé par un *stigmate* simple ou divisé. Une *capsule*, ou le plus souvent une *baie* ou un *drupe* à plusieurs loges monospermes. *Embryon* au milieu d'un périsperme charnu.

PLAQUEMINIER. *Diospyros;* L. (*Diœcie - octandrie.*) Fleurs mâles et fleurs femelles séparées sur deux individus différens; quelques fleurs hermaphrodites sur les pieds femelles; calice à quatre, cinq ou six divisions; corolle monopétale, renflée, à quatre, cinq ou six lobes; huit à seize étamines; quatre ou cinq styles; baie à huit ou douze loges monospermes.

1. Plaqueminier lotos. *Diospyros lotus;* Willd. ♄. Italie. *Voyez* tome II, page 565, ainsi que pour le *diospyros virginiana* et le *diospyros kaki.*

2. Plaqueminier ébénier. *D. ebenum;* L. ♄. Ceylan. Arbre très-grand dans son pays natal; feuilles ovales lancéolées, acuminées; boutons velus; fleurs sessiles, axillaires, solitaires. Serre chaude; terre franche, substantielle; multipli-

cation de graines venues de son pays natal, ou, mais très-difficilement, de boutures et marcottes.

3. Plaqueminier a feuilles en coeur. *Diospyros cordifolia;* Willd. ♄. Inde. Arbre épineux, à épines souvent rameuses; feuilles oblongues, acuminées, cordiformes, pubescentes en dessous. Serre chaude; même culture.

4. Plaqueminier velu. *D. hirsuta;* L. ♄. Ceylan. Arbre à rameaux velus; feuilles elliptiques, obtuses, velues en dessous; fleurs axillaires, sessiles, et rassemblées. Serre chaude et même culture.

5. Plaqueminier a feuilles de lyciet. *D. lycioïdes;* Desf. ♄. Du Cap. Feuilles persistantes, lancéolées, planes, obtuses, lisses, glabres, très-entières. Orangerie et même culture.

6. Plaqueminier pubescent. *D. pubescens;* Pers. *D. hirsuta;* Desf. *Royena hirsuta;* L. ♄. Du Cap. Rameaux velus; feuilles petites, linéaires, lancéolées, pubescentes et poilues en dessous. Orangerie et même culture.

ROYÈNE. *Royena;* L. (*Décandrie-digynie.*) Calice urcéolé, à cinq divisions; corolle urcéolée, courte, à cinq lobes réfléchis, insérée au fond du calice; dix étamines à filamens courts; un ovaire supérieur, surmonté de deux styles terminés chacun par un stigmate; une capsule à une loge, à quatre valves, contenant quatre noyaux triangulaires, revêtus d'une enveloppe particulière.

1. Royène luisante. *Royena lucida;* L. ♄. Du Cap. Arbrisseau de dix pieds; feuilles ovales, un peu rudes, persistantes; en juin, fleurs petites, axillaires. Orangerie; terre franche; peu d'arrosemens en hiver; multiplication de marcottes et boutures, et quelquefois de rejetons. Toutes se cultivent de la même manière.

2. Royène glabre. *R. glabra;* L. ♄. Du Cap. Arbrisseau de cinq à six pieds; feuilles lancéolées, glabres, persistantes; en septembre, fleurs blanchâtres, presque verticillées.

3. Royène velue. *R. hirsuta;* Willd. ♄. Du Cap. Arbrisseau de huit à neuf pieds; feuilles oblongues lancéolées, un peu velues, persistantes; en juillet, fleurs petites, d'un pourpre léger.

4. Royène a feuilles étroites. *R. angustifolia;* Willd.

♄. Du Cap. Feuilles très-étroites, lancéolées, aiguës, un peu poilues en dessous.

5. Royène douteuse. *Royena polyandra;* L. Variété *ambigua* de Vent. ♄. Du Cap. Tige de deux ou trois pieds; feuilles obovales, un peu velues, coriaces, persistantes; en automne, fleurs pédonculées, à six ou sept divisions obtuses, réfléchies, jaunâtres; plusieurs étamines et plusieurs pistils.

VISNÉE. *Visnea;* L. (*Dodécandrie-trigynie.*) Calice de cinq folioles persistantes; corolle de cinq pétales entiers, à peine plus longs que le calice; douze étamines à filamens plus courts que la corolle; un ovaire supérieur, rétréci à son sommet, portant trois styles filiformes et autant de stigmates; une noix ovale, renfermée dans les folioles du calice qui deviennent connivents, et partagée en deux ou trois loges monospermes.

1. Visnée mocanère. *Visnea mocanera.* L. ♄. Canaries. Arbrisseau de quatre à six pieds; feuilles elliptiques; en janvier, fleurs solitaires ou géminées, d'un jaune blanchâtre. Orangerie; terre légère; multiplication de graines, boutures et marcottes.

ALIBOUFIER. *Styrax;* L. (*Décandrie-monogynie.*) Calice en godet, entier ou à cinq dents; corolle à tube court et à limbe partagé en cinq divisions profondes; huit à dix étamines; un ovaire surmonté d'un style terminé par un stigmate simple; un drupe coriace contenant un ou deux noyaux.

1. Aliboufier officinal. *Styrax officinale;* L. ♄. France méridionale. Arbrisseau de dix à douze pieds; feuilles ovales, velues en dessous; en juillet, fleurs grandes, blanches, en grappes simples plus courtes que les feuilles. Orangerie, ou pleine terre, mais à exposition très-chaude, et avec une bonne couverture de litière sèche pendant l'hiver; terre franche légère; multiplication de graines semées en terrine aussitôt leur maturité, ou de drageons et de marcottes. C'est cette espèce qui fournit le *storax* au commerce, dit-on.

2. Aliboufier glabre. *S. lœvigatum;* Ait. *S. americanum;* Lam. *S. glabrum;* Cavan. ♄. Caroline. Arbrisseau de douze à quinze pieds; feuilles oblongues, dentées, glabres des deux côtés; en juillet, fleurs blanches, sur des pédoncules axil-

laires, uniflores, solitaires ou géminés; huit étamines. Même culture.

3. Aliboufier a grandes feuilles. *Styrax grandifolium;* Ait. ♄. Caroline. Arbrisseau à feuilles obovales, velues en dessous; en juillet, fleurs blanches; pédoncules inférieurs axillaires, solitaires, uniflores.

4. Aliboufier benzoïn. *S. benzoïn;* Pers. ♄. Sumatra. Arbrisseau à feuilles oblongues, acuminées, cotonneuses en dessous; fleurs en grappes composées de la longueur des feuilles. C'est de cet arbre que l'on tire la résine connue dans le commerce sous le nom de benjoin. Même culture.

HALÉSIE. *Halesia;* L. (*Dodécandrie-monogynie.*) Calice campanulé, adhérent, à quatre dents; corolle campanulée, à quatre divisions; douze à seize étamines; un ovaire adhérent au calice, portant un style terminé par un stigmate simple. Un drupe sec, contenant un noyau à quatre loges monospermes, dont deux ou trois sont sujettes à avorter.

1. Halésie a quatre ailes. *Halesia tetraptera.* L. ♄. Amérique septentrionale. Arbrisseau de douze à quinze pieds; feuilles ovales, acuminées, aiguëment dentées; en mai, fleurs blanches, nombreuses, pendantes, trois ou quatre ensemble sur le vieux bois. Semence à quatre ailes. Pleine terre franche légère, et à demi ombragée; multiplication de graines et de marcottes.

2. Halésie a deux ailes. *H. diptera;* L. ♄. Caroline. Cette espèce ne diffère de la précédente que par ses feuilles un peu plus larges, et ses semences à deux ailes portées par des pédoncules allongés. Même culture. Ces deux arbrisseaux produisent un effet très-agréable dans les bosquets du printemps.

ANDREWSIE. *Andrewsia;* Vent. (*Pentandrie-monogynie.*) Calice monophylle, persistant, à cinq divisions; corolle monopétale, en coupe, dont le tube est de la longueur du calice, l'entrée velue, et le limbe ouvert à cinq lobes; cinq étamines insérées au milieu du tube; les anthères à son entrée; ovaire libre, ovale, comprimé; style cylindrique, un peu arqué; stigmate concave; fruit sec, contenant un noyau à quatre loges, et quatre semences.

1. Andrewsie glabre. *A glabra;* Vent. *Pogonia glabra;* Andrew. ♄. Nouvelle-Hollande. Arbuste de cinq ou six pieds;

feuilles ovales-lancéolées, acuminées, très-entières, persistantes ; au printemps, fleurs blanches, pendantes, axillaires, solitaires, ou au nombre de deux à trois ensemble. Orangerie ; terres légère et de bruyère mélangées ; multiplication aisée de marcottes et boutures.

2. ANDREWSIE DÉBILE. *Andrewsia debilis;* VENT. *Pogonia debilis;* ANDREW. ♄. Nouvelle-Hollande. Tige sarmenteuse, à écorce rude ; feuilles lancéolées, distiques, un peu dentées au sommet ; fleurs bleues, axillaires et solitaires. Orangerie et même culture.

HOPÉE. *Hopea;* L. (*Polyandrie-monogynie.*) Calice campanulé, à cinq divisions ; cinq pétales réunis par leur base aux faisceaux des étamines ; un grand nombre d'étamines ayant leurs filamens réunis inférieurement en cinq faisceaux ; un ovaire inférieur, surmonté d'un style persistant, s'épaisissant insensiblement vers son sommet qui se termine par un stigmate simple. Un drupe sec, oblong, couronné par le calice, contenant une noix glabre, à trois loges, dont deux avortent ordinairement.

1. HOPÉE DES TEINTURIERS. *Hopea tinctoria;* L. *Symplocos tinctoria;* WILLD. ♄. Caroline. Arbrisseau de neuf à dix pieds ; feuilles ovales-lancéolées ; fleurs jaunâtres ou blanchâtres, odorantes, en grappes courtes, paraissant avant les feuilles. Orangerie ; terre de bruyère ; arrosemens fréquens pendant la végétation ; multiplication de marcottes, et de boutures étouffées sur couche tiède.

ORDRE II.

LES ROSAGES. — *RHODODENDRON.*

Plantes herbacées ou ligneuses ; *tiges* herbacées, frutescentes ou arborescentes ; *feuilles* alternes, ou opposées, ou verticillées, ordinairement persistantes ; *inflorescence* variée ; *fleurs* souvent bractéées ; *calice* monophylle, persistant, à cinq divisions plus ou moins profondes, quelquefois à quatre ou à sept ; *corolle* attachée au fond du calice, tantôt monopétale et simplement lobée, tantôt profondément divisée et même polypétale ;

étamines définies, distinctes, insérées sur la corolle dans les monopétales : attachées immédiatement au fond du calice dans les polypétales ; un *ovaire* supérieur portant un seul style, et terminé par un stigmate simple, souvent en tête. Une *capsule* multiloculaire, multivalve, chaque valve repliée intérieurement sur ses bords, et formant autant de loges, contenant chacune plusieurs *graines* menues, attachées à un réceptacle central.

KALMIE. *Kalmia;* L. (*Décandrie-monogynie.*) Calice partagé en cinq divisions; corolle monopétale, en forme de coupe, ayant le bord de son limbe droit et légèrement à cinq divisions, creusé de dix fossettes intérieurement, et relevé de dix petites bosses extérieurement; dix étamines attachées à la base de la corolle, et ayant leurs filamens recourbés, de manière que les anthères, avant de s'ouvrir, sont nichées dans les fossettes de la corolle; capsule à cinq lobes. Toutes les espèces de ce genre sont fort jolies.

1. KALMIE A LARGES FEUILLES. *Kalmia latifolia;* L. ♄. Amérique septentrionale. Arbrisseau de cinq à six pieds, formant buisson; feuilles ovales-elliptiques, coriaces, pétiolées, ternées ou éparses, persistantes; en juin, fleurs nombreuses, d'un rouge rose ou carné, un peu visqueuses, en corymbes terminaux. Plate-bande de terre de bruyère humide et à demi ombragée; multiplication de graines, de rejetons, et de marcottes qui mettent souvent deux ans à s'enraciner. Les jeunes sujets, provenus de semences, doivent être abrités sous châssis pendant les trois premières années. Toutes se cultivent de même.

Var. A feuilles de saule; *salicifolia.*

2. KALMIE A FEUILLES ÉTROITES. *K. angustifolia;* L. *K. oleifolia;* CATESB. ♄. Amérique septentrionale. Arbrisseau de quatre à cinq pieds; feuilles lancéolées, petites, glabres, persistantes; en juin et juillet, fleurs plus petites, en corymbes latéraux et rapprochés en forme de verticilles.

Var. 1° A feuilles panachées, *foliis variegatis;* 2° petite, *minima;* 3° naine, *nana;* 4° basse, *pumila;* 5° rose, *rosea;* 6. rouge, *rubra.*

3. KALMIE VELUE. *K. hirsuta;* LAM. ♄. Caroline méridio-

nale. Arbuste de deux pieds, sous-frutiqueux; feuilles un peu lancéolées, roulées, alternes, persistantes; en automne, fleurs d'un rose carné ou pourpré, solitaires et axillaires.

4. Kalmie glauque. *Kalmia glauca;* Ait. ♄. Amérique septentrionale. Arbuste de dix-huit pouces, formant buisson; rameaux ancipités; feuilles opposées, oblongues, lisses, glauques en dessous, à bords roulés, persistantes; en mai, fleurs d'un joli rose, en corymbes terminaux.

ROSAGE. *Rhododendron;* L.) *Décandrie-monogynie.*) Calice à cinq divisions; corolle infondibuliforme, à limbe ouvert, partagé en cinq lobes; dix étamines inclinées; une capsule à cinq loges.

1. Rosage en arbre. *Rhododendron arboreum;* Hort. Angl. ♄. De la Chine. Arbre pyramidal, à rameaux ouverts; feuilles lancéolées, longues de cinq à six pouces, vertes en dessus, d'un blanchâtre argenté en dessous; en avril et mai, fleurs d'un écarlate rembruni, au nombre de douze à dix-huit, formant une tête hémisphérique et terminale. Orangerie éclairée; terre de bruyère; multiplication par la greffe sur le rhododendron du Pont, ou de graines, ou de marcottes.

Var. 1° A fleurs blanches, *album;* 2° à fleurs roses, *roseum;* 3° à fleurs rouges, *rubrum.*

2. Rosage ferrugineux. *R. ferrugineum;* Jacq. ♄. Des Alpes. Arbrisseau de un à deux pieds, formant buisson; feuilles ovales-oblongues, glabres, un peu rouillées et velues en dessous, persistantes; en juin, fleurs d'un rouge vif, ou roses, en corymbes; pétales inférieurs plus étroits. Plate-bande de terre de bruyère, à l'exposition du nord ou du levant. Multiplication de graines semées en terre de bruyère sur couche froide et sous châssis, dès les premiers jours du printemps. La précaution essentielle, c'est que la terre soit toujours humide pour favoriser la germination, sans cependant la battre par des arrosemens trop forts. On garantit les jeunes plantes d'un soleil trop ardent; on éclaircit et on repique à quatre ou cinq pouces de distance sous un châssis au nord ou au levant. L'année suivante, ou même à l'automne, on peut les placer en plate-bande. On peut encore multiplier ces charmans arbrisseaux de marcottes ou couchages enracinés la première ou la seconde année.

3. Rosage ponctué. *Rhododendron punctatum;* Willd. *R. minus;* Mich. ♄. Amérique septentrionale. Arbrisseau de trois pieds ; feuilles ovales-lancéolées, ferrugineuses et ponctuées en dessous, persistantes; au printemps, fleurs d'un rose vif ou carné, ou pâle, plus ou moins grandes, selon la variété; corolle infondibuliforme ; capsule allongée.

4. Rosage de Daourie. *R. dauricum;* L. ♄. Des bords de la mer Noire. Arbuste de deux pieds; feuilles glabres, ponctuées, nues, oblongues, persistantes ; de mars en mai, fleurs petites, d'un pourpre foncé; corolle en roue.

5. Rosage du Kamschatka. *R. kamschaticum;* Pallas. ♄. Sibérie. Arbuste rameux; feuilles ciliées, nerveuses, persistantes; au printemps, fleurs de la grandeur du rosage pontique, d'un joli rose, solitaires; corolle en roue ; calice foliacé.

6. Rosage velu. *R. hirsutum;* Willd. ♄. Des Alpes. Arbuste de quinze à dix-huit pouces, formant buisson ; feuilles elliptiques, un peu aiguës, ciliées, ponctuées en dessous, persistantes; en juin, fleurs petites, d'un rouge vif; corolle infondibuliforme.

Var. 1° Hibride, *hibridum;* 2° à feuilles panachées, *foliis variegatis.*

7. Rosage a petites feuilles. *R. chamæcistus;* Willd. ♄. Autriche. Arbuste très-petit, à rameaux couchés; feuilles elliptiques, un peu aiguës, glanduleuses, ciliées, nues, très-petites; en juin, fleurs couleur de chair ou d'un rouge vif, ponctuées de rouge plus foncé; corolle en roue ; pétales obtus.

8. Rosage du Caucase. *R. caucasicum;* Willd. ♄. Du sommet du Caucase. Arbrisseau d'un pied, à rameaux ouverts et diffus ; feuilles ovales-oblongues, rudes, ferrugineuses et cotonneuses en dessous ; au printemps, fleurs blanches ou roses, en ombelles terminales; corolle en roue; pétales un peu arrondis.

9. Rosage a fleurs jaunes. *R. chrysanthum;* Willd. ♄. Sibérie. Arbuste bas et rameux; feuilles oblongues, rudes, glabres et discolores en dessous, persistantes; fleurs jaunes, assez grandes, belles, en ombelles terminales; corolle en roue; pétales obovales, irréguliers.

10. Rosage pontique. *R. ponticum;* Willd. ♄. Orient. Ar-

buste de huit à neuf pieds; feuilles oblongues, glabres, de la même couleur des deux côtés, persistantes; en mai, fleurs d'un pourpre violâtre, grandes et belles, en corymbes terminaux; corolle campanulée, en roue; pétales lancéolés. On en a obtenu une grande quantité de très-belles variétés, dont les plus remarquables sont : R. pontique blanc, *album;* à feuilles étroites, *angustifolium;* à feuilles de Cassiné, *cassinæfolium;* tordu, *contortum;* à fleurs doubles, *flore pleno;* à feuilles argentées, *foliis argenteis;* à feuilles maculées, *foliis maculatis;* à feuilles bordées, *foliis marginatis;* à feuilles panachées, *foliis variegatis;* feuillu, *frondosum;* moyen, *intermedium;* kalmia, *kalmianum;* à grandes feuilles, *macrophyllum;* obtus, *obtusum;* ovale, *ovatum;* rose, *roseum;* à feuilles de saule, *salicifolium;* à feuilles boursoufflées, *bullatum;* à feuilles ondulées, *undulatum;* à fleurs semi-doubles, *semiplenum.*

11. Rosage d'Amérique, ou grand rhododendron. *Rhododendron maximum;* Mich. ♄. Amérique septentrionale. Arbrisseau de cinq à six pieds; feuilles un peu cunéiformes, oblongues, coriaces, glabres, pâles en dessous, un peu cotonneuses dans leur jeunesse, persistantes; en juillet, fleurs d'un joli rose, ou blanches, ou rougeâtres, selon la variété, en corymbes; corolle campanulée; divisions calicinales ovales, obtuses.

12. Rosage de Catawha. *R. catabiense;* Mich. ♄. Amérique septentrionale. Arbuste de trois ou quatre pieds; feuilles courtement ovales à la base et au sommet, arrondies, obtuses; en juin, fleurs roses, un peu campanulées, à divisions calicinales allongées. On en possède déjà plusieurs variétés charmantes.

13. Rosage azaloïde. *R. azaloïdes;* Hort. Angl. ♄. Hybride du rhododendron pontique, et de l'azalée pontique, dit-on. Arbuste de trois pieds; feuilles oblongues, pubescentes en dessous, rassemblées au sommet des rameaux en forme de rosette; en mai, fleurs roses, maculées de jaunâtre, à pétales ondulés.

Var. Rosage azaloïde violacé. *R. A. violaceum;* plus petit dans toutes ses parties; fleurs violacées, plus tardives.

AZALÉE. *Azalea.* L. (*Pentandrie-monogynie.*) Calice très-court, à cinq divisions; corolle infondibuliforme, à cinq découpures irrégulières; cinq étamines insérées sur le réceptacle, à filamens arqués, portant des anthères qui s'ouvrent à leur sommet par deux pores ; une capsule à cinq loges.

1. Azalée nudiflore. *Azalean udiflora;* L. ♄. Virginie. Arbuste de trois pieds, formant buisson ; feuilles ovales, pointues, glabres, vertes et luisantes ; fleurs roses, écarlates, blanches, etc., selon la variété, en ombelles terminales ; corolle velue ; étamines très-longues. Plate-bande de terre de bruyère, et même culture que les rosages. Les azalées sont cependant un peu moins délicates, et réussissent assez bien dans les terres légères, douces et fraîches. Quelques espèces exigent l'orangerie, ou même la serre tempérée. Par les semis, on en a obtenu un grand nombre de variétés, dont les principales sont :

Var. 1° Azalée blanche, *A. alba;* elle fleurit en mai. 2° A. bicolore, *A. bicolor;* à tube rouge et limbe d'un blanc rosé. 3° A. carnée, *A. carnea;* à limbe pâle et tube rouge à sa base. 4° A limbe d'un rouge clair plus foncé, *A. rubicunda.* 5° A fleurs écarlates, *A. aurantiaca*, ou *coccinea major.* 6° A fleurs écarlates et arbuste plus petit, *A. coccinea minor.* 7° A fleurs rouges et divisions inférieures blanches, *A. papilionacea.*

Nous avons obtenu de nos semis, ou par la voie de l'Angleterre, un bien plus grand nombre de nouvelles variétés ou sous-variétés, dont nous allons donner la nomenclature seulement. *A. nudiflora, rubra, blanda, carioliniana, corolata, crispa, cumulata, discolor, fastigiata, flore pleno, florida, globosa, incana, incarnata, mirabilis, montana, pallida, paludosa, purpurascens, purpurea, purpurea plena, rosea, ruberrima, rufa, serotina, staminea, stellata, tricolor, variabilis, variegata, versicolor, violacea, glauca, pallida, tricolor, penicillata, præcox, pubescens, vittata, violæ odora.*

2. Azalée de l'Inde. *A. indica;* L. ♄. Inde. Arbrisseau de quatre ou cinq pieds ; feuilles ovales-lancéolées, étroites ; en mai, fleurs ordinairement solitaires, grandes, d'un rouge vif. Celle-ci est de serre tempérée.

Var. 1° Azalée liliacée. *A. formosa;* Hort. Angl. Tige de deux pieds ; feuilles ovales-oblongues, un peu velues ; en mai, fleurs d'un très-beau blanc, très-grandes, superbes. Serre tempérée.

Var. 2° Azalée élégante. *A. venusta;* HORT. ANGL. Feuilles plus velues; fleurs un peu moins grandes, semi-doubles, pourpres. Serre tempérée.

3. AZALÉE LAPONNE. *Azalea laponica;* L. ♄. De la Laponie. Arbuste à feuilles elliptiques, ponctuées, rudes, marquées de petits enfoncemens; fleurs campanulées. Culture du n° 1.

4. AZALÉE COUCHÉE. *A. procumbens;* L. ♄. Alpes. Arbrisseau de sept à huit pouces, à rameaux couchés et diffus; feuilles petites, elliptiques, glabres, roulées sur les bords; en avril et mai, fleurs petites, roses, au nombre de trois ou quatre ensemble au sommet des rameaux. Culture du n° 1.

5. AZALÉE A FEUILLES DE ROMARIN. *A. rosmarinifolia;* LAM. ♄. Du Japon. Feuilles linéaires, lancéolées, réfléchies et velues sur leurs bords; fleurs campanulées, solitaires. Serre tempérée.

6. AZALÉE PONTIQUE. *A. pontica;* ANDREW. ♄. Orient. Arbuste de cinq ou six pieds; feuilles ovales-oblongues, velues, ciliées; en mai et juin, fleurs grandes, d'un beau jaune, en grappes ombellées et terminales. Culture du n° 1.

Var. 1° A fleurs blanches; 2° à fleurs d'un jaune clair.

Var. 3° Azalée éclatante. *A. calendulacea;* MICH. *A. flammea;* BARTRAM. ♄. Amérique septentrionale. Feuilles d'abord pubescentes, puis velues; fleurs très-grandes, d'un jaune souci éclatant. Sous-variété d'un jaune safrané, *A. crocea.*

7. AZALÉE VISQUEUSE. *A. viscosa;* L. ♄. Amérique septentrionale. Arbuste de quatre à cinq pieds, à rameaux hispides; feuilles ovales-lancéolées, vertes des deux côtés, à bords rudes; en juin, fleurs blanches, très-odorantes, velues et visqueuses, infondibuliformes. Culture du n° 1.

Var. 1° Azalée glauque. *A. glauca;* LAM. Feuilles lancéolées ovales, glauques des deux côtés; fleurs rougeâtres, à étamines à peine plus longues que la corolle; pédicules rouges.

Var. 2° Azalée multiflore. *A. floribunda;* HORT. ANGL. Corolle non épanouie, moins rouge que dans la précédente; feuilles vertes en dessus, glauques en dessous; pédicules blancs.

Var. 3° Azalée luisante. *A. virens;* HORT ANGL. *A. viscosa;* HORTUL. Pédoncules rougeâtres, couverts de poils blancs, non visqueux; fleurs blanches, à divisions pointues et pourpres. Sous-variété, *A. spathulata;* à feuilles spatulées et peu luisantes.

Var. 4° Azalée rude; *A. scabra;* Ait. Fleurs entièrement blanches, chargées de poils rougeâtres, glanduleux et visqueux.

Var. 5° Azalée tardive; *A. serotina;* Hort. Angl. *A. fissa;* Ait. En août, fleurs blanches, moitié moins grandes que dans la précédente, à limbe et tube plus ou moins fendus dans une des divisions.

Var. 6° Azalée cotonneuse; *A. tomentosa;* Hort. Angl. Fleurs blanches; arbuste plus élevé, à feuilles et rameaux entièrement couverts de poils cotonneux. Peut-être est-ce une espèce. Enfin, l'azalée visqueuse a encore fourni les variétés. 7° *Tomentosa rubra*, cotonneuse à fleurs rouges; *purpurea, colorata, ruberrima, ruberrima flore pleno*, etc. Toutes sont fort jolies, odorantes, et se cultivent comme leur type.

8. Azalée chèvre-feuille. *Azalea periclymena;* Mich. ♄. Amérique septentrionale. Feuilles vertes des deux côtés, glabres, excepté la nervure qui est laineuse en dessus; fleurs roses, infondibuliformes, non visqueuses, à limbe plus grand que le tube, celui-ci velu; étamines très-longues et saillantes. Culture du n° 1.

9. Azalée blanchatre. *A. canescens;* Mich. ♄. Caroline. Feuilles blanchâtres en dessous; fleurs roses; corolle nue, non visqueuse; calice très-petit, à dents arrondies. Culture du n° 1.

RHODORE. *Rhodora;* L. (*Décandrie-monogynie.*) Calice très-petit, à cinq dents; corolle de deux pétales oblongs, connivens, le supérieur profondément bifide, l'inférieur découpé en trois lobes à son sommet; dix étamines à filamens inclinés, insérées sur le calice, portant des anthères qui s'ouvrent à leur sommet par deux pores; une capsule à cinq loges.

1. Rhodore du Canada. *Rhodora canadensis;* Lam. ♄. Canada. Arbuste de trois à quatre pieds; feuilles ovales; de mars en avril, fleurs purpurines, à odeur de rose. Plate-bande de terre de bruyère fraîche et à demi ombragée; multiplication et culture des rosages et des kalmies.

LÉDON. *Ledum;* L. (*Décandrie-monogynie.*) Calice très-petit, à cinq dents; cinq pétales; dix étamines, à anthères droites, oblongues; une capsule à cinq loges, acuminée par le style.

1. Lédon a larges feuilles, ou thé du Labrador. *Ledum latifolium;* Ait. *L. groenlandicum;* Retz. ♄. Du Labrador. Arbuste de trois pieds, aromatique, formant buisson; feuilles elliptiques, à bords roulés, cotonneuses en dessous, persistantes; en avril, fleurs blanches, souvent à cinq étamines. Plate-bande de terre de bruyère fraîche et à demi ombragée; multiplication de rejetons séparés au printemps, de marcottes et de boutures.

2. Lédon a feuilles de thym. *L. thymifolium;* Lam. *L. buxifolium;* Ait. *L. serpyfolium;* L'Hérit. ♄. Caroline. Arbuste petit et couché; feuilles ovales, obtuses, glabres des deux côtés, persistantes; en mai, fleurs petites, blanches, en ombelles terminales, sessiles, formant une tête serrée. Même culture.

3. Lédon des marais. *L. palustre;* Ait. *L. decumbens;* Mich. ♄. Europe septentrionale. Arbuste de deux à trois pieds; feuilles linéaires, roulées sur les bords, cotonneuses en dessous, persistantes; en avril et mai, fleurs blanches, petites, en ombelles sessiles et terminales. Même culture.

BÉJARIE. *Bejaria;* Mutis. *Befaria;* L. (*Dodécandrie-monogynie.*) Calice très-court, à sept divisions ovales; corolle monopétale, à sept découpures profondes; quatorze étamines; une capsule à sept loges polyspermes.

1. Béjarie a grappe. *Bejaria racemosa;* Pers. *B. paniculata;* Mich. ♄. Caroline. Arbuste de trois ou quatre pieds; feuilles ovales lancéolées, glabres, persistantes; de juin en septembre, fleurs d'un blanc pourpré, légèrement odorantes, en grappes paniculées et terminales; tige poilue, hispide. Orangerie; terre de bruyère; multiplication de graines et de marcottes.

MENZIÉZIE. *Menziezia;* Juss. (*Octandrie-monogynie.*) Calice à quatre divisions; corolle monopétale, ovoïde, ayant son limbe à quatre dents ouvertes et réfléchies; huit étamines; une capsule à quatre loges.

1. Menziézie a feuilles de polium. *Menziezia polifolia;* Juss. *Andromeda daboecia;* L. *Erica daboecia;* Willd. ♄.

France méridionale. Tiges rampantes, rameuses, faibles; feuilles alternes, roulées, ovales, cotonneuses et blanchâtres en dessous; en été, fleurs assez grandes, d'un joli pourpre, en grappes terminales. Plate-bande de terre de bruyère à demi ombragée; multiplication de graines et marcottes.

Var. 1° Naine, *nana*, plus petite dans toutes ses parties; 2° à feuilles larges, *latifolia;* 3° droite, *stricta*.

2. MENZIÉZIE FERRUGINEUSE. *Menziezia ferruginea;* JUSS. ♄. Amérique septentrionale. Arbrisseau à tiges redressées; feuilles lancéolées, planes, fasciculées au sommet des rameaux; fleurs terminales, en faisceaux. Même culture.

ITÉA. *Itea;* L. (*Pentandrie-monogynie.*) Calice très-petit, à cinq divisions; cinq pétales; cinq étamines à anthères inclinées; une capsule à deux loges et à deux valves mucronées par le style persistant. Ce genre serait peut-être mieux placé dans la famille des saxifragées.

1. ITÉA DE VIRGINIE. *Itea virginiana;* MICH. ♄. De la Virginie. Arbuste de trois à quatre pieds; feuilles alternes, ovales, pointues, dentées; en juin, fleurs blanches, petites, nombreuses. Pleine terre légère et ombragée, ou, mieux, plate-blande de terre de bruyère; multiplication de graines venues de leur pays natal, de marcottes sur les bois de l'année précédente, de drageons, ou de boutures étouffées.

2. ITÉA ÉPINEUX. *I. spinosa;* ANDREW. ♄. Nouvelle-Hollande. Arbuste de deux pieds; feuilles opposées, sessiles, cunéiformes, tronquées au sommet; épines axillaires; en août et décembre, fleurs blanches, petites, en panicules terminales. Orangerie; même culture.

ORDRE III.

LES BRUYÈRES. — *ERICÆ*.

Plantes herbacées ou ligneuses; *tiges* frutescentes, rameuses, quelquefois herbacées; *feuilles* alternes, opposées ou verticillées, ordinairement persistantes. *Inflorescence* très-variée; *calice* monophylle, persistant, divisé plus ou moins profondément; *corolle* monopétale, quelquefois profondément divisée, ou même polypétale, souvent marcescente, ordinairement insérée sur le calice, et plus communément près de sa base; *étamines* définies, insérées sur la base du calice, plus rarement à la base de la corolle, à anthères souvent bifides à leur base, et prolongées en deux appendices, ou comme en deux cornes; *ovaire* supérieur, ou rarement inférieur, portant un *style* terminé par un *stigmate* le plus souvent simple; une *capsule* à quatre ou cinq loges ordinairement polyspermes, s'ouvrant en autant de valves qui portent dans leur milieu une cloison longitudinale, et sont attachées par leur base à l'axe central; quelquefois une *baie* qui ne s'ouvre point; *graines* très-petites, munies d'un périsperme charnu.

BRUYÈRE. *Erica;* L. (*Octandrie-monogynie.*) Calice à quatre divisions, quelquefois double; corolle campanulée, en godet ou tubulée, quadrifide; huit étamines, à anthères échancrées à leur base, ou à deux cornes; stigmate presque à quatre lobes; une capsule à quatre ou huit loges, à quatre ou huit valves.

Les bruyères sont toutes de charmans arbustes, dont la culture a fait pendant long-temps le plus grand plaisir des amateurs; mais la difficulté de leur conservation en a fait diminuer le goût depuis plusieurs années. Elles craignent également le chaud et le froid, aiment une position à demi ombragée, et ne peuvent vivre que dans une terre de bruyère constamment fraîche, mais sans humidité stagnante. Aussi les place-t-on l'été dans un lieu un peu ombragé, et abrité, par le feuillage d'autres arbres, des vents chauds ou trop forts, qui leur nuiraient; on leur donne des arrosemens soutenus, en s'abstenant de mouiller leur feuillage, et on les change de terre, par le dépotage, toutes les fois que la leur est épuisée. L'hiver on les abrite dans une orangerie éclairée, ou dans une bâche préparée pour les recevoir, mais avec la précaution de ne pas les placer trop près des verres. Il suffit qu'il n'y gèle pas, et qu'on puisse leur donner de l'air toutes les fois que la saison le permet. Pour qu'elles s'y conservent très-bien, soit à l'air libre, soit dans la bache ou sous chassis, on peut enterrer leurs pots dans une couche de sable fin et humide, ou de terre de bruyère, afin de leur faire conserver l'humidité égale et soutenue favorable à leur végétation.

Ordinairement on ne les dépote qu'au printemps ou à l'automne, et seulement quand on s'aperçoit que leurs racines sont gênées dans les vases ; mais si on en voit une souffrir, on doit l'ôter de son pot, en quelque saison que ce soit, visiter scrupuleusement ses racines, et voir si on ne doit pas attribuer son dépérissement à une humidité stagnante qui les aurait attaquées de pourriture. Dans ce cas on coupe les racines affectées, on renouvelle la terre, et on place la plante malade sous un châssis pour faciliter sa reprise.

Lorsque l'on dépote, il ne faut couper que peu de racines, et placer au fond du pot un bon lit de gros sable, afin de faciliter l'écoulement des eaux d'arrosemens. Du reste, l'habitude seule peut apprendre aux cultivateurs à reconnaître les espèces qui demandent plus ou moins de soins, et un traitement particulier, surtout sous le rapport des arrosemens.

On multiplie les bruyères de graines, de boutures, et de marcottes.

Les semis se font aussitôt la maturité des graines, ou vers le milieu du mois de mars, en pots ou en terrines, remplis de gros sable ou de gravois de rivière, avec trois ou quatre pouces de terre de bruyère par-dessus. On jette les graines, on les fixe en appuyant dessus avec la main ou une planchette, et on les recouvre à peine d'une terre très-fine. Si on arrose par *intus-susception*, c'est-à-dire par-dessous', on laisse le semis tel quel ; mais si on doit arroser par-dessus, avec une gerbe toujours extrêmement fine, on recouvre les graines d'un peu de mousse hachée très-fin, ce qui maintient une humidité favorable à la germination, et empêche la terre de se battre ou de se dessécher à la surface. On place ces semis à l'exposition du levant, de manière à ce qu'ils n'aient que deux ou trois heures de soleil par jour, et surtout on les abrite des pluies, qui détruiraient tout. On les place, jusqu'en mai, si l'on a semé au printemps, sur une couche tiède qui hâte le développement des graines ; dans le cas contraire, on se contente d'un châssis ou même du plein air. Les semences nouvelles lèvent ordinairement au bout d'un mois, mais celles qui sont vieilles, ou qui ont voyagé, mettent quelquefois un an ou deux à germer. Dans l'un et l'autre cas il faut soigner le semis, en enlever les mousses, les mauvaises herbes, et le tenir dans un état permanent d'humidité, en évitant cependant la pourriture ou la moisissure. Quand le jeune plant a une force suffisante, on le lève avec la motte, on le plante avec précaution dans des petits pots, et on le traite absolument comme les plantes faites.

Les boutures se font depuis avril jusqu'en août. On les prépare avec le bois jeune le plus petit, et on ne leur donne guère qu'un pouce et demi à deux pouces de longueur. Elles n'émettent de racines qu'à l'extrémité, de manière qu'il est essentiel que cette partie soit coupée très-net, et sans déchirure. On coupe rez l'écorce les feuilles de la partie qui doit être enterrée, et avec l'extrême précaution de ne pas attaquer l'écorce. On les plante en terrine de terre de bruyère très-sablonneuse, ou plutôt mêlée avec moitié sable pur et très-fin ; on recouvre d'une cloche afin d'éviter le dessèchement, et on porte le tout sous un châssis et à l'ombre. Quinze ou vingt jours après, on commence à donner de l'air peu à peu, et enfin on les laisse à l'air libre, si la saison est favorable, ou on les place en orangerie dans l'endroit le plus éclairé, si c'est en hiver. L'essentiel est de les garantir du vent, du hâle et du soleil. Du reste on les conduit comme les jeunes plantes de semis. Elles ne sont guère enracinées et en état d'être transplantées, toujours avec la motte, qu'au printemps suivant.

Les marcottes se font à la manière ordinaire, par strangulation. Il est bon de ne les sevrer de leur mère que lorsqu'on est assuré qu'elles ont suffisamment de chevelu. On les place dans des pots que l'on met sous châssis ombragé pendant huit ou dix jours, afin d'assurer la reprise.

Les bruyères indigènes, au nombre d'une douzaine, se cultivent de même, mais en pleine terre de bruyère.

En 1787, on ne cultivait qu'une vingtaine d'espèces de ces charmans arbustes ; en 1789, Aiton, dans son *Hortus kewensis*, en indiquait quarante et une ; en 1801, on en comptait cent trente dans les catalogues anglais ; peu de temps après, deux cent trente-huit ; aujourd'hui on en connaît plus de quatre cents, dont deux cent cinquante, au moins, ont été cultivées en France. C'est de celles-ci principalement que nous allons donner les descriptions. Nous devons avertir nos lecteurs que nous n'entrerons ici dans aucun détail de synonymie, et que ceux qui voudraient étudier ce genre difficile sous des rapports tout-à-fait botaniques, devront se procurer la monographie qui a été publiée en Angleterre par Salisbury, et surtout le bel ouvrage d'Andrew (*The Heathery; or a monograph of the genus erica*), dont nous adoptons ici la nomenclature. Toutes sont du Cap, et ♄. Aussi ne reviendrons-nous plus là-dessus.

PREMIÈRE DIVISION. *Anthères non saillantes hors de la corolle.*

SECT. Ire. Anthères aristées.

A. *Corolle à peu près en grelot, ou n'étant pas deux fois plus longue que large.*

1. BRUYÈRE CAFFRE. *Erica caffra.* Tiges d'un pied; feuilles quaternées, linéaires, obtuses, un peu ciliées; fleurs campanulées, petites, blanches, pendantes, très-odorantes; style saillant.

2. BRUYÈRE PLUMEUSE. *E. plumosa.* Tiges d'un pied, flexueuses, à branches et rameaux filiformes; feuilles quaternées, obtuses, linéaires, velues; fleurs pourpres, urcéolées, glabres, penchées, presque solitaires, axillaires et verticillées.

3. BRUYÈRE PUBESCENTE. *E. pubescens.* Tiges d'un pied et demi, rameuses, velues, ainsi que les racines; feuilles quaternées, obtuses, velues, arquées en dedans; fleurs pourpres, ovales, obtuses, velues, terminales au sommet des rameaux. *Var.* 1° *Minor;* feuilles droites; fleurs plus petites. 2° *Minima;* feuilles arquées, beaucoup plus petites, ainsi que les fleurs.

4. BRUYÈRE DE BLANDFORD. *E. Blandfordia.* Tiges droites, d'un pied et demi; feuilles quaternées, linéaires, obtuses, glabres; fleurs jaunes, urcéolées, glabres, nombreuses, en épis.

5. BRUYÈRE A FEUILLES RECOURBÉES EN DEDANS. *E. incurva.* Tige rameuse, à rameaux droits et ouverts; feuilles ternées, glauques, arquées en dedans, aiguillonneuses; fleurs pour-

pres, odorantes, urcéolées, à style un peu saillant, en ombelles ternées au sommet des rameaux.

6. Bruyère muqueuse. *Erica mucosa*. Tige de trois pieds, rameuse, à rameaux longs, grêles et flexueux; feuilles quaternées, obtuses, très-glabres, un peu trigones; fleurs pourpres, muqueuses, brillantes, penchées, terminales, fasciculées.

7. Bruyère porte-grappe. *E. racemifera*. Tige d'un pied, à rameaux grêles et presque simples; feuilles verticillées six à six, linéaires, serrées, obliques; fleurs pourpres, un peu globuleuses, penchées, en grappes presque terminales; pédoncules très-longs.

8. Bruyère lachnée. *E. lachnœa*. Tige d'un pied, rameuse; feuilles ternées, charnues, obtuses, imbriquées; fleurs blanches, un peu campanulées, à divisions grandes et arrondies, ordinairement ternées et en têtes terminales.

9. Bruyère laineuse. *E. lanuginosa*. Tige épaisse, d'un pied, à rameaux nombreux et simples; feuilles ternées, linéaires, laineuses, ciliées, étalées; fleurs axillaires, souvent solitaires, presque sessiles, à corolle ovale, enflée à la base, aiguë au sommet, cotonneuses, d'un brun pourpre à la base, d'un blanc jaunâtre au sommet.

10. Bruyère a feuilles de marum. *E. marifolia*. Tige droite, d'un pied, très-rameuse, à rameaux verticillés; feuilles ternées, étalées, larges, ovales, roulées, blanches en dessous; fleurs terminales, en ombelles, penchées, blanches, urcéolées; périanthe tétraphylle, à folioles spatulées, canaliculées, ciliées.

11. Bruyère des rochers. *E. rupestris*. Tiges courtes, rampantes; feuilles quaternées, serrées, ouvertes, linéaires, épaisses, obtuses, luisantes; fleurs terminales, penchées, ternées, campanulées, blanches, à divisions ouvertes et un peu arrondies.

B. *Corolle ovale, ou cylindrique, au moins deux fois plus longue que large.*

12. Bruyère déprimée. *E. depressa*. Tige épaisse, à rameaux divariqués, flexueux, déprimés; feuilles quaternées, un peu épaisses, obtuses, ordinairement ternées au sommet

des rameaux, presque sessiles, jaunes, longues d'un pouce; corolle un peu cylindrique; bractées imbriquées.

13. Bruyère glacée. *Erica gelida.* Tige très-droite, de trois pieds, à rameaux verticillés; feuilles des rameaux souvent quaternées, celles des branches verticillées six à six, courbées, aiguës, étalées; fleurs en épi, imbriquées et pendantes, cylindriques, longues d'un pouce; corolle d'un blanc verdâtre, d'un vert noirâtre au sommet.

14. Bruyère en épi. *E. spicata.* Tiges d'un pied, droites; feuilles ordinairement verticillées six par six, mucronées, étalées; fleurs cylindriques, presque terminales, en épi très-court, jaunâtres à la base, verdâtres au sommet.

15. Bruyère verticillée. *E. verticillata.* Tige droite, de deux pieds, à rameaux verticillés; feuilles quaternées, glabres, linéaires, aiguës; fleurs orangées, verticillées au sommet des rameaux, pendantes, cylindriques et ventrues, longues d'un pouce.

16. Bruyère cylindrique. *E. cylindrica.* Tige droite, de deux pieds, à rameaux presque simples; feuilles quaternées, droites, linéaires; fleurs longues d'un pouce, cylindriques, rouges, ternées et quaternées, en faisceaux au bout des rameaux.

17. Bruyère a fleurs sessiles. *E. sessiliflora.* Tige raide, droite, d'un pied; feuilles quaternées, glabres, aiguës, subulées; fleurs sessiles, en épis très-serrés, horizontales; périanthe double, l'extérieur triphylle, l'intérieur tétraphylle; corolle d'un blanc verdâtre, en massue, d'un pouce et demi de longueur.

18. Bruyère discolore. *E. discolor.* Tige de trois pieds, droite, rameuse; feuilles ternées, linéaires, blanches, droites, ouvertes; fleurs ternées, penchées, tubuleuses, cylindriques, couleur de chair, d'un jaune blanchâtre.

19. Bruyère velue. *E. hirta.* Tige droite, rameuse, de deux pieds; feuilles ternées, linéaires, obtuses, velues; fleurs ternées, terminales, penchées, en massue, longues d'un pouce, d'un rouge pourpre à la base, verdâtres au sommet.

Var. A fleurs vertes, *viridiflora.* Corolle cylindracée.

20. Bruyère monsoniène. *E. monsoniana.* Tige de trois pieds, cylindrique, droite; feuilles ternées, blanchâtres,

linéaires, droites et ouvertes; fleurs ternées, pendantes, presqu'en épi, un peu sessiles, tubuleuses, très-blanches, serrées à la gorge.

21. Bruyère de Paterson. *Erica patersonia.* Tige droite, de deux pieds, rameuse à la base, pyramidale; feuilles quaternées, linéaires, courbées en haut, aiguës, glabres; fleurs nombreuses, axillaires, cylindriques, longues de près d'un pouce, glabres, jaunes, serrées à la gorge.

22. Bruyère élégante. *E. speciosa.* Tige de deux pieds, droite, rameuse; feuilles ternées, linéaires, obtuses, pubescentes; fleurs penchées, au nombre de deux à quatre au bout des rameaux, cylindriques, longues d'un pouce, courbées, visqueuses, luisantes, rouges, verdâtres au sommet.

23. Bruyère couronnée. *E. coronata.* Tige droite, de trois pieds, à rameaux simples et longs; feuilles au nombre de huit par verticilles, linéaires, obtuses, rudes en dessus, courbées en dessous, atténuées en pétiole long et capillaire; fleurs en verticille simple et terminale, visqueuses, cylindriques, un peu en massue, longues d'un pouce, d'un rose foncé à la base, verdâtres au sommet.

24. Bruyère ensanglantée. *E. cruenta.* Tige droite, de deux pieds, à rameaux nombreux; feuilles ternées et quaternées, linéaires, glabres, étalées; fleurs cylindriques, en massue, glabres, luisantes, d'un rouge de sang, longues d'un pouce.

25. Bruyère mammillaire. *E. mammosa.* Tige droite, de dix-huit pouces, à rameaux verticillés et droits; feuilles quaternées, linéaires, droites, ouvertes; fleurs en épi serré, pendantes, sur de longs pédoncules, cylindriques, ventrues, d'un pourpre foncé.

Var. Mammosa minor. A fleurs beaucoup plus courtes, presque ovales, en verticille.

26. Bruyère écarlate de Paterson. *E. Patersonia coccinea.* Tige de deux pieds, à rameaux droits et souvent alternes; feuilles quinées ou six à six, droites, sétacées, atténuées en pétiole capillaire; fleurs verticillées au sommet des rameaux, longues de près d'un pouce, cylindriques, en massue, écarlates.

27. Bruyère uhrie. *E. uhria.* Tige de deux pieds; feuilles

ternées, linéaires, glabres, droites et un peu ouvertes; fleurs solitaires au bout de rameaux courts, en grappes, tubuleuses, en massue, longues, visqueuses, d'un rouge de sang, verdâtres au sommet.

Var. Uhria pilosa. Feuilles velues; fleurs plus grosses, plus pâles, et velues.

SECT. II. Anthères bicornes.

28. BRUYÈRE CUBIQUE. *Erica cubica.* Tige droite, d'un pied, à rameaux filiformes; feuilles quaternées, souvent quinées, luisantes, obtuses, réfléchies, recourbées au sommet; fleurs penchées, presque terminales, pourpres, globuleuses, campanulées.

29. BRUYÈRE A FLEURS DE JASMIN. *E. jasminiflora.* Style saillant. Tige filiforme, droite, à rameaux très-simples, longs et étalés; feuilles ternées, trigones, subulées, droites, ouvertes; fleurs très-grandes, visqueuses, ampullacées, d'un pouce et demi, enflées a la base; divisions du limbe grandes et étalées.

30. BRUYÈRE A FLEURS EN CARAFFE. *E. obbata.* Tige d'un pied, rameuse; feuilles quaternées, réfléchies, raides, ciliées; fleurs terminales, quaternées, droites, blanches, enflées à la base, striées, à limbe grand.

31. BRUYÈRE OBLIQUE. *E. obliqua.* Tige d'un pied, à rameaux simples, filiformes et longs; feuilles éparses, obliques, tronquées, à pétiole très-mince; fleurs nombreuses, ovales, pourpres, en ombelle terminale; pédoncules trois fois plus longs que les fleurs.

32. BRUYÈRE FRANGÉE. *E. fimbriata.* Tige d'un demi-pied, à rameaux filiformes et velus; feuilles ternées et quaternées, droites, ouvertes, carénées, un peu dentées; fleurs terminales, d'un rouge pourpre, presque globuleuses, munies de trois bractées frangées.

33. BRUYÈRE GRÊLE. *E. gracilis.* Tige d'un pied et demi, à rameaux nombreux et grêles; feuilles quaternées, linéaires, très-petites, glabres et droites; fleurs souvent quaternées, en têtes terminales, petites, un peu globuleuses, d'un pourpre pâle.

34. BRUYÈRE SÉTACÉE. *E. setacea.* Tige et rameaux filifor-

mes, flexueux, très-minces, scabres et velus; feuilles ternées, linéaires, obtuses, un peu rudes en dessus, soyeuses sur les bords, roulées; fleurs ordinairement ternées au sommet des rameaux, en épis, urcéolées, glabres, petites et blanches.

35. Bruyère délicate. *Erica tenella.* Tige de huit à neuf pouces, droite, à rameaux grêles, filiformes et ouverts; feuilles quaternées, petites, linéaires, glabres; fleurs en têtes terminales, ventrues, petites, d'un pourpre pâle.

36. Bruyère aristée. *E. aristata.* Tige d'un pied, à rameaux nombreux, flexueux et filiformes; feuilles quaternées et quinées, roulées, luisantes, terminées par une épine; fleurs terminales, ordinairement quaternées, pourpres, luisantes, tubuleuses et enflées, longues d'un pouce, à limbe blanchâtre.

37. Bruyère changeante. *E. mutabilis.* Tige très-rameuse, à rameaux droits et ouverts; feuilles ternées ou quaternées, quinées à la base de la tige, convexes en dessus, sillonnées en dessous, garnies de longs poils sur les bords; fleurs en ombelles terminales et irrégulières, à calice coloré, lancéolé et glanduleux; corolle tubuleuse, à côtes un peu velues, pourpre.

38. Bruyère a feuilles de thym. *E. timyfolia.* Tiges de huit à neuf pouces, formant buisson, à rameaux filiformes et couchés; feuilles ternées, cordiformes, ciliées, glauques en dessous; fleurs axillaires, solitaires, petites, urcéolées, roses.

39. Bruyère ventrue. *E. ventricosa.* Tiges d'un demi-pied cylindrique, formant buisson; feuilles quaternées, linéaires, aiguës, courbées à la base, redressées au sommet, ciliées, luisantes; fleurs en faisceaux terminaux, oblongues-ovales, serrées au sommet, blanches, glabres, luisantes; limbe rouge dans le centre.

40. Bruyère d'aitone. *E. aitonia.* Tige d'un pied et demi, à rameaux simples, filiformes et longs; feuilles ternées, droites, ouvertes, dentées, acuminées, épaisses, sillonnées en dessous; fleurs ternées, en ombelle terminale; corolle longue d'un pouce et demi, sillonnée, linéaire, à divisions

cordiformes, très-grandes, roses en dehors, blanches en dedans.

41. Bruyère a fleurs ampullacées. *Erica ampullacea.* Tige d'un pied, rameuse; feuilles quaternées, trigones, ciliées, recourbées, mucronées; fleurs en ombelle terminale, souvent quaternées, visqueuses; corolle enflée à la base, atténuée au sommet, striée, longue de près d'un pouce et demi, d'un pourpre pâle.

42. Bruyère globuleuse. *E. globulosa.* Tige d'un pied et demi, à rameaux nombreux, velus, droits et étalés; feuilles ternées, spatulées, carénées en dessous, glanduleuses et roulées sur les bords; fleurs penchées en ombelles terminales, incarnates, globuleuses.

43. Bruyère en ombelle. *E. obbata. Var. Umbellata.* Tige d'un pied, à rameaux lâches et filiformes; feuilles quaternées, réfléchies, raides, ciliées, acuminées, sillonnées en dessous; fleurs en ombelle terminale, ventrues, d'un blanc luisant, un peu sillonnées, à limbe grand et ouvert.

Sect. III. Anthères à crêtes.

44. Bruyère aigue. *E. acuta.* Tige droite, d'un pied, grêle, à rameaux courts; fleurs ternées, penchées au sommet des rameaux, urcéolées, pourpres, luisantes; feuilles quaternées, subulées, mucronées, glabres et droites.

45. Bruyère barbue. *E. barbata. Var. Major.* Tige d'un pied, à rameaux un peu velus; feuilles quaternées, ciliées, barbues, ovales; fleurs penchées, en ombelle terminale, urcéolées, blanches, poilues, visqueuses; pédoncules longs et velus.

Var. Barbata minor. Feuilles linéaires, étroites; fleurs droites, plus petites; anthères un peu saillantes.

46. Bruyère a grand calice. *E. calycina.* Tige droite, de huit à neuf pouces, filiforme; feuilles ternées, lancéolées, concaves en dessus, glabres, appliquées contre les rameaux; fleurs en ombelle terminale, à calice tétraphylle, d'un rose foncé, plus grand que la corolle : celle-ci urcéolée, petite, verdâtre, à limbe rougeâtre.

47. Bruyère penchée. *E. cernua.* Tige droite, d'un pied, à rameaux simples, droits et ouverts; feuilles quaternées,

linéaires, obtuses, à pétiole très-court; fleurs penchées, en ombelles terminales, en grelot, d'un rose pâle.

48. Bruyère droseroïde. *Erica droseroïdes.* Tige droite, de huit à neuf pouces, à rameaux filiformes et épars; feuilles alternes, éparses, obtuses, réfléchies au sommet, garnies de poils glanduleux; fleurs ventrues, pourpres, à côtes, visqueuses, pubescentes, en espèce d'ombelle au sommet des rameaux.

49. Bruyère empétroïde. *E. empetroïdes.* Tige faible, d'un pied, à rameaux filiformes et lâches; feuilles verticillées six à six, linéaires, velues, obtuses, horizontales; fleurs en épis serrés, au milieu des rameaux, à pédoncules très-courts, odorantes; corolle urcéolée, d'un rose foncé.

50. Bruyère glauque. *E. glauca.* Tige droite, fragile, de deux pieds, à rameaux droits et simples; feuilles ternées, aiguës, ouvertes, glabres, charnues, glauques; fleurs penchées, en ombelles terminales; pédoncules très-longs, colorés; corolle un peu conique, d'un pourpre noirâtre.

51. Bruyère leucanthère. *E. leucanthera.* Tige d'un pied, à rameaux filiformes; feuilles ternées, trigones, glabres, obtuses, un peu appliquées contre les rameaux; fleurs terminales, rapprochées, en grappes, blanches, urcéolées.

52. Bruyère physodès. *E. physodes.* Tige de deux pieds, droite, un peu rameuse; feuilles quaternées, obtuses, ouvertes, visqueuses, glanduleuses sur les bords; fleurs de la grosseur d'un pois, ovales, enflées, visqueuses, transparentes, blanches.

53. Bruyère quadriflore. *E. quadriflora.* Tige grêle, d'un pied et demi; feuilles quaternées, linéaires, ciliées, molles; fleurs globuleuses, pourpres, penchées, glabres, à divisions calicinales réfléchies; style non saillant.

54. Bruyère couleur de feu. *E. ardens.* Tige d'un pied, flexueuse, à rameaux droits et ouverts; feuilles ternées, subulées, étalées, réfléchies; fleurs latérales, penchées, souvent ternées, luisantes, presque globuleuses, d'un rouge feu; pédoncules très-longs.

55. Bruyère australe. *E. australis.* Tige droite, rameuse, de deux pieds, à rameaux filiformes; feuilles quaternées, obtuses, courbées, sillonnées en dessous; fleurs quaternées

au sommet des rameaux, urcéolées-cylindriques, odorantes, d'un pourpre pâle.

56. Bruyère a fleurs rondes. *Erica baccans.* Tige droite, d'un pied et demi, très-rameuse; feuilles quaternées, glauques, sillonnées en dessous; fleurs ordinairement quaternées, penchées, en ombelles terminales; pédoncules pourpres et longs; corolle globuleuse, pourpre.

57. Bruyère latérale. *E. lateralis.* Tige droite, d'un pied, rameuse, à rameaux simples; feuilles quaternées, linéaires, obtuses, droites; fleurs unilatérales, penchées, en ombelle au sommet des rameaux; corolle un peu campanulée, pourpre, plane à la base.

58. Bruyère lache. *E. laxa.* Tige rameuse, à rameaux grêles, flexueux, un peu verticillés; feuilles ternées, droites, obtuses, un peu ciliées, sillonnées en dessous; fleurs petites, souvent ternées, en fascicules terminales ou latérales; corolle urcéolée, rose.

59. Bruyère solandra. *E. solandra.* Tige sous-frutescente, d'un demi-pied, flexueuse, souvent rameuse; feuilles quaternées, petites, obtuses, hispides, droites; fleurs petites, agrégées en têtes terminales, incarnates, campanulées; calice subulé, hispide.

60. Bruyère écailleuse. *E. squamosa.* Tige droite, d'un pied et demi, rameuse; feuilles quaternées, glabres, obtuses, sillonnées en dessous, à bords dentelés; fleurs penchées, en ombelles terminales de trois ou six; calice écailleux, blanchâtre; corolle pourpre, globuleuse.

61. Bruyère raide. *E. stricta.* Tige droite, d'un pied et demi, à branches droites et raides, et rameaux verticillés; feuilles quaternées, glabres, obtuses, horizontalement étalées; fleurs penchées, au nombre de six à douze en ombelles terminales; corolle un peu ovale, glabre, pourpre, serrée au sommet.

62. Bruyère a fleurs d'Andromède. *E. andromedæflora.* Tige droite, d'un pied et davantage, à rameaux ternés et verticillés; feuilles ternées, subulées, recourbées, aiguës, à pétiole long et appliqué; fleurs à calice grand, large, ovale, couleur de chair; corolle ovale, grande, incarnate.

63. Bruyère calicinale (grande). *E. calicina major.* Tige

grêle, d'un pied, à rameaux très-flexueux ; feuilles ternées, lancéolées, trigones, acuminées, un peu appliquées contre les rameaux ; fleurs en ombelles terminales, à calice tétraphylle ; folioles spatulées, acuminées, plus longues que la corolle, couleur de chair, verdâtres à la base ; corolle urcéolée, rose, pâle à la base.

64. Bruyère incarnate. *Erica incarnata.* Tige presque droite, très-rameuse, d'un pied, à rameaux flexueux et divariqués ; feuilles quaternées, obtuses, linéaires, glabres ; fleurs en grappes serrées au sommet des rameaux, à pédoncules longs et pourprés ; corolle presque ovale, penchée, couleur de chair ; anthères un peu saillantes.

65. Bruyère lachnée pourpre. *E. lachnœa purpurea.* Tige droite, d'un pied, à rameaux nombreux ; feuilles ternées, obtuses, serrées, tomenteuses, farineuses, vertes ; fleurs ternées au sommet des rameaux, penchées, cylindriques-urcéolées, pourpres et pulvérulentes.

66. Bruyère lambertienne. *E. lambertia.* Tige d'un pied ou à peu près, très-rameuse ; feuilles quaternées, acuminées, glabres ; fleurs solitaires ou ternées, penchées au milieu des rameaux, presque globuleuses, enflées, blanches, glabres, de la grandeur d'un gros pois.

67. Bruyère luisante. *E. lucida.* Tige droite, grêle, de deux pieds, à rameaux souvent ternés, droits et ouverts ; feuilles ternées, subulées, droites, luisantes ; fleurs terminales, en ombelles triflores ; périanthe tétraphylle, à folioles larges, ovales, aiguës, ciliées et roses ; corolle campanulée, courte, d'un rose luisant.

68. Bruyère calicinale (petite). *E. calycina minor.* Tige filiforme, de huit à neuf pouces, très-rameuse ; feuilles ternées, lancéolées, d'un vert brillant, appliquées contre les rameaux ; fleurs ternées, terminales, à divisions calicinales spatulées et plus longues que la corolle ; celle-ci petite, urcéolée, couleur de chair.

69. Bruyère élégante. *E. elegans.* Tige robuste, d'un pied, rameuse ; feuilles ternées, trigones, linéaires, glauques, courbées et étalées ; fleurs penchées, en tête terminale, à pédoncules, bractées et folioles roses ; corolle ventrue, rose à la base et verte au sommet.

70. Bruyère perlée. *Erica margaritacea.* Tige droite, d'un pied et demi, rameuse; feuilles quaternées, linéaires, trigones, droites et glabres; fleurs penchées, en ombelles terminales, urcéolées et blanches.

71. Bruyère brillante. *E. nitida.* Tige droite, d'un pied et demi, rameuse; feuilles ternées, obtuses, linéaires, droites, ouvertes; fleurs ternées ou quinées, pendantes au sommet des rameaux, ovales, enflées, d'un blanc transparent, luisantes, de la grosseur d'un pois.

72. Bruyère rameuse. *E. ramentacea.* Tige droite, de huit à neuf pouces, très-rameuse; feuilles quaternées, linéaires, glabres; fleurs nombreuses, en ombelles serrées et terminales; corolle petite, globuleuse, d'un rouge pourpre.

Sect. IV. Anthères mutiques.

A. *Corolle globuleuse, ou n'étant pas deux fois plus longue que large.*

73. Bruyère blanche. *E. albens.* Tige d'un pied, droite, rameuse, grêle, à rameaux simples; feuilles ternées, trigones, linéaires, aiguës, glabres; fleurs penchées, solitaires dans l'aisselle des feuilles; corolle ventrue, blanchâtre.

74. Bruyère cubique (petite). *E. cubica minor.* Tige droite, rameuse, de trois ou quatre pouces, à rameaux verticillés; feuilles quaternées, linéaires, luisantes; fleurs en ombelles presque terminales, un peu campanulées, à limbe très-grand, pourpre; pédoncules très-longs.

75. Bruyère filamenteuse. *E. filamentosa.* Tige droite, d'un pied et demi, à rameaux simples et verticillés; feuilles verticillées six à six, linéaires, menues; fleurs nombreuses, axillaires, verticillées, à pédoncules très-longs; corolle tubuleuse, campanulée, pourpre.

76. Bruyère jaune. *E. lutea.* Tige lâche, filiforme, grêle, rameuse à la base; feuilles opposées, linéaires, appliquées contre les rameaux, triangulaires, luisantes; fleurs réunies, jaunes, ovales-acuminées, étroites au sommet.

77. Bruyère glutineuse. *E. viscaria.* Tige de deux pieds, droite, à rameaux simples, longs, visqueux au sommet; feuilles quaternées, linéaires, aiguës, glabres; corolle campanulée, un peu glutineuse, d'un pourpre pâle.

78. Bruyère de Walker. *Erica walkeria.* Anthères presque saillantes. Tige de huit à neuf pouces, droite, à rameaux nombreux; feuilles quaternées, luisantes, ouvertes; fleurs droites, quaternées, ventrues, transparentes, rouges, à limbe grand et blanchâtre.

79. Bruyère campanulée. *E. campanulata.* Tige d'un pied, rameuse, à rameaux filiformes, grêles et glabres; feuilles quaternées, linéaires, étroites, glabres, droites; fleurs ordinairement solitaires, penchées, terminales, globuleuses, campanulées, glauques.

80. Bruyère en tête. *E. capitata.* Tige droite, à rameaux velus, filiformes; feuilles ternées, linéaires, obtuses, poilues; fleurs binées ou ternées, à calice velu, d'un jaune verdâtre; corolle un peu globuleuse, blanche, laineuse, renfermée dans le calice; anthères un peu saillantes.

81. Bruyère a fleurs serrées. *E. conferta.* Tige droite, simple, forte, de deux pieds, à rameaux courts, horizontaux et verticillés; fleurs réunies et très-serrées, en têtes, au bout des rameaux; pédoncules très-courts; corolle globuleuse, blanche.

82. Bruyère fastigiée. *E. fastigiata.* Tige d'un pied, à rameaux nombreux; feuilles quaternées, linéaires, glabres; fleurs quaternées, fastigiées, terminales, à calice double, dont l'extérieur triphylle; corolle blanche, ovale, transparente.

83. Bruyère jaune. *E. flava.* Tige presque droite, à rameaux espacés, peu nombreux et simples; feuilles ternées, un peu droites, puis ensuite ouvertes; fleurs nombreuses, rassemblées au sommet des rameaux, pendantes, à corolle ovale, à côtes, jaune.

84. Bruyère a feuilles d'if. *E. taxifolia.* Tige droite, de près d'un pied, très-rameuse; feuilles ternées, trigones, glabres, raides, mucronées; fleurs nombreuses, droites, en ombelles, au sommet des rameaux; périanthe tétraphylle, à folioles ovales, mucronées, concaves, membraneuses; corolle ventrue, couleur de chair, serrée à la gorge.

85. Bruyère embellie. *E. decora.* Tige d'un pied et demi, presque droite, grêle, à rameaux verticillés; feuilles six à six, linéaires, obtuses, arquées, à pétioles longs et appliqués;

fleurs pendantes, en épis lâches, vers le milieu des rameaux; pédoncules longs et colorés; corolle campanulée, à côtes, couleur de chair.

86. Bruyère a fleurs de vipérine. *Erica echiiflora.* Tige de deux pieds; feuilles en verticilles irréguliers de six ou sept; fleurs presque terminales, horizontales, en épis serrés; corolle tubuleuse, courte, enflée, visqueuse, à côtes, rose, ressemblant un peu à celle d'une vipérine.

87. Bruyère halicacaba. *E. halicacaba.* Tige forte, d'un pied, souvent rameuse, à rameaux ouverts, nombreux et opposés; feuilles ternées, subulées, recourbées, trigones, glabres; fleurs ordinairement ternées, penchées, terminales; pédoncules courts; périanthe double; corolle ovale, enflée, très-grande, d'un jaune pâle; divisions du limbe appliquées les unes contre les autres, acuminées.

88. Bruyère hyacinthoïde. *E. hyacinthoïdes.* Tige de huit à neuf pouces, droite, rameuse, à rameaux nombreux, droits et étalés; feuilles quaternées, linéaires, glabres, un peu épaisses, luisantes; fleurs quaternées, droites, sessiles, terminales; corolle ventrue, incarnate, serrée au sommet; limbe grand, ondulé.

89. Bruyère odorante. *E. odorata.* Tige d'un pied, à rameaux simples et longs; feuilles éparses ou quaternées, linéaires, glanduleuses et denticulées sur les bords, tronquées, à pétiole long; fleurs nombreuses, presque en ombelle terminale; pédoncules visqueux, trois fois plus longs que les fleurs; corolle campanulée, grande, blanche, visqueuse, en grelot, à odeur de miel.

90. Bruyère a feuilles opposées. *E. oppositifolia.* Tige d'un demi-pied, filiforme, flexueuse, rameuse à la base; feuilles opposées deux à deux, triangulaires, luisantes, appliquées contre les rameaux; fleurs ordinairement binées, terminales, à pédoncules courts; calice grand, ovale; corolle blanche, urcéolée.

Var. 1° *Oppositifolia major.* Tige d'un pied; feuilles plus grandes; fleurs blanches, un peu plus grandes; divisions calicinales aiguës.

2° *Oppositifolia rubra.* Tige de six pouces; fleurs ovales-urcéolées, rouges.

91. Bruyère rude. *Erica aspera.* Tige droite, de deux pieds, à rameaux simples; feuilles quaternées, lancéolées, aiguillonneuses, marquées d'un sillon en dessous; fleurs penchées, ternées ou en verticilles de six, en ombelle; pédoncules très-courts; corolle ventrue, tubulée, couverte de poils soyeux et serrés, jaune, longue d'un pouce.

92. Bruyère glanduleuse. *E. glandulosa.* Tige de près d'un pied, flexueuse, très-rameuse; feuilles quaternées, horizontales, glanduleuses, ciliées et poilues au sommet; fleurs penchées, terminales, en ombelles de quatre à six; corolle ovale, pourpre, luisante.

93. Bruyère linnéoïde. *E. linnæoïdes.* Tige droite, à rameaux nombreux et velus; feuilles quaternées, linéaires, poilues; fleurs quaternées, horizontales, terminant les rameaux; pédoncules presque nuls; corolle un peu cylindrique, enflée, poilue, pourpre, blanche au sommet.

94. Bruyère muscari. *E. muscari.* Tige d'un pied et demi, très-rameuse; feuilles quaternées, linéaires, aiguës, glabres, luisantes; fleurs quaternées en croix, terminales, jaunâtres, odorantes; corolle ovale allongée, serrée au sommet.

95. Bruyère étalée. *E. patens.* Tige droite, de deux pieds, à rameaux nombreux, grêles, verticillés, étalés; feuilles ternées, ovales, concaves, glanduleuses, obtuses, étalées, à pétioles très-courts et appliqués; fleurs ternées, au sommet des rameaux, à pédoncules courts; corolle campanulée, pourpre.

96. Bruyère penchée. *E. propendens.* Tige de près d'un pied, flexueuse, à rameaux florifères pendans; feuilles quaternées, linéaires, pubescentes; fleurs ordinairement binées, terminales, pendantes; corolle campanulée, cotonneuse, d'un rouge pourpre.

97. Bruyère pyramidale. *E. pyramidalis.* Tige rameuse, flexible, à rameaux nombreux, verticillés, courts, penchés, ordinairement quaternés; feuilles quaternées, linéaires, velues, petites; fleurs en ombelles terminales, souvent quaternées; corolle campanulée-infondibuliforme, couleur de chair.

B. *Corolle cylindrique, ou deux fois plus longue que large.*

98. Bruyère archeria. *Erica archeria.* Tige droite, d'un pied et demi, à rameaux simples et droits; feuilles verticillées six à six, linéaires, raides, ouvertes, à bords dentés et ciliés; corolle tubuleuse en massue, longue d'un pouce, velue, visqueuse, d'un rouge pourpre.

99. Bruyère chevelue. *E. comosa.* Tige de près d'un pied, rameuse, à rameaux pendans; feuilles quaternées, obtuses, ouvertes, petites, glabres; fleurs terminales, très-nombreuses et très-serrées, en espèce d'épi; corolle ventrue, blanche, enflée à la base, à peine deux fois plus longue que large.

Var. Comosa rubra. Fleurs moins nombreuses, plus grandes, rouges.

100. Bruyère a côtes. *E. costata.* Tige de deux pieds, droite, rameuse; feuilles ternées, linéaires, obtuses, pubescentes, celles des rameaux plus droites, dentées; fleurs presque cylindriques, incarnates, à côtes, à style saillant hors de la corolle.

101. Bruyère a fleurs courbées. *E. curviflora.* Tige de deux pieds, lâche, velue au sommet, à rameaux courts, nombreux et épars; feuilles quaternées, linéaires, glabres; fleurs jaunes, longues de plus d'un pouce, courbées, cylindriques, en massue, terminant les rameaux.

102. Bruyère couleur de feu. *E. flammea.* Tige droite, de deux pieds, à rameaux filiformes et grêles; feuilles ternées, souvent quaternées, obtuses, linéaires; fleurs en grappes presque terminales, à corolle tubuleuse, longue de près d'un pouce, d'un jaune pâle, presque blanc au sommet.

103. Bruyère flamboyante. *E. ignescens.* Anthères à peine saillantes; tige droite, d'un pied et demi, à rameaux grêles, filiformes et nombreux; feuilles quaternées, linéaires, glabres; fleurs terminales, solitaires, en massue, cotonneuses, bossues à la base, d'un rouge écarlate.

104. Bruyère a feuilles de pin. *E. pinea.* Tige droite, de deux pieds, forte, à rameaux verticillés; feuilles six à six, linéaires, glabres, ouvertes, très-longues; fleurs en verticilles, longues d'un pouce, horizontales, blanchâtres, tubuleuses et en massue.

105. Bruyère radiée. *Erica radiata.* Tige droite, rameuse, de près d'un pied, à rameaux presque simples ; feuilles quaternées, linéaires, ouvertes ; fleurs en verticilles terminales, horizontales ; style saillant ; corolle pourpre, presque cylindrique, longue d'un pouce.

106. Bruyère a feuilles dentées. *E. serratifolia.* Anthères presque saillantes ; tige droite, raide, rameuse, d'un pied, à rameaux courts ; feuilles quaternées, raides, aiguës, dentées ; fleurs terminales, binées et ternées, longues d'un pouce, presque cylindriques, d'un jaune orangé.

107. Bruyère tubiflore. *E. tubiflora.* Tige flexible, droite, à rameaux épars et velus ; feuilles quaternées, petites, obtuses, ciliées, sillonnées en dessous ; fleurs presque solitaires, sessiles, terminales, cylindriques, un peu en massue, courbées, pubescentes, pourpres, longues de plus d'un pouce. Anthères presque saillantes.

108. Bruyère bicolore. *E. bicolor.* Tige de deux pieds, droite, flexueuse, à rameaux pubescens ; feuilles ternées, obtusément subulées, un peu courbées, velues ; fleurs ternées, en fascicules au sommet des rameaux ; corolle d'un pouce de longueur, rouge à la base, pourpre au milieu, verdâtre au sommet.

109. Bruyère écarlate. *E. coccinea.* Anthères presque saillantes ; tige droite, d'un pied, à rameaux verticillés ; feuilles six à six, aiguës, un peu glauques ; fleurs verticillées, serrées, à pédoncules très-courts et bractées caliciformes ; corolle d'un rouge de sang, courbée en massue.

110. Bruyère agréable. *E. concinna.* Tige droite, de trois pieds, pyramidale, glabre, à rameaux presque simples, verticillés ; feuilles ordinairement six à six, glabres, linéaires, ouvertes ; fleurs en ombelles de huit à dix, fasciculées, à pédoncules très-courts ; corolle presque cylindrique, carnée, pubescente.

111. Bruyère glutineuse. *E. glutinosa.* Tige de deux pieds, à rameaux simples et longs ; feuilles six à six, linéaires, acuminées, glabres, un peu sillonnées ; fleurs en verticilles serrées, horizontales ; corolle cylindrique, longue d'un pouce, d'un jaune pâle, marquée de côtes, glutineuse et luisante.

Var. Glutinosa minor. Fleurs plus petites, d'un demi-pouce de longueur, verdâtres.

112. Bruyère de Linnée. *Erica linnœa.* Tige droite, à rameaux courts, nombreux et velus; feuilles ternées, linéaires, velues, obtuses; fleurs en longues grappes; corolle en massue, blanche, diaphane, velue, pourpre à la base.

113. Bruyère des marais. *E. palustris.* Tige petite, à rameaux nombreux, courts et divariqués; feuilles quaternées, linéaires, obtuses et pubescentes; fleurs ternées, quelquefois plus nombreuses, au sommet des rameaux; corolle un peu cylindrique, ou campanulée, mais longue et étroite, pubescente, incarnate.

114. Bruyère rose. *E. rosea.* Tige de deux pieds, à rameaux droits et souvent alternes; feuilles quinées ou six à six, droites, sétacées, serrées; fleurs binées ou ternées, penchées, presque latérales; corolle cylindrique, un peu courbée, d'un pouce de longueur, d'un rose vif.

115. Bruyère batarde. *E. spuria.* Tige d'un pied, rameuse; feuilles quaternées, linéaires, un peu ciliées, sillonnées en dessous; fleurs souvent quaternées, au sommet des rameaux, à pédoncule très-court; corolle presque cylindrique, longue d'un pouce, d'un pourpre gai.

116. Bruyère tétragone. *E. tetragona.* Tige droite, grêle, rameuse, de près d'un pied; feuilles ternées, trigones, linéaires, glabres; fleurs souvent ternées, droites, serrées, à odeur de concombre, dans l'aisselle des feuilles; corolle urcéolée, jaune, tétragone, concave, serrée à la gorge.

117. Bruyère ornée. *E. vestita. Var. Fulgida.* Tige de trois pieds, rameuse, à rameaux droits et presque simples; feuilles ordinairement six à six, linéaires, atténuées en pétioles; fleurs nombreuses, serrées, près du sommet des rameaux, à pédoncules courts; corolle d'un pouce et davantage, en massue, d'un rouge vif. Anthères presque saillantes.

Var. 1° *Vestita incarnata.* Tige de deux pieds; feuilles en verticilles de six, sept ou huit; corolle d'un pouce, blanche à la base, rose au sommet. Anthères non saillantes.

2° *Vestita rosea.* Feuilles ordinairement en verticilles de huit; corolle de plus d'un pouce, rose; anthères presque saillantes.

3° *Vestita coccinea.* Tige de deux pieds, peu rameuse; feuilles en verticilles de six, très-serrées; corolle d'un pouce, écarlate.

4° *Vestita alba.* Tige de trois pieds; pédoncules très-longs; fleurs d'un pouce, blanches, pubescentes.

118. Bruyère rouge de Walker. *Erica walkeria. Var. Rubra.* Tige d'un pied, droite, à rameaux souvent fasciculés; feuilles quaternées, ouvertes, linéaires, glabres, luisantes; fleurs quaternées, en têtes sessiles au sommet des rameaux, corolle ovale-conique, lisse, luisante, couleur de chair.

119. Bruyère dorée. *E. aurea.* Anthères presque saillantes. Tige droite, d'un pied, à rameaux ouverts et verticillés; feuilles six à six, linéaires, glabres, ouvertes, courbées au sommet; fleurs en verticilles près du sommet des rameaux, horizontales, à pédoncules très-courts; corolle cylindrique, glabre, d'un jaune orangé.

120. Bruyère ferrugineuse. *E. ferruginea.* Tige mince, droite, de près d'un pied, à rameaux flexueux, filiformes; feuilles ordinairement quaternées, obtuses, entourées de poils longs et ferrugineux; fleurs en verticilles simples et terminales, horizontales, à pédoncules longs, colorés et hispides; corolle enflée à la base, atténuée au sommet, d'un rose pâle, rouge au sommet.

121. Bruyère jaune-pale. *E. pallens.* Tige d'un demi-pied, à rameaux nombreux et ouverts; feuilles ternées, subulées, cotonneuses, d'un vert blanchâtre; fleurs en ombelle terminale, de trois à six, presque sessiles; corolle tubuleuse, horizontale, d'un blanc jaunâtre.

122. Bruyère transparente. *E. pellucida.* Tige grêle, d'un pied et demi, velue, à rameaux velus et flexueux; feuilles quaternées, lancéolées, luisantes, aiguillonneuses, marquées d'un sillon, fleurs ordinairement quaternées, terminales et penchées; pédoncule long, glanduleux; corolle tubulée, ventrue, poilue, à côtes, blanche et transparente.

123. Bruyère a feuilles de pin. *E. pinifolia.* Tige droite, d'un pied et demi, un peu rameuse, à rameaux simples; feuilles en verticilles de six ou huit, linéaires, glabres, sillonnées en dessous, atténuées en pétioles capillaires; fleurs horizontales, en verticilles serrées, près du sommet des ra-

meaux ; corolle en massue, d'un pouce, blanche, entourée de poils cotonneux et serrés.

124. BRUYÈRE A PETITES FLEURS BLANCHES. *Erica tenuiflora. Var. Alba.* Tige faible, d'un pied et plus, à rameaux grêles et filiformes ; feuilles quaternées, linéaires, obtuses, glabres, droites et ouvertes ; fleurs quaternées au sommet des rameaux ; pédoncules courts ; corolle tubiforme, très-mince, longue de près d'un pouce, blanchâtre, à tube transparent.

125. BRUYÈRE ACUMINÉE. *E. acuminata.* Tige d'un pied, très-rameuse, à rameaux flexueux et filiformes ; feuilles quaternées, trigones, recourbées, acuminées, luisantes, planes en dessus, sillonnées en dessous ; fleurs fasciculées, presque terminales ; pédoncules courts ; corolle un peu cylindrique, pourpre, longue d'un pouce, serrée au sommet.

126. BRUYÈRE ROUGEATRE. *E. erubescens.* Tige droite, de près de deux pieds ; feuilles quaternées, lancéolées, aiguillonneuses ; fleurs pendantes, quaternées, au sommet des rameaux recourbés vers la terre ; pédoncules très-courts ; calice double ; corolle cylindrique, rougeâtre, de près d'un pouce, entièrement couverte de poils glanduleux et serrés.

BRUYÈRE HIBBERTIENNE. *E. hibbertia.* Tige droite, forte, d'un pied, à rameaux ouverts ; feuilles six à six, obtuses, serrées ; fleurs en verticilles simples, presque terminales ; corolle un peu cylindrique, courbée, finement sillonnée, brillante, visqueuse, d'un rouge vif, verte au sommet.

128. BRUYÈRE DE MASSON. *E. massonia.* Tige droite, de deux pieds, simple à la base, rameuse au sommet ; fleurs presque terminales, en verticilles simples, penchées ; corolle presque cylindrique, brillante, visqueuse, rouge à la base, jaune au milieu, verte au sommet.

129. BRUYÈRE ROUGE A FEUILLES DE PIN. *E. pinifolia. Var. Rubra.* Tige forte, d'un demi-pied ; feuilles six à six, serrées, recourbées et ouvertes ; fleurs verticillées, serrées, étalées ; corolle tubuleuse, écarlate, à limbe roulé et un peu crénelé.

Var. Pinifolia discolor. Corolle tubuleuse, à côtes, d'un pouce de longueur, rougeâtre à la base, blanchâtre au sommet, couverte de poils épais et glanduleux.

130. BRUYÈRE PRINCESSE. *E. princeps.* Tige de près d'un pied, rameuse ; feuilles quaternées, recourbées, largement

linéaires, ciliées et épineuses; fleurs belles, terminales, en ombelles penchées de six à dix; pédoncules colorés; calice lancéolé, caréné et cilié; corolle en massue, ovale, enflée, lisse, rougeâtre, serrée au sommet.

131. Bruyère a feuilles recourbées. *Erica retorta.* Tige d'un pied, droite, rameuse; feuilles quaternées, recourbées vers la terre, ciliées sur les bords, terminées par une soie épineuse; fleurs visqueuses, de quatre à huit en verticilles terminales; pédoncules longs; corolle enflée à la base, attenuée au sommet, longue d'un pouce, rose, pourpre au sommet.

132. Bruyère a petites fleurs. *E. tenuiflora.* Tige d'un pied, débile, à rameaux grêles; feuilles ternées et quaternées, linéaires, droites; fleurs penchées, quaternées au sommet des rameaux; pédoncules très-courts; périanthe double; corolle tubiforme, très-mince, jaune.

133. Bruyère a fleurs vertes. *E. viridis.* Tige droite, à rameaux simples et raides; feuilles six à six, linéaires, ouvertes; fleurs en verticilles au-dessous du sommet des rameaux, horizontales; corolle cylindrique, d'un pouce, verte, visqueuse, à côtes, un peu rude.

Deuxième divion. *Anthères saillantes hors de la corolle.*

Sect. Ire. Anthères bicornes.

134. Bruyère apparente. *E. conspicua.* Tige droite, de trois pieds, rameuse; feuilles quaternées, obtuses, linéaires, épaisses; fleurs ordinairement ternées, d'un pouce et demi, cylindriques, en massue, jaunes.

135. Bruyère brillante. *E. nivenia.* Tige très-basse, rameuse, suffrutescente, à rameaux divariqués; feuilles ternées, largement linéaires, obtuses, à bords garnis de longs poils, ouvertes, sillonnées en dessous; fleurs en ombelles terminales, longuement pédonculées, pourpres, un peu turbinées, à côtes; divisions du limbe roulées.

136. Bruyère a six rangs. *E. sexfaria.* Tige droite, de près d'un pied, à rameaux simples et un peu verticillés; feuilles ternées, trigones, obtuses, un peu ouvertes, sur six rangs; fleurs ternées au sommet des rameaux, sessiles, blanches, luisantes, glabres, ovales; anthères d'un pourpre noirâtre.

137. Bruyère odorante. *Erica fragrans.* Tige d'un demi-pied, à rameaux étalés; feuilles ternées, subulées, droites, glauques, aiguës, planes en dessus, sillonnées en dessous; fleurs terminales et ternées, petites, campanulées, odorantes, d'un pourpre pâle, à divisions grandes et roulées.

138. Bruyère a feuilles planes. *E. planifolia.* Tige d'un pied et demi; rameaux nombreux, droits et ouverts; feuilles ternées, spatulées, planes en dessus, carénées en dessous, glanduleuses et roulées sur les bords; fleurs axillaires, urcéolées, pourpres, à pédoncules longs, colorés, glanduleux et velus.

139. Bruyère flatteuse. *E. blanda.* Tige cylindrique, de huit à neuf pouces, à rameaux nombreux et redressés; feuilles ordinairement six à six, linéaires, obtuses, un peu rudes, recourbées à la base, redressées au sommet; pétioles longs; fleurs nombreuses, en ombelle terminale; corolle presque cylinqrique, incarnate, légèrement cotonneuse.

Sect. II. Anthères mutiques.

A. *Corolle globuleuse, ou n'étant pas deux fois plus longue que large.*

140. Bbuyère bruinades. *E. bruinades.* Tige filiforme, flexueuse, à rameaux capillaires et cotonneux; feuilles ternées, linéaires, obtuses, à bords garnis de longs poils; fleurs urcéolées, pubescentes, blanches, à calice laineux et couleur de chair.

141 Bruyère noiratre. *E. nigrita* Tige droite; d'un pied, à rameaux nombreux et grêles; feuilles ternées, glabres, luisantes, un peu triangulaires, obtuses, épaisses; fleurs souvent ternées, au sommet des rameaux; corolle campanulée, blanche.

142. Bruyère ériocéphale. *E. eriocephala.* Tige droite, de huit à neuf pouces, à rameaux nombreux et velus; feuilles ternées, pubescentes, obtuses; fleurs terminales, en têtes ou en ombelles; corolle urcéolée, blanche, entièrement couverte, ainsi que le calice, d'une laine très-fine et blanchâtre.

143. Bruyère flexueuse. *E. flexuosa.* Tige d'un pied, à rameaux flexueux et nus inférieurement; feuilles ternées, linéaires, glabres; fleurs ordinairement ternées, au sommet

des rameaux; bractées blanches, sous le calice; corolle petite, un peu campanulée, blanche.

144. Bruyère hispide. *Erica hispida.* Anthères peu saillantes; tige droite, d'un pied, à rameaux raides et hispides; feuilles quaternées, linéaires, obtuses, hispides; fleurs terminales, en grappes, un peu pendantes; corolle presque globuleuse, incarnate.

145. Bruyère horizontale. *E. horizontalis.* Tige droite, de près d'un pied, un peu rameuse; feuilles quaternées, obtuses, linéaires, glabres, horizontales; fleurs ordinairement ternées, penchées, au sommet des rameaux; corolle ovale, blanche à la base, d'un brun noirâtre au sommet.

146. Bruyère a larges feuilles. *E. latifolia.* Tige d'un pied, rameuse, flexueuse; feuilles ternées, très-larges, ovales-acuminées, velues en dessus, blanches en dessous, à bords roulés; fleurs penchées, ternées, axillaires, en épis formés par de petites ombelles; corolle presque globuleuse, glabre, d'un rouge vif.

147. Bruyère en ombelle. *E. umbellata.* Tige droite, flexueuse, à rameaux filiformes et étalés; feuilles ternées, petites, linéaires, obtuses; fleurs en ombelles terminales; calice double, l'extérieur triphylle et plus petit; corolle globuleuse-conique, d'un pourpre rouge et pâle.

148. Bruyère canaliculée. *E. canaliculata.* Anthères peu saillantes, noires; tige de deux pieds, droite, ferrugineuse; feuilles ternées, droites, obtuses, planes en dessus, canaliculées en dessous; fleurs ordinairement ternées, terminales, penchées; corolle campanulée, d'un pourpre pâle.

Var. Canaliculata minor. Corolle plus petite, d'un pourpre pâle; pédoncule coloré; calice glanduleux.

149. Bruyère a feuilles cordiformes. *E. cordata.* Anthères peu saillantes. Tige basse, de huit à neuf pouces, à rameaux nombreux et flexueux; feuilles ternées, cordiformes, étalées, roulées sur les bords; fleurs droites, en têtes serrées au sommet des rameaux; corolle globuleuse, glabre, blanche.

150. Bruyère étamineuse. *E. staminea.* Filamens des étamines allongés, capillaires, pendans hors de la corolle; tige de deux pieds, à rameaux nombreux et verticillés; feuilles

ternées, droites, petites, charnues, luisantes; fleurs solitaires au bout des rameaux, petites, d'un jaune blanchâtre.

151. Bruyère a fleurs en tiare. *Erica tiaræflora.* Tige droite, d'un pied et demi, rameuse, à rameaux droits et ternés; feuilles ternées, obtuses, linéaires, raides, droites et ouvertes; fleurs ternées, penchées, au sommet des rameaux; pédoncules longs; corolle en forme de tiare (ou bonnet), blanche à la base, incarnate au sommet.

152. Bruyère velue. *E. villosa.* Tige flexueuse, purpurescente, à rameaux filiformes et velus; feuilles ternées, linéaires, obtuses, à bords munis de poils longs; fleurs ordinairement ternées, penchées, au sommet des rameaux; pédoncules longs et rouges; périanthe large, ovale; corolle urcéolée, blanche et velue.

153. Bruyère imbriquée. *E. imbricata.* Tige droite, de huit à neuf pouces, très-rameuse; feuilles ternées, linéaires, droites, tronquées; fleurs penchées, ordinairement ternées, au sommet des rameaux; périanthe double, imbriqué, à folioles ovales, visqueuses, incarnates; pédoncules de la longueur du calice; corolle urcéolée, incarnate au sommet.

154. Bruyère laineuse. *E. lanata.* Tige lâche, d'un pied et demi, à rameaux nombreux et cotonneux; feuilles ternées, cunéiformes, laineuses, à bords roulés; fleurs quaternées, serrées, pendantes au sommet des rameaux; pédoncules très-courts; calice double, l'extérieur triphylle et l'intérieur tétraphylle, laineux; corolle presque globuleuse, blanche, laineuse, enveloppée par le calice.

155. Bruyère pétiolée. *E. petiolata.* Anthères peu saillantes; tige basse, sous-frutescente, à rameaux nombreux et ouverts; feuilles ternées, ouvertes, cunéiformes, un peu larges et épaisses, luisantes, à pétioles très-longs; fleurs terminales, souvent ternées, presque droites, à pédoncules très-courts; calice double, l'extérieur triphylle, l'intérieur tétraphylle; corolle campanulée, blanche.

B. *Corolle cylindrique, ou étant deux fois plus longue que large.*

156. Bruyère redressée. *E. exsurgens.* Tige d'un pied et plus, droite, à rameaux verticillés; feuilles quaternées, linéaires, glabres, réfléchies au sommet, mucronées; fleurs ver-

ticillées, à corolle en massue cylindracée, longue d'un pouce, d'un jaune orangé.

Var. Exsurgens minor. Fleurs plus petites et rouges ; anthères peu saillantes.

157. Bruyère mélastome. *Erica melastona.* Anthères plus longues que la corolle, s'amincissant en filamens planes ; tige lâche, droite, de deux pieds, à rameaux très-courts et feuillus; feuilles quaternées, linéaires, raides, un peu scabres ; fleurs jaunes, coniques, un peu courbées, à divisions très-longues et noires.

158. Bruyère versicolore. *E. versicolor.* Anthères peu saillantes; tige de deux pieds, droite, atténuée au sommet, à rameaux presque simples; feuilles ternées, linéaires, subulées, sillonnées en dessous, glabres ; corolle presque cylindrique, un peu arquée au milieu, d'un rouge orangé à la base, verdâtre au sommet.

159. Bruyère de Lée. *E. leea.* Anthères très-peu saillantes ; tige droite, scabre, de quatre ou cinq pieds, à rameaux lâches, simples et longs ; feuilles ternées ou six à six, raides, obtuses, linéaires, épaisses, sillonnées en dessous ; fleurs verticillées, un peu quadrangulaires, à côtes, d'un jaune orangé.

160. Bruyère pétivérienne. *E. petiveriana.* Tige très-raide, à rameaux courts et nombreux ; feuilles ternées, linéaires, obtuses ; anthères très-longues; fleurs binées ou ternées, au sommet des rameaux ; bractées calyciformes ; corolle en massue, courbée, jaune.

Var. 1° *Petiveriana aurantia.* Fleurs moins grosses à la base, d'un rouge un peu orangé.

2° *Petiveriana hirsuta.* Fleurs plus petites, rouges et luisantes; feuilles velues.

161. Bruyère pourpre. *E. purpurea.* Tige droite, de deux pieds, très-simple à la base, à rameaux verticillés au sommet ; feuilles six à six, linéaires, ouvertes, planes en dessus, roulées en dessous, aiguës, raides ; fleurs verticillées, presque terminales ; corolle tubuleuse, pourpre, luisante, courbée à la base, dilatée au sommet.

162. Bruyère sébana orangée. *E. sebana. Var. Aurantia.* Tige forte, droite, d'un pied, à rameaux courts et serrés ;

feuilles ternées, linéaires, arquées, très-rapprochées; fleurs ternées, pendantes au sommet des rameaux; périanthe double, imbriqué, membraneux; corolle en massue, courbée, d'un rouge doré.

Var. 1° *Sebana lutea.* Fleurs un peu moins longues, plus grosses, coniques, jaunes; feuilles moins serrées.

2° *Sebana viridis.* Fleurs moins grandes, coniques, d'un vert pâle; feuilles moins serrées.

3° *Sebana nana.* Fleurs en massue, recourbées, rugueuses, d'un rouge orangé, deux à deux au sommet des rameaux; anthères saillantes, très-longues.

4° *Sebana spicata.* Fleurs presque cylindriques, minces, courbées, écarlates, sillonnées; calice et anthères jaunâtres.

163. Bruyère multiflore. *Erica multiflora.* Tige droite, rameuse, à rameaux raides et droits; feuilles quaternées, ou quinées, obtuses, glabres, linéaires, droites; fleurs axillaires, presque terminales, en espèce d'épi; pédoncules capillaires et très-longs; corolle cylindrique urcéolée, à côtes, d'un rose très-pâle.

164. Bruyère de Plukenet. *E. plukenetia.* Tige droite, de deux pieds, à rameaux très-courts et serrés; feuilles ternées, linéaires, arquées, aiguës, glabres, fasciculées; fleurs souvent solitaires, pendantes, formant un épi lâche au milieu des rameaux; pédoncules longs, colorés; corolle longue de plus d'un demi-pouce, conique, pourpre.

Var. 1° *Plukenetia albens.* Anthères très-longues; corolle blanchâtre.

2° *Plukenetia nana.* Anthères très-longues, rouges; corolle d'un rouge vif.

165. Bruyère sale. *E. sordida.* Tige d'un pied et demi, droite, poilue au sommet; feuilles quaternées, velues, obtuses; fleurs presque sessiles, terminales, au nombre de une, deux ou trois; corolle tubuleuse, en massue, courbée, d'un pouce, d'un jaune sale, velue.

166. Bruyère ornée pourpre. *E. vestita. Var. Purpurea.* Anthères peu saillantes; tige de deux pieds, droite, simple à la base, puis ensuite à rameaux simples et verticillés; feuilles six à six, linéaires, aiguës, glabres, atténuées en pétiole; fleurs droites, verticillées, vers le milieu des rameaux;

corolle en massue, droite, longue d'un pouce, pourpre.

167. Bruyère de Banks. *Erica banksia.* Tiges de huit à neuf pouces, couchées, raides, scabres, très-rameuses; feuilles ternées, subulées, trigones, acuminées; fleurs ordinairement ternées, penchées, au sommet des rameaux; pédoncules très-courts; périanthe double, l'extérieur triphylle, l'intérieur tétraphylle; corolle cylindrique, d'un jaune verdâtre.

Var. Banksia purpurea. Feuilles ternées; corolle d'un jaune blanchâtre, à limbe d'un pourpre foncé; anthères très-longues.

167. Bruyère élevée. *E. elata.* Tige droite, de six ou sept pieds, un peu rameuse, à rameaux courts et cotonneux; feuilles quaternées, souvent quinées, glabres, un peu cylindriques, obtuses; fleurs solitaires, au sommet des rameaux, en épis; pédoncules courts; corolle en massue, courbée, cotonneuse, très-grande, longue de près de deux pouces, d'un jaune orangé.

168. Bruyère agréable. *E. formosa.* Anthères peu saillantes; tige droite, à rameaux droits et verticillés; feuilles souvent six à six, linéaires, glabres, raides, aiguës, ouvertes, un peu courbées; fleurs verticillées, axillaires, un peu en épi, horizontales; corolle en massue, longue d'un pouce, un peu courbée, glabre, écarlate.

169. Bruyère a grandes fleurs. *E. grandiflora.* Tige droite, de trois pieds et davantage, à rameaux très-simples, droits, et verticillés; feuilles quaternées, linéaires, raides et droites; fleurs verticillées, dans l'aisselle des feuilles; corolle en massue, d'un pouce et demi, un peu courbée, glabre, d'un jaune orangé.

170. Bruyère monadelphe. *E. monadelphia.* Tige droite, d'un pied et demi; feuilles ternées, obtuses, un peu cotonneuses; anthères très-longues, atténuées en filamens planes; fleurs binées ou ternées, terminales, penchées; calice double, coloré; corolle conique, de près d'un pouce, glabre, d'un rouge vif.

171. Bruyère pénicillée. *E. penicillata.* Tige droite, de près d'un pied, à rameaux simples et serrés; feuilles ternées, linéaires, fasciculées, glabres, ouvertes; fleurs solitaires, pendantes, en épis au milieu des rameaux; pédoncules longs, colorés; corolle conique, pourpre.

Nota. On a cultivé d'autres espèces moins belles ; mais elles ne se trouvent plus dans le commerce. Les espèces indigènes sont les *erica vulgaris ;* LIN. *Scoparia ;* LIN. *Viridi purpurea ;* HORTUL. *Arborea ;* LIN. *Tetralix ;* LIN. *Cinerea ;* LIN. *Australis ;* LIN. *Ciliaris ;* LIN. *Umbellata ;* LIN. *Purpurascens, seu vagans ;* LIN. *Herbacea ;* LIN. *Mediterranea ;* LIN. *Multiflora ;* LIN. On les cultive et multiplie comme les autres, en plate-bande de terre de bruyère, et quelques-unes, du midi, sont assez délicates pour exiger l'orangerie.

CYRILLE. *Cyrilla ;* L. (*Pentandrie-monogynie.*) Calice très-petit, à cinq divisions ; corolle à cinq pétales ; cinq étamines ; un ovaire supérieur, surmonté d'un style persistant et bifide ; une capsule ovoïde, à deux loges et à deux valves, polysperme.

1. CYRILLE A GRAPPES. *Cyrilla racemiflora ;* L. *Itea cyrilla ;* L'HÉRIT. *Cyrilla caroliniana ;* MICH. ♄. Caroline. Arbrisseau de quinze à dix-huit pieds ; feuilles lancéolées, cunéiformes, aiguës, membraneuses, nervées ; en juin et juillet, fleurs blanches, nombreuses, à pétales plus longs que les pédicelles. Pleine terre légère et fraîche ; multiplication de graines venues de leur pays natal, de marcottes, de drageons, ou de boutures étouffées.

ANDROMÈDE. *Andromeda ;* L. (*Décandrie-monogynie.*) Calice très-petit, à cinq divisions ; corolle monopétale, campanulée ou globuleuse, à cinq divisions ; dix étamines non saillantes ; une capsule à cinq loges polyspermes, à cinq valves.

SECT. Ire. Feuilles opposées.

1. ANDROMÈDE TÉTRAGONE. *Andromeda tetragona ;* L. ♄. Sibérie. Arbuste à feuilles opposées, imbriquées, obtuses, roulées ; fleurs campanulées, sur des pédoncules solitaires et axillaires. Plate-bande de terre de bruyère, fraîche, abritée, et un peu ombragée ; à l'exposition du levant ou du nord ; multiplication de rejetons, par l'éclat des pieds, et de marcottes, transplantés en février et mars. Même culture pour toutes les espèces.

2. ANDROMÈDE BRUYÈRE. *A. ericoïdes ;* WILLD. ♄. Kamtschatka. Arbuste à feuilles imbriquées, convexes, ciliées et

sétacées sur les bords; fleurs globuleuses, axillaires, sur des pédoncules solitaires; capsule à quatre ou cinq loges et autant de valves.

SECT. II. Feuilles éparses.

3. ANDROMÈDE MOUSSEUSE. *Andromeda hypnoïdes;* L. ♄. Sibérie. Tiges menues, couchées; feuilles serrées, subulées, d'une ligne de longueur; en juin, fleurs petites, d'un beau rouge vif, campanulées, sur des pédoncules solitaires et terminaux.

4. ANDROMÈDE COUCHÉE. *A. prostrata;* CAV. ♄. Amérique méridionale. Tige frutiqueuse, humifuse; feuilles ovales-aiguës, glabres, éparses, un peu dentées, sur des pédoncules axillaires et solitaires.

SECT. III. Feuilles alternes.

5. ANDROMÈDE DU MARYLAND. *A. mariana;* JACQ. ♄. Virginie. Arbuste de deux pieds, à rameaux fléchis en zig-zag; feuilles oblongues-ovales, très-entières, décidues; en juillet, fleurs blanches, à corolle ovale-cylindrique, sur des pédoncules rameux et agrégés.

Var. 1° A feuilles lancéolées, *lanceolata;* 2° à feuilles étroites, *angustifolia;* 3° à larges feuilles, *latifolia.*

6. ANDROMÈDE FERRUGINEUSE. *A. ferruginea;* AIT. ♄. Amérique septentrionale. Tige de deux pieds, parsemée d'écailles ferrugineuses; feuilles elliptiques, très-entières, écailleuses et farineuses en dessous; fleurs blanches, un peu globuleuses, penchées, sur des pédoncules agrégés et axillaires. *Var.* A feuilles étroites, *angustifolia.*

7. ANDROMÈDE A FEUILLES DE CASSINÉ. *A. cassinefolia;* VENT. *A. speciosa;* MICH. ♄. La Floride. Arbuste de deux à trois pieds, formant buisson; feuilles ovales, dentées, glabres des deux côtés, persistantes; en été, fleurs d'un blanc pur, les plus grandes du genre, campanulées, sur des pédoncules agrégés.

Var. Andromède pulvérulente. *A. pulverulenta;* BARTRAM. Elle ne diffère du type que par une poussière glauque qui la couvre et lui donne un aspect blanchâtre.

8. ANDROMÈDE A FEUILLES DE POULIOT. *A. polifolia;* L. ♄. indigène. Arbuste d'un pied; feuilles alternes, lancéolées,

roulées, persistantes; en mai, fleurs rouges, mêlées de blanc; corolle ovale; pédoncules agrégés.

Var. 1° A larges feuilles, *latifolia;* AIT. Feuilles oblongues; corolle ovale, incarnate; divisions calicinales ouvertes, ovales, blanches, un peu rougeâtres au sommet.

Var. 2° Moyenne, *media;* AIT. Feuilles lancéolées; corolle oblongue, ovale, rougeâtre; divisions calicinales, plus droite.

Var. 3° A feuilles étroites, *angustifolia;* AIT. Feuilles lancéolées, linéaires; divisions calicinales, oblongues et rouges.

Var. 4° A feuilles subulées, *subulata;* DUHAM. Feuilles linéaires, subulées. On cultive encore les variétés plus légères, *rosmarinifolia* et *minima*.

9. ANDROMÈDE EN ARBRE. *Andromeda arborea;* AIT. ♄. Virginie. Arbre de cinquante à soixante pieds dans son pays natal; feuilles elliptiques, acuminées, denticulées, persistantes; en juillet, fleurs blanches, petites, un peu pubescentes, en panicules terminales. *Var.* A feuilles glabres, ou à feuilles velues.

10. ANDROMÈDE PANICULÉE. *A. paniculata;* MICH. *A. parabolica;* DUHAM. ♄. Virginie. Arbuste de quatre à cinq pieds; feuilles ovales-aiguës, entières; en mai et juin, fleurs blanches, petites, cylindriques, en grappes paniculées et terminales, légèrement pubescentes. *Var.* A feuilles pubescentes en dessous.

11. ANDROMÈDE A GRAPPE. *A. racemosa;* L. MICH. *A. paniculata;* DUHAM. ♄. Du Maryland. Arbuste de trois ou quatre pieds; feuilles alternes, oblongues, dentées; en été, fleurs blanches, petites, oblongues et bossues, en grappes unilatérales, munies de bractées simples et nues.

12. ANDROMÈDE AXILLAIRE. *A. axillaris;* LAM. *A. catesbæi;* WALLT. ♄. Virginie. Arbuste de trois à quatre pieds; feuilles ovales, aiguës, un peu dentées, persistantes; de juin en août, fleurs blanches, nombreuses, à corolle oblongue, en grappes axillaires et simples.

13. ANDROMÈDE ACUMINÉE. *A. acuminata;* PERS. *A. lucida;* JACQ. *A. populifolia;* LAM. ♄. Amérique septentrionale. Arbuste de quatre pieds, très-glabre dans toutes ses parties; feuilles ovales-lancéolées, acuminées, dentées, entières, per-

sistantes ; en août et septembre, fleurs blanches, cylindriques, en grappes axillaires et simples. On la couvre de litière sèche pendant les grands froids.

Var. A feuilles dentées. *A. laurina dentata;* MICH. Rameaux d'un rouge foncé ; feuilles dentées en scie.

14. ANDROMÈDE A FEUILLES BORDÉES. *Andromeda marginata;* PERS. *A. coriacea;* AIT. *A. lucida;* LAM. ♄. Caroline. Arbuste de trois pieds, à rameaux triangulaires ; feuilles ovales lancéolées, acuminées, très-entières, bordées de blanchâtre ; en août, fleurs d'un blanc rougeâtre, sur des pédoncules axillaires, agrégés et simples. Elle est un peu délicate et demande une couverture de litière pendant les gelées.

15. ANDROMÈDE CALICULÉ. *A. caliculata;* L. ♄. Amérique septentrionale. Arbuste de deux pieds ; feuilles alternes, lancéolées, obtuses, ponctuées, persistantes ; en mars, fleurs petites, blanches, un peu cylindriques, en grappes unilatérales et foliacées.

Var. 1° A larges feuilles, *latifolia ;* DUHAM. Corolle oblongue-cylindrique ; feuilles oblongues-ovales, obtuses.

Var. 2° A feuilles étroites, *angustifolia ;* corolle ovale-oblongue ; feuilles oblongues-lancéolées.

16. ANDROMÈDE COTONNEUSE. *A. tomentosa ;* DUM. COURC. ♄. Caroline. Arbuste de trois ou quatre pieds ; feuilles ovales elliptiques, très-entières, nerveuses, à bords roulés en dessous, cotonneuses des deux côtés ; au printemps, fleurs blanches, pubescentes ainsi que les calices et les pédoncules, en grappes paniculées.

ARBOUSIER. *Arbutus;* L. (*Décandrie–monogynie.*) Calice très-petit, à cinq divisions, corolle ovoïde, à limbe court, partagé en cinq dents roulées en dehors ; dix étamines non saillantes ; une baie à cinq loges polyspermes ou monospermes.

1. ARBOUSIER COMMUN. *Arbutus unedo;* L. ♄. France méridionale. *Voyez* le tome II, page 562 : ainsi que pour les *arbutus alpina* et *andrachne*. On cultive pour l'agrément les variétés de l'unedo, *crassifolia, crispa plena, plena angustifolia, rubra, integrifolia, salicifolia.*

2. ARBOUSIER BUSSEROLLE ou raisin d'ours. *A. uva ursi ;* L. ♄. Europe septentrionale. Tiges couchées, en touffes ; feuilles très-entières, petites, ovales obtuses, luisantes, persis-

tantes; en mai, fleurs blanches, en petites grappes axillaires; baie d'un beau rouge. Plate-bande de terre de bruyère, à l'exposition du levant; multiplication de graines et marcottes.

3. Arbousier a feuilles de thym. *Arbutus thymifolia*; Ait. *Vaccinium hispidulum*; L. *Oxicoccus hispidulus*; Pers. ♄. Canada. Tiges couchées; feuilles ovales aiguës, un peu dentées, rudes en dessous; fleurs axillaires, à neuf étamines. Même culture.

4. Arbousier a feuilles de laurier. *A laurifolia*; Pers ♄. Amérique septentrionale. Arbrisseau de douze à quinze pieds; feuilles oblongues, acuminées, aiguës, dentées, glabres; fleurs en grappes axillaires, unilatérales, sessiles, solitaires. Même culture.

CLETHRA. *Clethra*; L. (*Décandrie-monogynie.*) Calice à cinq divisions; corolle à cinq pétales; dix étamines non saillantes; stigmate à trois lobes; une capsule à trois loges, entourée à sa base par le calice, s'ouvrant au sommet en trois valves.

1. Clethra glabre. *Clethra alnifolia*; Ait. ♄. De la Virginie. Arbuste de quatre à cinq pieds; feuilles obovales lancéolées; en août et octobre, fleurs petites, blanches, odorantes, en grappes spiciformes; calice aigu; bractées persistantes, plus courtes que les fleurs. Pleine terre franche légère, substantielle, douce, fraîche, un peu ombragée; multiplication de graines, de rejetons et de marcottes enracinées au bout d'un an.

2. Clethra cotonneux. *C. tomentosa*; Lam. *C. Pubescens*; L. ♄. Virginie. Il ne diffère du précédent, dont Aitone le regarde comme une variété, que par le duvet blanchâtre qui couvre le dessous de ses feuilles et de ses jeunes rameaux. Même culture.

3. Clethra paniculé. *C. paniculata*; Wild. ♄. Amérique septentrionale. Arbuste de trois ou quatre pieds; feuilles lancéolées, obovales, dentées, glabres; d'août en octobre, fleurs blanches, en panicule étroite et bractéée. Pleine terre et même culture.

4. Clethra en arbre. *C. arborea*; Vent. ♄. Madère. Arbrisseau de sept à huit pieds; feuilles oblongues-lancéolées, glabres des deux côtés, dentées, persistantes; de septem-

bre en janvier, fleurs blanches, un peu rosées, petites, odorantes, en grappes spiciformes; calice obtus. Même culture, mais orangerie.

Var. A feuilles panachées, *foliis variegatis*, de vert, de jaune et d'un rouge assez vif.

5. Clethra acuminé. *Clethra acuminata;* Mich. *C. glauca;* Pers. ♄. Caroline. Arbre de trente pieds dans son pays natal; feuilles ovales, ou cunéiformes à la base, acuminées, dentées, glauques en dessous; fleurs en épis presque solitaires, munis de bractées décidues plus longues que les fleurs. Orangerie et même culture.

6. Clethra rude. *C. scabra;* Juss. ♄. Amérique septentrionale. Arbrisseau à feuilles larges, obcordiformes, rudes, velues en dessous. Orangerie et même culture.

PYROLE. *Pyrola;* L. (*Décandrie-monogynie.*) Calice très-petit, à cinq divisions; corolle de cinq pétales élargis et connivens à leur base; dix étamines non saillantes; un stigmate épais, à cinq crénelures; une capsule à cinq loges et à cinq valves.

1. Pyrole a feuilles rondes. *Pyrola rotundifolia;* L. ♃. Indigène. Feuilles obovales, arrondies, entières, un peu épaisses; en juin et juillet, tige d'un pied, terminée par des fleurs blanches, odorantes; étamines redressées; pistil courbé. Pleine terre légère, fraîche et ombragée; multiplication d'œilletons ou par éclat, en automne.

2. Pyrole (petite). *P. minor;* L. ♃. Indigène. Feuilles pétiolées, arrondies; en juin et juillet, tige de quatre à cinq pouces, terminée par une grappe de fleurs blanches; étamines et pistils droits. Culture de la précédente.

3. Pyrole ombellée. *P. umbellata;* L. ♄. Amérique septentrionale. Petit arbuste à feuilles lancéolées; fleurs pédonculées, en espèce d'ombelle. Orangerie éclairée; terre de bruyère; multiplication d'éclats, de drageons et de boutures. Cette plante, d'une conservation difficile, ainsi que la suivante, demande à être traitée comme les bruyères; cependant, avec quelques précautions, elles passent assez bien l'hiver en plein air.

4. Pyrole maculée. *P. maculata;* L. ♄. Amérique septentrionale. Arbuste de dix-huit pouces; feuilles lancéolées,

pétiolées, opposées, pourpres en dessous, d'un vert foncé en dessus, avec les nervures et quelques taches blanches; en juin, fleurs d'un blanc rosé, sur des pédoncules biflores. Orangerie et culture de la précédente; comme elle, elle peut être risquée en pleine terre de bruyère, à exposition ombragée.

GALAX. *Galax;* L. (*Pentandrie-monogynie.*) Calice à dix divisions; corolle hypocratériforme; cinq étamines; un style; capsule monoloculaire, à deux valves élastiques.

1. GALAX A TIGE NUE. *Galax aphylla;* L. *Érythrorhiza rotundifolia;* MICH. *Solenandria cordifolia;* VENT. ♃. Caroline. Feuilles radicales, cordiformes, arrondies, dentées, bordées de pourpre; en mai, tige d'un pied, terminé par un épi de fleurs blanches et petites. Orangerie, ou plate-bande de terre de bruyère fraîche et ombragée, avec couverture l'hiver; multiplication par la séparation des drageons, au printemps.

POIRÉTIE. *Poiretia;* CAV. (*Pentandrie-monogynie.*) Calice à cinq parties, imbriqué, persistant; corolle à cinq pétales; étamines insérées sur le réceptacle, à anthères connées; un style; capsule à cinq loges et à cinq valves séparées par une cloison.

1. POIRÉTIE A FEUILLES CAPUCHONNÉES. *Poiretia cucullata;* CAV. *Sprengelia incarnata;* SMITH. ♄. Nouvelle-Hollande. Arbuste de deux pieds; feuilles petites, imbriquées, capuchonnées à leur base; tout l'été, fleurs d'un rose pâle, en étoile, conservant leur fraîcheur jusqu'à la maturité des graines. Orangerie et même culture que les bruyères.

ÉPIGÉE. *Épigæa;* L. (*Décandrie-monogynie.*) Calice à cinq divisions, entouré de trois bractées; corolle hypocratériforme, tubuleuse par sa base, à limbe ouvert et partagé en cinq lobes; dix étamines non saillantes, attachées à la base de la corolle, à anthères oblongues; stigmate presqu'à cinq divisions; capsule à cinq loges, à cinq valves; réceptacle à cinq divisions.

1. ÉPIGÉE RAMPANTE. *Épigæa repens;* WILLD. ♄. Virginie. Arbuste petit et rampant; feuilles ovales-cordiformes, très-entières, réticulées, persistantes; de mars en juillet,

fleurs carnées ou blanches, petites, odorantes, en grappes axillaires. Orangerie, et culture des bruyères.

GAULTHIÉRIE. *Gaultheria;* L. (*Décandrie-monogynie.*) Calice campanulé, à cinq divisions, muni de deux écailles extérieurement; corolle ovoïde, à limbe à six divisions, roulé en dehors; dix étamines à filamens velus, à anthères à deux cornes; dix petites écailles entre les étamines et environnant l'ovaire; capsule à cinq loges, à cinq valves, entourée par le calice, qui devient charnu et bacciforme.

1. Gaulthiérie du Canada. *Gaultheria procumbens;* L. ♄. Amérique septentrionale. Petit arbuste de cinq à six pouces, traçant; feuilles ovales-arrondies, très-entières, luisantes, persistantes; en été, et pendant une partie de l'année, fleurs d'un rouge vif, pédonculées, axillaires; baies rouges. Orangerie, et culture des bruyères.

2. Gaulthiérie droite. *G. erecta;* Vent. ♄. Pérou. Arbuste d'un pied et demi, à tiges droites et rameuses; feuilles ovales pointues, denticulées, roulées sur les bords, glabres, couvertes de poils ferrugineux en dessous, persistantes; en été, fleurs d'un beau rouge, en grelot, solitaires, en grappes axillaires et terminales. Orangerie et même culture.

MYRTILLE, airelle. *Vaccinium;* L. (*Décandrie-monogynie.*) Calice supérieur, à quatre dents ou entier; corolle campanulée, quelquefois globuleuse, à quatre ou cinq divisions, huit à dix étamines ayant leurs filamens attachés au calice, portant des anthères terminées par deux cornes, avec deux arêtes sur leur dos; ovaire inférieur; une baie globuleuse, ombiliquée à son sommet, divisée en quatre ou cinq loges contenant plusieurs graines.

Sect. Ire. Fleurs solitaires.

1. Myrtille anguleux, lucet. *Vaccinium myrtillus;* L. ♄. Indigène. Arbuste de deux pieds, à rameaux anguleux; feuilles dentées, ovales, décidues; en avril, fleurs blanches, en grelot, axillaires et solitaires; baie d'un bleu noirâtre. Dans les montagnes du Beaujolais on en fait un vin assez agréable. Pleine terre de bruyère humide et à demi ombragée; multiplication de graines, de rejetons, et plus aisément

de marcottes. Transplantation avec toute la motte. Ces plantes sont d'une conservation très-difficile, et exigent à peu près les mêmes soins que les bruyères. Toutes se cultivent de même, mais quelques-unes exigent l'orangerie; nous l'indiquerons à leur article.

2. MYRTILLE VEINÉ. *Vaccinium uliginosum;* PERS. ♄. Indigène. Arbuste d'un pied, à rameaux cylindriques, étalés et couchés; feuilles obovales, petites, lancéolées, glabres; en mai et juin, fleurs blanches ou carnées, solitaires, ovales, axillaires; baie noire.

3. MYRTILLE A LONGUES ÉTAMINES. *V. stamineum;* AIT. ♄. Amérique septentrionale. Petit arbuste; feuilles ovales-oblongues, aiguës, très-entières, glauques en dessous; en mai et juin, fleurs blanchâtres, ovales, solitaires, pédonculées, axillaires; anthères plus longues que la corolle.

4. MYRTILLE EN BUISSON. *V. dumosum;* ANDREW. ♄. Amérique septentrionale. Arbuste à feuilles ovales, aiguës, glabres; fleurs un peu blanchâtres, urcéolées, sur des pédoncules uniflores et munis de bractées.

5. MYRTILLE A FEUILLES LUISANTES. *V. diffusum;* AIT. ♄. Caroline. Feuilles ovales, pointues, obtusément dentées, un peu velues; de mai en juillet, fleurs solitaires, pédonculées, sans bractées.

6. MYRTILLE A FEUILLES ÉTROITES. *V. angustifolium;* AIT. ♄. Terre-Neuve. Feuilles elliptiques lancéolées, glabres, obtusément dentées; fleurs sur des pédoncules solitaires et uniflores.

SECT. II. Fleurs en corymbe ou en grappe.

7. MYRTILLE A CORYMBE. *V. corymbosum;* L. *V. disomorphum;* MICH. *V. amœnum;* AIT. ♄. Amérique septentrionale. Arbrisseau de quatre ou cinq pieds; feuilles oblongues, acuminées, nervées, velues en dessous, très-entières; de mai en juin, fleurs blanches, assez grandes, ovales-cylindriques, en corymbes ovales; baie d'un bleu noirâtre, d'un acide agréable.

8. MYRTILLE ROUGE. *V. venustum;* PERS. ♄. Amérique septentrionale. Feuilles elliptiques, très-entières, glabres,

décidues; en mai et juin, fleurs un peu campanulées, en grappes bractéées, à pédicelles munis de petites bractées.

9. Myrtille a feuilles de troène. *Vaccinium ligustrinum;* L. ♄. Pensylvanie. Arbuste droit, à rameaux anguleux, haut de deux pieds; feuilles crénelées, oblongues, à nervures pourpres; en juin, fleurs ovales-oblongues, à cinq dents, pourpres, en grappes nues, sans bractées.

10. Myrtille résineux. *V. resinosum;* Ait. *Andromeda baccata.;* Wangenh. ♄. Amérique septentrionale. Feuilles elliptiques, un peu aiguës, très-entières, décidues, parsemées de points résineux; de mai en juin, fleurs ovales, en grappes bractéées.

11. Myrtille en arbre. *V. arboreum;* Mich. ♄. Amérique septentrionale. Arbres de quinze à vingt pieds; feuilles pétiolées, obovales, mucronées, luisantes, ponctuées et glanduleuses; en juin, fleurs campanulées, en grappes bractéées; anthères aristées sur le dos; baies noires, globuleuses. Bel arbrisseau dans nos jardins.

12. Myrtille élégant. *V. formosum;* Andrew. ♄. Amérique septentrionale. Feuilles très-entières, oblongues-aiguës, glabres; fleurs en grappes fasciculées, un peu cylindriques; calice comprimé.

13. Myrtille a rameaux allongés. *V. virgatum;* Andrew. ♄. Amérique septentrionale. Feuilles oblongues, ovales, dentées; d'avril en mai, fleurs un peu cylindriques, en grappes fasciculées et axillaires; calice réfléchi au sommet. Orangerie.

14. Myrtille de Pensylvanie. *V. Pensylvanicum;* Mich. ♄. Amérique septentrionale. Arbuste rameux, de deux pieds; feuilles sessiles, ovales-lancéolées, dentées, luisantes; en juin, fleurs blanches, ovales, fasciculées, presque terminales.

15. Myrtille de la Floride. *V. myrsinites;* Lam. ♄. Floride. Arbuste droit, très-rameux, à feuilles petites, sessiles, ovales, mucronées, un peu dentées, ponctuées en dessous; fleurs pourpres, en corymbes, sessiles. Orangerie.

16. Myrtille de Cappadoce. *V. arctostaphylos;* Andrew. ♄. Cappadoce. Arbrisseau de cinq à six pieds; feuilles crénelées, ovales-aiguës; en juin et juillet, fleurs blanches et rougeâtres, en grappes lâches, assez grandes. Orangerie.

17. Myrtille méridionale. *V. meridionale;* Ait. ♄. Jamaï-

que. Feuilles ovales-oblongues, aiguës, dentées, persistantes, planes, luisantes; fleurs prismatiques, en grappes droites et terminales. Serre tempérée.

18. Myrtille ponctué. *Vaccinium vitis idœa;* L. *V. punctatum;* Lam. Indigène. Arbuste d'un pied; feuilles obovales, roulées, très-entières, ponctuées en dessous; au printemps, fleurs d'un blanc rougeâtre, en grappes terminales et pendantes.

OXYCOCCOS. *Oxycoccus;* Pers. (*Octandrie-monogynie.*) Calice supérieur, à quatre divisions; corolle à quatre divisions presque linéaires, roulées; huit étamines à filamens connivens, surmontées par des anthères tubuleuses et biparties; un style; baie polysperme.

1. Oxycoccos des marais. *Oxycoccus palustris; seu europœus;* Pers. *Vaccinium oxycoccos;* L. ♄. Indigène. Tiges filiformes, rampantes, nues; feuilles ovales, très-entières, roulées, ovales, petites, persistantes; en mai, fleurs rouges; baies pourpres. Terre légère, tourbeuse, humide, ou, mieux, terre de bruyère. Du reste, même culture et multiplication que les myrtilles, et orangerie.

Var. Oxycoccos du Canada. *O. Macrocarpus. Var.* ♃ de Pers. *Vaccinium macrocarpum.* Ait. Amérique septentrionale. Tiges rampantes, filiformes; feuilles très-entières, planes, ovales-oblongues, obtuses; baies plus grosses. Orangerie et même culture.

ÉPACRIDE. *Epacris;* Cav. (*Pentandrie-monogynie*). Calice double, l'extérieur imbriqué; cinq étamines, un style; stigmate en tête; ovaire entouré de cinq petites glandes écailleuses; capsule à cinq pans, à cinq loges, à cinq valves, polysperme.

1. Épacride a longues fleurs. *Epacris longiflora;* Cav. ♄. Nouvelle-Hollande. Tige de trois à quatre pieds; feuilles ovales cordiformes, raides, un peu épineuses au sommet; en mars et avril, fleurs écarlates, à tube allongé, en épis. Orangerie éclairée; terre de bruyère; culture des bruyères.

2. Épacride élégante. *E. pulchella;* Cav. ♄. Nouvelle-Hollande. Tige de trois à quatre pieds; feuilles imbriquées, cordiformes, terminées par une pointe raide; au printemps, fleurs très-odorantes, d'un blanc pourpré, axillaires, tubu-

leuses-campanulées. Même culture, comme pour les suivantes.

3. ÉPACRIDE PIQUANTE. *Epacris pungens;* CAV. ♄. Nouvelle-Hollande. Tige de quatre pieds; feuilles ovales, imbriquées, raides, terminées par une pointe épineuse; au printemps, fleurs blanches, à tube rougeâtre, en épis; calice extérieur conique.

4. ÉPACRIDE POURPRÉE. *E. purpurescens;* HORT. ANGL. ♄. Nouvelle-Hollande. Tige très-courte; feuilles ovales, un peu capuchonnées, acuminées; au printemps, fleurs un peu infondibuliformes, d'abord purpurescentes, puis blanches, en épis. *Var.* A fleurs rouges, *rubra*.

5. ÉPACRIDE A GRANDES FLEURS. *E. grandiflora;* WILLD. ♄. Nouvelle-Hollande. Tige frutiqueuse; feuilles ovales, acuminées, mucronées, recourbées; au printemps, fleurs grandes, axillaires.

6. ÉPACRIDE VELUE. *E. villosa;* CAV. ♄. Nouvelle-Hollande. Arbuste à rameaux velus; feuilles linéaires, imbriquées; fleurs axillaires, à divisions de la corolle cotonneuses en dedans.

STYPHÉLIE. *Styphelia;* SMITH. (*Pentandrie-monogynie.*) Calice divisé profondément en cinq découpures, et accompagné d'écailles imbriquées; corolle tubulée; cinq étamines; un ovaire environné d'une écaille embrassante, ou de cinq petites écailles; un drupe à cinq loges, contenant chacune une ou deux graines.

1. STYPHÉLIE A TROIS FLEURS. *Styphelia triflora;* ANDREW. ♄. Nouvelle-Hollande. Arbuste droit; feuilles imbriquées, ovales, mucronées, glauques, persistantes; de juin en août, fleurs axillaires, ternées; corolle très-longue, à tube d'un beau rouge et à limbe jaunâtre. Orangerie éclairée; terre de bruyère; multiplication de boutures et marcottes; du reste, mêmes soins que pour les bruyères.

2. STYPHÉLIE DAPHNOÏDE. *S. daphnoïdes;* SMITH. ♄. Nouvelle-Hollande. Arbuste à feuilles elliptiques, un peu concaves; fleurs axillaires, solitaires; corolle à limbe ouvert et un peu pubescent. Orangerie et même culture.

3. STYPHÉLIE GNIDIENNE. *S. gnidium;* VENT. ♄. Nouvelle-Hollande. Arbuste de trois à quatre pieds; feuilles linéaires

lancéolées, éparses, persistantes; en juin et juillet, fleurs blanches, odorantes, en épis terminaux, solitaires et ovales; corolles à limbe réfléchi et velu. Orangerie; même culture.

4. STYPHÉLIE JUNIPÉRINE. *Styphelia juniperina;* PERS. ♄. Nouvelle-Hollande. Tige arborescente; feuilles éparses, linéaires, cuspidées, dentelées; fleurs sessiles-solitaires, terminales.

Var. 1° Couchée. *Procumbens;* PERS. *Ventanctia procumbens;* CAV. Tige couchée; feuilles linéaires-lancéolées, imbriquées, ciliées, à nervures parallèles; fleurs axillaires, et solitaires.

Var. 2° Rameuse. *Humifusa;* PERS. Tiges très-rameuses; feuilles linéaires, éparses, nombreuses; fleurs axillaires.

STYLIDIER. *Stylidium;* RICH. (*Monadelphie-diandrie.*) Calice à cinq divisions quelquefois cohérentes; corolle un peu irrégulière, quadrifide; filamens des étamines très-longs, à sommet bianthérifère; style terminé par un stigmate biparti, surmonté d'une appendice ligulée et recourbée; ovaire infère; capsule biloculaire, polysperme.

1. STYLIDIER GLANDULEUX. *Stylidium glandulosum;* HORT. ANGL. ♄. Nouvelle-Hollande. Arbuste d'un pied; feuilles linéaires, épaisses; d'avril en juin, fleurs petites, d'abord d'un jaune pâle, puis rougeâtre. Leur style est très-irritable avant la fécondation; si on le touche il se replie subitement dans un sens opposé à celui qui lui est naturel. Orangerie éclairée; terre de bruyère; multiplication de graines, de rejetons et de boutures.

2. STYLIDIER GRAMINÉ. *S. graminifolium;* WARTZ. *S. serrulatum;* RICH. ♄. Nouvelle-Hollande. Tige simple, pubescente; feuilles subulées-lancéolées, un peu épineuses et dentées; fleurs presque sessiles, alternes, en épi simple. Orangerie et même culture.

CAMARINE. *Empetrum;* L. (*Diœcie-triandrie.*) Fleurs dioïques; calice à trois divisions; trois pétales; trois étamines saillantes hors de la fleur; un ovaire supérieur, un peu aplati en dessus, dépourvu de style, surmonté de neuf stigmates ouverts et même réfléchis; une baie globuleuse, un peu déprimée, contenant de trois à neuf graines disposées circulairement.

1. CAMARINE A FRUIT NOIR. *Empetrum nigrum;* WILLD. ♄.

Des hautes montagnes de l'Europe. Arbuste d'un pied, étalé sur la terre, à rameaux glabres; feuilles petites, oblongues, glabres, roulées sur les bords, persistantes; en avril, fleurs petites, herbacées, sessiles, axillaires; baies noires. Pleine terre de bruyère ombragée, et culture des myrtilles; multiplication de marcottes.

2. CAMARINE A FRUIT BLANC. *Empetrum album;* WILLD. ♄. Portugal. Arbuste droit, à rameaux pubescens; feuilles linéaires, roulées en leurs bords, rudes en dessus, canaliculées en dessous; baies blanches. Même culture, mais couverture l'hiver, ou, pour plus grande sûreté, orangerie.

PÉNÉE, Sarcocollier. *Penœa;* JUSS. (*Tétrandrie monogynie*). Calice diphylle, caduc; corolle campanulée, à quatre divisions; quatre étamines au sommet de la corolle; anthères droites; ovaire supère; style filiforme terminé par un stigmate à quatre lobes; capsule à quatre loges, quatre valves, avec une cloison dans le milieu; point d'axe central; deux semences dans chaque loge.

1. PÉNÉE ÉCAILLEUSE. *Penœa squamosa;* L. ♄. Du Cap. Arbrisseau à feuilles rhomboïdales-cunéiformes, charnues, imbriquées sur quatre rangs; fleurs sessiles, au sommet des rameaux, accompagnées de bractées écailleuses, glutineuses et ciliées. Orangerie éclairée; terre de bruyère; mêmes culture et multiplication que les bruyères.

2. PÉNÉE MUCRONÉE. *P. mucronata;* VENT. ♄. Du Cap. Tige d'un pied à dix-huit pouces; feuilles glabres, acuminées, opposées en croix, horizontales, persistantes; au printemps, fleurs sulfurines, sessiles, sur quatre rangs, en épis terminaux. Orangerie et même culture.

PYXIDANTÈRE. *Pyxidantera;* MICH. (*Pentandrie-monogynie.*) Calice à quatre parties oblongues, penchées, paléacées-membraneuses; corolle campanulée, courte, à limbe divisé en cinq parties courtes et spatulées; cinq étamines à filamens lamellés; anthères appendiculées à leur base; un ovaire un peu trigone, portant un style épais, terminé par trois stigmates courts; fruit à trois loges.

1. PYXIDANTÈRE BARBUE. *Pyxidantera barbulata;* MICH. ♄. Caroline. Arbuste petit et rampant, ayant beaucoup de ressemblance avec l'*azalea procumbens;* feuilles cunéiformes,

lancéolées, aiguës, barbues à leur base du côté interne; fleur solitaire, terminale, entourée de petites bractées. Orangerie; terre de bruyère, et culture des bruyères.

HUDSONE. *Hudsonia;* L. (*Dodécandrie-monogynie.*) Calice triphylle, tubuleux; corolle nulle, ou composée de cinq écailles pétaloïdes; quinze étamines non saillantes; ovaire supérieur, portant un style et un stigmate; capsule monoloculaire, trivalve, à trois semences.

1. HUDSONE BRUYÉRIFORME. *Hudsonia ericoïdes;* L. ♄. Virginie. Arbuste ayant le port et l'aspect d'une bruyère; feuilles subulées, velues, pointues; fleurs très-petites, sur des pédoncules solitaires et filiformes. Plate-bande de terre de bruyère, et culture des myrtilles.

OBS. Les genres *epacris, stylidium, penœa, pyxidantera, hudsonia*, ne sont placés dans cette famille qu'à cause de l'analogie qu'ils ont avec elle. La plupart appartiendrait à la nouvelle famille des épacridées, proposée par quelques botanistes.

ORDRE IV.

LES CAMPANULACÉES. — *CAMPANULACEÆ.*

Plantes herbacées, rarement ligneuses ou lactescentes; *feuilles* simples, ordinairement alternes; *inflorescence* variée; *calice* adhérent avec l'ovaire, ou supérieur; *corolle* monopétale, insérée au sommet du calice, communément régulière et marcescente, à limbe divisé; *étamines* ordinairement au nombre de cinq, attachées au-dessous de la corolle; *ovaire* inférieur ou adhérent au calice, surmonté d'un seul style, et terminé par un stigmate simple ou divisé. *Capsule* le plus souvent à trois loges, quelquefois à deux, cinq, six ou huit, ordinairement polyspermes, s'ouvrant sur les côtés; *graines* attachées à l'angle intérieur des loges, et munies d'un périsperme charnu.

§ Ier. Anthères distinctes.

MICHAUXIE. *Michauxia;* L'Hérit. (*Octandrie-monogynie.*) Calice à huit divisions et à sinus réfléchis; corolle en roue, à huit divisions, huit étamines; un style surmonté de huit stigmates; capsule à huit loges polyspermes.

1. Michauxie a fruits rudes. *Michauxia campanuloïdes;* L'Hérit. ♂. Syrie. Tige de trois à quatre pieds, cylindrique, ferme, velue, rameuse; feuilles radicales lyrées, les caulinaires demi-amplexicaules, découpées, dentées et ciliées sur les bords; tout l'été, fleurs grandes, blanches, pédonculées, axillaires et terminales. Orangerie; terre légère et substantielle; exposition chaude; multiplication de boutures ou de graines au printemps sur couche tiède.

2. Michauxie lisse. *M. lævigata;* Vent. ♂. De la Perse. Tige lisse, de deux pieds, très-glabre; feuilles radicales ovales, dentées, les caulinaires oblongues, à demi amplexicaules. En été, fleurs blanchâtres, éparses, axillaires et pédonculées. Orangerie et même culture.

CAMPANULE. *Campanula;* L. (*Pentandrie-monogynie.*) Calice à cinq divisions, ayant quelquefois leurs sinus très-dilatés et réfléchis en dehors; corolle campanulée, à cinq divisions; cinq étamines à filamens élargis à leur base; stigmate à cinq divisions; capsule à trois ou cinq loges polyspermes. On en connaît plus de cent cinquante espèces, mais on ne cultive guère que les suivantes.

Sect. Ire. *Feuilles lisses.*

1. Campanule d'Autriche. *Campanula pulla;* Jacq. ♃. Autriche. Tige droite, uniflore; feuilles caulinaires-ovales, crénelées; en été, fleurs bleues, terminales, penchées. Pleine terre. Toutes les espèces de pleine terre sont robustes, et viennent assez bien partout; cependant elles préfèrent les terres légères, à exposition ouverte. On les multiplie de graines semées aussitôt leur maturité. En plate-bande de terre légère amendée avec un terreau végétal, à l'exposition du levant, avec la précaution de ne pas les recouvrir de terre. On les repique en place l'année suivante. Quand on les a une

fois obtenues, il est facile de les multiplier par la séparation des pieds ou des drageons.

2. Campanule a grandes fleurs. *Campanula grandiflora;* L. *C. gentianoïdes;* Lam. ♃. Sibérie. Tige uniflore, menue, d'un pied et demi; feuilles presque sessiles, ternées, oblongues, dentées; en juillet, fleurs assez grandes, terminales, d'un bleu superbe.

3. Campanule a feuilles rondes. *C rotundifolia;* L. ♃. Indigène. Tige très-rameuse, diffuse, filiforme; feuilles radicales (qui se dessèchent et disparaissent très-vite), un peu arrondies, réniformes, profondément crénelées; les caulinaires linéaires, étroites, pointues; en juin et juillet, fleurs penchées, terminales, assez grandes, d'un beau bleu.

Var. 1° *Alba*, à fleurs blanches; 2° *cœspitosa* ou *pusilla*, des haies, à feuilles toutes munies de dents aiguës; 3° *tenuifolia*, à petites feuilles, les radicales oblongues.

4. Campanule a feuilles de lin. *C. linifolia;* Jacq. *C. uniflora;* Willd. ♃. Indigène. Tige pubescente; feuilles radicales obovales, un peu arrondies, très-entières, les caulinaires linéaires-lancéolées, un peu dentées; en été, fleur ordinairement solitaire, bleue, pendante.

5. Campanule étalée. *C. patula;* Smith. *C. decurrens;* L. ♃. Indigène. Tige d'un pied, anguleuse; feuilles raides, les radicales ovales-lancéolées, en rosette, les caulinaires étroites, pointues, un peu dentées; en juillet et août, fleurs blanches ou purpurines, à calice denticulé.

6. Campanule a feuilles de pêcher. *C. persicifolia;* L. ♃. Indigène. Tige glabre, droite, de deux pieds; feuilles radicales obovales, les caulinaires lancéolées-linéaires, un peu dentées, sessiles, écartées; de juillet en septembre, fleurs bleues ou blanches, simples ou doubles, selon la variété.

7. Campanule pyramidale. *C. pyramidalis;* L. ♂. Indigène. Tige simple, glabre, de quatre à cinq pieds; feuilles glabres, dentées, cordiformes, les caulinaires lancéolées; de juillet en septembre, fleurs bleues ou blanches, grandes, en ombelles latérales, formant un long épi pyramidal.

8. Campanule d'Amérique. *C. americana;* L. *C. planiflora;* Lam. ☉. Pensylvanie. Feuilles cordiformes et lancéolées, dentées; pétioles des feuilles inférieures ciliés; en juillet,

fleurs unilatérales, à cinq divisions planes, sessiles, axillaires; style plus long que la corolle.

9. CAMPANULE LUISANTE. *Campanula nitida;* AIT. ♃. Amérique septentrionale. Feuilles oblongues, crénelées, lisses, les caulinaires lancéolées et presque entières; en juillet, fleurs bleues, ouvertes, campanulées en roue.

10. CAMPANULE A LONG STYLE. *C. stylosa;* LAM. ♃. Sibérie. Tige simple, glabre, d'un pied et demi; feuilles pétiolées, un peu cordiformes, aiguës, dentées; fleurs petites, bleues, penchées, à style long et saillant.

11. CAMPANULE A FEUILLES RHOMBOÏDALES. *C. rhomboïdea;* PERS. ♃. Des Alpes. Feuilles rhomboïdales, dentées, les caulinaires ovales et aussi dentées; fleurs bleues, en épi unilatéral, à calice denté.

12. CAMPANULE DES ALPES. *C. Alpina;* LAM. ♃. Italie. Tige simple; feuilles lancéolées, dentées en scie, les inférieures pétiolées, celles du sommet sessiles; fleurs pendantes, à style saillant. Terre de bruyère.

13. CAMPANULE A FRUIT SOYEUX. *C. eriocarpa;* HORT. ANGL. ♃. Tige de trois ou quatre pieds; feuilles inférieures pétiolées, ovales-cordiformes, les supérieures sessiles, ovales-oblongues; tout l'été, fleurs grandes, droites, d'un beau bleu; fruit velu et incliné.

SECT. II. *Feuilles scabres.*

14. CAMPANULE A LARGES FEUILLES. *C. latifolia;* L. ♃. Des Alpes. Tige très-simple, cylindrique, de deux ou trois pieds; feuilles ovales-lancéolées; en juin et juillet, fleurs bleues, grandes, pédonculées, solitaires. On en possède une variété à fleurs d'un blanc pur.

15. CAMPANULE A FEUILLES D'ORTIE. *C. urticæfolia;* SCHM. ♃. Allemagne. Est-ce une variété de la précédente? Tige anguleuse, hispide; feuilles ovales-lancéolées, largement dentées; pédoncules uniflores, axillaires, penchées; fleurs bleues, à calice hispide.

16. CAMPANULE RAPONCULOÏDE. *C. rapunculoïdes;* L. ♃. Indigène. Racine rampante; tige de deux pieds, rameuse; feuilles cordiformes-lancéolées; en juin et juillet, fleurs d'un bleu rougeâtre, pendantes, éparses, à calice réfléchi.

17. CAMPANULE GANTELÉE. *Campanula trachelium;* L. *Voyez* pour cette plante, ainsi que pour les campanules *speculum* et *rapunculus*, le tome II, p. 438.

18. CAMPANULE A FLEURS EN TÊTE. *C. glomerata;* WILLD. ♃. Indigène. Tige d'un pied, simple, anguleuse, presque glabre; feuilles oblongues, lancéolées-cordiformes, sessiles; en été, fleurs bleues ou blanches, réunies en tête terminale.

SECT. III. *Calice à sinus réfléchis.*

19. CAMPANULE D'ALLIONI. *C. allionii;* WILLD. *C. nana;* LAM. ♃. Des Alpes. Tige de deux à trois pouces, hispide, munie de deux feuilles linéaires-lancéolées, ondulées, hérissées; en été, une seule fleur grosse, droite, terminale et bleue.

20. CAMPANULE PONCTUÉE. *C. punctata;* WILLD. ♃. Sibérie. Tige simple, droite, feuillée; feuilles un peu pétiolées; en été, fleurs bleues, penchées, ponctuées et velues intérieurement; capsule triloculaire.

21. CAMPANULE A GROSSES FLEURS. *C. medium;* L. ♂. Italie. Tige de deux pieds, droite, velue, feuillée, simple; feuilles oblongues, sessiles, crénelées; de juin en septembre, fleurs grandes, bleues ou blanches, droites.

22. CAMPANULE BARBUE. *C. barbata;* JACQ. ♃. De la Suisse. Tige de huit à neuf pouces, très-simple, souvent à une seule feuille; feuilles lancéolées; en juin et juillet, fleurs bleues, pendantes, unilatérales, très-velues en dedans; capsule à cinq loges.

23. CAMPANULE A FEUILLES D'ALLIAIRE. *C. alliariæfolia;* WILLD. ♃. Orient. Fleurs radicales réniformes, dentées, à dents doubles, les caulinaires sessiles, ovales, dentées; en été, fleurs blanches, solitaires, penchées.

24. CAMPANULE DE SIBÉRIE. *C. Sibirica;* L. ♂. Autriche. Tige d'un pied, paniculée; feuilles oblongues, rudes, ondulées, demi-amplexicaules; de juillet en septembre, fleurs oblongues, petites.

25. CAMPANULE A FEUILLES EN COEUR. *C. carpathica;* JACQ. ♃. Des Alpes. Tige de six à huit pouces, à rameaux filiformes; feuilles cordiformes; en juin, fleur d'un beau bleu, solitaire.

26. CAMPANULE DORÉE. *C. aurea;* L. ♄. Madère. Tige de

deux pieds, charnue, persistante ainsi que les feuilles; celles-ci ovales lancéolées, glabres, dentées; d'août en septembre, fleurs grandes, à calice et corolle jaunes. Terre de bruyère et orangerie.

CANARINE. *Canarina*; L. (*Hexandrie-monogynie.*) Calice à six divisions; corolle campanulée, à six divisions; six étamines à filamens élargis à leur base; stigmate à six divisions; capsule à six loges.

1. CANARINE CAMPANULÉE. *Canarina campanula*; L. ♃. Madère. Tige de trois à quatre pieds, noueuse; feuilles opposées ou ternées, hastées, dentées, glabres; de décembre en mars, fleurs assez grandes, d'un jaune oranger, solitaires et pendantes. Orangerie éclairée ou serre tempérée; terre légère, substantielle; peu d'arrosemens en hiver; multiplication par la séparation du pied en été. On facilite la reprise sur une couche tiède, et sous châssis ombragé.

TRACHÉLIER. *Trachelium*; L. (*Pentandrie-monogynie.*) Calice à cinq divisions; corolle infondibuliforme, à tube allongé, à limbe découpé en cinq lobes; cinq étamines à filamens non dilatés à leur base; stigmate globuleux; capsule à trois loges.

1. TRACHÉLIER BLEU. *Trachelium cœruleum*; L. ♂. Italie. Tige d'un pied, à rameaux droits; feuilles ovales, dentées, planes; en juillet et août, fleurs petites, nombreuses, d'un bleu d'azur, en corymbe. Orangerie; terre légère, pas trop humide; exposition au midi; multiplication de graines semées aussitôt la maturité, sur couche tiède, ou de boutures sur la même couche au printemps.

2. TRACHÉLIER DIFFUS. *T. diffusum*; L. ♃. Du Cap. Tige frutiqueuse, très-rameuse, à rameaux diffus, divariqués, recourbés, feuilles subulées; fleurs en août. Orangerie et même culture.

GESNÉRIE. *Gesneria*; L. (*Didynamie-angiospermie.*) Calice à cinq divisions; corolle infondibuliforme, irrégulière, à tube souvent courbé, partagée en son limbe en cinq lobes inégaux; quatre étamines didynames; stigmate en tête; capsule arrondie, à deux loges, couronnée par le calice.

1. GESNÉRIE COTONNEUSE. *Gesneria tomentosa*; L. ♄. Amérique méridionale. Arbuste de cinq à six pieds; feuilles ovales-

lancéolées, crénelées, velues, un peu visqueuses, persistantes; une grande partie de l'année, fleurs jaunâtres extérieurement, rougeâtres à l'intérieur, en cyme corymbiforme, exhalant, comme toute la plante; une odeur fétide. Serre chaude et tannée; terre un peu consistante, substantielle; arrosemens fréquens pendant la végétation; dépotage annuel. Multiplication de boutures étouffées sur couche chaude, faites en avril ou mai.

2. Gesnérie naine. *Gesneria humilis;* L. ♄. Amérique méridionale. Feuilles lancéolées, dentées en scie, sessiles; pédoncules rameux et multiflores. Serre chaude et même culture.

3. Gesnérie ventrue. *G. ventricosa;* Swartz. ♄. Jamaïque. Feuilles elliptiques, acuminées, crénelées, glabres; pédoncules portant ordinairement quatre fleurs ventrues, grandes, belles, écarlates; divisions calicinales longues et subulées. Serre chaude et même culture.

RAPONCULE. *Phyteuma;* L. (*Pentandrie-monogynie.*) Calice à cinq divisions; corolle en roue, à tube très-court, à cinq découpures longues et linéaires; cinq étamines; stigmate à trois divisions; capsules à trois loges.

1. Raponcule a feuilles de bétoine. *Phyteuma betonicæfolium;* Willd. ♃. Indigène. Feuilles simplement crénées, les radicales lancéolées cordiformes, les caulinaires lancéolées; en été, fleurs en épis oblongs. Pleine terre et culture des campanules.

2. Raponcule pinnée. *P. pinnata;* Vent. ♃. Orient. Feuilles pinnées; fleurs en grappe composée. Même culture, mais orangerie. Ces plantes, ainsi que les autres espèces du genre, ne sont guère que de collection botanique.

ROELLIE. *Roella;* L. (*Pentandrie-monogynie.*) Calice turbiné, à cinq grandes divisions dentées; corolle infondibuliforme, à limbe à cinq parties; cinq étamines à filamens élargis à la base; un stigmate bifide; capsule cylindrique, à deux loges, couronnée par les divisions calicinales.

1. Roellie ciliée. *Roella ciliata;* Thunb. ♄. Du Cap. Arbrisseau de sept à huit pouces; feuilles lancéolées, ciliées, petites; de juillet en septembre, fleurs solitaires, terminales, grandes, blanches dans le fond du limbe, puis bleues, et enfin

d'un pourpre léger sur le bord du limbe. Orangerie éclairée ou serre tempérée ; terre de bruyère ; multiplication de boutures et marcottes. Les plantes de ce genre sont délicates, et la culture des bruyères leur convient assez.

2. ROELLIE A ÉPI. *Roella spicata ;* L. ♄. Du Cap. Tige droite ; feuilles lancéolées, entières, ciliées ; fleurs terminales, un peu en épi. Orangerie, même culture.

3. ROELLIE RAMPANTE. *R. squarrosa ;* THUNB. *R. filiformis ;* LAM. ♃. Du Cap. Tige herbacée ; feuilles ovales, dentées, ciliées ; fleurs terminales, rassemblées. Orangerie et même culture.

§ II. *Anthères réunies.*

LOBÉLIE. *Lobelia ;* L. (*Monadelphie-pentandrie.*) Calice à cinq dents ; corolle irrégulière, tubulée inférieurement, à limbe partagé en deux lèvres inégales, la supérieure à deux divisions, et l'inférieure plus grande, trifide ; cinq étamines à anthères réunies en tube ; capsule à deux ou trois loges polyspermes, s'ouvrant par le sommet.

SECT. Ire. *Feuilles entières.*

1. LOBÉLIE A FEUILLES D'ANDROPOGON. *Lobelia andropogon ;* CAV. ♄. Amérique. Tige frutiqueuse ; feuilles ovales, aiguës, glabres, molles ; fleurs écarlates, glabres, solitaires, axillaires. Serre chaude. Les lobélies de pleine terre aiment un sol substantiel et un peu consistant ; la terre légère ou de bruyère convient mieux à celles de serre. Toutes demandent des arrosemens fréquens pendant la végétation, mais très-modérés pendant tout autre temps, parce qu'elles pourissent aisément. On les multiplie de graines semées aussitôt la maturité sur couche tiède et sous châssis, et l'on repique en pots les espèces annuelles afin de pouvoir les placer en orangerie pour leur faire mûrir leurs graines. Les espèces vivaces peuvent encore se multiplier de marcottes, de boutures au printemps ou d'éclats en automne. Celles qu'on laisse l'hiver en pleine terre doivent être garanties des gelées au moyen de litière, mais avec la précaution de les garantir aussi de la plus légère humidité.

2. LOBÉLIE A FEUILLES DE PIN. *L. pinifolia ;* L. ♄. Du Cap. Arbuste de dix-huit pouces, à rameaux droits et effilés ; feuilles linéaires, très-entières, nombreuses, serrées contre

les rameaux ; fleurs bleues, velues en dehors, en grappes courtes. Orangerie.

SECT. II. *Feuilles dentées ou incisées.*

3. LOBÉLIE VELUE. *Lobelia hirta;* CAV. ♄. Amérique méridionale. Tige frutiqueuse, velue ; feuilles oblongues, acuminées dentées ; fleurs écarlates, velues, portées par des pédoncules très-longs, et axillaires. Serre chaude.

4. LOBÉLIE A FEUILLES DE PAQUERETTE. *L. bellidifolia;* THUNB. *L. bellidiflora ;* L. ⊙. Du Cap. Tige droite, simple ; feuilles ovales, dentées, velues. Orangerie.

5. LOBÉLIE TRIGONE. *L. triquetra ;* L. ♃. Tige droite, simple, d'un pied et demi; feuilles linéaires lancéolées, dentées ; de mai en septembre, fleurs bleues, en grappe terminale et sans feuilles. Orangerie.

6. LOBÉLIE COURONNÉE. *L. comosa;* L. ♃. Nouvelle-Espagne. Feuilles lancéolées, dentées, pulvérulentes en dessous ; fleurs tubuleuses, jaunâtres, en corymbe terminal, avec une touffe de feuilles. Serre tempérée.

7. LOBÉLIE CARDINALE. *L. cardinalis;* L. ♃. Amérique. Tige droite, de deux à trois pieds ; feuilles ovales, lancéolées, dentées, molles, un peu velues; de juillet en novembre, fleurs grandes, écarlates, en grappe simple et terminale. Belle plante dont on peut risquer quelques pieds en pleine terre fraîche. Orangerie.

8. LOBÉLIE GLABRE. *L. lævigata;* LIN. *L. surinamensis;* AIT. ♄. Inde. Tige de deux pieds, glabre, sous-frutiqueuse ; feuilles oblongues, glabres, dentées ; en avril, fleurs d'un pourpre pâle, axillaires, pédonculées ; corolle pentagone, courbée, longue, blanche en dedans ; capsule ventrue. Serre chaude.

9. LOBÉLIE A FEUILLES DE SAULE. *L. salicina;* LAM. *L. acuminata;* WILLD. ♄. Jamaïque. Tige droite, rameuse, de cinq à six pieds ; feuilles lancéolées, étroites, finement dentées, éparses ; en juillet, fleurs grandes, d'un rouge ponceau, en grappe longue, feuillue et terminale. Serre tempérée.

10. LOBÉLIE SIPHILITIQUE. *L. siphilitica;* L. ♃. Virginie. Tige simple, droite, de deux pieds ; feuilles ovales-lancéolées, un

peu dentées; d'août en octobre, fleurs bleues, pédonculées, axillaires, en épi terminal; sinus du calice réfléchis. Orangerie, ou pleine terre avec couverture l'hiver.

11. Lobélie de Brandt. *Lobelia Brandtii;* Stend ♃. Des Canaries. Tige de trois pieds, droite, glabre; feuilles linéaires, lancéolées, dentées; de juillet en octobre, fleurs rouges, axillaires, solitaires. Orangerie.

12. Lobélie de la Nouvelle-Espagne. *L. gruina;* Cav. ♃. Nouvelle-Espagne. Tige d'un pied, striée, glabre, nue au sommet; feuilles alternes, lancéolées, linéaires, dentées; fleurs bleues, grandes, en grappe spiciforme et terminale.

13. Lobélie d'Italie. *L. laurentia;* L. ⊙. D'Italie. Tige couchée, rameuse, de sept à huit pouces; feuilles lancéolées, ovales, crénelées; en juillet, fleurs d'un joli bleu, sur des pédoncules solitaires, uniflores et très-longs. Pleine terre.

14. Lobélie érinole. *L. erinus;* L. ⊙. Du Cap. Tige étalée, flexueuse, de six pouces; feuilles lancéolées, un peu dentées; de juin en septembre, fleurs bleues ou violettes, petites, sur des pédoncules très-longs, solitaires et axillaires; capsule triloculaire. Pleine terre.

15. Lobélie hérissée. *L. hirsuta;* Burm. ♄. Du Cap. Tige grêle, rougeâtre; feuilles ovales, crénelées, laineuses; tout l'été, fleurs blanches, latérales et solitaires. Orangerie, ou pleine terre avec couvertures.

16. Lobélie éclatante. *L. fulgens;* Willd. ♃. Mexique. Tige de deux pieds, droite, cylindrique; feuilles lancéolées-oblongues, arquées, un peu dentées; de septembre en décembre, fleurs très-grandes, pubescentes, d'un écarlate vif, solitaires, axillaires, en grappe spiciforme et terminale. Orangerie.

17. Lobélie brillante. *L. splendens;* Willd. ♃. Du Pérou. Tige de trois pieds, droite, purpurescente; feuilles larges, lancéolées, glabres à l'extrémité; en automne, fleurs plus larges que dans la précédente, d'un rouge plus vif. Orangerie. Ces deux dernières plantes sont superbes.

18. Lobélie a longues fleurs. *L. longiflora;* L. ♃. Antilles. Tige d'un pied, rameuse, velue; feuilles alternes, lancéolées, irrégulièrement dentées, roncinées, velues; de juin en août, fleurs blanches, pédonculées, axillaires, solitaires. Serre

chaude et beaucoup de chaleur. Cette espèce est très-vénéneuse.

19. Lobélie renflée. *Lobelia inflata;* L. ⊙. Amérique septentrionale. Tige droite, d'un pied et demi, velue, anguleuse, rameuse; feuilles alternes, ovales, irrégulièrement dentées; en juillet et août, fleurs petites, bleuâtres, en grappes spiciformes et terminales. Pleine terre.

20. Lobélie de Cliffort. *L. cliffortiana;* L. ⊙. Antilles. Tige de dix-huit pouces, grêle, simple ou rameuse; feuilles alternes, pétiolées, cordiformes, dentées, sinuées, glabres; de juillet en octobre, fleurs rougeâtres, petites, en grappes lâches et terminales. Serre chaude.

ZAROLLE. *Goodenia;* Smith. (*Pentandrie-monogynie.*) Corolle à deux lèvres, fendue longitudinalement et donnant passage aux organes sexuels; lèvre supérieure à deux divisions; lèvre inférieure plus grande, trifide; cinq étamines; un stigmate urcéolé; capsule à deux loges, à deux valves, contenant plusieurs graines attachées à une cloison parallèle aux valves.

1. Zarolle a feuilles ovales. *Goodenia ovata;* Smith. ♄. Nouvelle-Hollande. Tige grêle, de trois à quatre pieds, glabre; feuilles ovales un peu cordiformes, denticulées en scie, glabres, persistantes; une partie de l'année, fleurs jaunes, axillaires, sur des pédoncules triflores. Orangerie; terre légère ou de bruyère; multiplication de boutures, de marcottes, d'éclats et de graines. Toutes les espèces se cultivent de même et sont peu délicates.

2. Zarolle lisse. *G. lœvigata;* Willd. ♄. Nouvelle-Hollande. Tige rameuse, de dix-huit pouces, glabre; feuilles alternes, glabres, profondément dentées, amincies en pétioles à la base; en juillet et août, fleurs violettes ou d'un bleu pâle, un peu odorantes, sessiles, axillaires au sommet des rameaux.

3. Zarolle a feuilles de souci. *G. calendulacea;* Andrew. ♄. Nouvelle-Hollande. Tige droite, cylindrique, rameuse; feuilles très-entières, obovales, épaisses, scabres; fleurs bleues, axillaires, solitaires, au sommet des rameaux.

4. Zarolle raide. *G. stricta;* Smith. ♄. Nouvelle-Hollande. Tige droite, rameuse; feuilles lancéolées, entières,

dentées, charnues, glabres; fleurs bleues, velues en dehors.

5. Zarolle a feuilles de paquerette. *Goodenia bellidifolia*; Smith. ♄. Nouvelle-Hollande. Tige presque nue; feuilles obovales, denticulées, charnues; fleurs jaunes, velues en dehors, en épis; fruit à quatre valves.

JASIONE. *Jasione*; L. (*Monadelphie-pentandrie.*) Calice à cinq divisions; corolle en roue, à tube très-court, à limbe divisé profondément en cinq découpures linéaires; cinq étamines à anthères réunies en tube; stigmate bifide; capsule pentagone, couronnée par le calice, partagée en deux loges; fleurs agrégées dans un involucre commun, polyphille.

1. Jasione vivace. *Jasione perennis*; Lam. ♃. Indigène. Tige droite, simple ou rameuse; feuilles linéaires, peu velues, planes, un peu obtuses, éparses, entières; en été, fleurs agrégées, bleues, en têtes terminales, entourées d'une colerette de quinze à seize folioles dentées. Pleine terre; multiplication d'éclats et de graines semées en place en automne.

2. Jasione de montagne. *J. montana*; Lam. ⊙. Indigène. Tige grêle, d'un pied, striée, velue, rude; feuilles étroites, linéaires, velues, très-ondulées; en été, fleurs bleues, agrégées, munies d'une collerette comme dans la précédente. Pleine terre; multiplication de graines.

Var 1° *Humilis*; plus petite; tige uniflore. 2° *Foliosa*; racine vivace, épaisse; feuilles très-glabres, linéaires-ovales; tige striée et feuillée.

FIN DU TROISIÈME VOLUME.

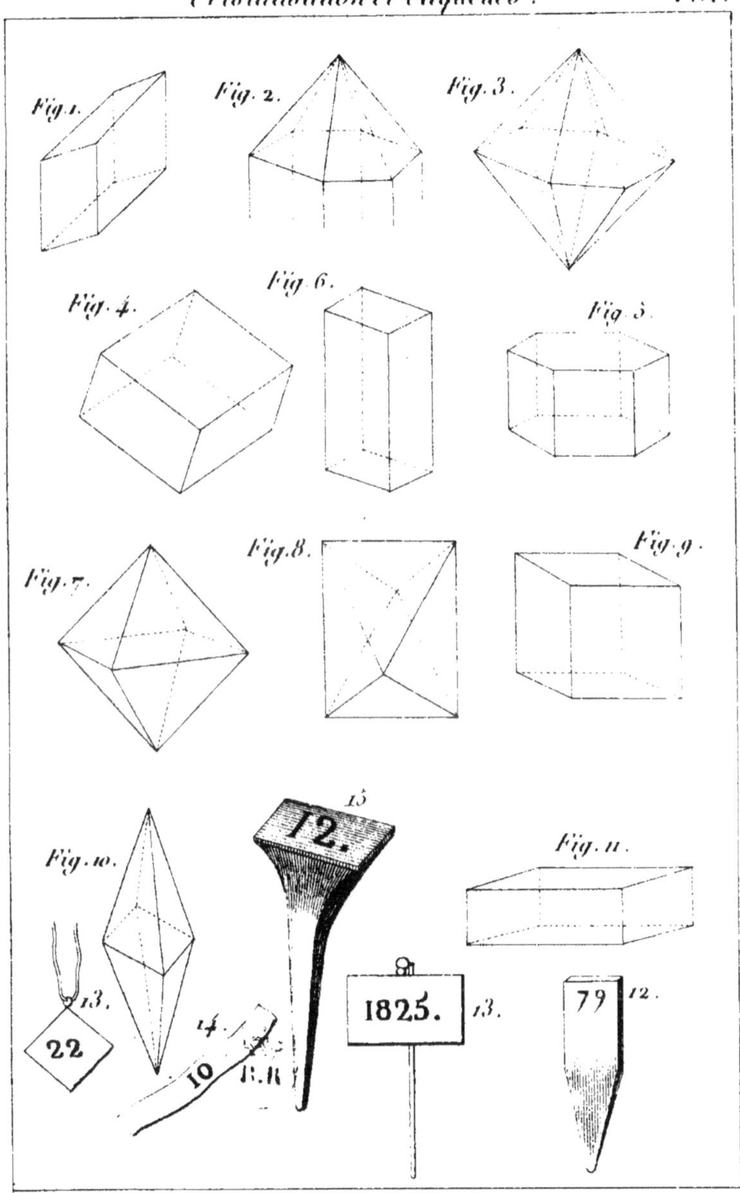

Fig. 1. Cristalisation du Feld-spath.
Fig. 2. Cristallisation du Quartz.
Fig. 3. id. en pyramides adossées.
Fig. 4. Cristalisation de la chaux carbonatée.

Fig. 5. Cristalisation de la chaux phosphatée.
Fig. 8. Cristalisation de la potasse nitratée.
Fig. 9. Cristalisation de la soude muriatée.
Fig. 10. Cristalisation de la soude carbonatée.

A

Instrumens. Pl.2.

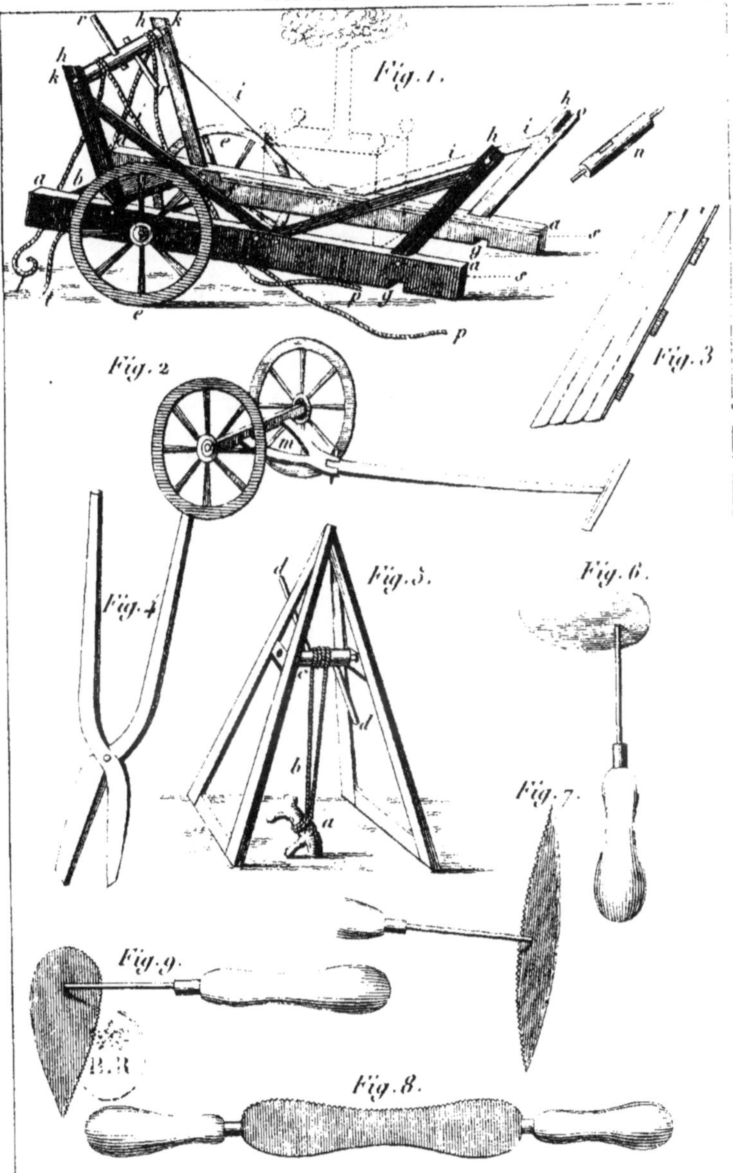

A

Bâche et cloches. Pl. 3.

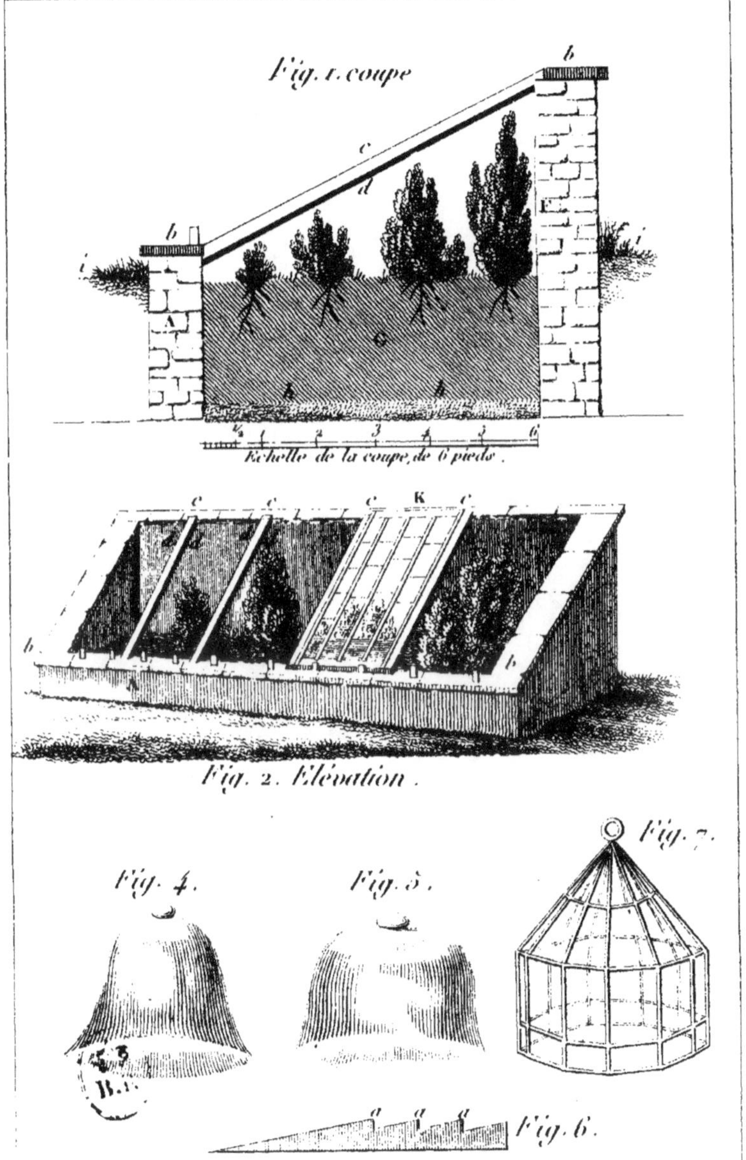

Serre aquatique. Pl. 4

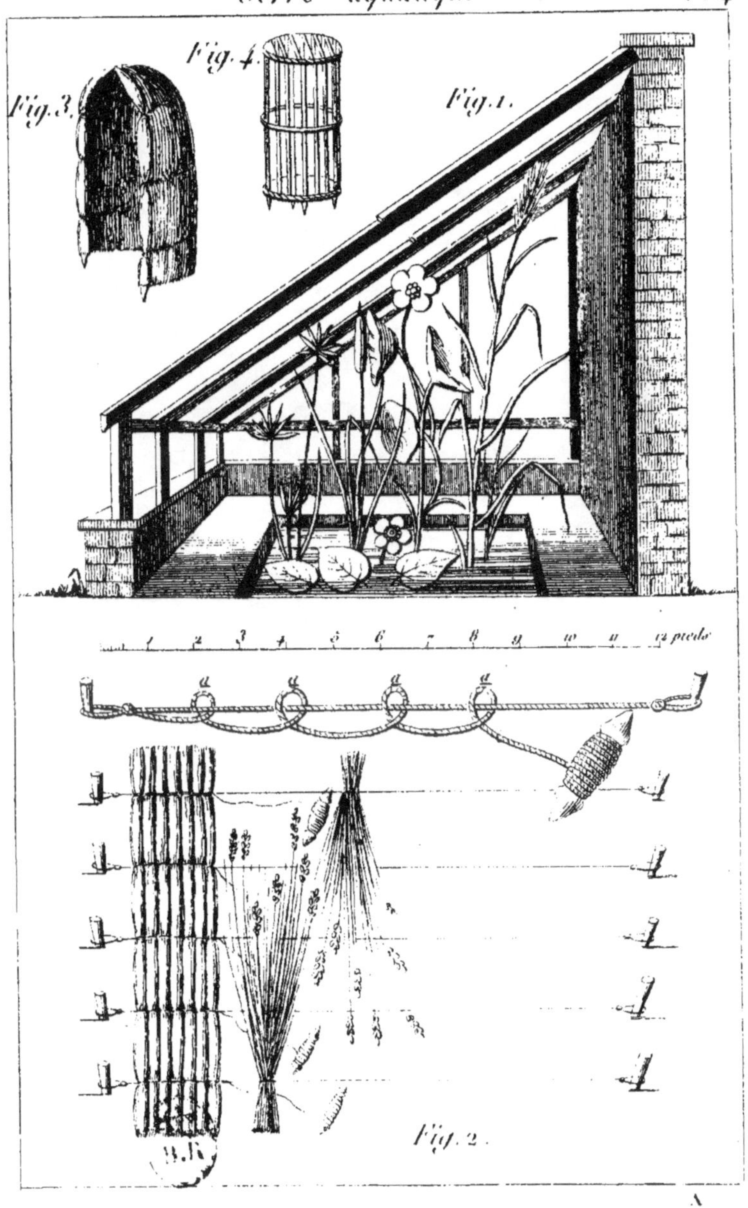

Tableau des inclinaisons. *Pl. 5.*

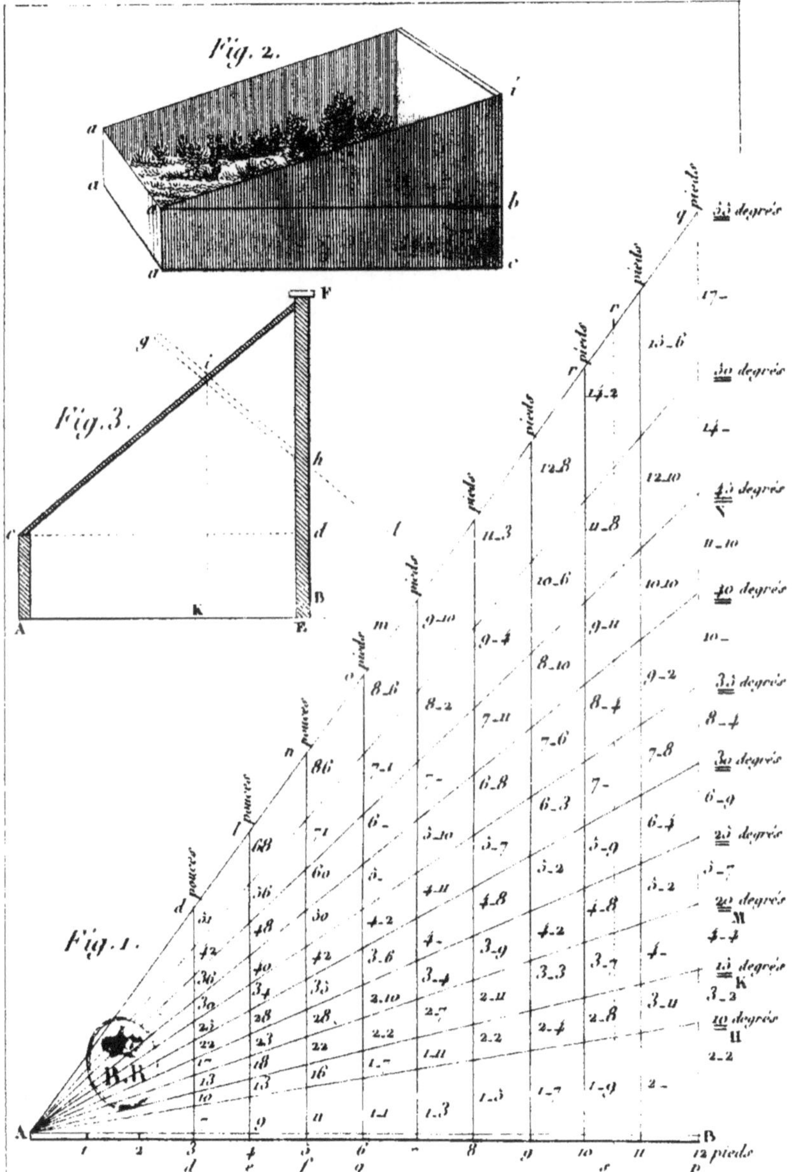

Châssis. Pl. 6.

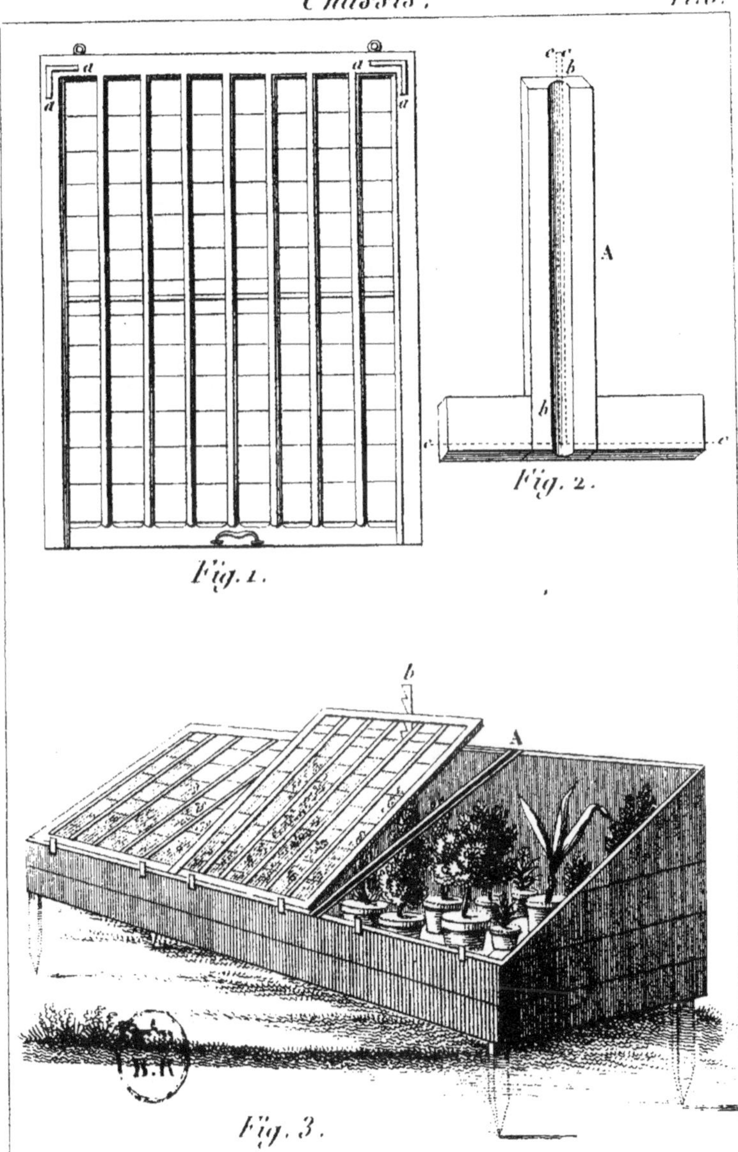

Fig. 1.

Fig. 2.

Fig. 3.

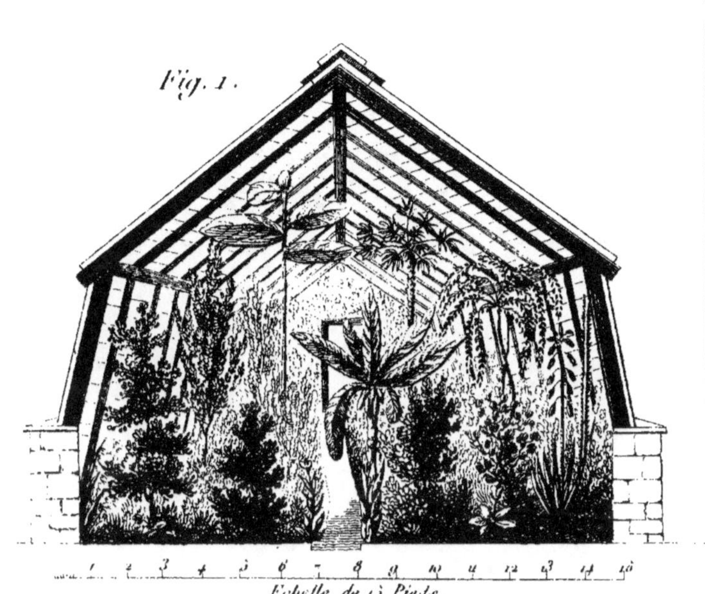

Echelle de 15 Pieds.

Echelle de six Toises.

Fig. 2.

A

Serres . *Pl. 8.*

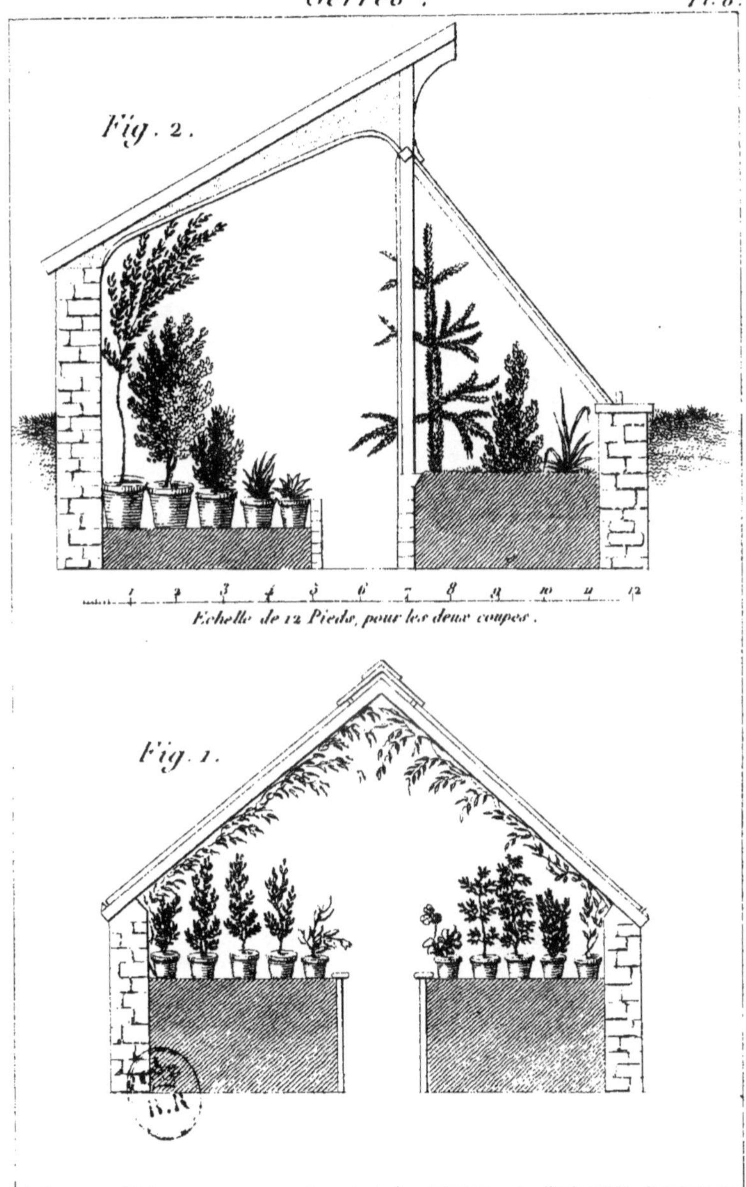
Fig. 2.
1 2 3 4 5 6 7 8 9 10 11 12
Echelle de 12 Pieds, pour les deux coupes.
Fig. 1.

A

Serres. Pl. 9.

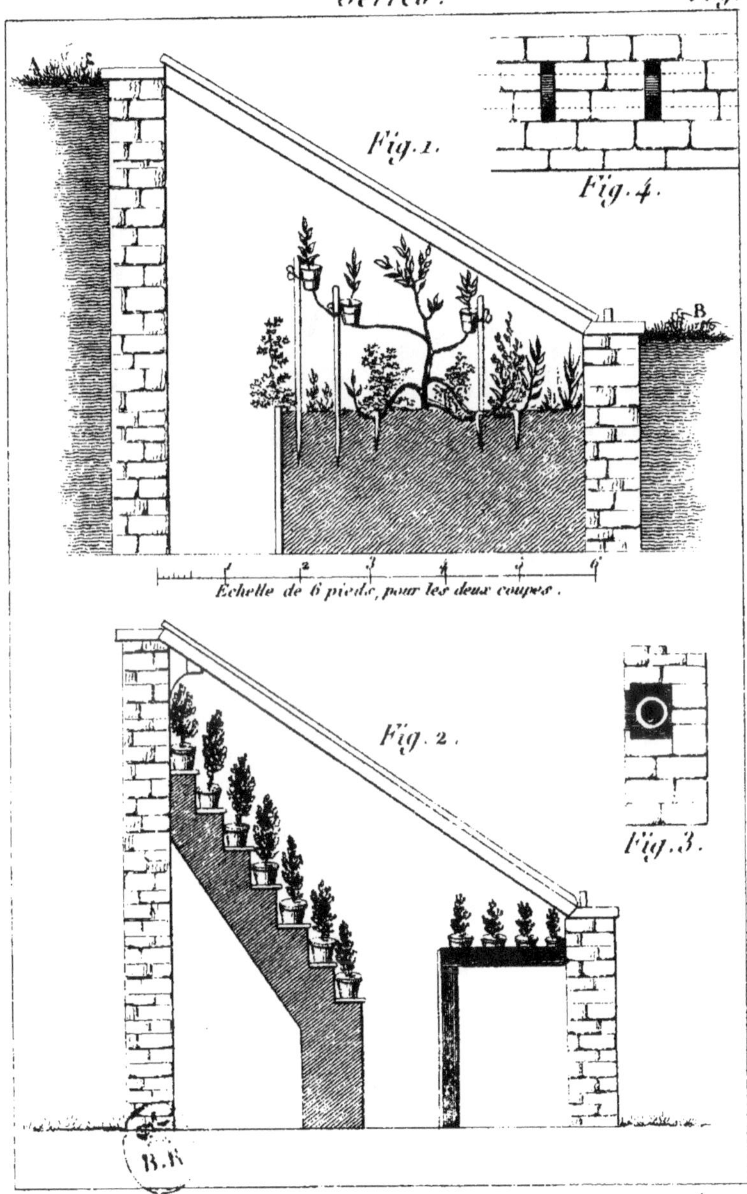
A
B
Fig. 1.
Fig. 4.
1 2 3 4 5 6
Échelle de 6 pieds, pour les deux coupes.
Fig. 2.
Fig. 3.

Serres. Pl. 10.

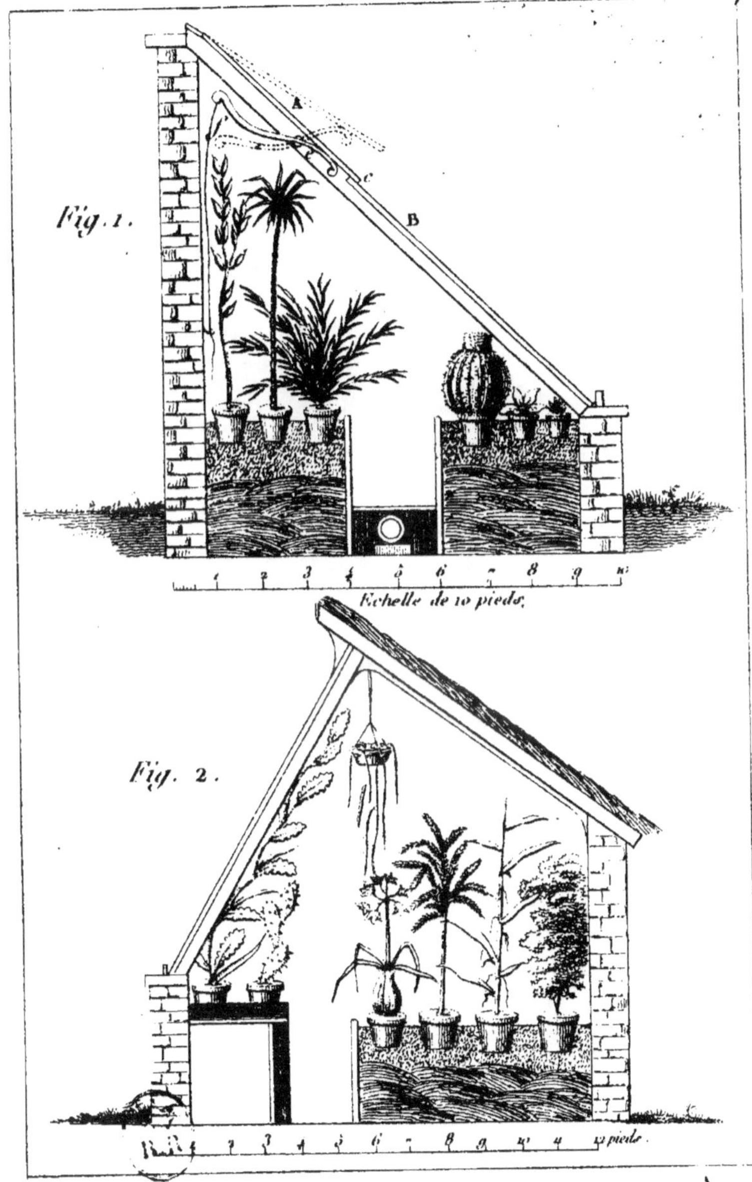

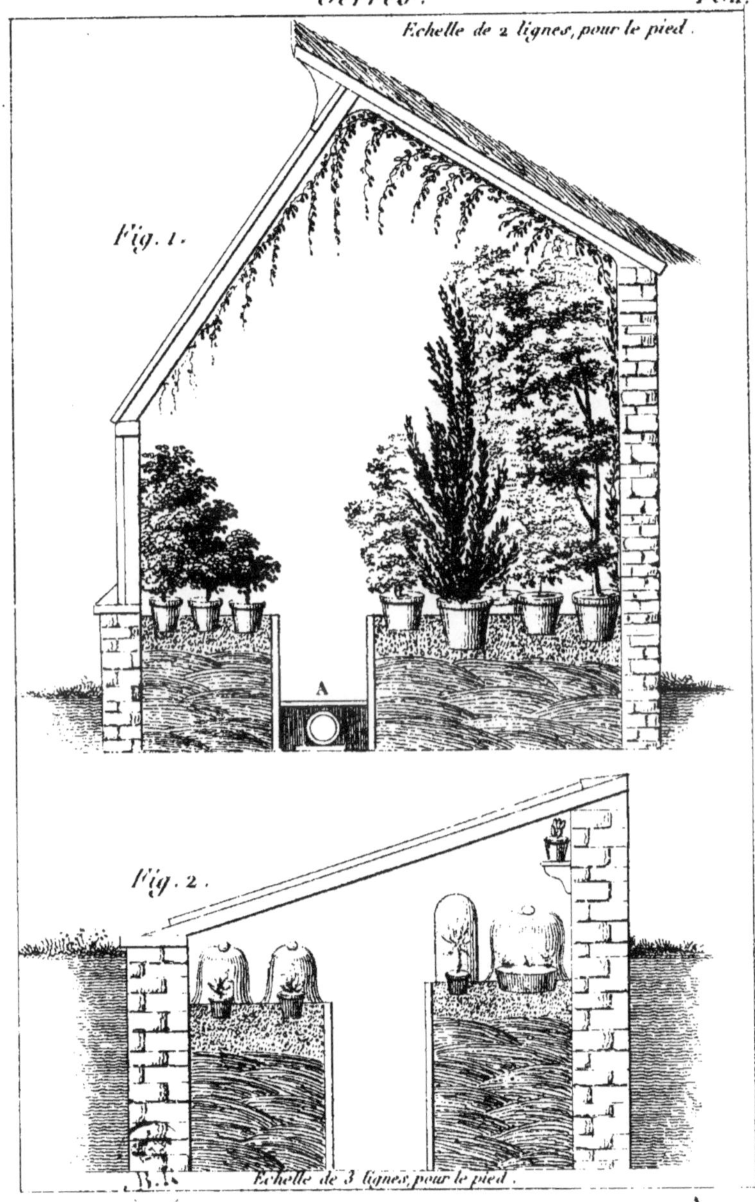
Echelle de 2 lignes, pour le pied.
Fig. 1.
A
Fig. 2.
Echelle de 3 lignes, pour le pied.

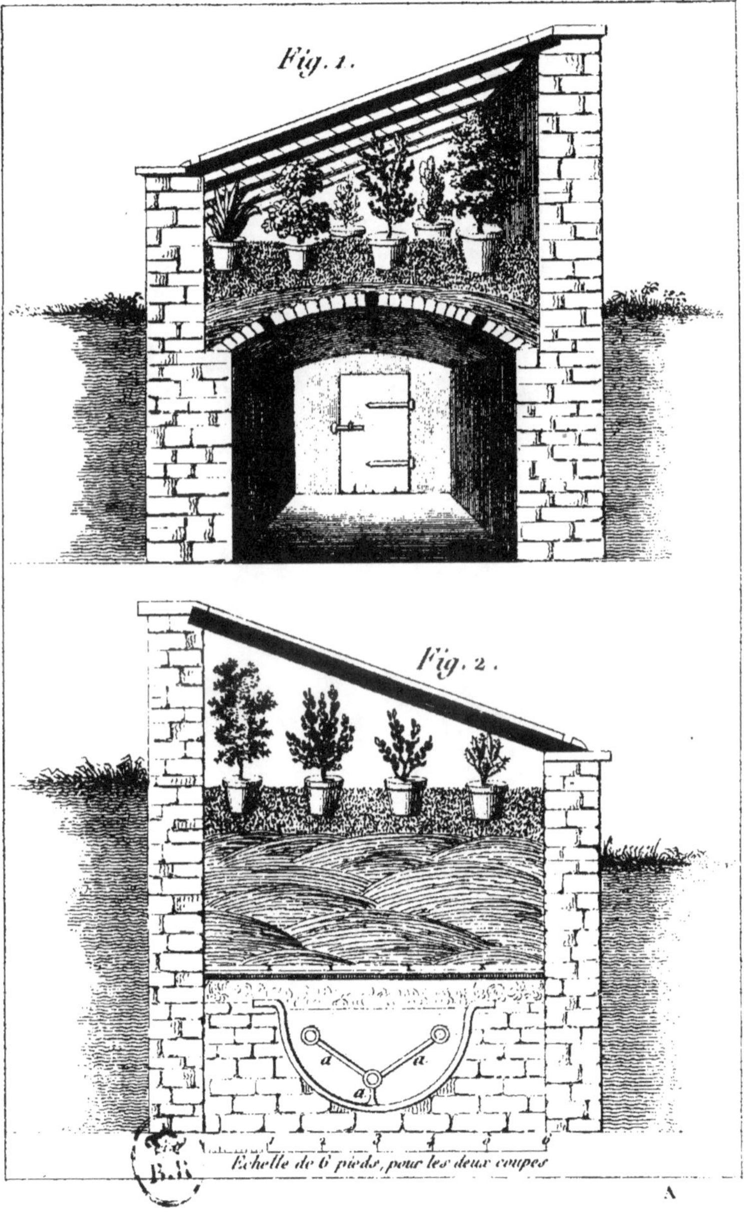

A

Détails de Botanique Pl. 13e

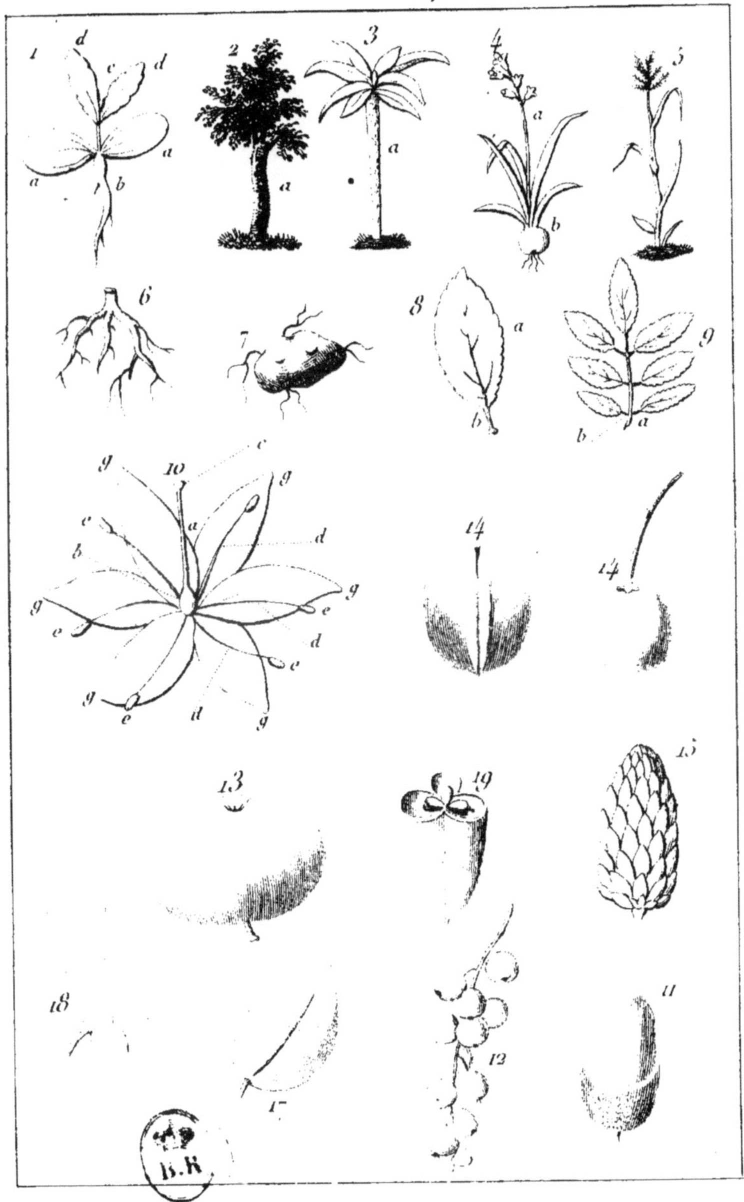

www.ingramcontent.com/pod-product-compliance
Lightning Source LLC
LaVergne TN
LVHW011937220826
846092LV00001B/19

* 9 7 8 2 3 2 9 4 5 6 3 0 0 *